Grundlagen der nachhaltigen Entwicklung

Niko Roorda

Grundlagen der nachhaltigen Entwicklung

SWOT-Analyse und Lösungsstrategien

mit Beitrag von Valentin Tappeser und Markus Will

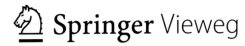 Springer Vieweg

Niko Roorda
Sprang-Capelle, Noord-Brabant
Niederlande

ISBN 978-3-662-62867-6   ISBN 978-3-662-62868-3   (eBook)
https://doi.org/10.1007/978-3-662-62868-3

Die Deutsche Nationalbibliothek verzeichnet diese Publikation in der Deutschen Nationalbibliografie; detaillierte
bibliografische Daten sind im Internet über http://dnb.d-nb.de

Planung/Lektorat: Michael Kottusch
Springer Vieweg ist ein Imprint der eingetragenen Gesellschaft Springer-Verlag GmbH, DE und ist ein Teil von
Springer Nature.
Die Anschrift der Gesellschaft ist: Heidelberger Platz 3, 14197 Berlin, Germany

Geleitwort, von Frans Timmermans, Exekutiv-Vizepräsident der Europäischen Kommission

Jede Zeit hat ihre eigenen Herausforderungen. Meine Generation wuchs in einer Zeit auf, in der wir unter der ständigen Bedrohung durch die nukleare Konfrontation lebten, aber unterm Strich dominierten Fortschrittsglaube und die Vorstellung, dass die Demokratie triumphieren würde, über alles.

Derzeit kämpfen wir natürlich weltweit gegen Covid-19. Eine neue Bedrohung, die uns herausfordert, die uns aber auch lehrt, dass wir Menschen auf eine sichere und gesunde Umwelt angewiesen sind.

Jetzt sehen wir vor allem in der Mittelschicht, dass unterm Strich gerade die Angst vor dem Niedergang dominiert. Alte Sicherheiten sind weggebrochen und neue Unsicherheiten treten an ihre Stelle. Wie sicher sind wir? Wird es unseren Kindern besser gehen als uns? Können wir uns noch auf unsere Verbündeten verlassen? Wird die Europäische Union bestehen bleiben? Und, was bildet eigentlich unsere Identität?

Obwohl sich die Geschichte, wie Mark Twain es ausdrückte, nicht wiederholt, sondern sich reimt, haben wir solche Perioden schon früher erlebt. Man sieht es bei industriellen Revolutionen und Wirtschaftskrisen, und ja, auch bei Pandemien. Diese Zeiträume bergen ein gewisses Risiko. Das Risiko, dass die politischen Rattenfänger aus Hameln sich an unsere Ängste und inneren Dämonen wenden und uns dann an diese Ängste ketten.

Die Dynamik ist sehr deutlich erkennbar. Zuerst benennt man die Probleme, dann weist man auf einen Sündenbock hin, oft eine Minderheit. Dann hält man mit einer Menge scheinbar zielsicherer und einfacher Lösungen parat. Und wenn diese nicht funktionieren, zeigt man auf den Sündenbock, "Siehst du, es liegt an ihnen"; immer ein Treffer, immer ein Sieg.

Wir befinden uns jetzt in der vierten industriellen Revolution. Alles wird sich ändern, für jeden. Und damit verbunden befinden wir uns zum ersten Mal in der Geschichte auch in der Situation, dass das Klima und unsere natürliche Umwelt von der Menschheit fundamental und mit historischer Lichtgeschwindigkeit verändert werden. Unser Klima erwärmt sich dramatisch schnell, und das ist nicht linear. Wir laufen Gefahr, sogenannte "tipping points" zu erreichen, nach denen wir den sogenannten "run away" Klimawandel haben werden, mit dem Risiko von Massenmigration, Naturkatastrophen und sogar Konflikten.

Wir sind sowohl Zeugen als auch Verursacher des Massensterbens von Tierarten, und das gefährdet auch unsere Nahrungsmittelversorgung. Und wegen des weltweit wachsenden Konsumverhaltens - denn warum sollten Afrikaner und Asiaten nicht so leben [wollen] wie wir - verschmutzen wir unsere Umwelt so, dass Hunderttausende von Menschn unnötig und vorzeitig an der Luftverschmutzung sterben, wobei die die asthmatischen und allergischen Auswirkungen auf Kleinkinder und ältere Menschen noch gar nicht eingerechnet sind. Und mit dem Abbau unserer Wälder verringern wir die Distanz zwischen Mensch und wildlebenden Tier- und Pflanzenarten und erhöhen damit die Wahrscheinlichkeit des Auftretens tödlicher Viren. Mutter Natur macht es uns unmissverständlich klar: so kann es nicht mehr weiter gehen. Die gute Nachricht ist, dass immer mehr Menschen dies erkennen. Unsere Kinder organisieren sich selbst, weil sie sich Sorgen um ihre eigene Zukunft machen. Die Städte sind in Bewegung, und auch die Industrie hat es bereits verstanden und passt sich an, einige schneller als andere. Jetzt ist die Politik dran; die hinkt oft noch hinterher.

Mit dem Europäischen Grünen Deal hat die Jetzige Europäische Kommission eine nachhaltige Wachstumsstrategie auf den Tisch gelegt. In den Bereichen Mobilität, Energie, Gebäude, Landwirtschaft und Fischerei, bis hin zur Kreislaufwirtschaft und Nachhaltigkeit im weitesten Sinne zeigen wir, was getan werden muss, wie es getan werden kann und wie all dies zu mehr menschlichem Wohlergehen führt. Denn darum geht es letztlich: um die Gesundheit und das Wohlbefinden von uns allen. Der jetzigen und der zukünftigen Generationen. Und bei der Gestaltung dieses Wandels müssen wir aus den Fehlern der Vergangenheit lernen, diesmal dürfen wir niemanden zurücklassen. Jeder muss mitgenommen werden, und denen, die es am schwersten haben, muss am meisten geholfen werden.

Die gute Nachricht ist: Es ist möglich. Wir haben den Verstand, die Fähigkeiten, die Leute, die Technologie. Und ja, die finanziellen Mittel sind vorhanden, denn der Markt ist geradezu darauf aus, neue, innovative und vielversprechende Investitionen zu tätigen. Der Europäische Grüne Deal ist daher unsere neue Wachstumsstrategie.

Wenn es uns zudem gelingt, unsere chronische Abhängigkeit von fossilen Brennstoffen loszuwerden, wird dies auch die geopolitische Lage im Nahen Osten verändern. Wir wissen, wo wir stehen, wir wissen, dass der Wandel kommt, die Wissenschaft warnt uns, Mutter Natur warnt uns, und wir wissen, wie wir es anpacken können.

Unser Vorschlag skizziert eine hoffnungsvolle, bessere Zukunft. Jetzt müssen wir es nur noch tun. Dies ist die Botschaft, die ich überall verbreiten möchte, und ich fühle mich geehrt, dass man mich gebeten hat, das Geleitwort zu diesem Buch *Grundlagen der nachhaltigen Entwicklung* zu schreiben.

Dies ist das Thema von heute und morgen, und Sie alle spielen eine wesentliche Rolle. Sie sind besser aufgestellt als meine Generation: am besten ausgebildet, am besten vernetzt, nicht durch Ideologien gefesselt, sondern von Idealen getrieben. Nehmen Sie den Fehdehandschuh auf, schätzen Sie Ihre Freiheiten und schützen Sie sie, lassen Sie die Fakten sprechen und helfen Sie mit, unsere Straße, unser Viertel, unser Dorf, unsere Stadt, unser Land, unseren Kontinent und unsere Welt auf einen neuen Weg zu bringen. Fragen wir uns nicht, was der "andere" tut oder tun muss, sondern fangen wir bei uns selbst an.

Dies gilt auch für Europa als Ganzes. In der EU - immer noch die beste Form der Zusammenarbeit in Europa für Frieden, Freiheit und Wohlstand - sind wir bewusst Vorbild für die Welt. Wir sind dies in der Überzeugung, dass gute Beispiele Nachahmer finden. Ich zähle daher auf Ihre Hilfe und Ihr Engagement.

Denn Ihre Generation stimmt mich optimistisch für unsere gemeinsame Zukunft. Und das sollten Sie auch sein.

Frans Timmermans
Exekutiv-Vizepräsident der
Europäischen Kommission

Danksagungen

Der Autor ist dankbar für die freiwilligen und wertvollen Beiträge einer großen Zahl von Menschen:

Die beiden Koautoren

Markus Will, Hochschule Zittau/Görlitz, und Valentin Tappeser, Institut für ökologische Wirtschaftsforschung (IÖW, Berlin), für ihre hervorragende Arbeit bei der Durchführung aller Arten von Anpassungen und Verbesserungen, um das Buch für eine deutschsprachige Leserschaft aufzubereiten.

Die Mitglieder des wissenschaftlichen Beirats

Theo Beckers, Universität Tilburg; John Grin, Universität Amsterdam; Leo Jansen, Technische Universität Delft; Pim Martens, Universität Maastricht, Offene Universität der Niederlande, Nederland, Fachhochschule Zuyd; Rudy Rabbinge, Universität und Forschungszentrum Wageningen; Maja Slingerland, Universität und Forschungszentrum Wageningen; Johan Wempe, Erasmus Universität Rotterdam.

Die Mitglieder der Bewertungsgruppe

Professoren, Lehrbeauftragte und Dozenten an vielen Universitäten und Hochschulen:

Ramon Alberts, Peter van der Baan, Reijer Boon, Frank Braakhuis, Theo de Bruijn, Elena Cavagnaro, John Dagevos, Kees Duijvestein, Luud Fleskens, Ruud Folkerma, Huub Gilissen, Wim Gilliamse, Huib Haccou, André de Hamer, Sieuwert Haverhoek, Marjan den Hertog, Ludo Juurlink, Peter Ketelaars, Josje van der Laan, Daan van der Linde, Edith Louman, Jeroen Naaijkens, Marco Oteman, Yolanda te Poel, Marcel Rompelman, Bert Schutte, Rien van Stigt, Timo Terberg, Joke Terlaak Poot, Sytse Tjallingii, Windesheim Paul Vader, Jan Venselaar, Ton Vermeulen, Niek Verschoor, Gerben de Vries, Kees Vromans, Nick Welman, Fred Zoller.

Experten in NGOs, Unternehmen, Regierungen und anderen Organisationen

Paul Bordewijk, Daan Bronkhorst, Matty van Ewijk, Mark Goedkoop, Heleen van den Hombergh, Douwe Jan Joustra, Xantho Klijnsma, Alison Kuznets, Martijn

Lampert, Bram van der Lelij, Peter Lindhoud, Joep van Loon, Piet Luykx, Chris Maas Geesteranus, Jan Diek van Mansvelt, Roel van Raaij, Margreet Schaafsma, Gerard Steehouwer, Anne Stijkel, Cees van Straten, Johan Vermeij, Merel van der Wal, Auke van der Wielen, Martin van Wissen, Hans van Zonneveld.

Das Verlagsteam
Markus Braun, Michael Kottusch, Indira Thangavelu und Lisa Burato

Der Autor möchte sich insbesondere bei seiner Frau Marjo van Giersbergen-Roorda bedanken, die ihn während des intensiven Schreib- und Revisionsprozesses stets unterstützt hat.

Einführung

Nachhaltige Entwicklung ist ein weit gefasstes Thema, das sich anhand der „drei Ps" beschreiben lässt: *People:* Wohlbefinden, Menschenrechte und Gesellschaft; *Planet:* Natur, Umwelt und Klima; und *Profit:* Rentabilität trotz (oder dank) nachhaltigem Unternehmertum, Kontinuität und ethischem Handeln durch Unternehmen und Industrien. All diese Themen beeinflussen sich gegenseitig, was Nachhaltigkeit zu einem komplexen Konzept macht.

Als ich vor 30 Jahren begann, mich für nachhaltige Entwicklung einzusetzen, war das Konzept außerhalb akademischer Kreise noch völlig unbekannt. Als ich an einer niederländischen Hochschule den allerersten Lehrgang für nachhaltige Entwicklung weltweit aufbaute und in 1991 die ersten Studenten aufnahm, musste ich überall erklären, was ich tat.

In den folgenden Jahrzehnten sah ich, wie sich die Dinge Schritt für Schritt veränderten. Um das Jahr 2000 herum hatten viele Menschen von Nachhaltigkeit gehört, fanden das Konzept aber etwas seltsam und vage: hauptsächlich ein Thema für weltfremde Typen. Industrie und Regierung befassten sich kaum damit. An den Universitäten und Hochschulen, an denen ich von da an als Berater, Lehrerausbilder und Auditor für nachhaltige Entwicklung tätig war, verstand kaum jemand, warum dieses Thema für die Bildung relevant war.

Zehn Jahre später war alles anders. Im Jahr 2010 wurden Aspekte der Nachhaltigkeit zunehmend in Regierungs- und Geschäftsstrategien aufgenommen. Als Berater im Bildungsbereich fragten mich Vorstände, Dekane und Dozenten nicht mehr *warum,* sondern *wie* Nachhaltigkeit in Lehrpläne, Geschäftsabläufe und Forschung integriert werden könnte.

Ein weiterer Sprung von zehn Jahren, und Sie befinden sich im Jahr 2020. In diesem Jahr ist Nachhaltigkeit zu einem omnipräsenten Thema geworden. Es vergeht kein Tag, an dem Zeitungen, Fernsehen, Radio und das Internet nicht Nachrichten über Klimawandel, Naturzerstörung oder Umweltschutz, Armutsbekämpfung, wachsende wirtschaftliche Ungleichheit, Diskriminierung oder Initiativen zur sozialen Verantwortung von Unternehmen bringen.

Nachhaltigkeit ist inzwischen auch ein integraler Bestandteil der Bildung. Immer mehr Fächer und Studiengänge an fast jeder Universität, Hochschule, Berufs-, Grund- oder Sekundarschule integrieren das Thema in den Unterricht. Oft ist es nicht nur umfassend in den Lehrplan eingewoben, sondern auch im Geschäftsbetrieb, der Forschung, sozialen Aktivitäten und sogar in der Identität der Institution verankert. Trotzdem verändern sich Wirtschaft und Gesellschaft weiterhin nur langsam. Eine Trendwende ist dringender denn je, nicht nur beim Klimaschutz, bei der Verringerung von Ungleichheiten und dem Schutz von Biodiversität.

Bitte: ein Buch

Um das Jahr 2003 herum erhielt ich die ersten Anfragen von Lehrern und Dozenten, ein Buch über nachhaltige Entwicklung zu schreiben. 2005 erschien mein erstes Lehrbuch auf Niederländisch. Schon seit dieser ersten Ausgabe habe ich versucht, all diese Themen klar und verständlich zu erklären. Dabei musste ich viele schwierige Entscheidungen treffen, weil ich nicht sehen konnte, wie andere es machten; denn ein solches Buch gab es noch nirgends: weder in den Niederlanden noch im Ausland. Das Buch musste nicht nur Klarheit über die *theoretischen Grundlagen* schaffen, sondern auch *pragmatisch genug* sein, um es den Lesern zu ermöglichen, mit ihrem Wissen und ihren Erkenntnissen in Bezug auf ihre eigene Ausbildung oder ihrem Fachgebiet etwas Konkretes zu tun. Das Buch musste für *alle Disziplinen geeignet* sein, einschließlich Betriebswirtschaft, Ingenieurwesen, Sozialkunde, Umwelterziehung und Lehrerausbildung. Dazu musste das Buch auch spannend und inspirierend zu lesen sein, denn nachhaltige Entwicklung ist ein großes Abenteuer: *das Abenteuer des 21. Jahrhunderts*.

In einem Geleitwort zur ersten niederländischen Ausgabe schrieb Ruud Lubbers, ehemaliger Premierminister der Niederlande und Hochkommissar für Flüchtlinge (UNHCR) bei den Vereinten Nationen: „Mit einer Ethik-Charta allein werden Sie es nicht schaffen. Es geht um die richtige Mischung aus ethischen Bestrebungen und praktischen Verbesserungen. Dieses Buch zeigt dies auf ansprechende Weise."

Das Buch war recht erfolgreich und ist es immer noch: Es wird geschätzt, dass die ersten drei Ausgaben von etwa 40.000 niederländischen Studenten gelesen wurden. Damit leistet das Buch einen soliden Beitrag zum Anteil nachhaltig eingestellter Fachkräfte in verantwortlichen Positionen in den Niederlanden. Teilweise aus diesem Grund wurde ich 2018 von der Genossenschaft Lernen für Morgen (*Cooperatie Leren voor Morgen*) zum Nachhaltigkeitslehrer/-dozent des Jahres in der Kategorie höhere und akademische Bildung gewählt.

Die erste englische Ausgabe meines Buches wurde 2012 veröffentlicht. Das war aber nicht alles, denn die Entwicklung geht schnell voran. Deshalb ist es unerlässlich, dass das Buch alle drei bis fünf Jahre vollständig erneuert wird. Im Jahr 2020 erschienen die vierte niederländische und die dritte englische Ausgabe. Nun wird die erste deutsche Ausgabe hinzugefügt. Die deutsche Version wurde für deutschsprachige Leser angepasst und Tabellen, Grafiken und Beispiele ersetzt, wo immer dies gewünscht wurde. Viele dieser Änderungen wurden von meinen beiden Koautoren, Markus Will und Valentin Tappeser, vorgenommen, denen ich sehr dankbar bin.

Die deutsche, die niederländische und die englische Ausgabe laufen nun völlig synchron, sodass die drei Bücher im Bildungsbereich parallel verwendet werden können. Mein Plan ist es, dies auch in Zukunft beizubehalten. In drei bis fünf Jahren werde ich den drei Verlagen vorschlagen, eine völlig neue Ausgabe herauszugeben. In der Zwischenzeit werde ich – über die Verlage und über mein LinkedIn-Konto – Briefe an die Leserinnen und Leser schicken, um das Buch regelmäßig zu ergänzen. Gerade in den Krisenjahren der Covid-19-Pandemie ist dies besonders wichtig, da die aktuelle Krise der Auslöser für solide Trendwenden sein kann.

Der erste dieser Briefe ist bereits in diesem Buch enthalten und findet sich am Ende, nach dem Schlusskapitel.

Niko Roorda, Sprang-Capelle, 2021

https://niko.roorda.nu

Inhaltsverzeichnis

Teil II   Lösungsstrategien

Über die Autoren

Dr. Niko Roorda arbeitet seit 30 Jahren an der Integration nachhaltiger Entwicklung in die Bildung: als Dozent, Lehrplanentwickler, Programmmanager, Projektmanager, Auditor, Berater und Lehrerausbilder. Er entwickelte Methoden wie *AISHE,* den *SD Curriculum Scan* und das *RESFIA+D* Kompetenzmodell. Seine Methoden werden von fast allen Universitäten und Hochschulen in den Niederlanden und von Universitäten in mehr als zwanzig Ländern für ihre Politikentwicklung im Hinblick auf Nachhaltigkeit eingesetzt.

Roorda, ein graduierter theoretischer Physiker und Wissenschaftsphilosoph, promovierte 2010 in Sozialwissenschaften mit den Schlüsselthemen nachhaltige Entwicklung, organisatorischer Wandel und Hochschulbildung. Seine Beiträge zur Nachhaltigkeitswissenschaft in Form von ca. hundert Büchern, Kapiteln und Artikeln können über Google Scholar und Researchgate abgerufen werden. Beispiele seiner Präsentationen sind unter https://niko.roorda.nu/presentations zu finden.

Im Jahr 2001 erhielt er für seine Leistungen den *niederländischen Nationalpreis für Innovation und nachhaltige Entwicklung.*

Im Jahr 2018 wurde Roorda aufgrund seiner über viele Jahre veröffentlichten Beiträge zur Nachhaltigkeit in der Bildung in und außerhalb der Niederlande von der *Genossenschaft Lernen für Morgen* zum *„Nachhaltigkeitslehrer/-dozent des Jahres"* in der Kategorie *„Höhere und akademische Bildung"* gewählt.

Roorda arbeitet derzeit als Autor und als Berater für nachhaltige Entwicklung für Hochschulen und Unternehmen in und außerhalb der Niederlande. Gegenwärtig arbeitet er an einem Buch über die Beziehungen zwischen Wirtschaft und nachhaltiger Entwicklung.

Kontaktinformationen: nroorda@planet.nl; https://niko.roorda.nu/contact

Markus Will beschäftigt sich seit Langem mit Fragen der Umwelt- und Nachhaltigkeitsbewertung von Organisationen, Technologien und Produkten. Sein Interesse konzentriert sich auf methodische Fragen des Life Cycle Assessments von Produkten und der Treibhausgasbilanzierung auf verschiedenen Ebenen.

Er veröffentlichte mehrere wissenschaftliche Arbeiten sowie praxisorientierte Leitfäden zu Umwelt- und Nachhaltigkeitsmanagementsystemen.

Markus Will arbeitet an der Hochschule Zittau/Görlitz, wo er Lehrveranstaltungen zu Risikomanagement, Nachhaltigkeitstransformationen und Umweltschutztechnologien durchführt. Mit zwei Kollegen hat er ein kleines Unternehmen ausgegründet, das sich auf die Entwicklung von Software für Energiemanagement und THG-Bilanzierung spezialisiert hat.

Er ist Mitglied im DIN NAGUS, dem Normenausschuss Grundsätze des Umweltschutzes, der für die interdisziplinäre Normung und Standardisierung im Umweltbereich auf nationaler, europäischer und internationaler Ebene zuständig ist. Er erarbeitet Normen und Spezifikationen zu Umweltmanagementsystemen und den Instrumenten für das Umweltmanagement. Als Ausbilder und Coach unterstützt er Organisationen bei der Entwicklung und Einführung von Nachhaltigkeitskonzepten.

Kontaktinformationen: m.will@hszg.de; www.mw-sustainability.com

Valentin Tappeser ist Sozial- und Politikwissenschaftler mit langjähriger Erfahrung in Forschung und Beratung zu Nachhaltigkeitspolitiken und Transformationsstrategien auf unterschiedlichen Ebenen. Aktuell ist er Referent für Institutskoordination und Strategie am Institut für ökologische Wirtschaftsforschung (IÖW) in Berlin und koordiniert in dieser Funktion unter anderem den Forschungsverbund „Wissen.Wandel.Berlin – transdisziplinäre Forschung für eine soziale und ökologische Metropole" der in Berlin ansässigen Ecornet Institute (www.ecornet.berlin).

Von 2014 bis 2018 war er als wissenschaftlicher Berater beim Berlin Thinktank adelphi im Bereich Nachhaltigkeitspolitik tätig und begleitete dort im Auftrag des Umweltministeriums die Weiterentwicklung der deutschen Nachhaltigkeitsstrategie.

Er ist Mitgründer der Non-Profit Beratung rootAbility und des Green Office Movements, einem Netzwerk von inzwischen über 50 universitären Nachhaltigkeitsdepartments in Europa.

Valentin Tappeser studierte Soziologie, Politik und Nachhaltigkeitswissenschaften in Maastricht, Freiburg, Santa Cruz (CA), Delhi und Buenos Aires. Zuletzt absolvierte er einen Online-MicroMaster des Massachusetts Institute of Technology in Statistics & Data Science.

Kontaktinformationen: valentin.tappeser@ioew.de; www.tappeser.com

Abkürzungsverzeichnis

ACIMH   Academic Consortium for Integrative Medicine & Health (Akademisches Konsortium für integrative Medizin und Gesundheit)

AIAN   American Indian and Alaska Native (Abkürzung für die indigene Bevölkerung Nordamerikas und Alaskas des US Census Bureau)

AOFG   Agriculture and Organic Farming Group (Gruppe für Landwirtschaft und ökologischen Landbau, Indien)

AU   Afrikanische Union

B2B   Business to Business (Geschäftsbeziehungen zwischen zwei oder mehreren Unternehmen)

B2C   Business to Customer (Geschäftsbeziehungen und -modelle zwischen Unternehmen und Privatpersonen)

BIP   Bruttoinlandsprodukt

BLM   Black Lives Matter („Schwarze Leben Zählen", politische Bewegung)

Bt   Bazillus thuringiensis

BWP   Bruttoweltprodukt

C2C   Cradle to Cradle (von Wiege zu Wiege; Ansatz in der Kreislaufwirtschaft)

CCS   Carbon Capture and Storage (CO_2-Sequestrierung)

CH_4 Methan

CITES   Übereinkommen über den internationalen Handel mit gefährdeten Arten freilebender Tiere und Pflanzen (Convention on International Trade in Endangered Species of Wild Fauna and Flora)

CO_2 Kohlendioxid

COP   Conference of the Parties (Konferenz der Vertragsparteien)

CORSIA   Carbon Offsetting and Reduction Scheme for International Aviation (System zum Ausgleich und zur Reduzierung von CO2-Emissionen für die internationale Luftfahrt)

CSD   Commission on Sustainable Development (Kommission der Vereinten Nationen für Nachhaltige Entwicklung)

CSP   concentrated solar power (Solarthermische Kraftwerke mit Strahlungsbündelung)

CSR	corporate social responsibility (Soziale Verantwortung von Unternehmen)
DFD	Design for Disassembly (demontagefreundliches Design)
DJSI	Dow Jones Sustainability Index (Nachhaltigkeitsindex des amerikanischen Börsenindex)
ECOMOG	ECOWAS-Überwachungsgruppe
ECOWAS	Economic Community of West African States (Wirtschaftsgemeinschaft westafrikanischer Staaten)
EEA	European Environment Agency (Europäische Umweltagentur)
ESG	Environment, Social and Governance (Umwelt, Soziales und Governance)
ETS	Emission Trading System (Emissionshandelssystem)
EU	Europäische Union
EUA	EU-Allowances (EU-Emissionsberechtigungen)
EU-ETS	EU Emission Trading System (EU-Emissionshandelssystem)
EU-MENA	Europa, Naher Osten und Nordafrika (MENA: Middle East and Northern Africa)
EWG	Europäische Wirtschaftsgemeinschaft
FAO	Food and Agricultural Organisation (Organisation für Ernährung und Landwirtschaft)
FCKW	Fluorchlorkohlenwasserstoff
FFEA	Future-Focused Entrepreneurship Assessment (Bewertung von zukunftsorientiertem Unternehmertum)
FSC	Forest Stewardship Council
G20	Gruppe der 20
G8	Gruppe der Acht
GCC	Global Climate Coalition (Globale Klima-Koalition)
Gha	Globaler Hektar
GM	Gentechnisch modifiziert
GPI	Genuine Progress Indicator (Fortschrittsindikator)
GRI	Global Reporting Initiative
GTS	Green Tobacco Sickness („Grüne Tabakkrankheit")
GV	Gentechnisch verändert
HDI	Human Development Index (Index der menschlichen Entwicklung)
HFC	Hydrofluorkohlenstoff
HFCKW	„teilhalogenierte" Fluorchlorkohlenwasserstoffe
HITEC	Hyderabad Information Technology and Engineering Consultancy City
IAO	Internationale Arbeitsorganisation
IcAO	Internationale Zivilluftfahrtorganisation (International Civil Aviation Organization)
IFC	Internationale Finanz-Corporation (International Finance Corporation)
IFOAM	Internationale Vereinigung der ökologischen Landbaubewegungen (International Federation of Organic Agriculture Movements)

IGO	Zwischenstaatliche Organisation (intergovernmental organization)
IH	Integrative Gesundheitsversorgung (integrative health)
ILUC	Indirekte Landnutzungsänderungen (indirect land use change)
IM	Integrative Medizin
IMO	Internationale Seeschifffahrtsorganisation (International Maritime Organization)
IPCC	Intergovernmental Panel on Climate Change (Weltklimarat)
ISMUN	International Student Movement for the United Nations (Internationale Studentenbewegung für die Vereinten Nationen)
IStGH	Internationaler Strafgerichtshof
IT	Informationstechnologie
ITER	Internationaler Thermonuklearer Versuchsreaktor
IUCN	International Union for Conservation of Nature (Weltnaturschutzunion)
IWF	Internationaler Währungsfonds
JIT	Just in time
KWK	Kraft-Wärme-Kopplung
LCA	Life Cycle Analysis (Lebenszyklusanalyse/Umweltbilanz)
LCCA	Life Cycle Cost Account (Lebenszykluskostenkonto)
LCOE	Levelized Cost of Energy (Nivellierte Energiekosten)
MA	Millennium Ecosystem Assessment, Millennium Bewertung von globalen Ökosystemdienstleistungen
MDGs	Millenniums-Entwicklungsziele der Vereinten Nationen
MPI Oxford	Mehrdimensionaler Oxford-Armutsindex
MSC	Marine Stewardship Council
MSR	Market Stability Reserve (Markt-Stabilitätsreserve)
NEED	Northern European Enclosure Dam (Megaprojekt zu Dämmen im Ärmelkanal und in der Nordsee)
NERNew	Entrants Reserve
NGO	Nichtstaatliche Organisation
NSSDN	National Strategy for Sustainable Development (Nationale Strategie für nachhaltige Entwicklung)
O3	Ozon
ODP	Ozon-Abbaupotenzial
OECD	Organisation für wirtschaftliche Zusammenarbeit und Entwicklung
PCB	Polychloriertes Biphenyl
PPP	(1) Menschen, Planet, Profit oder Menschen, Planet, Wohlstand
	(2) Kaufkraftparität
	(3) Öffentlich-private Partnerschaft
QALY	Qualitätsbereinigtes Lebensjahr
R2	Responsibility to Protect (Schutzverantwortung)
RDAR	Empfohlene Tagesdosis

REDD	Reducing Emissions from Deforestation and forest Degradation (Reduzierung von Emissionen aus Entwaldung und Walddegradierung)
RESFIA+D	Verantwortung, emotionale Intelligenz, Systemorientierung, Zukunfts- orientierung, persönliches Engagement, Handlungskompetenz und disziplinäre Kompetenzen
SDGs	Nachhaltigkeitsziele der Vereinten Nationen
SEEAS-	System of integrated Environmental and Economic Accounting (System der integrierten Umwelt- und volkswirtschaftlichen Gesamtrechnung)
SF	Science-Fiction
SIDSS	Small Island Development States (Insel-Entwicklungsstaaten)
SME	Kleine und mittlere Unternehmen (SMES)
SSA	Sub-Sahara-Afrika
SUV	Sport Utility Vehicle (Geländelimousine)
THG	Treibhausgas
TREC	Trans-Mediterrane Zusammenarbeit im Bereich erneuerbare Energien
UN-Vereinte	Vereinte Nationen
UNAIDS	Programm der Vereinten Nationen zu HIV/AIDS
UNCED	Konferenz der Vereinten Nationen über Umwelt und Entwicklung
UNDP	Entwicklungsprogramm der Vereinten Nationen (UNDP)
UNEP-	Umweltprogramm der Vereinten Nationen
UNESCO	Organisation der Vereinten Nationen für Erziehung, Wissenschaft und Kultur
UNFCCC	Klimarahmenkonvention der Vereinten Nationen
UNFPA	Bevölkerungsfonds der Vereinten Nationen
UNICEF	Kinderhilfswerk der Vereinten Nationen
USA	Vereinigte Staaten von Amerika
UV	Ultraviolette Strahlung
UVP	Umweltverträglichkeitsprüfung
VSO	Freiwilligendienst in Übersee
WBCSD	World Business Council for Sustainable Development (Weltwirtschaftsrat für Nachhaltige Entwicklung)
WCED	Weltkommission für Umwelt und Entwicklung
WHO	Weltgesundheitsorganisation
WSCSD	World Student Community for Sustainable Development
WTO	Welthandelsorganisation
WWF	World Wide Fund for Nature

Dieses Buch besteht aus zwei Teilen. Der erste Teil, von Kap. 1 bis 4, analysiert die Situation in der Welt im Hinblick auf die nachhaltige Entwicklung, während der zweite Teil, von Kap. 5 bis 8, eine Reihe von Strategien und Methoden für Lösungen im Sinne der nachhaltigen Entwicklung vorstellt. Mit anderen Worten: Der erste Teil des Buches stellt Fragen, der zweite Teil gibt Antworten.

Die Analyse in Teil 1 beginnt mit einem Überblick über das Thema und es werden grundlegende Konzepte vorgestellt.

In den Kap. 2 und 3 wird eine Reihe von sogenannten *Fehlern im Gefüge* analysiert – Schwächen und Bedrohungen, die zusammen die Gründe darstellen, warum Menschen auf der ganzen Welt für eine nachhaltige Entwicklung arbeiten.

Die Ressourcen dafür werden in Kap. 4 umrissen, in dem eine Reihe von „Quellen der Vitalität" – die Stärken und Möglichkeiten, die die Gegenstücke zu diesen Schwächen sind – behandelt werden.

Eine Analyse der Stärken, Schwächen, Chancen und Gefahren wird oft als „SWOT-Analyse" abgekürzt, weshalb der erste Abschnitt diesen Namen trägt.

Durch die SWOT-Analyse wird es möglich sein, am Ende des Kap. 4 die Ziele der nachhaltigen Entwicklung (SDGs) einzuführen: Die 17 Ziele, die sich die Welt bis 2030 gesetzt hat. Diese Ziele werden die Agenda für die Auswahl der Strategien für die in Teil 2 diskutierten Lösungen bilden.

Teil 1 setzt sich aus den folgenden Kapiteln zusammen:

1. Nachhaltige Entwicklung, eine Einführung
2. Webfehler im System: Mensch und Natur
3. Webfehler im System: Mensch und Gesellschaft
4. Quellen der Vitalität

Nachhaltige Entwicklung, eine Einführung

1

Inhaltsverzeichnis

Fall 1.1. Die niederländischen Flussdeiche

Am 30. Januar 1995 beschlossen die niederländischen Behörden, die Flussgebiete um Maas und Waal zu evakuieren. Tiel, Hedel, Kerk, Kerkdriel, Kerkdriel, Zaltbommel, Kesteren und mehr als zehn weitere Dörfer wurden evakuiert. In einem Teil der Großstadt Nimwegen wurden Tausende von Einwohnern sogar gezwungen, ihre Häuser zu verlassen. Unternehmen wurden geschlossen. Schnelligkeit war von entscheidender Bedeutung, da die Gefahr einer großen Überschwemmung bestand. Insgesamt verließen eine Viertelmillion Menschen ihre Häuser und suchten an anderen Orten wie dem Automuseum Autotron und dem Veranstaltungszentrum in Rosmalen (Abb. 1.1) Unterkunft und Verpflegung.

Den ganzen Dezember über hatte es in Europa stark geregnet, und die Flüsse in Frankreich und Deutschland waren auf beispiellose Höhen angeschwollen. Eine riesige Wassermenge strömte in Fässern den Rhein und die Maas hinunter in Richtung Niederlande, wobei sich das Wasser über die Flussdeiche in Limburg

© Der/die Autor(en), exklusiv lizenziert durch Springer-Verlag GmbH, DE, ein Teil von Springer Nature 2021
N. Roorda, *Grundlagen der nachhaltigen Entwicklung,*
https://doi.org/10.1007/978-3-662-62868-3_1

Abb. 1.1 Die Maas-Hochwasser, 1995. (*Quelle:* https://beeldbank.rws.nl, Rijkswaterstaat/Bart van Eyck)

ergoss, während Venlo und Borgharen überflutet wurden. In der Zwischenzeit entstand eine weitere Furcht um andere Deiche – weil sie so viel Wasser aufgesaugt hatten, konnten sie geschwächt und weggespült werden. Wenn das geschah, wäre eine Katastrophe unvermeidlich gewesen.

Als der Deich in der Nähe der Stadt Ochten am 29. Januar 50 cm zur Seite geschoben wurde, wurde die Situation zu gefährlich. Am selben Tag begann die Massenevakuierung.

Aber die Deiche haben nicht nachgegeben. Sie hielten die Stellung, verstärkt durch Tausende von Lkw-Ladungen Sand. Als die Wasserstände in der ersten Februarwoche allmählich sanken, durften die Bewohner in ihre Häuser zurückkehren, und der Schaden beschränkte sich auf einige tausend Häuser und Fabriken in Venlo und Borgharen sowie in den Wüstengebieten.

Die Niederlande waren einer bestimmten Katastrophe entgangen, und dies zum zweiten Mal, denn 1993 war die Lage ebenso prekär gewesen.

In Kap. 1 wird zunächst die Bedeutung der nachhaltigen Entwicklung untersucht, indem untersucht wird, wie die Niederlande mit dem Wasser der vielen Flüsse umgehen, die durch ihr Land fließen. Diese Art und Weise umfasst sowohl die nachhaltigen als auch die weniger nachhaltigen Facetten.

Ein zweites Beispiel deckt ein weiteres sehr ernstes Problem ab – die Tatsache, dass Millionen von Kindern infolge eines Vitamin-A-Mangels erblindet sind. Durch die Untersuchung dieses Problems aus verschiedenen Blickwinkeln wird es möglich sein, sich eine Meinung über verschiedene nachhaltige Lösungen zu bilden. Die Untersuchung anderer komplexer Fragen wie Umweltverschmutzung, Armut und Überbevölkerung führt zu einem Verständnis der komplizierten Beziehung zwischen all diesen Problemen sowie zu der Notwendigkeit, sie umfassend und nachhaltig anzugehen.

Auf der Grundlage dieser Szenarien wird das Konzept der nachhaltigen Entwicklung aus einer intuitiven Perspektive vorgestellt und anschließend mit der „offiziellen" Definition – der am häufigsten verwendeten – verglichen.

Nachhaltige Entwicklung beinhaltet die Verteilung des Wohlstands zwischen den verschiedenen Teilen der heutigen Welt und auch die Verteilung dieses Wohlstands zwischen den Menschen von heute und den Menschen von morgen. Um diese beiden Facetten verständlich zu machen, werden in diesem Kapitel die viel gebrauchten Ausdrücke „hier und dort" und „jetzt und später" verwendet. Sie werden anhand einer Reihe von Fallstudien eingeübt.

Ein zweiter Ansatz, der häufig zur Kategorisierung der nachhaltigen Entwicklung verwendet wird, ist der von „People", „Planet" und „Profit", wobei letzterer manchmal auch als „Wohlstand" bezeichnet wird. Die Fälle in diesem Kapitel dienen der Untersuchung dieser dreigliedrigen Kategorisierung.

Ein dritter Ansatz zur Unterscheidung zwischen den Arten der nachhaltigen Entwicklung beinhaltet „Top-down" und „Bottom-up". Länder, Regierungen oder multinationale Unternehmen können sich alle auf die nachhaltige Entwicklung konzentrieren, wobei dies der Top-down-Ansatz ist. Aber auch Einzelpersonen können sich allein oder in Gruppen für die Sache der nachhaltigen Entwicklung einsetzen; dies ist der Bottom-up-Ansatz. Diese Konzepte werden ebenfalls durch die Fälle illustriert.

1.1 Mensch und Natur

Fall 1.1 beschreibt den uralten Kampf des niederländischen Volkes mit dem Wasser. In den letzten tausend Jahren gab es viele Sintfluten, sowohl aus dem Meer als auch aus Flüssen, und es gibt einen guten Grund, warum die Niederlande weltweit für ihre Deiche bekannt sind.

Nach der großen Überschwemmung von 1953, bei der mehr als 1.800 Menschen ihr Leben verloren, wurden die Deltawerke errichtet, wobei die Deiche erhöht und Sturmflutbarrieren über die Flussdeltas im Südwesten der Niederlande errichtet wurden. Nachdem das gesamte Projekt abgeschlossen war, sollte das Land nun dauerhaft gegen Überschwemmungen gesichert sein. Dies stellte sich jedoch als unwahr heraus.

Die großen Flüsse des Tieflandes sorgten sowohl 1993 als auch 1995 für eine unangenehme Überraschung, wobei es innerhalb weniger Jahre zweimal zu Überschwemmungen kam. Das ist zweimal hintereinander – ein bemerkenswertes Ereignis, wenn man bedenkt, dass die Flüsse das letzte Mal 1926 über die Ufer traten. Was war da los?

Im Laufe des Jahres 1995 wurde viel Arbeit zur Untersuchung der Ursachen geleistet, und aus Studien und Debatten ging hervor, dass es eine Reihe von Gründen gab.

Eine davon war, dass die Flüsse kanalisiert wurden (siehe Abb. 1.2).

Mit anderen Worten, die Windungen und Drehungen – die Mäander –, die ursprünglich Teile der Flüsse bildeten, wurden begradigt. Dies wurde getan, um die Schifffahrt und den Deichbau zu erleichtern, aber es bedeutet auch, dass das Wasser mit größerer Geschwindigkeit durch die Flüsse fließt und dass die Flüsse ein geringeres Wasservolumen enthalten. Obwohl dies unter normalen Umständen nicht bemerkbar ist, gab es in den Wintern 1992–1993 und 1994–1995 außergewöhnlich hohe Niederschläge in Europa, und ein großer Teil dieses Regens floss durch die Niederlande in die Nordsee. Es gab einfach nicht genug Platz für diese Wassermasse. Verschärft wurde die Situation noch dadurch, dass die Überschwemmungsgebiete, ein natürliches Merkmal der Flüsse, wegen der Deiche nicht mehr zur Verfügung standen. Zwar existierten die Brachflächen – das Gebiet zwischen den Sommer- und Winterdeichen, siehe Abb. 1.3 – noch, doch waren darauf Häuser und Bauernhöfe gebaut worden (siehe Abb. 1.4).

Es gab noch eine weitere Ursache für die Überschwemmungen. Die Wälder entlang des Flusses waren in großem Umfang abgeholzt worden, nicht nur in den Niederlanden, sondern auch in anderen Ländern – in den Regionen, in denen das Wasser aus den Bergen herunterfließt und sich sammelt. Und auch Städte und Gemeinden wurden gebaut. Die Wälder sind in der Lage, Wasser für einige Zeit in ihrem Boden zurückzuhalten, sodass das Regenwasser nicht auf einmal in die Flüsse fließt, sondern die Städte verringern sogar die Fähigkeit des Bodens, Wasser aufzunehmen. Da Wälder fehlen und Städte vorhanden sind, schwoll das Wasser schnell zu einer großen Masse an, die die

Abb. 1.2 Kanalisierung eines
Flusses

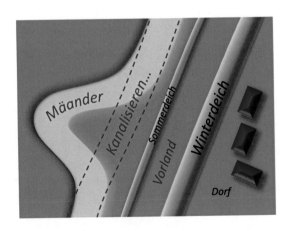

Abb. 1.3 Das Buschland bei Olst. (*Quelle:* Gerhard Aberson, Wikimedia)

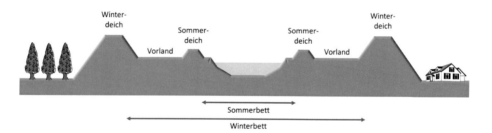

Abb. 1.4 Ein Flussbett im Sommer und Winter

Flusskanäle plötzlich unter großen Druck setzte. Die Niederlande waren nicht das einzige Opfer, und in Frankreich und Deutschland gab es 1995 25 Todesopfer. Abgesehen von diesen Ursachen wurde 1995 natürlich auch viel darüber nachgedacht, warum es in diesen Jahren plötzlich so stark regnete. Könnte es die Folge des Temperaturanstiegs aufgrund der globalen Erwärmung gewesen sein? Das war sicherlich möglich, aber es war keine einfache Aufgabe, dies zu beweisen, wobei Daten aus sehr vielen Jahren benötigt wurden. Das Buch wird in Kap. 7 auf diese Frage zurückkommen.

Der Kampf zwischen dem niederländischen Volk und dem Wasser, das es umgibt, ist ein Beispiel für die Beziehung zwischen Mensch und Natur. „Wir können die natürliche Umwelt nutzen", war das Gefühl. Wir können sie sogar so anpassen, dass sie unseren Zwecken dient – Flüsse kanalisieren, Wälder abholzen, Städte bauen, alles aus Gründen der Sicherheit, wirtschaftlicher Interessen und des Bedarfs an Raum zum Wohnen und Arbeiten. Und noch mehr: „Wir können der Technologie zur Kontrolle des Wassers vertrauen – in dem Maße, in dem Häuser in den Wässern gebaut werden sollen" (Abb. 1.4).

Die Flussveränderungen sind nur ein Beispiel dafür, wie die natürliche Umwelt so verändert wurde, dass sie den Zwecken der Bevölkerung dient. Polder und Sümpfe wurden trockengelegt, und die Wälder wurden in den vergangenen Jahrhunderten weitgehend dezimiert. Die Landschaft ist von Wiesen, Straßen, Gewächshäusern und Städten bedeckt. All diese Veränderungen wurden um des Profits, der Sicherheit oder des Wohlergehens der Menschen willen vorgenommen. Die Landschaft wurde drastisch verändert, möglicherweise in den Niederlanden mehr als in jedem anderen Land der Welt. Betrachtet man das Land aus der Luft, so fällt auf, dass die gesamten Niederlande in Abschnitte unterteilt sind, von denen kaum ein Stück Natur in seinem ursprünglichen Zustand vorhanden ist.

In den Jahren 1993 und 1995 haben die Flüsse gezeigt, dass sich die Natur gegen einen selbst wenden kann, wenn man die Umwelt radikal verändert. Dies ist in erster Linie auf eine Kombination von Gründen zurückzuführen, die, sollten sie für sich allein genommen existieren, keine Probleme verursachen würden. Für die Flüsse war diese Kombination die der Kanalisierung, der Abholzung, der Stadtentwicklung und vielleicht der globalen Erwärmung – jede dieser Veränderungen hätte für sich allein vielleicht keine Überschwemmungen solchen Ausmaßes verursacht, aber die Kombination dieser Gründe erwies sich als katastrophal.

Fragen

- Wissen Sie, welche Art von natürlicher Umgebung einst dort existierte, wo heute Ihr Zuhause steht? War es Wald oder Sumpf, Heide oder offenes Wasser?
- Leben Sie derzeit unterhalb des Meeresspiegels? Wenn nicht, waren Sie jemals an einem Ort unterhalb des Meeresspiegels?

Wir sind leicht in der Lage, die natürliche Umwelt zu verändern, unter der Voraussetzung, dass wir die verschiedenen beteiligten Interessen sorgfältig gegeneinander abwägen, wie z. B. die Sicherheit der Menschen, die vom Menschen genutzte Fläche, den wirtschaftlichen Nutzen und die Kraft von Natur und Umwelt. Im Falle der Flussbewirtschaftung ging diese Interessenabwägung zu weit in Richtung menschlicher Veränderungen. Das Gleichgewicht wurde zugunsten der Sicherheit und der Wirtschaft gekippt, wobei die Interessen der natürlichen Umwelt unterschätzt wurden. Im Endeffekt wurde genau das Gegenteil von dem erreicht, was beabsichtigt war, und 1993 und 1995 wurde die Sicherheit gefährdet und die Wirtschaft durch die Überschwemmungen und

Evakuierungen geschädigt. Dies wird als Rebound-Effekt bezeichnet, der auftritt, wenn der Erfolg einer bestimmten Aktion zu unbeabsichtigten Nebenwirkungen führt, die die positiven Folgen der Aktion verringern oder sogar das genaue Gegenteil bewirken.

Raum für den Fluss
Die Niederländer sind seit dem Mittelalter im Kampf gegen die Gewässer, die sie umgeben, engagiert. Nachdem 1421 eine Reihe von Deichen und Dünen in den heutigen Provinzen Holland und Zeeland weggespült worden waren, was den Verlust von über 2.000 Menschenleben zur Folge hatte, wurden Bündel und Buhnen im Meer angelegt, später wurde ein Deich gebaut. In den folgenden Jahrhunderten wurden immer mehr und immer stärkere See- und Flussdeiche gebaut, wobei 1932 ein Binnenmeer aufgestaut wurde. Als Reaktion auf die große Flut von 1953, bei der erneut rund 2.000 Menschen ums Leben kamen, wurden die Deltawerke gebaut, deren letzte Teile 1997 fertiggestellt wurden.

Diese Arten von Lösungen konzentrieren sich alle auf die Kontrolle der natürlichen Umwelt und das Vertrauen in unsere eigene Macht. Aber die Ereignisse von 1993 und 1995 haben deutlich gemacht, dass dieser Ansatz seine eigenen Grenzen hat. Es dauerte lange, bis die Ingenieure und politischen Entscheidungsträger erkannten, dass das Problem nicht durch eine weitere Verstärkung der Deiche gelöst werden konnte. Die Lösung konnte nicht durch Versuche gefunden werden, immer mehr eigene Kräfte zur Kontrolle der natürlichen Umwelt einzusetzen, sondern vielmehr durch die Anpassung an die Kräfte der Natur selbst. Und so wurde das Programm „Raum für den Fluss" („Room for the River") geboren.

Eines seiner vielen Teilprojekte wurde Ende 2002 abgeschlossen, als der Deich des Niederrheins in der Nähe der Stadt Arnheim um 200 m verschoben wurde, wodurch neben dem Fluss ein Brachland entstand, das bei steigendem Wasserstand überflutet werden konnte.

Auf diese Weise wurden 45 Hektar Land an den Fluss zurückgegeben. Ein zusätzlicher Pluspunkt war die Tatsache, dass die Region Teil des nationalen „ökologischen Netzwerks" der Niederlande wurde, eines zusammenhängenden Netzwerks von bestehenden und noch zu schaffenden Naturschutzgebieten im Land, die sich auf die Wiederherstellung der Artenvielfalt und die Widerstandsfähigkeit der natürlichen Umwelt konzentrieren. Dank „Raum für den Fluss" wurden natürliche Feuchtgebiete zum Wohle der Flussfauna miteinander verbunden.

Der gleiche Ansatz wurde bei der Entwicklung einer ganzen Reihe anderer Überschwemmungsgebiete verfolgt, wie z. B. bei der 700 Hektar großen Millingerwaard bei Nimwegen, die dem Fluss zurückgegeben wurde und ihn zu einem großen Naturschutzgebiet mit Kanälen, Inselchen und Sandbänken machte. Ein weiteres Beispiel ist in Abb. 1.5 zu sehen. An verschiedenen Stellen wurden alte Mäander des Flusses entweder restauriert oder Seitenkanäle gegraben. In vielen Gebieten wurden die Flüsse in einen natürlicheren Flusslauf zurückgeführt. All dies geschah, um den Flüssen mehr Raum zu

Abb. 1.5 Raum für den Fluss: Das Westervoort Hondsbroecksche Pleij ist ein ehemaliges Buschland an den Ufern der Nederrijn und der IJssel. Der Deich wurde verschoben, sodass der Fluss (oben bei normalem Pegelstand dargestellt) bei steigendem Pegel einen breiten Verlauf hat (oben). (Quelle: https://beeldbank.rws.nl, Rijkswaterstaat, Niederländische Regierung)

geben, der bei Hochwasser benötigt wird. Die Kraft des Wassers wird nun akzeptiert und genutzt, statt bekämpft zu werden – natürlich in Grenzen.

Das Programm „Room for the River" wurde offiziell im März 2019 mit dem Abschluss des letzten Projekts abgeschlossen. Insgesamt wurden 34 Maßnahmen entlang des Niederrheins, der Waal, Merwede und IJssel umgesetzt. Deiche wurden ins Landesinnere verlegt, Nebenkanäle gebaut, die sich bei Flut füllen, und an verschiedenen Stellen wurden Überschwemmungsgebiete und Krippen abgesenkt.

Das Blatt wendet sich

Die Wende in der Denkweise, die zu „Raum für den Fluss" führte, ist ein schönes Beispiel für eine nachhaltige Wasserwirtschaft, von der erwartet wird, dass sie für lange Zeit aufrechterhalten werden kann, selbst wenn der Klimawandel zu einem weiteren Temperaturanstieg im Laufe des einundzwanzigsten Jahrhunderts führt. Daraus erklärt sich auch das Wort „nachhaltig" im Sinne von „lange bestehen können" – die alte Politik, die auf dem Versuch beruhte, die Naturgewalten vollständig zu kontrollieren, konnte nicht mehr verfolgt werden, da sie nicht nachhaltig war.

Das Wort Kontrolle ist eine prägnante Möglichkeit, die alte Politik in einem einzigen Wort zusammenzufassen. Ein passender Begriff für die neue, nachhaltige Wasserwirtschaft ist Anpassung, d. h. die Naturkräfte zu akzeptieren und bis zu einem gewissen Grad zu verändern. Ein solcher Begriff, der in einem Wort eine ganze Denkweise repräsentiert, wird als „Paradigma" bezeichnet, und die Wende von der Betrachtung der Kontrolle zur Betrachtung der Anpassung ist ein Paradigmenwechsel, der für viele Formen der nachhaltigen Entwicklung charakteristisch ist – weitere Beispiele für Paradigmenwechsel werden im Laufe dieses Buches erscheinen.

Die Einführung des Programms „Raum für den Fluss" bedeutete eine dramatische Veränderung für die Infrastruktur der Feuchtgebiete in den Niederlanden. Die alten und neuen natürlichen Regionen entlang der Flüsse bilden nun zusammen ein äußerst komplexes System, das aus zahlreichen Bestandteilen besteht. Diese Veränderung war notwendig, da das System einen „Webfehler im System" enthielt – es war schlecht konzipiert, um die Entwicklungen zu bewältigen, mit denen die Menschen im einundzwanzigsten Jahrhundert konfrontiert waren. Mehr Raum für die Flüsse zu schaffen, bedeutet einen spannenden Übergang, eine „Transition": eine grundlegende Veränderung des Systems auf der Grundlage eines Paradigmenwechsels.

Dieser neue Ansatz ist ein Beispiel für *nachhaltige Entwicklung,* eine Entwicklung, die zu einer Umwelt führt, in der die Interessen der Menschheit, der Wirtschaft und der natürlichen Umwelt in einem ausgewogenen Verhältnis zueinander stehen. Das bedeutet, dass nicht nur den Menschen genügend Raum zur Verfügung steht, sondern auch den Wäldern und anderen Naturräumen, ohne dass diese Naturräume übermäßig ausgebeutet werden, in denen die natürlichen Ressourcen nicht erschöpft werden. Eine solche Entwicklung führt zu einem Land, in dem Mensch und Natur auf nachhaltige Weise zusammenleben können.

Nachhaltige Entwicklung lässt sich am besten auf internationaler Ebene angehen, wie das Beispiel der Flüsse zeigt. Die Ursachen für die Probleme, die den Flüssen in den Niederlanden zugrunde liegen, sind in mindestens vier anderen europäischen Ländern zu finden. Allein die Niederlande können einige dieser Ursachen lösen, aber nicht alle.

Der folgende Abschnitt befasst sich mit einem weiteren Beispiel für nachhaltige Entwicklung, bei dem viel deutlicher wird, dass es sich um einen internationalen Prozess handelt.

1.2   Reich und arm

Der vorhergehende Abschnitt befasste sich mit der Beziehung zwischen Mensch und natürlicher Umwelt, und das Buch wird regelmäßig auf dieses Thema zurückkommen. Doch zunächst wird nun eine andere Beziehung untersucht – die Beziehung zwischen den Menschen selbst. Im folgenden Fall geht es um die ungleiche Verteilung des Wohlstands zwischen Menschen in verschiedenen Teilen der Welt, zwischen „Reich" und „Arm".

Fall 1.2. Reis und Vitamin A
Dank seiner Farbe wird er goldener Reis genannt. Und für Millionen von Kindern könnte er den Unterschied zwischen Sehen und Blindheit oder sogar zwischen Leben und Tod bedeuten – ganz wörtlich.

Aber die Gegner sagen, dass goldener Reis unnötig, vielleicht sogar gefährlich sei.

Etwa 250 Mio. Kleinkinder auf der ganzen Welt leiden unter den Folgen von Vitamin-A-Mangel, wobei 250.000 jedes Jahr unheilbar erblinden. Andere erkranken an Masern oder Grippe, weil ihr Immunsystem durch Vitamin-A-Mangel geschwächt ist. Etwa die Hälfte von ihnen stirbt an diesen Krankheiten.

In der entwickelten Welt ist es fast unbekannt, an einem Vitamin-A-Mangel zu leiden. Es ist in unseren Nahrungsmitteln wie Eiern und Fisch im Überfluss vorhanden, während viele Obst- und Gemüsesorten Beta-Carotin (β-Carotin) enthalten, dass unser Körper in Vitamin A umwandelt. Karotten enthalten sehr viel β-Carotin, was ihnen ihre orange Farbe verleiht. („Karotten sind gut für die Augen", wird oft gesagt, und es stimmt auch).

In den ärmeren Regionen der Welt (vor allem in Südasien und Afrika) enthält die durchschnittliche Ernährung wenig Gemüse, Früchte, Eier und ähnliche Produkte. Das Hauptnahrungsmittel für einige Milliarden Menschen ist Reis, der kein Vitamin A enthält.

Eine Reihe großer, multinationaler Unternehmen hat inzwischen einen Weg gefunden, mit diesem Problem umzugehen. Sie entwickeln eine neue Reissorte, die β-Carotin enthält, mithilfe der Gentechnik, bei der eine Blüte, eine gelbe

Narzisse, verwendet wird (Abb. 1.6). Die Narzisse ist in der Lage, β-Carotin zu erzeugen, weil sie die richtigen Gene dafür hat, und diese Gene wurden in einem Labor auf die Reiszellen übertragen. Es stellte sich heraus, dass die Reiskörner, die von den in diesem Experiment angebauten Pflanzen geerntet wurden, tatsächlich β-Carotin enthalten. Dank der gelb-orangenen Farbe – oder vielleicht auch nur aus Marketinggründen – hat diese Sorte den Namen „Goldener Reis" erhalten.

Im Fall des Goldenen Reis sind zwei sehr unterschiedliche Kulturen aufeinander getroffen. Auf der einen Seite gibt es einige Milliarden gewöhnlicher Menschen, die häufig arm sind, in Entwicklungsländern leben und unter schweren Krankheiten infolge von Unterernährung leiden, auf der anderen Seite gibt es eine Gruppe moderner, westlich orientierter Unternehmen mit Milliardengewinnen, die behaupten, die Probleme, unter denen diese Menschen leiden, mit Hilfe von Technologie lösen zu können.

Abb. 1.6 Gelbe Narzisse, Quelle der Gene für Goldenen Reis. (*Quelle:* Marc Ryckaert (MJJR), Wikimedia)

Die Frage stellt sich natürlich – ist das wahr? Stimmt es wirklich, dass der gentechnisch veränderte („gentechnisch modifiziert" oder „GM"; auch „Gentechnik" oder „Genetical Engineering", GE, genannt) Goldene Reis das Problem des Vitamin-A-Mangels lösen kann? Die Meinungen sind geteilt, was nicht verwunderlich ist, wenn man bedenkt, wie außerordentlich kompliziert die Situation ist.

Biotechnologie ist teuer, und es kostet sehr viel Geld, eine neue Kulturpflanze zu entwickeln. Die Unternehmen, die sich mit dieser Aufgabe beschäftigen, tun dies nicht aus einem Gefühl der Nächstenliebe heraus, sondern weil sie erwarten, Gewinne zu erwirtschaften. Dies könnte leicht dazu führen, dass das Saatgut für diese neuen Pflanzen teurer ist als normales Saatgut. In der Zwischenzeit haben die Bauern in der Dritten Welt wenig Geld, und so bleibt die Frage, ob sie sich solches Saatgut leisten könnten.

Die Forscher, die den Goldenen Reis herstellten, verkauften ihre Rechte daran an einige große Unternehmen, Syngenta und Monsanto. Bei diesem Verkauf versprachen diese Unternehmen, dass sie ihre Patente nicht in den Preis für das Saatgut einbeziehen würden, der den Landwirten in armen Ländern in Rechnung gestellt wird. Das ist natürlich großartig, wirft aber auch Fragen auf, von denen eine lautet: Warum sollten die Unternehmen das tun? Steht plötzlich der Profit nicht mehr im Vordergrund, oder werden die Landwirte fortan gezwungen sein, ihr Saatgut jährlich von Syngenta und Monsanto zu kaufen, was sie dauerhaft von den Unternehmen abhängig macht? Darüber hinaus sind die beiden Unternehmen nicht die einzigen, die involviert sind, da bei der Entwicklung von Goldenem Reis Methoden angewandt wurden, auf die viele andere Unternehmen gesetzlich Anspruch haben. Allein beim Goldenen Reis waren insgesamt 70 verschiedene Patente beteiligt, die 32 verschiedenen Unternehmen in einem komplexen rechtlichen Netzwerk von Kombinationen gehören. Es ist also noch eine offene Frage, wie teuer dieses Saatgut sein wird und ob die Bauern es sich leisten können. Doch selbst wenn der Reis letztlich erschwinglich ist, bleibt abzuwarten, ob die Bauern bereit sein werden, auf gewohnte Kulturen zu verzichten und zu anderen zu wechseln.

Die Biotechnologie ist nicht ohne Risiken, und es gibt Probleme wie die Möglichkeit einer unerwünschten Verteilung von Genen. Das bedeutet, dass die eingeschleusten Gene auf den offenen Feldern unter anderen Kulturpflanzen landen, die von Insekten oder auf anderem Wege dorthin gebracht wurden. Was dies für das natürliche Gleichgewicht bedeutet, lässt sich nicht vorhersagen. Oder die eingeschleusten Gene könnten unerwartete Nebenwirkungen auf den Reis haben, die zu unbekannten Auswirkungen auf den Stoffwechsel eines Menschen, der ihn verzehrt, oder zur Vergiftung von Insekten auf den Reisfeldern führen.

Aus diesen Gründen hat sich die Umweltorganisation Greenpeace zum Gegner der Gentechnik erklärt. Bei dem Versuch, den Anbau von Goldenem Reis zu stoppen, errechnete die Bewegung, dass dieser eine bei weitem unzureichende Menge an β-Carotin enthält, um einen sinnvollen Beitrag zum Vitamin-A-Mangel zu leisten. Befürworter gentechnisch veränderter Lebensmittel kontern mit der Aussage, dass der

Reis nicht die *einzige* Vitamin-A-Quelle sein müsse und dass noch Versuche laufen, den β-Carotin-Gehalt des Reises noch weiter zu erhöhen. Auf der Website www.goldenrice. org heißt es, es sei zu erwarten, dass die β-Carotin-Konzentration ausreichend hoch werden kann, um die empfohlene Tagesdosis (recommended daily allowance, RDA) für Vitamin A bei Kindern zu erreichen, die ebenfalls die RDA von Reis verzehren.

Ein grundlegender Einwand der Gegner des Goldenen Reises besteht darin, dass der „technologische" Ansatz für das Problem des Vitamin-A-Mangels die eigentliche Ursache dieses Problems verschleiert, nämlich – so behaupten sie – die Armut, die in weiten Teilen der Welt herrscht. Dies führt dazu, dass die Menschen in diesen Regionen ein unausgewogenes Ernährungsmuster haben und ihnen somit essentielle Nährstoffe entgehen. Mit anderen Worten: Die eigentliche Ursache ist die enorm ungleiche Verteilung des Wohlstands in den verschiedenen Teilen der Welt. Solange diese Ungleichheit auf so hohem Niveau besteht, wird es auch weiterhin Probleme wie Vitamin-A-Mangel geben.

Fragen

- Warum sind, Ihrer Meinung nach, bestimmte Unternehmen bereit, ihre Patente auf goldenen Reis nicht in den Preis einzubeziehen, der den armen Bauern berechnet wird?
- Und warum hat Greenpeace, Ihrer Meinung nach, berechnet, dass goldener Reis viel zu wenig β -Carotin enthält, um aussagekräftig zu sein?

Reis ist nicht die einzige Pflanze, an der Experimente zur genetischen Veränderung durchgeführt werden. Mais ist eine weitere Pflanze (siehe Abb. 1.7), ebenso wie Baumwolle. Bt-Baumwolle, auch Bollgard genannt, ist Baumwolle, in die die Gene des Bakteriums „Bacillus thuringiensis" eingeschleust wurden, um die Resistenz der Pflanze gegen den Baumwollkapselwurm („Pink Bollworm") zu erhöhen. Diese erhöhte Resistenz ist von erheblichem Nutzen für die Umwelt, da weniger Pestizide eingesetzt werden müssen. Bei Mais, der anfällig geworden ist, weil eine extensive selektive Züchtung die genetische Vielfalt dramatisch vermindert hat, werden Versuche zur Einführung einer größeren Vielfalt durchgeführt. Soja wurde gentechnisch verändert (GV), um die Resistenz gegen Herbizide zu erhöhen; bereits 2007 bestanden 60 % der weltweiten Sojaernte aus GV-Pflanzen. Soja wird in vielen Lebensmitteln verarbeitet, und es ist fast sicher, dass jeder Leser dieses Buches regelmässig gentechnisch verändertes Soja konsumiert. Es wurde jedoch postuliert, dass schwangere Frauen, die GV-Soja essen, ihren ungeborenen Babys schaden könnten – Studien haben dies offenbar an Ratten nachgewiesen. Kurzum, GV-Soja ist Gegenstand heftiger Debatten, und das wird noch einige Zeit so bleiben.

Abb. 1.7 Das Projekt zur Verbesserung der Keimplasmaeigenschaften von Mais (GEM) ist ein Versuch, die genetische Vielfalt von nordamerikanischem Mais durch den Einbau von Genen exotischer Sorten zu erhöhen, wie z. B. die hier gezeigten seltsam geformten oder gefärbten Nutzpflanzen aus Lateinamerika. (*Quelle:* GV-Mais: Keith Weller, US-Landwirtschaftsministerium)

Fall 1.3. Der Kampf geht weiter: Greenpeace gegen 155 Nobelpreisträger...

Greenpeace, November 2015: zwanzig Jahre des Scheiterns
   www.greenpeace.org/international/en/publications/Campaign-reports/
Agriculture/Twenty-Years-of-Failure
   Warum GV-Nutzpflanzen ihre Versprechen nicht gehalten haben
   Mythos 1: GV-Pflanzen können die Welt ernähren
   Die Wirklichkeit: Es gibt keine GV-Pflanzen, die auf hohe Erträge ausgelegt sind. Die Gentechnik ist schlecht geeignet, die Probleme zu lösen, die Hunger und Unterernährung zugrunde liegen – sie verstärkt das Modell der industriellen Landwirtschaft, das bisher die Welt nicht ernähren konnte.
   Mythos 2: GV-Pflanzen sind der Schlüssel zur Klimaresistenz
   Die Wirklichkeit: Die Gentechnik hinkt bei der Entwicklung von Pflanzensorten, die der Landwirtschaft bei der Bewältigung des Klimawandels helfen können, hinter der konventionellen Züchtung hinterher. Die Klimaresistenz hängt stark von Anbaumethoden ab, die die Vielfalt fördern und den Boden nähren, und nicht von den allzu vereinfachten Anbausystemen, für die GV-Pflanzen konzipiert sind.

Mythos 3: GV-Pflanzen sind sicher für Mensch und Umwelt

Die Wirklichkeit: Langfristige Umwelt- und Gesundheitsüberwachungs-
programme existieren entweder nicht oder sind unzureichend. Unabhängige
Forscher beklagen, dass ihnen der Zugang zu Forschungsmaterial verwehrt wird.

Mythos 4: GV-Pflanzen vereinfachen den Pflanzenschutz

Die Wirklichkeit: Nach einigen Jahren tauchen als Reaktion auf herbizid-
tolerante und insektenresistente GV-Nutzpflanzen Probleme wie herbizidresistente
Unkräuter und Superschädlinge auf, was zur Anwendung zusätzlicher Pestizide
führt.

Mythos 5: GV-Pflanzen sind für Landwirte wirtschaftlich rentabel

Die Wirklichkeit: Die Preise für GV-Saatgut sind durch Patente geschützt, und
ihre Preise sind in den letzten 20 Jahren in die Höhe geschnellt. Das Aufkommen
von herbizidresistenten Unkräutern und Superschädlingen erhöht die Kosten der
Landwirte und verringert ihre wirtschaftlichen Gewinne noch weiter.

*Mythos 6: GV-Pflanzen können mit anderen landwirtschaftlichen Systemen
koexistieren*

Die Wirklichkeit: GV-Kulturen kontaminieren Nicht-GV-Kulturen. Bisher
wurden weltweit fast 400 Vorfälle von GV-Verunreinigungen registriert. GVO-
frei zu bleiben, bedeutet für die Landwirte erhebliche zusätzliche und manchmal
unmögliche Kosten.

*Mythos 7: Gentechnik ist der vielversprechendste Weg der Innovation für
Lebensmittelsysteme*

Die Wirklichkeit: Fortschrittliche Nicht-GV-Pflanzenzuchtmethoden liefern
bereits jetzt die von GV-Pflanzen versprochenen Eigenschaften wie Krankheits-
resistenz, Hochwasser- und Dürretoleranz. GV-Nutzpflanzen sind nicht nur eine
ineffektive Art der Innovation, sondern sie schränken die Innovation auch aufgrund
der geistigen Eigentumsrechte ein, die im Besitz einer Handvoll multinationaler
Konzerne sind.

Washington Post, 29. Juni 2016: Brief von 155 Nobelpreisträgern

**An die Führer von Greenpeace, der Vereinten Nationen und Regierungen in
aller Welt**

Das Ernährungs- und Landwirtschaftsprogramm der Vereinten Nationen hat
festgestellt, dass die weltweite Produktion von Nahrungs- und Futtermitteln
sowie Fasern bis 2050 ungefähr verdoppelt werden muss, um den Bedarf einer
wachsenden Weltbevölkerung zu decken. Organisationen, die gegen die moderne
Pflanzenzüchtung sind, allen voran Greenpeace, haben diese Tatsachen wiederholt bestritten und sich gegen biotechnologische Innovationen in der Landwirtschaft ausgesprochen. Sie haben deren Risiken, Nutzen und Auswirkungen falsch
dargestellt und die kriminelle Zerstörung von genehmigten Feldversuchen und
Forschungsprojekten unterstützt.

Wir fordern Greenpeace und seine Unterstützer nachdrücklich auf, die Erfahrungen von Landwirten und Verbrauchern weltweit mit Nutzpflanzen und Lebensmitteln, die durch Biotechnologie verbessert wurden, erneut zu prüfen, die Erkenntnisse maßgeblicher wissenschaftlicher Gremien und Regulierungsbehörden anzuerkennen und ihre Kampagne gegen „GVO" im Allgemeinen und Golden Rice im Besonderen aufzugeben.

Wissenschaftliche und behördliche Behörden auf der ganzen Welt haben wiederholt und konsequent festgestellt, dass Nutzpflanzen und Lebensmittel, die durch Biotechnologie verbessert wurden, genauso sicher, wenn nicht sogar sicherer sind als solche, die aus jeder anderen Produktionsmethode stammen. Es gab nie einen einzigen bestätigten Fall eines negativen gesundheitlichen Ergebnisses für Menschen oder Tiere durch deren Verzehr. Es hat sich wiederholt gezeigt, dass ihre Auswirkungen auf die Umwelt weniger umweltschädlich und ein Segen für die globale biologische Vielfalt sind.

Greenpeace hat sich an die Spitze der Opposition gegen den Goldenen Reis gesetzt, der das Potenzial hat, einen Großteil der durch Vitamin-A-Mangel (VAD) verursachten Todesfälle und Krankheiten zu verringern oder zu beseitigen, was die ärmsten Menschen in Afrika und Südostasien am stärksten trifft.

Die Weltgesundheitsorganisation schätzt, dass 250 Mio. Menschen an VAD leiden, darunter 40 % der Kinder unter fünf Jahren in den Entwicklungsländern. Auf der Grundlage von UNICEF-Statistiken treten jährlich insgesamt ein bis zwei Millionen vermeidbare Todesfälle als Folge von VAD auf, weil sie das Immunsystem beeinträchtigt und Babys und Kinder einem großen Risiko aussetzt. Die VAD selbst ist die Hauptursache für die Erblindung von Kindern, von der jedes Jahr weltweit 250.000 bis 500.000 Kinder betroffen sind. Die Hälfte stirbt innerhalb von 12 Monaten nach Verlust des Augenlichts.

WIR FORDERN GREENPEACE AUF, ihre Kampagne gegen den Goldenen Reis im Besonderen und die Verbesserung von Nutzpflanzen und Lebensmitteln durch Biotechnologie im Allgemeinen einzustellen;

WIR RUFEN DIE REGIERUNGEN DER WELT AUF, die Greenpeace-Kampagne gegen den Goldenen Reis im Besonderen und die durch Biotechnologie verbesserten Nutzpflanzen und Lebensmittel im Allgemeinen abzulehnen und alles in ihrer Macht Stehende zu tun, um sich den Aktionen von Greenpeace zu widersetzen und den Zugang der Bauern zu allen Werkzeugen der modernen Biologie zu beschleunigen, insbesondere zu durch Biotechnologie verbessertem Saatgut. Widerstand, der auf Emotionen und Dogmen beruht, die durch Daten widerlegt werden, muss gestoppt werden.

Wie viele arme Menschen in der Welt müssen sterben, bevor wir dies als „Verbrechen gegen die Menschlichkeit" betrachten?

Mit freundlichen Grüßen,

155 Nobelpreisträger, initiiert von Sir Richard J. Roberts

https://supportprecisionagriculture.org/nobel-laureate-gmo-letter_rjr.html

1.3   Probleme und Erfolgsgeschichten

Unser Planet ist mit anderen Problemen konfrontiert, deren Ausmaß dem des Vitamin-A-Mangels entspricht. Klimawandel, Kinderarbeit, Abfallberge, Probleme im Zusammenhang mit Einwanderung, Erschöpfung der natürlichen Ressourcen, Flüchtlinge, Bodenverschmutzung, Hunger, Krieg, Epidemien und Terrorismus sind nur einige Beispiele dafür. Auf den ersten Blick sind dies alles Themen, die vielleicht wenig miteinander zu tun haben. Dennoch lassen sie sich alle auf einige wenige zugrunde liegende Ursachen zurückführen.

Eines davon ist ein *Übermaß an* bestimmten Dingen. Dies ist oft ein Problem, mit dem reichere Nationen konfrontiert sind. Ein Nahrungsmittelreichtum kann beispielsweise zu einem Kalorienüberschuss und damit zu typischen Problemen der wohlhabenderen Länder führen, wie z. B. Übergewicht und Herz-Kreislauf-Erkrankungen. Reichlich Reisemöglichkeiten führen zu Verkehrsstaus und Fluglärm, während ein Überfluss an Geld für den Kauf von allem, was einem gefällt, zu übermäßigem Abfall, übermäßigen Treibhausgasemissionen und übermäßigem Raubbau an Natur und Umwelt führt. Andere Probleme ergeben sich aus einem *Mangel*, ein Problem, das natürlich in den ärmeren Regionen auftritt. Dies äußert sich in einem Mangel an Geld und (folglich) in einem Mangel an Nahrung, Bildung, medizinischer Versorgung, Sicherheit und Freiheit. In vielen Fällen ist damit auch ein Mangel an Demokratie und Achtung der Menschenrechte verbunden.

Ein Überschuss an einem Ort, ein Mangel an einem anderen – in vielen Fällen geht es also in erster Linie um eine schlechte Verteilung. Viele dieser Fragen beziehen sich in der Folge nicht nur auf die reichen oder armen Länder, sondern vielmehr auf die Unterschiede zwischen ihnen. Diese Wechselwirkung wird an einigen Beispielen deutlich:

- Der Zustrom von Einwanderern in die reichen Länder ist auf die Armut und Unsicherheit anderswo sowie auf die Erwartung zurückzuführen, dass das Leben in den reichen Ländern besser sein wird.
- Der in reichen Ländern verübte Terrorismus hängt – zumindest teilweise – mit der nachteiligen Stellung der Bürger anderer Nationen sowie mit Gefühlen von Eifersucht und Ressentiments zusammen.
- Kinderarbeit in Entwicklungsländern ist bis zu einem gewissen Grad ein Thema, weil der reiche Westen billige Luxusgüter nachfragt.
- Auch Entwicklungshilfe kann unbeabsichtigte Nebenwirkungen haben. In vielen Ländern hat es Fälle gegeben, in denen kostenlose Produkte, die als Hilfe gespendet wurden, lokale Kleinunternehmen wettbewerbsunfähig machten und so eine ohnehin schwache Wirtschaft weiter beschädigten.

Die vorhergehenden Beispiele zeigen, dass viele der großen Probleme, mit denen die Welt konfrontiert ist, auf komplexe Weise miteinander verbunden sind. Häufig ist es möglich, eine Lösung für eines dieser Probleme zu finden, aber es wird sich immer herausstellen, dass diese Lösung Folgen haben wird, die andere Probleme hervorrufen oder verschärfen könnten. Eines davon ist die Einführung von Goldenem Reis, der unerwartete Umwelt- oder Gesundheitsprobleme verursachen könnte.

Ein weiteres Beispiel: Um den Treibhauseffekt zu verringern, könnte man Windturbinen einsetzen. Aber Windmühlen stören die Landschaft und töten Vögel. Oder man könnte Dämme in die Flüsse bauen, um Wasserkraft zu erzeugen; aber Dämme führen zur weiteren Verdunstung von Süßwasser, einer Ressource, die in vielen Gebieten sehr knapp ist.

Das läuft darauf hinaus, dass es keine einfache Lösung gibt. Die verschiedenen großen Probleme beeinflussen sich gegenseitig, und es scheint, als seien sie alle in einer unentwirrbaren Komplexität miteinander verbunden. Jedes der Probleme kann nur gelöst werden, wenn gleichzeitig in einer Vielzahl anderer Fragen große Erfolge erzielt werden. Mit anderen Worten, wenn man ein Problem lösen will, muss man sie alle angehen, wie Abb. 1.8 veranschaulicht.

Abb. 1.8 Die verschiedenen Hauptprobleme sind alle in nahezu unentwirrbarer Komplexität miteinander verbunden. Wenn Sie eines dieser Probleme lösen wollen, müssen Sie sie alle gleichzeitig angehen. (*Quelle:* Eric Bajart: Gunung-Kawi-Tempel (Bali, Indonesien), Wikimedia)

Man könnte meinen, es gäbe Grund genug, pessimistisch zu sein, was die Chancen auf eine Verbesserung der Situation betrifft, und nichts zu tun – die Dinge einfach so zu lassen, wie sie sind. Aber das ist nicht notwendig, und es wurden in der Vergangenheit viele Erfolge erzielt. Eine kleine Auswahl dieser Erfolgsgeschichten:

- *Gesundheit:* Die Pocken sind weltweit ausgerottet, andere epidemische Krankheiten werden folgen.
- *Die Umwelt:* Fluorchlorkohlenwasserstoff (FCKW) ist ein Gas, das u. a. in Aerosoldosen und Kühlschränken verwendet wird. Es hat aber auch die Ozonschicht der Erde angegriffen. Ein internationales Abkommen, das Montrealer Protokoll, wurde 1989 unterzeichnet, um den Einsatz von FCKW und verwandten Stoffen zu reduzieren, und dieser Anteil wurde bis 2014 auf 0,5 % gesenkt (siehe Abb. 1.9). Einzelheiten über das Montrealer Protokoll werden in Abschn. 6.4, in Teil 2 dieses Buches, erörtert.
- *Die Wirtschaft:* Das Bruttoinlandsprodukt (BIP, die Gesamtsumme von allem, was in einem Jahr in einem Land verdient wird) in Südasien stieg zwischen 1990 und 2017 von 1847 Dollar pro Einwohner auf 5918 Dollar. Diese Zahlen sind inflationsbereinigt und um die lokale Kaufkraft korrigiert, ausgedrückt in „internationalen

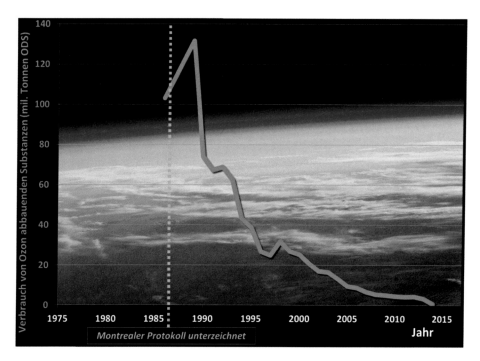

Abb. 1.9 Weltweite Verwendung von FCKW ab 1989. Die Einheit der vertikalen Achse ist in „Metrische ODP-Tonnen" (mal 10^6). ODP steht für „Ozonabbaupotential", die Fähigkeit, Ozon abzubauen. (*Quelle:* UNEP Geodata, 2020. Hintergrundfoto: NASA Goddard Space Flight Center)

Dollars" des Jahres 2011, sodass Sie sie fair vergleichen können. Selbst in einer der ärmsten Regionen, in Subsahara-Afrika, gab es einen Anstieg: 1990 betrug das Pro-Kopf-BIP 2617 Dollar, 1994 fiel es auf 2359 Dollar, erreichte aber 2017 3489 Dollar. (Quelle: Weltbank, Datenbank des Internationalen Vergleichsprogramms).

- *Die Armut:* Wenn „absolute Armut" als ein Einkommen von weniger als 3,20 Dollar pro Tag und Person definiert wird, dann lebten 1981 57 % der Weltbevölkerung in absoluter Armut, ein Prozentsatz, der im Jahr 2017 nur 26 % betrug. Das ist immer noch viel zu viel, aber eine deutliche Verbesserung.

Fragen

- Sind Ihnen noch andere „größere" Probleme bekannt, die nicht bereits erwähnt wurden? Gehören dazu auch solche, die sich auf die Wohlstandsunterschiede zwischen den reicheren und ärmeren Nationen oder auf das Verhältnis zwischen Mensch und natürlicher Umwelt beziehen?
- Was würden Sie als Erfolg ansehen, wenn es darum geht, diese Art von Fragen anzugehen, einen Erfolg, der es wirklich wert ist, verfolgt zu werden? Kennen Sie Beispiele für solche Erfolgsgeschichten, die tatsächlich (ganz oder teilweise) erreicht worden sind?

Abgesehen von den bereits erwähnten und zahlreichen anderen Fortschritten sehen wir uns auch mit Situationen konfrontiert, die sich verschlechtern. Darüber hinaus kann man auch viele dieser Fortschritte infrage stellen. Ein Beispiel dafür ist die Tatsache, dass zunehmender Wohlstand dazu führt, dass die Umwelt zunehmend unter Druck gerät.

Ist die Welt ein besserer Ort als vor 10, 20 oder 30 Jahren? Oder eher: Sind in den nächsten 10, 20 oder 30 Jahren echte Fortschritte zu erwarten? Oder müssen wir tatsächlich befürchten, dass sich die Probleme verschlimmern und die Welt in ein Elend abgleiten wird?

Einige Menschen sehen die Lage ausgesprochen pessimistisch und befürchten, dass die Dinge im Laufe des 21. Einige von ihnen halten es sogar für denkbar, dass die Menschheit vor dem Ende des Jahrhunderts aufhören wird zu existieren. Und dann gibt es diejenigen, die optimistisch sind, die glauben, dass sich die großen Probleme mehr oder weniger von selbst lösen werden. Die Wahrheit liegt irgendwo zwischen diesen beiden Extremen. Die *Pessimisten* haben zur Hälfte Recht – es ist wahr, dass die Dinge für die Menschheit schlecht ausgehen werden, *wenn* wir unseren gegenwärtigen Weg fortsetzen. Wir beuten die Natur rücksichtslos aus, greifen die Umwelt an und erhalten eine ungleiche Verteilung der Armut aufrecht, die niemals zu einer stabilen Welt führen kann. Aber auch die *Optimisten* haben zur Hälfte Recht – es besteht durchaus die Chance, dass es in Wirklichkeit gar nicht so schlimm kommen wird. Nur wird dies nicht von selbst geschehen, und es wird eine außerordentliche Anstrengung erforderlich sein. Viele Menschen werden über einen langen Zeitraum auf dieses Ziel hinarbeiten müssen, und das Ergebnis wird nicht eine Welt sein, die frei von Problemen ist, eine Welt, die für alle Ewigkeit schön ist. Viele der Lösungen für aktuelle Probleme werden, sollten sie umgesetzt werden, zweifellos zu neuen Problemen führen. Das war das immer wiederkehrende Thema in der Geschichte, und es wird sicherlich auch weiterhin so bleiben. Es gibt jedoch allen Grund zu der Erwartung, dass das ganze Ausmaß der Probleme abnehmen wird und dass die Welt dadurch einer wirklichen Verbesserung unterworfen sein wird.

Sollte es uns gelingen, die wichtigsten Fragen weitgehend zu lösen, wird die Welt für viele Menschen gesünder, sicherer und attraktiver sein als heute. Die Hinwendung zu diesem Ziel wird als nachhaltige Entwicklung bezeichnet.

Dem Wörterbuch zufolge bedeutet das Wort „nachhaltig" im Grunde genommen: „fähig, über die Zeit hinweg weiterzumachen". Es wird z. B. in Bezug auf hergestellte Gegenstände wie Elektrogeräte verwendet. Wenn in einer Werbung eine nachhaltige Waschmaschine erwähnt wird, bezieht sich dies wahrscheinlich auf die Tatsache, dass die Waschmaschine jahrelang einwandfrei funktioniert und sich nicht schnell abnutzt.

In gleicher Weise können wir von einer „nachhaltigen Gesellschaft" sprechen, d. h. einer Gesellschaft, die in der Lage ist, über einen längeren Zeitraum hinweg zu bestehen. Angesichts des Raubbaus an der Umwelt, der ungleichen Verteilung des Wohlstands usw. kann die Gesellschaft derzeit nicht als besonders nachhaltig angesehen werden. Sollte es uns jedoch gelingen, wirkliche Verbesserungen in die Gesellschaft einzuführen, könnte die Welt in eine zunehmend stabile und nachhaltige Welt verwandelt werden.

Eine verwirrende Ergänzung dazu ist, dass nachhaltige Objekte (Objekte, die sich nicht schnell abnutzen) nicht immer zu einer nachhaltigen Gesellschaft beitragen. Aus der Perspektive der nachhaltigen Entwicklung ist es manchmal besser, wenn bestimmte Dinge nicht für die Ewigkeit gemacht werden. In der Tat kann es nur als positiv angesehen werden, dass die meisten der benzinschluckenden Autos aus den 1950er Jahren heute verschlissen sind und ersetzt wurden.

Darüber hinaus bedeutet die Idee einer nachhaltigen Gesellschaft nicht, dass wir uns auf eine starre und unveränderliche Welt freuen können. Wie bereits erwähnt, werden die Lösungen für die Probleme, mit denen wir derzeit konfrontiert sind, mit Sicherheit dazu führen, dass andere, wenn auch hoffentlich weniger umfangreiche Probleme auftreten werden. Über diese Veränderungen hinaus werden neue Entwicklungen in Wissenschaft und Technik sowie in Kultur und Kommunikation immer wieder für Veränderungen sorgen. Nachhaltig bedeutet folglich nicht „statisch" oder „starr", und es ist klar, dass eine perfekte Welt, in der alle unsere großen Probleme gelöst sind, niemals Wirklichkeit werden wird.

Aus diesem Grund ist der Begriff „nachhaltige Entwicklung" dem Begriff „nachhaltige Gesellschaft" vorzuziehen, wobei Ersterer darauf hinweist, dass es sich um einen Prozess der kontinuierlichen, unaufhörlichen Verbesserung hin zu einer Gesellschaft handelt, die immer nachhaltiger wird.

1.4   Zwei Dimensionen: hier und dort, jetzt und später

Nachhaltige Entwicklung führt zu einer Welt, in der immer mehr Menschen in der Lage sind, ein menschenwürdiges Leben für viele kommende Generationen zu führen.

Dies bedeutet, dass es zwei Seiten der nachhaltigen Entwicklung gibt:

1. Ein menschenwürdiges Leben für einen *immer größer werdenden Teil der Bevölkerung.*
2. Diese menschenwürdige Gesellschaft wird über einen langen Zeitraum *aufrechterhalten.*

Ein *immer größerer Teil der Bevölkerung* bezieht sich auf die Verteilung des Wohlstands auf immer mehr Menschen. Man könnte es die Verteilung des Wohlstands von *hier* nach *dort* nennen. *Nachhaltig* wiederum bezieht sich auf die Zukunft, die man als die Beziehung zwischen *jetzt* und *später* betrachten kann. Die eine befasst sich mit „Ort", die andere mit „Zeit" – den beiden Dimensionen der nachhaltigen Entwicklung (siehe Abb. 1.10).

Die vorangegangene Beschreibung ist nicht besonders genau, wenn es darum geht, den Begriff der „nachhaltigen Entwicklung" zu definieren, und die verwendeten Begriffe sind relativ vage. Was ist überhaupt ein *anständiges Leben*? Könnte es dasselbe sein wie ein Leben in Würde? Oder ein Leben in Wohlstand oder in Gesundheit? Ein *ständig wachsender Teil der Bevölkerung* – wie viele Menschen, und wie schnell sollte ihre Zahl steigen? Und wie sieht es mit einer Gesellschaft aus, die über einen längeren Zeitraum *erhalten bleibt*? Wie lange ein Zeitraum – 20 Jahre, ein Jahrhundert, tausend Jahre? Bis zum Ende der Welt?

Abb. 1.10 Die zwei Dimensionen der nachhaltigen Entwicklung: Ort und Zeit. (*Quelle:* Hintergrundfoto: NASA Headquarters – Greatest Images of NASA (NASA-HQ-GRIN))

Zu einem *menschenwürdigen Leben* gehören zumindest ausreichende und gesunde Nahrung, sauberes Trinkwasser, ein geringes Risiko, infektiösen Krankheiten ausgesetzt zu werden, und Sicherheit – Schutz vor Krieg, Terrorismus und Naturkatastrophen. Und für die meisten Kulturen, zumindest in der heutigen Zeit, auch: eine gute Ausbildung mit einer vernünftigen Chance, eine angemessene Beschäftigung und ein gutes Gehalt zu finden. Außerdem: Freiheit, einschließlich der Meinungsfreiheit, also auch Demokratie und Menschenrechte.

Ein *immer größer werdender Teil der Bevölkerung* – ein vernünftiges Ziel könnte darin bestehen, den Prozentsatz der wirklich Armen – die von weniger als 1,25 oder 1,90 Dollar pro Tag leben (siehe Abschn. 3.2) – über einen Zeitraum von 25 Jahren zu halbieren. Ein alternatives Ziel könnte darin bestehen, dass alle Kinder die Schule besuchen. Dies ist kein so verrücktes Ziel, da es genau das Ziel war, das die Vereinten Nationen in ihren sogenannten Millenniums-Entwicklungszielen festgelegt haben, die für die Jahre 2000 bis 2015 konzipiert wurden. Sie werden nun durch die UN-Ziele für nachhaltige Entwicklung (SDGs, 2016–2030) ersetzt, über die Sie bald mehr lesen werden.

Und schließlich, wie wäre es, wenn sie *über einen längeren Zeitraum aufrecht-erhalten würde*? Es macht sicherlich nicht viel Sinn, über eine Welt nachzudenken, die für alle Ewigkeit fortbestehen wird. Niemand kann so weit vorausdenken. Aber wenn man die Frage umgekehrt betrachtet, wird es möglich, ihr einen gewissen Sinn zu geben. Mögliche Gründe könnten untersucht werden, die dazu führen könnten, dass die Gesell-schaft ein unangenehmes Ende nimmt oder ein beunruhigendes Wohlstandsniveau erreicht – die Ursachen der Nichtnachhaltigkeit. Dazu könnten gehören: eine Eiszeit oder eine Periode mit sehr tropischem Klima, drei Milliarden Flüchtlinge, ein riesiger Meteorit oder die vollständige Zerstörung der natürlichen Umwelt. Eine weltweite Epi-demie, vielleicht ausgelöst durch ein freigesetztes Laborvirus, könnte die Ursache sein, oder es könnte der Dritte Weltkrieg sein. Sobald diese Möglichkeiten erkannt sind, können Methoden zu ihrer Bekämpfung erdacht werden.

Fragen

- Denken Sie darüber nach, was die Mindestanforderungen für Sie in Bezug auf ein „anständiges Leben" wären.
- Ist es Ihnen wichtig, dass neben Ihnen selbst auch andere Menschen ein anständiges Leben führen können? Wenn ja, wen würden Sie einbeziehen – Ihre Freunde und Familie, alle Einwohner Ihrer Stadt, Ihres Landes oder der ganzen Welt? Würden Sie auch Tiere einbeziehen?
- Wenn Sie an eine Gesellschaft denken, die „über einen längeren Zeitraum" auf-rechterhalten werden muss, auf welche Zeitspanne sollten Sie sich Ihrer Meinung nach konzentrieren – zehn Jahre oder bis zu Ihrem Tod? Bis Ihre Enkelkinder sterben, oder noch länger?

Tab. 1.1 Einige räumliche und zeitliche Aspekte für zwei Fälle

	Fall 1.1 Die niederländischen Fluss-deiche	Fall 1.2 Reis und Vitamin A
Weltraum	• Überschwemmungen in den Nieder-landen werden u.a. durch Abholzung und Stadtentwicklung in anderen Ländern verursacht • Der große Platzbedarf in den Nieder-landen führt dazu, dass Über-schwemmungsgebiete und sogar Ödland für Landwirtschaft, Wohnungs-bau und Industrie genutzt werden	• Das Problem betrifft arme Nationen, und die vorgeschlagene Lösung wird von Unternehmen angeboten, die in reichen Ländern ansässig sind • Die zugrunde liegende Ursache des Vitamin-A-Mangels ist eine unaus-gewogene Ernährung, die das Ergebnis der ungleichen Verteilung des Wohl-stands ist
Zeit	• Es wird erwartet, dass die Nieder-schläge in den Bergregionen dank des Treibhauseffekts zunehmen werden und damit auch die Flusspegel • Der Platzbedarf wird in den Nieder-landen noch weiter steigen (siehe Fall 1.4), so dass es immer schwieriger wird, den zusätzlichen Raum für die Flüsse zur Verfügung zu stellen	• Solange dieses Problem nicht gelöst ist, werden jedes Jahr Hunderttausende von Menschen erblinden; für den Rest ihres Lebens werden sie ein Hindernis für den wirtschaftlichen Aufschwung ihrer Nation sein • Das Problem könnte billig und effektiv durch zukünftige Technologien gelöst werden, wodurch goldener Reis über-flüssig würde • Sollten sich die wirtschaftlichen Bedingungen in den armen Ländern verbessern, könnten sich die Bürger bessere Lebensmittel leisten, und goldener Reis wird überflüssig

Ort- und Zeitaspekte können in den beiden soeben genannten Detailfällen festgelegt werden. Einige Beispiele sind in Tab. 1.1 aufgeführt.

1.5   Die Definition von ‚nachhaltiger Entwicklung‘

Alles in allem ist die im vorigen Abschnitt gegebene Definition der nachhaltigen Ent-wicklung relativ vage. Die Ziele, zu denen eine nachhaltige Entwicklung führen soll, sind nicht klar festgelegt, ebenso wenig wie das Tempo, in dem dies geschehen muss. Dies ist kaum verwunderlich, denn die Welt ist äußerst komplex, ebenso wie die nach-haltige Entwicklung. Die Zukunft lässt sich kaum vorhersagen, wie könnte man also auch nur annähernd genau bestimmen, wie der Weg der nachhaltigen Entwicklung aus-sehen muss? Das ist völlig unmöglich.

Aber es hat Wissenschaftler und Politiker gegeben, die sich um eine genauere Definition der nachhaltigen Entwicklung bemüht haben. Eigentlich gab es sehr viele von ihnen, aber sie konnten sich im Allgemeinen nicht untereinander auf die Definition einigen, weshalb wir heute über hundert Definitionen des Begriffs haben.

Es gibt eine Definition, die von den meisten Menschen als maßgebend angesehen wird. Sie stammt aus dem Jahr 1987 und wurde von einer von den Vereinten Nationen eingesetzten Kommission, der Weltkommission für Umwelt und Entwicklung (WCED), ausgearbeitet. Das Gremium wird im Allgemeinen mit dem Namen seiner Vorsitzenden, Gro Harlem Brundtland (damals Ministerpräsidentin von Norwegen), als Brundtland-Kommission bezeichnet. Sie definierte nachhaltige Entwicklung als eine Entwicklung, die:

… die Bedürfnisse der Gegenwart befriedigt, ohne die Möglichkeiten künftiger Generationen zu gefährden, ihre eigenen Bedürfnisse zu befriedigen.

Diese Definition entspricht der zuvor genannten, da dieselben beiden Themen abgedeckt werden:

1 *die Bedürfnisse der heutigen Generation* (=ein menschenwürdiges Leben für einen immer größer werdenden Teil der Bevölkerung: Ort)
2 *die Bedürfnisse zukünftiger Generationen* (=eine menschenwürdige Gesellschaft besteht über einen längeren Zeitraum fort: Zeit)

Leider ist diese „offizielle" Definition immer noch genauso vage wie die vorherige. Auch hier sind weder die Ziele, auf die sich die nachhaltige Entwicklung konzentrieren sollte, noch das gewünschte Tempo scharf umrissen.

Aber ist es so schlimm, dass der Begriff der nachhaltigen Entwicklung ein so vages Konzept bleibt? Um ehrlich zu sein, ja, denn Missverständnisse können leicht entstehen. Schlimmer noch, es gibt Leute, die den Begriff missbrauchen werden. Das Wort „nachhaltig" ist allmählich ziemlich „in" geworden – sozusagen ein Hype, weshalb es von Unternehmen und Werbeagenturen oft als Empfehlung verwendet wird. „Das ist ein sehr nachhaltiges Auto!" könnte man hören. Aber, wie bereits erwähnt, ist ein Auto, das nachhaltig ist, das lange hält, nicht per se eine positive Sache im Sinne der nachhaltigen Entwicklung.

Abgesehen von diesem Aspekt ist das Fehlen einer sehr genauen Definition für nachhaltige Entwicklung nicht katastrophal und stellt vor Ort sicher kein Problem dar. Ein guter Weg, um herauszufinden, wie man das tun kann, besteht darin, zunächst das Gegenteil in Betracht zu ziehen – die Nicht-Nachhaltigkeit. Der folgende Fall befasst sich damit.

Fall 1.4. Der Platzmangel in den Niederlanden
Die Niederlande haben keinen Platz mehr, heißt es manchmal. Das stimmt natürlich nicht in dem Sinne, dass eine andere Person nicht eingepasst werden könnte, aber es stimmt in dem Sinne, dass alle Einwohner den verfügbaren Raum recht intensiv nutzen. Es scheint kein Platz ungenutzt zu bleiben (siehe Abb. 1.11).

Abb. 1.11 Kein Spot bleibt ungenutzt. Aus dem Weltraum siet man eine 36 mal 30 km große Region in Nordrhein-Westfalen. Die unzähligen rechteckigen Flecken sind landwirtschaftliche Felder. Drei riesige Tagebau-Kohlengruben sind zu sehen. Um die in Hambach gefundenen 2,4 Mrd. Tonnen Braunkohle freizulegen, waren fünf Jahre erforderlich, um eine 200 m dicke Schicht Abfallsand zu entfernen und außerhalb des Geländes wieder abzulagern. Die Mine liefert derzeit 30 Mio. Tonnen Braunkohle pro Jahr. Die jährliche Kapazität soll in den kommenden Jahren auf 40 Mio. Tonnen steigen. (*Quelle:* NASA/GSFC/MITI/ERSDAC/JAROS, und U.S./ Japan ASTER Science Team)

Der Grund dafür ist nicht in erster Linie die große Bevölkerungszahl, auch nicht die hohe Bevölkerungsdichte. Der Hauptgrund ist der *Wohlstand* des niederländischen Volkes.

Wohlstand bedeutet, dass die Niederländer insgesamt einen großen Bedarf an Raum haben. Sie alle wollen ein Haus, am liebsten ein großes, und einige wollen sogar zwei oder mehr Häuser. Sie wollen Freizeitaktivitäten, und deshalb brauchen sie Fußball- und Golfplätze, Seen zum Segeln und Strände zum Surfen, aber auch Campingplätze und Ferienparks. Wenn möglich, wäre es großartig, wenn auch der natürlichen Umwelt etwas mehr Platz eingeräumt würde, aber es werden große Industrieparks für die Fabriken und Vertriebszentren für die Herstellung und Verteilung aller Waren des Landes benötigt. Und die Verkehrsüberlastung (mindestens ein Auto für jeden!) bedeutet, dass ständig zusätzliche Straßen gebaut werden müssen.

Das ist in keiner Weise eine Schande – es ist völlig menschlich, solche Dinge zu wollen – und es wäre auch kein Problem, wenn den Niederlanden unbegrenztes Land zur Verfügung stünde. Aber das ist nicht der Fall, und die Niederländer sind gezwungen, sich mit etwas mehr als 41.000 km² zu begnügen.

Bereits Ende des letzten Jahrhunderts war man sich bewusst geworden, dass es irgendwann unmöglich sein würde, alle Wünsche an die Nutzung des Weltraums zu erfüllen. Deshalb wurde um die Jahrhundertwende von der Regierung eine Studie über die zu erwartende Nutzung des Weltraums im Zeitraum bis zum Jahr 2030 in Auftrag gegeben. Das Ministerium unterschied zwischen sieben verschiedenen Anwendungen (oder „Funktionen") für die verfügbare Fläche (siehe Tab. 1.2).

In einem ersten Schritt wurde die jüngste Situation (1996) untersucht, danach wurde untersucht, wie sich der Raumbedarf für jede der sieben Funktionen voraussichtlich verändern wird. Es wurden verschiedene Szenarien verwendet, die auf verschiedenen Prognosen für Bevölkerungswachstum, Wirtschaftswachstum usw. basierten. Dies führte zu hohen und niedrigen Schätzungen für die meisten der sieben Funktionen.

Für sechs der sieben Funktionen stellte sich heraus, dass der Platzbedarf wachsen wird, wobei nur für eine von ihnen – die Landwirtschaft – mit einem abnehmenden Bedarf gerechnet wird. Bei einer anderen, dem Wasser, war der Anstieg u. a. auf die Verbreiterung der Flüsse als Sicherheitsmaßnahme zurückzuführen (siehe Fall 1.1).

Tab. 1.2 Der Flächenbedarf in den Niederlanden bis 2030

Funktion	1996 in Gebrauch	Geschätzter Anstieg bis 2030	
		Niedriges Szenario	Hohes Szenario
Wohnungen	224.231	39.000	85.000
Arbeit	95.862	32.000	54.000
Infrastruktur	134.048	35.000	54.000
Sport und Erholung	82.705	144.000	144.000
Wasser	765.269	490.000	490.000
Natur und Landschaft	461.177	333.250	333.250
Landwirtschaft	2.350.807	−475.000	−170.000
Gesamt	**4.114.099**	**598.250**	**990.250**
% des Gesamtbetrags		15 %	24 %

Anmerkung: Angaben in Hektar (ha)

Das Gesamtergebnis ist, dass der Gesamtbedarf an Land um zwischen 600.000 und einer Million Hektar steigen wird – 15 bis 24 % der heutigen Fläche! Um es anders auszudrücken: Die Niederlande werden zu klein.

Der Begriff „Infrastruktur" in Tab. 1.2 bezieht sich auf: Straßen, Eisenbahnen, Deiche, Deiche, Brücken, Flugplätze, Häfen, Windmühlen, Stromkabel und Kraftwerke, Erdgasnetze, Abwasserkanäle, Sendemasten und so weiter.

Diese Knappheit von, sagen wir, (durchschnittlich) 800.000 Hektar stellte ein schwieriges Problem dar. Man könnte natürlich die Augen davor verschließen und denken: „Na ja, das regelt sich von selbst, 2030 kommt von selbst". Aber dann gab es die Chance, „automatisch" mit unangenehmen Folgen konfrontiert zu werden, die gigantische Ausmaße annehmen konnten. Es wäre vernünftiger, jetzt über mögliche Lösungen nachzudenken und auf dieser Grundlage Schritte zu unternehmen.

Man könnte z. B. erwägen, keine neuen Straßen zu bauen oder den Bau neuer Industrie- oder Wohngebiete einzufrieren. Aber alles zusammengenommen würde dies immer noch nicht genügend Platz sparen. Eine andere, sehr drastische Option wäre die Öffnung der noch bestehenden Naturschutzgebiete oder die Aufgabe großer landwirtschaftlicher Flächen für die Stadtentwicklung.

Ein anderer Ansatz war der Versuch, das Land zu erweitern. Es wäre nicht das erste Mal, dass dies mit der gesamten Provinz Flevoland mit einer Fläche von 240.000 Hektar, die durch die Rückgewinnung von Abschnitten des ehemaligen Binnenmeeres entstanden ist, geschieht. Andere Seen sind auf ähnliche Weise zu Land gemacht worden. Aber selbst Flevoland macht weniger als ein Drittel des bis 2030 zu erwartenden Mangels aus, sodass Flächen in der Größenordnung der dreifachen Größe der Provinz geschaffen werden müssten. Die Überreste des Binnenmeeres sind einfach nicht groß genug, sodass das neue Land in der Nordsee gebaut werden müsste.

Das Problem war, dass jede Lösung dieses Problems neue Fragen aufwerfen würde. Tab. 1.3 zeigt einige Beispiele dafür.

Eine Lösung, der viel Aufmerksamkeit gewidmet wurde, ist die der multifunktionalen Raumnutzung, bei der Flächen gleichzeitig für mehrere Zwecke genutzt werden. Dies könnte in Schichten erfolgen, mit einem Parkhaus, einem Kraftwerk oder einer Fabrik unter der Oberfläche und Wohn- oder Erholungsgebieten darüber. Eine andere Möglichkeit wäre, diese nebeneinander zu haben, wie z. B. ein Gewerbegebiet mit zwischen den Geschäftsgebäuden verstreuten Wohnungen. Dies könnte aber auch zu Geruchs- und Lärmbelästigung oder sogar zu Gefahren führen, wenn von den Unternehmen gefährliche Stoffe verwendet werden. Zur Bekämpfung dieser Gefahren wären zusätzliche Investitionen erforderlich. Eisenbahnen und Autobahnen könnten sich unter der Oberfläche in Tunneln befinden, aber diese Idee hat an Attraktivität verloren, seit in den

Tab. 1.3 Einige mögliche Lösungen für die künftige Raumknappheit

Mögliche Lösung	Neue Probleme
Das Land vergrößern – neues Land	Große, unkalkulierbare Umweltschäden, enormer finanzieller Aufwand
Keine neuen Straßen	Staus verschärfen sich weiter
Keine neuen Wohngebiete	Mangel an Wohnraum
Drastisch reduzierte Landwirtschaft	Großer Schaden für die Agrarindustrie, extreme Abhängigkeit von Nahrungsmittelimporten
Drastisch reduzierte Freizeitgestaltung	Großer Schaden für die Tourismusindustrie, Unzufriedenheit der Verbraucher
Drastisch reduzierte Naturgebiete	Große Umweltschäden, Unzufriedenheit der Verbraucher
Vermindertes Wirtschaftswachstum	Weniger Geld für die Umwelt, Unzufriedenheit der Verbraucher
Weniger Menschen z. B. durch Auswanderung	Weniger arbeitende Menschen, inakzeptabel im Hinblick auf die alternde Bevölkerung
Multifunktionale Raumnutzung	Zusätzliche Investitionen, unsicher, Belästigung durch andere Funktionen

Jahren nach 2000 eine Reihe von Großbränden in europäischen Tunneln ausgebrochen sind. Die multifunktionale Nutzung des Raums könnte also sicherlich zum Platzmangel im Land beitragen, schafft aber wiederum neue Probleme.

Fragen

- Wenn Sie die Wahl hätten zwischen drastisch reduzierter Landwirtschaft, Naturgebieten, Straßen, Erholungsraum oder städtischem Raum, für welche würden Sie sich entscheiden?
- Stellen Sie sich vor, Ihnen würde ein Haus angeboten, das von großen Fabriken umgeben ist, und es wäre 50 % billiger als anderswo. Würden Sie es kaufen?

Natürlich ist der vorangegangene Überblick über mögliche Lösungen bei weitem nicht umfassend, und man kann sich noch viele andere Optionen ausdenken.

Im Laufe der Jahre nach der Untersuchung, deren Ergebnisse in Tab. 1.2 dargestellt sind, hat sich gezeigt, dass die Veränderungen in der Raumnutzung tatsächlich nicht so schnell voranschreiten. Die Fläche der Landwirtschaft zum Beispiel ist zwar zurückgegangen, aber relativ wenig: In 20 Jahren haben nur 3 % der Fläche der Niederlande ihre landwirtschaftliche Nutzung verloren. Bis 2020 ist der Platzmangel immer noch ein heikles Thema, für das in den kommenden Jahren schwierige Entscheidungen getroffen und Milliarden von Euro ausgegeben werden müssen.

1.6   Das Dreifache P – People, Planet, Profit

Die drei in den vorhergehenden Abschnitten behandelten Fälle beziehen sich alle auf nachhaltige Entwicklung – Flüsse, Goldener Reis und Platzmangel. Auf den ersten Blick mag es den Anschein haben, als hätten diese Beispiele wenig miteinander zu tun, aber sie haben doch Gemeinsamkeiten.

Eine solche Übereinstimmung ist die *Umwelt*, „*Planet*". Die Überschwemmungen wurden zum Teil durch Abholzung und zum Teil durch das sich ändernde Klima verursacht. Gegner des Goldenen Reises warnten vor potenziell schwerwiegenden Folgen für die Umwelt, wenn die Gene versehentlich in andere Wildpflanzen eingeschleppt werden oder sich der Reis für bestimmte Insekten als giftig erweisen sollte. In der Zwischenzeit kann der zunehmende Platzmangel in den Niederlanden dazu führen, dass die Umwelt auf verschiedene Weise geschädigt wird, unter anderem durch den Bau neuer Flächen in der Nordsee und die Beschneidung des Raums für die natürliche Umwelt.

Ein zweites gemeinsames Thema ist das der *Menschen, „People"*. Die Überschwemmungen und der drohende Deichbruch stellen eine Bedrohung für die Sicherheit der Menschen dar. Häuser müssen abgerissen werden, um die Flussdeiche zu verlängern und zu erhöhen, und die Bewohner sind gezwungen, umzuziehen. Im Falle des Goldenen Reis geht es um die Gesundheit der Menschen, einschließlich Blindheit und Hautkrankheiten infolge von Vitaminmangel. Ein weiterer Faktor ist die Kultur der Menschen, die Dinge, an die sie gewöhnt sind – die Bauern sind möglicherweise nicht bereit, mit dem Anbau einer neuen Reissorte zu beginnen, die von einem (für sie) unbekannten Unternehmen stammt.

Wenn es um den Platzmangel in den Niederlanden geht, agieren die Menschen in einer etwas anderen Rolle, nämlich in der des *Konsumenten*. Der Verbraucher muss mehr oder weniger zufrieden sein mit den zukünftigen Entwicklungen und will sich frei entfalten können. In all diesen Fällen (Flüsse, Reis und Raum) geht es um das *Wohlergehen* und die *Kultur* der Menschen. Und es gibt noch eine dritte Übereinstimmung zwischen den Fällen, dem *wirtschaftlichen Interesse*, „*Profit*", um das es geht, und dem *Wohlstand* der Menschen – das Finanzsystem. Einer der Gründe, warum die Flüsse kanalisiert wurden, war die Erleichterung der Schifffahrt. Die Evakuierungen nach den Überschwemmungen führten zur Schließung von Fabriken und damit zu einem schweren finanziellen Rückschlag, während die Änderungen an den Deichen und die Schaffung neuer Feuchtgebiete viele Milliarden Euro kosteten. Ein Grund dafür, dass die Einführung des Goldenen Reises ein so komplexes Thema ist, liegt darin, dass die Interessen so vieler internationaler Unternehmen auf dem Spiel stehen, mit der Folge, dass das Saatgut zu einem Preis kommen könnte, den die Bauern in den ärmeren Regionen der Welt einfach nicht bezahlen können. Unterdessen kommen im Hinblick auf den Platzmangel in den Niederlanden die wirtschaftlichen Interessen der landwirtschaftlichen Betriebe und der Freizeitindustrie ins Spiel, ebenso wie die Beschäftigung und die wirtschaftlichen Verluste durch Verkehrsüberlastung.

Abb. 1.12 Das Triple P: die drei Hauptaspekte der nachhaltigen Entwicklung. (*Quelle:* Hintergrundfoto: NASA Headquarters – Greatest Images of NASA (NASA-HQ-GRIN))

Tab. 1.4 Einige wenige People-Planet-Profit-Aspekte in zwei Fällen

	Fall 1.2 GM-Kulturen	Fall 1.4 Platzmangel in den Niederlanden
People	• Gesundheit (Blindheit, Hautkrankheiten, Immunsystem) • Mangelnde Gewissheit über die gesundheitlichen Folgen von gentechnisch veränderten Lebensmitteln • Sind die Landwirte bereit, auf Goldenen Reis (Abb. 1.13), GV-Mais oder Bt-Baumwolle umzusteigen?	• Verbraucherforderungen konkurrieren miteinander • Risiko eines Wohnungsmangels • Auswanderung stellt Probleme für die alternde Bevölkerung dar • Belästigungen und Risiken im Falle einer multifunktionalen Raumnutzung
Planet	• Vorteil – weniger Pestizide • Risiko – unerwünschte Verbreitung von Genen • Unerwartete Nebenwirkungen der genetischen Veränderung, wie zum Beispiel vergiftende Insekten	• Größere Umweltschäden in der Nordsee, wenn neues Land gebaut wird • Risiko –- weniger Raum für die natürliche Umwelt
Profit	• Investitionen und Patente einer großen Anzahl von Unternehmen • Können sich die Bauern das Saatgut leisten? • Die anhaltende Abhängigkeit der Landwirte von multinationalen Unternehmen?	• Verluste für Landwirtschafts- und Freizeitunternehmen usw. • Multifunktionale Raumnutzung erfordert übermäßigen finanziellen Aufwand • Wirtschaftliche Verluste durch Verkehrsstaus

Und so werden die drei Aspekte angesprochen, die in allen Fällen eine Rolle spielen – *People, Planet* und *Profit*. In Büchern und Artikeln über nachhaltige Entwicklung werden diese häufig als die drei Hauptbereiche betrachtet, denen bei der nachhaltigen

Entwicklung, die auch als die „drei Säulen" der Nachhaltigkeit bezeichnet werden, Aufmerksamkeit geschenkt wird. Diese werden gewöhnlich People, Planet und Profit genannt. Während einer großen UN-Konferenz über nachhaltige Entwicklung in Johannesburg, Südafrika, im Jahr 2002 (siehe Kap. 4) wurde jedoch vorgeschlagen, den Begriff „Profit" durch den umfassenderen Begriff „Wohlstand" zu ersetzen, der nicht nur die Rentabilität von Unternehmen, sondern auch die wirtschaftlichen und finanziellen Interessen einzelner Menschen und Länder umfasst.

Zusammen werden die drei Wörter als „Triple P" bezeichnet (siehe Abb. 1.12). Unternehmen verwenden oft den Ausdruck „Triple Bottom Line", der sich auf dieselben drei Ps bezieht.

Tab. 1.4 kehrt zu zwei der zuvor beschriebenen Fälle zurück und zeigt eine Reihe von Aspekten, die nach den drei Ps klassifiziert sind. Die Tabelle ist bei weitem nicht vollständig, da es sich in beiden Fällen um äußerst komplexe Fälle handelt.

1.7   Von oben nach unten und von unten nach oben

Es wurden zwei Möglichkeiten zur Gruppierung der Themen der nachhaltigen Entwicklung diskutiert. Die erste betrifft die beiden Dimensionen Ort und Zeit, die zweite den Triple P.

Abb. 1.13 Siehe Tab. 1.4. Wird goldener Reis die Bauern kosten oder nicht? Werden sie bereit sein, auf eine gentechnisch veränderte Kulturpflanze umzustellen? Auf dem Gipfel des Goldenen Berges Pha Pon in Laos scheint es so zu sein, wie auf dem Foto zu sehen. Die perfekte Lösung für VAD (Vitamin-A-Mangel), oder zu gut, um wahr zu sein? (*Quelle:* Hank Leung, www.flickr.com/ hleung)

Es gibt eine dritte Möglichkeit zur Gruppierung von Nachhaltigkeitsthemen, wie in den folgenden beiden Fällen gezeigt wird. Fall 1.5 befasst sich mit Abfall, genauer gesagt mit der Frage, wie verhindert werden kann, dass eine sehr große Menge nützlicher Materialien einfach weggeworfen wird.

In einer Präambel werden wir zunächst einige Begriffe definieren:

Weiße Ware = Haushaltsgeräte wie Geschirrspüler, Waschmaschinen, Kaffeemaschinen, Mikrowellenherde, Mixer, Kühlschränke usw.

Braune Ware = im „Wohnzimmer" vorhandene Geräte, wie Fernseher, Videorecorder, CD-Player, Verstärker, mp3-Player usw.

Elektronikschrott = auch E-Schrott genannt, Geräte, die in Prozessen der Informationstechnologie (IT) verwendet werden, wie z. B. Computer, Drucker, Taschenrechner, Spielcomputer, Telefone, Faxgeräte usw.

Fall 1.5. Gebühr für Abfallentsorgung

Die Schweiz verfügt über eines der höchsten Pro-Kopf-Einkommen weltweit. Es überrascht nicht, dass das Land auch zu den technologisch fortschrittlichsten der Welt gehört. Der durchschnittliche Schweizer Konsument gibt jedes Jahr fast 3.600 US$ für neue Geräte aus. Was Sie vielleicht nicht wissen, ist, dass die Schweiz das erste Land der Welt war, das ein nationales System für die Entsorgung seines Elektronikschrotts geschaffen hat. Verbraucher, die Artikel wie einen Fernseher oder eine Kaffeemaschine kaufen, zahlen an der Kasse einen kleinen zusätzlichen Betrag. Bei dieser Abgabe handelt es sich um eine Entsorgungsgebühr, die in der Schweiz gesetzlich vorgeschrieben ist.

1998 trat in der Schweiz die Verordnung „Die Rückgabe, die Rücknahme und die Entsorgung von Elektrogeräten"(ORDEA) in Kraft, die die Hersteller aller Elektrogeräte (weiße und braune Ware) gesetzlich verpflichtet, ihre Produkte, die von den Benutzern weggeworfen wurden, zurückzunehmen. In diesem Verfahren waren die Hersteller für eine umweltgerechte Aufbereitung verantwortlich. Dahinter steht natürlich die Idee, dass die Hersteller für die von ihnen verkauften Produkte verantwortlich sind und bleiben – die Gesellschaft wird nicht mit einem Berg von Abfällen belastet, und alles wird an den Hersteller zurückgegeben. Auch weil die Geräte wertvolles Material oder vielleicht sogar brauchbare Teile enthalten, wird der Hersteller ermutigt, etwas Sinnvolles mit ihnen zu machen, und durch Recycling und Wiederverwendung wird ein geschlossener Kreislauf geschaffen. Ein Kreislauf wie dieser verringert nicht nur die Abfallmenge, sondern bedeutet auch, dass weniger neue Rohstoffe benötigt werden.

Die Käufer sind gezwungen, zu diesem geschlossenen Kreislauf beizutragen, indem sie für bestimmte Geräte einen Zuschlag zahlen, der die Kosten für Entsorgung und Recycling decken soll. Zwei Organisationen für die Herstellerverantwortung helfen bei der Bewirtschaftung des Abfallstroms, der „SWICO", die

Einheit des Schweizerischen Verbands für Informations-, Kommunikations- und Organisationstechnologien (IKT), kümmert sich hauptsächlich um die Abfälle von IKT und Unterhaltungselektronik (CE) wie Personalcomputer. SENS, die Schweizerische Stiftung für Abfallwirtschaft, kümmert sich hauptsächlich um Elektro- und Elektronik-Altgeräte (WEEE) wie Kühlschränke und Computer. Gemäß der Organisation Swiss E-waste Competence: „Im Jahr 2005 wurden rund 42′000 t Altgeräte fachgerecht verwertet. Das bedeutet, dass mehr als 75 % des Materials in den Rohstoffkreislauf zurückgeführt wurden". Im Jahr 2018 sei die Quote auf 98 % gestiegen.

Es besteht ein feiner Unterschied zwischen Recycling und Wiederverwendung. Beim Recycling werden Materialien aus ausrangierten Produkten zurückgewonnen und als Rohstoff für ein neues Produkt verwendet. Wiederverwendung bedeutet die Rückgewinnung kompletter Komponenten aus ausrangierten Produkten und (nach Reinigung, Prüfung und ggf. Reparatur) deren Wiederverwendung.

Fragen

- Die Produkte eines Herstellers werden an ihn zurückgegeben, und das Unternehmen kann die Komponenten und Rohstoffe wiederverwenden. Wenn der Hersteller einen klugen Ansatz verfolgt, können mit der Zeit zusätzliche Gewinne aus den gebrauchten Produkten erzielt werden. Halten Sie es für richtig, dass der Käufer für diesen Prozess einen zusätzlichen Betrag bezahlen muss?
- Unter welchen Umständen wären Sie bereit, ein Elektrogerät zu kaufen oder zu benutzen, das wiederverwendete Komponenten enthält?

In Fall 1.6 geht es wie in Fall 1.5 um die Wiederverwendung, allerdings auf eine ganz andere Art und Weise.

Fall 1.6. eBay.com

Im Angebot

10-Gramm-Goldbarren in Originalverpackung
Trägerloser Strampler aus türkisblauer und blauer Baumwolle für Junioren Größe 11/13
Seltener antiker indischer 1-Rupien-Schein, unterzeichnet von Dr. Manmohan Singh
Bridgeville, Kalifornien
Das Lieblingsspielzeug meiner Kinder, damit sie dafür bezahlen, dass sie mein Badezimmer ruiniert haben (Abb. 1.14)

Abb. 1.14 „Das Lieblingsspielzeug meiner Kinder, damit sie dafür bezahlen, dass sie mein Badezimmer ruinieren". (*Quelle:* levelord auf Pixabay)

> *Gesucht*
>
> Mein kompletter Satz (1–15) von ER für Ihren kompletten Satz (1–10) von NCIS gleicht sich aus
> MICE Weihnachts-Stoffe/Paneele
> Kühnes Statement Halskette Perlen und Verbinder
> Vicki Pettersson
> Hinterrad für ein Schwinn oder eine sehr handliche Person, die das Rad wieder einspeichen kann.

Haben Sie schon einmal auf eBay oder einer anderen Website, die sich mit Gebrauchtwaren befasst, etwas gekauft oder verkauft?

Es ist einfach zu machen, billig und macht Spaß. Viele sind damit einverstanden, und Online-Auktionsseiten werden jeden Tag von Millionen von Benutzern besucht.

Diese Form der Wiederverwendung schont den Geldbeutel des Käufers, da ein so großes Angebot an gebrauchten Produkten billiger ist als neu gekaufte. Sie ist großartig für den Verkäufer, der als Gegenleistung für seine weggeworfenen Sachen etwas erhält, anstatt dafür bezahlen zu müssen, sie auf die Mülldeponie zu bringen. Es ist gut für die Umwelt, denn das Verfahren spart Rohstoffe und Energie, die bei der Herstellung nicht benötigter neuer Artikel verbraucht werden, und es hält auch die Abfallmengen niedrig. Es bringt die Menschen auf unerwartete Weise miteinander in Kontakt.

Und dann ist es auch aus kommerzieller Sicht eine Erfolgsgeschichte. So repräsentieren eBay und ähnliche Online-Auktionsseiten alle drei Ps, und sie zeigen, dass es bei der nachhaltigen Entwicklung nicht nur um die Probleme geht, mit denen wir konfrontiert sind. Es kann auch einfach nur Spaß machen und spannend sein.

Der Online-Marktplatz zeigt noch etwas anderes. Zu Beginn dieses Kapitels haben wir uns mit Studien und Maßnahmen der Behörden befasst (Erhöhung der Deiche, Platzmangel in den Niederlanden, eine Entsorgungsgebühr), aber auch mit Fragen rund um Lebensmittel in fernen Ländern, an denen multinationale Unternehmen beteiligt sind (Goldener Reis). All diese Aktivitäten werden von großen und mächtigen Ländern und Unternehmen ins Leben gerufen. Dies ist ein Top-down-Ansatz: Entscheidungen werden auf hoher Ebene getroffen und betreffen viele Menschen. In Fall 1.6 geht es jedoch um Transaktionen durch normale Einzelpersonen, wie den Verkauf von gebrauchtem Spielzeug oder eines Spielzeugstramplers. Riesige Unternehmen oder Regierungen müssen dabei keine Rolle spielen, und es geht von Mensch zu Mensch, von unten nach oben.

In der Regel wird die nachhaltige Entwicklung von oben nach unten angegangen, insbesondere wenn es um große und globale Fragen geht – die Zukunft der Menschheit, die natürliche Umwelt, der Planet selbst. Wenn jedoch einzelne Menschen oder kleine Gruppen beteiligt sind, kann ein Bottom-up-Ansatz oft ebenso wirksam sein. Ein weiteres Beispiel ist Fall 1.7, der zeigt, dass ein Bottom-up-Ansatz, der eine Anhängerschaft erzeugt, zu wichtigen Ergebnissen führen kann.

Fall 1.7. Vanua domoni

Denn so weit die fidschianische Geschichte mit ihrer Folklore zurückreichen kann, hat das Korallenriff eine wichtige Rolle gespielt. Es gibt Riffpassagen mit einzelnen Geistwächtern, die beleidigt sind, wenn sie in solchen Situationen provoziert werden, wie wenn Müll in den Ozean geworfen oder verstreut wird. Einige Riffe in Fidschi sind auch heute noch heilig.

Das Konzept von *vanua domoni*, „unserem geliebten Land", ist den Fidschianern tief eingeprägt. *Vanua* umfasst das Land, die Vorfahren, die Geister, die Gewässer und die Menschen. Der Begriff *vanua domoni* schließt die Verantwortung für alles Leben und das Verständnis ein, dass alles Leben miteinander verbunden ist. Dazu gehört die Verantwortung gegenüber den Vorfahren und den kommenden Generationen.

In den vergangenen Jahrzehnten sind Ökologen, Umweltwissenschaftler und Meeresbiologen zu der gleichen alarmierenden Schlussfolgerung gelangt. Sie stellten fest, dass 35 % der Korallenriffe der Erde bereits geschädigt sind. Nach Angaben der Coral Reef Alliance, einer gemeinnützigen Organisation, die sich für den weltweiten Schutz der Korallenriffe einsetzt, werden im nächsten Jahrzehnt etwa weitere 10 % verschwunden sein. Die Ursache ist die Manipulation der Umwelt durch den Menschen und die Umweltverschmutzung.

Entlang der fidschianischen Korallenküste auf der Insel Viti Levu liegt das Dorf Tagaqe. Der Chef des Dorfes, Ratu Timoci Batirerega, hat mit den Dorfbewohnern zusammengearbeitet, um ein „Meeresschutzgebiet" zu schaffen. Er hat mithilfe seiner Leute, vor allem der Jugendlichen, Mangroven an seinem Ufer gepflanzt. Das Schutzgebiet erstreckt sich bis zum nahe gelegenen Hideaway Resort. In einem 2002 eingerichteten Programm arbeitete das Village and Hideaway Resort mit Walt Smith International zusammen, einem Unternehmen, das Korallen exportiert und ein weltbekannter Pionier in der Entwicklung von Korallenfarmen ist. Darüber hinaus ist das preisgekrönte Resort das allererste Hotel der Welt, das an seinen Ufern Korallen anpflanzt. Das Resort organisiert Bildungsangebote im Ökotourismus für Besucher – es erlaubt ihnen sogar, Korallen zu sponsern und zu pflanzen. Das Hideaway Resort heißt Interessenten willkommen, die die Korallen-baumschule und die Gärten besuchen möchten. Die Universität des Südpazifiks koordiniert mit dem Dorfchef die Aufnahme von Meeresbiologie-Studenten aus der ganzen Welt, die an der Erforschung und Vermessung der fidschianischen Gewässer interessiert sind.

Das Engagement von Chief Ratu Timoci für das Restaurierungsprojekt ist ein-zigartig. Er beeindruckt die Menschen in seiner *Tikina* (Distrikt) immer wieder von der Realität und Bedeutung dieses Projekts. Die Beteiligung von Kindern und Jugendlichen wird sehr gefördert, weil sie daraus lernen und sich auch in den kommenden Jahren noch engagieren werden. Das tägliche Leben eines Fidschianers ist an drei Arten von Gesetzen und Traditionen gebunden, nämlich an *vanua*, *lotu* (Kirche) und *matanitu* (Regierung). Ratu Timoci achtete darauf, die Wiederherstellungsstrategien mit dem lokalen Protokoll zu verbinden. Auf den meisten Pazifikinseln sind Häuptlinge und Älteste die einzigen Personen, die Beschränkungen der Fischgründe erlassen können. Endgültige Entscheidungen des Häuptlings werden geehrt und respektiert. Der Chief sagte, er habe die negative Veränderung seiner *Qoliqoli* (Fischgründe) von seiner Kindheit bis zum Beginn des Projekts miterlebt. Jetzt, Jahre später, ernten der Häuptling und seine Leute die Früchte der Wiederherstellung des Korallenriffs. Mantarochen, Hummer, Kraken und Riffhaie sind in die flachen Gewässer am Ufer zurückgekehrt. Der Häuptling glaubt, dass es Zeit und Verständnis braucht, um die Umwelt zu heilen.

Die Inselbewohner kämpften mit dem Problem der Degradierung der Korallenriffe als Folge der Umweltverschmutzung und des anthropogenen Klimawandels. Mit einem Top-down-Ansatz ist es äußerst schwierig, Fortschritte zu erzielen. Aber das Korallen-riff-Wiederherstellungsprojekt auf der Insel Viti Levu zeigt, dass auf der Grundlage von Initiativen, die von einfachen Menschen von unten nach oben gestartet werden, hervor-ragende Ergebnisse erzielt werden können.

Die beiden unterschiedlichen Ansätze – von oben nach unten und von unten nach oben – sind beide wichtig, und sie ergänzen sich gegenseitig. Dies zeigt sich, wenn lokale Bürgerinitiativen von den Behörden oder von einem Unternehmen unterstützt werden. Weitere dieser Beispiele werden in diesem Buch ausführlich beschrieben. Sie geben Hoffnung, da sie zeigen, dass jeder Einzelne in der Lage ist, einen positiven Beitrag zur nachhaltigen Entwicklung unserer Welt zu leisten.

Zusammenfassung
Nachhaltige Entwicklung konzentriert sich auf die Verbesserung der Lebensbedingungen der Menschen auf der ganzen Welt sowie auf die Intensivierung der natürlichen Umwelt, um eine Gesellschaft zu schaffen, die über einen längeren Zeitraum aufrechterhalten werden kann. Dieser Ansatz erfordert eine Reihe von Paradigmenwechseln, wie zum Beispiel die Transition von der Kontrolle zur Anpassung. Allein durch die Untersuchung der tatsächlichen Umstände mit neuen Ansätzen wie diesem wird es möglich, die Webfehler im System, die tief in unseren menschlichen Systemen verwurzelt sind, zu korrigieren.

Um das weite Feld der nachhaltigen Entwicklung zu verstehen, wurde eine Reihe von Klassifikationen geschaffen, darunter

- Das Tripel P
- Die zwei Dimensionen von Raum und Zeit
- Von oben nach unten versus von unten nach oben

Webfehler im System: Mensch und Natur

Inhaltsverzeichnis

> **Fall 2.1. Tierfutter**
>
> Jeder isst. Einige von uns essen vielleicht nur Gemüse, aber die meisten von uns essen auch Fleisch. Der Fleischkonsum variiert stark zwischen Industrie- und Entwicklungsländern sowie zwischen den Kulturen. Die Menschen in Vietnam z. B. essen jedes Jahr etwa 28,6 kg Fleisch, während der durchschnittliche Amerikaner 125 kg tierisches Eiweiß verzehrt. In beiden Ländern ist das Fleisch von Rindern, Schweinen und Hühnern die Hauptquelle für Fleisch. Diese Tiere sind zusammen mit den Menschen, die sie essen, ein Teil der Nahrungskette.
>
> Diese Kette beginnt mit dem Gemüse, das die Tiere verzehren. Neben Gras besteht dieses Tierfutter u. a. aus Mais, Tapioka, Soja und Kopra (getrocknete Kokosnuss). Dieses Material – Tierfutter oder Futtermittel – wurde früher lokal angebaut, häufig von demselben Bauern, der das Vieh in einem Mischbetrieb hielt. Doch die Zeiten haben sich geändert, und heute liefern viele Länder einen zunehmenden Anteil ihres Tierfutters aus dem Ausland. Vietnam z. B. importiert rund 80 % seines Tierfutters von Lieferanten aus anderen Teilen der Welt, wobei

© Der/die Autor(en), exklusiv lizenziert durch Springer-Verlag GmbH, DE, ein Teil von
Springer Nature 2021
N. Roorda, *Grundlagen der nachhaltigen Entwicklung,*
https://doi.org/10.1007/978-3-662-62868-3_2

die Vereinigten Staaten, Brasilien und Thailand zu den größten Lieferanten gehören.

Ein Nachteil dieses Imports ist, dass der Einwegverkehr aus diesen Ländern nach Vietnam – und in andere Länder, z. B. in Westeuropa – zum Problem wird. Wertvolle Nährstoffe im Boden der Lieferländer werden zum Anbau von Futtermitteln verwendet, die anschließend nach Vietnam verschifft werden. Bei der Ankunft wird es vom Vieh und im Gegenzug von den Menschen verzehrt. Schließlich gelangt ein großer Teil der Nährstoffe über Dünger (Mist) auf die landwirtschaftlichen Flächen – nach Vietnam! Und so wird er nicht auf die Felder zurückgebracht, auf denen das Futter ursprünglich angebaut wurde.

Dies ist ein schlechter Zustand für beide Enden der Kette. In Vietnam häufen sich die Nährstoffe an, eine „Überdüngung", die zu steigenden Nitratgehalten im Grund- und Oberflächenwasser führt. Die Folge ist eine grüne „Algensuppe" in Seen und Flüssen, die Versauerung von Naturschutzgebieten und ein Rückgang der Biodiversität (Artenvielfalt), vor allem bei Schmetterlingen und Pilzen, die in einer sauren Umgebung nur schwer wachsen können. Die Überdüngung verringert auch die Qualität des Trinkwassers und trägt sogar zum sauren Regen in der Region bei. In den Ländern, die das Tierfutter liefern, sind die Folgen der Überdüngung noch schlimmer. Sie leiden unter dem umgekehrten Problem – dem Verlust wertvoller Nährstoffe. Die Bodenfruchtbarkeit nimmt ab und die Erosion nimmt zu, wodurch der Boden irreparabel geschädigt wird. Wo Bewässerung erforderlich ist, wird viel wertvolles Frischwasser verbraucht, und es wird auch viel Land benötigt, was zum Verlust der tropischen Regenwälder in Thailand und Brasilien führt. Das Land wird für den Anbau von Tierfutter benötigt, das für die Entwicklung der Landwirtschaft für die lokale Bevölkerung hätte verwendet werden können – ein Problem, das in Indien besonders besorgniserregend ist.

Viele der Fragen, die nachhaltige Entwicklung zu einer Notwendigkeit machen, sind aus grundlegenden Fehlern in der Art und Weise entstanden, wie die Menschheit ihre Welt gestaltet hat. Die verschiedenen Probleme der Nicht-Nachhaltigkeit sind im Gefüge des globalen menschlichen Systems untrennbar miteinander verbunden (Abb. 2.1).

Dieses Kapitel befasst sich mit einer Reihe solcher „Webfehler im System". Ein Beispiel dafür ist die Tatsache, dass wertvolle natürliche Ressourcen, wie der fruchtbare Boden in Fall 2.1, zwar genutzt, aber nicht wieder aufgefüllt werden – mit anderen Worten, das Fehlen eines geschlossenen Kreislaufs. Ein weiteres Manko ist die fortgesetzte Ausbeutung der natürlichen Umwelt, und es gibt weitere Webfehler im System, die die Wirtschaftsstruktur, das Wachstum der Weltbevölkerung, die Verteilung des Wohlstands und vieles mehr betreffen.

Diese Webfehler im System sind die Hauptursachen für die großen Probleme in der Welt. Glücklicherweise stehen diesen Webfehler eine Vielzahl von Kraftquellen

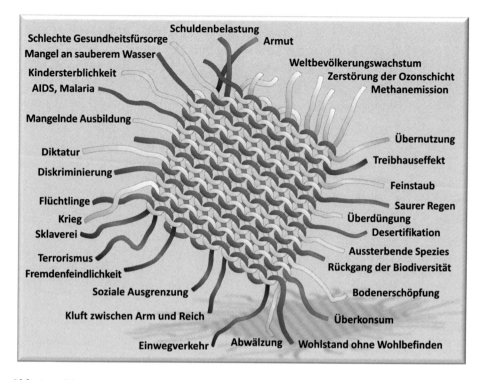

Abb. 2.1 Die verschiedenen nicht nachhaltigen Probleme sind im Gefüge des globalen menschlichen Systems untrennbar miteinander verbunden

gegenüber, mit denen sie angegangen werden können. Kap. 4 befasst sich mit diesen „Quellen der Vitalität". Hier wird eine Reihe von Webfehler im System untersucht.

2.1 Einwegverkehr: keine Zyklen

Ein großer Teil des vietnamesischen Tierfutters kommt aus dem Ausland, und das ist ein heikles Problem. Es handelt sich um ein relativ neues Problem – das Vieh ernährte sich früher einfach von Pflanzen, die vor Ort angebaut wurden und die, dank des Düngers, der von eben diesem Vieh stammt, gediehen und einen Kreislauf bildeten. Und darin liegt der Kern des Problems, denn im gegenwärtigen System ist das Problem (zum Teil) der Einwegverkehr (Abb. 2.2).

Es scheint eine einfache Lösung zu sein, diesen Kreislauf zu schließen – einen Teil des Düngers, den Überschuss, zurück in die Länder zu schicken, in denen das Futter angebaut wurde. Mit diesem Ansatz haben schon früher Menschen experimentiert. Um Gewicht und Volumen zu reduzieren, wurde der Dünger zu trockenen Pellets verarbeitet, die verschifft wurden. Doch es stellte sich heraus, dass dies wirtschaftlich nicht machbar war – zu teuer.

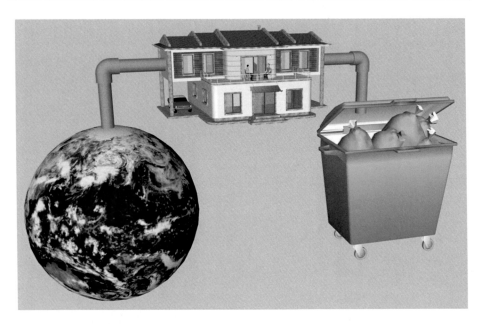

Abb. 2.2   Der Kreislauf ist nicht geschlossen

Eine Antwort könnte dann lauten: Warum setzen wir diesen Weg fort, wenn die logische Schlussfolgerung lautet, dass es nicht ewig so weitergehen kann?

Aber es ist keine leichte Aufgabe, den Einbahnverkehr zu unterbrechen. Dafür gibt es eine Reihe von Gründen, einer davon ist, dass es so viele Beteiligte gibt. Stellen Sie sich vor, dass die vietnamesischen Bauern kollektiv beschließen, kein aus dem Ausland importiertes Tierfutter mehr zu verwenden. Das würde ihnen ernsthafte Probleme bereiten, denn die alleinige Verwendung von in Vietnam angebauten Futtermitteln würde die Kosten dramatisch in die Höhe treiben, und das zu einem Zeitpunkt, da die Landwirtschaft des Landes bereits damit kämpft, gegen westliche Länder mit Zugang zu modernster Agrartechnologie zu konkurrieren. Viele Bauern würden bankrottgehen. Aber abgesehen von dieser Frage ist der Umstieg auf einheimische Futtermittel aus einem weiteren Grund schwierig. Die gegenwärtige Anzahl von Rindern, Schweinen und Geflügel bedeutet, dass Vietnam genügend landwirtschaftliche Fläche zur Verfügung stellen müsste, um das gesamte benötigte Tierfutter anzubauen – keine leichte Aufgabe in einem der am dichtesten besiedelten Länder der Welt.

Wem würde es also zufallen, dieses auf Einbahnverkehr basierende System zu ändern? Den Importeuren? Der Import von Futtermitteln ist ihr Lebensunterhalt, oder zumindest ein Teil davon. Vielleicht dann die ausländischen Bauern, die das Futtermittel anbauen? Für viele Bauern in Entwicklungsländern ist dies die einzige Möglichkeit, genügend Geld zu verdienen, um zu überleben.

Wie steht es mit den vietnamesischen Behörden? Allein können sie nicht viel tun, denn nicht nur Vietnam ist beteiligt, sondern auch zahlreiche andere Länder, die große Mengen ihres Tierfutters importieren. Sollte Vietnam im Alleingang versuchen, das System zu durchbrechen, würde die Landwirtschaft des Landes aufgrund der ausländischen Konkurrenz zusammenbrechen. Und in der Zwischenzeit wird das System einfach weitergeführt. Aber nehmen wir an, eine Gruppe von Nationen würde beschließen, zusammenzustehen – was würden ihre Regierungen tun? Die Einfuhr von Futtermitteln verbieten oder vielleicht hohe Einfuhrzölle erheben? Das würde Tausende von Bauern sowohl in Vietnam *als auch* in anderen Entwicklungsländern in den Bankrott treiben. Und schließlich gibt es den Verbraucher, den Mann oder die Frau auf der Straße in Vietnam (und anderswo), der oder die Fleisch und andere tierische Produkte kauft. Was könnten sie tun? Was könnten *Sie* tun?

Alleine, sehr wenig. Sie könnten natürlich Vegetarier werden. Aber obwohl die meisten Vegetarier kein Fleisch essen, konsumieren sie in der Regel doch Eier und Milchprodukte wie Milch und Käse. Man müsste also Veganer werden und alles tierischen Ursprungs meiden. Die Zahl der Veganerinnen und Veganer steigt schnell an. Im Vereinigten Königreich sind die Bestellungen von veganen Mahlzeiten zwischen 2016 und 2018 um 388 % gestiegen. Die Nachfrage nach fleischlosen Lebensmitteln im Vereinigten Königreich stieg 2017 um 987 %, und es wurde vorhergesagt, dass der größte Trend für 2018 darin bestehen wird, vegan zu werden. Im Jahr 2019 gab es 600.000 britische Veganerinnen und Veganer, das sind 1,2 % der Bevölkerung: viermal so viele wie 2014 (Vegan Society 2020). In den USA stieg die Zahl der Veganerinnen und Veganer von 1 % im Jahr 2014 auf 6 % im Jahr 2020, was fast 20 Mio. Amerikanerinnen und Amerikanern entspricht (Report Buyer 2017; Vegan Bits 2020).

Fragen

- (Wenn Sie kein Veganer sind:) Meinen Sie, Sie sollten ein schlechtes Gewissen haben, dass Sie jedes Mal, wenn Sie Fleisch essen oder Milch trinken, einen kleinen Beitrag zur Dezimierung der tropischen Regenwälder in Asien oder Südamerika leisten?
- Wessen Schuld ist es, dass der Einwegverkehr mit Tierfutter weiter besteht? Die multinationalen Konzerne, die das Futter importieren, oder die Bauern, die es verwenden? Die Menschen, die Fleisch und Käse essen? Sie selbst? Kurz gesagt, wer trägt die Schuld?

Einbahnverkehr – ein Fehler im System

Es ist eine außerordentlich schwierige Aufgabe, das Tierfutterimportsystem zu ändern. Das liegt daran, dass es tief in einem viel größeren System verwurzelt ist, das aus der Nahrungsmittelversorgung in Vietnam und anderen Ländern sowie der Landwirtschaft

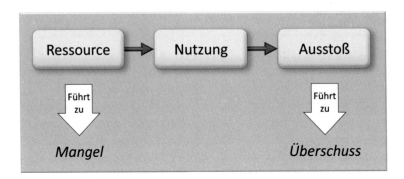

Abb. 2.3 Einwegverkehr oder ein nicht geschlossener Kreislauf

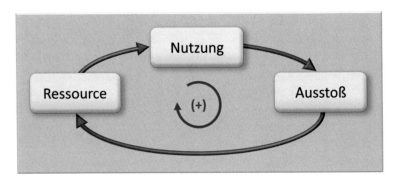

Abb. 2.4 Geschlossener Zyklus

in weiten Teilen der Welt besteht. Das System ist grundlegend fehlerhaft, man könnte es einen Webfehler im System nennen, einen Fehler, auf dem das gesamte System aufgebaut ist.

Dieser inhärente Fehler im Zusammenhang mit Tierfutter lässt sich leicht grafisch darstellen, wie z. B. Abb. 2.3.

Abb. 2.3 zeigt das Wort Ressource. Alles, was man aus der Natur, aus der Erde oder aus der Luft gewinnen kann, ist eine Ressource. Erz ist eine Ressource, ebenso wie Erdöl und Erdgas. Sauberes Wasser, Pflanzen, aus dem Boden gewonnene Nährstoffe, Wind (als Energiequelle) und Sonnenschein sind ebenfalls eine Ressource. In einem weiteren Sinne ist auch die Landschaft eine Ressource – eine Quelle der Schönheit und Ruhe.

Abb. 2.3 zeigt den Fehler in der Struktur: Wenn es einen Einwegverkehr von einer Ressource zu einem Ort gibt, an dem sie entladen wird, ist es nur logisch, dass es innerhalb eines bestimmten Zeitraums an einem Ort zu einem Mangel und an einem anderen zu einem Überschuss kommt.

Dieser Fehler kann im Prinzip leicht behoben werden, indem der Kreislauf geschlossen wird, wie in Abb. 2.4 zu sehen ist, wo die Ressourcen nach dem Verbrauch an ihre Quelle zurückgeführt (oder recycelt) werden. Eine *prinzipiell* einfache Aufgabe, aber in der Praxis im Allgemeinen nicht, da das System oft äußerst komplex ist und es viele verschiedene Interessengruppen gibt.

Dieser besondere Webfehler im System – der Einbahnverkehr – ist in vielen Fällen zu finden. Er ist es, der z. B. den Treibhauseffekt verursacht. Abb. 2.5 zeigt a) Tierfutter und b) den Einwegverkehr, der zum Treibhauseffekt führt. Im letzteren Fall handelt es sich um Erdöl und Erdgas (und andere Produkte wie Stein- und Braunkohle) – fossile Brennstoffe, die seit Hunderten von Millionen Jahren in der Erde vorhanden sind und nun mit einer hohen Knotenrate gefördert und verbrannt werden. Die „Entladung", auf die in diesem Fall Bezug genommen wird, beinhaltet die Emission von Treibhausgasen in die Atmosphäre, wobei das primäre Gas Kohlendioxid, oder CO_2, ist.

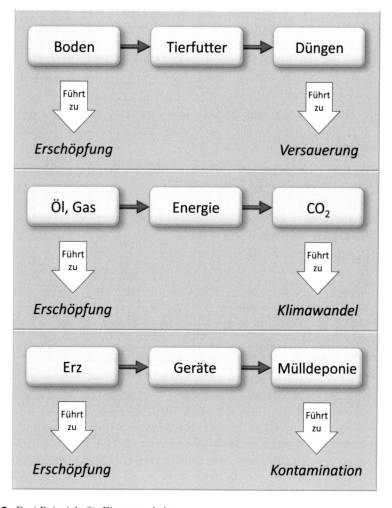

Abb. 2.5 Drei Beispiele für Einwegverkehr

Der Einwegverkehr dieser Treibhausgase ist ebenfalls tief im System verwurzelt, da fast die gesamte Weltwirtschaft auf Erdöl und Erdgas basiert. Die Lösung dieses Mangels liegt nicht in der Schließung des fossilen Brennstoffkreislaufs. Obwohl es teilweise möglich ist, das CO_2 zu sammeln und wieder in den Boden zu pumpen, entweicht immer noch der größte Teil in die Atmosphäre. Deshalb muss die Lösung dieses Problems (zumindest teilweise) in anderen Energiequellen gefunden werden, die Teil eines Kreislaufs sein können, wie z. B. Energie, die aus Biokraftstoffen gewonnen wird, oder aus Wind, Wasser oder Sonnenlicht. Der durch den Treibhauseffekt infolge der CO_2-Emissionen hervorgerufene Klimawandel ist ein weltweites Problem, das von allen Formen der Nicht-Nachhaltigkeit wohl die größte Bedrohung für unsere Zukunft darstellen könnte. Aus diesem Grund ist ihm in diesem Buch ein eigenes Kapitel (Kap. 7) gewidmet.

Und dann gibt es noch die Erzförderung, wie Eisen, Aluminium und andere Metalle (das „c" in Abb. 2.5). Auch hier haben wir es wieder mit Ressourcen zu tun, die eines Tages erschöpft sein werden, denn jedes Kilogramm, das dem Boden entnommen wird, wird niemals ersetzt werden. Die Abfallentsorgungsgebühr, die in Kap. 11 in Fall 1.5 diskutiert wurde, ist ein sehr erfolgreicher Versuch, diesen Kreislauf durch Wiederverwendung oder Recycling von Teilen oder Materialien zu schließen.

Die Frage für jeden noch nicht abgeschlossenen Zyklus ist: Welches Problem ist schlimmer, die Knappheit auf der Seite der Ressource oder der Überschuss auf der Seite der Entladung? Beim Tierfutter liegt das größte Problem wahrscheinlich auf der Seite der Ressource, wobei vor allem in den Entwicklungsländern enorme Schäden verursacht werden. Bei den fossilen Brennstoffen ist das Gegenteil der Fall, wobei der Ausstoß am gravierendsten ist. Der Ausstoß von Treibhausgasen kann nicht jahrzehntelang ungebremst weitergehen, auch wenn Erdöl und Erdgas wahrscheinlich noch viel länger zu akzeptablen Kosten gefördert werden können.

Jedes der vorhergehenden Beispiele des Einbahnverkehrs ist eine Möglichkeit, die negativen Folgen unseres wirtschaftlichen Wohlstands auf andere zu übertragen. Was das Tierfutter betrifft, so kann Vietnam nicht das Futter anbauen, das für die Ernährung seines Viehs erforderlich ist. Anstatt also ihr Problem zu lösen, übertragen die Vietnamesen es auf Menschen in anderen Ländern. Wenn es um den CO_2-Ausstoß in die Atmosphäre geht, übertragen wir die durch unseren Energieverbrauch verursachten Schäden auf die natürliche Umwelt und auf künftige Generationen (Abb. 2.6). Dasselbe gilt für Mülldeponien. In Kap. 3 wird dieser Mechanismus des *Problemtransfers näher erläutert.*

Ein weiteres bekanntes, ernstzunehmendes Beispiel für die Übertragung auf die Natur ist die Anhäufung von Plastik in den Meeren und Ozeanen: die „Plastiksuppe". Infolge der Meeresströmungen sammelt sich ein Teil davon an verschiedenen Stellen und bildet riesige schwimmende „Plastikinseln", wie das Foto zeigt (Abb. 2.7). Der Rest wird von den Meeresbewohnern verschluckt, die daran sterben oder auf den Meeresboden sinken, wo sie ersticken und das Meeresleben vergiften.

Abb. 2.6 Einwegverkehr: Öl wird aus dem Boden gefördert, CO_2 geht in die Atmosphäre verloren. (Quelle: Le Havre, Wikimedia)

Webfehler und Transitionen

Der Einbahnverkehr ist nicht der einzige Webfehler im Gefüge des Systems unserer Zivilisation, obwohl er einer der gravierendsten ist. Weitere Beispiele finden sich in diesem und im nächsten Kapitel. Die Zusammenfassung dieser Themen könnte den Leser niedergeschlagen oder ihm sogar Angst vor der Zukunft machen. Man könnte den Eindruck gewinnen, dass im globalen System so viele Webfehler verwurzelt sind, dass es einfach unmöglich sein wird, die Situation zu verbessern – die Welt wirklich nachhaltig zu entwickeln. Die gute Nachricht für die Leser, die sich so fühlen mögen, ist, dass Kap. 4 eine ganze Reihe von „Quellen der Vitalität" behandelt: Stärken und Instrumente zur Verbesserung der Situation. Das bedeutet, dass man erst nach Abschluss dieses Kapitels in der Lage sein wird, einen realistischen Eindruck sowohl von den Schwächen des Systems als auch von seinen Stärken zu gewinnen, sodass eine ausgewogene Betrachtung des Ganzen möglich ist. Dabei wird sich zeigen, dass es allen Grund gibt, nicht den Negativen zu erliegen, sondern sie mit Energie und Begeisterung anzugehen.

Nachhaltige Entwicklung ist wegen der tief verwurzelten Webfehler im System eine Notwendigkeit. Sollten alle Fragen einfache Fehler sein, die leicht und möglichst unabhängig voneinander gelöst werden können, müssten wir uns nie mit nachhaltiger Entwicklung befassen. Aber gerade weil es sich um tief greifende und miteinander verknüpfte Fragen handelt, ist nachhaltige Entwicklung ein sehr langsamer Prozess, der

Abb. 2.7 Plastiksuppe: schwimmende Inseln aus Plastikmüll in den Ozeanen. (Quelle: NOAA)

nur Schritt für Schritt erreicht werden kann. Sie dauert mindestens Jahrzehnte. In den kommenden Jahren werden wir drastische Veränderungen in unserer Welt erleben, mehr als viele sich vorstellen können.

Der Begriff für eine solch drastische Veränderung, „Transition", wurde bereits in Kap. 1 umrissen. Der Übergang zu einer nachhaltigen Landwirtschaft kann nur durch eine solche Transition erfolgen, da das Agrar- und Ernährungssystem echte und tief verwurzelte Webfehler im System aufweist. Das Gleiche gilt für das globale Energiesystem, das gegenwärtig weitgehend auf fossilen Brennstoffen basiert – ein weiterer Mangel, und folglich auch nur durch eine Transition lösbar.

Fragen

- Ein Beispiel für eine Transition in den letzten Jahren war der Aufstieg der modernen Elektronik, wie Computer, Mobiltelefone und das Internet. Können Sie sich vorstellen, wie Ihr Leben verlaufen wäre, wenn diese Transition nicht stattgefunden hätte?
- Transitionen folgen einander in immer schnellerer Folge. Versuchen Sie sich vorzustellen, wie das Leben für Sie in 25 Jahren aussehen wird.

2.2 Positives Feedback: sich ohne Hemmungen nach oben oder unten bewegen

Alles, was lebendig ist, hat die Tendenz zu wachsen. Sollte es keine Kontrollen oder Hemmungen des Wachstums geben, könnte diese Tendenz dazu führen, dass das Wachstum sichere Grenzen überschreitet, und wenn das geschieht, könnte es katastrophal sein – das natürliche Gleichgewicht wird gestört, das Wachstum wuchert, Plagen, das Ökosystem bricht zusammen und Arten sterben aus. Im Prinzip gilt dies für jede Pflanzen- und Tierart und auch für die Menschheit. Dieser Abschnitt zeigt, dass die Beziehung zwischen dem Menschen und der natürlichen Umwelt kein gegensätzliches Verhältnis ist – als ob der Mensch nicht Teil der natürlichen Welt wäre –, sondern dass diese natürliche Umwelt immer noch im Menschen vorhanden ist. Die menschliche Natur ist genauso auf Wachstum ausgerichtet wie jedes andere Lebewesen, und sie führt auch zu gelegentlichen Katastrophen. Der zugrunde liegende Mechanismus wird als *positive Rückkopplung* bezeichnet.

> **Fall 2.2. Schwarzer Montag**
>
> Es begann alles am Montag, dem 19. Oktober 1987, in Hongkong. Aktien, die an der Börse gehandelt wurden, brachen plötzlich im Wert ein. Innerhalb weniger Stunden hatte der Abschwung auf Europa übergegriffen und erreichte sechs Stunden später die Vereinigten Staaten. Die in Panik geratenen Händler dachten alle, dass sie angesichts der sinkenden Kurse ihre Aktien so schnell wie möglich abstoßen müssten. Sie boten sie in großen Mengen zum Verkauf an, wodurch die Preise noch weiter fielen. Dadurch verschlimmerte sich die Panik, und es wurden noch mehr Aktien zum Verkauf angeboten, was zu einem weiteren Preisverfall führte … usw.
>
> Innerhalb eines Tages sanken die Aktienmärkte um fast 23 % – ein Wert von 500 Mrd. Dollar ist einfach verdampft.
>
> Es war ein Crash, der größte Börsencrash seit Jahren. Bis heute ist er als Schwarzer Montag bekannt.

Ein Crash, ein massiver Rückgang der Aktienkurse, ist ein dramatisches Ereignis. Banken, Unternehmen und Privatanleger können plötzlich bankrottgehen, während Arbeitnehmer auf der Straße stehen können.

Der Absturz von 1987 war weder der erste noch der letzte seiner Art. Der größte und berühmteste Absturz war 1929 (Abb. 2.8), der zur Weltwirtschaftskrise *(Großen Depression)* führte und so schwer war, dass eine Reihe von Menschen in ihrem Gefolge Selbstmord begingen. Ein weiterer, weniger dramatischer Absturz ereignete sich 1998.

Doch nachdem 2007 in den Vereinigten Staaten eine Blase aus Immobilienpreisen und Hypotheken geplatzt war, kam es zur schwersten Krise seit der Großen Depression

Abb. 2.8 Eine unruhige Menschenmenge versammelt sich vor der New Yorker Börse während des großen Crashs von 1929. (Quelle: Le Mémorial du Québec, Band V, 1918–1938, Montreal, Société des Éditions du Mémorial, 1980. Fotograf unbekannt)

von 1929. Weltweit schlug der Crash ein, der später als *Große Rezession* bezeichnet wird. Pessimisten sagten voraus, dass die Weltwirtschaft grundlegend bedroht sei. Ein katastrophaler Zusammenbruch trat nicht ein, aber es dauerte Jahre, bis sich die Wirtschaft in den meisten Ländern erholte. Seither kam es immer wieder zu kurzen, aber heftigen Blitzcrashs – z. B. am 6. Mai 2010 um 14.32 Uhr ostamerikanischer Zeit –, bei denen durch superschnellen computergesteuerten Börsenhandel innerhalb weniger Minuten oder gar Sekunden alle Aktienkurse bis zu 10 % einbrachen; bisher immer gefolgt von einer Erholung im Laufe von Stunden oder Tagen. Ein weiterer Blitzcrash ereignete sich am 23. April 2013.

Im Laufe der Jahre nach 2010 entstehen neue Blasen, auch auf den Haus- und Automärkten.

Ein Börsencrash ist die Folge der Art und Weise, wie die Aktienmärkte funktionieren. Jede Aktie ist ein Nachweis des Eigentums an einem Stück (oder einer Aktie) eines Unternehmens. Die Aktionäre sind kollektiv Eigentümer des Unternehmens. Das bedeutet, dass der Wert einer Aktie eigentlich nur durch den Wert des Unternehmens

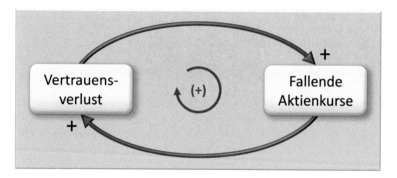

Abb. 2.9 Vertrauensverlust an den Aktienmärkten führt zu positiven Rückmeldungen

bestimmt werden sollte, wobei die Aktienkurse einfach mit dem sich verändernden Wert des Unternehmens auf der Grundlage von Gewinnen und Verlusten einhergehen. Die Realität sieht jedoch etwas anders aus – der Wert von Aktien basiert in erster Linie auf Gewinn- oder Verlusterwartungen und damit auf dem Vertrauen in die Wirtschaft.

Wenn also die Händler an einem schlechten Tag das Vertrauen in die Wirtschaft verlieren sollten, würden sie versuchen, ihre Aktien abzugeben. Wenn sie zum Verkauf angeboten werden, fallen die Aktienkurse massenhaft, wodurch das Vertrauen weiter sinkt und die Börse sich in einem Teufelskreis nach unten bewegt.

Um es anders auszudrücken: Ereignis A (Vertrauensverlust) erzeugt und verstärkt Ereignis B (fallende Aktienkurse), woraufhin Ereignis B wiederum Ereignis A verstärkt (Abb. 2.9). Die Situation gerät schnell außer Kontrolle.

Das Börsensystem ist von sogenannten positiven Rückmeldungen betroffen.

Positive und negative Rückmeldungen

Das Feedback ähnelt in gewisser Weise dem Radfahren. Der Radfahrer prüft ständig, ob er sich auf dem richtigen Weg befindet, und wenn nicht, korrigiert er seinen Kurs, ein Vorgang, der für einen erfahrenen Radfahrer weitgehend unbewusst und automatisch abläuft. Das Fahrrad wird sich immer leicht schlängeln, fast bis zu einem unsichtbaren Grad, und das ist genau der Grund, warum der Radfahrer und sein Fahrrad den richtigen Kurs halten. Jeder, der Rad fährt, ist dazu in der Lage, und diese Korrekturen nennt man „Feedback". Der Radfahrer muss ständig überprüfen, ob er auf dem richtigen Kurs ist, und sofort auf Abweichungen vom richtigen Kurs reagieren. Diese Reaktion ist das *Gegenteil* der Aktion des Fahrrads – weicht das Fahrrad nach links ab, lenkt der Radfahrer nach rechts und umgekehrt. Wegen dieser gegenläufigen Richtungen wird sie als negative Rückkopplung bezeichnet. Negative Rückkopplung bedeutet, dass ein Radfahrer auf einem stabilen Kurs bleiben kann. *Negative Rückkopplung führt zu stabilen Systemen.*

Abb. 2.10 Der Aktienmarkt
ist wie ein aufrechter Bleistift
– nur zu weit aus dem
Gleichgewicht und er wird
fallen

Bei Börsensystemen geht es auch um Feedback, da das System auf Veränderungen im System selbst reagiert. Diesmal jedoch weisen beide Effekte in die gleiche Richtung – nach unten – und deshalb ist dies eine positive Rückkopplung. Meistens sind die Schwankungen nur gering, und das System bleibt im Gleichgewicht. Aber es ist ein instabiles Gleichgewicht, vergleichbar mit einem Bleistift, der aufrecht auf dem Tisch steht (Abb. 2.10). Sollte das Gleichgewicht ausreichend gestört sein, dann bricht das Vertrauen zusammen, und ein kleiner Einbruch entwickelt sich zu einem totalen Zusammenbruch. *Eine positive Rückkopplung führt zu instabilen Systemen.*

Die Worte „positives" und „negatives Feedback" können zu Verwirrung führen. Im Alltagsgespräch bezieht sich „positiv" im Allgemeinen auf etwas Gutes, während „negativ" sich auf weniger angenehme Dinge bezieht. Bei Feedback sind die Begriffe umgekehrt, wobei negatives Feedback meist positiv und positives Feedback meist ungünstig ist.

Positive Rückmeldungen drehen sich nicht nur in einer Spirale nach unten. So wie ein Vertrauensverlust zu sinkenden Aktienkursen führen kann, so führt ein hohes Maß an Vertrauen zu steigenden Kursen, wodurch wiederum das Vertrauen zunimmt. Dieses ungebremste Wachstum kann die Aktienkurse in die Höhe schnellen lassen, wie es in den Jahren vor 1987 geschah, als die Aktienkurse zunächst allmählich und dann immer schneller stiegen und astronomische Werte erreichten, die viel mehr wert sind als der tatsächliche Wert der von ihnen vertretenen Unternehmen (Abb. 2.11). Dies wird als „Blase" bezeichnet, und es war eine solche Blase, die im Oktober 1987 platzte (Abb. 2.12). Eine vergleichbare Blase platzte in der zweiten Hälfte des ersten Jahrzehnts des 21. Jahrhunderts, nachdem die Immobilienpreise in den Vereinigten Staaten weit über ihren tatsächlichen Wert gestiegen waren. Dies löste eine weitere Krise aus, die

Abb. 2.11   Eine Blase im Jahr 2007 führte zur Immobilienkrise, die sich zu einer Finanz- und schließlich zu einer allgemeinen Wirtschaftskrise weltweit ausweitete. (Quelle: Mila Zinkova, herausgegeben von Alvesgaspar, 2007, Wikimedia)

zwar nicht so plötzlich auftrat wie die zwei Jahrzehnte zuvor, aber wesentlich schwerwiegender war.

Fragen

- Wie wäre es, wenn Ihr Lenker mit dem Fahrrad fahren würde, wenn es positive statt negative Rückmeldungen gäbe?
- Für die technisch Interessierten: Könnten Sie ein solches Fahrrad entwerfen? Und wären Sie in der Lage, das Fahren eines solchen Fahrrads zu lernen?

Das Vorhandensein positiver Rückkopplungen im Wirtschaftssystem bedeutet, dass es einen grundlegenden Mangel hat. Einen Webfehler im System, der, solange er weiter besteht, zu Instabilität führt, die nicht aufhört, der Wirtschaft von Zeit zu Zeit ernsthaften Schaden zuzufügen.

Es gibt weitere Beispiele für positive Rückmeldungen, die zu struktureller Nicht-Nachhaltigkeit führen.

Abb. 2.12 Dow-Jones-Index (Schlusskurse) zwischen 1979 und 1988. (Quelle des Hintergrund-fotos: Ryan Lawler: New Yorker Börse, 2008, Wikimedia)

Bevölkerungswachstum

Die Zahl der Menschen auf diesem Planeten steigt seit Jahrhunderten, ein Anstieg, der zum Teil auf positives Feedback zurückzuführen ist. Die Ursache dafür wird hier kurz beleuchtet, und in Kap. 6 wird dem Thema größere Aufmerksamkeit geschenkt.

Die Weltbevölkerung weist seit Zehntausenden von Jahren ein gewisses Wachstum auf. Anfänglich war dieses Wachstum sehr langsam. Die Menschen lebten vom Sammeln von Nahrung, mit ein wenig Jagd nebenbei, und Landwirtschaft war noch nicht ent-standen. Der Ertrag an Nahrungsmitteln war im Hinblick auf den Lebensstil relativ gering, was bedeutete, dass nur wenige Menschen von jedem Quadratkilometer leben konnten.

Gelegentlich stieg die Zahl der Menschen in einem bestimmten Gebiet so stark an, dass das Land nicht mehr genügend Nahrungsmittel produzieren konnte, um sie zu ernähren, was zu einer Hungersnot führte. In den meisten Fällen hätte dies zu einer weit verbreiteten Sterblichkeit geführt, aber manchmal gelang es den Menschen, zu einer neuen Art der Nahrungsbeschaffung überzugehen. In gewissem Sinne war dies tatsächlich ein Rückschritt, da der neue Lebensstil bedeutete, dass man härter arbeiten musste. Aber der Nahrungsertrag pro Quadratkilometer nahm stark zu.

Durch die Landwirtschaft konnten viel mehr Menschen mit Nahrungsmitteln versorgt werden, sodass die Bevölkerung stark zunahm, wie in Abb. 2.13 zu sehen ist.

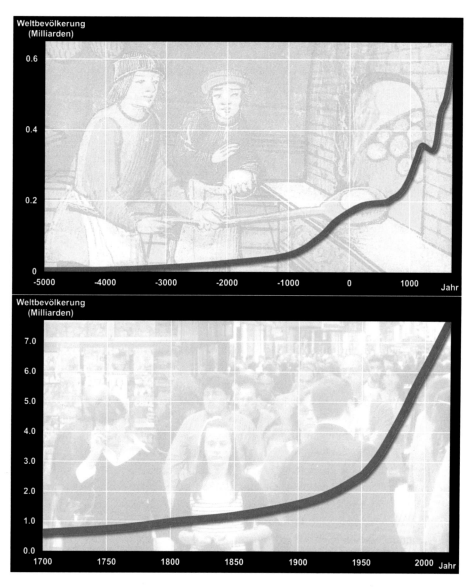

Abb. 2.13 Größe und Wachstum der Weltbevölkerung bis 1700 (oben) und von 1700 bis 2015 (unten). (Quelle: World Population Clock 2019. Quelle: Hintergrundbild: (oben) Maggie Black: The Medieval Cookbook, Wikimedia; (unten) Niko Roorda: Buenos Aires, Argentinien 2009)

Nach einiger Zeit (Jahrhunderte oder vielleicht Jahrtausende) gab es wieder einmal eine Zeit, in der die Bevölkerung zu groß war. In einigen Regionen kehrte sich die Hungersnot dank verbesserter landwirtschaftlicher Techniken wie dem Pflug und später durch Zugtiere, die den Pflug zogen, um.

Und so wurde ein positives Feedback eingeführt: Ereignis A (Bevölkerungszunahme) führte zu Ereignis B (verbesserte Nahrungsmittelproduktion), das wiederum Ereignis A noch einmal verstärkte.

Ein weiterer Schritt in dieser Entwicklung begann um 1600, als die Produktion infolge von Mechanisierung, Industrialisierung und (im 20. Jahrhundert) Automatisierung stark zunahm. Die Produktion pro Arbeitnehmer stieg infolge dieser Entwicklungen um titanische Proportionen. Auch in der Landwirtschaft kam es mit der Einführung chemischer Düngemittel zu einem Aufschwung, während verbesserte Hygiene und Gesundheitsfürsorge zum hohen Bevölkerungswachstum beitrugen.

Das ungehemmte Wachstum der menschlichen Bevölkerung setzte sich über Jahrhunderte ungebremst fort und beschleunigte sich sogar in den 1950er-Jahren, als die Wachstumsrate so hoch war, dass sich die Weltbevölkerung innerhalb von 35 Jahren verdoppelte. Bis heute wächst die Bevölkerung in vielen Ländern immer noch rasch, aber in einigen anderen Teilen hat sich das Tempo verlangsamt, und in einigen Regionen nähert sich die Wachstumsrate sogar dem Nullpunkt, auch in Westeuropa. Dies liegt daran, dass positive Rückmeldungen glücklicherweise nicht der einzige bestimmende Faktor für das Bevölkerungswachstum sind, wie Kap. 6 zeigen wird.

2.3   Überausbeutung: ein gigantischer Fußabdruck

Die zunehmende Größe der Weltbevölkerung hat die natürliche Umwelt stark unter Druck gesetzt, und sowohl Natur als auch Umwelt haben darunter stark gelitten. Aber das Bevölkerungswachstum ist nicht der einzige Grund für Umweltprobleme. In den reichen Ländern werden die Umweltschäden durch den gestiegenen Wohlstand noch verschärft, während in der Dritten Welt die Tatsache, dass die Menschen in Armut leben, die Menschen zu einem nicht nachhaltigen Lebensstil zwingt, der der Umwelt schadet.

Eine häufig verwendete Methode zur Berechnung von Schäden an Natur und Umwelt ist der ökologische Fußabdruck. Der ökologische Fußabdruck ist die Menge an Land, die eine Person oder ein Land benötigt, um sich selbst zu versorgen. Jeder Mensch benötigt eine bestimmte Menge Land, wobei ein Teil davon für ein Haus zum Wohnen, ein anderer – etwas größerer – Teil für den Anbau von Nahrungsmitteln und andere Bereiche für die Energieerzeugung, die Industrie, die Verarbeitung von Abfällen und CO_2, die Erholung usw. verwendet wird.

Das Stück Land, das ein Mensch benötigt, wird proportional zum Wohlstandsniveau, das er oder sie genießt, zunehmen. Der symbolische Name für dieses Stück Land ist der ökologische Fußabdruck, und die Messung bezieht sich sozusagen auf die Größe des Fußes, den eine Person für ihren Unterhalt benötigt.

Auf den ersten Blick scheint es sehr einfach zu sein, die Größe zu berechnen, die der durchschnittliche Fußabdruck pro Person haben kann. Man nehme die Gesamtfläche der Erde, die 148.900.000 Quadratkilometer beträgt, und teile sie gleichmäßig auf alle Menschen auf. Im Jahr 2000 gab es über 6 Mrd. Menschen, eine Zahl, die bis 2011 auf 7 Mrd. anstieg. Dividiert man diese beiden Zahlen durch einander, so erhält man die Antwort, dass im Jahr 2002 pro Person 0,025 Quadratkilometer oder 2,5 Hektar zur Verfügung standen – ein Stück Land von 250 mal 100 m. Im Jahr 2017 übersteigt die Weltbevölkerung 7,5 Mrd. und die gleiche Berechnung ergibt angesichts des Bevölkerungswachstums nur 2,0 Hektar pro Person.

In Wirklichkeit sind die Dinge etwas komplexer. Erst war man in der vorherigen Berechnung davon ausgegangen, dass jeder Quadratmeter Land für die menschliche Nutzung zur Verfügung steht. Dies ist natürlich nicht der Fall, da ein großer Teil für unberührte Fauna und Flora benötigt wird, wenn wir zumindest einen Teil der gegenwärtigen biologischen Vielfalt erhalten wollen. Darüber hinaus ist ein Teil des Landes für menschliche Zwecke völlig ungeeignet – man denke nur an die Eisfelder der Antarktis und Sibiriens, die Gipfel des Himalajas und der Rocky Mountains und die trockenen Ebenen der Wüsten Sahara und Kalahari. All diese Gebiete sind nicht oder kaum zu berücksichtigen (Abb. 2.14).

Die Kehrseite ist, dass bestimmte Teile der Meere und Ozeane einbezogen werden können, weil sie z. B. zum Fischfang oder zur Erzeugung von Windenergie genutzt werden.

Ein weiterer Grund, warum diese Berechnung komplexer sein muss, ist die Tatsache, dass nicht alle nutzbaren Grundstücke von gleichem Nutzen sind. Das liegt zum einen daran, dass einige Grundstücke fruchtbarer sind oder ein fruchtbareres Klima haben als andere (Abb. 2.15), während es zum anderen daran liegt, dass die Menschen mit dem Land verschiedene Dinge unternehmen wollen. Von einem Grundstück, auf dem Reis angebaut wird, verlangen die Menschen andere Dinge als von einem Grundstück, auf dem eine Stadt gebaut oder auf dem Sport getrieben wird.

All diese Aspekte werden bei der Berechnung des ökologischen Fußabdrucks berücksichtigt. Jedes Stück Land, das einen hohen Nutzwert hat, wird mit einem großen Faktor – einem hohen „Gewichtungsfaktor" – multipliziert, während alle unfruchtbaren, trockenen und unbrauchbaren Landstücke mit einem kleinen Faktor multipliziert werden, was bedeutet, dass sie wenig zur Gleichung beitragen.

Daraus ergibt sich ein imaginärer Wert, eine symbolische Darstellung der Anzahl Hektar Nutzfläche, die dem Menschen zur Verfügung stehen. Diese imaginären Hektar werden „Globale Hektar" (oder gha) genannt. Diese verfügbare Fläche wird als Biokapazität bezeichnet.

Die Biokapazität des Planeten ist keine Konstante. Technologische Fortschritte, z. B. in der Landwirtschaft, haben die gesamte Biokapazität des Planeten zwischen 1961 und 2020 von 10 auf fast 12 Mrd. gha erhöht. Die Weltbevölkerung nahm jedoch schneller zu, sodass der einem Menschen zur Verfügung stehende Raum kleiner geworden ist. Im Jahr 2000 betrug die pro Person zur Verfügung stehende Fläche 1,95 Globale Hektar,

Abb. 2.14 Bei der Berechnung des Fußabdrucks oder der Biokapazität kann die Sahara als Nutz-land angerechnet werden, allerdings mit nur sehr geringem Gewichtungsfaktor. (Quelle: Michael Martin: Sahara: Arakao, Niger, Wikimedia)

eine Menge, die 2006 auf 1,8 gha pro Person schrumpfte. Im Jahr 2020, als die Welt-bevölkerung noch weiter zugenommen hatte, waren es noch 1,6 gha pro Person. Diese Menge wird als der gerechte Anteil an Land bezeichnet, der jedem Menschen zusteht.

Überausbeutung

Diese 1,6 Globalen Hektar sind das, was jeder von uns nutzen *kann* (im Jahr 2020). Wenn wir diese Größe nicht überschreiten, werden wir das Ökosystem erhalten und die Umwelt wird nicht geschädigt. Die Realität sieht leider ganz anders aus, und im Jahr

Abb. 2.15 Tropische Dschungel, wie z. B. der Regenwald am Fuße des Kilimandscharos in Afrika, haben einen sehr hohen Gewichtungsfaktor, wenn es um die Berechnung des Fußabdrucks oder der Biokapazität geht. (Quelle: Chris 73, 2007: Der Kilimandscharo, Wikimedia)

2019 wurde berechnet, dass der gesamte Fußabdruck aller Menschen auf einer Fläche von 20 bis 21 Mrd. genutzten Globalen Hektar liegt – 70 % mehr als die 12 Mrd., die zur Verfügung stehen. Mit anderen Worten: Wir beanspruchen mehr Land, als wir uns erlauben können, und verursachen dadurch Schäden an Umwelt und Natur. Abfallprodukte türmen sich in der Atmosphäre, im Wasser und im Boden auf. Die biologische Vielfalt geht zurück, weil Pflanzen- und Tierarten aussterben. Das ist nichts anderes als Raubbau: Wir leben über die Verhältnisse unseres Planeten hinaus.

Zum jetzigen Zeitpunkt enthält die Berechnung des Fußabdrucks eine ganze Reihe von Unsicherheiten und Annahmen, was bedeutet, dass die Ergebnisse nicht allzu wörtlich genommen werden können. Es wurden alternative Berechnungen entworfen, bei denen die Fruchtbarkeit des Bodens, die klimatischen Bedingungen und die anderen Faktoren auf eine andere Art und Weise berücksichtigt werden. Aber eines taucht nach wie vor bei jedem Ansatz auf – es wird eine strukturelle Übernutzung betrieben, wie Abb. 2.16 veranschaulicht.

Eine gute Möglichkeit, diesen strukturellen Raubbau zu untersuchen, ist die Untersuchung von Zyklen. Geschlossene Kreisläufe, wie zuvor in diesem Kapitel beschrieben,

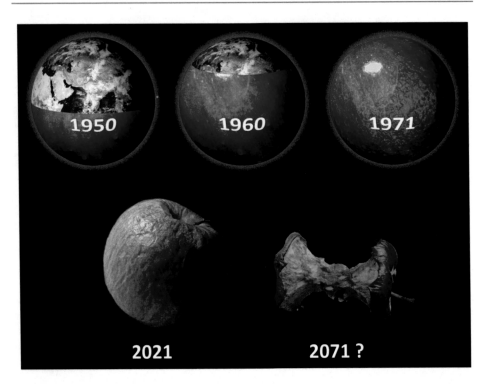

Abb. 2.16 Der globale ökologische Fußabdruck übertrifft die Biokapazität des Planeten bei Weitem. (Quelle des Hintergrundfotos: NASA Headquarters – Greatest Images of NASA (NASA-HQ-GRIN))

wurden nicht von der Menschheit erfunden, sondern sind seit Millionen von Jahren Teil der natürlichen Umwelt. Ein Beispiel ist der Wasserkreislauf: Wasser verdunstet aus den Ozeanen und Meeren, regnet auf das Land herunter und fließt durch Bäche und Flüsse zurück ins Meer. Dann gibt es den fruchtbaren Bodenkreislauf, der von den Pflanzen zum Wachsen und anschließend von den Tieren, die die Pflanzen fressen, genutzt wird, woraufhin die Nährstoffe über den Dünger – die Nahrungskette – in den Boden zurückgeführt werden.

Die Menschen nutzen diese natürlichen Ketten aus, z. B. durch den Verbrauch von Regen- und Flusswasser in Landwirtschaft, Industrie und Haushalten, das über die Kanalisation in den natürlichen Kreislauf zurückgeführt wird. Auch bei der Nahrungsmittelproduktion greifen wir auf einen bestehenden Kreislauf zurück, ebenso wie beim Verbrauch von Holz und anderen natürlichen Baumaterialien. Diese Materialien werden als erneuerbare Ressourcen oder Wachstumsressourcen bezeichnet, Materialien, die kontinuierlich und natürlich wachsen.

Die Dinge sind in Ordnung, solange wir uns in bescheidenem Umfang in die natürlichen Zyklen einklinken, aber es besteht die Gefahr, dass es bei bestehenden Zyklen zu übermäßigen Verletzungen kommt. Dies ist Raubbau, wie in Abb. 2.17 zu sehen ist.

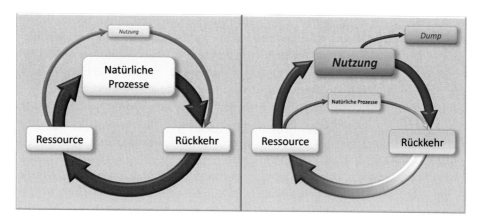

Abb. 2.17 Einbindung in einen natürlichen Kreislauf. Oben: auf einem bescheidenen Niveau. Unten: rücksichtslose Ausbeutung

Von Raubbau spricht man, wenn mehr Holz genutzt wird, als nachwächst (in der gleichen Zeit), was zur Abholzung der Wälder führt. Ein weiteres Beispiel ist die übermäßig intensive Nutzung von Frischwasser für Bewässerungs-, Industrie- und Trinkwasserzwecke. Dies wird zu Dürre und Versalzung führen.

Fairer Anteil

Die Menschen tragen nicht alle gleichermaßen zum großen Fußabdruck bei. Als Faustregel gilt: Je größer der Wohlstand, desto größer der persönliche Fußabdruck. Websites wie www. footprintnetwork.org ermöglichen es jedem Menschen, seinen individuellen Fußabdruck zu bestimmen. Wenn eine Person sehr viele elektronische Geräte und damit einen hohen Material- und Energieeinsatz hat, wird der Fußabdruck vergrößert. Auch der Fleischkonsum vergrößert den Fußabdruck, ebenso das Reisen, insbesondere mit dem Flugzeug.

Fragen

- Was glauben Sie, wie groß Ihr eigener ökologischer Fußabdruck sein wird – ist er größer oder kleiner als derjenige der durchschnittlichen Person, die in Ihrem Land lebt?
- Erwarten Sie, dass Ihr Fußabdruck größer oder kleiner als Ihr fairer Anteil sein wird?
- Was ist, wenn Ihr Fußabdruck größer ist als Ihr fairer Anteil? Sind Sie bereit, ihn zu verkleinern, und wie würden Sie dabei vorgehen?

Fair ist fair – jeder Mensch hat natürlich das Recht auf einen angemessenen Anteil an der Biokapazität unserer Welt. Aber was ist ein vernünftiger Anteil? Dazu könnte es unterschiedliche Meinungen geben. Man könnte annehmen, dass es fair ist, wenn jeder Mensch, unabhängig davon, wo er oder sie lebt, Anspruch auf einen gleich großen Anteil hat – den weltweit durchschnittlichen fairen Anteil. Tab. 2.1 basiert auf dieser Annahme.

Nun macht ein Blick auf die Vereinigten Staaten als Beispiel deutlich, dass der Fußabdruck eines durchschnittlichen Amerikaners fast fünfmal so groß ist wie sein fairer Anteil. Auf der anderen Seite sind die Inder sehr bescheiden und nutzen nur 72 % des ihnen zustehenden Fußabdrucks. Diese niedrige Zahl spiegelt die Tatsache wider, dass viele Inder in Armut leben. Die rechte Spalte zeigt, dass die Weltbevölkerung einen 69 % größeren Fußabdruck hat, als sie sollte.

Es ist jedoch fraglich, ob die in Tab. 2.1 verwendete Berechnung fair ist. Sie ignoriert die Tatsache, dass verschiedene Länder sehr unterschiedliche Bevölkerungsdichten haben. Belgien z. B. gehört zu den am dichtesten besiedelten Ländern der Erde, und wenn Sie tatsächlich jedem Belgier ein Stück Land zugestehen würden, das genauso groß ist wie das Land, das Sie den Australiern in ihrem dünn besiedelten Land geben könnten, würde das bedeuten, dass Belgien einen „Anspruch" auf einen großen Teil der Fläche Australiens hat.

Es kann auch ein anderer Ansatzpunkt gewählt werden, bei dem jedes Land mit der Biokapazität auskommen muss, die es auf seinem eigenen Territorium besitzt. Diese Berechnung siehe Tab. 2.2.

Tab. 2.2 zeigt, dass die Biokapazität Deutschlands 133 Mio. Globale Hektar beträgt, mit einem kollektiven Fußabdruck, der fast dreimal so groß ist wie die Biokapazität des Landes. Bei dieser Berechnung schneiden die Deutschen viel besser ab als die Amerikaner, die zusammen einen Fußabdruck haben, der „nur" doppelt so groß ist wie die Biokapazität der USA. Dies ist darauf zurückzuführen, dass es in den Vereinigten Staaten proportional weniger Menschen gibt, was den Amerikanern viel mehr Land pro Hektar gibt als den Belgiern.

Fragen

- Was ist gerechter – dass jede Person, unabhängig von dem Land, in dem sie lebt, ein gleich großes Stück Land, den fairen Anteil (Tab. 2.1), beanspruchen kann?
- Oder dass jedes Land sich auf die Fläche des jeweiligen Landes beschränkt, sodass die Menschen in dicht besiedelten Ländern jeweils ein kleineres Stück Land haben (Tab. 2.2)?

Dass der ökologische Fußabdruck in Deutschland das 2,99-Fache seiner Biokapazität beträgt, bedeutet, dass es anderswo auf der Welt Flächen geben muss, die im Namen des deutschen Volkes genutzt werden und deren Gesamtfläche um ein Vielfaches größer ist als das Land selbst. Es ist nicht schwer zu erraten, wo ein Teil dieser „zusätzlichen Deutschländer" zu finden ist. Ein Beispiel: Genau wie Vietnam und genau wie einige andere westeuropäische Länder importiert Deutschland eine Menge Tierfutter, das zum Teil in den Vereinigten Staaten, Brasilien, Argentinien und Thailand angebaut wird,

Tab. 2.1 Fußabdruck pro Land. Annahme: Alle Personen, unabhängig davon, wo sie leben, haben einen gleich großen gerechten Anteil

	USA	Großbritannien	Australien	Deutschland	Belgien	Indien	China	Nigeria	Welt
Bevölkerung (Mio.)	322	66	24.6	80.0	11.4	1324	1435	186	7467
Fairer Anteil	525	108	40.1	134	18.5	2158	2339	303	12.169
Pro Einwohner	*1.63*	*1.63*	*1.63*	*1.63*	*1.63*	*1.63*	*1.63*	*1.63*	*1.63*
Fußabdruck	2611	289	163	397	71	1548	5196	202	20.509
Pro Einwohner	*8.10*	*4.37*	*6.64*	*4.84*	*6.25*	*1.17*	*3.62*	*1.09*	*2.75*
Prozentualer Anteil des fairen Anteils	497 %	268 %	407 %	297 %	383 %	72 %	222 %	67 %	169 %

Quelle: Global Footprint Network (2019)
Die Zahlen sind in Millionen von Globalen Hektar oder (pro Einwohner) in Globalen Hektar pro Kopf angegeben

Tab. 2.2 Fußabdruck pro Land. Annahme: Jedes Land muss mit seiner eigenen Biokapazität auskommen

	USA	Großbritannien	Australien	Deutschland	Belgien	Indien	China	Nigeria	Welt
Bevölkerung (Mio.)	322	66	24.6	80.0	11.4	1324	1435	186	7467
Biokapazität	1175	72	302	133	8.9	566	1374	128	12.169
Pro Einwohner	*3.65*	*1.09*	*12.30*	*1.62*	*0.79*	*0.43*	*0.96*	*0.69*	*1.63*
Fußabdruck	2611	289	163	397	70.9	1548	5196	202	20.509
Pro Einwohner	*8.10*	*4.37*	*3.37*	*4.84*	*6.25*	*1.17*	*3.62*	*1.09*	*2.75*
Prozentualer Anteil der Biokapazität	222 %	401 %	54 %	299 %	795 %	273 %	378 %	159 %	169 %

Quelle: Global Footprint Network (2019)
Die Zahlen sind in Millionen von Globalen Hektar oder (pro Einwohner) in Globalen Hektar pro Kopf angegeben

und dort befinden sich große Teile von „Deutschland". Andere Teile des Landes sind in Nationen zu finden, in denen Bäume für den Holz- und Kaffeeverbrauch in Deutschland angebaut werden, in denen sich Tropenwälder befinden, die die deutschen CO_2-Emissionen verarbeiten usw. Die Berechnung des ökologischen Fußabdrucks zeigt, dass Deutschland und alle anderen reichen Länder die Nutzung der Biokapazität in anderen Teilen der Welt drastisch reduzieren müssen, wenn ihre Bevölkerung hofft, den Raubbau zu beenden.

Earth Overshoot Day

Nun zurück zu den globalen Berechnungen. Der 21. Dezember 1971 ist das Datum des ersten Earth Overshoot Day: Der erste Tag, an dem das „ökologische Jahresbudget" der Menschheit noch vor Ende des Jahres auslief. In den Jahren davor war es nicht so weit gekommen: Die Biokapazität reichte dann für das ganze Jahr. Aber nach 1971 wurde das Budget immer schneller ausgegeben, und der Earth Overshoot Day kam früher im Jahr, wie Abb. 2.18 zeigt. Im Jahr 2019 war die Biokapazität des Planeten für das gesamte Jahr 2019 bereits am 29. Juli erschöpft. Der Termin im Jahr 2020 ist aufgrund des durch die Korona-Krise verursachten Konjunktureinbruchs deutlich später als in den Vorjahren. Es wird erwartet, dass das alte Muster im Jahr 2021 zurückkehren wird.

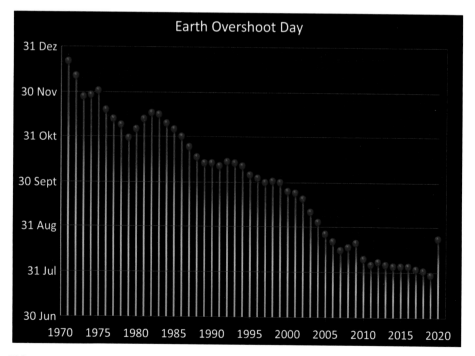

Abb. 2.18 Tag der Erdüberschreitung, 1971–2020. Anmerkung: Die vertikale Achse beginnt nicht bei 0, d. h. am 1. Januar. (Quelle: Overshootday.org 2020)

2.4   Sauberes Wasser: alles für die Menschheit, aber immer noch nicht genug

Aus dem Weltraum fällt die strahlend blaue Farbe der Erde auf (Abb. 2.19). Es ist ein Zeichen dafür, dass unser Planet riesige Ozeane mit flüssigem Wasser birgt. Um ehrlich zu sein, es ist eine unvorstellbare Menge Wasser – 1386 Mio. Kubikkilometer, fast 1,4 Billionen (1021) Liter. Die überwiegende Mehrheit dieses Wassers, etwa 97,5 %, ist Salzwasser, während mehr als zwei Drittel der verbleibenden 2,5 % des Süßwassers in Gletschern und anderen Formen von dauerhaftem Eis gespeichert sind und für den Menschen weitgehend unzugänglich sind. Was bleibt, sind 10 Mio. Kubikkilometer Grundwasser und „nur" 135.000 Kubikkilometer Oberflächenwasser in Flüssen, Seen und Sümpfen.

Mehr als genug, um die Versorgung der Menschheit mit sauberem Wasser sicherzustellen, könnte man sagen. Die gesamte Weltbevölkerung verbraucht 4000 Kubikkilometer Wasser pro Jahr, durchschnittlich 1700 l pro Person und Tag. Der größte Teil dieses Wassers fließt nicht aus den Wasserhähnen der Haushalte, sondern wird in der

Abb. 2.19 Aus dem Weltraum fällt die strahlend blaue Farbe der Erde auf. Es ist ein Zeichen dafür, dass dieser Planet große Ozeane mit flüssigem Wasser enthält

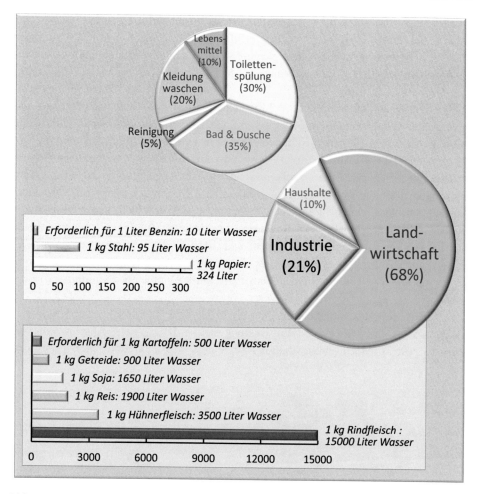

Abb. 2.20 Sauberer Wasserverbrauch von Landwirtschaft, Industrie und Haushalten, gemittelt über alle Personen. (Quelle: Clarke and King 2004)

Landwirtschaft und in der Industrie verwendet, um all unsere Bedürfnisse zu decken – Nahrung, Kleidung, Transport, Luxusgüter usw. Abb. 2.20 enthält weitere Einzelheiten dazu.

Fragen

- Wie viele Liter Wasser pro Tag verbrauchen Sie Ihrer Meinung nach?
- Duschen Sie gelegentlich länger als nötig?

Und dennoch, obwohl so viel Süßwasser zur Verfügung steht, gibt es immer noch Menschen, die unter einem drastischen Mangel leiden. Dafür gibt es eine Reihe von

Gründen, einer davon ist, dass Wasser auf der Welt sehr ungleich verteilt ist. Wüsten erhalten nur einen Bruchteil der Niederschläge, die ein Land wie Großbritannien erhält. Ein weiterer Grund ist, dass der größte Teil des verfügbaren Süßwassers für die Menschen überhaupt nicht genutzt werden darf, da sonst nichts für die natürliche Umwelt übrig bliebe und die ganze Welt aussterben würde. Dann gibt es auch Regionen, in denen das Süßwasser nicht trinkbar ist, wie z. B. in Bangladesch, wo das Grundwasser von Natur aus mit Arsen verseucht ist. Im Jahr 2000 lebten eine halbe Milliarde Menschen (8 % der Weltbevölkerung) in einem Land, das mit chronischem Wassermangel kämpft (Abb. 2.21), in der sich der Zugang zu einer verbesserten Wasserquelle auf den Prozentsatz der Bevölkerung bezieht, der angemessenen Zugang zu einer angemessenen Menge Wasser aus einer verbesserten Wasserquelle hat, wie z. B. einem Haushaltsanschluss, einem öffentlichen Steigrohr, einem Bohrloch, einem geschützten Brunnen oder einer Quelle und Regenwassersammlung. Zu den nicht verbesserten Quellen gehören Verkäufer, Tankwagen und ungeschützte Brunnen und Quellen. Angemessener Zugang wird definiert als die Verfügbarkeit von mindestens 20 Litern pro Person und Tag aus einer Quelle innerhalb eines Kilometers Entfernung von der Wohnung.

Verglichen mit der Situation im Jahr 2000 hat sich die Situation drastisch verbessert, wie es die Millenniums-Entwicklungsziele (MDGs, siehe Abschn. 4.8) vorsehen. Es besteht jedoch ein ernsthaftes Risiko, dass sich diese Entwicklung aufgrund

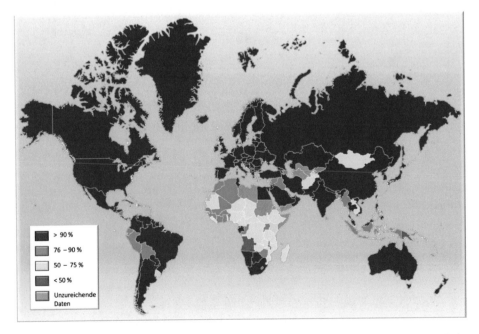

Abb. 2.21 Zugang zu sauberem Wasser nach Land. (Quelle: WHO-Weltgesundheitsobservatorium 2019)

des Klimawandels dramatisch verändern könnte. Weitere Maßnahmen sind erforderlich, wie im Rahmen der Folgemaßnahmen zu den MDGs (2000–2015), den Zielen für nachhaltige Entwicklung (SDGs, 2015–2030; siehe auch Abschn. 4.9), vereinbart wurde.

Einige der Dinge, die wir tun, haben eigentlich den gegenteiligen Effekt von dem, was wir wollen – einen „Rebound-Effekt". Aus Flüssen und Seen entnommenes Wasser wird immer intensiver genutzt, und die landwirtschaftliche Bewässerung ist die Hauptverantwortliche für den Wasserverbrauch. Unterdessen sind die großen Staudämme, die viele Flüsse durchziehen, für eine erhöhte Verdunstung verantwortlich, durch die viel kostbares Wasser verloren geht. Ein Land wie Ägypten ist sowohl mit Verdunstung als auch mit Bewässerung konfrontiert, und der Assuan-Staudamm am Nil hat die Verdunstung erhöht, während landwirtschaftliche Flächen mit Wasser aus demselben Fluss bewässert werden. Diese kombinierten Aspekte sind so stark, dass der Nil zu bestimmten Zeiten des Jahres nicht einmal das Mittelmeer erreicht, wobei die Strömung sogar umgekehrt wird und das Meerwasser stromaufwärts fließt. Die umgekehrte Strömung bedeutet, dass das Land stark versalzt ist und unfruchtbar wird. Ägyptens Land leidet bereits unter einer verminderten Fruchtbarkeit, da der Nil seit dem Bau des Staudamms zu einem sauberen und berechenbaren Fluss geworden ist, der keine Überschwemmungen mehr verursacht, wodurch potenzielle Ertrinkungsopfer verschont bleiben, aber keine fruchtbaren Sedimente mehr entlang der Flussufer abgelagert werden. Ägypten ist nun auf chemische Düngemittel angewiesen, was die Versalzung jedoch nicht aufhält.

Zahlreiche Flüsse und Seen auf der ganzen Welt sind der gleichen intensiven Nutzung ausgesetzt. Dürre führt zu einem Mangel an Trinkwasser und Hygiene und damit zu einer sehr hohen Kindersterblichkeit. Das Land wird versengt, Entwaldung und Wüstenbildung setzen ein. In einigen Fällen sind die Seen sogar geschrumpft, eines der erschreckendsten Beispiele dafür ist der Aralsee, der in den Abb. 2.22 und 2.23 dargestellt ist und an die ehemaligen Sowjetrepubliken Kasachstan und Usbekistan grenzt. Um 1910 war der Salzwassersee über 50 m tief und bedeckte eine Fläche von 450 mal 290 km – ein gigantischer Körper. Ab etwa 1960 begann man, das Wasser des Sees und der einströmenden Flüsse intensiv für die großflächige sowjetische Landwirtschaft zu nutzen. Der See zog sich rasch zurück, und um 2010 war er praktisch nicht mehr existent. Der nackte Boden, der jetzt freigelegt ist, ist weiß von Salz, und Fischereihäfen wie Aralsk und Mo'ynoq sind Geisterstädte.

In den Jahren nach 2010 rief die kasachische Regierung mit Unterstützung der Weltbank ein Projekt ins Leben, um den See in gewissem Umfang wiederherzustellen. Berichte aus dem Jahr 2018 berichteten über eine bescheidene Rückkehr von Wasser und Natur im nördlichen Teil des ehemaligen Sees.

Ausländische Abhängigkeit von sauberem Wasser kann leicht zu Konflikten führen. Mehrere Male wäre beinahe ein großer Krieg zwischen Ländern ausgebrochen, die um die Nutzung von Wasser stritten. Und das ist nicht so merkwürdig. Nehmen Sie die Situation rund um den Jordan und seine stromaufwärts gelegenen Zuflüsse. Libanon, Syrien, Israel, Jordanien und das palästinensische Westjordanland grenzen daran. Nun

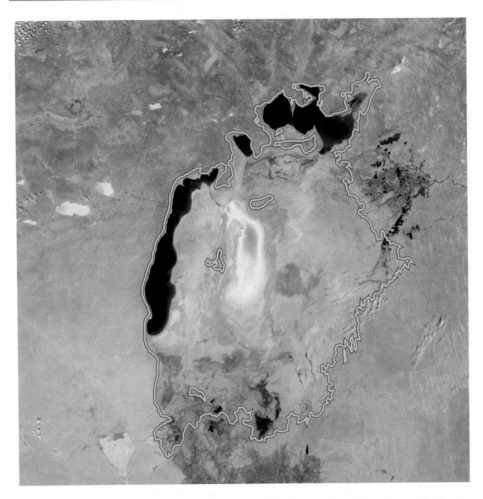

Abb. 2.22 Der einst riesige Aralsee hat durch die Umleitung seiner Flüsse heute 10 % seiner früheren Größe erreicht, und große Teile davon haben sich in ein weißes Salzfeld verwandelt, das vom Weltraum aus deutlich sichtbar ist. Der gelbe Umriss zeigt die Größe des Wasserkörpers im Jahr 1985; das Foto zeigt, was im Jahr 2009 übrig geblieben ist. (Quelle: NASA Earth Observatory 2009)

hat Israel wahre Wunder vollbracht, indem es große Teile der Negev-Wüste im Süden blühen ließ. Es ist wunderbar zu sehen, wie sich ganze Sandebenen in fruchtbaren Boden verwandelt haben. Aber das hat seinen Preis. Einst, um 1950, flossen jedes Jahr etwa 1,3 km^3 Wasser durch den Jordan. Davon entnimmt Israel jedes Jahr etwa 0,6 km^3. Syrien verbraucht 0,5 km^3 pro Jahr. Für Palästinenser ist der Zugang zum Fluss fast vollständig blockiert, dies gilt jedoch nicht für Jordanien, das einen relativ kleinen Teil des Flusswassers für Bewässerungs- und Trinkwasserzwecke nutzt. Aufgrund der intensiven Nutzung liefert der Jordan nur 0,2 bis 0,02 km^3 pro Jahr an das Tote Meer, in das der

Abb. 2.23 Rostendes Schiff im ehemaligen Aralsee, ein Symbol der Nicht-Nachhaltigkeit. (Quelle: Staecker, Wikimedia)

Fluss mündet. Der Wasserspiegel im Toten Meer sinkt daher mit einer Geschwindigkeit von einem Meter pro Jahr und der Salzgehalt steigt entsprechend: Das Meer ist toter denn je.

Im Vergleich zu Israel ist der Lebensstandard im benachbarten Jordanien viel niedriger. Das gilt auch für die Nutzung des jordanischen Wassers. Stellen Sie sich vor, Jordanien wolle so viel Wasser nutzen wie Israel: Was würde passieren, vor allem auf politischer oder sogar militärischer Ebene? Und wenn die Palästinenser ihren rechtmäßigen Anteil beanspruchen? Diese Frage wurde zum Teil beantwortet, als 2013 ein Abkommen zwischen Jordanien, Israel und der Palästinensischen Autonomiebehörde über den Bau eines Pipelinesystems unterzeichnet wurde, das Wasser aus dem Roten Meer zum Toten Meer und den umliegenden Gebieten bringen soll: einerseits zur Entsalzung und Nutzung als Landwirtschafts- und Trinkwasser, andererseits zur Anhebung des Pegels des Toten Meeres. Der erste Teil des Plans wird voraussichtlich 2021 abgeschlossen sein.

Auch andere große Flüsse werden von Ländern mit angespannten Beziehungen geteilt. Beispiele hierfür sind die Flüsse Euphrat und Tigris in der Region, die sich Irak, Türkei und Iran teilen (Tab. 2.3), sowie der Indus, der Pakistan von Indien trennt. Wie

Tab. 2.3 Verbrauch und erneuerbare Ressourcen von Süßwasser

Land	Verbrauch	Erneuerbare Ressourcen (insgesamt)	Einheimische erneuerbare Ressourcen	Ausländische Abhängigkeit (%)
Asien				
Indien	647	1911	1328	31
Pakistan	183	247	55	78
Bangladesch	36	1227	105	91
Aserbaidschan	13	35	8,1	77
Turkmenistan	28	25	0,8	97
Usbekistan	49	49	10	80
China	594	2840	2813	1
Hongkong	5,1	104	6,2	94
Naher Osten				
Kuwait	0,42	0,02	0	100
Irak	66	90	35	61
Türkei	42	212	209	2
Iran	93	137	128	7
Syrien	14	17	4,8	72
Jordanien	1,10	0,94	0,69	27
Israel	1,42	1,78	0,75	58
Ägypten	66	58	1,16	98
Libyen	5,8	0,70	0,70	0
Afrika				
Somalia	3,3	15	6,0	59
Sudan	27	38	1,52	96
Äthiopien	11	122	122	0
Eritrea	0,58	7,3	2,8	62
Europa				
Deutschland	25	154	107	31
Vereinigtes Königreich	8,0	147	145	1
Niederlande	11	91	11	88
Amerika				
Brasilien	75	8647	5661	35
Costa Rica	3,2	113	113	0
El Salvador	2,12	26	15	41
Vereinigte Staaten	419	3069	2818	8

(Fortsetzung)

Tab. 2.3 (Fortsetzung)

Land	Verbrauch	Erneuerbare Ressourcen (insgesamt)	Einheimische erneuerbare Ressourcen	Ausländische Abhängigkeit (%)
Kanada	39	2902	2850	2

Quelle: FAO Aquastat (2019)

Alle Zahlen sind in km^3 pro Jahr angegeben. Alle erneuerbaren Quellen = ausgewiesener Zufluss von Oberflächenwasser + ausgewiesener Zufluss von Grundwasser + interne erneuerbare Quellen. Dieser Indikator berücksichtigt nicht die mögliche Zuteilung von Wasser an flussabwärts gelegene Länder. Abhängigkeit von anderen Ländern = interne erneuerbare Quellen/alle erneuerbaren Quellen.

lange wird es dauern, bis der erste große Konflikt ausbricht, weil der Zugang zu Wasserressourcen notwendig ist?

Auch in Gebieten, in denen Krieg weniger bedrohlich ist, können sich die Beziehungen zu Nachbarländern anspannen. Die Niederlande mögen zwar ein sehr feuchtes Land sein, aber 88 % dieses Wassers gelangt über den Rhein und die Maas ins Land, sodass das Land in Bezug auf die Wasserqualität des Rheins von der Schweiz und Deutschland und in Bezug auf das Wasser der Maas von Frankreich und Belgien abhängig ist. Ende des 20. Jahrhunderts war dies schmerzhaft spürbar, da die französischen Kalibergwerke täglich große Mengen Salz in die Maas einleiteten. Das Wasser des Flusses wurde so salzhaltig, dass es die niederländischen Wasserwerksgesellschaften viel Arbeit und Aufwand kostete, es so weit zu reinigen, dass es trinkbar war. Erst nach jahrelangen Verhandlungen zwischen den Niederlanden und Frankreich gingen die Salzeinleitungen zurück. Dieses Beispiel zeigt, dass Uneinigkeit nicht nur bei der Verteilung der knappen Wasserressourcen entsteht, sondern auch dann, wenn die Wasserqualität beeinträchtigt wird.

Im Jahr 2000 schlug diese Tatsache in Ungarn mit einem Knall ein, als die Goldmine Aurul in Rumänien versehentlich rund 100 Tonnen extrem tödliches Zyanid in den Fluss Someș freisetzte, der in Ungarn in die Theiß mündet. Fast alles, was in der Theiß lebte, starb, und es war die schlimmste Umweltkatastrophe aller Zeiten in Ungarn, die enorme Probleme für das Trinkwasser verursachte.

Eine weitere Ursache für Wasserknappheit ist die unregelmäßige Versorgung. Äthiopien und Eritrea sind bekannt für die großen Hungersnöte, die die Nationen gelegentlich infolge extremer Dürreperioden und (teilweise aufgrund dieser Dürreperioden) Kriege heimsuchen. Tab. 2.3 zeigt vielleicht nicht, dass diese beiden Nationen unter einem Mangel an sauberem Wasser leiden, aber die Niederschläge dort sind höchst unvorhersehbar und manchmal vergehen Jahre, ohne dass ein Tropfen vom Himmel fällt.

Unterdessen verschlimmert sich die ungleiche Verteilung des Süßwassers aufgrund des Klimawandels, der die Niederschläge in bestimmten Regionen der Welt (darunter Deutschland und Bangladesch) erhöht und in anderen (darunter große Teile Afrikas) verringert hat.

Glücklicherweise gibt es viel, was getan werden kann. Zunächst einmal kann Wasser in vielen Regionen mit viel größerer Sorgfalt verbraucht werden. Häufig wird die Bewässerung schlecht eingesetzt, was zu unnötiger Verdunstung führt, während ein anderer Teil des Wassers sofort abfließt und oft fruchtbare Erde mit sich nimmt. Durch die technische Verbesserung der Feldbewässerung können große Wassermengen eingespart werden. Dasselbe gilt für die Industrie, wo es viel Raum für einen effizienteren Wasserverbrauch gibt. Zudem kann wesentlich mehr Regenwasser aufgefangen und genutzt werden, als dies derzeit der Fall ist.

Die Kreisläufe können auch besser geschlossen werden als bisher, insbesondere in Entwicklungsländern. Wenn diese Länder ihre Kanalisationssysteme ausbauen würden, könnten die Abwässer gesammelt, gereinigt und als Trinkwasser wiederverwendet werden. Dies ist in den meisten europäischen Ländern die Norm. Aber in einigen anderen Ländern sind viele Menschen über die bloße Idee entsetzt!

Fall 2.3. Toowoomba sagt nein

Sydney Morning Herald, 30. Juli 2006

Toowoomba sagt Nein zu recyceltem Wasser

Die Bewohner des von der Dürre heimgesuchten Toowoomba haben die Idee, ihr eigenes Abwasser zu trinken, überzeugend abgelehnt. In einem umstrittenen Referendum sprachen sich 62 % der Einwohner gegen die Aufbereitung von Abwasser zu Trinkwasser in der im Landesinneren im Südosten von Queensland gelegenen Stadt aus.

Das Ergebnis war ein durchschlagender Sieg für die Nein-Kampagne einer Gruppe, die sich selbst Bürger gegen das Trinken von Abwasser nennt.

Zu den Befürwortern der Ja-Kampagne gehörte auch der Bürgermeister von Toowoomba, Di Thorley, der gesagt hatte, dass das Recycling von Abwasser zu Trinkwasser der wirtschaftlich und ökologisch effektivste Weg sei, den kritischen Wassermangel der Stadt zu beheben.

Der föderale parlamentarische Sekretär für Wasserangelegenheiten fügte hinzu, dass Wasserrecycling für Australien wichtig sei, da man davon ausging, dass die Nachfrage das Angebot aus den vorhandenen Wasserquellen in fast allen größeren Städten Australiens innerhalb der nächsten 20 Jahre übersteigen würde.

Kommentar in einem Online-Forum, 26. Juli 2006.

Ich werde nicht Pisse von Gott weiß wem trinken, oder?

Technologische Lösungen sind ebenfalls verfügbar. Man könnte natürlich salziges Meerwasser in Süßwasser umwandeln, aber das Problem ist, dass für den Prozess Energie benötigt wird. Das bedeutet, dass das Wasserproblem teilweise in ein Energieproblem umgewandelt werden könnte – wenn wir unbegrenzt nachhaltige Energie hätten, hätten wir im Prinzip auch unbegrenztes Süßwasser. In diesem Zusammenhang ist es eine gute

Abb. 2.24 Reis braucht wasserdurchtränkten Boden. Reisterrassen, wie diese hier in der chinesischen Provinz Yunnan, werden gebaut, um das Wasser zurückzuhalten, das sonst den Hang hinunterfließen würde. (Quelle: Jialiang Gao, www.peace-on-earth.org 2003)

Nachricht, dass die trockensten Gebiete auf dem Planeten auch die Gebiete sind, in denen die meiste Sonnenenergie zur Verfügung steht. So ist es denkbar, dass weite Teile der Sahara und anderer Wüsten mit Sonnenkollektoren ausgestattet werden, mit deren Hilfe große Mengen an Süßwasser aus den Ozeanen gewonnen werden können, wie in Kap. 7 erläutert wird.

In anderen Teilen der Welt kann die Biotechnologie hilfreich sein. Reis, das beliebteste Nahrungsmittel für einen großen Teil der Menschheit, erfordert die Anpflanzung von bewässertem Boden (Abb. 2.24), was eine riesige Wassermenge erfordert, die in vielen Gebieten sicherlich nicht in ausreichender Menge zur Verfügung steht. Aus diesem Grund arbeiten Wissenschaftler an verschiedenen Reissorten, die weniger Wasser benötigen.

2.5 Land- und Viehwirtschaft: übermäßige Effizienz, aber immer noch nicht genug

Dieses Kapitel begann mit der Feststellung, dass die Viehzucht in Vietnam zu Problemen der Nicht-Nachhaltigkeit führt, da in anderen Ländern angebautes Tierfutter zu Einwegverkehr führt. Aber wenn es um die Viehzucht geht, gibt es noch einige weitere Probleme.

Übermäßige Effizienz

Nach der Gründung der Europäischen Wirtschaftsgemeinschaft (EWG, dem Vorläufer der EU) im Jahr 1958 konzentrierte sich das Gremium auf die Landwirtschaft in Westeuropa. Zu dieser Zeit produzierte die Region nicht genug Nahrungsmittel, um ihre Bevölkerung zu ernähren, und es drohte eine Hungersnot! Zur Förderung der Landwirtschaft wurden Subventionen eingeführt. Eine Folge davon war, dass die Kosten der Nahrungsmittelproduktion künstlich gesenkt wurden, und infolgedessen waren die Preise in den Geschäften ebenfalls unnatürlich niedrig, was auch heute noch der Fall ist. Seit Jahren wird über die Aufgabe der Agrarsubventionen debattiert, aber es ist keine leichte Aufgabe, da das gesamte europäische Agrarsystem auf ihnen basiert. Wenn sie aufgegeben werden, werden die europäischen Landwirte in großem Stil vor dem Bankrott stehen, und die dramatisch steigenden Preise werden die Wut der Verbraucher schüren. Aber das ist noch nicht alles, denn das System wird noch durch Handelsschranken gestützt, die sicherstellen, dass auf Agrarprodukte, die von außerhalb der EU-Grenzen importiert werden, Zuschläge erhoben werden. Das bedeutet, dass Landwirte in Afrika und Südamerika fast keine Chance haben, ein angemessenes Einkommen aus Exporten nach Europa zu erzielen – das System erhält die ungleiche Verteilung des Wohlstands in der Welt aufrecht. Und so bilden diese Subventionen und Handelsbarrieren bis heute einen Fehler im Gefüge, das ein tief verwurzelter Teil des Agrarsystems ist.

Um die Nahrungsmittelproduktion zu steigern, wurde die Effizienz ebenfalls erhöht. Es wurden Maschinen zum Pflügen, Säen und Ernten eingeführt. Die landwirtschaftliche Konsolidierung schuf ausgedehnte Felder, auf denen eine einzige Kulturpflanze angebaut wurde – die Monokultur. Auch die Viehzucht wurde dem industriellen Ansatz unterworfen, wobei Pflanzen- und Tierkrankheiten durch die massive Einführung von Pestiziden und Antibiotika bekämpft und verhindert wurden. Kontrolle wurde zum Paradigma! Nichts wurde dem Zufall überlassen, abgesehen vom Wetter. Eigentlich ist nicht einmal das wahr, und riesige Gewächshäuser wurden gebaut, um Wetterfaktoren auszuschließen. Diese Gewächshäuser werden mit Erdgas beheizt, was bedeutet, dass sie einen bedeutenden Beitrag zum Klimawandel leisten.

Viele Jahre lang bildete die natürliche Umwelt eine Art Gleichgewicht, um dieser intensiven Landwirtschaft entgegenzuwirken, ein Faktor, dem die Behörden jahrzehntelang nur dann Beachtung schenkten, wenn sie keine andere Möglichkeit hatten. Dies mag sich in den letzten Jahren geändert haben, aber die Interessen der natürlichen Umwelt werden nach wie vor nicht immer konsequent berücksichtigt – wenn die wirtschaftlichen Interessen groß genug sind, muss die Natur weichen. Dies zeigt sich jenseits des Atlantiks im Golf von Mexiko. Im Jahr 2010 bedrohte die BP-Ölkatastrophe die fragilen Meeresökosysteme des Golfs. Die Gefahr für die Küstenästuare war besonders groß, da Ästuare der Nährboden für viele Wasserorganismen sind – mehrere Arten davon sind entweder gefährdet oder für die lokale Fischerei wirtschaftlich wichtig. Die Region, die für ihre unberührten Strände berühmt ist, befürchtete auch, dass der Ölteppich katastrophale Folgen für die Tourismusindustrie am Golf haben könnte.

Das Triple P ist in diesem Fall unausgewogen, bei dem der *Profit* die *People* und den *Planet* überschattet.

Durch die intensive Land- und Viehwirtschaft in der zweiten Hälfte des 20. Jahrhunderts entstanden allmählich Probleme, ebenso wie durch die Kritik. Monokultur bedeutete, dass die Kulturen anfällig für Plagen waren und der Einsatz von Pestiziden die natürliche Umwelt schädigte. Wie steht es zudem um den Tierschutz in der Bioindustrie? Ab den 1990er-Jahren litt die streng kontrollierte Agrarindustrie nicht nur unter drohenden Krisen, sondern auch unter akuten Katastrophen (Tab. 2.4). BSE oder Rinderwahnsinn, Schweinegrippe, Blauzungenkrankheit, Q-Fieber und mehrere Stämme der Vogelgrippe führten sukzessive zu Viehschlachtungen, Konkursen unter den Landwirten und sogar zu menschlichen Todesfällen. Die Angst vor noch mehr Katastrophen in der Landwirtschaft ist groß. Maul- und Klauenseuche oder vielleicht Blattfleck? Oder wird der Maiswurzelbohrer die nächste Seuche bringen?

Fall 2.4. Befürchtungen über lebensmittelbedingte Krankheitserreger …
Pressemitteilung der Ernährungs- und Landwirtschaftsorganisation der Vereinten Nationen, 26. Januar 2003, Rom

Länder auf der ganzen Welt sollten sich über „Rinderwahnsinn" Sorgen machen

Die Ernährungs- und Landwirtschaftsorganisation der Vereinten Nationen (FAO) hat heute Länder auf der ganzen Welt, nicht nur in Westeuropa, dringend aufgefordert, sich über das Risiko der *bovinen spongiformen Enzephalopathie* (BSE) (Abb. 2.25) und ihrer menschlichen Form, der *neuen Variante der Creutzfeldt-Jakob-Krankheit* (nvCJD), Gedanken zu machen. In einer in Rom veröffentlichten Erklärung forderte die FAO Maßnahmen zum Schutz der menschlichen Bevölkerung sowie der Vieh-, Futtermittel- und Fleischindustrie. (…).

Innerhalb der Länder empfahl die FAO die Anwendung des sogenannten Hazard Analysis and Critical Control Point Systems (HACCP), das darauf abzielt, potenzielle Probleme zu identifizieren und Korrekturmaßnahmen in der gesamten Lebensmittelkette zu ergreifen. Zu den Themen gehören die Herstellung von Tierfutter, die verwendeten Rohstoffe, die Kreuzkontamination in der Futtermittelfabrik, die Kennzeichnung der hergestellten Futtermittel, das Futtermitteltransportsystem sowie die Überwachung importierter lebender Tiere, Schlachtmethoden, die Tierkörperbeseitigungsindustrie und die Entsorgung von Abfallstoffen.

„Im Vereinigten Königreich wurden strenge Kontrollen eingeführt, die nun auch im Rest der EU umgesetzt werden", so die FAO. „Länder außerhalb der EU sollten geeignete Maßnahmen ergreifen, um ihre Herden zu schützen und die Sicherheit von Fleisch und Fleischprodukten zu gewährleisten. Gesetze zur Kontrolle der Industrie und ihre wirksame Umsetzung sind erforderlich, einschließlich des Aufbaus von Kapazitäten und der Ausbildung von Mitarbeitern und Regierungsbeamten."

Tab. 2.4 Katastrophen und Krisen in Landwirtschaft und Naturschutz seit 1945

Ursache	Konsequenzen
Subventionen für die Landwirtschaft	Entwicklung der Dritten Welt behindert; unnatürliche Preisveränderungen für landwirtschaftliche Produkte
Monokultur	Anfälligkeit für Seuchen
Pestizide	Natürliche Umwelt und Gesundheit geschädigt
Import von Tierfutter	Entwaldung und Raubbau in Brasilien und anderswo; Überdüngung des Bodens in Importländern
Bioindustrie	Tierleid
Saurer Regen[a] aufgrund eines Düngemittelüberschusses	Wälder, Moore und Oberflächengewässer beeinträchtigt
1996: Rinderwahnsinn	150 Todesfälle in Westeuropa
Genetisch veränderte (GM) Lebensmittel	Misstrauen der Verbraucher; mögliche Schäden an Gesundheit und Natur
1997: Schweinegrippe	12 Mio. Schweine „gekeult"
Auslaufen der europäischen Agrarsubventionen	Bankrott unter Bauern
2003: Vogelgrippe (H7N7)	31 Mio. Hühner „gekeult"
Aerosole[a]	Gesundheitsschäden, Bau von Straßen und Vorstädten eingefroren
2006: Vogelgrippe (H5N1)	Angst vor einer Pandemie
2007: Blauzungenkrankheit	Millionen von Schafen eingeschläfert
2010: Q-Fieber	Trächtige Ziegen und Schafe massenweise „gekeult"; Zuchtverbot
Bienen-Krise	Die Zahl der Bienen und anderer Insekten geht dramatisch zurück
2011: Dioxin-Skandal	Dioxinbelastetes Futterfett gelangt als Futter in deutsche Mastanlagen von Schweine- und Hühnerzüchtern. Grenzwerte für Dioxin werden bis um das 80-Fache überschritten. Hühnerschlachtungen, zeitweise Umstieg von Verbrauchern auf Bioprodukte
2013: Pferdefleischskandal	In Rindfleisch-Fertiggerichten wurde nicht deklariertes Fleisch von Pferden gefunden
2014: Salmonellen	Salmonellen-Ausbruch bei einem Eierproduzenten in Bayern. Hunderte Menschen in Deutschland, Großbritannien, Österreich, Frankreich und Luxemburg sind an Salmonellose erkrankt, mindestens zwei Männer starben

(Fortsetzung)

Tab. 2.4 (Fortsetzung)

Ursache	Konsequenzen
2015 Ekel-Fleisch	280 Kilo mit e-Coli-Bakterien verseuchtes Fleisch wurde in Kantinen verarbeitet
2017: Belastete Hühnereier	Hunderttausende Eier aus den Niederlanden waren mit dem Pflanzenschutzmittel Fipronil belastet. Gesundheitsschädliche Eier waren in ganz Deutschland in den Handel gelangt
2017: Vogelgrippe (H5N8)	66 Ausbrüche von Vogelgrippe in deutschen Geflügelbetrieben, größter bisher dokumentierter Ausbruch
2020: Vogelgrippe	Keulung von 30.000 Puten nach A/H5N8-Ausbruch in Niedersachsen und Sachsen-Anhalt
2020: Glyphosat	Weil Gesundheitsrisiken beim glyphosathaltigem Unkrautvernichter RoundUp nicht angegeben wurden, muss die Firma Bayer 35,8 Mio. Euro Schadensersatz zahlen

[a]Die Landwirtschaft ist mitverantwortlich, zusammen mit Industrie und Verkehr

Es wird immer mehr Menschen klar, dass die Bemühungen um eine vollständige Bewirtschaftung der Landwirtschaft und der natürlichen Umwelt nicht aufrechterhalten werden können. Das gesamte System muss drastisch reformiert werden. Deshalb bevorzugen viele Verbraucher zunehmend nachhaltigere Lebensmittelalternativen. Einige Landwirte haben darauf reagiert, indem sie ökologische Nutzpflanzen anbauen und sich den Naturgewalten anpassen, anstatt zu versuchen, sie zu kontrollieren. Das bedeutet z. B., dass Dinge wie chemische Pestizide nach Möglichkeit durch natürliche Ersatzstoffe ersetzt werden müssten. Marienkäfer wurden eingeführt, um die Laus zu bekämpfen, während Pflanzen eingeführt wurden, um anderen Plagen entgegenzuwirken, indem die Monokultur durch Felder mit einer Vielzahl von Pflanzenarten ersetzt wurde, darunter auch solche, die Insekten in Schach hielten. Diese Ansätze ermöglichen einen dramatischen Rückgang des Chemikalieneinsatzes. Neben diesen Mustern werden derzeit auch verschiedene Optionen für die ökologische Landwirtschaft entwickelt – mit Erfolg, wie man im Supermarkt sehen kann, wo der Absatz dieser Produkte jedes Jahr um einen zweistelligen Prozentsatz steigt.

Je nach Klima, in dem die Lebensmittel angebaut werden, können wiederum Gewächshäuser so eingerichtet werden, dass für ihre Beheizung kein Erdgas mehr benötigt wird, wobei eine Kombination von Wind- und Sonnenenergie mit Kältespeicherung (im Winter) und Wärmespeicherung (im Sommer) tief unter der Oberfläche genutzt wird. So sind wir heute sogar in der Lage, Gewächshäuser zu bauen, die überhaupt keine Energie benötigen, sondern tatsächlich Strom ins Netz einspeisen.

Abb. 2.25 Proteste in Südkorea gegen die Einfuhr von Rindfleisch aus den USA, von Menschen, die über BSE besorgt sind. (Quelle: hojusaram, Wikimedia)

Lokal zu essen ist eine weitere Alternative zum derzeitigen nicht nachhaltigen Ernährungssystem. Der Import von Obst und Gemüse aus weit entfernten Ländern erfordert große Mengen an Energie und trägt damit zum Treibhauseffekt bei. Durch den freiwilligen Verzicht auf diese Lebensmittel können die Verbraucher ihren

Kohlenstoff-Fußabdruck verringern. Ob sie dazu bereit sind, bleibt abzuwarten – werden viele Menschen ihr Verhalten ändern?

Ungenügende Effizienz

Effizienz mag jahrelang das Hauptziel der Land- und Viehwirtschaft gewesen sein, trotzdem ist das Effizienzniveau immer noch viel zu niedrig. Die Gründe dafür sind wie folgt:

Fleisch und Milchprodukte stellen eine wichtige Eiweißquelle dar, aber sie sind eine ineffiziente Quelle. Rindvieh z. B. frisst Gras, Heu, Soja und Tapioka – Pflanzen, die pflanzliches Eiweiß enthalten. Sie wandeln es in ihrem Körper in tierisches Eiweiß um – ein Prozess, den sie nicht besonders gut beherrschen, wenn man bedenkt, dass jedes Kilogramm tierisches Eiweiß im Körper einer Kuh *zehn Kilogramm pflanzliches Eiweiß* benötigt. Tab. 2.5 zeigt, wie viel landwirtschaftliche Fläche benötigt wird, um eine bestimmte Menge Protein zu produzieren. Bohnen, vor allem Sojabohnen, führen das Feld an, wobei nur ein Viertel Hektar benötigt wird, um 20 kg Protein zu produzieren. Schweine sind ungeeignet, da sie fünf Hektar benötigen, um die gleiche Menge an Protein zu produzieren – das ist das 20-Fache der für Bohnen benötigten Fläche. Schweine brauchen dieses Land nicht nur, um herumzulaufen, und der größte Teil davon wird tatsächlich für den Anbau von Schweinefutter verwendet.

Daraus folgt nicht automatisch, dass Gemüse dem Fleisch immer vorzuziehen ist. Die Zusammensetzung von tierischem Eiweiß ist für die menschliche Ernährung etwas besser als die von pflanzlichem Eiweiß, und außerdem ist nicht jedes Land für den Anbau von Nutzpflanzen geeignet, wobei Gras für bestimmte Arten von Land die beste Wahl ist. Landwirtschaftliche Abfälle können als Tierfutter verwendet werden, und der Dung des Viehs kann wiederum zur Düngung des Bodens für Nutzpflanzen verwendet werden, wodurch der biologische Kreislauf geschlossen wird.

Tab. 2.5 Für die Produktion von 20 kg Eiweiß pro Jahr benötigte landwirtschaftliche Nutzfläche

Nahrungsquelle	Land (Hektar)
Bohnen	0.25
Gras	0.3–0.6
Getreide	0.6
Kartoffeln	0.7
Milchvieh	1–3
Hühner	3
Schafe	2–5
Schweine	5
Rindvieh	3–6

Quelle: Bender (1992)

Trotzdem, wenn die Menschen im Westen – die größten Fleischesser des Planeten – anfangen würden, für einen wesentlich größeren Teil ihres Nährstoffbedarfs als heute auf pflanzliche Proteinquellen zurückzugreifen, würde die Umwelt erheblich profitieren, es würde viel weniger Land beansprucht und die Kosten für die Ernährung wären auch viel billiger. Die Fleischproduktion beansprucht 80 % der landwirtschaftlichen Nutzfläche auf der ganzen Welt, während Fleisch nur 15 % aller konsumierten Nahrungsmittel ausmacht. Leider wird eine wesentliche Änderung dieser Situation nicht einfach sein, denn der Fleischkonsum hat tiefe kulturelle Wurzeln.

Die Ernährungstechnologie könnte zu irgendwelchen Veränderungen beitragen. Sollte es möglich sein, fleischähnliche Produkte mit Pflanzen oder Pilzen herzustellen, die von echtem Fleisch nicht zu unterscheiden sind, ist es denkbar, dass die Verbraucher massenhaft – und vielleicht unbewusst – zum Veganismus übergehen. Das Schlusskapitel wird auf dieses Thema zurückkommen und zeigen, dass wir auf dem besten Wege sind, dies zu erreichen.

2.6   Folgen für die natürliche Umwelt

Für die natürliche Umwelt sind die Folgen des weltweiten Raubbaus dramatisch. Der folgende Fall dient als Beispiel.

Fall 2.5. Der Tasmanische Tiger

Tasmanien ist eine dem amerikanischen Bundesstaat West-Virginia gleich große Insel vor der Südküste Australiens mit einer ganz eigenen natürlichen Umwelt.

1936 wurde der *Tasmanische Tiger* (Abb. 2.26) zu einer geschützten Art erklärt, auch aus gutem Grund, denn die Zahl der Tasmanischen Tiger war in den letzten Jahren rapide zurückgegangen. Dies war zum Teil darauf zurückzuführen, dass die Bauern sie jagten und sie für das Töten von Schafen verantwortlich machten (was wahrscheinlich nicht stimmte). Zwischen 1888 und 1914 erschossen sie die Tiere zu Tausenden. Die Art erlag dann einer Krankheit, die die meisten der verbliebenen Tiere tötete. Erst später erkannten die Biologen, dass die Art vom Aussterben bedroht war. Im Jahr 1933 wurde der letzte in freier Wildbahn gefangene Tasmanische Tiger in einen örtlichen Zoo gebracht. Er starb 1936 – der letzte Tasmanische Tiger, der je lebend gesehen wurde. Die Art wurde nach seinem Tod – zu spät – für geschützt erklärt.

Der Tasmanische Tiger ist nicht die einzige Tierart, die vom Aussterben bedroht ist. Die vielleicht berühmteste ist der Dodo, der im 17. Jahrhundert auf der Insel Mauritius ausstarb. Jahrhunderte zuvor starben auch der Auerochse, das Mammut und die Säbelzahnkatze aus. Jahrhunderte zuvor waren auch der Auerochse, das Mammut und die

Abb. 2.26   Der Tasmanische Tiger. (Quelle: Brehms Tierleben 1929)

Säbelzahnkatze dem Aussterben zum Opfer gefallen. Auch in den jüngeren Jahren sind Arten ausgestorben. Am 6. Januar 2000 starb der allerletzte Pyrenäensteinbock, und später im selben Jahr wurde der Rote Colobus der Miss Waldron für „vermutlich ausgestorben" erklärt. Nicht nur die Fauna ist vom Aussterben bedroht, auch die Flora erleidet das gleiche Schicksal. Ein markantes Beispiel ist der Tambalacoque-Baum, der auch als Dodo-Baum bekannt ist. Im Jahr 1973 wurde behauptet, dass nur noch 13 von ihnen übrig geblieben seien, die alle über 300 Jahre alt waren. Man nimmt an, dass der Baum seit dem Aussterben des Dodos nicht mehr in der Lage war, sich fortzupflanzen, da die Samen erst vom Vogel gefressen und ausgeschieden werden mussten, bevor sie keimen konnten. Obwohl diese Hypothese bestritten wurde, werden Experimente mit Truthühnern durchgeführt, um herauszufinden, ob sie den Dodo ersetzen und die Samen zum Keimen bringen können.

Fragen

- So was? Was macht es schon, dass der Dodo und der Tasmanische Tiger ausgestorben sind?
- Und was spielt es für eine Rolle, dass andere Arten in naher Zukunft aussterben werden?

Das Aussterben von Arten ist nicht das einzige Problem, mit dem die Natur konfrontiert wird. Ein weiteres gravierendes Problem ist der Verlust von Lebensräumen (Habitat), das Schwinden oder das völlige Verschwinden natürlicher Lebensräume (Abb. 2.27). Lebensräume machen Platz für Städte, Straßen, Landwirtschaft oder Erholungszwecke.

Abb. 2.27 Lebensraumverlust: Eine der Ursachen sind Städte, die über den Horizont hinaus-
reichen. (Quelle: Jeremy Daccarett, flickr)

Oder sie werden auf eine nicht nachhaltige Weise bewirtschaftet, wodurch die
Zusammensetzung des Lebensraums immer weniger natürlich wird und die Biodiversität – die Vielfalt der vorhandenen Arten – abnimmt. Lebensräume leiden auch unter
äußeren Ursachen, wie z. B. in der Landwirtschaft verwendete Gifte, saurer Regen oder
Klimawandel. In den industrialisierten Gebieten werden viele natürliche Umgebungen
durch Autobahnen zerschnitten und sind daher nicht in der Lage, vor allem Raubtiere zu
ernähren, die große zusammenhängende Regionen benötigen.

Im Hinblick auf das Aussterben ist es ratsam, zwischen „lokal" und „global ausgestorben" zu unterscheiden. Im ersten Fall stirbt eine Art in einem bestimmten Gebiet
aus, z. B. im Golf von Mexiko. Sollte dies der Fall sein, wird es immer noch möglich
sein, Exemplare der Art von anderswo zu erhalten und sie wieder in die Natur auszusetzen. Aber sollte eine Art weltweit vom Aussterben bedroht sein, wird sie für immer
verschwunden sein. Es gibt auch eine Zwischenphase, das „Ausgestorben in der Wildnis". In diesem Fall gibt es noch Exemplare in geschützten Umgebungen, wie z. B. in
Zoos. Es wird dann versucht, die Art durch Zuchtprogramme zu erhalten, um sie hoffentlich zu einem späteren Zeitpunkt wieder in die Natur einzuführen. Beim Umgang mit
der Fauna (und nicht mit der Flora) birgt dieser Ansatz die Gefahr, dass die Art zwar

physisch unversehrt bleibt, ihr ursprüngliches Verhalten jedoch verloren geht, was bedeutet, dass die Tiere nicht natürlich in der Wildnis leben können.

Wenn Arten aussterben, könnten die Folgen unerwartet sein. Das Beispiel des Tambalacoque-Baums veranschaulicht, dass Pflanzen- und Tierarten häufig voneinander abhängig sind, um ihren Fortbestand zu sichern. Hunderte oder Tausende von Arten bilden zusammen komplexe Ökosysteme. Wenn ein Teil eines Zuchtsystems (wie z. B. der Tambalacoque-Baum und der Dodo) oder ein Teil einer Nahrungskette verschwindet, kann das gesamte Ökosystem betroffen sein, mit der Folge, dass auch andere Arten aussterben können – eine Form der positiven Rückkopplung, wie in Abb. 2.28 dargestellt. Wie bereits zuvor in diesem Kapitel in Bezug auf die Wirtschaft gesehen wurde, kann eine positive Rückkopplung auch hier zu unvorhersehbaren Folgen führen, wie z. B. zu einem plötzlichen Zusammenbruch des gesamten Ökosystems mit möglicherweise schlimmen Folgen für uns selbst. Um es anders auszudrücken: *Wir wissen nicht (ganz wörtlich), was wir uns selbst antun werden, wenn wir die natürliche Umwelt zerstören.*

Positive Rückmeldungen kommen auch als Folge der Entwaldung ins Spiel, wie in Abb. 2.29 dargestellt. Die Naturwälder in den tropischen Zonen haben den größten Verlust erlitten. Die tropischen Regenwälder sind für eine große Menge an Verdunstung verantwortlich, aber wenn Bäume gefällt werden, nimmt die Verdunstung ab und es kommt zu lokalen Klimaveränderungen in Form von weniger Niederschlägen. Dies führt dazu, dass die verbliebenen Waldflächen austrocknen. Diese Rückkopplung ist in Abb. 2.29 als Schleife 1 dargestellt, wobei die Minuszeichen (für Verdunstung und Niederschlag) eine Abnahme anzeigen.

In Schleife 2 führt die Entwaldung dazu, dass der nackte Boden austrocknet, was zu einer durch Sonne und Wind beschleunigten Erosion führt. Danach wird die oberste Bodenschicht, die am fruchtbarsten ist, als Staub verweht oder mit Regenwasser weggespült, das nicht mehr im Boden versinkt, sondern sofort einfach abläuft. Diese Wälder werden oft um der Landwirtschaft willen abgeholzt, aber die Erträge sind enttäuschend, wenn das fruchtbarste Land verschwunden ist. Die Folge davon ist, dass die landwirtschaftlichen Aktivitäten wenig produzieren, vor allem wenn das Land durch zu intensive

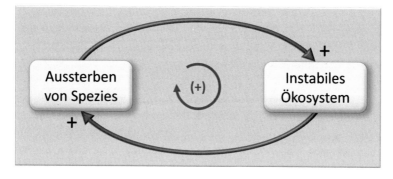

Abb. 2.28 Das Aussterben von Arten infolge positiver Rückkopplung

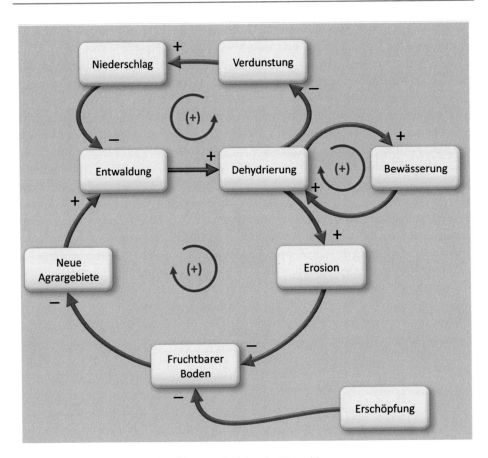

Abb. 2.29 Verschiedene Rückmeldungen als Folge der Entwaldung.

Landwirtschaft weiter dezimiert wird (Raubbau). Das ausgetrocknete Land wird ordnungsgemäß aufgegeben, was wiederum zur Wüstenbildung führt, während neue Waldflächen abgeholzt werden. Wieder einmal kommt es zu positiven Rückmeldungen.

An einigen Orten ist die Landwirtschaft für eine dritte Rückkopplungsschleife verantwortlich. Zur reichlichen Bewässerung wird dem Boden Wasser entzogen, wodurch der Grundwasserspiegel sinkt und der Boden weiter austrocknet. Infolgedessen ist eine noch stärkere Bewässerung erforderlich.

Eine wichtige Ursache für die Verschlechterung der natürlichen Umwelt ist die Armut. Die Menschen in Teilen Afrikas, Asiens und Südamerikas sind oft gezwungen, in einer nicht nachhaltigen Weise zu handeln. Ein Beispiel ist die Sahelzone, die Region südlich der Sahara. Gegenwärtig wird vorsichtig versucht, dort neue Wälder zu pflanzen, aber die Einheimischen brauchen Brennholz zum Kochen und Heizen. Sie haben nicht das Geld, um Brennholz zu kaufen, und sind daher oft völlig auf das wenige Holz angewiesen, das sie finden können – zum Nachteil der jungen Bäume. Dieser Prozess wird durch das Bevölkerungswachstum, das in den ärmsten Ländern am stärksten ist, noch verstärkt. Aber auch in der Sahelzone sind unerwartete Erfolgsgeschichten zu hören.

Fall 2.6. Die Große Grüne Mauer

Seit vielen Jahren hat die Sahelzone das Bild einer unerbittlich trockenen Wüste. Dank der lokalen Bauern hat sich dieses Bild geändert. Im Jahr 2008 wurde berichtet, dass in Niger, einem der ärmsten Länder Afrikas, die Sahelzone von den Bäumen grün wurde. Im Laufe von 20 Jahren wurden 5 Mio. Hektar der ehemaligen Wüste mit Bäumen bepflanzt.

Früher war jeder Baum im staatlich geführten Niger Eigentum des Staates. Die Einheimischen kümmerten sich nicht darum: Wenn sie eine Chance sahen, wurde der Baum für Brennholz gefällt. Aber in den 1990er-Jahren gab es keine Kontrolle mehr; die politische Macht war verschwunden. Die Bauern kamen darauf, die Bäume auf ihrem Feld als ihr Eigentum zu betrachten und sie deshalb zu schätzen. Der Wind in der trockenen Sahelzone schneidet normalerweise wie ein Rasiermesser über die Felder. Die Bauern mussten drei- bis viermal im Jahr säen, wenn Sand und Wind ihre jungen Pflanzen bestäubten. Die Bäume bildeten jedoch eine Art Windschutz, und mit 20 bis 60 Bäumen pro Hektar haben Wind und Sonne weniger Freiheit. Die Pflanzen bleiben stehen, einmal säen genügt.

Die Initiative wird nun u. a. von der Afrikanischen Union, der Europäischen Union und der Ernährungs- und Landwirtschaftsorganisation FAO unterstützt. Dank dieser Unterstützung laufen Projekte in mehr als 20 afrikanischen Ländern, von der West- bis zur Ostküste des Kontinents. Ziel ist es, bis 2030 eine Fläche von 100 Mio. Hektar erodierter Böden wiederherzustellen und zu begrünen. Dabei geht es nicht nur, wie ursprünglich geplant, um die Begrünung des Landes und das Stoppen des Wachstums der Wüste, sondern auch um die Verbesserung der menschlichen und wirtschaftlichen Lebensbedingungen der lokalen Bevölkerung. Im Jahr 2019 wurden davon 15 % erreicht, mit beachtlichen Erfolgen u. a. in Burkina Faso, Nigeria, Senegal und Äthiopien.

Manche Menschen betrachten die Menschheit als einen „Krebstumor" für die Natur – eine Geißel, die sich über die ganze Welt ausgebreitet hat. Ausgestorbene Tiere? Das ist alles die Schuld der Menschheit. Aber das ist nicht wahr – Tierarten sind verschwunden und durch neue Arten ersetzt worden, solange es Leben gibt. Vielleicht sehen Sie das nicht, wenn Sie durch einen Wald spazieren, in dem alles ruhig und friedlich zu koexistieren scheint. Ein solcher Wald befindet sich in einem natürlichen Gleichgewicht, sagen wir. Aber in Wirklichkeit gibt es so etwas wie ein natürliches Gleichgewicht nicht. Wir glauben, dass ein Gleichgewicht existiert, weil das Leben eines Menschen im Vergleich zur Geschichte des Lebens so kurz ist. Die maximale Lebenserwartung eines

Menschen, etwa ein Jahrhundert, ist in der natürlichen Welt kaum eine Momentaufnahme. Betrachten Sie einen Zeitraum von 10 oder 100 Mio. Jahren als Ganzes, und Sie werden sehen, wie sich die Natur kontinuierlich verändert. Arten kommen und Arten gehen. Sogar die Kontinente selbst bewegen sich, treiben auf der Erdoberfläche, stoßen miteinander zusammen und werden auseinandergerissen.

Aber das Besondere an der Zeit, in der wir leben, ist die Tatsache, dass die Geschwindigkeit, mit der Tiere und Pflanzen derzeit aussterben, sehr hoch ist. Wir leben in einer Zeit des Massensterbens. Das ist in der Geschichte unserer Welt schon mindestens fünf Mal vorgekommen, und Abb. 2.30 zeigt die sechs Aussterbensgipfel, einschließlich des gegenwärtigen. Auch die verschiedenen geologischen Epochen sind dargestellt. Das Ende der Kreidezeit, vor 65 Mio. Jahren, ist berühmt für das plötzliche Ende der Dinosaurier. Die Ursache, oder eine von ihnen, war vermutlich ein gigantischer Meteoriteneinschlag. Auch wenn dies ein schockierendes Ereignis gewesen sein mag, war es nicht das schlimmste. Es wird geschätzt, dass am Ende des Perms, vor etwa 250 Mio. Jahren, 70 % aller Arten in kurzer Zeit verschwanden.

Einige Auslöschungsspitzen waren darauf zurückzuführen, dass sich die Kontinente zu einem Superkontinent vereinigten, wodurch die Länge der ozeanischen Küsten, die als Brutgebiet für viele Arten dienen (so wie die Küste des Golfs von Mexiko heute), viel kürzer wurde. Dies ist in der Geschichte der Erde schon mehrfach geschehen. Intensive vulkanische Aktivität war eine weitere Ursache, wobei der ausgestoßene Staub das Sonnenlicht blockierte und Eiszeiten auslöste.

Die Arten sterben auch zwischen den Extinktionshöchstständen aus, jedoch langsamer. Sie werden ständig durch neue Arten ersetzt, die durch die Evolution entstehen. Gegenwärtig erlebt unser Planet einen sechsten Aussterbensgipfel, und diesmal ist die Menschheit schuld. Wir können noch nicht sagen, wie viel Prozent der Fauna und Flora diesmal aussterben werden, da wir uns noch mitten in der Massenausrottung befinden. Wir kennen jedoch eine Reihe von Fakten, die in Tab. 2.6 aufgeführt sind.

Die Folgen für die Menschheit sind nicht absehbar. Es ist möglich, wenn auch nicht vorhersehbar, dass das Ökosystem entweder auf lokaler oder internationaler Ebene plötzlich zusammenbricht – sozusagen ein „ökologischer Crash". Eine der Ursachen dafür könnte der Klimawandel sein, mit dem sich Kap. 7 befassen wird. Aber selbst wenn dies nicht geschieht, wird die Menschheit große wirtschaftliche und emotionale Schäden erleiden.

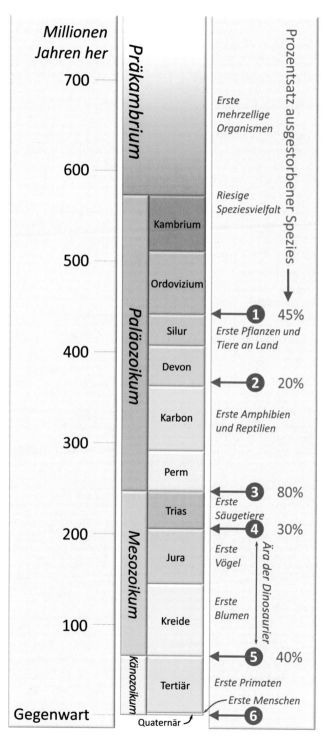

Abb. 2.30 Sechs Haupt-Extinktionsspitzen. (Quellen: Leakey 1995; Kolbert 2014; Stanley 2016)

Tab. 2.6 Ein paar Fakten über das Aussterben

Alle Arten zusammen (Tiere, Pflanzen, Bakterien usw.)
– Etwa 99,9 % aller Arten, die jemals existiert haben, sind längst ausgestorben
– Normale Aussterberate: 1 von einer Million Arten pro Jahr, d. h. 10 bis 100 Arten sterben jedes Jahr aus
– Gegenwärtig sind eine Million Arten vom Aussterben bedroht

Vögel
– Normale Aussterberate: 0,15 pro Million Arten pro Jahr
– Normale Substitutionsrate durch neue Arten: 0,15 pro Million Arten pro Jahr
– Aussterberate seit 1900: 132 in jeder Million Arten pro Jahr, ca. 1000 × normale Rate
– Gegenwärtig sind 13 % aller Vogelarten bedroht

Säugetiere
– Normale Aussterberate: weniger als 0,1 von einer Million Arten pro Jahr
– Normale Substitutionsrate durch neue Arten: 0,07 in jeder Million Arten pro Jahr
– Aussterberate seit 1900: 243 in jeder Million Arten pro Jahr, ca. 2000 × normale Rate
– Gegenwärtig sind 23 % aller Säugetierarten bedroht

Nach früheren Massenaussterben
– Wiederherstellung der Artenvielfalt: 5 bis 10 Mio. Jahre
– Das sind 200.000 menschliche Generationen oder mehr
– Der Mensch *(Homo sapiens)* existiert seit etwa 10.000 Generationen

Quellen: Kirchner und Weil (2000); Pimm et al. (2014); IPBES (2019)

Blog

Montag 8

Wir haben uns heute in der Schule mit etwas anderem beschäftigt. Die Tiere! Nun, ich weiß auch nicht, was das ist. Der Lehrer hat versucht, es zu erklären, aber ich habe nichts davon verstanden. Ich glaube, sie sind wie Autos, denn sie können sich von selbst bewegen, aber niemand kann in sie einsteigen! Also fragte ich, welchen Sinn sie haben, aber die Lehrerin wusste es auch nicht.

Und ihre Räder sind nicht einmal rund, sie sind lang und dünn, wie Stangen. Wie ist das möglich? Auf Stangen kann man nicht fahren. Also fragte ich: Wo sind diese Tiere? Und der Lehrer sagte: Die gibt es nicht mehr, aber früher schon.

2 Antworten | Drucken | Disclaimer

Mittwoch 10

Die Lehrerin erzählte uns heute mehr über Tiere. Wussten Sie, dass sie früher alle möglichen Marken hatten? Es gab Dinge wie Hunde und Katzen und Kühe. Die Kühe hatten Wasserhähne, und wenn man sie drehte, kam eine Art weiße Cola heraus, die man trinken konnte.

5 Antworten | Drucken | Disclaimer

Donnerstag 11

Wir haben heute etwas anderes gelernt. Über Pflanzen. Ich glaube, sie sind wie kleine Schränke an einem Bein, denn manchmal enthalten sie Nahrung, und man kann sie greifen und essen. Gab es auch verschiedene Marken? fragte ich. Ja, die Lehrerin sagte mir, Sie haben normale Pflanzen und dann haben Sie auch Bäume. Bäume sind sehr hoch und sie stehen auch auf einem Bein, aber sie fallen nicht um. Ich finde, sie sehen aus wie Straßenlaternen, aber sie leuchten nicht. Sie sind also völlig nutzlos. Kein Wunder, dass sie nicht mehr hergestellt werden!

1 Antwort | Drucken | Disclaimer

Montag 15

Heute haben wir in der Schule etwas Neues gelernt. Über die Menschen. Sie sind eine Tierart mit nur zwei Rädern. Ich fragte den Lehrer: Wo sind diese Menschen dann? Aber er wusste es nicht.

0 Antworten | Drucken | Disclaimer

Die Rote Liste

Seit einigen Jahrzehnten führt die IUCN (International Union for the Conservation of Nature and Natural Resources) eine Liste von bedrohten oder ausgestorbenen Pflanzen- und Tierarten. Tab. 2.6 enthält eine Reihe von Fakten aus dieser Liste, die Vögel und Tiere betreffen. Die Fotos (Abb. 2.31) zeigen eine Reihe von Arten aus dieser Roten Liste. Die Liste wird weltweit zur Festlegung von Schutzprogrammen verwendet und kann von jedermann online eingesehen werden.

Zusammenfassung

In Kap. 2 erörterten wir die Webfehler im System, die die Beziehung zwischen Mensch und natürlicher Umwelt stören. Die wichtigsten Fehler, die wir behandelt haben, sind:

- Einwegverkehr, wobei Beispiele die Verwendung von Tierfutter, fossilen Brennstoffen und Erzen sind. Eine gute Lösung wäre es, die Kreisläufe zu schließen.
- Positives Feedback. Beispiele dafür sind die Aktienmärkte und das weltweite Bevölkerungswachstum.
- Raubbau an der Natur dank eines ökologischen Fußabdrucks, der bereits jetzt größer ist als die Biokapazität des Planeten Erde und weiter wächst. Der Earth Overshoot Day ist daher fast jedes Jahr früher als im Vorjahr. Die Folgen dieses Raubbaus werden durch eine sehr ungleiche Verteilung noch verstärkt, wobei die reichen Nationen weit mehr als ihren gerechten Anteil haben …
- Ein besonderes Beispiel für Raubbau ist die Nutzung von sauberem Wasser, einer Ressource, die im Laufe des 21. Jahrhunderts extrem knapp werden wird, wenn nichts unternommen wird.
- Auch die Land- und Viehwirtschaft trägt zu dem übermäßigen ökologischen Fußabdruck bei. Versuche, die Effizienz zu steigern, hatten die unbeabsichtigte Folge, dass sie zu Krisen und Katastrophen führten.

Die Folgen dieser Webfehler im System bestehen weiter. Tier- und Pflanzenarten sterben massenhaft aus, wie auf der Roten Liste zu sehen ist, die Artenvielfalt nimmt ab und Lebensräume gehen verloren. Zum Teil als Folge des Klimawandels wandern Arten ab und Ökosysteme werden gestört.

Bedroht oder
ausgestorben

Die marokkanische Eintagsfliege, *Calopteryx exul*, ist bedroht.

Nach einer Schätzung von 1987 sind nur noch 1.500 Goldkröten (*Bufo periglenes*, Costa Rica) übrig geblieben. Seit 1989 hat man sie nicht mehr gesehen, sie gilt als ausgestorben.

Cephalanthera rubra, die Rote Nieswurz, ist eine Orchidee, die zuletzt 1985 in Nordwesteuropa gesehen wurde. In Frankreich ist sie noch immer zu finden, aber sie ist vom Aussterben bedroht.

Der Berggorilla (*Gorilla beringei beringei*, Zentralafrika) ist ebenfalls vom Aussterben bedroht. Weltweit gibt es noch etwa 2600 Exemplare, einige davon in Zoos. Zum Vergleich: Im April 2020 lebten etwa 7.778.671.498 seiner Verwandten, der menschlichen Spezies (*Homo sapiens sapiens*).

▶ **Abb. 2.31** Bedroht oder ausgestorben. (Quellen: (**a**) Mroede, Wikimedia; (**b**) Charles H. Smith, U.S. Fish and Wildlife Service; (**c**) TKnoxB from Chemainus, BC, Canada, Wikimedia; (**d**) Olivier Pichard, Wikimedia)

Webfehler im System: Menschen und Gesellschaft

Inhaltsverzeichnis

> **Fall 3.1. Malawisches Nikotin**
>
> 13 Cent pro Tag; das ist das, was er im Durchschnitt für zwölf Stunden Arbeit auf den Tabakplantagen verdient. Kirana Kapito ist eines der vielen Kinder in Malawi, Afrika, die die Felder jäten, Tabak ernten und die Ballen tragen. Kirana begann mit acht Jahren zu arbeiten. Heute ist er 14 Jahre alt, und da sein schmächtiger Körper am Tag so viel Nikotin aufnimmt, wie es in 50 Zigaretten enthalten ist, hat er eine schwere Nikotinvergiftung. Er leidet unter Übelkeit, Erbrechen, Kopfschmerzen und Atembeschwerden. Er hat die „Grüne Tabakkrankheit", auch GTS genannt, die die Entwicklung des Gehirns behindert. Er ist nie zur Schule gegangen.
>
> In Malawi arbeiten fast alle Kinder, und fast 80.000 von ihnen sind auf den Tabakplantagen beschäftigt (Abb. 3.1). Das Gesetz sieht vor, dass Schwerstarbeit für Kinder bis zum Alter von 14 Jahren verboten ist, aber es gibt kaum Kontrollen. Dies ist nicht überraschend, da die Einnahmen aus der Fabrik unentbehrlich sind. Tabak ist für die mittellose Nation äußerst wichtig, macht er doch nicht weniger als 70 % der Exporte aus. Der Lebensunterhalt von 2 Mio. Malawiern hängt von den

© Der/die Autor(en), exklusiv lizenziert durch Springer-Verlag GmbH, DE, ein Teil von Springer Nature 2021
N. Roorda, *Grundlagen der nachhaltigen Entwicklung*,
https://doi.org/10.1007/978-3-662-62868-3_3

Abb. 3.1 Kinderarbeit: Tabaksortierung auf einem Gut in Zeka Village, Kasungu, Malawi. (Quelle: Plan/Eldson Chagara)

Einnahmen aus dem Tabakanbau ab. Malawi produziert qualitativ hochwertigen Tabak, der in fast allen Tabakmischungen aller großen Marken zu finden ist. Alle Raucher rauchen malawischen Tabak.

Kiranas Gesundheitszustand verschlechtert sich. Da seine Widerstandskraft nachgelassen hat, litt er in den letzten Monaten an Malaria, Durchfall und Lungeninfektionen.

Kinderarbeit ist in vielen Teilen der Welt ein Thema. Nach Angaben von UNICEF arbeiten rund 150 Mio. Kinder zwischen 5 und 14 Jahren. Viele von ihnen haben nicht die Möglichkeit, zur Schule zu gehen, und so werden sie wahrscheinlich für den Rest ihres Lebens Analphabeten bleiben, was auch bedeutet, dass sie nie in der Lage sein werden, einen angemessenen Beitrag zur Gesellschaft zu leisten. In vielen Fällen kann man ihre Eltern oder Chefs nicht zur Verantwortung ziehen, da die wirtschaftlichen Umstände sie oft dazu zwingen, die Kinder für einen Hungerlohn arbeiten zu lassen. Menschen, die im Namen des Profits arbeiten.

Dieses beunruhigende Szenario ist nur einer von vielen globalen Fehlern in der Beziehung zwischen Mensch und Wirtschaft. Dieses Kapitel untersucht eine Reihe dieser Webfehler im System und was diese für die Menschen in verschiedenen Ländern – sowohl weit weg von der Heimat als auch in deren Nähe – bedeuten.

3.1   PPP im Ungleichgewicht: die Wirtschaft an erster Stelle

In Kap. 1 wurde das dreifache P eingeführt, People, Planet und Profit (oder Wohlstand), die drei wichtigen Aspekte der nachhaltigen Entwicklung. In einer nachhaltigen Welt wird jeder dieser drei Aspekte berücksichtigt, um sicherzustellen, dass keiner von ihnen zu kurz kommt. Wenn dies der Fall wäre, dann könnte man sagen, dass die drei Ps im Gleichgewicht sind.

In Kap. 2 wurde beschrieben, dass dieses Gleichgewicht derzeit nicht besteht. Die Umwelt wird auf der ganzen Welt strukturell überbeansprucht, was bedeutet, dass die Interessen des Planeten in unserem gegenwärtigen Zustand nicht ausreichend geschützt sind. Die Armut in vielen Teilen der Welt ist ein Beweis dafür, dass die meisten Menschen unwissend sind. Das Triple P ist nicht ausgewogen, wobei der Profitaspekt dominiert. Geld wird oft für wichtiger gehalten als Menschenleben oder Naturschutz, wie in Abb. 3.2 symbolisch dargestellt wird; bei einer Vielzahl von Plänen und Entscheidungen dominieren wirtschaftliche Argumente.

Fall 3.1 zeigt, dass dies oft nicht nur auf Böswilligkeit oder Unachtsamkeit zurückzuführen ist – oft gibt es einfach keine denkbaren Möglichkeiten, die Situation schnell zu ändern, weil die Ursachen tief im Wirtschaftssystem verwurzelt sind. Dies zeigt sich in mehrfacher Hinsicht.

Dieser Abschnitt zeigt den Einfluss der Wirtschaft auf dieses Ungleichgewicht des Triple P; dass das BIP keineswegs „grün" ist; und dass es verschiedene Visionen einer nachhaltigen Wirtschaft gibt. Sollte die Wirtschaft weiter wachsen? Und was bedeuten Abgaben und Subventionen für den freien Handel?

Abb. 3.2 Das Triple P im Ungleichgewicht: Profit überwiegt Planet und People. (Quelle des Hintergrundfotos: NASA Headquarters – Greatest Images of NASA (NASA-HQ-GRIN))

Der Einfluss des Unternehmenssektors

Bemerkenswert sind die folgenden Angaben zu den von einer Reihe von Unternehmen erwirtschafteten Gewinnen und zum Bruttoinlandsprodukt (BIP) (Tab. 3.1).

- Die 15 größten Unternehmen der Welt erwirtschafteten 2018 zusammen einen Umsatz von fast vier Billionen Dollar. Das war mehr als das Bruttoinlandsprodukt (BIP) von Deutschland, dem größten EU-Land, das nach den Vereinigten Staaten, China und Japan das größte BIP der Welt hat.
- Der Gesamtumsatz derselben 15 größten Unternehmen der Welt entsprach dem BIP von 156 Ländern, d. h. etwa drei Viertel aller Länder. Mehr als anderthalb Milliarden Menschen leben in diesen Ländern, ein Fünftel der Weltbevölkerung.

Tab. 3.1 Die zehn umsatzstärksten multinationalen Unternehmen (im Jahr 2019, in Milliarden Dollar)

	Unternehmen	Land	Industrie	Umsatz	Gewinn	Vermögen
1.	Royal Dutch Shell	Niederlande	Öl und Gas	382.6	23.3	399
2.	Apple	USA	Rechnen	261.7	59.4	374
3.	Industrial and Commercial Bank of China	China	Bankwesen, Finanzdienstleistungen	175.9	45.2	4035
4.	Ping An Insurance Group	China	Versicherung	151.8	16.3	1038
5.	China Construction Bank	China	Bankwesen, Finanzdienstleistungen	150.3	38.8	3382
6.	Agricultural Bank of China	China	Bankwesen, Finanzdienstleistungen	137.5	30.9	3293
7.	JPMorgan Chase	USA	Bankwesen, Finanzdienstleistungen	132.9	32.7	2737
8.	Bank of China	China	Bankwesen, Finanzdienstleistungen	126.7	27.5	3098
9.	Bank of America	USA	Bankwesen, Finanzdienstleistungen	111.9	28.5	2377
10.	Wells Fargo	USA	Bankwesen, Finanzdienstleistungen	101.5	23.1	1888

Quelle: Forbes Global (2000, 2020)

- Nigeria, ein Land mit 200 Mio. Einwohnern, ist seit vielen Jahren bestrebt, die durch die Ölförderung von Shell verursachten Umweltschäden durch die Gesetzgebung zu begrenzen. Nigeria hatte 2019 ein Bruttoinlandsprodukt von ca. 400 Mrd. Dollar; der Umsatz des Ölkonzerns Shell belief sich in diesem Jahr auf 383 Mrd. Dollar bei einem Gewinn von 23 Mrd. Dollar.
- Das Unternehmen mit dem höchsten Vermögenswert im Jahr 2019 war die *Industrial and Commercial Bank of China* (ICBC), die Vermögenswerte im Wert von vier Billionen Dollar besaß. In den Top Ten der Unternehmen mit dem höchsten Vermögenswert im Jahr 2019 befanden sich acht Finanzunternehmen mit einem Gesamtvermögenswert von 22 Billionen Dollar. Zusammen verfügten diese acht Unternehmen in jenem Jahr über mehr als das gesamte Einkommen der USA, da das US-BIP im Jahr 2019 21,4 Billionen Dollar betrug. Dieses US-BIP beinhaltete einen Bundeshaushalt für 2019 in Höhe von 4,4 Billionen, wovon das Defizit von fast einer Billion – zum Teil von chinesischen Finanzunternehmen – geliehen wurde. (Die gesamte US-Bundesverschuldung überstieg im Februar 2020 23 Billionen Dollar.)

(Quellen: Forbes Global 2000, 2020; IMF 2020; World Bank 2020)

Detaillierte Daten sind in Tab. 3.1 aufgeführt, in der die Unternehmen mit dem größten Umsatz im Jahr 2019 ausgewählt werden.

Es muss an sich keine Sünde sein, dass diese Unternehmen sehr viel Geld verdienen und damit viel Einfluss ausüben können. Viele Unternehmen sind bestrebt, sich den Interessen von Umwelt und Gesellschaft zu widmen. Das Möbelunternehmen Ikea z. B. ist ein Unternehmen, das für seine unternehmerische Gesellschaftsverantwortung (Corporate Social Responsibility, CSR) international anerkannt ist. Aber die Tatsache, dass durch den Unternehmenssektor so viel mehr Geld fließt als durch die Hände des durchschnittlichen Finanzministers oder Finanzministers, hat dazu geführt, dass es für Unternehmen nicht leicht ist, davon abzusehen, ihre Position jemals zu missbrauchen.

Berücksichtigen Sie in diesem Zusammenhang die Tatsache, dass die Regierungen der meisten wohlhabenden Nationen gewählt werden und somit einer demokratischen Kontrolle und Ausgewogenheit unterliegen. Die Manager von Unternehmen werden nicht gewählt, sondern ernannt und sind somit frei von diesen demokratischen Kontrollen und Gleichgewichten. Um dies auszugleichen, haben wir eine Gesetzgebung, die dafür sorgt, dass die Unternehmen verantwortungsbewusst handeln. Aber da die großen Unternehmen in vielen Ländern tätig sind, haben sie mit verschiedenen Arten von Gesetzen zu tun, was sowohl die gegenseitige Kontrolle als auch die Einhaltung dieser Gesetze erschwert. Kap. 5 zeigt, dass eine ganze Reihe von Unternehmen ihre Fabriken in Länder verlagern, in denen die Umwelt- und Arbeitsschutzgesetzgebung leichtgewichtig sind.

Die Unternehmen sind natürlich ihren Eigentümern, den Aktionären, gegenüber rechenschaftspflichtig. Das Problem ist, dass diese Leute häufig gute finanzielle Ergebnisse an die erste Stelle setzen, sodass der Profit automatisch Vorrang vor den Menschen und dem Planeten hat. Diese Situation ändert sich jedoch langsam, und in immer mehr

Unternehmen behalten die Aktionäre und Kunden die sozialen und ökologischen Folgen der Geschäftstätigkeit kritisch im Auge.

Das BIP ist nicht grün

Das Bruttoinlandsprodukt, das gerade diskutiert wurde, wird in Wirklichkeit unvollständig berechnet. Es gibt an, wie viel ein Land in einem bestimmten Jahr verdient, aber es untersucht nicht die tatsächlichen Kosten dafür.

Nehmen wir an, dass in einem bestimmten Land in einem bestimmten Jahr eine bestimmte Menge Eisenerz abgebaut wird, das wiederum für eine Summe von 10 Mio. Euro verkauft wird. Dieser Verkauf trägt 10 Mio. Euro zum BIP bei. Klingt das in Ordnung? Auf den ersten Blick mag dies durchaus der Fall sein, aber vergessen Sie nicht, dass nicht nur etwas verdient wurde, sondern auch etwas anderes verloren ging – Eisenerz mit einem Verkaufswert von 10 Mio. Euro. Und das ist im BIP *nicht* enthalten.

Hier ist ein weiteres Beispiel: Stellen Sie sich vor, eine Fabrik stellt Waren im Wert von 100.000 Euro her. Diese Zahl ist im Bruttoinlandsprodukt enthalten. Aber wenn dieselbe Fabrik bei der Herstellung dieser Waren Treibhausgase emittiert, den Boden verschmutzt, einen Teil der natürlichen Umwelt schädigt usw., was alles zusammen einen Schaden von etwa 20.000 Euro ausmacht, dann wird letztere Zahl nicht vom Bruttoinlandsprodukt abgezogen.

Wenn wir uns also mit dem Bruttoinlandsprodukt befassen, haben wir es damit zu tun, dass die erschöpften Bodenressourcen nicht berücksichtigt werden, ebenso wenig wie Schäden an Natur und Umwelt. Aber das BIP wird nach wie vor überall als wichtige Richtschnur für die Wirtschaftspolitik herangezogen. Regierungen legen darauf aufbauend ihren politischen Kurs fest, d. h. ihre Pläne basieren auf unvollständigen Zahlen.

Eine wachsende Zahl von Experten und Organisationen hält das BIP für einen unzuverlässigen Indikator, und es wurden alternative Methoden zur Berechnung des BIP entwickelt. Einmal die Umweltgesamtrechnung, eine Methode, die Umweltschäden und die Erschöpfung von Beständen mit einbezieht und zu einem grünen BIP führt. Eine andere anerkannte Methode ist das *System of Integrated Environmental and Economic Accounting* (SEEA), das von einer Kombination verschiedener internationaler Organisationen, darunter die Vereinten Nationen, die Europäische Union und die Weltbank, entwickelt wurde.

Ein weiterer „grüner" Indikator ist der *Genuine Progress Indicator* (GPI). Es gibt wichtige Unterschiede im Vergleich zum üblichen BIP. So werden beispielsweise Beträge für Einkommensungleichheit, strukturelle Arbeitslosigkeit, Umweltverschmutzung, Entwaldung, Treibhausgasemissionen, soziale Dysfunktion, Kriminalität, Freizeitverlust und Unfälle abgezogen. Auf der anderen Seite werden Beträge im Zusammenhang mit z. B. Hausarbeit, Elternschaft, Freiwilligenarbeit und Bildungsniveau hinzugefügt. Es wurden viele Untersuchungen durchgeführt, in denen der GPI aller Länder berechnet wurde, was zu einer bemerkenswerten Schlussfolgerung führte:

Ab einem bestimmten Wohlstandsniveau (BIP pro Kopf) steigt der GPI nicht mehr oder sinkt sogar, wenn das BIP weiter steigt.

Trotzdem verwenden alle Länder immer noch die traditionelle Methode zur Berechnung ihres BIP, was zur Folge hat, dass Umweltinteressen und die schrumpfenden Bestände systematisch unterbelichtet bleiben.

Unterschiedliche Visionen

Die Beziehung zwischen den drei Ps kann auf verschiedene Weise untersucht werden. Viele politische Entscheidungsträger und Wirtschaftswissenschaftler neigen dazu, die Beziehung so wahrzunehmen, wie sie in der obersten Hälfte von Abb. 3.3 dargestellt ist. Dies ist eine Sichtweise, bei der Mensch und natürliche Umwelt zwei unabhängige Bereiche sind, die durch die Wirtschaft miteinander verbunden sind und deren Wert in Geldwerten ausgedrückt wird. Es ist verlockend, aufgrund einer solchen Vision das Wirtschaftssystem als eine Art Einbahnverkehr zu konzipieren, der automatisch einen Webfehler erzeugt.

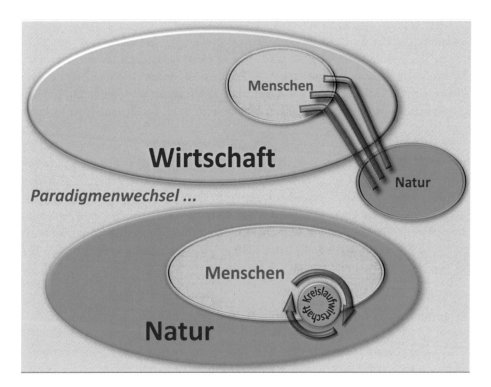

Abb. 3.3 Verschiedene Visionen; das obere Bild zeigt Mensch und Natur als Bestandteil der Wirtschaft, das untere Bild zeigt die Wirtschaft als eine der Tätigkeiten des Menschen, die wiederum Teil der natürlichen Umwelt ist.

Ein zweiter Nachteil dieser Ansicht ist, dass die Chance größer ist, dass die drei Ps nicht im Gleichgewicht sind und dass die Wirtschaft als wichtiger angesehen wird als die beiden anderen Ps.

Eine andere Art, diese Beziehung zu betrachten, besteht darin, den gesamten Planeten als Ganzes zu betrachten, wobei diese Sichtweise als ganzheitlich oder holistisch bezeichnet wird. Dies ist im unteren Teil von Abb. 3.3 dargestellt. Das ganzheitliche Konzept sieht den Menschen als Teil der natürlichen Umwelt an, aus der er stammt, während die Wirtschaft ein Bestandteil des menschlichen Systems ist. Das grüne BIP ist eine Möglichkeit, diesen Zusammenhang auszudrücken. Diese Vision macht es viel selbstverständlicher, geschlossene Kreisläufe zu schaffen. Wenn dies in konsequenter Weise geschieht, wird es zu einer *Kreislaufwirtschaft* führen, einem wichtigen neuen Paradigma, das in diesem und in den kommenden Jahren zunehmend dominieren wird. In Kap. 4 wird dieses Thema ausführlicher diskutiert.

Fragen

- Existieren Menschen um der Wirtschaft willen, oder existiert die Wirtschaft um der Menschheit willen? Oder könnte es sein, dass beides zutrifft?
- Oder existiert die Wirtschaft für manche Menschen mehr als für andere?

Gegenwärtig ist das menschliche System zum größten Teil so angeordnet, wie es im obersten Teil von Abb. 3.3 dargestellt ist. Das Triple P ist unausgeglichen, wobei das P für Profit das P für Planet und das P für People überschattet. Die internationale und nationale Politik wird stark von wirtschaftlichen Erwägungen dominiert, zum Nachteil der natürlichen Umwelt und an einigen Stellen auch zum Nachteil des menschlichen Wohlergehens.

Eine Verbesserung dieses grundlegenden Fehlers im Gefüge muss nicht zwangsläufig bedeuten, dass die Interessen der Wirtschaft vernachlässigt werden. Im Gegenteil – eine wirklich nachhaltige Entwicklung ist nur dann möglich, wenn die Wirtschaft eine führende Rolle spielt, sowohl bei der Aufrechterhaltung des Wohlergehens der wohlhabenden Nationen als auch bei der Verbesserung der Lebensbedingungen in den armen Ländern. Gerade weil die Wirtschaft in unserer Gesellschaft so dominant ist, ist es notwendig, dass die wirtschaftlichen Kräfte auf dem Weg zu einer nachhaltigen Entwicklung eine Schlüsselrolle spielen.

Die Notwendigkeit eines kontinuierlichen Wirtschaftswachstums

Die Wirtschaft der meisten Länder der Welt wächst. Dieser Faktor ist in den ärmeren und mäßig wohlhabenden Ländern sehr positiv, da sie im Vergleich zu den wohlhabenden Ländern noch viel aufzuholen haben. Aber auch in diesen reichen Ländern wächst die Wirtschaft fast jedes Jahr weiter – ihr reales BIP (als inflationsbereinigtes BIP) steigt. Dieses Wachstum ist nicht einfach auf die Inflation zurückzuführen (was bedeuten würde, dass es kein tatsächliches Wachstum gab), sondern vielmehr auf eine reale Zunahme der Kaufkraft.

Die Wirtschaftsgesetze schreiben vor, dass eine solche Erhöhung notwendig ist, und wenn das Wachstum in einem bestimmten Jahr niedrig ist, gilt ein Land als von einer Rezession betroffen, in der viele Unternehmen ums Überleben kämpfen. Schlimmer noch, ein negatives Wachstum kann gelegentlich auftreten, wenn die Wirtschaft schrumpft, wie es in vielen Ländern in den Jahren nach der Finanzkrise von 2008 der Fall war. Dann haben wir es mit einer Depression zu tun, und man kann darauf wetten, dass in diesen Zeiten Menschen massenhaft entlassen werden.

Kontinuierliches Wachstum ist wesentlich für die Aufrechterhaltung unseres Wohlstandsniveaus. Aber auch das ist ein Problem, denn Wachstum kann niemals für alle Ewigkeit aufrechterhalten werden. Das sehen wir, wenn wir untersuchen, was passieren würde, wenn das Wirtschaftswachstum wirklich auf ewig anhalten würde. Stellen Sie sich vor: Das Wirtschaftswachstum bleibt im Laufe der Zeit konstant bei 2,5 % pro Jahr. Das würde bedeuten, dass sich der Reichtum einer Nation etwa alle 30 Jahre verdoppelt. Nach 60 Jahren wird sich dieser Reichtum vervierfacht haben, und nach 90 Jahren (dreimal 30 Jahre) hat er sich verachtfacht. Drei Jahrhunderte später wäre der Reichtum einer Nation um das Tausendfache gestiegen, und nach zwölf Jahrhunderten wäre sie 1000 Mrd. Mal reicher.

Das ist natürlich völlig lächerlich. Nicht nur, weil der Reichtum auf diesem Weg absurde Ausmaße erreicht, sondern auch, weil ein solcher Anstieg des Wohlstands innerhalb weniger Jahrhunderte oder sogar noch früher die Erde verwüsten würde.

Das ist natürlich nur eine imaginäre Berechnung. Aber selbst in der Realität boomt das Wachstum. Die enorme Wirkung des anhaltenden Wachstums des Wohlstands in Verbindung mit einer wachsenden Zahl von Menschen ist in Abb. 3.4 dargestellt. Die Grafik oben links zeigt die Zunahme der Weltbevölkerung seit dem Jahr 1750: nicht in absoluten Zahlen, sondern im Verhältnis zur Bevölkerungszahl im Jahr 1750, oder: „1750 = 1", wie es symbolisch ausgedrückt wird. Die Grafik zeigt, dass die Weltbevölkerung zwischen 1750 und heute mehr als elfmal so stark gewachsen ist. Besonders im 20. Jahrhundert gibt es eine echte Bevölkerungsexplosion, bei der die Weltbevölkerung weniger als 35 Jahre für eine Verdoppelung benötigte.

Im gleichen Zeitraum, ebenfalls ab 1750, stieg der durchschnittliche Wohlstand – ausgedrückt in der Produktion pro Person – um fast den Faktor 100, wie die Grafik oben rechts zeigt; „1750 = 1" gilt auch hier. (Die Zahlen sind inflationsbereinigt und können daher tatsächlich als solche interpretiert werden.) Insbesondere seit Beginn der Industrialisierung, um 1800, kann man von einer Wohlstandsexplosion sprechen, wobei gleich zu bemerken ist, dass dieser explosive Anstieg äußerst ungleichmäßig auf verschiedene Länder und Personen verteilt ist.

Die Kombination dieser beiden Wachstumskurven ist in der unteren Grafik dargestellt. Das gesamte Wohlstandswachstum der Menschheit als Ganzes ergibt sich aus der Multiplikation des Bevölkerungswachstums und des Wohlstandswachstums pro Person. Die weltweite Produktion, das *Bruttoweltprodukt* (GWP), ist – seit 1750 – mehr

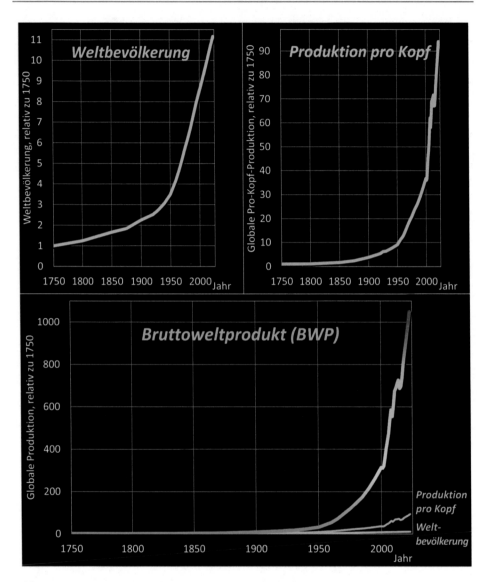

Abb. 3.4 Das explosive Wachstum des weltweiten BIP in den letzten drei Jahrhunderten

als tausendmal so groß geworden. Ein weiteres Wachstum im gleichen atemberaubenden Tempo wird natürlich katastrophale Auswirkungen auf die Umwelt und die Rohstoffvorräte haben. Und für das Klima, wie Kap. 7 zeigt.

Das heißt, unter der Annahme, dass wirtschaftliches Wachstum mit materiellem Wachstum gepaart ist, das einen Anstieg des Verbrauchs von natürlichen Ressourcen, Energie und anderen Ressourcen nach sich zieht. Theoretisch wäre es möglich, dass das

Wirtschaftswachstum zunimmt, während das materielle Wachstum allmählich nachlässt und schließlich aufhört. Ein Beispiel dafür ist in der Praxis die Tatsache, dass Computer jedes Jahr mehr leisten können (und folglich an wirtschaftlichem Wert gewinnen), dafür aber keine immer größere Menge an Material oder Energie benötigen. Diese Entkopplung von wirtschaftlichem und materiellem Wachstum wird als Dematerialisierung bezeichnet. Aber selbst wenn sich der Computer als erfolgreiches Beispiel erwiesen hat, bedeutet dies nicht, dass die Dematerialisierung generell einfach ist. Bisher hat das Wirtschaftswachstum fast ausschließlich zu realem materiellem Wachstum geführt, sodass der Ressourcenverbrauch und der Raubbau an der natürlichen Umwelt ebenfalls zunehmen.

Die wirtschaftliche Notwendigkeit eines kontinuierlichen Wirtschaftswachstums, das zu materiellem Wachstum führt, ist ein Webfehler im System, da ein solches Wachstum langfristig nicht aufrechterhalten werden kann. Eine Gesellschaft, die über einen längeren Zeitraum bestehen will, wird im Laufe der Zeit lernen müssen, ohne wirtschaftliches Wachstum oder zumindest ohne materielles Wachstum zu überleben.

Barrieren und Subventionen im internationalen Handel

Die reichen westlichen Nationen sind in der Regel Verfechter des freien Marktsystems, in dem Unternehmen und Länder untereinander frei handeln können. Aber die Wahrheit ist, dass sie diesem Prinzip nicht ganz gerecht werden. Ein Beispiel dafür sind die Handelsschranken, die sie in Form von Einfuhrzöllen aufrechterhalten.

Stellen Sie sich vor, ein Landwirt in einem armen Land baut Zucker an und will ihn in der EU verkaufen. Wenn der Zucker in die EU importiert wird, erheben die EU-Länder einen Zoll – der den Preis um etwa 400 Euro pro Tonne (im Jahr 2012) erhöht – über den ursprünglichen Preis hinaus. Dieser Zoll wird von der EU eingesteckt. Sein Zweck ist der Schutz der eigenen Landwirte in der EU-Region, wie bereits in Kap. 2 erwähnt wurde, und der importierte Zucker wird für europäische Käufer erheblich teurer, während der Landwirt in dem armen Land Schwierigkeiten oder gar keine Möglichkeit hat, seinen Zucker zu verkaufen.

Auch die EU sowie die USA und Japan begünstigen ihre eigenen Landwirte durch Agrarsubventionen, wie aus Abb. 3.5 ersichtlich ist.

Die Länder der Europäischen Union spenden jährlich an vielen Orten der Welt einen Betrag im Wert von etwa 170 Dollar pro Kopf als Entwicklungshilfe. Das ist schön, aber gleichzeitig subventionieren die EU-Länder ihre eigene Landwirtschaft jährlich mit etwa 180 Dollar pro Kopf. Genau wie die Importzölle erschweren die Subventionen für die eigene Landwirtschaft den Bauern in den Entwicklungsländern den Export in die EU, aber auch in die USA und nach Japan, was die Entwicklungshilfe teilweise zunichte macht.

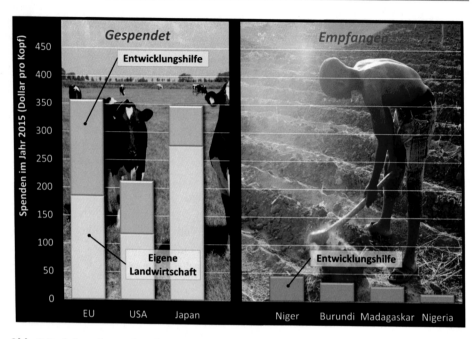

Abb. 3.5 Subventionen für die Landwirtschaft im Vergleich zur Entwicklungshilfe. (Quelle: OECD 2019. Quellen für Hintergrundfotos: (links) Bert Knottenbeld, Flickr; (rechts) Stephen Morrison/AusAID, Wikimedia)

Die EU-Agrarsubventionen wurden nicht eingeführt, um die ärmeren Nationen zu behindern, sondern mit den besten Absichten. Sie stammen aus einer Zeit, als Europa nach dem Zweiten Weltkrieg mit großer Nahrungsmittelknappheit konfrontiert war. Das Subventionssystem war außerordentlich erfolgreich, und sein Ziel, dass Europa nie wieder von Hungersnöten heimgesucht werden würde, wurde schnell erreicht. Es ist ironisch, dass das System einige Zeit später in anderen Teilen der Welt tatsächlich zum genauen Gegenteil beitrug. Dies gibt Anlass zu einer wichtigen Beobachtung: *Eine Methode, die zu einem bestimmten Zeitpunkt eine Lösung für ein Problem bietet, kann zu einem späteren Zeitpunkt tatsächlich eine (Teil-)Ursache desselben (oder eines anderen) Problems darstellen.* Es kann nicht erwartet werden, dass eine bestimmte Problemlösung für immer geeignet ist.

Es wurden mit einigem Erfolg Versuche unternommen, diese Zölle und Subventionen zu kürzen. Es hat sich jedoch als unglaublich schwierig erwiesen, sie in nennenswertem Umfang zu kürzen oder sogar zu streichen. Das liegt daran, dass diese Subventionen, die nun schon seit Jahrzehnten bestehen, in den reichen Nationen ein Agrarsystem mit niedrigen Preisen und großen Viehbeständen geschaffen haben, das im Falle einer umfassenden Änderung dazu führen würde, dass viele Landwirte in Konkurs gehen und die Preise für den Verbraucher steigen würden. Auch hier haben wir es wieder mit einem Fehler im Gefüge zu tun.

3.2 Ungleichheit: der Mangel an Solidarität

Fragen

- Ist Ihr monatliches Einkommen höher oder niedriger als der Durchschnitt aller Menschen auf der Welt?
- Glauben Sie, dass Sie im Laufe Ihrer Karriere ein Spitzengehalt verdienen könnten? Wollen Sie das?

Die Einkommen sind unter den Menschen höchst ungleich, nicht nur innerhalb der Länder, sondern auch zwischen den Ländern. Um diesen Faktor zu messen, wird im Allgemeinen das BIP verwendet. Das BIP einer Nation geteilt durch die Anzahl der Einwohner des Landes ist das durchschnittliche Jahreseinkommen pro Person oder das Pro-Kopf-BIP. In Tab. 3.2 sehen Sie einige Beispiele, darunter auch Malawi, das in Fall 3.1 behandelt wurde.

In den oberen Zeilen von Tab. 3.2 sind die BIP-Werte, ausgedrückt in Dollar pro Kopf, dargestellt. In Ländern wie den Vereinigten Staaten ist das Durchschnittseinkommen pro Person fast 200 Mal so hoch wie in Malawi. Um zu verstehen, was das bedeutet, stellen Sie sich vor, Sie teilen einen Betrag von z. B. zehn Dollar zwischen einem Amerikaner und einem Malawier – der Amerikaner würde davon 9,95 Dollar erhalten, während die restlichen fünf Cent an den Malawier gehen. Fairerweise muss auch gesagt werden, dass sich nicht nur die Einkommen zwischen den Nationen unterscheiden, sondern auch die Preise. In den USA mag das erzielte Einkommen hoch sein; aber auch die Kosten sind hoch, und mit dem gleichen Geld könnte man in Malawi viel mehr kaufen als in den Vereinigten Staaten. Um einen fairen Vergleich der Preise zu ermöglichen, hat das UNDP (Entwicklungsprogramm der Vereinten Nationen) das Pro-Kopf-BIP jedes Landes von „realen" Dollars umgerechnet in eine Art imaginäre Währung, die sogenannten PPP-Dollar, im deutsch: KKP-Dollar. KKP ist eine Abkürzung für Kaufkraftparität. Diese KKP-Dollar sollen die Preisniveauunterschiede auslassen.

Tab. 3.2 enthält auch diese umgerechneten Werte für das Pro-Kopf-BIP, die als Maß für die tatsächliche Kaufkraft verwendet werden. Diese tatsächliche Kaufkraft ist in den Vereinigten Staaten 52 Mal so hoch wie in Malawi.

Einkommensungleichheit ist nicht die einzige Art und Weise, in der sich Menschen und Länder voneinander unterscheiden. Es gibt viele andere Indikatoren, wie z. B. die Tatsache, dass Menschen in einigen Ländern eine viel größere Chance haben, ein langes Leben zu führen und gesund zu sein als in anderen. Der untere Abschnitt von Tab. 3.2 enthält eine Reihe von Zahlen, die für die Gesundheitsbedingungen und das Bildungsniveau in einer Auswahl von wohlhabenden und weniger wohlhabenden Ländern charakteristisch sind.

Ungleiche Verteilung (Abb. 3.6) bezieht sich auch auf die Freiheit, und Tab. 3.2 enthält auch den Index der bürgerlichen Freiheit für diese Länder. Viele Faktoren können

Tab. 3.2 Daten für ausgewählte Länder

Land	USA	Japan	Deutschland	Rumänien	Brasilien	China	Indien	Nigeria	Malawi
Bevölkerung (in Millionen)	329	126	80	21.5	209	1384.69	1296.83	203.45	19.84
Bevölkerungswachstum (% pro Jahr, 2020)	0.80 %	−0.24 %	0.53 %	−0.35 %	0.71 %	0.37 %	1.14 %	2.54 %	3.31 %
Wirtschaft									
BIP (Milliarden Dollar von 2017)	19,490	4873	4199	212	2055	12.010	2602	376.4	6.24
Idem, pro Kopf (Dollar)	*$ 59.193*	*$ 38.622*	*$ 52.383*	*$ 9874*	*$ 9840*	*$ 8673*	*$ 2006*	*$ 1850*	*$ 315*
Idem, pro Kopf (KKP- Dollar)	*$ 59.193*	*$ 43.140*	*$ 50.800*	*$ 22.526*	*$ 15.552*	*$ 16.762*	*$ 7306*	*$ 5510*	*$ 1130*
BIP-Wachstum in drei Jahren (2015–2017)	6.7 %	4.1 %	6.20 %	15.6 %	−6.0 %	20 %	22 %	1.9 %	9.3 %
Einkommensungleichheit: GINI-Index (1)	0.42	0.32	0.32	0.36	0.53	0.39	0.36	0.43	0.45
Prozentualer Anteil der Armen (2)	0.2	0.09	0.02	0.11	0.04	0.04	0.28	0.52	0.53
Auslandsschulden (Milliarden Dollar)	21.007	11.519	2683	78	1726	7888	1827	88	3.7
Idem, Prozentsatz des BIP	*108 %*	*236 %*	*64 %*	*37 %*	*84 %*	*66 %*	*70 %*	*23 %*	*59 %*

(Fortsetzung)

Tab. 3.2 (Fortsetzung)

Land	USA	Japan	Deutschland	Rumänien	Brasilien	China	Indien	Nigeria	Malawi
Idem, Dollar pro Kopf	*$ 63.802*	*$ 91.299*	*$ 33.473*	*$ 3634*	*$ 8263*	*$ 5697*	*$ 1409*	*$ 433*	*$ 187*
Schuldendienst (Milliarden Dollar pro Jahr) (3)	117	127		2.5	0.073				
Entwicklungshilfe (Milliarden Dollar pro Jahr) (4)	–	–	–	3.8	0.27	−1.0	3.1	3.4	1.5
Wohlbefinden und Entwicklung									
HDI-Ranking (Index der menschlichen Entwicklung)	13	19	4	52	79	86	130	157	171
Lebenserwartung (Jahre)	79.5	83.9	81.2	75.6	75.7	76.4	68.8	53.9	63.7
Geburten pro Frau (5)	1.87	1.5	1.47	1.36	1.75	1.6	2.4	4.85	5.43
Ärzte pro 100.000 Personen	259	241	421	280	215	179	78	38	1.6
Zugang zu sauberem Wasser	99 %	99 %	100 %	100 %	98 %	96 %	89 %	67 %	67 %
Alphabetisierung (15 Jahre und älter)	100 %	100 %	100 %	99 %	92 %	95 %	69 %	51 %	62 %

(Fortsetzung)

Tab. 3.2 (Fortsetzung)

Land	USA	Japan	Deutschland	Rumänien	Brasilien	China	Indien	Nigeria	Malawi
Bildungsprozentsatz (25 Jahre und älter) (6)	95 %	93 %	96 %	90 %	60 %	77 %	52 %	31 %	21 %
Kinderarbeit (5–14 Jahre)	–	–	–	–	5 %	–	12 %	32 %	19 %
Zugang zum Internet	76 %	93 %	90 %	60 %	61 %	53 %	30 %	26 %	10 %
Index der bürgerlichen Freiheit (7)	1	1	1	2	2	6	3	5	3
Militär									
Militärausgaben (Dollar pro Kopf)	1947	359	723	189	130	173	50	8	2

(1) 0 = völlig gleich, 1 = maximal ungleich

(2) Nach dem Oxford Multidimensional Poverty Index (MPI)

(3) Schuldendienst = Summe aller jährlichen Kosten einer Schuld: Rückzahlung + gezahlte Zinsen

(4) Rumänien: regelmäßige Unterstützung durch die EU

(5) Wenn es keine Ein- oder Auswanderung gibt, führt eine Geburtenzahl pro Frau von etwa 2,1 zu einer stabilen Bevölkerung

(6) Mindestens Grund- und etwas Sekundarschulbildung

(7) Index der bürgerlichen Freiheiten (*Civil Liberty Index*): 1 = am meisten frei, 7 = am wenigsten frei (Ordinalskala)

Quellen: World Population Review (2019), WHO: Global Health Observatory (2019), Freedom House: Freedom in the World (2018), CIA World Factbook (2019), Index Mundi (2019), UN DESA: World Population Prospects (2019), World Bank (2019b), Oxford Poverty and Human Development Initiative (2019), European Commission's science and knowledge service (2019), Dhongde und Haveman (2015), Matsuyama (2016)

Abb. 3.6 Ungleiche Verteilung. (Quelle: Fritz Behrendt, mit Dank an Frau Behrendt)

die Freiheit einschränken, darunter politische Unterdrückung und mangelnder Wohlstand. In Indien gibt es wenig politische Unterdrückung, und das Land ist die größte Demokratie der Welt, aber dank des geringeren Wohlstandsniveaus können viele Menschen im Vergleich zu den meisten westlichen Ländern nicht in einem gleichberechtigten Zustand der Freiheit leben. Zusammengenommen gibt es viele Arten von Ungleichheit (Tab. 3.3).

Sich gegenseitig verstärkende Faktoren

Wie aus Tab. 3.2 zu entnehmen ist, ist die ungleiche Verteilung immer zum Vorteil bestimmter Länder und zum Nachteil bestimmter anderer Länder. Es gibt kein Szenario, in dem Sie in einem Land länger leben und gesünder sind, während Sie in einem anderen Land reicher sind. Im Gegenteil, es sind immer dieselben Länder im Vorteil, und das ist kein Zufall, da sich die verschiedenen Vorteile gegenseitig verstärken. Wenn es der Wirtschaft gut geht, dann steht Geld für eine gute Gesundheitsversorgung und Bildung zur Verfügung. Bildung wiederum trägt zur Verbesserung der Hygiene bei, während die Wirtschaft dank der Tatsache, dass die Bevölkerung gut ausgebildet und gesund ist, weiter wachsen kann. Dies ist wieder einmal ein positives Feedback – wenn es gut läuft, wird es noch besser werden. Auch das Umgekehrte dieses Feedbacks gilt. Nehmen Sie

Tab. 3.3 Arten der ungleichen Verteilung

Ungleiche Verteilung bezieht sich auf:	D. h. es geht darum:
Leben und Gesundheit	Lebensdauer Gesundes Essen Medizinische Versorgung Sicherheit
Wohlstand	Besitztümer Einkommen Schuldenfreiheit Verfügbarkeit von Ressourcen
Zugang zu Wissen	Alphabetisierung Bildung Internet
Macht	Militär Kulturell Politisch Ideologische
Freiheit	Demokratie Unabhängigkeit Meinungsfreiheit Freizügigkeit und Niederlassungsfreiheit Recht auf Verwendung der eigenen Sprache Schutz vor Diskriminierung
Umwelt	Ökologischer Fußabdruck Handel mit Emissionsrechten

z. B. Brasilien, ein Land, das mit seinen Problemen zu kämpfen hat. Im Jahr 2018 erhielt es Entwicklungshilfe von wohlhabenden Ländern in Höhe von 270 Mio. Dollar, eine stattliche Summe. Aber diese Form der Entwicklungshilfe wird in der Regel zum Teil in Form von *Darlehen* gewährt, die zu einem späteren Zeitpunkt zurückgezahlt werden müssen. Noch schlimmer ist die Tatsache, dass auf den noch nicht zurückgezahlten Teil des Darlehens Jahr für Jahr immer mehr Zinsen anfallen. In der Folge hat Brasilien in den vergangenen Jahren eine hohe Verschuldung aufgebaut, für die das Land den reichen Ländern im Jahr 2018 über *117 Mrd. Dollar* (560 Dollar pro Person) an Zinsen und Rückzahlungen gezahlt hat. Tatsächlich zahlte das mittellose Brasilien 2018 eine gigantische Nettosumme (d. h. nach Abzug der erhaltenen Entwicklungshilfe) an die wohlhabenden Länder, und nicht umgekehrt!

Die aufgelaufenen Schulden hängen einem Entwicklungsland wie ein Mühlstein um den Hals. Bleibt man bei Brasilien, so waren seine Auslandsschulden im Jahr 2018 auf 1,7 Billionen Dollar angewachsen. Die mit guten Absichten gewährte Entwicklungshilfe hat sich im Laufe der Zeit äußerst nachteilig auf die Wirtschaft der ärmeren Länder ausgewirkt. In den letzten Jahrzehnten wurde dieser Schuldenfalle zunehmend

Aufmerksamkeit geschenkt, und Teile der Schulden wurden erlassen. Dieser Prozess wurde seit 2005 beschleunigt, als die G8 sich daran beteiligten. Die G8 ist die „Gruppe der 8", bestehend aus der G7, den sieben mächtigsten Industrieländern der Welt (Vereinigte Staaten, Kanada, Japan, Deutschland, Frankreich, Großbritannien und Italien) sowie Russland. Sie haben unter dem Druck der öffentlichen Meinung gemeinsam beschlossen, einigen Dutzend Ländern die Schulden zu erlassen oder zu reduzieren. Diese Art der internationalen Politik wurde in jüngerer Zeit von einer größeren Gruppe von Nationen, den G20, bestimmt.

Die Schuldenfalle zeigt, dass die ungleiche Verteilung zwischen den Ländern nicht einfach ein Zufall ist, der sich zu gegebener Zeit von selbst wieder auflösen wird – sie ist vielmehr zu einem Bestandteil des globalen Systems, zu einem Fehler im Gefüge geworden.

Auch dieser Fehler hat weitere Folgen. Da die wohlhabenden Nationen in der Lage sind, Geld für andere Dinge als die Grundbedürfnisse wie Nahrung, Wohnung, Bildung und Gesundheitsversorgung auszugeben, haben sie viel Spielraum, um in militärische Ressourcen zu investieren. Die letzte Zeile in Tab. 3.2 zeigt die Militärausgaben pro Kopf, woraus ersichtlich ist, wie vor allem die Vereinigten Staaten militärisch so dominant in der Welt geworden sind. Mit anderen Worten: Die ungleiche Verteilung bezieht sich auch auf die *Macht*. Die ungleiche Machtverteilung zeigt sich nicht nur in Bezug auf die militärische Dominanz, und der reiche Westen, angeführt von den Vereinigten Staaten, übertrifft den Rest der Welt auch in anderer Hinsicht. Dazu gehören die kulturellen Einflüsse, die „Disney-Kultur", das westliche Image der Mode, die westliche Popmusik und mehr (Abb. 3.7). Und dann ist da noch die ideologische und politische Dominanz. Ein Beispiel dafür ist die Tatsache, dass drei der fünf Mitglieder des Sicherheitsrates, des mächtigsten Gremiums innerhalb der Vereinten Nationen, wohlhabende westliche Nationen sind – Frankreich, das Vereinigte Königreich und die Vereinigten Staaten (die beiden anderen sind Russland und China).

Fragen

- Glauben Sie, dass die westliche Kultur (die Kultur Europas und der USA) in anderen Teilen der Welt vorherrschend ist?
- Was stärker ist, Ihren Erwartungen entsprechend: Asiatische kulturelle Einflüsse in den USA oder amerikanische kulturelle Einflüsse in Asien?

Die Armutsfalle

Armut ist in allen Regionen der Welt zu finden, nicht nur in den Ländern der Dritten Welt, sondern auch in den wohlhabenden Ländern. In England z. B. gibt es Armut sowohl unter der eingewanderten Bevölkerung als auch unter der einheimischen Bevölkerung.

Abb. 3.7 Kulturelle Dominanz: McDonald's in China. (Quelle: Ian Muttoo, Wikimedia)

Fall 3.2. Besondere Unterstützung

Frau Hansen ist 82 Jahre alt und lebt seit dem Tod ihres Mannes vor zwei Jahren allein. Sie lebt von ihrer staatlichen Rente, aber diese reicht nicht aus, um über die Runden zu kommen, und ihre Ersparnisse schwinden rapide. Ihre monatlichen Fixkosten (Miete, Strom, Versicherung usw.) und die Zahlungen für eine alte Schuld lassen ihr fast kein Geld mehr, um Notwendigkeiten wie Lebensmittel, Medikamente und Kleidung zu kaufen. Obwohl sie Anspruch auf Wohngeld hat, ist sie sich dieser Tatsache nicht bewusst.

Seit sie vor vier Jahren einen Autounfall hatte, kann sie nur schwer gehen. Das bedeutet, dass sie selten ausgeht. Da sie sich kein Telefon und keine Zeitung mehr leisten kann, hat sie wenig Kontakt zur Außenwelt. Frau Hansen hielt ihre Situation für so hoffnungslos, dass sie kürzlich versuchte, sie zu beenden. Als ihr Selbstmordversuch scheiterte, wurde sie in die psychiatrische Abteilung eines Krankenhauses eingewiesen.

Im Krankenhaus kam sie mit den Sozialdiensten ihrer Gemeinde in Kontakt. Diese untersuchten ihre Situation und stellten sofort sicher, dass sie Wohngeld erhielt. Sie beantragten auch besondere Hilfe für sie und gewährten ihr Zugang zum „Essen auf Rädern"-Programm, was bedeutete, dass sie fünf Mal pro Woche eine warme Mahlzeit erhalten würde. Ein Antrag auf Entschädigung für den Umzug ist noch in Arbeit. Wenn er genehmigt wird, wird Frau Hansen in eine Wohnung im Erdgeschoss umziehen – sie kann keine Treppen mehr steigen. (Frau Hansen ist nicht ihr richtiger Name.)

Armut wird auf unterschiedliche Weise definiert. Absolute Armut (Abb. 3.8) bezeichnet die Unfähigkeit einer Person, einen bestimmten Mindestlebensstandard aufrechtzuerhalten, ein Minimum, das die lebensnotwendigen Dinge wie Nahrung, Kleidung und Unterkunft sowie den Zugang zu Bildung und Gesundheitsversorgung und die Fähigkeit, soziale Kontakte aufrechtzuerhalten, umfasst.

Absolute Armut wird auf unterschiedliche Weise definiert. Im Jahr 2000 wurde sie definiert als ein Einkommen pro Person von weniger als 1,00 Dollar pro Tag, ausgedrückt in KKP-Dollar, also bereinigt um die lokale Kaufkraft. Aufgrund der Inflation wurde die Schwelle auf 1,25 Dollar im Jahr 2008 und 1,90 Dollar im Jahr 2015 verschoben; deshalb findet man in Büchern und Artikeln aus verschiedenen Jahren unterschiedliche Beträge, was verwirrend ist, wenn man die Hintergründe nicht kennt.

Aber aus inhaltlichen Gründen wurden auch andere Limits eingeführt: Die derzeitige Grenze von 1,90 Dollar ist nach Meinung einiger Experten zu niedrig und sollte eher bei 3,20 Dollar, 5,50 Dollar oder sogar 7,40 Dollar liegen. Aufgrund dieser unterschiedlichen Sichtweisen sind viele verschiedene Meinungen im Umlauf, ob und seit wann die absolute Armut sinkt – oder gar nicht.

Abb. 3.8 Absolute Armut: Geburt, Leben und Sterben in einem Slum in Jakarta, auf einer Müll-halde. (Quelle: Jonathan McIntosh, Wikimedia)

Neben dem Dollar-Kriterium werden auch andere Messgrößen für absolute Armut verwendet. Zum Beispiel wurde in Tab. 3.2 der Oxford Multidimensional Poverty Index (MPI) verwendet.

Relative Armut beinhaltet den Wohlstand (oder das Fehlen eines solchen) einer Person im Vergleich zu anderen Menschen oder Gruppen in derselben Umgebung oder Nation. Unter diesem Gesichtspunkt kann jemand in einem wohlhabenden Land immer noch als arm angesehen werden, auch wenn diese Person über ein höheres Einkommen verfügt als eine Person mit einem Durchschnittseinkommen in einem armen Land.

Fragen

- Wenn Sie wählen könnten, in welchem Land würden Sie gerne leben?
- Wenn Sie vor Ihrer Geburt hätten wählen können, in welchem Land hätten Sie sich für die Geburt entscheiden können?

Seit einigen Jahren führt Norwegen das HDI-Ranking an, gefolgt von Australien, Neu-seeland, den USA und mehreren europäischen Ländern. Aus dem HDI geht hervor, dass es nicht nur große Unterschiede in Wohlstand und Einkommen zwischen den Nationen

Abb. 3.9 Spektrum der Armut – von nah bis fern

gibt, sondern auch zwischen den Individuen innerhalb dieser Nationen. Tab. 3.2 zeigt eine Stichprobe dieser Einkommensunterschiede. Die beiden Arten von Ungleichheit – innerhalb eines Landes und zwischen den Ländern – sind nicht unabhängig voneinander, und wir können sie als eine Art Armutsspektrum betrachten, das in der Nähe beginnt und sich weiter entfernt. Mit anderen Worten, von „hier" nach „dort" (die „Ort"-Dimension der nachhaltigen Entwicklung).

Die Entwicklungsorganisation der Vereinten Nationen, das UNDP, veröffentlicht einen Jahresbericht über den Wohlstand und Lebensstandard in den Ländern der Welt. Zu diesem Zweck wurde ein Indikator geschaffen, der Human Development Index (HDI). Der HDI zeigt das Ausmaß der Armut in den Ländern und die mehr oder weniger ungleiche Verteilung der Armut innerhalb der Länder. Wenn Sie die Länder von hohem zu niedrigem HDI sortieren, können Sie jedem Land eine Rangnummer zuweisen, den HDI-Rang. Norwegen liegt in dieser Rangliste seit vielen Jahren auf Platz 1, sodass es nach der HDI-Berechnung das beste Land ist, in dem man leben kann. Tab. 3.2 zeigt das HDI-Ranking einer Reihe von Ländern.

In Abb. 3.9 ist links die Armut der einheimischen Bevölkerung – der ursprünglichen Einwohner eines Landes – zu sehen. Frau Hansen, die in Fall 3.2 erschien, fällt unter diese Gruppe. Die anderen Kategorien befassen sich mit der Einwandererbevölkerung, bei der es sich nicht nur um Personen handelt, die außerhalb eines Landes geboren wurden, sondern auch um die Einwanderer der zweiten Generation, die in Deutschland geboren wurden, aber im Ausland geborene Eltern haben. Die Unterscheidung zwischen einheimischer und eingewanderter Bevölkerung ist vage, da man auch Einwanderer der dritten, vierten oder zehnten Generation betrachten könnte.

Fragen

- Wie viele Generationen sollten Ihre Vorfahren in Ihrem Land gelebt haben, bevor man Sie als Einheimischen bezeichnen konnte?
- In gewisser Weise ist *jeder* ein Immigrant einer bestimmten Generation. Wenn Sie nicht selbst eingewandert sind, haben Sie dann eine Ahnung, vor wie vielen Generationen Ihre Vorfahren in die Region, in der Sie leben, eingewandert sind?

Die Afroamerikaner in den Vereinigten Staaten scheinen so etwas wie eine ewige Einwanderergruppe zu sein. Viele ihrer Vorfahren leben seit Generationen in den USA, aber sie werden von einigen Teilen der weißen Bevölkerung immer noch als unerwünschte Ausländer behandelt. Dasselbe gilt für die Dalit, die Unberührbaren in Indien (siehe Abschn. 5.2). Wohlstand und Armut sind in vielen Ländern ungleich zwischen der einheimischen und der eingewanderten Bevölkerung verteilt. In der Regel bedeutet dies, dass es der einheimischen Bevölkerung besser geht als den Einwanderern; in den Vereinigten Staaten ist dies komplizierter, wie Abb. 3.10 veranschaulicht. In dieser Abbildung wird nur eine begrenzte Anzahl von Daten für die Ureinwohner Amerikas – die Indianer und die Alaska Natives (AIAN) – dargestellt, da sie in den gemeinsamen Datentabellen des US Census Bureau nicht einmal als eine der wichtigsten ethnischen Gruppen in den USA erwähnt werden.

Einige der Einwanderer in wohlhabenden Nationen befinden sich dort illegal, und sie befinden sich in Abb. 3.9 gleich links vom Zentrum. Zusammen mit anderen sind sie als Flüchtlinge in westlichen Ländern angekommen oder wurden von Menschenschmugglern dorthin gebracht. Politische Flüchtlinge, die in ihren Heimatländern aufgrund ihrer politischen Überzeugung, ihrer Religion, ihrer Rasse oder ihrer Gemeinschaft bedroht sind, werden in der Regel (insbesondere in der EU und den USA) leichter aufgenommen als Wirtschaftsflüchtlinge, die aus ihrer Heimat fliehen, weil sie bessere

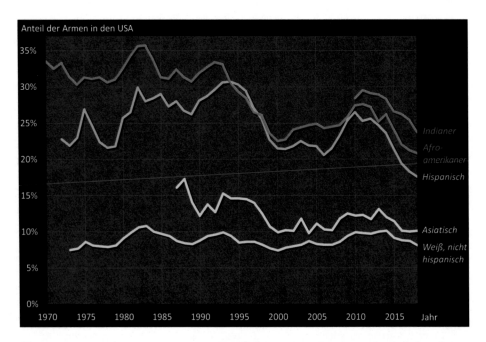

Abb. 3.10 Prozentualer Anteil der Armen in den Vereinigten Staaten nach ethnischer Gruppe, 1970–2018. (Quellen: US Census Bureau 2020; Economic Policy Institute 2017)

Lebensbedingungen suchen. Letztere werden oft aus dem Land hinausgeworfen, unabhängig davon, ob sie dann Gefahr laufen, einer Hungersnot zu erliegen. All diese Flüchtlinge stellen eine buchstäbliche Verbindung zwischen der Armut in den Ländern der Dritten Welt und der Armut in den wohlhabenden Ländern dar, wie Abb. 3.10 veranschaulicht.

Im Jahr 2019 gab es mehr als 70 Mio. Flüchtlinge. Noch nie zuvor in der Geschichte sind so viele Menschen gleichzeitig aus ihrer Heimat geflohen.

Fragen

- Würden Sie den Fall 3.2 anders sehen, wenn Sie wüssten, dass er nicht Frau Hansen aus England betrifft, sondern Frau Rahim, die ihrem Mann vor fünf Jahren nach England gefolgt ist, nachdem er vor acht Jahren als Flüchtling aus Bangladesch ins Land gekommen war?
- Ist Frau Hansen schuld, weil sie nicht wusste, dass sie Anspruch auf Wohngeld hatte? Ist sie mit ihrer Unwissenheit allein?

Die Flüchtlinge und Immigranten sind nicht das einzige Bindeglied zwischen der Armut zu Hause und der Armut anderswo. Ein weiterer Zusammenhang besteht darin, dass es Ursachen gibt, die dazu führen, dass die Armut fortbesteht, anstatt allmählich ausgerottet zu werden. Diese Ursachen sind in beiden Fällen – der Armut hier und der Armut in weit entfernten Ländern – weitgehend identisch, und beide sind mit positiven Rückkopplungen verbunden, wie in Abb. 3.11 zu sehen ist. Sowohl Reichtum als auch Armut werden durch diese Rückkopplung verstärkt, wobei schwere Armut zu Problemen wie z. B. einem geringen Maß an angemessener persönlicher Betreuung führt (siehe Schleife 1 in Abb. 3.11). Ein solcher Faktor könnte auf den Mangel an sauberem Wasser, schlechte hygienische Bedingungen (wie das Fehlen eines Abwassersystems), mangelndes Wissen über angemessene Körperpflege oder schlechte oder unausgewogene Nahrungsquellen zurückzuführen sein. Ein zusätzliches Problem besteht in vielen Ländern darin, dass die Armen kaum oder gar keine Möglichkeit haben, sich gegen die Kosten für die Gesundheitsversorgung zu versichern. All diese Faktoren bedeuten, dass arme Menschen im Durchschnitt weniger gesund sind als ihre reicheren Pendants. (Die Abbildung zeigt ein „+", da bessere Versorgung zu besserer Gesundheit führt, während schlechte Versorgung zu schlechterer Gesundheit führt: Die beiden Variablen bewegen sich miteinander.) Aus diesem Grund sind die Fehlzeiten am Arbeitsplatz größer, die Arbeitsplätze, die sie innehaben, sind nicht so gut und ihr Einkommen ist niedriger – und so haben sie wenig Möglichkeiten, sich aus ihrer Armut zu befreien. Das Fehlen einer angemessenen Schulbildung, die in vielen Ländern mit hohen Kosten verbunden ist, führt ebenfalls zu einem geringeren Einkommen (Schleife 2), und die Verarmten sind zudem häufig gezwungen, ihr Einkommen durch Kredite aufzubessern, sodass die Schulden so lange steigen, bis die fälligen Zinsen unhaltbar werden (Schleife 3). Frau Hansen gab in Fall 3.2 ein Beispiel dafür.

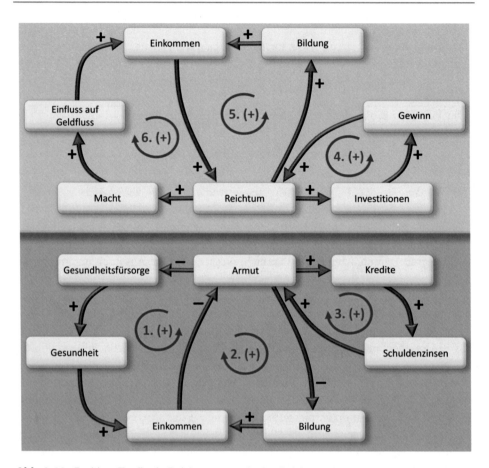

Abb. 3.11   Positives Feedback: Reichtum verstärkt den Reichtum, Armut verstärkt die Armut

Die Summe dieser Rückmeldungen, die die Armut am Leben erhalten, ja sogar verstärken, wird als Armutsfalle bezeichnet. Die Armutsfalle ist nicht nur ein Thema für einzelne arme Menschen, sondern auch für ganze Länder. Die Schuldenfalle, in die Länder der Dritten Welt geraten, ist Teil dieser komplexen Armutsfalle auf nationaler Ebene.

Der obere Teil von Abb. 3.11 zeigt, wie sich der Wohlstand ebenfalls verstärken kann. Schleife 4 zeigt, wie es möglich ist, Kapital in profitable Unternehmen zu investieren und damit reicher zu werden – ein unmöglicher Schritt, wenn man verarmt ist. Schleife 5 ist ein Spiegelbild von Schleife 2 – Geld zu haben, bietet die Möglichkeit für eine gute Ausbildung, die dazu beiträgt, ein angemessenes Einkommen zu erzielen. Schleife 6 ist etwas anderer Natur, da Geld auch eine gewisse Form von Macht verleiht. Dies gilt sowohl für leitende Angestellte als auch für Institutionen, die viele Möglichkeiten haben, sowohl ihre eigenen Gehälter als auch die der anderen zu beeinflussen. Auch dank dieses Faktors können die Lohnpakete der Mächtigen schwindelerregende Ausmaße annehmen.

Diese Art von Feedback führt dazu, dass die Reichen reicher und die Armen ärmer werden, und in der Realität ist dies oft wirklich der Fall. Ob dies tatsächlich der Fall ist, kann auf zwei Arten untersucht werden: durch Betrachtung von Prozentsätzen (der „relative" Anstieg) oder Dollars (der „absolute" Anstieg). Um einen fairen Vergleich zu ermöglichen, werden die Anstiege in KKP-Dollar ausgedrückt, die durch Korrektur der Inflation und der Durchschnittspreise in den verschiedenen Ländern berechnet werden.

Fragen

- Welches Einkommen, ausgedrückt in Euros, steigt stärker: ein Einkommen von 180.000 Euro, das um 1 % steigt, oder eines von 18.000 Euro (etwa der Mindestlohn in Deutschland), das um 3 % steigt?

Bei Vergleichen wird in der Regel der relative Anstieg des Einkommens betrachtet, d. h. der prozentuale Anstieg im Vergleich zum Vorjahr. In den USA z. B. stiegen zwischen 2000 und 2018 die niedrigsten Familieneinkommen mit 1,77 % (von 28.200 Dollar auf 28.700 Dollar), während die mittleren Einkommen mit 6 % (von 81.700 Dollar auf 86.600 Dollar) wuchsen. In den gleichen Jahren stiegen die Spitzeneinkommen um 7,9 % (von 192.200 Dollar auf 207.400 Dollar); ihr relativer Einkommensanstieg war mehr als viermal so hoch wie der der untersten Gruppe.

(Die Grenzen zwischen diesen drei Gruppen wurden als zwei Drittel und das Doppelte des Medianeinkommens definiert. Alle Werte sind in Dollar von 2018 ausgedrückt, d. h. inflationsbereinigt (Pew Resource Center 2020).)

Aber relative Berechnungen (in Prozent) sind trügerisch, denn wenn man die absolute Einkommensentwicklung, ausgedrückt in harten Dollars, betrachtet, scheint der Unterschied noch größer zu sein. Während das Jahreseinkommen der untersten Gruppe in diesen 18 Jahren um 500 Dollar anstieg, wuchs das der Reichsten – die das geringste Wachstum benötigten – um rund 15.200 Euro: 30-mal so viel. Und weil für die Familien mit dem niedrigsten Einkommen die Fixkosten im gleichen Zeitraum stärker stiegen, nahm ihre frei verfügbare Kaufkraft sogar ab.

Ein internationaler Vergleich zwischen reichen und armen Ländern zeigt die trügerische Wirkung eines relativen Vergleichs noch deutlicher. Ein erster Blick auf Abb. 3.12. Sie zeigt den Anstieg des BIP pro Person in einer Reihe von Ländern. Für jedes Land wurde „1980 = 1" gewählt, sodass die Grafik den relativen Anstieg im Vergleich zum Anfang des Jahres 1980 zeigt. Sie sehen, dass China einen sensationellen Anstieg erlebt hat: Im Jahr 2016 war das Pro-Kopf-Nationaleinkommen 20-mal so hoch wie 1980, das ist ein Anstieg von nicht weniger als 1900 %: eine enorme Leistung. Wenn Sie sich nur Abb. 3.12 anschauen, würden Sie sagen, dass China heute das bei Weitem reichste Land der Welt sein muss.

Sehen Sie sich dann Abb. 3.13 an. Sie basiert auf *genau* denselben Zahlen wie Abb. 3.12, zeigt sie aber jetzt als absoluten Anstieg in PPP-Dollar. Darin ausgedrückt ist der Einkommensanstieg in China kaum höher als in Ländern wie den Vereinigten Staaten

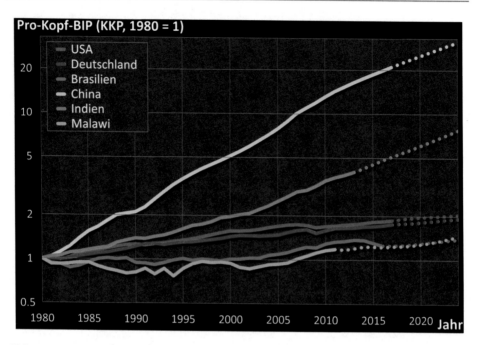

Abb. 3.12 Entwicklung der realen Kaufkraft in einer Reihe von Ländern (inflationsbereinigt, ausgedrückt in KKP-Dollar pro Kopf geteilt durch den Wert von 1980; der rechte Teil ist eine Schätzung). (Quelle: IMF: World Economic Outlook 2019)

und den Niederlanden: Der Rückstand Chinas bleibt praktisch gleich. Die meisten armen Länder – man denke beispielsweise an Brasilien und Malawi – steigen viel langsamer als die reichen Länder: Ihr relativer Rückstand nimmt ab, aber ihr absoluter Rückstand wächst. Es scheint, dass es eine Art „undurchdringlichen" dunklen Schatten zwischen den armen und den reichen Ländern gibt: Ein „Schatten", der von China etwas, von vielen anderen Ländern aber kaum überschritten werden kann.

Beide Grafiken zeigen, dass die Rückkopplungen für Reichtum und Armut dazu geführt haben, dass die Kluft zwischen Arm und Reich in den letzten Jahrzehnten gewachsen ist, sowohl zwischen Einzelpersonen als auch zwischen Ländern. „Geld macht Geld" – Reichtum neigt dazu, sich selbst zu vermehren, ebenso wie Armut.

Der Unterschied im Reichtum – und damit in der Macht – hat inzwischen absurde Formen angenommen: So berichtete Oxfam im Jahr 2016, dass die 62 reichsten Menschen der Welt zusammen genauso viel Reichtum besaßen wie der akkumulierte Besitz von 3,5 Mrd. anderen Menschen. Doch damit nicht genug, denn im Jahr 2019 berichtete Oxfam, dass die 26 reichsten Menschen zusammen nun über ein Vermögen von 1,4 Billionen Dollar verfügten, was dem akkumulierten Besitz von 3,8 Mrd. anderen Menschen oder der Hälfte der Menschheit entspricht.

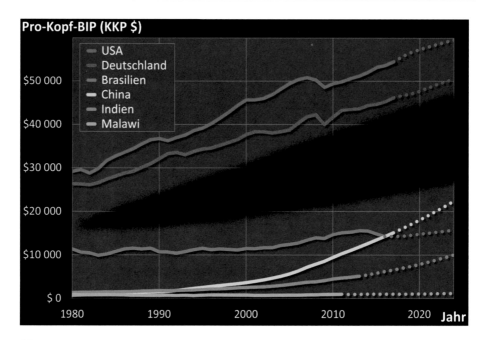

Abb. 3.13 Die Daten aus Abb. 3.12, aber jetzt direkt ausgedrückt in KKP-Dollar pro Kopf (ohne Division durch den Wert von 1980). (Quelle: IMF: World Economic Outlook 2019)

Diese wachsende Kluft zwischen Arm und Reich hat Folgen, die tief in die Gesellschaft hineinreichen. Eine der schwerwiegendsten davon ist der Zustrom von Millionen von Flüchtlingen, die unter menschenunwürdigen Bedingungen leben. Dieser Strom führt zum Teil in die reichen Nationen, und Länder wie die Vereinigten Staaten sind mit massiven Einwanderungsproblemen konfrontiert, insbesondere mit den illegalen Ausländern, die versuchen, aus Mittel- und Südamerika über die mexikanische Grenze zu gelangen. Westeuropa ist mit dem gleichen Problem konfrontiert, vorwiegend mit Flüchtlingen aus Afrika und Asien.

Im Jahr 2008 flohen mehr als 200.000 Menschen in die EU-Länder. Und die Flucht ging weiter, 2013 hatte sich diese Zahl fast verdoppelt. Danach erreichte die Zuwanderung von außerhalb der EU infolge des verheerenden Krieges in Syrien im Jahr 2015 mit 1,3 Mio. Menschen einen Höchststand. (Zum Vergleich: In der EU leben rund 500 Mio. Menschen.) Nach 2015 ging die Zuwanderung nach Europa zurück, auch weil mehr Flüchtlinge in Lagern außerhalb Europas aufgenommen wurden. Das Flüchtlingsproblem nimmt von Jahr zu Jahr zu. Es gibt sogar erschreckende Zukunftsvisionen von Gruppen von mehreren zehn Millionen Menschen, die als eine Masse in die reichen Länder gehen und die allenfalls mit militärischer Gewalt verhindert werden könnten. Man kann bezweifeln, dass es jemals dazu kommen wird, aber es ist sicher, dass die gegenwärtige Einwanderung sowohl für die Aufnahmeländer als auch für die Flüchtlinge selbst enorme Probleme verursacht.

Aber die Probleme, die sich aus den Flüchtlingen in den reichen Ländern ergeben, sind im Vergleich zu denen in den armen Ländern immer noch gering. Letztere verfügen über weitaus weniger Ressourcen, um den Flüchtlingen angemessene Aufnahmeeinrichtungen zu bieten, und die Ströme betreffen sogar größere Personengruppen, wobei über 80 % der Vertriebenen (Flüchtlinge, Asylsuchende, innerhalb ihres eigenen Landes Vertriebene und Staatenlose) nicht in den reichen, sondern in den armen Nationen zu finden sind.

Fragen

- Was würden Sie tun, wenn Sie in Afrika von weniger als einem Dollar pro Tag leben müssten, Ihre Kinder nicht zur Schule gehen könnten, Sie zu Hause keine Chance auf Besserung sähen und Sie erwarteten, dass es in Europa oder den USA besser laufen würde?
- Ist eine solche Person zu einer menschenwürdigen Existenz berechtigt?
- Auf der anderen Seite, was würde in Europa oder den USA passieren, wenn jeder Wirtschaftsflüchtling aufgenommen würde?

Übertragung

In Kap. 2 wurde die Landwirtschaft im Land Vietnam diskutiert, das Tierfutter aus anderen Ländern importiert – eine Notwendigkeit, da Vietnam nicht über die Kapazität verfügt, alle benötigten Futtermittel zu produzieren. Da es sich um einen Einwegverkehr handelt, sind eine Reihe anderer Nationen mit Problemen konfrontiert.

Ein weiteres Beispiel ist der Umgang der westlichen Länder mit dem Problem des Elektronikschrotts (allgemein als „E-Schrott" bezeichnet). Diese Länder exportieren ihre kaputten oder veralteten Computergeräte in ärmere Regionen, wie z. B. in die chinesische Provinz Guangdong – eine der größten E-Mülldeponien der Erde. In der Stadt Guiyu verwenden verarmte Arbeiter archaische Methoden, um die Edelmetalle aus dem Material herauszulösen. Dabei sind diese Männer und Frauen (und oft auch Kinderarbeiter) einem gesundheitsgefährdenden Cocktail aus Chemikalien ausgesetzt. Die Umgebung ist mit einer Vielzahl von Giftstoffen kontaminiert. Dies ist ein Beispiel für ein häufiges Problem, das darin besteht, dass wohlhabendere Nationen nicht in der Lage sind, eine Reihe ihrer eigenen Probleme zu lösen und folglich die Folgen davon auf andere Länder übertragen. Dadurch blüht die Wirtschaft der reichen Nation auf, die Mägen werden gut gefüllt, zum Nachteil der Wirtschaft und der Gesundheit der armen Nationen. Dieses Phänomen wird als Transfer bezeichnet.

Fall 3.3. Die Schiffe von Chittagong

Vor 50 Jahren wurden sie in Europa, in den USA und in Japan einfach abgebaut, aber die Umweltbestimmungen wurden verschärft und es wurde immer teurer. Mammut-Supertanker, Giganten der Meere – jedes Jahr erreichen Hunderte von ihnen das Ende ihres Lebens. Als der Abbruch in den wohlhabenden Ländern zu teuer wurde, verlagerte sich die Arbeit in Länder wie China. Aber die Umweltgesetzgebung machte es schließlich auch dort zu teuer, und heute übernehmen Indien und Bangladesch die Pflicht zum Abwracken von Schiffen.

Die Küste von Chittagong, der zweitgrößten Stadt Bangladeschs, ist mit massiven Stahlkadavern übersät (Abb. 3.14). Sie werden fast vollständig von Hand zerlegt und der Stahl wird recycelt, während alle möglichen losen Teile weiterverkauft werden.

Das Abwracken von Schiffen in der Region sichert rund 45.000 Menschen den Lebensunterhalt. Sie genießen keinerlei Schutz, da die Gesetze in Bangladesch lax sind. Jedes Schiff fasst zwischen zehn und hundert Tonnen Farbe, die giftige Metalle wie Kadmium, Blei und Quecksilber enthält. Die Schiffe enthalten auch Arsen, Asbest und PCB sowie brennbare und explosive Stoffe.

Arbeiter, die kleinere Boote in westlichen Ländern zerlegen, tragen gesetzlich vorgeschriebene Schutzkleidung, einschließlich Masken. In Bangladesch ist dies nicht vorgeschrieben. Es kostet zu viel Geld.

Abb. 3.14 Abwracken von Schiffen am Strand von Chittagong. (Quelle: Stéphane M. Grueso, Wikimedia)

Das in Fall 3.3 skizzierte Szenario ist ein charakteristisches Beispiel für diesen Transfer. Da es zu teuer geworden ist, Seeschiffe in westlichen Ländern abzuwracken, wurde die Arbeit in Länder verlagert, in denen es billiger ist. Auf diese Weise exportieren die reichen Länder ihre gefährlichen Abfälle in andere Länder und befreien sich selbst erfolgreich von diesem Problem.

Transfer bedeutet, dass die Folgen eines bestimmten Lebensstils, wie Umweltschäden, Gesundheitsrisiken und wirtschaftliche Schäden, nicht von den Verursachern, sondern von anderen getragen werden. Transfer kann in verschiedene Richtungen erfolgen, wobei Probleme auf Menschen anderswo (von hier nach dort) und Probleme auf noch ungeborene Generationen (von der Gegenwart in die Zukunft) übertragen werden.

Man kann viele Beispiele für Transferprobleme finden, mit denen man in Zukunft konfrontiert sein wird. Eines davon ist die Tatsache, dass Fässer mit chemischen Abfällen bis vor wenigen Jahrzehnten in die Ozeane gekippt wurden. Man ging davon aus, dass diese Fässer über einen längeren Zeitraum intakt bleiben würden. Diese Praxis ist jetzt international verboten, aber diese Fässer sind immer noch da – „Zeitbomben", die eines Tages aufplatzen könnten.

Ein weiteres Beispiel sind die Treibhausgasemissionen. Der heutige Energiebedarf wird zu einem späteren Zeitpunkt Klimaprobleme verursachen. Diese Emissionen bedeuten auch eine Verlagerung des Problems in einen anderen Teil der Welt, da die größten Verursacher (pro Kopf), darunter die USA und Europa, relativ weniger unter den Folgen davon leiden werden, darunter der Anstieg des Meeresspiegels, zunehmende Unwetter und zunehmende Dürren. Wenn es zu einem Anstieg des Meeresspiegels kommt, werden vor allem die Länder mit niedrigen Küstenlinien (wie die Niederlande, Bangladesch und eine Reihe kleiner Inselstaaten) darunter leiden. Es wird erwartet, dass Länder mit robusten Volkswirtschaften in der Lage sein werden, mit dem Problem umzugehen. Aber diejenigen mit schwachen Volkswirtschaften haben nicht die Ressourcen, um dagegen zu halten, und ihre Kinder zu schützen, wenn die Wasser steigen.

Wenn man bei der Energie bleibt, ist die Kernkraft ein weiteres Beispiel dafür, wie ein Problem in die Zukunft verlagert werden kann. Obwohl die heutige Generation einige Jahrzehnte lang von einem Kernkraftwerk profitiert, muss der radioaktive Abfall noch Tausende von Jahren danach sicher gelagert werden (dies wird in Kap. 7 ausführlicher behandelt).

Selbst gut gemeinte, aber naive Versuche, armen Ländern zu helfen, können solch einen Transfer durchführen. Alte Schuhe werden gesammelt und in die Dritte Welt geschickt, aber Schuhe enthalten Chrom, das zum Gerben von Leder verwendet wird. Alte Schuhe sind eigentlich chemischer Abfall, von dem sich die Erste Welt auf diese Weise leicht befreien kann.

Es wurden weltweit Versuche unternommen, Transferbeschränkungen zu verhängen, wobei 1995 das Baseler Verbot in Kraft trat. Gemäß diesem Abkommen ist es den wohlhabenden Staaten, die Mitglieder der OECD (Organisation für wirtschaftliche Zusammenarbeit und Entwicklung) sind, verboten, gefährliche Abfälle in

Nicht-OECD-Staaten zu exportieren. Im Jahr 2016 haben 181 Länder das Abkommen ratifiziert; nur 12 UNO-Mitgliedsstaaten haben es nicht ratifiziert. Elf von ihnen sind relativ kleine Nationen wie Grenada und Tuvalu; das einzige große Land, das dem Vertrag nicht beigetreten ist, sind die Vereinigten Staaten von Amerika. Das Verbot gilt weder für Seeschiffe, wie in Fall 3.3 zu sehen ist, noch für Flugzeuge. Aber: Die Empfängerländer werden immer durchsetzungsfähiger.

Fall 3.4. Malaysia weigert sich
CNN, 29. Mai 2019

Malaysia wird 450 t kontaminierten Plastikmüll an die Länder zurückschicken, die ihn geschickt haben: Das Land weigert sich, zu einer Deponie für den Abfall der Welt zu werden.

Neun Seecontainer wurden am Dienstag in Port Klang, westlich von Kuala Lumpur, mit falsch etikettiertem Plastik- und Nichtrecycling-Müll gefunden, darunter eine Mischung aus Haushalts- und Elektronikschrott.

Yeo Bee Yin, Ministerin für Energie, Wissenschaft, Technologie, Umwelt und Klimawandel, sagte, dass die USA, Großbritannien, Kanada, Japan, China, Saudi-Arabien, Bangladesch, die Niederlande und Singapur mit der Rückgabe ihrer Abfallprodukte rechnen können.

Am 24. April rief Malaysia eine gemeinsame Arbeitsgruppe ins Leben, die sich mit dem wachsenden Problem der Einfuhr illegaler Plastikabfälle befassen soll. Im vergangenen Monat wurden fünf Abfallcontainer nach Spanien zurückgebracht.

Im vergangenen Jahr verbot China im Rahmen einer Initiative zur Säuberung seiner Umwelt die Einfuhr von Kunststoffabfällen. Diese Bewegung löste einen Schockeffekt aus, da Zwischenhändler neue Bestimmungsorte für ihre Abfälle suchten, darunter Malaysia.

Ein kürzlich veröffentlichter Bericht von Greenpeace zeigte, dass die Kunststoffabfälle, die in den ersten sieben Monaten des Jahres 2018 aus den USA nach Malaysia exportiert wurden, mehr als doppelt so viele waren wie im Jahr zuvor.

Yeo sagte auf einer Pressekonferenz, dass ein britisches Recyclingunternehmen in den letzten zwei Jahren mehr als 50.000 t Kunststoffabfälle in etwa 1000 Containern exportiert habe.

3.3 Entmenschlichung: Entfremdung und Ausgrenzung

In den Augen von Unternehmen und Regierungen werden Menschen oft als wirtschaftliche Objekte betrachtet. Einzelne Menschen sind daher sehr wichtig für sie. Unternehmen wachsen: Bei der Supermarktkette Walmart erwirtschaften 270 Mio. Kunden pro Woche, unterstützt von 2,3 Mio. Angestellten, einen Jahresumsatz (im Jahr 2019) von 500 Mrd. Dollar.

Auch die Städte wachsen: Es gibt bereits Megastädte mit einer Bevölkerung von mehr als 20 Mio. Menschen; einschließlich der Vororte gibt es in Tokio sogar 35 Mio., was fast der Bevölkerung des Bundesstaates Kalifornien entspricht. Die sozialen Netzwerke wachsen: Im Februar 2020 erreichte WhatsApp 2 Mrd. Nutzer, gegenüber 1,5 Mrd. im Jahr 2017. WhatsApp ist im Besitz von Facebook, das selbst mit sechs neuen Konten pro Sekunde wächst und täglich von 1,5 Mrd. Menschen besucht wird, die (im Jahr 2019) jeweils durchschnittlich 338 Freunde haben. Dieser Durchschnitt lag 2016 „nur" bei 155: Nimmt die Freundschaft zu?

Fragen

- Was ist das eigentlich, ein Freund? Was erwarten Sie von einem guten Freund?
- Bekommen Sie das von Ihren Facebook-Freunden?

In vielen Ländern wachsen die Kommunen, die oft aus finanziellen Gründen zu immer größeren Einheiten zusammengeschlossen werden. Im Land Japan z. B. gab es 1999 über 3000 Gemeinden. Heute hat sich diese Zahl halbiert. Die japanischen Behörden hoffen, die Fusionen zur Verringerung der Finanzdefizite und der Staatsausgaben nutzen zu können. Für die Einwohner der aufgelösten Gemeinden führt eine Fusion jedoch oft zu Verlusten. Die Entfernungen zu den Gemeindebeamten werden größer; die Kontakte sind weniger persönlich. Den Menschen fällt es immer schwerer, sich mit ihrem Wohnort zu identifizieren, da ihre Dörfer zu einem Teil der benachbarten Megastädte werden, ihre Heimatstädte nicht mehr auf der Karte erscheinen oder der Name der Stadt geändert wird. Eine ähnliche Welle von Fusionen findet seit Jahren zwischen Unternehmen, Krankenhäusern, Universitäten, Hochschulen und Gymnasien statt. Städte auf der ganzen Welt wachsen, und mehr als die Hälfte der Weltbevölkerung ist inzwischen urbanisiert. Sogar die Länder werden größer. In der Antike wurde die klassische griechische Gesellschaft von Staaten in der Größe einer bescheidenen Stadt von heute dominiert, die moderne Welt wird von Ländern von der Größe eines halben Kontinents oder sogar eines ganzen Kontinents bedeckt, wie in Abb. 3.15 zu sehen ist.

Diese Entwicklung hat eine Kehrseite – die Distanz zwischen Politikern und ihrer Wählerschaft ist größer geworden, und immer weniger Menschen machen sich die Mühe, ihre Stimme bei einer Wahl abzugeben; die soziale Kontrolle auf den Straßen und in den öffentlichen Verkehrsmitteln hat abgenommen; Gewalt, Schwarzfahren und Vandalismus sind wachsende Probleme. Die Bewohner von Pflegeheimen werden unzureichend betreut, was dazu führt, dass sie manchmal tagelang nicht gewaschen werden oder stundenlang warten müssen, um auf die Toilette zu gehen.

Das Einzige, was nicht größer wird, ist der einzelne Mensch: Im Durchschnitt sind sie immer noch kleiner als zwei Meter und werden daher im Verhältnis zur sie umgebenden Welt kleiner: Die Menschen *schrumpfen*.

Die Kommunikation läuft immer weniger im direkten Kontakt („Face to Face", F2F) zwischen Menschen ab. Wir treffen unsere rasch wachsende Zahl von Freunden über

Abb. 3.15   Die Länder werden immer größer. Oben: einige führende Stadtstaaten in Griechenland um 400 v. Chr. Unten: einige führende Länder im 21. Jahrhundert

einen Mini-Bildschirm und eine virtuelle Tastatur. Wir gehen online einkaufen; diejenigen, die immer noch selbst einkaufen (in einem Megasupermarkt einer schnell wachsenden Einzelhandelskette), scannen die Lebensmittel ein, bezahlen effizient an einem Bezahlautomaten, sprechen mit niemandem und gehen schweigend nach Hause. Wir erstatten online Anzeige bei der Polizei ohne einen „Arm um die Schulter"; wir bekommen Geld von einer Wand. Alles wird automatisiert. Alles wird immer *effizienter*.

Das Einzige, was nicht automatisiert ist, ist der einzelne Mensch: Er ist immer noch ein biologisches Wesen, das von Genen, Hormonen und Instinkten getrieben wird, eine Tatsache, die immer mehr unterdrückt wird: Der Mensch *wird entmenschlicht*.

All diese Fragen lassen sich unter dem Begriff „Entmenschlichung" zusammenfassen. Überwachungskameras und Verkaufsautomaten ersetzen den Kontakt zwischen Menschen. Menschen werden unpersönlich behandelt, wie Objekte statt wie Individuen, oder noch schlimmer, nicht wie Bürger, sondern wie *Sicherheitsrisiken*. In immer mehr Ländern müssen sich alle Bürger auf der Straße identifizieren können. Unter bestimmten

Umständen ist die präventive Durchsuchung durch die Polizei legalisiert worden, auch wenn keinerlei Verdacht auf eine Straftat besteht. Die Pässe enthalten nun die Fingerabdrücke des Inhabers.

Persönliche Daten werden in digitalen Dateien gespeichert, die dann miteinander verknüpft oder kommerziell gehandelt werden, häufig ohne dass der Bürger diese Daten einsehen darf. Dies ist aus technischer Sicht großartig, und die Effizienz ist hoch. Der Staat ist zunehmend involviert, nicht um das persönliche Lebensumfeld zu schützen, sondern als Bedrohung dafür.

Fall 3.5. Herzlichen Glückwunsch zum Big Brother Award

Das weltweit operierende Unternehmen, Eigentümer einer bekannten Website mit dem gleichen Namen, hat einen fortschrittlichen Ruf, da es eine gemeinnützige Organisation zu sein scheint, die es Menschen – oder Gruppen von Menschen – ermöglicht, eine Online-Petition zu entwerfen und zu starten, die auf der Website unterzeichnet werden kann. Es handelt sich jedoch tatsächlich um ein kommerzielles Unternehmen, das einen soliden jährlichen Gewinn erzielt.

Dies war jedoch nicht der Grund, weshalb die Jury der deutschen Ausgabe des Big Brother Award (BBA) (Abb. 3.16) beschloss, die Auszeichnung in der Kategorie „Wirtschaft" an change.org zu vergeben. Das Unternehmen ignorierte wiederholt Fragen der Privatsphäre und des Datenschutzes. Es verkauft private Daten von Unterzeichnern von Petitionen, die z. B. von Ärzte ohne Grenzen, Oxfam oder Unicef lanciert wurden, an Drittorganisationen mit Preisen von bis zu einer halben Million Dollar für eine Datenliste. In der Tat viele Daten! Die Art und Weise, wie dies geschieht, ist in mehreren Ländern und durch EU-Gesetze verboten; das Verbot kann nicht durch die von change.org verwendete Einverständniserklärung außer Kraft gesetzt werden.

Auch nachdem der Gerichtshof der Europäischen Union (EUCJ) die uneingeschränkte Übertragung von Daten auf der Grundlage des sogenannten Safe Harbour Framework von Unternehmen wie Facebook und Google von Europa in die USA verboten hatte, setzte change.org dies fort und verstieß damit gegen mehrere Gesetze und Vorschriften.

Der Bericht der deutschen BBA 2016-Jury schloss mit einem zynischen Schlusswort: „Herzlichen Glückwunsch" zum Big Brother Award 2016, change.org!

Die niederländischen BBAs des Jahres 2015 wurden dem Staatssekretär des Innenministeriums (oder Innenminister) der Niederlande für seine übertriebenen Pläne zur Überwachung der Bürger verliehen, wodurch die gesamte niederländische Bevölkerung potenziell kriminalisiert werden könnte; und der nationalen Polizei für ihren Einsatz von „vorausschauender Polizeiarbeit" auf der Grundlage umfangreicher Daten, die Zivilisten aufgrund abweichenden statt kriminellen Verhaltens zu Verdächtigen macht.

In den USA wurde 2005 ein Big Brother Award an die Brittan Elementary School in Kalifornien vergeben, weil sie an jedem ihrer Schüler einen RFID-Tag angebracht hat, um jederzeit genau wissen zu können, wo sie sich gerade befinden, „weil das die Anwesenheitserfassung rationalisieren würde", wie der Schulleiter erklärte.

(Quelle: www.bigbrotherawards.de; www.privacyinternational.org; https:// bba2015.bof.nl)

Inzwischen nutzen die Büros zunehmend flexible Büroräume. Früher standen in vielen Bürogebäuden die Schreibtische für einen Teil des Tages leer – eine Geldverschwendung! Und so wurde das moderne Büro erdacht, in dem niemand einen festen Arbeitsplatz hat. Sie kommen morgens zur Arbeit, bewaffnet mit einem Koffer, in dem sich ein Laptop befindet, wählen sich einen Schreibtisch, der zu diesem Zeitpunkt leer

Abb. 3.16   Der Big-Brother-Preis. (Quelle: Datenschutz International)

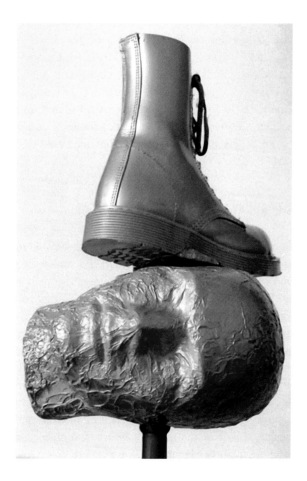

ist, stellen ein Foto Ihres Partners in die Ecke, loggen sich drahtlos ein und machen sich an die Arbeit.

All diesen Entwicklungen ist gemeinsam, dass Menschen als wirtschaftliche Objekte betrachtet werden. Effizienz ist von überragender Bedeutung. Wenn ein Geldautomat oder Verkaufsautomat billiger ist als ein mit Personal besetzter Schalter, dann ist das die Lösung. Wie die Auswirkungen auf die Menschen sind, lässt sich nur schwer abschätzen. Es ist sicherlich einfach, Geld abzuheben, besonders wenn man in Eile ist. Aber die Summe all dieser sehr einfachen und reibungslosen unpersönlichen Kontakte ist, dass die Gesellschaft weniger menschlich, weniger empathisch wird. Sie ignoriert die Tatsache, dass Menschen nicht nur rationale Wesen sind, sondern auch biologische Wesen. Für diese wird das Verhalten nicht nur von der Logik, sondern auch von den Hormonen, nicht nur vom Intellekt, sondern auch von den Emotionen beeinflusst. Der Zwang zur Effizienz hat den Menschen leicht verändert und beeinträchtigt dadurch die Würde und das Wesen des Menschen.

Dieser Verlust an Menschlichkeit ist ein charakteristisches Beispiel für das Ungleichgewicht zwischen People, Planet und Profit. Wo das Kap. 2 zeigt, dass der Profit im Allgemeinen den Planeten schlägt, sehen wir hier, dass der Profit auch über die Menschen siegt. Es entsteht der Eindruck, dass die Menschen hier sind, um dem Wirtschaftssystem zu dienen, und nicht umgekehrt. So werden bis zu einem gewissen Grad alle Menschen zu Sklaven. Es ist nicht verwunderlich, dass immer mehr Menschen der Gesellschaft entfremdet werden, während Aggression und mangelnde Manieren zunehmen: auf der Straße, im Internet, in der Politik. Alles nimmt an Größe zu – Länder, Städte, Unternehmen, Gesundheitseinrichtungen, Schulen. Das Einzige, was nicht größer wird, ist der Einzelne. Und so breitet sich Entfremdung aus: das Gefühl der Menschen, nicht mehr wirklich dazu zu gehören.

Soziale Ausgrenzung

In den Ländern Europas und Nordamerikas bevölkern verschiedene Personengruppen die untersten Schichten der Gesellschaft. Es sind indigene Völker, wie z. B. Frau Hansen, und häufig schlecht ausgebildet. Sie gehören auch zu den Einwanderern, die sich legal im Land aufhalten oder vielleicht sogar dort geboren sind und möglicherweise einen Pass des Landes besitzen, in dem sie leben. Dann gibt es auch diejenigen, die sich illegal im Land aufhalten. Alle diese Gruppen leiden unter sozialer Ausgrenzung, sie haben nur wenige Möglichkeiten zur vollen Teilhabe an der Gesellschaft, wie aus Tab. 3.4 hervorgeht. Diese Tabelle befasst sich u. a. mit der normativen Integration – der Akzeptanz allgemein gültiger Werte und Normen. Dieses Thema, das in erster Linie im Hinblick auf die Einwandererbevölkerung von Belang ist, ist ein sensibles Thema, da es sich um gegensätzliche Interessen handelt. Einerseits ist es wichtig, dass jeder bis zu einem gewissen Grad in der Lage ist, sein eigenes Wertesystem zu haben, nach dem er lebt, während er von anderen respektiert wird. Andererseits haben die einheimischen

Tab. 3.4 Merkmale der sozialen Ausgrenzung

Merkmale	Beispiele
Unzureichende soziale Beteiligung	• Wenig soziale Kontakte • Wenig soziale Unterstützung • Große Chance auf Arbeitslosigkeit
Unzureichende normative Integration	• Ablehnung allgemein gültiger Normen und Werte • Unzureichende Kenntnisse von Sprache und Kultur
Materielle Mängel	• Unzureichendes Geld für Grundbedürfnisse • Unbezahlbare Schulden • Mangelndes Wissen über Subventionen
Unzureichender Zugang zu Bürgerrechten	• Unzureichende Gesundheitsversorgung, Bildung, Wohnen, soziale Dienste • Wenig Verständnis für das Wahlrecht

Quelle: Jehoel-Gijsbers (2004). Einige Beispiele wurden hinzugefügt.

Tab. 3.5 Grad der Akzeptanz einiger weniger nicht-westlicher Kulturelemente in den meisten westlichen Ländern

Grad der Akzeptanz	Kulturelle Elemente
Allgemein abgelehnt, gesetzlich verboten	• Weibliche Genitalbeschneidung • Aufruf zum Dschihad • Rituelles Schlachten außerhalb eines Schlachthofs • Tragen eines Gesichtsschleiers (Niqab) an Schulen
Generell abgelehnt, aber in den meisten Ländern nicht gesetzlich verboten	• Die Freiheit, wenig Kenntnisse der lokalen Sprache und Kultur zu haben • Tragen einer Niqab in der Öffentlichkeit
Offiziell angenommen, aber in der Debatte	• Islamische Schulen
In den meisten westlichen Ländern allgemein akzeptiert	• Andere Feiertage (wie Eid ul-Fitr) • Moscheen, Hindu-Tempel • Männliche Beschneidung
Allgemein akzeptiert	• Orientalische Restaurants • Orientalische Medizin

Bürgerinnen und Bürger im Laufe der Zeit eine Reihe von Werten entwickelt, die sie als grundlegend betrachten, wie z. B. die Menschenrechte, die Sicherheit und die Tierrechte.

Dieser Wertekonflikt führt zu intensiven gesellschaftlichen Debatten, und einige Beispiele für den aktuellen Stand dieser Debatte im Westen sind in Tab. 3.5 aufgeführt. Man muss allerdings nicht lange suchen, um sehr unterschiedliche Standards in den einzelnen Ländern zu finden. In Frankreich z. B. verbietet das Gesetz Studenten und Schülern an Regelschulen das Tragen eines Kopftuchs, während andere Länder ein solches Gesetz nicht in Betracht ziehen würden.

Soziale Ausgrenzung, die Armutsfalle, unterschiedliche kulturelle Hintergründe und Bräuche führen zusammen zur Segregation – getrennte Gruppen innerhalb der Gesellschaft. Die physische Manifestation davon sind „Einwandererquartiere" und „Einwandererschulen", und haben ganz allgemein gegenseitiges Unverständnis und Diskriminierung zur Folge. Die hohe Arbeitslosigkeit und Armut unter den unterprivilegierten Gruppen führen wiederum zu Kriminalität. Dies wiederum führt zu Stigmatisierung, wenn der Eindruck entsteht, dass „alle" Mitglieder einer Einwanderergruppe kriminell sind oder dass „alle" Einheimischen dies denken könnten.

Fragen

- Haben Sie jemals unter Stigmatisierung gelitten?
- Haben Sie jemals jemanden stigmatisiert?

Eine Folge davon ist ein wachsendes Gefühl der Unsicherheit und Unzufriedenheit in den verschiedenen Bevölkerungsgruppen. Die soziale Mittelschicht reagiert darauf mit der Forderung nach mehr Sicherheit, die Politik reagiert mit Maßnahmen, die zulasten der bürgerlichen Freiheiten gehen, darunter die Verpflichtung zum Mitführen von Ausweisen und die Installation von mehr Überwachungskameras in öffentlichen Bereichen. Polizei und Inlandsgeheimdienst erhalten größere Befugnisse, die zu einer Beeinträchtigung der verfassungsmäßig verankerten Menschenrechte führen können – der Staat spioniert seine eigenen Bürger aus.

Die verschiedenen Aspekte dieses Szenarios verstärken sich gegenseitig, was wiederum eine Form des positiven Feedbacks darstellt. Dies schafft einen Nährboden für Gewalt und Terror, eine Situation, die leicht explodieren könnte.

3.4   Der Mangel an Sicherheit: Terror, Krieg, Diktaturen

Menschen, die ausgegrenzt werden oder sich ausgegrenzt fühlen, fühlen sich in unserer Gesellschaft nicht zu Hause. Und wenn Menschen sich nicht zu Hause fühlen, gehen sie auf die Suche nach einem Ort, an dem sie sich zu Hause fühlen – auf der Suche nach anderen Ideen, anderen Idealen, die manchmal radikal sind. Ideen, die den Grundsätzen unserer offenen und demokratischen Gesellschaft grundlegend widersprechen können. Das haben wir auch in unserer Stadt erlebt, und zwar nicht nur bei denen, die sich ausgeschlossen fühlen oder aufgrund von Armut ausgegrenzt werden. Wir sehen dies auch bei denen, die sich aufgrund ihrer ethnischen Zugehörigkeit aufgrund ihres Glaubens – des Islam – ausgegrenzt fühlen. Viele dieser Menschen sind weder arm, noch benachteiligt, noch schlecht ausgebildet. Aber sie fühlen sich ausgegrenzt, und als Folge davon werden sich einige von ihnen radikalisieren. Und die Radikalisierung kann zu einer Quelle von Ausschreitungen oder noch schlimmeren Problemen werden.

Das vorstehende Zitat ist Teil einer Rede, die der Bürgermeister einer europäischen Großstadt vor einigen Jahren gehalten hat. Dass Radikalisierung tatsächlich zu Ausschreitungen oder Schlimmerem führen kann, zeigte sich 2018 und später in Frankreich, als Ausschreitungen durch sogenannte „gelbe Jacken" in französischen Städten in einer Welle der Gewalt gipfelten, die monatelang andauerten, in andere Länder schwappte und Tausende von durch Feuer beschädigte Autos und schwere Schäden an Geschäften und Gebäuden zur Folge hatte.

Auch in den Niederlanden war die Gewalt schon früher ausgebrochen.

Fall 3.6. Schule brennt

Theo van Gogh wurde im November 2004 ermordet. Er wurde in Amsterdam von einem Mörder erschossen, der ihn mit einem Messer bedrohte. Der Mord an dem bekannten Filmemacher wurde von religiös-islamischen Motiven inspiriert.

Eine Woche später rächten einige Jugendliche im Dorf Uden in Brabant den Anschlag, indem sie die islamische Grundschule Bedir in Brand setzten, die bis auf die Grundmauern niederbrannte. An die Wände wurden rassistische Parolen gekreidet, darunter „Scheiß Muslime" und ein „White Power"-Schild.

Der Vorfall machte internationale Schlagzeilen. Feuerwehrmänner kämpften am Dienstagabend darum, das Feuer in der brennenden Bedir-Schule in der südlichen Stadt Uden zu löschen, wo jemand „Theo ruhe in Frieden" in das „Gebäude gekritzelt hatte", sagte der US-Sender CBS. „Eine Moschee im friesischen Heerenveen wird angezündet, eine Koranschule im Brabanter Uden brennt ab", heißt es in der deutschen Frankfurter Allgemeinen Zeitung. Die Moschee in Friesland und die Schule in Uden waren nicht die einzigen Ziele, da sich viele andere Vorfälle ereigneten. Es war ein Sturm der Gewalt ausgebrochen, in dem Christen und Muslime angriffen und einen Gegenangriff führten. Es folgt ein kurzer Überblick über die ersten zehn Tage:

2. November *Amsterdam:* Theo van Gogh wird ermordet.

4. November *Utrecht:* Brandanschlag auf eine Moschee. *Amsterdam:* Brandanschlag auf die Moschee: Vandalismus am marokkanischen Büro. *Huizen:* versuchter Brandanschlag auf die An-Nasr-Moschee. *Breda:* versuchter Brandanschlag auf eine Moschee. *Groningen:* versuchter Brandanschlag auf Moschee.

7. November *Rotterdam:* Brandanschlag auf die Mevlana-Moschee. *Rotterdam:* Moschee wurde verwüstet. *Amsterdam:* Brandanschlag auf die Mevlana-Moschee: EMCEMO (Europa-Mittelmeer-Zentrum für Migration und Entwicklung) wurde verwüstet.

8. November *Eindhoven:* Bombenanschlag auf die Islamschule Tarieq Ibnoe Ziyad. *Utrecht:* Brandanschlag auf die Kirche von Triumfator. *Amersfoort:* Brandanschlag auf die Immanuel-Kirche.

9. November *Rotterdam:* versuchter Brandanschlag auf zwei Kirchen. *Uden:* Brandanschlag auf die islamische Grundschule Bedir. *Boxmeer:* Brandanschlag auf Paulus-Kirche.

10. November *Heerenveen:* Brandanschlag auf die Sefaat-Moschee. *Rotterdam:* Brandanschlag auf Kirche. *Eindhoven:* Brandanschlag auf die katholische Schule Van Eupen.

11. November *Veendam:* Vandalismus an Moschee und Rathaus.

Fall 3.6 zeigt, wie Segregation und Diskriminierung leicht zu einem Nährboden für gegenseitigen Hass werden können, der sich in Unruhen, Aufständen und Gewalt äußert. Wenn der Staat darauf mit einer großen Machtdemonstration und dem Einsatz von Polizeigewalt reagiert, eskaliert der Hass weiter und könnte letztlich sogar die Form des Terrors annehmen (Abb. 3.17).

Abb. 3.17 Entmenschlichung, Entfremdung von der Gesellschaft, Diskriminierung und soziale Ausgrenzung – all dies führt zu Unruhen und Aufständen. (Quelle: Lausanne 2007, Wikimedia)

Schurkenstaaten

Eine Minderheit von Menschen lebt mit einem vernünftigen Maß an Freiheit. Es besteht ein partieller Zusammenhang zwischen dem Wohlstandsniveau und dem Grad der Demokratie, wie der Freiheitsindex in Tab. 3.2 veranschaulicht. Die Länder mit dem größten Wohlstand verfügen fast alle über ein hohes Maß an Freiheit und Demokratie, mit der einzigen Ausnahme, dass es sich bei allen um Kleinstaaten wie Singapur handelt. China, das ein starkes Wirtschaftswachstum verzeichnet, könnte schließlich zeigen, dass Wohlstand und ein geringer Grad an Freiheit und Demokratie in einem großen Land möglich sind. Aber auf der anderen Seite sind nicht alle Demokratien wohlhabend, wie Brasilien und Indien zeigen.

Was für die Ausgrenzung einzelner Menschen in den reichen Nationen gilt, gilt auch für ganze Länder auf der Weltbühne. Das bedeutet den Ausschluss von Ländern und Völkern, die keine wirkliche Chance erhalten, ernsthaft an der internationalen Gesellschaft teilzuhaben. Die Charakteristika solcher Länder ähneln auffallend denen der ausgegrenzten Individuen (Tab. 3.4):

- Armut und Verschuldung
- Niedriges Bildungsniveau
- Sprachbarrieren durch die schlechte Beherrschung internationaler Sprachen (insbesondere Englisch)
- Eine andere Religion und Kultur als die weltweit vorherrschenden (griechisch-römische Geschichte, Christentum, Humanismus)
- Mangel an Infrastruktur und Wirtschaftsstruktur
- Minimale Beteiligung am internationalen Wirtschaftsverkehr durch Handelsbarrieren und Subventionen für Hersteller in wohlhabenden Nationen
- Minimaler Zugang zur Kommunikation durch Informationstechnologie (IT) und Fernsehen
- Geringer Einfluss in internationalen Gremien (wie der Weltbank, dem Sicherheitsrat, der G20 und der NATO)
- Eifersucht auf die reichen Regionen
- Stigmatisierung (wie das Etikett „Schurkenstaat")

Und ebenso wie die Ausgrenzung von Einzelpersonen führt auch die Ausgrenzung von Ländern zu Unzufriedenheit, die sich in der Ablehnung der westlichen Kultur, in der Verstärkung des Extremismus und sogar in Terrorismus und Krieg ausdrückt. Diese Situation gab Anlass zu Terroranschlägen, wie z. B. den Anschlägen auf die Zwillingstürme in New York City am 11. September 2001 (Abb. 3.18).

Westliche Länder und eine Reihe anderer Länder reagieren auf solche Bedrohungen und Angriffe mit vergleichbaren Mitteln – missbräuchliche Sprache, Drohungen und Angriffe (Abb. 3.19). Die Feinde werden als „Schurkenstaaten" etikettiert, wie dies im Fall des Iran und Nordkoreas der Fall ist, und sie werden, soweit möglich, durch

Abb. 3.18 Der Angriff auf die Twin Towers in New York City am 9. September 2001. (Quelle: Michael Foran)

kulturelle oder politische Handelssanktionen auf der Weltbühne isoliert. Dies führt selten zum gewünschten Ergebnis, und der globale Ausschluss dieser Staaten wird dadurch sogar noch verstärkt. Dies führt zu einem Teufelskreis, der den gesamten Prozess verstärkt, anstatt ihn zu unterdrücken. Andere Länder, wie Afghanistan und der Irak, werden angegriffen und scheinbar neutralisiert, wobei überwältigende militärische Gewalt angewendet wird, wodurch die westlichen Truppen fast vollständig unverwundbar werden. Dies führt zu einer alternativen Form der Kriegsführung, bei der sich der Widerstand gegen die allmächtigen Armeen in den Untergrund bewegt, wie es in den

Abb. 3.19 Der Krieg der Mächtigen nutzt High-Tech-Maschinen, die zu fast völliger Unverwundbarkeit führen. (Quelle: US-Verteidigungsministerium: Michael Ammons, US-Luftwaffe)

1960er- und 1970er-Jahren in Vietnam geschah, und die Kämpfer als Guerilla oder Terroristen weitermachen. Der Krieg geht dann in einen Bürgerkrieg über, der viele Opfer fordert.

Auch in anderen Teilen der Welt, darunter in einer Reihe afrikanischer Staaten und auf den Philippinen, führen Armut und Ausgrenzung zu erschütternden Bürgerkriegen. Die beteiligten Milizen haben keine Skrupel, Kinder zu entführen und sie als Kindersoldaten oder Sklaven und Prostituierte zu benutzen (Abb. 3.20). In einigen Fällen entarten diese Kriege zu Völkermorden, wie dies 1994 in Ruanda der Fall war.

Fall 3.7. Die Raserei in Ruanda

Studenten enthaupteten ihre Dozenten und Dozenten taten dasselbe mit ihren Studenten. Ärzte schlugen ihre Patienten zu Tode oder wurden von ihnen ermordet. Es war 1994, und unter den sieben Millionen Einwohnern Ruandas brach eine Welle der Gewalt aus. Arme, Beine, Ohren und Brüste wurden mit Macheten abgehackt. Flüchtlinge, die sich in Kirchen versteckten, wurden von militanten Banden und der Armee mit Maschinengewehren erschossen oder zu Tausenden verbrannt.

Abb. 3.20 Der Krieg der Machtlosen setzt Kindersoldaten ein, wie diesen zwölfjährigen Jungen, der Mitglied der ARVN (Armee der Republik Vietnam) ist. Er hält einen M79-Granatwerfer. (Quelle: US Signal Corps, Archivforschungskatalog der National Archives and Records Administration, USA)

Ruanda besteht aus zwei Stämmen – den Hutus und den Tutsi. Sie waren seit Jahren in einen bewaffneten Konflikt miteinander verwickelt, und als der Präsident des Landes, ein Hutu, 1994 ermordet wurde, explodierten die Spannungen in einem noch nie dagewesenen Ausmaß. Es handelte sich um einen Konflikt zwischen zwei Bevölkerungsgruppen, der, wie später erklärt wurde, auf ethnischem Hass beruhte. Und obwohl dies der Fall war, war es nicht die ganze Geschichte.

In den Jahren vor dem großen Völkermord in Ruanda gehörte es zu den am dichtesten besiedelten Nationen der Welt. Im Gegensatz zu entwickelten Ländern mit einem modernen landwirtschaftlichen System, das in der Lage war, die Bevölkerung zu ernähren, praktizierte Ruanda jedoch traditionelle landwirtschaftliche Methoden. In den 1960er- und 1970er-Jahren nahm die Agrarproduktion infolge der Einführung neuer Feldfrüchte vorübergehend zu, aber die Bevölkerung nahm ebenso schnell zu – um 3 bis 4 % pro Jahr – und sie nahm auch dann weiter zu, als sich die landwirtschaftliche Produktion einpendelte. Um mit dem Wachstumstempo Schritt zu halten, wurden dreimal jährlich Wälder abgeholzt und Felder bepflanzt, ohne dass es zu einer Brache kam. Die Erosion führte in der Folge dazu, dass die fruchtbare oberste Erdschicht weggeschwemmt wurde, Schlammlawinen die Hügel niederrissen und die Flüsse mit Erde braun wurden. Die wachsende Bevölkerung führte dazu, dass die Grundstücke immer kleiner wurden, wenn sie vom Vater an den Sohn weitergegeben wurden. Junge Männer ohne Land waren nicht mehr in der Lage, aus eigener Kraft die Voraussetzungen zu schaffen, um eine Familie zu gründen. Die Bevölkerung wurde immer dichter, und fast alle hungerten.

Anfang der 1990er-Jahre führten die Verschlechterung der Bodenqualität und eine Dürreperiode, die möglicherweise teilweise auf die globale Erwärmung zurückzuführen war, zu einem dramatischen Rückgang der Nahrungsmittelproduktion. Trotzdem nahm die Bevölkerung weiter zu. Irgendwie musste etwas nachgeben. Die Armee und extremistische militante Gruppen hetzten die Bevölkerung zu Gewalt auf oder zwangen sie zu solchen Taten, während sie Macheten kauften und in großem Umfang verteilten. Die Ermordung des ruandischen Präsidenten war der Funke, und der uralte Hass, der zwischen den beiden Bevölkerungsgruppen bestand, war die Nahtstelle, an der diese unhaltbare Situation aufbrach.

In rund 100 Tagen wurden schätzungsweise 800.000 Menschen getötet. Weitere 2 Mio. flohen in die umliegenden Länder, wobei die Morde in den Flüchtlingslagern weitergingen.

Nach einer Reihe regionaler Kriege in den folgenden Jahren war die Situation 2004 so friedlich geworden, dass eine nationale Einigung erzielt werden konnte. In jenem Jahr begann das Internationale Ruanda-Tribunal unter der Autorität der Vereinten Nationen, und die für den Völkermord Verantwortlichen wurden nun angeklagt und verurteilt. Es ist jedoch eine unmögliche Aufgabe, alle Schuldigen zu verurteilen – schätzungsweise ein Drittel der Bevölkerung hatte sich freiwillig oder unter Zwang aktiv an den Morden, Verstümmelungen und Vergewaltigungen beteiligt (Abb. 3.21).

Abb. 3.21 Kigali, Hauptstadt Ruandas: die ruandische Gedenkstätte für den Völkermord in der Ntarama-Kirche, in der am 7. April 1994 10.000 Menschen ermordet wurden. (Quelle: d_proffer, flickr)

Fragen

- Ist die Tatsache, dass Ruanda ein Entwicklungsland mit einem niedrigen Bildungs-niveau ist, der Grund, warum dieser Völkermord geschehen konnte?
- Oder – falls Sie in einem wohlhabenden Land leben – könnte so etwas auch in Ihrem eigenen Heimatland passieren, da die Umstände eines Tages vergleichbar werden könnten?
- Oder könnte dies sogar auf globaler Ebene geschehen?

Die Opfer unter der Zivilbevölkerung in Ländern wie Irak und Afghanistan und die Hunderttausende ermordeter Hutus und Tutsis in Ruanda zeigen, dass von all diesem Teufelskreis von Armut, Ausgrenzung, Verzweiflung, Hass und Gewalt immer dieselben Menschen am meisten leiden – die Zivilbevölkerung. Aus Haus und Heim ver-trieben, fliehen sie massenhaft in unbekannte Gebiete (Abb. 3.22), häufig in Flüchtlings-lager in anderen Ländern, die in vielen Fällen genauso arm sind wie ihre Heimatländer. Einige von ihnen fliehen in die wohlhabenden Länder Europas und Nordamerikas, wo wieder einmal soziale Ausgrenzung auf viele von ihnen wartet, diesmal aufgrund von Misstrauen, Fremdenfeindlichkeit und Diskriminierung. Und so schließt sich auch für diese Menschen der Kreis.

Abb. 3.22 Flüchtlinge, die auf dem Weg in ein Flüchtlingslager in Tansania sind, tragen alles, was sie besitzen. (Quelle: Dave Blume, flickr)

Das Vorhergehende zeigt, dass der gesamte Komplex von Armut, Ausgrenzung und Gewalt sowohl auf nationaler als auch auf individueller Ebene in Form eines strukturellen Mangels tief im Gefüge der menschlichen Systeme verankert ist. Es ist unmöglich, nur eines dieser Probleme erfolgreich zu lösen und gleichzeitig die anderen zu ignorieren. Dies gilt nicht nur für die Probleme, mit denen die Verarmten konfrontiert sind, sondern auch für diejenigen, mit denen die Wohlhabenden konfrontiert sind, wie z. B. der Mangel an Sicherheit und das Gefühl, durch den Zustrom von Einwanderern seine Kultur zu verlieren. Das bedeutet, dass es für die Reichen ebenso wichtig ist wie für die Armen, dass Armut, Diskriminierung und Ausgrenzung rund um den Globus verbannt werden.

3.5   Das Gefüge von Mensch, Natur und Wirtschaft

Teufelskreise: Probleme, die sich gegenseitig hervorrufen oder verstärken, oft immer wieder in Form von positiven Rückmeldungen. Dieses Kapitel hat einige Beispiele zu den Aspekten Mensch und Profit gegeben, während das vorhergehende Kapitel Planet und Profit untersuchte. Es gibt unzählige Beispiele dafür, dass sich die drei Ps gegenseitig beeinflussen. Eines davon ist der Völkermord in Ruanda, bei dem alle drei Ps in einer ausweglosen Situation miteinander in Verbindung gebracht wurden.

People: Die Bevölkerung Ruandas wuchs exponentiell mit einer sehr hohen Rate. Dank der medizinischen Einrichtungen konnte die Kindersterblichkeit gesenkt und die Bevölkerung in weniger als 25 Jahren verdoppelt werden. Auch in Bezug auf Macht und Wohlstand (oder besser gesagt, den Grad der Armut) gab es große Unterschiede zwischen den Menschen.

Planet: Großflächige Abholzung fand statt, um Platz für die Landwirtschaft zu schaffen. Der fruchtbare Boden wurde weggespült und die Erde verdorrte.

Profit: Die Bevölkerung nahm zu, die Mittel zum Leben nahmen ab. Ausreichender Wohlstand hätte eine umfassende Modernisierung der Landwirtschaft ermöglicht, die das Problem des Hungers hätte lösen können. Aber es gab wenig Wohlstand, und deshalb brauchten die Eltern viele Kinder, um sie im Alter zu versorgen. Es war unmöglich, für die Zukunft zu sparen. Und so blieben die Familien groß, und die Bevölkerung wuchs rasch.

Dieses Beispiel zeigt, dass, wenn die drei Ps ernsthaft bedroht sind, eine Situation plötzlich und dramatisch zusammenbrechen kann. Es gibt aber auch weniger brisante Beispiele, die zeigen, wie wichtig es ist, dass bei Fragen der Nicht-Nachhaltigkeit bei der Lösung berücksichtigt wird, dass die drei Ps ausgewogen sein müssen. Der folgende Fall zeigt, wie man dies *nicht* tun kann.

Fall 3.8. Klimakompensation?
Im Mount Elgon National Park im afrikanischen Staat Uganda wurden in den letzten Jahren in großem Umfang Bäume gepflanzt. Mit dem Vier-Millionen-Euro-Projekt sollten die CO_2-Emissionen in den westlichen Ländern kompensiert werden. Als das Projekt ins Leben gerufen wurde, wurde das Gebiet noch weitgehend als landwirtschaftliche Nutzfläche genutzt, sodass die lokalen Bauern unfreiwillig vertrieben wurden und eine Barausgleichszahlung erhielten. Dies lief nicht gut, da die Bauern mit dem Geld keinen Neuanfang machen konnten – sie konnten bestenfalls eine Zeit lang von dem Geld leben, aber sie konnten es nicht

zur Erzielung eines neuen Einkommens verwenden. Die meisten waren nicht in der Lage, neues Land oder eine bezahlte Arbeit zu erhalten, obwohl einige wenige vorübergehend als Förster angestellt waren. In Wirklichkeit hatten die vertriebenen Bauern nur eine Option, und diese nahmen sie an. Sie kehrten illegal in das Gebiet zurück und fällten viele der jungen Bäume. Bis August 2007 war von den drei Millionen Bäumen, die gepflanzt worden waren, eine halbe Million gefällt worden.

Diese lokale Tragödie war möglich, weil die Menschen in den westlichen Ländern eine sehr einseitige Herangehensweise an die Klimafrage hatten. Sie glaubten, in Uganda eine gute Lösung gefunden zu haben, aber sie vernachlässigten sowohl die Traditionen und kulturellen Interessen der lokalen Bevölkerung als auch ihre finanziellen Interessen. Offensichtlich war ihnen nicht klar, dass ein Haufen Geld nicht dasselbe ist wie ein Einkommen und ein Platz zum Leben. Mit anderen Worten, dem *Planet* wurde mehr Aufmerksamkeit geschenkt als den *People* und dem *Profit*. Der Ansatz war unausgewogen.

Glücklicherweise gibt es auch andere Beispiele, die alle Möglichkeiten aufzeigen, die sich bieten, wenn der Ansatz richtig ausgewogen ist.

Fall 3.9. Nachhaltiger Kakao in Ghana

Schokolade bringt vielen Menschen Freude. Aber kaum denen, die den Grundstoff – Kakao – herstellen. Die Bauern auf mehreren Kontinenten liefern ihre Ernte an große internationale Unternehmen, die die gesamte Anbau- und Transportkette kontrollieren, und profitieren dabei enorm, während sie die Bauern in Armut zurücklassen. Sie, ihre Frauen und sogar ihre Kinder leisten viele Stunden Arbeit in den Plantagen, deren Boden erschöpft ist.

Oder so war es – weil sich die Dinge schnell ändern. Überall auf der Welt wächst die Zusammenarbeit zwischen Bauern, lokalen Organisationen, Regierungen und multinationalen Unternehmen.

Der größte Kakaokäufer ist Mondelēz International mit Marken wie Milka, Toblerone, Cadbury und Côte d'Or. Letztere erinnert an die Goldküste, eine ehemalige britische Kolonie, die heute das Land Ghana ist, eines der Mitglieder der ECOWAS, die Gegenstand von Abschn. 5.4 sein wird. Tatsächlich ist Ghana einer der größten Kakaolieferanten für Mondelēz. Für das heutige Ghana ist Kakao sehr wichtig. Mit einem Anteil von etwa 30 % an den gesamten Exporterlösen Ghanas ist Kakao das wichtigste Exportgut des Landes.

Seit mehr als einem Jahrzehnt übernimmt Mondelēz die Verantwortung für das Schicksal der Bauern und ihrer Familien. Im Rahmen des Programms Cocoa Life arbeitet das Unternehmen mit der ghanaischen Regierung sowie mit lokalen und internationalen Nichtregierungsorganisationen (NGOs), die in der Ghana Cocoa Platform zusammengeschlossen sind, zusammen und versucht, echte Verbesserungen zu erreichen. Nachhaltigkeitsthemen, die im Rahmen des globalen Engagements von Mondelēz in Höhe von 400 Mio. Dollar behandelt werden, sind z. B. Entwaldung, Widerstandsfähigkeit von Nutzpflanzen, Gemeindeentwicklung, Gleichstellung der Geschlechter, Kinderarbeit, Anpassung an den Klimawandel und die Verringerung des Kohlenstoff-Fußabdrucks.

Eines der Prinzipien von Cocoa Life heißt „abgestimmt mit unserer Beschaffung". Dies bedeutet, dass alle Mitglieder der Lieferkette, einschließlich der Bauern selbst, als aktive und gleichberechtigte Partner betrachtet werden. Zu diesem Zweck widmet das Programm den agrotechnischen und finanziellen Schulungen für Bauern viel Aufmerksamkeit, wobei der Schwerpunkt auf der Stärkung der Rolle der Frauen liegt. Für Kinder gibt es Programme, die der Bildung und Alphabetisierung gewidmet sind, als entscheidendes Mittel zur vollständigen Abschaffung der Kinderarbeit (Abb. 3.23). Das Programm ist nicht von oben nach unten organisiert, da die lokalen Gemeinschaften selbst einen gemeinschaftlichen Aktionsplan (Community Action Plan, CAP) entwickeln, der einen detaillierten Fahrplan für die Aktivierung der Gemeinschaften enthält.

Einige der konkreten Ziele von Cocoa Life sind:

Unterstützung der Bauern bei der Verbesserung ihrer Erträge und der Erzielung höherer Einkommen durch die Anwendung guter landwirtschaftlicher Praktiken. Diese sollten mit einem besseren Zugang zu Demonstrationsparzellen und der Verteilung von verbessertem Pflanzmaterial kombiniert werden.

Männer und Frauen in die Lage versetzen, gemeinsam an der Umgestaltung ihrer Gemeinschaften zu arbeiten, indem sie Aktionspläne zur Verbesserung der Infrastruktur, der Gleichstellung der Geschlechter und der Bildung entwickeln; ein Gefühl der Chancen und der Eigenverantwortung innerhalb der Gemeinschaften aufbauen.

Verbesserung der unternehmerischen Fähigkeiten und Zugang zu Mikrokrediten, damit die Bauern zusätzliche Einkommensquellen erschließen und in ihre Betriebe reinvestieren können.

Schützen Sie das Land und die Wälder, in denen Kakao angebaut wird, um die Ökosysteme zu erhalten und künftigen Generationen eine lebensfähige Umwelt und Anbauflächen zur Verfügung zu stellen.

Ghana ist nicht das einzige Land, in dem Cocoa Life aktiv ist; und Mondelēz ist nicht das einzige multinationale Kakaoeinkaufsunternehmen, das versucht, nachhaltiger zu wirtschaften. Viele Akteure arbeiten weltweit in der World Cocoa Foundation mit ihrer globalen CocoaAction-Strategie zusammen. Andere beteiligte Unternehmen sind z. B. Mars, Nestlé, Cargill, Ferrero und Hershey.

Abb. 3.23 Cocoa Life ist ein Versuch, Kakaobohnen (Mitte) nicht nur zu einer Quelle für Schokolade, sondern auch zu einer finanziellen Quelle für die Ausbildung aller Kinder in den Kakaoanbaugemeinden zu machen. (Quelle: Letizia Piatti, flickr; Luisovalles, Wikimedia; Mondelēz Internationales Kakao-Leben)

Die Fälle 3.8 und 3.9 zeigen, wie komplex die Fragen sind, die eine nachhaltige Entwicklung lösen muss. Viele dieser Probleme verstärken oder beeinflussen sich gegenseitig, und Abb. 3.24 zeigt diese Einflüsse und Wechselwirkungen. Die Grafik, auch wenn sie kompliziert erscheinen mag, ist in Wirklichkeit nur eine vereinfachte Darstellung der tatsächlichen Situation. Es handelt sich um eine vollständigere Version des Korbgeflechtschemas (Abb. 2.1) am Anfang von Kap. 2 – das Gewebe, auf dem die menschliche Gesellschaft und Wirtschaft als Bestandteil des Ökosystems des Planeten Erde aufgebaut ist.

Tab. 3.6 enthält inzwischen einige konkrete Beispiele für die Interaktion zwischen verschiedenen Formen der Nicht-Nachhaltigkeit. Davon abgesehen gibt es eine Vielzahl weiterer Beispiele, die man sich vorstellen kann. In dieser Tabelle wirken sechs verschiedene Arten von Nicht-Nachhaltigkeit (von Überbevölkerung bis zur Erschöpfung der Ressourcen) als *Ursachen* (in einer oberen Zeìle der Tabelle dargestellt), die sich gegenseitig beeinflussen, sowie als *Folgen* (in der linken Spalte dargestellt), die sich gegenseitig beeinflussen. Als Beispiel: Der Klimawandel kann zu Missernten führen (z. B. durch Dürren), was Armut und Hunger verursacht. Jede der sechs Arten der Nicht-Nachhaltigkeit in Tab. 3.6 verstärkt sich sogar noch; so führt der Klimawandel z. B. zum Abschmelzen der Eiskappe des Nordpols; aber das Eis ist stark reflektierend, sodass ein Teil des Sonnenlichts direkt in den Weltraum zurückreflektiert wird. Wenn das Schmelzen des Eises den Grad der Reflexivität (die „Albedo") des Planeten senkt, gelangt immer mehr Licht an die Oberfläche, und so verstärkt sich der Klimawandel – ein Thema, das in Kap. 7 eingehender behandelt wird.

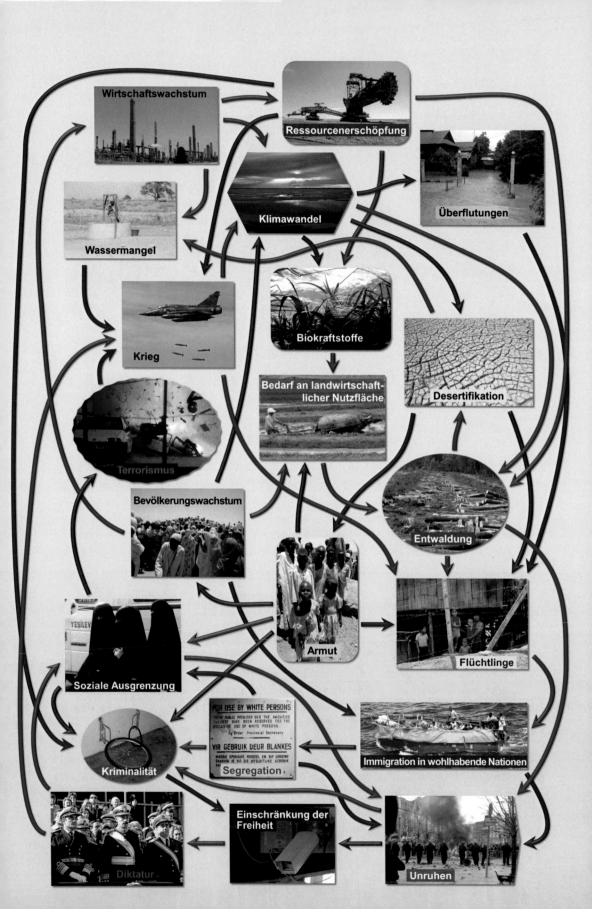

▶ **Abb. 3.24** Die verschiedenen Fragen der Nicht-Nachhaltigkeit beeinflussen sich gegenseitig auf höchst komplexe Weise. (Quellen: Harley D. Nygren, NOAA 1950; Peter Ellis 2006, Wikimedia; Jan-Pieter Nap, Wikimedia; UNEP/Topham; Vinod Panicker, Wikimedia; Love Krittaya 2006, Wikimedia; Mark Knobil 2005, Wikimedia; Mikhail Esteves 2007, Wikimedia; Robert R. McRill 2005, Wikimedia; Marcello Casal Jr. 2006, Wikimedia; Hibernian 2006, Wikimedia; US Navy: Eric J. TIlford; Sirpa air, Wikimedia; Bernard bill5 2004, Wikimedia; Rama 2005, Wikimedia; Mark Knobil 2005, Wikimedia; Bree 2006, Wikimedia; SvdMolen 2005, Wikimedia; Philip Gabrielsen 2005, Wikimedia; Archivo Gráfico de la Nación (Argentinien) 1978; El C 2005, Wikimedia)

Tab. 3.6 Beispiele für Wechselwirkungen zwischen Arten von Nicht-Nachhaltigkeit

	Ursachen					
	People		Planet		Profit	
Konsequenzen	Über-bevölkerung	Krieg und Gewalt	Der Klimawandel	Umwelt-zerstörung	Armut und Hunger	Ressourcen erschöpft
Über-bevölkerung	Exponentielles Wachstum	Kriegs-flüchtlinge	Niedrigerer Ertrag	Gebiete werden aufgrund von Umweltkatastro-phen bewohnbar	Kinder im Alter zu versorgen	Wirtschafts-flüchtlinge
Krieg und Gewalt	Gegenseitige Aggression (z. B. Ruanda)	Rache	Kriege für sauberes Wasser	Widerstand von Naturvölkern	Bewaffneter Widerstand	Kriege um erz-produzierende Regionen
Der Klimawandel	Steigende Produktion von Treibhausgasen	Atomarer Winter durch radioaktiven Fallout	Änderung der Albedo	Entwaldung führt zu einer Abnahme der Niederschläge	Waldbrände aufgrund des Mangels an landwirt-schaftlichen Nutzflächen	Verbrennung von Öl, Gas, Kohle usw.
Umwelt-zerstörung	Die Natur macht Platz für Städte, Straßen und Erholung	Entlaubende Substanzen (z. B. im Vietnamkrieg)	Störung des Ökosystems	Domino-Effekt aufgrund eines unausgeglichenen Ökosystems	Verlust von Lebensraum	Extraktion aus Ölsanden
Armut und Hunger	Erschöpfung der landwirtschaft-lichen Flächen	Vernichtung von Produktions-mitteln und Personal	Schlechte Ernten	Reduzierung der Fischfänge	Schuldenbelast-ungen durch Kredite	Minen erschöpft
Ressourcen erschöpft	Ständig wachsende Zahl von Menschen, die Ressourcen gemeinsam nutzen	Zerstörung von Infrastruktur und Gebäuden	Süßwasser-knapppheit	Verlust von natürlichen Materialien	Holzverlust durch Waldbrände	Umfangreichere Ausbeutung aufgrund von Preiser-höhungen

Sowohl Abb. 3.24 als auch Tab. 3.6 zeigen, dass es sinnlos ist, alle Teilursachen der Nicht-Nachhaltigkeit einzeln anzugehen – die Erfolgsaussichten sind gering. Die Kraft des Denkens in Bezug auf nachhaltige Entwicklung liegt darin, die Beziehung zwischen den verschiedenen Themen zu verstehen, gefolgt von der Suche nach integralen Lösungen, die nicht nur die Symptome, sondern vielmehr die Ursachen heilen. Mit anderen Worten: Nachhaltige Entwicklung dient als Brücke, die die Themen, mit denen die Welt ringt, miteinander verbindet. Siehe Abb. 3.25; dank dieser „Brücke" sind wir in der Lage, sie alle zu lösen.

Abb. 3.25 Nachhaltige Entwicklung ist die Brücke, die die Themen, mit denen die Welt ringt, verbindet und lösbar macht

Die Brücke symbolisiert die in Abschn. 3.1 diskutierte ganzheitliche Vision, durch die die verschiedenen Teile des weltweiten ökologischen, wirtschaftlichen und menschlichen Systems als ein einziges, miteinander verbundenes Ganzes betrachtet werden. Abb. 3.24 veranschaulicht sowohl diese Verbindung als auch eine große Anzahl von Bestandteilen. Die eingehende Untersuchung dieser Teile wird als analytischer Ansatz bezeichnet, der das Gegenteil des ganzheitlichen Ansatzes darstellt. Um gute nachhaltige Lösungen zu finden, muss man wiederum das gesamte System untersuchen und auf einzelne Komponenten und Details zoomen, um dann wieder zurückzutreten und das Gesamtbild zu betrachten. Dieser rhythmische Wechsel zwischen dem analytischen und dem ganzheitlichen Ansatz erfordert ein gewisses Maß an Flexibilität, was keine leichte Aufgabe ist, denn viele Menschen leiden unter der Tendenz, sich in den Details zu verlieren und das große Ganze zu übersehen – sozusagen den Wald vor lauter Bäumen nicht sehen zu können. Aber es ist gerade die Kombination dieser beiden Ansätze, die zu strukturell nachhaltigen Lösungen führt.

Uns steht eine große Anzahl von Hilfsmitteln und Strategien zur Verfügung, um diese Lösungen herbeizuführen, und es ist nun an der Zeit, diese „Quellen der Vitalität" weiter zu untersuchen.

Zusammenfassung

Kap. 3 untersuchte die Webfehler im System der Beziehung zwischen Mensch und Gesellschaft. Die Hauptfehler sind:

- Ein Ungleichgewicht im Triple P, in dessen Folge die Wirtschaft fast immer vorherrscht. Dies zeigt sich u. a. daran, dass multinationale Unternehmen oft einen größeren Einfluss ausüben als die demokratisch gewählten Regierungen unabhängiger Länder, dass das BIP nicht „grün" berechnet wird und dass in der vorherrschenden Sichtweise Mensch und natürliche Umwelt als Bestandteile des Wirtschaftssystems betrachtet werden und nicht umgekehrt.
- Ein weiteres Manko ist die wirtschaftliche Notwendigkeit eines kontinuierlichen wirtschaftlichen – und materiellen – Wachstums, das langfristig nicht aufrechterhalten werden kann.
- Die Existenz von Handelsbarrieren und Subventionen stellt für arme Nationen ein Hindernis für die wirtschaftliche Entwicklung dar. Die Ungleichheit in der Welt wird auch auf andere Weise aufrechterhalten, dank der Schuldenfalle und der Armutsfalle, in die Länder bzw. Einzelpersonen geraten. Es besteht ein direkter Zusammenhang zwischen diesen beiden Faktoren, da die Armut in der Dritten Welt zu Flüchtlingen führt, von denen ein Teil in den reichen Nationen landet. In den letzten Jahren ist diese Kluft in der Tat eher größer als kleiner geworden.
- Eine Folge davon ist, dass Menschen und Länder sozialer Ausgrenzung und Diskriminierung ausgesetzt sind.
- Eine weitere Folge der Betonung der wirtschaftlichen Effizienz ist, dass sich die Menschen von der Gesellschaft entfremden, was zu Entmenschlichung führt.
- All diese Faktoren führen zu einem Mangel an Sicherheit in Form von Kriminalität, Vandalismus, Terrorismus und sogar Krieg und Völkermord.

All diese in den Kap. 2 und 3 aufgeführten Webfehler im System beeinflussen sich gegenseitig. Das macht es außerordentlich schwierig, das komplexe Gefüge der menschlichen Welt zu verändern. Aber es ist keine unmögliche Aufgabe, und der erste Schritt in die richtige Richtung besteht darin, die Beziehungen zwischen all den Themen der Nachhaltigkeit zu verstehen.

Quellen der Vitalität

4

Inhaltsverzeichnis

Fall 4.1. Rio, 1992

Am 3. Juni 1992 trafen sich 47.000 Menschen in Rio de Janeiro, einer der größten Städte Brasiliens. Sie kamen aus 178 Nationen, darunter 108 Staats- und Regierungschefs.

Dies war der Earth Summit, der Erdgipfel, die bisher größte Konferenz, auf der die Teilnehmer zwei Wochen lang über die Zukunft des Planeten und der Menschheit berieten.

Die Konferenz war von den Vereinten Nationen organisiert worden und trug den offiziellen Titel „Konferenz der Vereinten Nationen über Umwelt und Entwicklung" (UNCED). Das Thema: Nachhaltige Entwicklung.

Eines der Ergebnisse war die Erklärung von Rio, in der eine Reihe von Grundprinzipien vereinbart wurde, wie z. B:

© Der/die Autor(en), exklusiv lizenziert durch Springer-Verlag GmbH, DE, ein Teil von
Springer Nature 2021
N. Roorda, *Grundlagen der nachhaltigen Entwicklung*,
https://doi.org/10.1007/978-3-662-62868-3_4

Der Mensch hat ein Recht auf ein gesundes und produktives Leben im Einklang mit der Natur. *(Grundsatz 1)*

Die Staaten arbeiten im Geiste einer weltweiten Partnerschaft zusammen, um die Gesundheit und Unversehrtheit des Ökosystems der Erde zu erhalten, zu schützen und wiederherzustellen. *(Grundsatz 7)*

Die Kreativität, die Ideale und der Mut der Jugend der Welt sollten mobilisiert werden, um eine globale Partnerschaft zu schmieden, um eine nachhaltige Entwicklung zu erreichen und eine bessere Zukunft für alle zu sichern. *(Grundsatz 21)*

Frieden, Entwicklung und Umweltschutz sind voneinander abhängig und untrennbar. *(Grundsatz 25)*

Auf dem Gipfel wurde auch ein Aktionsplan für das 21. Jahrhundert ausgearbeitet, der als Agenda 21 bekannt wurde. Dieses umfangreiche Dokument listet eine lange Reihe von politischen Zielen auf, auf die die Unterzeichnerstaaten hinzuarbeiten versprachen. Alle Nationen wurden aufgefordert, zu diesem Zweck nationale Strategien für nachhaltige Entwicklung (National Sustainable Development Strategies, NSDS) auszuarbeiten.

Darüber hinaus führte „Rio" auch zu vier internationalen Konventionen: über Klimawandel, biologische Vielfalt, Wüstenbildung und Meeresfischerei.

Heute sind auf der Grundlage der ursprünglichen Agenda 21 in Tausenden von Dörfern und Städten lokale Agenda-21-Projekte gestartet worden, durch die Nachhaltigkeitsprojekte in kleinerem Maßstab und näher an den Menschen durchgeführt werden.

Bis 2009 haben 108 Nationen eine nationale Strategie verabschiedet und mit deren Umsetzung begonnen, während weitere 13 mit der Entwicklung einer solchen Strategie beschäftigt sind. (Es gibt ca. 200 Länder auf der Welt.) 2015 erhielt die GSVP durch die Einführung der Ziele für nachhaltige Entwicklung (SDGs) einen neuen Impuls, wie später in diesem Kapitel beschrieben wird.

Die UNO richtete auch ein neues Gremium ein, die Kommission für nachhaltige Entwicklung (CSD), die Richtlinien für nachhaltige Entwicklungen erarbeitet und die Nationen bei der Festlegung ihrer Politik unterstützt.

Der Erdgipfel war eine bedeutende „Quelle der Vitalität" für nachhaltige Entwicklung, und er endete nicht mit Rio. Ein Jahrzehnt später, 2002, fand ein weiterer wichtiger Gipfel statt, diesmal in Johannesburg (Südafrika) – der Weltgipfel für nachhaltige Entwicklung (WSSD). Bei dieser sogenannten Rio + 10-Konferenz überprüften die Delegierten die bisher erzielten Ergebnisse und setzten neue Ziele fest.

Im Jahr 2012 war Rio de Janeiro erneut Schauplatz der Rio + 20-Konferenz, der Konferenz der Vereinten Nationen für nachhaltige Entwicklung (UNCSD).

Die vorhergehenden Kapitel behandelten eine lange Liste von Fehlern im Gefüge der Systeme, die Teil der Menschheit sind. Glücklicherweise gibt es auch viele positive Dinge, wie wir in diesem Kapitel sehen können – Organisationen, Menschen, Ideen und Technologien, die zum Zweck der nachhaltigen Entwicklung eingesetzt werden.

Der erste Teil dieses Kapitels befasst sich mit wichtigen internationalen Organisationen, und zwei Beispiele dafür werden umfassend behandelt – die Vereinten Nationen und die Europäische Union.

In der Folge werden weitere Quellen der Vitalität behandelt, wie die natürliche Welt selbst und die Menschen, sowohl Einzelpersonen als auch Gruppen. Wir werden auch einen Blick auf Wissenschaft und Technologie werfen, die uns wichtige Instrumente an die Hand geben können, und auf Unternehmen, die im Hinblick auf eine nachhaltige Entwicklung ebenso unverzichtbar sind. All diese können als „Quellen der Vitalität des Systems" betrachtet werden. Sie sind die Gegenstücke zu den Fehlern im Gefüge des Systems, und sie geben uns Hoffnung für die Zukunft.

4.1 Internationale Organisationen

Der Erdgipfel von Rio, auf den in Fall 4.1 näher eingegangen wird, war ein großer Kraftakt der Vereinten Nationen. Eines der wichtigsten Ergebnisse der Konferenz war, dass alle Länder den Zusammenhang zwischen Entwicklung, Umwelt und Frieden anerkannten. Dieser Zusammenhang wurde dann vom neuen UNO-Gremium, der CSD (Kommission für nachhaltige Entwicklung), in Form von People, Planet und Profit (später: Wohlstand) herausgearbeitet (Tab. 4.1).

Wie Tab. 4.1 zeigt, fügte die CSD den drei Ps das Thema „organisatorisch" hinzu und behandelte damit Themen, die alle drei Ps gleichzeitig betreffen.

Es gibt sehr viele internationale Organisationen, die sich mit nachhaltiger Entwicklung oder ihren Komponenten befassen. Die UNO ist die bei Weitem größte von ihnen.

Die Vereinten Nationen

Die UNO wurde 1945 gegründet, nur wenige Monate nach dem Ende des Zweiten Weltkriegs, und ihre Kernorgane sind die Generalversammlung und der Sicherheitsrat.

Alle 192 Mitgliedstaaten der UNO sind in der Generalversammlung vertreten. Die kleineren Staaten haben einen relativ großen Einfluss in der Generalversammlung, da es mehr kleine als große Staaten gibt. Die Generalversammlung ist jedoch nicht in der Lage, Entscheidungen mit weitreichenden Konsequenzen zu treffen, wie etwa die Verhängung von Sanktionen oder bewaffnete Interventionen.

Der Sicherheitsrat besteht aus nur 15 Mitgliedern, von denen fünf ständige Mitglieder sind. Es handelt sich um das Vereinigte Königreich, Frankreich, die Vereinigten Staaten,

Tab. 4.1 Themen der nachhaltigen Entwicklung nach der UN-Kommission für nachhaltige Entwicklung

Thema	Unterthema	Thema	Unterthema
People		**Planet**	
Gleichberechtigung	Armut	Atmosphäre	Der Klimawandel
	Gleichstellung der Geschlechter		Abbau der Ozonschicht
			Luftqualität
Gesundheit	Lebensmittel	Land	Landwirtschaft
	Sterblichkeit		Wälder
	Hygiene		Wüstenbildung
	Trinkwasser		Urbanisierung
	Gesundheitswesen	Ozean, Meere und Küsten	Küstenregion
Bildung	Bildungsniveau		Fischerei
	Alphabetisierung	Sauberes Wasser	Wassermenge
Wohnen	Wohnverhältnisse		Wasserqualität
Sicherheit	Kriminalität	Artenvielfalt	Ökosysteme
Bevölkerung	Bevölkerungswachstum		Arten
Profit		**Organisatorisches**	
Wirtschaftliche Struktur	Wirtschaftliche Leistung	Organisatorische Struktur	Strategie für eine nachhaltige Gesellschaft
	Handel		
	Finanzielle Situation		Internationale Zusammenarbeit
Verbrauchs- und Produktionsmuster	Nutzung natürlicher Ressourcen	Organisatorische Kapazität	Zugang zu Informationen
	Energieverbrauch		Kommunikations-Infrastruktur
	Abfallproduktion und -management		Wissenschaft und Technik
	Verkehr		Bewältigung von Katastrophen

Quelle: CSD (2001).

Russland und China. Die anderen zehn haben zwei Jahre lang Sitze im Rat inne. Jedes der fünf ständigen Mitglieder verfügt über ein Vetorecht – wenn auch nur eines von ihnen gegen einen Resolutionsentwurf stimmt, wird dieser abgelehnt.

Trotz dieses Vetorechts, das häufig ausgeübt wurde, hat das Gremium einiges erreicht. So hat der Sicherheitsrat beispielsweise beschlossen, bewaffnete Interventionskräfte zu entsenden, was er bei Dutzenden von Gelegenheiten getan hat, so z. B. in Zypern (UNFICYP, seit 1964), Somalia (UNOSOM II, 1993–1995), Kosovo (UNMIK, seit

1997) und Äthiopien (2000–2002). In jüngerer Zeit wurde eine Mission zur Friedens-
sicherung im neuen Land Südsudan begonnen, das 2011 vom Sudan unabhängig wurde
und seither von viel Gewalt geplagt wird. Bereits im selben Jahr wurde im Auftrag des
Sicherheitsrates die UN-Mission im Südsudan gestartet (UNMISS, seit 2011). Eine der
jüngsten ist eine Mission in Haiti (MINUJUSTH, seit 2017), die Polizei und Justiz unterstützen soll, um Rechtsstaatlichkeit und Menschenrechte zu stärken.

Im Jahr 2005 verabschiedeten die Vereinten Nationen und alle ihre Mitgliedstaaten das Prinzip der Schutzverantwortung (Responsibility to Protect, R2P), das
alle nationalen Regierungen verpflichtet, Völkermord, Kriegsverbrechen, ethnische
Säuberungen und Verbrechen gegen die Menschlichkeit zu verhindern. Darüber hinaus
hat die internationale Gemeinschaft auch eine Verpflichtung: Wenn ein Staat es offensichtlich versäumt, seine Bevölkerung zu schützen, muss die internationale Gemeinschaft bereit sein, kollektive Maßnahmen zum Schutz der Bevölkerung zu ergreifen. Auf
der Grundlage des R2P-Prinzips haben bereits mehrfach internationale Interventionen
stattgefunden, z. B. 2013 in der Zentralafrikanischen Republik.

Der Sicherheitsrat hat eine Reihe von Gerichten zur Aburteilung von Kriegsver-
brechern eingerichtet, wie das Ruanda-Tribunal (1994–2015) und das Tribunal für das
ehemalige Jugoslawien (1993–2017). Neue Ad-hoc-Gerichte werden wahrscheinlich nicht mehr eingerichtet werden, da 2002 der ständige Internationale Strafgerichtshof (IStGH) mit Sitz in Den Haag ins Leben gerufen wurde. Dieses Gericht verurteilte
oder klagte Kriegsherren, ehemalige Präsidenten und Führer von Terrorgruppen wegen
Kriegsverbrechen und Verbrechen gegen die Menschlichkeit, wie Massenmord, Ver-
gewaltigung und massiven Missbrauchs von Kindern als Kindersoldaten oder Sex-
sklaven, an. Leider ist die Wirksamkeit des IStGH ernsthaft eingeschränkt, weil eine
Reihe wichtiger Länder nicht teilnehmen, darunter die Vereinigten Staaten, Russland,
Indien, China, Israel und etwa die Hälfte Afrikas.

Im Jahr 2019 forderte Schweden die Einrichtung eines neuen Sondergerichtshofs
zur Bestrafung von Verbrechen, die vom oder im Namen des „islamischen Staates" (IS)
begangen wurden.

Die UNO hat viele Agenturen. Einige davon sind UNEP (das Umweltprogramm der
Vereinten Nationen); UNESCO (die Organisation der Vereinten Nationen für Erziehung,
Wissenschaft und Kultur); UNICEF (das Kinderhilfswerk der Vereinten Nationen);
UNAIDS, das, wie der Name schon sagt, Aids bekämpft und seinen Opfern hilft; und
die ILO (die Internationale Arbeitsorganisation), die menschenwürdige Arbeit für alle
Erwachsenen fördert und Kinderarbeit bekämpft.

Eine Reihe anderer Organisationen arbeitet eng mit der UNO zusammen. Die WHO
(Weltgesundheitsorganisation) ist für die Förderung des Gesundheitswesens zuständig,
während sich die FAO mit Ernährung und Landwirtschaft befasst. Die Weltbank und der
Internationale Währungsfonds (*International Monetary Fund*, IMF) sind ihrerseits für
die finanziellen Aspekte der Entwicklungshilfe und der Armut zuständig. Alles bis jetzt
genannte ist nur ein kleiner Ausschnitt, denn das gesamte Arbeitsfeld der UNO und ver-
wandter Organisationen ist sehr groß.

In Abschn. 4.3 wurde das UNDP erwähnt, das Entwicklungsprogramm der Vereinten Nationen. Der folgende Fall zeigt auf, wie die UNO Entwicklungsprojekte in Dörfern und Städten auf lokaler Ebene unterstützt.

Fall 4.2. Cerro Santa Ana

„An einem warmen Nachmittag liefen wir auf den Gipfel des Cerro, dem Hügel inmitten der Stadt Guayaquil in Ecuador. Wir nahmen uns Zeit und genossen die Geräusche, die Aussicht und die einfachen Leute. Der Weg über die Treppen, Miniparks und Plätze des Cerro ist sowohl bei Guayaquileños als auch bei Touristen sehr beliebt.

Die wohlhabende Hafenstadt Guayaquil hat eine ganz besondere Anziehungskraft: den Cerro Santa Ana. Der Cerro ist das Herz von Guayaquil, und die Legende besagt, dass spanische Konquistadoren im 16. Jahrhundert den Hügel erklommen und beschlossen, dass dies ein idealer Ort für die Hafenstadt sei. Der hohe Hügel bietet einen Blick auf die Stadt mit dem erfolgreichen Geschäftszentrum im Süden. Der Gipfel des Cerro Santa Ana wird über 444 nummerierte Treppen erreicht, die zu kleinen Plätzen, Kunstgalerien, Kunsthandwerkerläden, Cyber-Cafés, Bars und Restaurants führen."

(Aus einem Reisebericht über Lonely Planet 2019)

Noch vor kurzer Zeit sah der Cerro Santa Ana, am Rande der Stadt Guayaquil in Ecuador, Südamerika, ganz anders aus. Es war ein Slum. Die Einwohner, fast 5000 an der Zahl, hatten Mühe, sich durchzuschlagen, und die Gegend hatte einen schlechten Ruf aufgrund der Kriminalität und Krankheiten. Niemand ging dorthin, es sei denn, er musste es tun.

Gegenwärtig blüht der Vorort auf und zieht 20.000 Touristen pro Woche an – so malerisch ist er geworden (Abb. 4.1). Die Ufer des Guayas-Flusses wurden saniert, und das Gebiet ist nicht mehr überschwemmungsgefährdet. Es wurde auch ein Abwassersystem installiert, was die Gesundheit der Einheimischen erheblich verbessert hat. Die Kriminalität ist zurückgegangen, und die Straßen sind sicher.

Sieben Jahre vor Beginn der Arbeiten an der Restaurierung des Cerro Santa Ana übernahm ein unternehmungslustiger Bürgermeister die Leitung der Stadt Guayaquil. Mit Unterstützung des UNDP und der Europäischen Union baute er die gesamte Infrastruktur der Stadt aus, Straßen wurden geteert, Tunnel gebaut und Kanalisationssysteme verlegt. Eine Buslinie wurde eingerichtet und Parks angelegt. Lokale Unternehmen beteiligten sich, wodurch das Durchschnittseinkommen der Maurer, Zimmerleute und Gärtner stieg und damit auch das Einkommen der Ladenbesitzer. Das Selbstvertrauen der Menschen nahm zu und eine Abwärtsspirale wurde durchbrochen.

Entlang der Ufer des Guayas-Flusses, der nicht mehr überschwemmt wird, entstanden Museen, Einkaufsgalerien, Parks und Spielplätze, die Besucher aus der Ferne anzogen.

Abb. 4.1 Das wunderschön restaurierte Stadtviertel Las Peñas, Cerro Santa Ana, Ecuador. (Quelle: Las Peñas, Cerro Santa Ana, Guyaquil, Ecuador, Wikimedia)

> Aber das Erstaunlichste ist, dass all diese Verbesserungen zu einer Zeit eingeführt wurden, als es dem Rest Ecuadors schlecht ging, vor allem in wirtschaftlicher Hinsicht. Heute ist Guayaquil eine blühende Stadt, und Cerro Santa Ana ist ein buntes Viertel. Dieses Beispiel einer Stadterneuerung zieht Menschen aus der ganzen Welt an, um sich die Stadt anzusehen und sich zu informieren, wie sie durchgeführt werden kann.

Das Großartige an der Entwicklung von Guayaquil und dem Gebiet des Cerro Santa Ana ist, dass das Projekt auf Initiative der Menschen selbst ins Leben gerufen wurde und zu einem großen Teil auch von ihnen selbst durchgeführt wurde. Dies ist ein ausgezeichnetes Beispiel für einen Bottom-up-Ansatz. Das UNDP und die EU halfen mit Wissen und Geld, aber das war alles. Die Einwohner sind stolz auf ihre Leistungen, und das ist der Hauptgrund für den Erfolg des Projekts.

Fragen

- Kennen Sie Beispiele für erfolgreiche Projekte in Ihrem eigenen Gebiet, die sich mit nachhaltiger Entwicklung befassen?
- Haben Sie jemals an einem dieser Projekte teilgenommen?

Ein weiteres mächtiges internationales Gremium ist die OECD, die Organisation für wirtschaftliche Zusammenarbeit und Entwicklung. Die OECD zählt 35 demokratische Staaten zu ihren Mitgliedern, darunter fast alle wohlhabenden Staaten. Das Gremium konzentriert sich auf nachhaltiges Wirtschaftswachstum und Beschäftigung sowie auf die Anhebung des Lebensstandards in den Entwicklungsländern.

Die Europäische Union

Ein weiteres Beispiel für eine internationale Organisation, die für die nachhaltige Entwicklung sehr wichtig ist, ist die EU – die Europäische Union. Ihre Bedeutung wird durch den folgenden Fall deutlich.

Fall 4.3. Der Streit um den Irak

Im März 2003 brach ein gewaltiger Kampf zwischen den Führern einer Reihe von westlichen Nationen aus. In der einen Ecke befanden sich die Vereinigten Staaten, das Vereinigte Königreich und Spanien, die alle glaubten, dass es ein guter Zeitpunkt sei, einen Krieg gegen den Irak zu beginnen, während in der anderen Ecke Frankreich, Deutschland und Russland standen, die dem Krieg vollkommen ablehnend gegenüberstanden.

Der Streit zwischen dem französischen Präsidenten Jacques Chirac, dem deutschen Bundeskanzler Gerhard Schröder und dem britischen Premierminister Tony Blair war besonders intensiv und schmerzhaft, da alle drei ein Land vertraten, das Mitglied der EU ist. Der EU war es zum x-ten Mal nicht gelungen, eine einheitliche außenpolitische Front zu schaffen.

Im selben Monat brach der Krieg gegen den Irak aus. Das Fernsehen und die Zeitungen waren natürlich vollgepackt mit Nachrichten darüber, aber eine andere Geschichte – eine mindestens ebenso bemerkenswerte – schaffte es nicht in eine einzige Zeitung oder einen Beitrag in einer einzigen Nachrichtensendung. Das war die Tatsache, dass zwischen Frankreich, dem Vereinigten Königreich und Deutschland *kein* Krieg ausbrach.

Es mag Sie erstaunen, dies zu lesen – warum sollte ein Krieg zwischen diesen Nationen geführt werden? Es käme niemandem in den Sinn, schon gar nicht Chirac, Schröder und

Blair? Und in der Tat, der Gedanke an einen Krieg in Europa wäre diesen Führern nicht in den Sinn gekommen, denn das ist genau die Macht, über die das moderne Europa verfügt. Sie müssen bedenken, dass es das, was wir heute als gegeben ansehen, schon so lange nicht mehr gibt.

Ein aufschlussreiches Beispiel ist das Duo Frankreich und Vereinigtes Königreich. Zwischen 1066 und 1800 zogen das französische und das englische Königreich nicht weniger als 33 Mal in den Krieg gegeneinander. Von diesen 734 Jahren waren sie über 200 Jahre lang im Krieg – mehr als ein Viertel der Zeit. Die durchschnittliche Zeit zwischen den Kriegen betrug weniger als 17 Jahre. Unzählige Menschen, sowohl Soldaten als auch Zivilisten, wurden getötet oder verwundet oder litten unter Hunger, Krankheit und Armut. Die Konflikte endeten auch im Jahr 1800 nicht, da dies den Beginn der blutigen Eroberung Europas durch Napoleon Bonaparte markierte.

Das Vereinigte Königreich und Frankreich waren nicht gewalttätiger als andere europäische Nationen, wie Tab. 4.2 zeigt. Sie gibt einen Überblick über die Kriege in Europa während eines willkürlichen Zeitraums von 50 Jahren vor nur wenigen Jahrhunderten.

Innerhalb dieses halben Jahrhunderts wurden in Europa 22 Kriege geführt, und diese Liste ist wahrscheinlich nicht einmal vollständig. Darüber hinaus umfasst Tab. 4.2 nur die *innerhalb* der Grenzen Europas geführten Kriege. Die Staaten Europas führten auch eine Reihe von Kriegen außerhalb des Kontinents gegeneinander und gegen andere Mächte, insbesondere in den Kolonien.

Die Zeit zwischen 1800 und 1850 war vergleichsweise friedlich! Es gab andere Epochen, in denen das Blutvergießen noch schlimmer war.

Und nun gibt es die EU, die 1951 unter dem Namen „Europäische Gemeinschaft für Kohle und Stahl" gegründet wurde. Sie bestand aus sechs Mitgliedern, darunter Frankreich, Westdeutschland und Italien, während das Vereinigte Königreich und eine Reihe anderer Staaten 1973 beitraten. Einige Erweiterungen später und im Jahr 2013 bestand die EU aus 28 Nationen und rund 500 Mio. Einwohnern. Großbritannien verließ die EU jedoch im Jahr 2020, dem sogenannten Brexit, nach einem Referendum im Jahr 2016.

Im Jahr 2019 belief sich das BIP der EU auf 19 Billionen US$, was einem Fünftel des weltweiten BIP entspricht. Zum Vergleich: Das BIP der Vereinigten Staaten (330 Mio. Einwohner) belief sich auf 21 Billionen US$, das Chinas (1400 Mio. Einwohner) auf 14 Billionen US$. Japan (126 Mio. Einwohner): 5 Billionen US$. Indien (1350 Mio. Einwohner): 3 Billionen US$. Und schließlich Russland (144 Mio. Einwohner): 1,6 Billionen US$.

Die EU ist mit 24 Amtssprachen, mehr als 50 regionalen Minderheitensprachen und drei offiziellen Alphabeten (Latein, Griechisch und Kyrillisch) ein äußerst vielfältiges Gremium. Die EU besteht nun seit über 50 Jahren, und was wirklich auffällig ist, ist die Tatsache, dass es *nie einen Krieg zwischen den Mitgliedern der EU gegeben hat.*

Das bedeutet nicht, dass die EU der Grund dafür ist, dass zwischen den Mitgliedern kein Krieg geführt wurde. Es ist vielmehr so, dass es in Europa eine Entwicklung mit einer Vielzahl von Konsequenzen gegeben hat, einschließlich des Friedens zwischen

Tab. 4.2   Europäische Kriege, erste Hälfte des 18. Jahrhunderts

Krieg	Zeitraum	Kriegsführende Länder und Staaten
Großer Nordischer Krieg	1700–1721	Schweden, Russland, Polen, Dänemark, Bremen, Hannover und Preußen
Spanischer Erbfolgekrieg	1701–1714	Habsburgerreich, Großbritannien, Niederländische Republik, Spanische Niederlande (Belgien), Frankreich, Spanien, Bayern, Köln, Savoyen, Preußen, Hannover, Dänemark
Rebellion der Kamisarden	1702–1705	Frankreich
Kuruzen-Aufstand	1703–1711	Habsburgerreich, Ungarn
Bayerischer Volksaufstand	1705–1706	Bayern
Russisch-Türkischer Krieg	1710–1711	Russland, Osmanisches Reich
Zweiter Krieg von Villmerger	1712	Schweizer Kantone
Görzer Bauernaufstand	1713	Gorizia (Norditalien)
Jakobitische Rebellion	1715–1716	Schottland, England
Österreichisch-Türkischer Krieg	1716–1718	Habsburgerreich, Osmanisches Reich
Krieg der Quadrupel-Allianz	1718–1720	Spanien, Heiliges Römisches Reich (d. h. Deutschland, mehr oder weniger), Frankreich, Niederländische Republik, Großbritannien
Appell-Krieg	1726–1727	Ostfriesland, Dänemark
Korsischer Aufstand	1729–1732	Korsika, Genua, Habsburgerreich
Polnischer Erbfolgekrieg	1733–1735	Polen, Russland, Frankreich, Lothringen, Spanische Niederlande (Belgien), Sardinien, Habsburgerreich, Preußen, Spanien
Korsischer Aufstand	1733–1743	Korsika, Genua, Frankreich
Russisch-Türkischer Krieg	1735–1739	Russland, Osmanisches Reich, Habsburgerreich
Krieg von Jenkins Ohr	1739–1741	Großbritannien, Spanien
Österreichischer Erbfolgekrieg	1740–1748	Habsburgerreich, Preußen, Sachsen, Bayern, Frankreich, Großbritannien, Niederländische Republik, Savoyen, Spanien
Russisch-schwedischer Krieg	1741–1743	Schweden, Russland
Transsylvanischer Aufstand	1744	Transsylvanien, Habsburgerreich
Jakobitische Rebellion	1745	England, Schottland, Frankreich
Korsischer Aufstand	1745–1769	Korsika, Genua, Savoyen, England, Frankreich

Quelle: WHKMLA (2009)

den Mitgliedstaaten und der Gründung und des Wachstums der EU. Die Jahre seit dem Zweiten Weltkrieg sind folglich einzigartig – noch nie zuvor haben so viele europäische Nationen eine so lange Friedensperiode erlebt.

Heute ist die EU zu einer Quelle der Vitalität für Frieden, Demokratie und Menschenrechte geworden. Das zeigt sich in einer Reihe von Dingen, vor allem daran, dass Demokratie ansteckend ist – zumindest in Europa. Außerdem folgte der Demokratie die Achtung der Menschenrechte. Davon zeugt die Geschichte Griechenlands, Spaniens und Portugals. Um die 1970er-Jahre waren dies alles Länder, die in Diktaturen lebten, in denen die Menschen unterdrückt wurden und in Armut lebten. Zum Teil dank des Drucks, den die demokratischen Nationen in Westeuropa ausübten, verwandelten sich alle drei zwischen 1974 und 1976 in Demokratien, als die Regime friedlich abgelöst wurden oder (im Falle Spaniens) der Diktator starb. Griechenland trat 1981 der EU (damals noch als Europäische Wirtschaftsgemeinschaft bekannt) bei, gefolgt von den iberischen Staaten 1986. Seit dem Beitritt blühten die Volkswirtschaften dieser Länder viele Jahre lang auf, wobei das Pro-Kopf-Einkommen (das BIP) auf ein Niveau anstieg, das sich dem der übrigen EU annäherte, auch wenn es 1975 erheblich geringer war – obwohl die Finanzkrise ab 2007 zeigte, dass ihre Wirtschaft anfälliger ist als die vieler anderer EU-Länder. Die Menschenrechte sind ebenso unantastbar wie in den meisten anderen EU-Mitgliedstaaten – obwohl diese Rechte derzeit in einigen anderen EU-Ländern wie Polen und Ungarn unter Druck stehen.

Seitdem haben auch andere Länder den Beitritt zur EU angestrebt. Im Gefolge der meist unblutigen Revolution Ende der 1980er- und Anfang der 1990er-Jahre arbeiteten die Länder Osteuropas hart an der Umsetzung von Demokratie, Menschenrechten und einer modernen Wirtschaft, auch weil dies Voraussetzungen für einen EU-Beitritt sind. Bis 2004 schafften es zehn Länder, die Anforderungen zu erfüllen und der Union beizutreten, 2007 folgten Rumänien und Bulgarien und 2013 Kroatien. Weitere Länder sind auf dem Weg zur Mitgliedschaft.

Im Jahr 2012 erhielt die Europäische Union den Friedensnobelpreis. Das Nobelkomitee beschloss dies einstimmig, weil die EU „über sechs Jahrzehnte lang zur Förderung von Frieden und Versöhnung, Demokratie und Menschenrechten in Europa beigetragen hat".

Europa, ein Kontinent mit einer Geschichte blutiger Kriegsführung vor Tausenden von Jahren, hat seit Langem einen stabilen Frieden, und das ist ein sehr hoffnungsvolles Zeichen. Nachdem dies möglich geworden ist, ist es realistisch zu hoffen, dass auch weltweit Frieden erreicht werden kann.

Fragen

- Ist Ihnen die Tatsache, dass in den EU-Nationen keine Kriege geführt werden, jemals aufgefallen?
- Ist es denkbar, dass sich die Situation eines Tages so weit verändert, dass wieder ein Krieg zwischen westeuropäischen Ländern ausbricht?

- Ist es realistisch zu glauben, dass der Krieg auch im Rest der Welt in die Geschichte eingehen könnte? Wenn Sie das glauben, wie viele Jahre würde das dauern? Wenn Sie glauben, dass es nicht so ist, warum nicht?

Die europäische Friedensvision wurde wieder einmal sehr überzeugend unter Beweis gestellt, als Großbritannien 2016 in einem Referendum beschloss, die EU zu verlassen. In den vergangenen Jahrhunderten hätte eine solche Entscheidung zweifellos zu einem blutigen Trennungskrieg geführt. Doch das ist nicht geschehen. Es stimmt, dass jahrelang zähe und komplexe Verhandlungen geführt wurden. Aber nirgendwo sonst in Europa gab es jemanden, der wegen dem „Brexit" an Gewalttaten dachte. Etwas hat *sich wirklich geändert …*

Drei Kapitalarten

Das Trio von People, Planet und Profit ist nicht nur auf *Probleme* anwendbar, sondern kann auch dazu benutzt werden, die *Quellen der Vitalität des Systems* in Gruppen einzuteilen. Das Ergebnis ist ein Überblick über die drei Kapitalarten: People, Planet sowie Profit. Tab. 4.3 enthält Beispiele dafür, wie die UNO und die EU zu diesen Kapitalarten beitragen.

Die Idee, den Ansatz der drei Kapitalarten zu übernehmen, stammt von der Weltbank. Jede Kapitalart wird mit einer Bewertung verknüpft, wodurch es möglich ist, in Zahlen auszudrücken, wie stark oder schwach eine Nation oder Region in Bezug auf jede dieser Kapitalart ist.

Das Zentrum für nachhaltige Entwicklung Brabant, Telos, schuf eine Methode zur Berechnung dieser Bestände in den Regionen eines Landes. Das Institut erstellte eine Liste der Bewertungskategorien, wie in Tab. 4.4 dargestellt. Weitere Einzelheiten zu diesen Beständen finden Sie in dem Tabellenblatt *Three Capitals.xlsx* auf der Website https://niko.roorda.nu/books/grundlagen-der-nachhaltigen-entwicklung.

Es ist interessant, diese Tabelle mit der der Kommission für nachhaltige Entwicklung (CSD) der Vereinten Nationen zu vergleichen, die in Tab. 4.1 zu sehen ist. Obwohl sie Gemeinsamkeiten haben, gibt es auch Unterschiede, und aus dem Vergleich wird deutlich, dass es keine einfache Aufgabe ist, jedes denkbare Thema in einem der drei Ps genau zu lokalisieren – es gibt Themen, die über diese Kategorien hinausgehen. Eine davon könnte das Fachwissen der Mitarbeiter eines Unternehmens sein, d. h. das Wissen und die Erfahrung, die sie in ihren Köpfen (Menschen) haben und die dem Unternehmen zur Verfügung stehen (Profit). Der PPP-Zeitplan ist folglich keine „feste" Kategorisierung, sondern eher eine Denkweise, die sowohl Vorteile als auch Grenzen hat.

Tab. 4.3 Die People – Planet – Profit-Kapitale einiger weniger Organisationen

	Vereinte Nationen und andere globale Organisationen	*Europäische Union (und Europarat)*
People (Menschen und Kultur)	• UN-Friedensmissionen • Allgemeine Erklärung der Menschenrechte • UNESCO: „Kinderfonds": Bildung, Wissenschaft, Kultur • UNDP: Entwicklung • UNHCR: Flüchtlinge • UNAIDS: gegen HIV und AIDS • UNFPA: Bevölkerung, Geburt • ICJ: Internationaler Gerichtshof • ICC: Internationaler Strafgerichtshof • WHO: Gesundheit	• Erfolgreiche Beseitigung des Krieges zwischen Mitgliedstaaten • Demokratie und Menschenrechte als Voraussetzung für den Beitritt neuer Mitglieder • Europäische Konvention zum Schutze der Menschenrechte und Grundfreiheiten • Europäischer Gerichtshof für Menschenrechte • Europäischer Gerichtshof • Europäisches Parlament • ESF: Sozialfonds, Integration, Arbeit • IPA: Hilfe für (potenzielle) Kandidatenländer • Erasmus+: Bildung, Jugend, Sport
Planet (Natur und Umwelt)	• UNEP: Umwelt • UNFCCC: Klimawandel • FAO: Landwirtschaft, Ernährung • Montrealer Protokoll: Ozonschicht • Pariser Abkommen: Klimawandel	• EAA: Europäische Umweltagentur • Europäische Umweltgesetzgebung • Natura 2000 • EU-ETS: Emissionshandel • Green Deal: Klimawandel
Profit (Wirtschaft und Wohlstand)	• WTO: Handel • ILO: Arbeit • Weltbank • IMF: Internationaler Währungsfonds • Wirtschaftskommissionen für Afrika, Europa, Lateinamerika usw.	• Euro • Europäische Zentralbank • Europäischer Rechnungshof • Wirtschaftliche Voraussetzungen für den Beitritt neuer Mitglieder • Schengener Übereinkommen: Zollunion • EFRE: Regionale Entwicklung • Kohäsionsfonds: nachhaltige Entwicklung der schwächeren Mitgliedstaaten • ESM: Europäischer Stabilitätsmechanismus • EU-Notfallfonds für Afrika

Tab. 4.4 Die drei Kapitalarten (People – Planet – Profit) nach Telos

People	Planet	Profit
Solidarität	Luft	Wirtschaftliche
Gesundheit	Boden	Struktur
Bildung	Landschaft	Infrastruktur
Lebendige Umgebung	Mineralische Ressourcen	Investitionsgüter
Kultur	Oberflächenwasser	Arbeit
Staatsbürgerschaft	Grundwasser	Wissen
Muster des Verbrauchs	Natur	Energie und Rohstoffe

Quelle: Telos (2004)

4.2   Ideen und Inspirationsquellen

In Kap. 1 wurde beschrieben, wie nachhaltige Entwicklung dank Paradigmenwechsel stattfindet. Das Kapitel zeigte im Detail, wie das Paradigma der „Kontrolle"
auf verschiedene Weise der „Anpassung" Platz macht. Neue Paradigmen und damit
überraschend neue Wege zur Untersuchung der tatsächlichen Situation sind starke
Motivationskräfte für nachhaltige Entwicklung. Viele von ihnen stellen eine neue Art
und Weise dar, Veränderungen in den zugrunde liegenden Grundwerten von Menschen,
Kulturen und Völkern auszudrücken.

Solidarität

Einer der grundlegendsten Werte hinter der Idee der nachhaltigen Entwicklung ist ein
Gefühl der Solidarität – Solidarität zwischen Menschen und auch Solidarität zwischen
Menschen und der natürlichen Umwelt. Die bisherigen Beispiele der Vereinten Nationen
und der Europäischen Union sind Ausdruck dieses Gefühls der Solidarität zwischen den
Nationen und zwischen den Menschen.

Weitere wissenschaftliche Erkenntnisse tragen zu einem tief greifenden Wertewandel
hin zu diesem Gefühl der Solidarität bei. Ein vertieftes Wissen über Ökosysteme und die
komplexen Wechselwirkungen aller ihrer Komponenten – einschließlich des Menschen –
macht deutlich, dass wir objektiv gesehen viel stärker mit unserer natürlichen Umwelt verbunden sind, als dies bisher erkannt wurde. Darüber hinaus hat uns unser Wissen über die
Neurologie und Psychologie von Mensch und Tier gelehrt, dass unser Gehirn, unsere
Hormone und unsere Instinkte denen anderer Säugetiere viel ähnlicher sind, als man bis vor
Kurzem dachte. Dieses Wissen wird durch das rasch zunehmende Lernen aus der Genetik
noch verstärkt. Gleichzeitig sind wir uns bewusst, dass die Evolution bedeutet, dass der
Mensch nicht nur viele Gemeinsamkeiten mit allen anderen lebenden Arten hat, sondern
auch direkt mit ihnen verwandt ist, ein Faktor, der das Gefühl der Solidarität vieler mit der
natürlichen Umwelt verstärkt. Hinzu kommt die Solidarität, die man mit Menschen in fernen

Ländern empfindet und die dank der schnelleren neuen Medien und Kommunikationskanäle wie Fernsehen, Websites, E-Mail, YouTube, Online-Chat und Twitter wächst, die Menschen auf der ganzen Welt in direkten Kontakt miteinander bringen.

Eine unmittelbare Folge dieses Bewusstseins ist die Zunahme der internationalen Solidarität. Die Menschen gewinnen so etwas wie ein Verständnis für das Wohlergehen der anderen, sowohl derer, die in der Nähe der Heimat und weiter entfernt sind, als auch derer, die in der Zukunft leben (Solidarität zwischen den Generationen). Diese Solidarität ist eigentlich das Konzept, das der Brundtland-Definition der nachhaltigen Entwicklung zugrunde liegt, da sie „die Bedürfnisse der gegenwärtigen [Generation] befriedigt", d. h. Solidarität zwischen hier und dort, und weiter heißt es, „ohne die Fähigkeit künftiger Generationen zu gefährden, ihre eigenen Bedürfnisse zu befriedigen", d. h. Solidarität zwischen jetzt und später.

Quellen der Inspiration

Es gibt viele alte und neue Texte, die von einer großen Zahl von Menschen als inspirierend empfunden werden. Dabei kann es sich um alte Traktate handeln, wie z. B. die Bibel, die Christen dazu auffordert, auf der Grundlage der Verantwortung für andere und für ihre Umwelt Verantwortung zu übernehmen, oder andere heilige Bücher wie den Koran, die Bhagavad Gita oder das Tao Te Ching. Es gibt auch neuere Traktate, die dieses Gefühl der Solidarität zum Ausdruck bringen. Ein bewegendes Beispiel ist die Ansprache von Häuptling Seattle, dem Oberhaupt des Duwamish-Stammes der Ureinwohner Amerikas, aus dem Jahr 1854. Er erhielt einen Vorschlag des amerikanischen Präsidenten, sein Stammesland an weiße Siedler zu verkaufen. Seine Antwort, in Form einer Rede, wurde Jahre später von Henry Smith niedergeschrieben, und man muss davon ausgehen, dass es sich nicht um eine wörtliche Wiedergabe handelt. In den frühen 1970er-Jahren änderte Ted Perry die Rede für einen Film mit dem Titel „Home". Es folgen einige Auszüge aus seiner Version:

Fall 4.4. Die Rede von Seattle
Wie kann man den Himmel, die Wärme des Landes, kaufen oder verkaufen? Die Idee ist uns fremd. Wenn wir die Frische der Luft und das Glitzern des Wassers nicht besitzen, wie kann man sie dann kaufen?

Wir sind Teil der Erde und sie ist ein Teil von uns. Die duftenden Blumen sind unsere Schwestern; der Hirsch, das Pferd, der große Adler, das sind unsere Brüder. Die felsigen Kämme, die Säfte auf den Wiesen, die Körperwärme des Ponys und des Menschen – sie alle gehören zur selben Familie.

Wenn wir Ihnen unser Land verkaufen, lieben Sie es so, wie wir es geliebt haben. Pflege es so, wie wir es gepflegt haben. Bewahren Sie das Land für alle Kinder und lieben Sie es.

> Was immer der Erde widerfährt, widerfährt auch den Söhnen der Erde. Wenn Menschen auf die Erde spucken, spucken sie auf sich selbst. Das wissen wir: Die Erde gehört nicht dem Menschen. Der Mensch gehört der Erde.
> *(Quelle: Perry 1971, zitiert aus Seed et al. 1988)*

Ein schöner zeitgenössischer Text ist die „Erd-Charta" *(Earth Charter),* die im Jahr 2000 formell eingeführt wurde. Die diesem Traktat zugrunde liegende Idee wurde 1987 von der Brundtland-Kommission vorgeschlagen, aber auf der ersten großen UN-Nachhaltigkeitskonferenz 1992 in Rio gelang es nicht, alle Teilnehmer dazu zu bringen, sich auf eine grundlegende Erklärung zur nachhaltigen Entwicklung zu einigen. Die Idee wurde dann von einer Reihe von NGOs aufgegriffen, darunter Green Cross International, das vom ehemaligen Präsidenten der Sowjetunion, Michail Gorbatschow, gegründet wurde. Ihre Weiterentwicklung wurde nach 1994 von den Niederlanden unterstützt, weshalb die offizielle Lancierung im Jahr 2000 im Beisein der niederländischen Königin Beatrix im Friedenspalast in Den Haag stattfand. In der Folge wurde die Charta von Tausenden von Organisationen, darunter die UNESCO, sowie von Städten, Regierungschefs, Universitäten und vielen Einzelpersonen in der ganzen Welt unterzeichnet. Fall 4.5 bietet einige Auszüge aus der Erd-Charta.

Fall 4.5. Die Erd-Charta
„Um voranzukommen, müssen wir erkennen, dass wir inmitten einer großartigen Vielfalt von Kulturen und Lebensformen eine Menschheitsfamilie und eine Erdgemeinschaft mit einem gemeinsamen Schicksal sind. Wir müssen uns zusammenschließen, um eine nachhaltige globale Gesellschaft hervorzubringen, die auf der Achtung der Natur, den universellen Menschenrechten, wirtschaftlicher Gerechtigkeit und einer Kultur des Friedens beruht. Zu diesem Zweck ist es unerlässlich, dass wir, die Völker der Erde, unsere Verantwortung füreinander, für die größere Lebensgemeinschaft und für künftige Generationen erklären."

„Die Menschheit ist Teil eines riesigen, sich entwickelnden Universums. Die Erde, unsere Heimat, lebt mit einer einzigartigen Lebensgemeinschaft. Die Kräfte der Natur machen die Existenz zu einem anspruchsvollen und unsicheren Abenteuer, aber die Erde hat die für die Entwicklung des Lebens wesentlichen Bedingungen geschaffen. Die Widerstandsfähigkeit der Lebensgemeinschaft und das Wohlergehen der Menschheit hängen von der Bewahrung einer gesunden Biosphäre mit all ihren ökologischen Systemen, einer reichen Vielfalt an Pflanzen und Tieren, fruchtbaren Böden, reinen Gewässern und sauberer Luft ab. Die globale Umwelt mit ihren endlichen Ressourcen ist ein gemeinsames Anliegen aller Völker."

> „Jeder ist mitverantwortlich für das gegenwärtige und zukünftige Wohlergehen der Menschheitsfamilie und der größeren Lebenswelt. Der Geist der menschlichen Solidarität und Verwandtschaft mit allem Leben wird gestärkt, wenn wir in Ehrfurcht vor dem Geheimnis des Seins, in Dankbarkeit für das Geschenk des Lebens und in Demut gegenüber dem menschlichen Platz in der Natur leben."

Frieden

Einer der auffälligsten Paradigmenwechsel, der in weiten Teilen der Welt noch immer andauert, ist die Sichtweise von Krieg und Frieden. Jahrtausendelang betrachteten Könige und andere Könige den Krieg als eine edle Beschäftigung. Im Jahr 1521 schrieb der berühmte Autor Niccolò Machiavelli ein Buch mit dem aufschlussreichen Titel *Dell'arte Della Guerra* (Die Kunst des Krieges). Einige Jahre zuvor schrieb er (in *Il Principe,* im Englischen als *The Prince* bekannt): „Ein Fürst darf kein anderes Ziel, keinen anderen Gedanken haben und keinen anderen Beruf als den des Krieges ausüben." Für Machiavelli, der viele Anhänger unter Kaisern und Königen hatte, war dieses Ziel heilig – wenn der Krieg vorteilhaft war, war die Frage, ob er ethisch vertretbar war, irrelevant.

Noch im 19. Jahrhundert konnte der preußische General Carl von Clausewitz schreiben: „Der Krieg ist eine bloße Fortsetzung der Politik mit anderen Mitteln." Aber seit den Schrecken der Schützengräbenkämpfe im Ersten Weltkrieg und dem Holocaust des Zweiten Weltkriegs haben viele begriffen, dass Krieg nicht so sehr ein akzeptables Mittel zur Verfolgung hehrer Ziele ist, sondern vielmehr ein schrecklicher und verheerender Prozess – das Schlimmste, was einem Land oder Volk passieren kann. Dass diese Wende nicht nur die öffentliche Meinung, sondern auch die tatsächliche Gesetzgebung und die Rechtssysteme betraf, zeigen die Prozesse gegen Kriegsverbrecher wie die Nürnberger Prozesse (1945–1946), das Jugoslawien-Tribunal (1993 eingerichtet), das Ruanda-Tribunal (ab 1994) und die Schaffung des Internationalen Strafgerichtshofs (ICC) in Den Haag, Niederlande, im Jahr 2002.

Demokratie

Im Laufe der Geschichte hat es viele Könige, Kaiser und Pharaonen gegeben, die ihr Recht auf den Thron verteidigt haben, indem sie erklärten, Gott habe sie ernannt. Viele von ihnen betrachteten ihre Untertanen auch als ihren persönlichen Besitz.

So war es eine sensationelle Entwicklung, als die von König Georg III. von England unterdrückten amerikanischen Kolonien 1776 in einer Erklärung, die zum Teil wie folgt lautet, formell auf die Monarchie verzichteten:

Fall 4.6. Die Unabhängigkeitserklärung

„Wir halten diese Wahrheiten für selbstverständlich, dass alle Menschen gleich geschaffen sind, dass sie von ihrem Schöpfer mit bestimmten unveräußerlichen Rechten ausgestattet sind, zu denen Leben, Freiheit und das Streben nach Glück gehören. Dass zur Sicherung dieser Rechte unter den Menschen Regierungen eingesetzt werden, die ihre gerechte Macht aus der Zustimmung der Regierten ableiten. Immer dann, wenn eine Regierungsform diesen Zielen zuwiderläuft, hat das Volk das Recht, sie zu ändern oder abzuschaffen und eine neue Regierung einzusetzen, die ihre Grundlage auf solche Prinzipien legt und ihre Befugnisse in einer Form organisiert, die ihnen am ehesten geeignet erscheint, ihre Sicherheit und ihr Glück zu gewährleisten.

Die Vorsicht wird in der Tat diktieren, dass seit Langem etablierte Regierungen nicht wegen leichter und vorübergehender Ursachen geändert werden sollten; und dementsprechend hat alle Erfahrung gezeigt, dass die Menschheit eher bereit ist, zu leiden, während das Übel erträglich ist, als sich selbst zu bessern, indem sie die Formen abschafft, an die sie gewöhnt ist. Aber wenn ein langer Zug von Missbräuchen und Usurpationen, die immer dasselbe Ziel verfolgen, einen Plan erkennen lässt, sie unter absolutem Despotismus zu reduzieren, ist es ihr Recht, ihre Pflicht, eine solche Regierung abzusetzen und neue Wächter für ihre zukünftige Sicherheit zu stellen.“

Mit anderen Worten: Der König oder der Staat dient dem Volk und nicht umgekehrt. Die Unabhängigkeitserklärung wurde durch frühere derartige Erklärungen inspiriert, darunter die Abschwörungserklärung, mit der die Niederländische Republik 1581 eingeweiht wurde.

In den letzten Jahrhunderten hat sich das Konzept der Beziehung zwischen einem Land und seiner Regierung drastisch verändert. Die Demokratie, die auf dem Ideal beruht, dass die Regierung dem Volk dient und nicht umgekehrt, hat in weiten Teilen der Welt in unterschiedlichen Formen Fuß gefasst (Abb. 4.2), auch wenn nicht alle Wege zur Demokratisierung gleich glatt verlaufen. In Deutschland mündete die Demokratie-bewegung von 1848 zunächst in das deutsche Kaiserreich und die 1918 gegründete, demokratische Weimarer Republik in den Nationalsozialismus. Erst nach dem Zweiten Weltkrieg entwickelte sich – unter Aufsicht der alliierten Besatzungsmächte – eine stabile Demokratie in Westdeutschland, während in den neuen Bundesländern bis 1990 ein autoritärer Überwachungsstaat herrschte. Und auch in anderen Ländern ist der Weg zur Demokratie nicht immer einfach, wie der folgende Fall veranschaulicht.

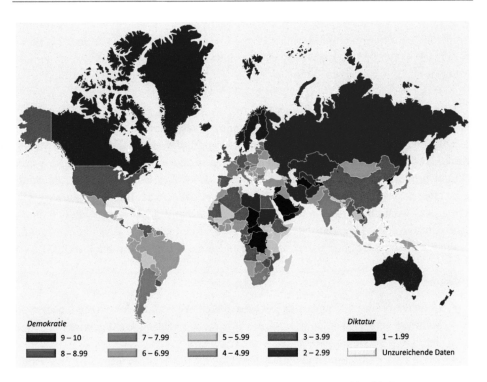

Abb. 4.2 Demokratien und Diktaturen. (Quelle: Wirtschaftswissenschaftler 2019)

Fall 4.7. Demokratie in Japan und Algerien

Das Ende des Zweiten Weltkrieges war gekennzeichnet durch die Niederlage Japans gegen die Vereinigten Staaten und ihre Verbündeten. Nach der Niederlage war das Land weiterhin von den Siegern besetzt. Erst 1952 erlangte Japan seine Unabhängigkeit wieder, wobei die Amerikaner ihm eine demokratische Struktur aufzwangen. Im Jahr 1955 kam die Liberaldemokratische Partei (LDP) mit einer großen Wahlmehrheit an die Macht und gewann in den folgenden Jahren alle Wahlen. Tatsächlich wurde sie für die nächsten 38 Jahre die einzige Regierungspartei. Die LDP verlor 1993 ihre erste Wahl und gab damit anderen Parteien die Chance zu regieren, aber zwischen 1994 und 2009 war sie wieder kontinuierlich Teil der Regierungskoalition.

1963 erlangte Algerien die Unabhängigkeit von Frankreich. Es kam bald zu einer Diktatur, die erst Ende 1991, als die ersten demokratischen Wahlen abgehalten wurden, endete. In der ersten Runde gewann die Islamische Heilsfront (*Front Islamique du Salut* – FIS) mit absoluter Mehrheit. Die FIS beabsichtigte, Algerien in einen fundamentalistisch-islamischen Staat umzuwandeln und die Demokratie sofort wieder zu verbieten. Das Militär entschied sich für eine Intervention, annullierte die zweite Runde der Wahlen und verbot die FIS. Die Partei ging in den Untergrund und wurde zu einer bewaffneten Widerstandsbewegung. Im Bürgerkrieg, der auf diese Ereignisse folgte, kamen etwa 250.000 Menschen ums Leben.

Japan war vor 1945 noch nie eine Demokratie gewesen und hatte Jahrtausende lang als Diktatur unter der Führung eines Kaisers existiert, der als göttliches Wesen verehrt wurde. Es gab viel Unterstützung für diese Regierungsform im Land, und Japan wurde 1952 nicht plötzlich eine Demokratie, obwohl die USA dies wollten. Stattdessen wurde es zu einer Scheindemokratie, in der alle paar Jahre das Ritual einer Wahl durchgeführt wurde, was wenig bedeutete. Auch Algerien war 1991, als seine Bürger endlich an die Urnen gingen, einer demokratischen Herrschaft nicht gewachsen, wie sich schnell zeigte, als die Mehrheit hinter einer Partei stand, die eine neue Diktatur einführen wollte.

Fragen

- Hätte die politische Partei, die Sie unterstützen, 40 oder 80 Jahre lang die absolute Mehrheit gehabt, würden Sie hoffen, dass sie die nächste Wahl gewinnt oder verliert?
- Wenn freie und faire demokratische Wahlen dazu führen würden, dass eine Partei, die die demokratische Herrschaft abschaffen wollte, eine Zweidrittelmehrheit erhält, sollte es ihr dann gestattet werden, die Demokratie abzuschaffen?

Zur Demokratie gehört viel mehr als nur alle paar Jahre einmal abzustimmen. Wahre Demokratie existiert im Kopf eines Menschen, bestehend aus Selbstbewusstsein, aus Freiheit und Zugang zu Informationen und aus der Abwesenheit von Angst vor Unterdrückung und Verfolgung – d. h. im Kopf von befähigten Menschen. Sie besteht auch aus einem aktiven politischen Interesse und der Beteiligung sowohl von Einzelpersonen als auch von Gruppen wie den Protestbewegungen von NGOs, Gewerkschaften, Verbraucherorganisationen, Nachbarschaftskomitees und vielen anderen. Und dann gibt es auch die Achtung der Interessen von Minderheiten, wie der folgende Fall zeigt.

Fall 4.8. Demokratie in den Niederlanden und mehreren anderen Ländern, darunter die USA

1989 waren gleichgeschlechtliche Ehen nach niederländischem Recht noch immer verboten, wie das Berufungsgericht in Amsterdam feststellte, als ein homosexuelles Paar versuchte, in der Stadt eine zivile Vereinigung einzugehen. Das Gericht erklärte jedoch gleichzeitig, dass es keine ausreichende Rechtfertigung für die Aufnahme dieser Unterscheidung zwischen heterosexuellen und homosexuellen Menschen gebe, und empfahl dem niederländischen Repräsentantenhaus, das Gesetz zu ändern. Sowohl in den Jahren vor als auch nach diesem Urteil gab es in der niederländischen Gesellschaft eine intensive Debatte über die Homo-Ehe. Ein breites Spektrum von Gruppen und Personen nahm an den Diskussionen teil – Schwulenrechtsorganisationen, kirchliche Einrichtungen, Menschenrechtsgruppen, Kommunalbeamte, Politiker und Menschen auf der Straße. Meinungsumfragen zeigten, dass sich ein zunehmender Prozentsatz der Niederländer für das Recht von Homosexuellen auf Heirat aussprach.

1998 führte eine gesetzliche Bestimmung zur Einführung von eingetragenen Partnerschaften für Homosexuelle. Dies war nur ein kleiner Schritt, und am 1. April 2001 trat eine Gesetzesänderung in Kraft, die es allen Paaren ermöglichte, eine Ehe einzugehen, unabhängig davon, ob sie unterschiedlichen oder gleichen Geschlechts waren oder nicht.

In Belgien wurden Homo-Ehen 2003 legalisiert, gefolgt von Spanien, Kanada, Südafrika und mehr als 20 anderen Ländern.

In Deutschland wurde, auch in Reaktion auf die Legalisierung der gleichgeschlechtlichen Ehe in den Niederlanden, im Jahr 2001 die Möglichkeit einer eingetragenen Lebenspartnerschaft für gleichgeschlechtliche Partner geschaffen. Die eingetragene Partnerschaft hatte eheähnliche Züge, war aber noch keine „echte" Ehe im rechtlichen Sinne und mit steuerlichen Nachteilen verbunden. Die Möglichkeit einer Eheschließung unabhängig von der Geschlechterkonstellation der Partner wurde erst mit einer Gesetzesänderung im Jahr 2017, und damit wesentlich später als in den meisten anderen EU-Ländern, eingeräumt. Diesem Schritt vorausgegangen war ein deutlicher Anstieg der Zustimmung zur gleichgeschlechtlichen Ehe und andere Rechte der LGBT-Personen innerhalb der Bevölkerung von 60 % im Jahr 2002 auf 83 % im Jahr 2017 (Abb. 4.3).

Fall 4.8 zeigt ein Charakteristikum der Demokratie – es geht nicht einfach um „die Mehrheitsregeln", sondern um das ständige Streben nach breiter Unterstützung. Wenn möglich, geht es darum, einen Konsens zu finden, eine Einigung in Bezug auf Ideen und Konzepte, mit denen alle zufrieden sind. Wenn das nicht möglich ist, geht es auf jeden Fall darum, Zwischenlösungen zu finden, die für viele akzeptabel sind – die goldene Mitte, die sicherstellt, dass jeder gelegentlich die Gelegenheit hat, seinen Anteil zu bekommen.

Um einen solchen Konsens zu erreichen, ist es notwendig, dass alle wichtigen Gruppen in den Entscheidungsprozess einbezogen werden. Für die Frage der Homo-Ehe bedeutete dies, dass Schwulenrechtsorganisationen, die Kirchen und verschiedene andere Gremien mit an Bord sein mussten. Sie alle waren Interessenvertreter, was bedeutet, dass sie alle auf die eine oder andere Weise ein Interesse am Ergebnis der Debatte hatten. Diese aktive Beteiligung aller Beteiligten am Entscheidungsprozess wird als partizipative Demokratie bezeichnet.

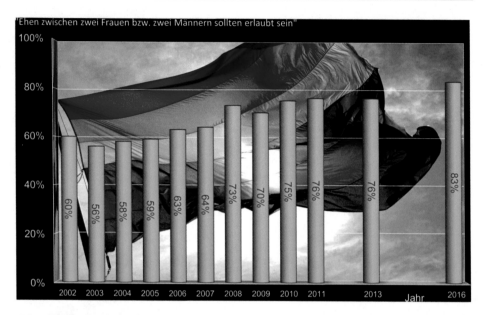

"Ehen zwischen zwei Frauen bzw. zwei Männern sollten erlaubt sein"

Abb. 4.3 Einstellungen gegenüber lesbischen, schwulen und bisexuellen Menschen in Deutsch-land. (Quelle: Küpper et al. 2017; Hintergrundfoto: Gilbert Baker, Wikimedia)

Die Beteiligung von Interessenvertretern ist nicht nur für die Demokratie, sondern auch für den Prozess der nachhaltigen Entwicklung so wichtig, dass das „P" des ersten Buchstabens manchmal als das „vierte P" angesehen wird, nach den Ps für People, Planet und Profit.

Tab. 4.5 gibt einen Überblick über die wichtigsten Akteure in einer partizipativen Demokratie. Einzelne Personen nehmen in der Tabelle drei Rollen ein, als Bürger, Ver-braucher und Fachleute. Alle oder die meisten Menschen nehmen abwechselnd jede dieser drei Rollen ein, und aus der Perspektive der partizipativen Demokratie sind dies drei verschiedene Standpunkte mit jeweils eigenen charakteristischen Fragen. Dazu könnten gehören:

Bürger

- Welche Art von Gesellschaft will ich?
- Welches Maß an Freiheit steht mir zur Verfügung? Welche Sicherheit? Welche Sicher-heiten für die Zukunft?
- Was ist gerecht?
- Welche Rechte und Pflichten habe ich?

Verbraucher

Tab. 4.5 Akteure der partizipativen Demokratie

Teilnehmer	Einzelheiten
Einzelpersonen • Bürger • Verbraucher • Fachleute → (1) • Studenten	(1) *Fachleute:* darunter Beamte, Künstler, Ärzte, Landwirte, Dozenten, Geistliche, Wirtschaftswissenschaftler, Händler, Imame, Rechtsanwälte, Sozialarbeiter, Manager, Militärpersonal, Polizeibeamte, Priester, Psychologen, Schriftsteller, Techniker, Krankenschwestern, Ladenbesitzer
Gruppen • Unternehmen • Regierungsinstitutionen → (2) • NGOs → (3) • Kirchen und andere religiöse Einrichtungen • Bildungseinrichtungen • Pflegeeinrichtungen • Kompetenzzentren • Politische Parteien • Gewerkschaften • Gerichte • Presse, Radio, Fernsehen • Einmalige Demonstranten	(2) *Regierungsinstitutionen:* einschließlich Stadträte, Gemeinden, Provinzen, Wasserbehörden, Ministerien, Parlamente, beratende Gremien (3) *NGOs:* darunter Protestgruppen, Interessenverbände, Hilfsorganisationen, Freiwilligenorganisationen, Sportvereine und Clubs

- Was wünsche ich mir für mich selbst?
- Welches Wohlstandsniveau möchte ich erreichen? Mehr, oder vielleicht etwas weniger?
- Welche Verbraucherprodukte passen zu mir?

Professionell

- Was kann getan werden (technisch, wirtschaftlich, sozial, ökologisch usw.)?
- Was kann ich beitragen?
- Was ist meine berufliche Verantwortung dabei?

Fragen

- Fühlen Sie sich frei? Sind Sie frei? Was ist Freiheit überhaupt?
- Welche Zusicherungen haben Sie für die Zukunft?
- Welches Wohlstandsniveau möchten Sie erreichen?

Fall 4.8 zeigt, dass Interventionsentscheidungen und ihre erfolgreiche und friedliche Umsetzung möglich sind, wenn eine ausreichende Unterstützungsbasis in der Gesellschaft vorhanden ist. Als die Novelle zur Homo-Ehe im Jahr 2000 verabschiedet wurde, sprach sich ein Großteil der Niederländer dafür aus – die Zeit war reif dafür.

Ausreichender Konsens … wenn die Zeit dafür reif ist. Dies sind die wesentlichen Voraussetzungen für die Einführung größerer gesellschaftlicher Veränderungen in einem friedlichen Umfeld. Es gibt ein chinesisches Sprichwort, das diese Eigenschaften in bemerkenswerter Weise zum Ausdruck bringt: Wei Wu Wei, was man mit „Handeln ohne Handeln" übersetzen könnte. Das klingt widersprüchlich, ist es aber nicht, denn die beiden „Handlungen" nehmen eine unterschiedliche Bedeutung an. Die erste „Handlung" steht für ein wirksames Handeln, das wirklich etwas bewirkt. Die zweite steht für Handeln, Erzwingen, Durchsetzen. Eine Handlung ohne Handlung könnte bedeuten, mit der Strömung in einem Fluss zu schwimmen, anstatt gegen oder durch den Fluss. Es ist auch vergleichbar mit dem Schieben einer Person auf einer Schaukel – wenn man sie zum richtigen Zeitpunkt wiederholt schiebt, kann man die Schaukel dazu bringen, sehr hoch zu gehen, während man sie nacheinander nur leicht schiebt. Das ist Aktion ohne Aktion. Aber wenn Sie den falschen Moment zum Schieben wählen, vielleicht wenn der Schwung auf Sie zukommt, dann verlangsamen Sie die Bewegung und laufen außerdem Gefahr, sich einen Arm zu brechen.

Menschenrechte

Die Europäische Union ist nicht die einzige internationale Organisation in Europa. Es gibt auch den Europarat. Dieses Gremium ist größer als die EU, mit einer Mitgliedschaft von 47 Nationen, darunter Russland und die Türkei, und mit 820 Mio. Menschen. Auch er setzt sich energisch für eine nachhaltige Entwicklung ein, und alle seine Mitglieder haben die Europäische Menschenrechtskonvention unterzeichnet, die u. a. das Recht auf Leben, das Verbot von Folter, Sklaverei und Zwangsarbeit, das Recht auf Freiheit und Sicherheit, ein faires Verfahren, die Achtung der Privatsphäre und des Familienlebens, die Gedanken-, Gewissens- und Religionsfreiheit, das Recht auf freie Meinungsäußerung und ein Diskriminierungsverbot garantiert.

Die Konvention baut auf der Allgemeinen Erklärung der Menschenrechte auf, die von der UNO verfasst wurde. Es gibt einen wichtigen Unterschied zwischen den beiden Dokumenten. Die UNO-Erklärung ist beeindruckend, aber nicht verpflichtend, während das europäische Dokument tatsächlich rechtliche Bedeutung hat, weil es ein Vertrag ist. Sollten Ihre Rechte durch den Staat verletzt werden, haben Sie als einzelner Bürger die Möglichkeit, die Angelegenheit vor Gericht zu bringen.

Der Europarat hat eigens zu diesem Zweck den Europäischen Gerichtshof für Menschenrechte eingerichtet, über den Bürger Anklage gegen ein Land erheben können. Um zu verstehen, was das für die Beziehung zwischen dem Staat und dem einzelnen Bürger bedeuten kann, ist es interessant, die Fälle 4.9 und 4.10 zu vergleichen.

Fall 4.9. Lothar von Trotha und der Völkermord an den Herero und Nama

Als die Herero, ein im heutigen Namibia lebendes, ehemaliges Hirtenvolk, sich dazu entschlossen, Widerstand gegen die deutsche Kolonialmacht zu leisten, war ihr Land schon 20 Jahre lang als Deutsch-Südwestafrika unter Kontrolle des Kaiserreichs. Nach zahlreichen, sich über mehrere Monate hinziehenden Kämpfen und Verlusten auf beiden Seiten, wurde der preußische Infanteriegeneral Lothar von Trotha im Mai 1904 zum Oberbefehlshaber von Deutsch-Südwestafrika (heutiges Namibia) ernannt. Er hatte sich schon einige Jahre zuvor bei der blutigen Niederschlagung der Wahehe-Rebellion in Deutsch-Ostafrika einen Namen gemacht und sollte nun das Herero-Problem lösen.

Nach weiteren Monaten heftiger militärischer Auseinandersetzung misslang seinen Truppen im August bei der Schlacht von Waterberg ein Einkesselungsversuch der verbliebenen Herero, die mit Vieh und Angehörigen in die angrenzende Omaheke-Wüste flüchteten.

In einer als Vernichtungsbefehl bekannt gewordenen Erklärung ordnete er daraufhin an, die Wüste abzuriegeln, die Männer zu erschießen und die Frauen und Kinder in die Wüste zurückzudrängen, sollten sie versuchen, zurück auf ihr Land zu kommen:

„[…] Das Volk der Herero muß jedoch das Land verlassen. Wenn das Volk dies nicht tut, so werde ich es mit dem Groot Rohr dazu zwingen. Innerhalb der Deutschen Grenze wird jeder Herero mit oder ohne Gewehr, mit oder ohne Vieh erschossen, ich nehme keine Weiber und Kinder mehr auf, treibe sie zu ihrem Volke zurück oder lasse auf sie schießen. Dies sind meine Worte an das Volk der Hereros. Der große General des mächtigen deutschen Kaisers.

[…]

der Kommandeur

gez. v. Trotha, Generalleutnant."

Zehntausende Tote und eine Dezimierung des Hererovolks auf ca. ein Viertel seiner ursprünglichen Größe (gesicherte Zahlen sind nicht vorhanden) sowie ein ähnlich blutige Niederschlagung eines Aufstands der Volksgruppe der Nama, die sich mit den Herero solidarisierten, haben General von Trotha als ruchlosen Völkermörder in die Geschichte eingehen lassen. Trotzdem hat er zunächst einen kaiserlichen Verdienstorden bekommen und es waren sowohl in Namibia als auch in Deutschland noch lange Straßen nach ihm benannt. Erst im Jahr 2006 entschloss sich die Stadt München aufgrund anhaltender Proteste, die Von-Trotha-Straße in Hererostraße umzubenennen (Abb. 4.4).

So war es damals, auf Befehl einer „zivilisierten" Nation wie Deutschland. Es stimmt zwar, dass in einigen Teilen der Welt immer noch ähnliche Gräueltaten begangen werden, aber ein wichtiger Unterschied besteht darin, dass es heute einen Aufschrei gibt und dass in einigen Fällen die Täter für ihre Taten vor Gericht gestellt werden, anstatt sich lionisieren zu lassen. In den Vereinigten Staaten und Europa haben sich in dieser Hinsicht viele Veränderungen vollzogen, wie in Fall 4.10 veranschaulicht wird.

Abb. 4.4 Umbenennung der Von-Trotha-Straße in Hererostraße in München, 2007. (Quelle: Rolf-Henning Hintze/München Postkolonial)

Fall 4.10. Chassagnou gegen Frankreich

Frau Marie-Jeanne Chassagnou, eine französische Staatsbürgerin, besaß ein schönes Stück Land mit einer wunderschönen Naturlandschaft. Nach französischem Recht war sie als Grundbesitzerin verpflichtet, Mitglied des örtlichen Jagdverbandes zu werden. Das Gesetz verpflichtete sie außerdem, anderen Mitgliedern des Verbandes die freie Nutzung ihres Landes für die Jagd zu gestatten.

Chassagnou war aus Prinzip gegen die Jagd und war folglich gegen die Verpflichtung. Im Jahr 1999 brachte sie den Fall vor den Europäischen Gerichtshof für Menschenrechte, wo sie argumentierte, dass die Zwangsmitgliedschaft gegen ein grundlegendes Menschenrecht, nämlich die Vereinigungsfreiheit, verstoße.

Das Gericht entschied zu ihren Gunsten. Obwohl der Artikel, auf den sich Chassagnou berief, darauf abzielte, Menschen das Recht zu gewähren, Vereinigungen frei zu gründen oder Mitglied in bestehenden Vereinigungen zu werden, bedeutete er auch, dass Menschen das Recht haben, einer Vereinigung *nicht* beizutreten. Das französische Gesetz wurde vom Europäischen Gericht für ungültig erklärt.

Chassagnou nutzt nach wie vor ihr Land, und die Jagd ist nun auf diesem Land verboten.

Bürger, die ihr eigenes Land vor Gericht bringen, und gewinnen! Das ist außergewöhnlich, und es zeigt, wie die Nationen Europas freiwillig einen Teil ihrer Unabhängigkeit für die Sache der Gerechtigkeit aufgegeben haben.

Die Ansichten zu Demokratie und Menschenrechten haben sich sowohl in Europa als auch in anderen Teilen der Welt dramatisch verändert. Die moderne Geschichte hat uns gezeigt, dass es wirklich möglich ist, in Bezug auf Freiheit, Demokratie und Gerechtigkeit für Hunderte von Millionen Menschen riesige Sprünge nach vorn zu machen.

Die Anerkennung der Rechte der Unterdrückten entsteht nicht von selbst, und in vielen Fällen braucht man charismatische Idealisten, die leidenschaftlich ihre Träume deklarieren und ein Publikum erobern. Ein großartiges Beispiel dafür ist der afro-amerikanische Geistliche Martin Luther King, der sich für die Rechte der farbigen Menschen in den Vereinigten Staaten einsetzte. Im August 1963 führte er einen Marsch von 250.000 Menschen in die Hauptstadt Washington DC, wo er eine Rede hielt, die inzwischen berühmt geworden ist. In seiner Rede forderte er die Demonstranten auf, sich gewaltfrei gegen ihre Unterdrückung zu wehren. Es folgt ein Auszug aus seiner Rede:

„Ich habe einen Traum! Dass sich diese Nation eines Tages erheben und die wahre Bedeutung ihres Glaubensbekenntnisses ausleben wird: Wir halten diese Wahrheiten für selbstverständlich, dass alle Menschen gleich geschaffen sind.

Ich habe einen Traum! Dass sich eines Tages auf den roten Hügeln Georgias die Söhne ehemaliger Sklaven und die Söhne ehemaliger Sklavenbesitzer gemeinsam an den Tisch der Brüderlichkeit setzen können.

Ich habe einen Traum! Dass eines Tages sogar der Staat Mississippi, ein von der Hitze der Ungerechtigkeit und der Unterdrückung überhitzter Staat, in eine Oase der Freiheit und Gerechtigkeit verwandelt wird.

Ich habe einen Traum, dass meine vier kleinen Kinder eines Tages in einer Nation leben werden, in der sie nicht nach ihrer Hautfarbe, sondern nach dem Inhalt ihres Charakters beurteilt werden.

Ich habe heute einen Traum!"

1964 wurde in den USA ein neues Gesetz verabschiedet, das einen verbesserten Schutz der Rechte aller amerikanischen Bürger vorsah. Obwohl die schwarze Bevölkerung Amerikas auch heute noch mit vielen Problemen konfrontiert ist, hat sich die Situation seitdem auf jeden Fall verbessert. Martin Luther King erhielt 1964 den Friedensnobelpreis.

Ideale sind ein wesentlicher Bestandteil in einer Welt, in der es noch viel zu verbessern gibt, und die Welt wäre ein viel schlimmerer Ort, wenn es keine Träume gäbe. Ein Mangel an Idealen ist gleichbedeutend mit einem Mangel an nachhaltiger Entwicklung.

Fragen

- Was sind *Ihre* Träume?
- Was wären die Merkmale Ihrer idealen Welt?

Emanzipation und Empowerment

Wenn in den Medien über Emanzipation diskutiert wird, bezieht sich dies fast immer auf den Status der Frauen. In diesem Rahmen gibt es in allen Ländern noch viel zu tun, wie aus Tab. 4.6 hervorgeht. Überraschenderweise hat Ruanda, das Schauplatz des grausamen Völkermords war, der in Fall 3.7 diskutiert wurde, den höchsten Prozentsatz an Frauen im Parlament – derzeit sind mehr als die Hälfte der Parlamentsmitglieder Frauen. In allen anderen Parlamenten sind Frauen eine Minderheit.

Im letzten Jahrhundert wurde jedoch nicht nur im Hinblick auf die Rechte der Frauen sehr viel erreicht. Dank eines vielschichtigen Emanzipationsprozesses, der um die 1960er-Jahre einsetzte, hat der Grad der Freiheit und das Empowerment fast aller Gruppen, insbesondere in westlichen Gesellschaften, zugenommen. Hier sind einige Schlüsselfragen, mit denen ausgewählte Gruppen konfrontiert sind:

Frauen: Die Gleichstellungssituation von Frauen ist weltweit sehr unterschiedlich. In den meisten Industrieländern gehen mehr Frauen einer bezahlten Arbeit nach als früher, ihre Durchschnittsgehälter sind gestiegen, genauso wie die Zahl der Frauen in Führungspositionen. Allerdings: Die höchsten Werte in Tab. 4.6 finden sich in afrikanischen Ländern. Ruanda weist von allen Ländern der Welt den höchsten Prozentsatz weiblicher Parlamentsabgeordneter (64 %) auf. Im Westen, insbesondere in den Vereinigten Staaten, gibt es nach wie vor heftige Debatten über Abtreibung und die reproduktiven Rechte von Frauen. Und Deutschland liegt beim Durchschnittseinkommen von Frauen im Vergleich zu Männern noch immer weit unter dem EU-Durchschnitt (Destatis 2020).

Kinder: 1989 nahm die Generalversammlung der UNO die Konvention über die Rechte des Kindes an. Sie wurde von allen Mitgliedstaaten der UNO ratifiziert, mit Ausnahme von Somalia und den USA. Nach der Konvention sind die Staaten verpflichtet, die Rechte von Minderjährigen zu garantieren. Zu diesen Rechten gehören das Recht auf Leben, auf einen Namen und eine Staatsangehörigkeit, auf ein Zuhause, auf Erziehung durch die Eltern, auf medizinische Versorgung, auf Freizeit, auf Spiel; besonderer Schutz u. a. für adoptierte Kinder, Flüchtlinge, behinderte Kinder, Minderheiten, Kinder in bewaffneten Konflikten, vernachlässigte oder missbrauchte Kinder, Kinder, die wegen einer Straftat verfolgt werden; Schutz vor Diskriminierung, Gewalt, Missbrauch, Vernachlässigung, wirtschaftlicher Ausbeutung, sexuellem Missbrauch, Entführung und Kinderhandel. In Deutschland trat die Konvention 1992 in Kraft, die Umsetzung verläuft jedoch teilweise schleppend. Bis 2010 gab es einen

Tab. 4.6 Stellung der Frauen in ausgewählten Ländern

Land	Sitze im Parlament (2019)			Durchschnittliches Einkommen (im Jahr 2018, PPP-Dollar von 2011)			Spitzen-**positionen** (2018)
	Männer	Frauen	% Frauen	Männer	Frauen	Frauen /Männer	% Frauen
Ruanda	31	49	61 %	2064	1568	76 %	36 %
Kuba	283	322	53 %	10.045	5001	50 %	38 %
Schweden	197	152	44 %	53.777	41.743	78 %	39 %
Südafrika	229	170	43 %	14.894	9060	61 %	32 %
Frankreich	246	228	40 %	46.218	32.518	70 %	33 %
Argentinien	157	100	39 %	24.789	12.395	50 %	31 %
Niederlande	96	54	36 %	57.123	38.767	68 %	27 %
Vereinigtes Königreich	441	209	32 %	50.485	28.043	56 %	36 %
Deutsch-land	490	219	31 %	55.652	38.467	69 %	29 %
China	2238	742	25 %	18.295	12.053	66 %	17 %
Pakistan	262	68	21 %	8786	1642	19 %	3 %
USA	351	84	20 %	66.208	43.899	66 %	41 %
Russland	279	71	16 %	29.671	19.510	66 %	41 %
Indien	478	64	12 %	9729	2722	28 %	13 %
Brasilien	458	55	11 %	17.566	10.073	57 %	40 %
Japan	418	47	10 %	51.326	27.209	53 %	13 %
Nigeria	340	20	6 %	6008	4433	74 %	
Jemen	275	0	0 %	2308	149	6 %	4 %

Die Tabelle ist nach dem Anteil der Frauen im Parlament sortiert. In Ländern, in denen das Parlament zwei Kammern hat (ein Abgeordnetenhaus und einen Senat), sind die Zahlen nach dem Abgeordnetenhaus geordnet. Top-Funktionen werden als Direktoren, leitende Beamte und Unternehmensleiter betrachtet
Quellen: Parlamentszahlen: IPU (2019); Durchschnittseinkommen: UNDP: Human Development Report 2019; Spitzenpositionen: Weltwirtschaftsforum (World Economic Forum): The global gender gap report 2018

„Ausländervorbehalt", der die Gültigkeit auf Kinder mit deutscher Staatsangehörigkeit beschränkte und eine von der Konvention vorgesehene, zentrale Monitoringstelle wurde erst 2015 eingerichtet. Der UN-Kinderrechtsausschuss in Genf kritisiert zudem regelmäßig unzureichende Maßnahmen beim Kampf gegen Kinderarmut und der Unterstützung von Kindern mit Migrationshintergrund.

Die Jugend: Minderjährige haben heute dank Jugendzeitschriften, jugendorientierten Sendern und natürlich dem Internet viel mehr Möglichkeiten, ihre Meinung über die Medien auszudrücken. In vielen Bundesländern wurde in den letzten Jahren zudem das Wahlalter bei Kommunalwahlen auf 16 Jahre gesenkt. Insbesondere im Kontext der Klimabewegung spielen Jugendliche zudem eine zunehmend wichtige politische Rolle.

Senioren: Der Grad der Freiheit von Senioren, z. B. in Altersheimen, hat sich erhöht. Heute gibt es viel mehr öffentliche Einrichtungen für Senioren. Altersdiskriminierung bei Stellenbewerbungen ist gesetzlich verboten worden. Die Sterbehilfe ist in mehreren europäischen Ländern erlaubt – seit einem Gerichtsurteil im Februar 2020 auch in Deutschland.

LSBTQ-Community (lesbisch-schwul-bi-trans-queer): Homosexualität wird von immer mehr Menschen akzeptiert – insbesondere in Westeuropa, Nord- und Lateinamerika, aber auch in Ländern wie Indien, Südafrika oder Südkorea steigt die Akzeptanz. Gleichgeschlechtliche Ehen sind in einer wachsenden Zahl von Ländern erlaubt und auch die Rechte von Transpersonen und Menschen, die sich als Queer definieren, sich also nicht einer festen Geschlechtszuschreibung unterordnen wollen, finden zunehmende Berücksichtigung. Gleichzeitig wird die LGBTQ-Community global gesehen weiterhin stark diskriminiert und muss oftmals um ihr Überleben kämpfen. Unter anderem im Iran, in Saudi-Arabien, Nigeria und Pakistan sieht der Gesetzgeber – trotz seltener Anwendung – beispielsweise weiterhin die Todesstrafe für gleichgeschlechtliche Aktivitäten vor. Aber auch in westlichen Gesellschaften erfahren Homosexuelle sowie insbesondere Transpersonen und queere Menschen weiterhin regelmäßig Diskriminierung, Belästigungen und physische Gewalt.

Menschen mit Behinderung: Die Zahl der öffentlichen Einrichtungen für Menschen mit Behinderung hat ebenfalls erheblich zugenommen, was durch die Gesetzgebung unterstützt wird, und es gibt gesetzliche Bestimmungen, die eine Diskriminierung bei Stellenbewerbungen verbieten. Trotzdem gibt es weiterhin viele Hindernisse, die den Zugang zum Arbeitsmarkt und zum öffentlichen Leben erschweren. Neben der gesellschaftlichen Akzeptanz von Menschen mit Behinderung ist vor allem die Herstellung von Barrierefreiheit im physischen (z. B. der schwellenlose Zugang zu Gebäuden und zum öffentlichen Nahverkehr) und auch im digitalen Raum (z. B. die barrierefreie Aufarbeitung von Webinhalten) eine Herausforderung.

(Ethnische) Minderheiten und Einwanderer: Obwohl sich die Situation ethnischer Minderheiten und Einwanderer in den letzten Jahrzehnten insgesamt vielfach verbessert hat, bleiben rassistische Diskriminierung, Ausgrenzung und Gewaltausübung, sowohl im Westen als auch global, ein grassierendes Problem. Einwanderer in westliche Länder werden dazu angehalten, sich zu assimilieren oder mit Entfremdung und Ausgrenzung konfrontiert zu werden. In Europa und den Vereinigten Staaten werden insbesondere Muslime und Menschen afrikanischer Abstammung regelmäßig zum Ziel rassistischer Attacken. Gleichzeitig sind Geschäfte, Restaurants, Schulen und Gebetsstätten von Muslimen und anderen ethnischen und religiösen Minderheiten

auch in Deutschland zunehmend ein akzeptierter Teil des öffentlichen Lebens und es findet eine öffentliche Diskussion und Sensibilisierung über Rassismus und die Diskriminierung von Minderheiten statt.

Alle Bürgerinnen und Bürger: Die sexuelle Revolution spielte eine wichtige Rolle bei der zunehmenden Offenheit über Sexualität. Die gesellschaftliche Bedeutung von Bürgerinnen und Bürgern nimmt ständig zu, Protestgruppen und andere NGOs übersetzen die Vorstellungen verschiedenster Gruppen in der Gesellschaft und verstärken damit die partizipative Demokratie. In einigen Fällen erfüllen Volksabstimmungen die gleiche Rolle. Die Bevölkerung verfügt über sehr viel mehr Informationen, nicht nur durch das Internet, sondern auch durch das viel größere Angebot an Zeitschriften und Fernsehsendern. Die Bürgerinnen und Bürger sind bewusster und selbstbewusster im Umgang mit Fachleuten wie Ärzten, Beamten, Politikern und der Polizei geworden. Die Entsäulung – der Abbau religiöser und gesellschaftspolitischer Barrieren – und die Säkularisierung haben dazu geführt, dass die gesellschaftliche Bedeutung älterer und in sich geschlossener Gruppen abgenommen hat und die Menschen mehr persönliche Entscheidungen treffen können. Dadurch haben sich auch die traditionellen Unterschiede in der Gesellschaft verwischt, während neue Unterschiede entstanden sind (wie die Kluft zwischen Jugendlichen und Erwachsenen oder zwischen der einheimischen und der eingewanderten Bevölkerung). Hersteller und Handelsketten

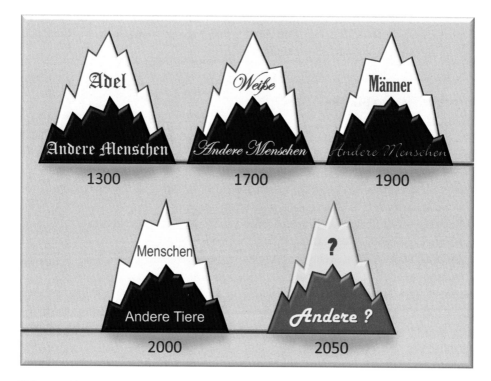

Abb. 4.5 Sich verändernde Ansichten über die Menschheit.

reagieren auf die gestiegene Macht der Verbraucher und haben ihre Politik entsprechend angepasst.

Der Emanzipationsprozess für all diese Gruppen hat seine Grundlagen in einem sehr allmählichen Paradigmenwechsel, in dem die Beziehungen zwischen den Menschen und sogar die Bedeutung der Menschheit über die Jahrhunderte hinweg neu überdacht wurden, wie in Abb. 4.5 dargestellt. Die Daten in der Abbildung sind bis zu einem gewissen Grad symbolisch. Die Tatsache, dass die dazwischen liegenden Perioden ständig halbiert werden, symbolisiert die Tatsache, dass sich die Entwicklung ständig beschleunigt. Die Emanzipation hat bei den Menschen zu einem gesteigerten Freiheitsverständnis und Selbstbewusstsein geführt, wodurch sie zu einem sehr wichtigen Faktor im Bereich der nachhaltigen Entwicklung geworden sind, wie der folgende Abschnitt veranschaulichen soll.

4.3   Menschen

Sowohl die Vereinten Nationen als auch die Europäische Union sind Mammutorganisationen, sogenannte Intergouvernementale Organisationen (IGOs), an die sich nicht jeder instinktiv gebunden fühlt. Die meisten Einzelpersonen haben wenig Einfluss auf die Politik solcher Organisationen. Dennoch haben Einzelpersonen immer noch viele Möglichkeiten, durch ihr Handeln, ihre Haltung und ihre Entscheidungen eine Quelle der Vitalität für eine nachhaltige Entwicklung zu sein.

Verbraucher und Bürger

Einige Arten der nachhaltigen Entwicklung sind leicht umzusetzen, billig, und die damit verbundene Arbeit wird den Lebensstil eines Menschen kaum verändern. Bekannte Beispiele sind

- zu Fuß gehen oder Rad fahren, statt ins Auto zu springen
- Nutzung grüner Energie, d. h. aus nachhaltigen Quellen erzeugter Strom
- Ablehnung unnötiger Verpackungen in Geschäften
- Ausschalten des Lichts, wenn Sie einen Raum verlassen

Die Ergebnisse dieser Aktionen im Hinblick auf die nachhaltige Entwicklung sind dank der Tatsache, dass sie von vielen Menschen durchgeführt werden, aussagekräftig. Andere Ansätze erfordern größere Anstrengungen und Aufmerksamkeit, aber ihre Auswirkungen können auch viel größer sein. Ein gutes Beispiel dafür ist, wenn Kunden sich *massenhaft* weigern, in einem Geschäft einzukaufen, in dem Handlungen ausgeführt werden, die von den Kunden als inakzeptabel angesehen werden. Als der Ölkonzern Shell vor einigen Jahrzehnten Geschäfte mit Südafrika aus der Zeit der Apartheid machte, weigerten sich viele Menschen, an Shell-Tankstellen Benzin zu kaufen, was nachweislich Auswirkungen auf die Politik von Shell hatte. Heute besteht diese Möglichkeit im Hinblick auf Unternehmen, die Produkte verkaufen, die in Kinderarbeit hergestellt wurden. „Mit den Füßen abstimmen" nennt man diese Aktion – die Menschen drücken ihre Gefühle aus, indem sie nicht in diesen Geschäften kaufen.

Eine relativ neue Art und Weise, zur Nachhaltigkeit beizutragen, besteht darin, der Natur das „verbrauchte" Stück Umwelt „zurückzuzahlen". Das bedeutet z. B., dass ein Flugpassagier einen zusätzlichen Betrag bezahlen könnte, der dann dafür verwendet wird, irgendwo eine Reihe von Bäumen zu pflanzen – „Trees for Travel", „Bäume für die Reise". Dass dies eine sorgfältige Umsetzung erfordert, zeigte sich in Fall 3.8, in dem beschrieben wurde, dass das Entschädigungsprojekt am Mount Elgon nicht gerade ein durchschlagender Erfolg war.

Alle bisher aufgeführten Optionen betreffen das Kauf- und Konsumverhalten – also das Verbraucherverhalten. Es gibt noch eine andere Art von Verhalten, das von Menschen gezeigt werden kann – die Verantwortung des Bürgers als verantwortungsbewusstes Mitglied der Gesellschaft. Die Rolle des nachhaltigen Bürgers könnte beinhalten:

- Müll trennen
- Geld für gute Zwecke spenden
- Eine politische Partei wählen, die (nach Meinung des Wählers) die nachhaltige Entwicklung bestmöglich berücksichtigt

NGOs und Gruppenproteste

Was die Möglichkeiten des einzelnen Bürgers betrifft, so nimmt seine Fähigkeit, nachhaltig zu handeln, dramatisch zu, wenn er zusammenarbeitet. Man kann sich einer Gruppe anschließen oder sogar eine solche gründen – es gibt Millionen solcher Gruppen, die von winzig klein bis titanisch reichen. Einige sind weltweit bekannt, wie Greenpeace, der World Wildlife Fund, Oxfam und Amnesty International. Dann gibt es auch unzählige kleinere Gruppen. Lokale Protestkomitees, Anwohnerverbände, die Liste geht weiter (Abb. 4.6). Diese Gruppen, vom riesigen World Wildlife Fund bis hin zur kleinen „Rettet die Gopherschildkröte", fallen unter den Titel NGO, „Nichtregierungsorganisation", um die Tatsache hervorzuheben, dass sie vom Staat (der „Regierung") unabhängig sind.

Abgesehen von diesen formellen Vereinigungen und Stiftungen gibt es auch viele einmalige Veranstaltungen. Ein hervorragendes Beispiel dafür ist das Live-Aid-Konzert, das 1985 gleichzeitig in Europa und in den USA stattfand. Zahlreiche weltweit bekannte Stars nahmen an dem Konzert teil, bei dem es darum ging, Geld für die Bekämpfung einer Hungersnot in Afrika zu sammeln. Es wurde gesagt, dass 1,5 Mrd. Menschen die Konzerte live im Fernsehen verfolgten, und es wurden über 100 Mio. US$ gesammelt. Im Jahr 2005 fand erneut eine ähnliche Veranstaltung statt, diesmal viel größer, da sie

Individuelle Menschen in jedem Land:
eine riesige Quelle der Kraft
für nachhaltige Entwicklung

▶ **Abb. 4.6**   (Quelle: Luis Miguel Bugallo Sánchez 2006, Wikimedia; Ferdinand Reus, Wikimedia; Peter Morgan, Wikimedia; PICQ, background blur by Samsara 2005, Wikimedia; Jesse Nickles 2004, Wikimedia; Jonathan McIntosh 2004, Wikimedia; Wen-Yan King, Wikimedia; Christiaan Briggs 2003, Wikimedia)

auf zehn Bühnen auf der ganzen Welt stattfand, darunter in Philadelphia, London, Paris, Berlin, Rom und Tokio: Live 8 (Abb. 4.7). Der Zweck der letztgenannten Konzerte bestand nicht darin, Geld zu beschaffen, sondern massiven Druck auf die G8 auszuüben, die einige Tage später zusammenkamen, um über die Verschuldung der verarmten Länder und die Umwelt zu diskutieren. „Gerechtigkeit, nicht Geld!" war der Aufruf der Künstler und des Publikums. Der Druck führte zu einem gewissen Erfolg, und der Schuldenerlass für eine Reihe von Ländern, dem zuvor zugestimmt worden war, wurde verlängert. Die G8-Länder versprachen eine Verdoppelung der Entwicklungshilfe, aber leider wurden die Handelszölle und Handelsschranken, die ein großes Hindernis für die Entwicklung der armen Länder darstellen, nicht aufgehoben, während die Behandlung von Umweltfragen nach vorne verlagert wurde. Aber dieser Teilerfolg zeigt immer noch, dass der Druck der öffentlichen Meinung – des „normalen" Menschen – wirklich etwas bewirken kann.

Die Zivilgesellschaft

Die Tatsache, dass gewöhnliche Menschen mit Zusammenarbeit viel erreichen können, wurde 1989 in Osteuropa deutlich. In Ostdeutschland, Ungarn, der Tschechoslowakei und Polen fielen die diktatorischen Regime wie Dominosteine vor fried-

Abb. 4.7   Live 8, 2005. (Quelle: Marcel Linke, Wikimedia)

Abb. 4.8 Berlin, November 1989: Zuversichtliche Demonstranten besteigen die Mauer, um die ostdeutschen Behörden zur Öffnung des Brandenburger Tores zu zwingen. Daraufhin brach das kommunistische Regime zusammen. (Quelle: Gavin Stewart, flickr)

lich demonstrierenden Bürgern. Der Fall der Berliner Mauer (Abb. 4.8) ist zu einem Symbol für die unglaubliche Armee friedlicher Bürger geworden. Georgien erlebte 2003 eine Wiederholung, ebenso wie die Ukraine im Jahr 2004, gefolgt von mehreren arabischen Nationen im Jahr 2011. Friedliche Revolutionen hatten sogar schon vor 1989 stattgefunden – z. B. erlangte das riesige Land Indien 1947 die Unabhängigkeit vom Vereinigten Königreich, nachdem das Volk, angeführt von Mahatma Gandhi, gewaltlos protestierte und Widerstand gegen die Kolonialmacht leistete. Leider führten die Unabhängigkeit Indiens und die Revolutionen in Georgien und der Ukraine danach zu Wellen der Gewalt; die Unabhängigkeitsprozesse selbst verliefen jedoch weitgehend friedlich.

Emanzipierte Bürger, Nichtregierungsorganisationen und friedliche Bevölkerungsgruppen bilden zusammen mit anderen aktiven zivilen Gruppen wie Mündeln, Schulen und Friedensbewegungen unsere Zivilgesellschaft, die „Gemeinschaft der Bürger". Ihre Bedeutung nimmt ständig zu, und die Zivilgesellschaft bietet heute ein Gegengewicht zum Globalisierungsprozess, durch den Nationen, gigantische internationale Organisationen und multinationale Unternehmen immer mehr Einfluss gewinnen. Die Zivilgesellschaft ist ein wesentlicher Bestandteil der Demokratie, und sie bedeutet mehr, als nur alle vier Jahre eine Stimme für eine politische Partei abzugeben. Auch dank des

Internets wird die Zivilgesellschaft in ihrem Handeln immer internationaler und entwickelt sich so zu einer grenzüberschreitenden globalen Zivilgesellschaft. Das Gewicht dieser Gruppe wächst auch innerhalb der Vereinten Nationen. So finden auf der großen Konferenz für nachhaltige Entwicklung in Johannesburg 2002 (Rio + 10) zahlreiche sogenannte *Side Events* statt, darunter auch solche, die auf Wunsch von Organisationen der Zivilgesellschaft ins Leben gerufen wurden. Dasselbe geschah während Rio + 20 im Jahr 2012, die wiederum in Rio de Janeiro stattfand. Diese Nebenveranstaltungen waren eigentlich ganze Konferenzen an sich, die von der UNO offiziell anerkannt wurden und deren Ergebnisse auf die „echte" Konferenz übertragen wurden. Die beteiligten Gruppen waren sehr unterschiedlich, von der Organisation für Frauenentwicklung und Umwelt aus Brasilien bis zur Yale School of Forestry and Environmental Studies und von der World Student Community for Sustainable Development (WSC-SD) bis zur Internationalen Jugend- und Studentenbewegung für die Vereinten Nationen (ISMUN).

Vielfalt, Kulturen und Werte

Bisher lag der Schwerpunkt auf der Zusammenarbeit der Menschen innerhalb der Zivilgesellschaft. Aber viel Elan geht auch von den Unterschieden zwischen den Menschen, von der Vielfalt, aus. Aus diesem sehr guten Grund legt die Agenda 21 so viel Wert auf den Schutz von Sprachen, Völkern, Kulturen und Religionen. Kulturen existieren zum Teil in verschiedenen Regionen der Welt, zum Teil sind sie aber auch völlig vermischt.

Fall 4.11. Punks, Gabbers und Metalheads
Punks sind lebenslustig, manchmal aggressiv und haben einen Sinn für Humor. Sie sind gegen alles (auch gegen sich selbst) und verabscheuen die etablierte Ordnung.

Gabbers tragen Trainingsanzüge, vorzugsweise mit einer Bomberjacke, und Nike-Turnschuhe. Sie lieben *Hakking*, eine Form des Rave-Tanzes.

Metalheads verabscheuen Sitten und Gebräuche. Sie könnten nie an etwas so Banales wie die Liebe glauben, und sie hören Musik in ihrer schwersten und konzentriertesten Form.

Popper und Mods mögen Feldhockey, Markenkleidung und schnelle Autos, während Hippies Blumen, Frieden und gelegentlich einen Joint mögen. Goths sind leicht an ihren mystischen Symbolen von Runen, Kreuzen und Pentagrammen zu erkennen, die ihre schwarze Kleidung und ihr Make-up begleiten. Sie spüren die dunkle Seite der Welt und der Menschheit auf.

Und dann gibt es die Neutralen, die Trance-Tänzer und Raver, die Straight Edgers und die Furries. Die Urbanen, die Alternativen, die Grunger, die Hip-Hopper und Rock 'n' Roller und die Skater und Surfer oder die Nerds und Hacker.

Die Definitionsmerkmale der in Fall 4.11 skizzierten Gruppen sollten natürlich nicht sehr ernst genommen werden, aber hinter ihrem äußeren Erscheinungsbild verbirgt sich sicherlich eine Welt voller Unterschiede. Zum Beispiel in der Art und Weise, wie sie die Welt sehen, oder in der Art und Weise, wie sie das Leben genießen – oder nicht genießen, je nachdem. Andere Unterschiede betreffen die Dinge, die eine Person als wertvoll oder eher als verabscheuungswürdig erachtet. Jede dieser Gruppen hat ihre eigenen Werte und Traditionen, und zusammengenommen stellt diese Vielfalt eine wichtige Quelle der Vitalität für eine Gesellschaft dar. So wie eine Pflanzen- oder Tierart dank einer großen genetischen Vielfalt in der Lage ist, flexibel auf sich verändernde biologische Gegebenheiten zu reagieren, so verfügt eine Gesellschaft durch ihre kulturelle Vielfalt über einen Reichtum und Überlebenswillen, der es ihr erlaubt, unter sich verändernden technologischen, wirtschaftlichen und sozialen Bedingungen gesund zu bleiben. Dies gilt sowohl für die globale als auch für die lokale Gesellschaft.

4.4   Natur

Neben dem Humankapital stellt auch die natürliche Umwelt ein wichtiges Kapital dar. Die natürliche Umwelt versorgt uns mit wertvollen Rohstoffen, wie Eisenerz, frischem Wasser und sauberer Luft. Sie gibt uns unsere Nahrung durch die Tier- und Pflanzenwelt, unsere Baustoffe aus Holz und Stein und unsere Energie in Form von Öl, Gas und Kohle sowie in Form von Wind- und Sonnenenergie, Gezeitenenergie und Kernenergie.

Einige dieser Ressourcen sind erneuerbar, aber viele von ihnen werden übermäßig ausgebeutet. Der Trick dabei ist, den Verbrauch dieser Ressourcen auf ein Niveau zu reduzieren, bei dem die natürliche Umwelt in der Lage ist, das, was verbraucht wird, wieder aufzufüllen. Ein Beispiel dafür ist die Verwendung von nachhaltigem Holz, für das die FSC®-Zertifizierung eingeführt wurde. Der FSC oder „Forest Stewardship Council" ist eine internationale NGO, die die nachhaltige Nutzung der Wälder überwacht und die Zerstörung der tropischen Regenwälder bekämpft. Das Qualitätszeichen wird an Holz aus nachhaltig bewirtschafteten Wäldern und an Produkte vergeben, die aus diesem Holz hergestellt wurden. Das FSC®-Gütezeichen finden Sie auch auf einer der Startseiten dieses Buches, denn das Papier, auf dem es gedruckt ist, trägt das „FSC Mix"-Zeichen, d. h. es besteht aus einer Mischung aus zertifiziertem oder kontrolliertem Holz und Recyclingpapier.

Andere Ressourcen sind endlich und werden nicht wieder aufgefüllt, wie z. B. Eisenerz, Öl und Gas. Es ist prinzipiell nichts Falsches daran, diese Stoffe zu verwenden, aber es muss dann die Bedingung gestellt werden, dass sie als Schritt zu einem Szenario verbraucht werden, in dem sie durch erneuerbare natürliche Ressourcen ersetzt werden. Das Ersetzen der nicht-erneuerbaren Ressourcen durch erneuerbare wird als Substitutionsprozess bezeichnet. Ein Beispiel für eine Substitution wäre der Ersatz von Gas und Diesel als Brennstoff durch Wasserstoff oder Methanol, die, wenn sie aus Pflanzen gewonnen werden, nicht zur globalen Erwärmung beitragen, da das freigesetzte CO_2

zuvor von diesen Pflanzen aus der Atmosphäre absorbiert wurde – ein geschlossener Kreislauf.

Die Natur gibt uns auch Wissen – z. B. Kenntnisse über ökologische Systeme, aus denen wir lernen können, wie man Vorstädte auf ökologisch verantwortliche Weise baut, indem man natürliche und energiesparende Heiz- und Kühlgeräte verwendet. Sie gibt uns auch Wissen über Medikamente, und jedes Jahr werden in Pflanzen neue Substanzen entdeckt, die zur Herstellung neuer Medikamente oder Materialien verwendet werden können. Es gibt immer noch Zehntausende biochemischer Verbindungen, die im Herzen der Tropenwälder oder in den Gewässern des Ozeans verborgen sind und nur darauf warten, entdeckt zu werden.

Die Natur gibt uns auch noch andere Dinge – Möglichkeiten, Ruhe zu finden, Entspannung, Erholung, Poesie, Tourismus. Nachhaltiger Tourismus ist eine Form des Tourismus, bei der versucht wird, der natürlichen Umwelt und der lokalen Kultur so wenig Schaden wie möglich zuzufügen und gleichzeitig zur Sensibilisierung der Reiseveranstalter und ihrer Kunden, der Touristen, beizutragen.

Auch die Natur schützt uns. Die Ozonschicht ist ein gutes Beispiel für diesen Aspekt, die einen großen Teil der ultravioletten Strahlung, die die Erde aus dem Weltraum bombardiert, aufhält. Leben auf der Erde – zumindest, wie wir sie kennen – wäre ohne die Ozonschicht unmöglich. Sollte die Ozonschicht abgebaut werden, würden Krebs und Augenkrankheiten bei Mensch und Tier dramatisch zunehmen.

Nicht zuletzt erlaubt die Natur eine Reinigung und Verwertung. An sich ist es kein Problem, dass wir unseren Müll in der natürlichen Umgebung deponieren, da ein Großteil davon von Mikroorganismen abgebaut wird. Aber es ist entscheidend, dass bestimmte Grenzen beachtet werden – wir sollten nicht mehr deponieren, als die natürliche Umwelt verdauen kann.

Naturverwaltung

Es gibt viele Möglichkeiten, wie die natürliche Welt gesund bewirtschaftet und verbessert werden kann. Einige davon sind politischer oder rechtlicher Natur. Gesetze und internationale Verträge verbieten oder beschränken die Jagd und den Fischfang gefährdeter Arten, während andere Verträge den Handel mit bedrohten Arten einschränken, darunter das Übereinkommen über den internationalen Handel mit gefährdeten Arten freilebender Tiere und Pflanzen (CITES). Darüber hinaus gibt es verschiedene Verträge, wie z. B. die Berner Konvention, die sich mit dem Schutz von Lebensräumen befasst, und die Ramsar-Konvention, die auf den Schutz von Feuchtgebieten abzielt. Und es gibt noch viele andere.

Andere Ansätze sind biologischer oder technologischer Natur, wie Abb. 4.9 veranschaulicht.

In Naturschutzgebieten und Zoos wurden Zuchtprogramme gestartet, um die Populationen seltener Tiere zu erhalten und eine ausreichende Vielfalt innerhalb einer

Abb. 4.9 Die Moore und Wälder im Leikeven, einem See in Brabant (Niederlande), wurden um 1950 in landwirtschaftliche Nutzflächen umgewandelt, während Europa unter Hunger litt. In den folgenden Jahrzehnten veränderte die Übernutzung das Feuchtgebiet drastisch und es verschlammte. Das Gebiet wurde wieder der Natur zurückgegeben, der übermäßig fruchtbare Boden abgeschabt. Seitdem sind Dutzende von Pflanzen und Tieren, die auf der Roten Liste der IUCN stehen, zurückgekehrt. (Quelle: Niko Roorda)

Art sicherzustellen, um Inzucht und die daraus resultierende Degradierung des Genpools zu verhindern. Fragmentierte natürliche Umgebungen werden durch Einrichtungen wie Wildtierkreuzungen, die auch als Ökobrücken, Ökodukte oder Grünbrücken bezeichnet werden, miteinander verbunden (Abb. 4.10). In Europa setzt sich das Natura-2000-Netz dafür ein, geschädigte Ökosysteme wieder in ihren ursprünglichen Zustand zu versetzen und Schutzgebiete zu schaffen. Dieses Netzwerk, dem alle EU-Mitgliedstaaten angehören, bestand im Jahr 2017 aus 27.000 miteinander verbundenen Naturschutzgebieten, die sich über eine Fläche von 790.000 Quadratkilometern erstrecken – 18 % der Fläche der EU, zuzüglich weiterer 360.000 km^2 Naturschutzgebiet im Meer.

Dank solcher Initiativen werden viele Arten vor dem Aussterben bewahrt. Theoretisch ist es sogar denkbar, dass bestimmte ausgestorbene Arten durch Klonen wieder zum Leben erweckt werden können. Dies ist nur möglich, wenn genügend genetisches Material zur Verfügung steht, das in die Zellen lebender Tiere oder Pflanzen eingeschleust werden kann. Prinzipiell sollte es möglich sein, erwachsene Exemplare der

Abb. 4.10 Wildtierquerung im Land Luxemburg, Überquerung der Autobahn von Brüssel in die Stadt Luxemburg. (Quelle: Lamiot 2007, Wikimedia)

ausgestorbenen Fauna oder Flora zu züchten, was aber bisher nicht gelungen ist. Es war die Rede davon, diesen Prozess für das Mammut durchzuführen, wobei Proben verwendet werden sollten, die in Eis eingeschlossen und gefroren gefunden wurden, und es gab sogar einen tatsächlichen Versuch, den in Fall 2.5 beschriebenen Tasmanischen Tiger nachzubilden, aber der Versuch scheiterte, da die DNA zu weit abgebaut war.

Fall 4.12. De-Extinktion? Das Lazarus-Projekt!
Der Dodo. Das Quagga. Das wollige Mammut und der flugunfähige, zwölf Fuß hohe Moa. Könnte man sie wieder zum Leben erwecken? An der Universität von New South Wales glaubt man das.
Sydney Morning Herald, 18. April 2015
Ein erster Erfolg wurde 2013 gemeldet. Forscher der University of New South Wales berichteten auf einer TEDx-Sondersitzung in Washington über die Froschart *Rheobatrachus sillus,* deren Weibchen ihre Eier verschluckte, sodass die Babys in ihrem Bauch wuchsen und wieder aus ihrem Mund geboren wurden. Diese einzigartige Art war in den 1980er-Jahren ausgestorben. Aber es gab noch genetisches Material, und die Biologen steckten es in eine Stammzelle einer anderen Froschart. Die Embryonen blieben drei Tage lang am Leben.
Seitdem wurden keine Erfolge verzeichnet: Es erweist sich als recht schwierig.
Nicht alle sind für eine solche Forschung. Stellen Sie sich vor, Sie könnten ein paar Exemplare des Tasmanischen Tigers oder des Mammuts züchten: Dann haben

> Sie die Art noch nicht zurückgegeben, wie argumentiert wird: Sie vermissen dann die genetische Variation innerhalb der Art, das entsprechende Ökosystem, das entwickelte Verhalten der Art. Andere Kritiker befürchten, dass Investitionen in diese Art der Forschung auf Kosten der Bemühungen um den Schutz der gegenwärtig gefährdeten Arten gehen werden. Es besteht sogar die Chance, dass es den Menschen nicht mehr so leidtut, wenn Arten aussterben: „Wir machen sie einfach wieder, wenn wir wollen."

Ein technologischer Ansatz zum Schutz der Fischbestände in den Ozeanen besteht darin, die Fische zu züchten, anstatt sie in der Wildnis zu fangen. Diese Aquakultur ist ein schnell wachsender Wirtschaftszweig: Seit 2012 wird weltweit zum ersten Mal in der Geschichte mehr Fisch als Vieh gezüchtet. Es ist ein logischer Schritt, der mit der Transition von der Jagd zur Viehzucht vergleichbar ist. Wenn jedoch Zuchtfische mit Fischen gefüttert werden, die in den Ozeanen gefangen wurden, gibt es wenig oder keinen Gewinn für die Umwelt.

Die Entwicklung von gentechnisch modifizierten (GV) Pflanzen ist eine weitere Methode, die zum Schutz der natürlichen Umwelt beitragen könnte. Wie in Kap. 1 gezeigt wurde, könnte die Veränderung der Gene von Kulturpflanzen diese in die Lage versetzen, einen Antikörper gegen bestimmte Insekten zu produzieren, was bedeutet, dass weniger Pestizide benötigt werden. Die Methode ist jedoch nicht unumstritten, und die Gegner weisen auf die Risiken hin, wie z. B. die Möglichkeit, neu eingeführte Erbmerkmale auf andere Pflanzen zu übertragen, die das Ökosystem auf unvorhersehbare Weise stören könnten.

4.5   Wissenschaft und Technik

Abgesehen von den bereits erwähnten Anwendungen für Wissenschaft und Technologie können viele andere Anwendungen für eine nachhaltige Entwicklung genutzt werden. Noch weiter, soweit die nachhaltige Entwicklung von der Technologie abhängig ist, kann man sagen, dass fast alle Probleme, mit denen wir konfrontiert sind, – im Prinzip – gelöst werden können. Ein Beispiel ist die globale Nahrungsmittelproduktion – schon heute gibt es genügend Nahrungsmittel, um die gesamte Weltbevölkerung zu ernähren, obwohl vielerorts nicht die modernste Agrartechnologie eingesetzt wird. Dass trotzdem immer noch Hunderte von Millionen Menschen an chronischer Unterernährung leiden, ist nicht die Schuld der Technik, sondern anderer Faktoren wirtschaftlicher, politischer oder logistischer Art. Es stimmt zwar, dass die heutige Nahrungsmittelindustrie die natürliche Umwelt rücksichtslos ausbeutet und daher weit davon entfernt ist, nachhaltig zu sein, aber auch dies kann mit technologischen Mitteln gelöst werden, die größtenteils bereits verfügbar sind, während der Rest in absehbarer Zeit geschaffen werden kann. Als Faustregel gilt: Wenn es um eine nachhaltige Entwicklung geht, wird die Technik selten eine Barriere darstellen. Dies gilt z. B. auch für die Energie, da es prinzipiell möglich ist, die gesamte menschliche Bevölkerung mit nachhaltiger Energie zu versorgen.

Abschn. 4.7 befasst sich ausführlich mit der Energiefrage; es wird zeigen, dass nachhaltige Energie immer wettbewerbsfähiger wird, was eine aufregende Entwicklung ist. Der aktuelle Abschnitt wird einige weitere Beispiele für innovative technische Lösungen für Fragen der Nachhaltigkeit bieten.

Bakterien, die reinigen

Kontaminiertes Land kann durch bestimmte Arten von Bakterien gereinigt werden. Die Bakterien könnten verwendet werden, um durch Öl verunreinigtes Land oder sogar stark vergifteten Boden zu reinigen. Tetrachlorethylen ist eines jener Gifte, die sich im Boden ansiedeln, aber eine bestimmte Art von Bakterien verdaut es und genießt es sogar. Dank der wissenschaftlichen Forschung wurden bestimmte Arten von Bakterien entdeckt und Techniken entwickelt, um die Bedingungen zu schaffen, unter denen es optimal funktioniert.

Pflanzliche Proteine

Die Tatsache, dass unsere größte Proteinquelle Fleisch ist, ist im Hinblick auf die nachhaltige Entwicklung nicht gut, wie Abschn. 4.2 zeigte. Es wäre viel besser, wenn ein großer Prozentsatz unseres Proteins aus pflanzlichen Quellen stammen würde. Es wird viel daran gearbeitet, Nahrungsmittel zu schaffen, die Fleisch ähneln, aber aus Pflanzen, wie Soja, oder aus Hefe hergestellt werden. Dieses sogenannte neuartige Eiweißlebensmittel ist bereits seit vielen Jahren in den Regalen der Supermärkte erhältlich, sein Absatz steigt rapide an. Wenn es den Forschern gelingt, solche Lebensmittel fleischähnlicher zu machen – in dem Maße, dass Textur und Geschmack nicht mehr von Fleisch zu unterscheiden sind – und sie billiger werden, dann besteht eine gute Chance, dass der Fleischkonsum weitgehend aussterben wird, so wie vielerorts die pflanzliche Margarine die Butter weitgehend ersetzt hat. Abschn. 4.8 kehrt zu diesem Thema zurück.

Die kleinsten Maschinen der Welt

Im Jahr 1999 schuf Bernard L. Feringa ein molekulares Rotorblatt und brachte es zum Drehen. Als Nächstes konstruierte er mithilfe eines molekularen Motors ein Nanoauto: den ersten künstlichen Motor im Nanomaßstab. Diese winzigen mechanischen Elemente mögen unbedeutend erscheinen, aber wahrscheinlich werden sie einen enormen Einfluss haben. „Was die Entwicklung betrifft, so befindet sich der molekulare Motor im gleichen Stadium wie der Elektromotor in den 1830er-Jahren, als Wissenschaftler verschiedene sich drehende Kurbeln und Räder ausstellten, ohne zu wissen, dass sie zu elektrischen Zügen, Waschmaschinen, Ventilatoren und Küchenmaschinen führen würden." Dies wurde vom Nobelpreiskomitee im Jahr 2016 geschrieben, das Feringa und zwei anderen den Nobelpreis für Chemie verlieh. Die Erwartungen sind in der Tat hoch. Wie wäre es mit: Roboter, die kleiner als Blutzellen sind, in Blutgefäße injiziert werden und auf der Jagd nach Krebszellen sind? Atom für Atom neue Materialien wie Medikamente bauen? Motoren, die Brücken zwischen Gehirnzellen und digitalen Geräten im Nanobereich bauen?

Neue Impfstoffe

Am Horizont zeichnet sich eine ganz neue Generation von Impfstoffen ab, die eines Tages in der Lage sein könnten, wichtige Krankheiten wie Malaria, Tuberkulose, Ebola und Aids vollständig auszurotten. Der erste weltweite Erfolg mit dieser Form war die Ausrottung der Pocken, einer Krankheit, die allein im 20. Jahrhundert mindestens 300 Mio. Menschen ausgelöscht hat. Die Krankheit selbst wurde bis 1978 ausgerottet. Es gibt immer noch gelegentlich Berichte über einen erneuten Ausbruch der Pocken, aber bisher haben sich alle als Fehlalarm herausgestellt.

Es wird auch an Impfstoffen gearbeitet, die die Abhängigkeit von Nikotin und Drogen wie Kokain und Ecstasy bekämpfen. Sobald Sie gegen eine Substanz geimpft sind, entwickelt Ihr Körper Antikörper, die den Wirkstoffen entgegenwirken, und das Rauchen von Tabak oder Marihuana oder das Injizieren anderer Betäubungsmittel hat keine Auswirkungen mehr auf Ihren Körper oder Geist. Sucht wäre eine Unmöglichkeit.

Die Impfstoffe dürfen nicht weit entfernt sein. „Anti-Kokain-Impfstoff für klinische Studien am Menschen zugelassen", berichtete die Cornell-Universität im August 2016. Und eine Zeitschrift namens *Biomaterials* berichtete im November 2016: „Die nächste Generation des Nikotinimpfstoffs: ein neuartiger und wirksamer Hybrid-Nikotinimpfstoff auf der Basis von Nanopartikeln" (Hu et al. 2016).

Fragen

- Wenn Impfstoffe gegen Nikotin- und Drogensucht verfügbar wären, würden Sie sich dann behandeln lassen?
- Glauben Sie, dass es richtig wäre, alle neugeborenen Kinder mit diesen Medikamenten zu impfen?

4.6   Unternehmertum

Vorherige Abschnitte dieses Kapitels waren dem Menschen und der natürlichen Umwelt als zwei wichtige Quellen der Vitalität gewidmet – d. h. den Abschnitten *People* und *Planet*. Aber auch *Profit* – also die Wirtschaft – kann einen höchst wirksamen Beitrag zur nachhaltigen Entwicklung leisten. Dieses Unternehmertum bezieht sich in erster Linie auf Unternehmen, sowohl große internationale Unternehmen als auch kleine und mittlere Unternehmen (KMU). Immer mehr Unternehmen entdecken, dass die Sorge um eine nachhaltige Entwicklung nicht nur gut für die Welt ist, sondern auch für das Unternehmen selbst. Nachhaltige Entwicklung kann ein hochprofitables Unterfangen sein und zumindest größere Verluste verhindern.

Dieser Abschnitt geht nicht allzu tief auf dieses Thema ein, da ihm der gesamte Abschn. 4.8 gewidmet ist, sodass an dieser Stelle einige Beispiele ausreichen.

Die nachhaltige Nutzung von Ressourcen durch Wirtschaft und Industrie liegt im Interesse aller, auch im Interesse der Unternehmen selbst. Der folgende Fall ist ein gutes Beispiel dafür.

Fall 4.13. MSC: Nachhaltige Fischerei

Unilever ist ein multinationales Unternehmen, das Konsumgüter, einschließlich Lebensmittel, herstellt. Als weltweit größter Abnehmer von Meeresfrüchten machte sich das Unternehmen 1996 ernsthafte Sorgen um die Zukunft der Fänge. Es ging daher eine Partnerschaft mit dem World Wildlife Fund for Nature und der FAO, der Ernährungs- und Landwirtschaftsorganisation der UNO, ein, die unter dem Namen Fish Sustainability Initiative (FSI) bekannt wurde. Unilever verpflichtete sich, zu gegebener Zeit nur Fisch zu verwenden, der nachhaltig gefangen wurde, was bedeutet, dass garantiert ist, dass die Bestände nicht erschöpft sind. Gemeinsam mit dem WWF richteten sie ein Zertifizierungssystem für Fischereiunternehmen ein, das MSC-Zertifizierungsprogramm. Das Qualitätszeichen wird vom Marine Stewardship Council verwaltet, der seit 1997 eine unabhängige NGO ist. Zertifizierte Fischereiunternehmen fangen Fisch nur in Übereinstimmung mit Nachhaltigkeitsrichtlinien und konzentrieren sich dabei auf die Erhaltung und Wiederherstellung gesunder Fischpopulationen und Ökosysteme auf der Grundlage biologisch, technologisch und sozial akzeptierter Standards im Rahmen nationaler Gesetze und internationaler Verträge.

Für die Verbraucher erstellt die Good Fish Foundation MSC jährlich in Zusammenarbeit mit dem Marine Stewardship Council den „Fishing Guide" in mehreren Sprachen, teilweise auf der Grundlage des MSC-Gütezeichens, von Fischarten, die mehr oder weniger nachhaltig verzehrt werden können.

Restaurants und Supermärkte berücksichtigen zunehmend das MSC-Gütezeichen. Es bleibt noch viel zu tun, denn bisher sind rund 15 % der weltweiten Fischerei MSC-zertifiziert oder auf dem Weg zur Zertifizierung. Aber die Wirkung wächst, denn zwischen 2008 und 2018 hat sich die Zahl der Fischereien, die am MSC-Programm teilnehmen, vervierfacht. Weitere Informationen finden Sie unter msc.org.

Dieser Fall zeigt die Verantwortung, die ein Unternehmen gegenüber Natur und Umwelt übernimmt. Es bleibt natürlich die Frage, ob ein Unternehmen dies in erster Linie aus Sorge um Natur und Umwelt oder auch teilweise aus Imagegründen gegenüber ihren Kunden tut. Aber selbst wenn Letzteres tatsächlich der Fall ist, ist es immer noch eine Tatsache, dass selten gewordene Fischarten vor dem Aussterben bewahrt werden können.

Einer der Aspekte von CSR (Corporate Social Responsibility) besteht darin, dass sich ein Unternehmen um seine eigenen Mitarbeiter und um seine Zulieferbetriebe kümmert. Der Fall 4.14 führt dies im Detail aus (Abb. 4.11).

Fall 4.14. Kaffee aus fairem Handel. Und Tee, Kakao und vieles mehr
Es begann mit UTZ kapeh. Das bedeutet: guter Kaffee, in der Mayasprache. Bis 2007 war es auch der Name einer NGO, die sich für nachhaltigen Kaffee einsetzte; seitdem heißt die Stiftung UTZ Certified. Die Stiftung wurde recht erfolgreich, nicht nur mit Kaffee, sondern später auch mit Tee, Kakao und Haselnüssen. Nicht wenige große Anbieter kaufen heute Produkte mit dem UTZ-Zertifikat. Mehr als 1300 Unternehmen kaufen UTZ-zertifizierten Tee, Kaffee und Kakao ein. Zu den

Abb. 4.11 Vier Zertifikate.

Kunden gehören IKEA, McDonald's, Aldi Nord und Aldi Süd, Lidl, Rewe, Nestlé und Bahlsen, Ritter oder Stollwerk.

Es begann auch mit der Rainforest Alliance, ebenfalls eine internationale Organisation, die ein Nachhaltigkeitssiegel herausgibt, auch im Bereich der nachhaltigen Waldbewirtschaftung. Die Siegel der Rainforest Alliance und der UTZ sind auf sehr vielen Produkten zu finden. UTZ-zertifizierte Farmer haben im Jahr 2019 ca. 1,3 Mio. Tonnen Kakao, 1,1 Mio. Tonnen Kaffee und 1,2 Mio. Tonnen Tee produziert. In 144 Ländern konnten Verbraucher UTZ-gekennzeichnete Produkte erwerben.

Die Rainforest Alliance war einer der Initiatoren des bereits in diesem Kapitel erwähnten Forest Stewardship Council, der das FSC®-Gütezeichen für nachhaltiges Holz zur Verfügung stellt.

Unternehmen, die von UTZ oder RA zertifiziert sind, müssen strenge soziale, ökologische und wirtschaftliche Kriterien einhalten und werden jährlich von unabhängigen Prüfern kontrolliert. Die Zertifizierung trägt dazu bei, die Lebensgrundlage von Bauern und Arbeitern zu verbessern und die Menschenrechte zu schützen. Gleichzeitig verlangt der Standard, dass die Betriebe die Umwelt schützen, z. B. durch einen verantwortungsvolleren Einsatz von Pestiziden.

Im Jahr 2018 schlossen sich UTZ Certified und die Rainforest Alliance zusammen. Die kombinierte Organisation fasst die beiden Zertifizierungsprogramme zu einem neuen Standard zusammen, der seit 2021 u. a. für Kaffee, Kakao, Tee, Bananen und Forstwirtschaft gilt und damit den Grundstein für einen völlig neuen Ansatz legt.

Es gibt viele andere Möglichkeiten, wie Unternehmen zur nachhaltigen Entwicklung beitragen können. Einige davon sind die Nutzung nachhaltiger Energie und die Senkung ihres Verbrauchs an Energie, Frischwasser und natürlichen Ressourcen. Die Entwicklung und der Verkauf von Produkten, die so konstruiert sind, dass sie zu einem späteren Zeitpunkt zerlegt werden können, sodass die Komponenten wiederverwendet und recycelt werden können *(Design for Disassembly),* ist eine weitere Möglichkeit (siehe Abschn. 4.8).

Mikrokredit

Nicht nur westliche Unternehmen – große und kleine – sind in der Lage, zur nachhaltigen Entwicklung beizutragen. Eine der wirksamsten Möglichkeiten, die Situation in verarmten Nationen zu verbessern, besteht darin, eine große Zahl lokaler Unternehmen zu gründen.

In Kap. 3 wurden die Probleme aufgezeigt, die sich aus großen Krediten an Entwicklungsländer ergeben können. Wenn ihre Schulden und die geschuldeten Zinsen
ansteigen, können diese Länder in eine Schuldenfalle geraten und müssen astronomische
Summen an die wohlhabenden Nationen, die Weltbank oder den IMF zahlen. Ein ganz
anderer Ansatz besteht darin, kleine Darlehen nicht an Staaten, sondern an Einzelpersonen zu vergeben. Es gibt Millionen von Menschen in Entwicklungsländern, die
davon träumen, ihr eigenes Unternehmen zu gründen, um wirtschaftlich unabhängig
zu werden. Das ist ihnen häufig nicht möglich, weil sie keinen Zugang zu Startkapital
haben. Viele von ihnen können keinen Fuß in die Tür einer Bank setzen, da sie nicht in
der Lage sind, Sicherheiten für Kredite zu stellen, weil sie nur über sehr wenig Besitz
verfügen. Heute erhalten solche Menschen in immer mehr Ländern einen Mikrokredit
oder eine Mikrofinanzierung – einen Kleinkredit zu einem niedrigen Zinssatz. Diese
Darlehen werden von internationalen Hilfsorganisationen wie Oikocredit und der ICCO
vergeben, die lokale Banken dabei unterstützen. Eine davon ist die Grameen Bank in
Bangladesch, die bereits 8 Mio. dieser Mikrokredite vergeben hat. Geschäftsführender
Direktor der Bank ist Muhammad Yunus, der Pionier der Idee des Mikrokredits, für den
er und die Bank 2006 den Friedensnobelpreis erhielten.

Abb. 4.12 Die Mutter in dieser kenianischen Familie hat mit einem Mikrofinanzkredit eine
Milchkuh gekauft. Mit dem Erlös aus dem Milchverkauf kann sie das Schulgeld für ihre Kinder
bezahlen. (Quelle: USAID)

Dank Mikrokrediten hatten viele Menschen die Möglichkeit, sich und andere durch ihre Unternehmen wirtschaftlich unabhängig zu machen. Während große internationale Unternehmen ihre soziale Verantwortung von oben nach unten wahrnehmen, sind diese neuen Unternehmen ein gutes Beispiel für den Bottom-up-Ansatz, der teilweise auch von außen unterstützt wird. Positiv an diesem Ansatz ist, dass die Unterstützung von außen nur vorübergehend ist, da die meisten neuen Unternehmen schnell auf zusätzliche Unterstützung verzichten und so Kerne bilden, um die herum sich ganze Dörfer oder Stadtviertel wirtschaftlich entwickeln können. Ein weiterer positiver Aspekt ist, dass er zur Emanzipation der Frauen beiträgt. Nahezu alle Mikrokredite werden an Frauen vergeben, u. a. auch deshalb, weil diese Kredite erfahrungsgemäß die größten Erfolgschancen haben (Abb. 4.12).

Mikrokredite sind kein Wundermittel gegen Armut. In einigen Fällen konnten die Zinsen für die Kredite nicht zurückgezahlt werden, und die Kredite erhöhten die Armut, wodurch die Schuldenfalle auf individueller oder lokaler Ebene entstand. Eine Untersuchung von Mikrokrediten in Gahan, die vom Center for Financial Inclusion veröffentlicht wurde (Schicks 2011), zeigte, dass ein Drittel der untersuchten Kreditnehmer Schwierigkeiten hatte, die Zinsen zurückzuzahlen. In den letzten Jahren liegt der Schwerpunkt daher auf der Schaffung von zinslosen oder niedrig verzinsten Krediten.

4.7   Studierende

Zu Beginn dieses Kapitels wurden zwei Rollen diskutiert, die Menschen in der Gesellschaft erfüllen können – die eines *Konsumenten* und die eines *Bürgers*. Eine dritte Rolle, die eines *Fachmanns,* wurde ebenfalls erwähnt. Die Studierenden sind Berufstätige im Werden, und auch wenn sie sich noch in der Ausbildung befinden, sind sie dennoch häufig in der Lage, einen bedeutenden Beitrag zur nachhaltigen Entwicklung zu leisten, z. B. während eines Praktikums oder einer Diplomarbeit oder durch anderweitige studentische Initiativen. Da sie häufig über die allerneuesten Kenntnisse und Erkenntnisse in ihrem Fachgebiet verfügen, Zeit haben und – oft mehr als etablierte Fachleute – über den Tellerrand hinausschauen können, sind viele Studierende echte Impulsgeber im Hinblick auf die nachhaltige Entwicklung. Dieser Abschnitt enthält eine Reihe von Beispielen von studentischen Initiativen, die mitgeholfen haben, dass Hochschulen den Elfenbeinturm verlassen und Verantwortung in und für die Gesellschaft übernehmen. Die Beispiele beziehen sich auf Initiativen, die Suffizienzstrategien im Kontext von Hochschulen und deren Umgebung umgesetzt haben.

Das erste Beispiel bezieht sich auf die Möglichkeiten zur Einbindung von Studierenden in ein ganzheitliches Nachhaltigkeitsmanagement an Deutschlands grünster Hochschule.

Fall 4.15. Umwelt-Campus Birkenfeld

Der Umwelt-Campus Birkenfeld gilt in vieler Hinsicht als gelungenes Beispiel für Nachhaltigkeit an Hochschulen. Bereits bei der Planung des Campus und seit der Aufnahme des Lehrbetriebes 1996 werden die verinnerlichten Ansätze ökologischer Nachhaltigkeit verfolgt. Das Areal war früher ein Militärlazarett und wurde zu einem Green-Campus ausgebaut, wobei viel Holz als Baumaterial und moderne energieeffiziente Technologien eingesetzt wurden. Der Umwelt-Campus Birkenfeld war die erste „Zero-Emission"-Universität in Europa: Der gesamte Bedarf an Wärme und Strom wird aus erneuerbaren Energien gedeckt. Die Hochschule verfolgt einen ganzheitlichen Ansatz, d. h. es werden Lehre, Forschung, Management und Betriebsführung sowie Transfer gleichermaßen berücksichtigt. Im Zusammenspiel wurden vielfältige Lösungsansätze entwickelt und größtenteils auch vor Ort angewendet. Studierende werden aber nicht nur über projektbasierte Lehrveranstaltungen einbezogen, sondern können sich auch über vielfältige Gremien beteiligen, z. B. über das studentisch geführte Green Office, eine Teestube oder auch über den Asta und die Fachschaften. Der koordinierende Nachhaltigkeitsbeauftragte, die Leitung der Hochschule und das studentische Green Office haben einiges erreichen können und haben sich zum Ziel gesetzt, sich ständig zu verbessern. Konkrete Informationen können den regelmäßig erscheinenden Nachhaltigkeitsberichten entnommen werden, die mit studentischer Unterstützung erstellt werden: www.umwelt-campus.de

Eine Besonderheit in Birkenfeld besteht in der Tatsache, dass es sich um einen Residential Campus handelt, d. h., dass viele Studierende direkt auf dem Campus leben und lernen. Das fördert den Zusammenhalt und die Identifikation der Studierenden mit „ihrer nachhaltigen Hochschule".

Die Studierenden am Umwelt-Campus Birkenfeld können sich in vielfältiger Weise in die Nachhaltigkeitsaktivitäten ihrer Universität einbringen. Das nächste Beispiel zeigt, wie durch eine studentische Initiative für Universitätsmitglieder eine regionale, biologische und saisonale Ernährung ermöglicht wurde – und das im sogenannten Schweinegürtel zwischen Osnabrück und Bremen, an der Universität in Vechta.

Fall 4.16. Solidarische Landwirtschaft – „gemueserausch"

Studierende der Universität Vechta verteilen wöchentlich regionale, biologische und saisonale Lebensmittel an Studierende und Mitarbeitende der Universität Vechta. Viele Menschen wissen, dass Supermarkt-Lebensmittel, zum Teil aus fernen Ländern, nicht wirklich nachhaltig sein können. Andererseits ist es sehr bequem, günstig und einfach, Produkte aus der Massenproduktion einzukaufen. Die Idee der „gemueserausch"-Initiative ist es nun, eine niedrigschwellige und umweltfreundliche Alternative anzubieten. Diese besteht darin, dass einerseits eine solidarische Landwirtschaft unterstützt wird und andererseits über einen leicht erreichbaren Naturkeller auf dem Campus die Lebensmittel verteilt werden. Eine solidarische Landwirtschaft folgt der Idee, dass Verbraucher eine Versorgungsgemeinschaft gründen und eine mittelfristige Abnahmegarantie geben. Dies geschieht über einen monatlichen Festbetrag. Die Landwirte erlangen dadurch Planungssicherheit, weil sie wissen, welche Mengen an Gemüse oder anderen Lebensmitteln abgenommen werden. Außerdem können durch gebündelte Lieferungen Transportemissionen reduziert werden. Begleitet wird die regelmäßige Verteilung durch regelmäßige Klön-Snacks, aber auch Hofführungen auf der Demeter-zertifizierten Arche Wilhelminenhof. Die Initiative wurde als Zwei-Personen-Initiative gestartet und mittlerweile kümmern sich vier engagierte Studierende um die Bestellungen, den Transport und die Verteilung für mehr als 60 Universitätsmitglieder.

Im dritten Beispiel wird gezeigt, wie Studierende eine Brachfläche in einer deutschen Kleinstadt mit einem urbanen Garten wiederbeleben.

Fall 4.16. Urban Gardening: Amaliengarten in Zittau
Urban-Gardening-Initiativen sind an vielen Hochschulen etabliert, so auch an der Hochschule Zittau/Görlitz. Der 1300 m^2 große Amaliengarten wurde 2016 von Studierenden und der Stadt Zittau initiiert. Es sollte ein neuer, öffentlicher und lebendiger Ort für das Miteinander von Menschen und Natur geschaffen werden. Gemeinsam mit Studierenden, Bürgerinnen und Bürgern, Schülerinnen und Schülern, Jugendlichen und Kindern soll kollektives Wissen und Erfahrungen verfügbar gemacht und miteinander geteilt werden. Zu Themen wie Gartenbau, Pflanzen, Böden, Saatgut, Verarbeitung und Zubereitung von Gemüse und Obst, Insekten und tierische Helfer kann sich jeder einbringen und so den Amaliengarten mitgestalten. Die Initiative legt den Fokus auf das Ausprobieren und Austauschen, auf das Wiederbeleben alter Kulturtechniken und Anbaumethoden sowie darauf, einen Beitrag zur Stadtökologie und zum nachhaltigen Konsum in Zittau zu leisten (Abb. 4.13).

Der nächste Fall befindet sich im Zentrum der Schnittmenge zwischen People, Planet und Profit. Um den Anbau von Agrarprodukten nachhaltiger zu gestalten, wurden bestimmte Standards geschaffen. Diese Standards basieren auf einer westlichen Perspektive. Ein Biologiestudent untersuchte, was dies für eine Bevölkerungsgruppe in einem der ärmsten Teile der Welt bedeutet.

4.13   Urban Gardening: Amaliengarten in Zittau. (Quelle: S. Franke)

Fall 4.17. Ökologische Landwirtschaft im Nordosten Indiens

Nicht nur die moderne Landwirtschaft westlicher Prägung steht vor einem Wandel, auch die traditionellen landwirtschaftlichen Praktiken in Indien sind nicht nachhaltig und bedürfen einer umfassenden Transition.

Die Landwirtschaft im Nordosten Indiens basiert weitgehend auf der Fruchtfolge, bei der das Land einige Jahre lang landwirtschaftlich genutzt wird und dann einige Jahre ruhen darf, damit der Boden wieder fruchtbar wird. Diese Art der Landwirtschaft gibt es schon seit Tausenden von Jahren und wäre daher in hohem Maße nachhaltig, wenn die Bevölkerung in letzter Zeit, auch dank der Einwanderung aus den Nachbarregionen, nicht um ein Mehrfaches zugenommen hätte. Das Bevölkerungswachstum zwang die Bauern, die Ruhezeiten immer mehr zu kürzen. Dadurch wurde das Land zu intensiv genutzt und der Boden dadurch arm. Er produzierte jedes Jahr weniger, sodass die Bauern die Ruhezeiten noch kürzer machen mussten. Dies führte zu seiner Erschöpfung. Gegenwärtig sind sowohl die Wälder als auch viele Tierarten stark bedroht.

Eine indische NGO, die Agriculture and Organic Farming Group (AOFG), setzt sich für die Einführung des ökologischen Landbaus ein. Dies hat zwei Vorteile: Das Land wird nachhaltig bewirtschaftet und die landwirtschaftlichen Produkte können als Bio-Lebensmittel auf dem internationalen Markt verkauft werden, das zu höheren Preisen führt. Dank des höheren Einkommens können die Bauern von einer geringeren Produktion leben, wodurch die natürliche Umwelt geschont wird. Aber um die Produkte als „biologisch" verkaufen zu können, müssen die landwirtschaftlichen Methoden einem Standard entsprechen, der von der International Federation of Organic Agriculture Movements festgelegt wurde. Dieser IFOAM-Standard wurde aus der Perspektive der westlichen Landwirtschaft geschaffen, und eine Reihe ihrer Anforderungen sind von den Bauern in Indien, die ihre Umwelt aus einer ganz anderen Perspektive betrachten, nur schwer zu erfüllen.

Um diese Kluft zu überbrücken, untersuchte Natalia Eernstman für ihr Abschlussprojekt an einer Universität für Landwirtschaft den Hintergrund der indischen Werte und Perspektiven des Handels. Aus Gesprächen mit den indischen Bauern ergab sich, dass eines der Probleme darin bestand, dass die IFOAM darauf bestand, dass die wertvolle Natur in Waldgebieten dauerhaft geschützt wird. Dies stand im Gegensatz zur Praxis der Fruchtfolge, die vorschreibt, dass jeder Landstrich austauschbar für den Anbau von Feldfrüchten genutzt wird. Darüber hinaus ist das zugrunde liegende Konzept des Schutzes der natürlichen Umwelt den örtlichen Landwirten fremd. In ihren Augen ist der Wald dazu da, genutzt zu werden. Ein eindrucksvolles Beispiel dafür ist, dass es in ihrer Sprache, Tangkhul, kein Wort für „Natur" gibt.

Natalia versuchte, Lösungen für dieses und andere Probleme zu finden. Einige Lösungen konnten gefunden werden, indem man das Verhalten der Bauern änderte, z. B. durch Umstellung auf andere Kulturen. Dies erforderte Schulungsprogramme. Aber in anderen Aspekten war es wichtig, dass der IFOAM-Standard geändert wurde, und Natalia schlug vor, u. a. die Fruchtfolge mit den IFOAM-Regeln zu akzeptieren. Wenn ihre Vorschläge von IFOAM akzeptiert werden, bedeutet dies, dass Landwirte in nicht-westlichen Ländern die Möglichkeit haben, nachhaltig und anerkannt ökologisch zu wirtschaften.

Zusammen zeigen diese Fälle, dass Studierende auch während des Studiums wichtige Impulsgeber für eine nachhaltige Entwicklung sein können, wenn sie die Interessen der Nachhaltigkeit konsequent und in ausgewogener Weise in ihre Überlegungen, Entscheidungen und Handlungen einbeziehen und folglich ihre Arbeit sowohl unter dem Gesichtspunkt des persönlichen Engagements als auch einer nachhaltigen Einstellung angehen.

Fragen

- Halten Sie sich selbst für eine Quelle der Vitalität für nachhaltige Entwicklung?
- Haben Sie im Vergleich zu anderen mehr oder weniger Möglichkeiten als der Durchschnitt, als Impulsgeber für nachhaltige Entwicklung zu wirken? Betrachten Sie sich selbst sowohl in der Gegenwart als auch in der Zukunft.

4.8   Kreislaufwirtschaft

In den Kap. 1 und 3 wurde bereits über die Notwendigkeit eines oder mehrerer Transitionen geschrieben. Die vielleicht wichtigste Transition ist der Übergang zu einer Kreislaufwirtschaft. Dieser Übergang findet gerade jetzt statt, und er verändert radikal die Art und Weise, wie wir Lebensmittel, Rohstoffe und Produkte liefern und verwenden.

Die Prinzipien der Kreislaufwirtschaft sind in Abb. 4.14 dargestellt. Grundlegend für das Kreislaufparadigma ist das Prinzip der *zwei Kreisläufe:* der technologische Kreislauf und der biologische Kreislauf. Sie können auf alle Arten von Produkten angewandt werden, von Milchprodukten, die als Lebensmittel verzehrt werden, über andere landwirtschaftliche Produkte wie Holzplatten bis hin zu technologischen Anlagen mit vielen

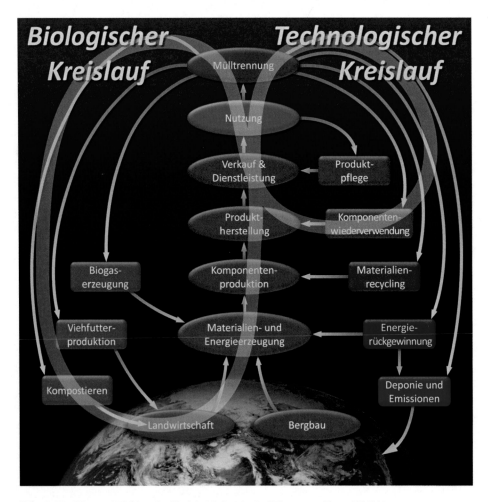

Abb. 4.14   Die zwei Zyklen der Kreislaufwirtschaft. (Hintergrundfoto: NASA)

Komponenten aus Metall, Kunststoff und anderen Materialien. Man kann auch an Kombinationen denken, wie z. B. Lebensmittel in Kunststoffverpackungen.

Viele Produkte durchlaufen einen solchen Doppelzyklus, wie z. B. in Abb. 4.14 als gelbe „Figur 8" dargestellt: die charakteristische Form eines zirkulären Wirtschafts-prozesses. Die gelbe Linie kann sich z. B. auf einen Bambusstab beziehen, der als Teil eines Möbelstücks verwendet wird, das von einem Einzelhändler verkauft, von einem Verbraucher benutzt und mit der Zeit entsorgt wird. Das Möbelstück wird irgendwann abgebaut, wonach der Bambusstab in einem technologischen Kreislauf für ein anderes Produkt wiederverwendet werden kann. Wird er später entfernt, kann er kompostiert werden, sofern er nie chemisch konserviert wurde. Nachdem der Kompost für die Land-wirtschaft verwendet wurde, wird der doppelte Kreislauf geschlossen.

Tatsächlich ist eine Kreislaufwirtschaft viel mehr als nur das Schließen von Kreis-läufen. Der Transition von einer traditionellen zu einer Kreislaufwirtschaft kann als eine Reihe von Entwicklungsschritten betrachtet werden.

1. Abfall ist eine Ressource
Anstatt die Reste unserer abgenutzten oder gebrauchten Produkte als Abfall weg-zuwerfen, werden wir uns ihres Wertes bewusst. Sie werden, wo immer möglich, gesammelt, zerlegt und für nützliche Zwecke verwendet. Dies geschieht auf der höchsten erreichbaren Ebene, wie in Abb. 4.14 dargestellt, auf der Grundlage einer Abfall-hierarchie. Die höchste Stufe in dieser Rangfolge lautet: Versuchen Sie, das Produkt so lange wie möglich in Gebrauch zu halten, basierend auf Wartung und Reparaturen. Wenn dies nicht mehr möglich ist (technisch oder wirtschaftlich), werden die Komponenten demontiert und wenn möglich für neue Produkte wiederverwendet.

Es gibt Ausnahmen, in denen es nicht wünschenswert ist, Produkte oder Komponenten so lange wie möglich in Gebrauch zu halten. Ein Beispiel dafür sind Autos, die vor Jahrzehnten hergestellt wurden, weil sie viel Energie verbrauchen und sehr umweltschädliche Emissionen produzieren: Es kann viel besser sein, sie durch komplett neue Autos zu ersetzen. Ein anderes Beispiel: Die Verwendung von Einweg-Papierbechern ist nicht unbedingt schlechter als die Verwendung von Porzellan, da das Waschen dieser Becher Wärme und sauberes Wasser kostet; welches von beiden öko-logisch gesünder ist, hängt von den Umständen ab. Die Beispiele zeigen, dass eine Abfallhierarchie niemals leichtfertig angewendet werden kann.

2. Design for Disassembly (DfD)
Um die Möglichkeiten zur Wiederverwendung ganzer Komponenten – der zweiten Ebene der Abfallhierarchie – zu erhöhen, wird das Produkt so gestaltet, dass die Teile ohne Beschädigung demontiert werden können. Ob dies möglich ist, hängt natürlich von den technischen Anforderungen hinsichtlich Qualität, Sicherheit, Gesundheitsaspekten usw. ab. Das bedeutet z. B., dass – sofern akzeptabel – die Teile nicht miteinander ver-klebt oder verschweißt, sondern verschraubt oder geklickt werden.

Wenn die Wiederverwendung von Komponenten nicht möglich oder wünschenswert ist, ist die nächste Stufe in der Abfallhierarchie das Recycling der Materialien. Die Komponenten werden geschreddert oder geschmolzen, die Materialien werden getrennt und für neue Produkte verwendet. Laminate, z. B. aus Lagen von Papier und Kunststoff für Lebensmittelverpackungen, mussten in der Vergangenheit vermieden werden, weil sie nach der Verwendung nicht getrennt werden konnten. Neue Technologien haben dies jedoch möglich gemacht.

In einigen Fällen kehren die Materialien nicht zu ihrer ursprünglichen Qualität zurück und müssen zu minderwertigen Produkten *heruntergefahren werden;* ein bekanntes Beispiel ist der Kunststoff-Meilenstein entlang der Autobahn.

Wenn auch das nicht mehr möglich ist, ist die letzte Möglichkeit die energetische Verwertung, d. h. der Abfall wird verbrannt: bei hohen Temperaturen, um den Ausstoß von giftigen Gasen zu verhindern. Der Rest landet auf einer Deponie oder in Form von Emissionen in die Atmosphäre oder ins Oberflächenwasser, was das schlimmstmögliche Ergebnis ist, da es den Kreislauf nicht schließt.

3. Substitution
Anstelle der Verwendung von Einwegmaterialien werden nachwachsende Rohstoffe eingesetzt, die die Möglichkeit erhöhen, die Stoffkreisläufe zu schließen. Neue, sensationelle Entwicklungen in der Werkstofftechnik sorgen derzeit für spannende Innovationen.

4. Neue Technologien
Das Gleiche gilt für andere Arten von Technologien, was bedeutet, dass weniger Materialien *(Dematerialisierung)* und weniger Energie *(Extensivierung)* eingesetzt werden können, nicht nur bei der Produktion, sondern auch bei der Nutzung von Produkten. Nanotechnologie und Biotechnologie sind gute Beispiele. Ein weiteres großartiges Beispiel ist der 3-D-Drucker, mit dem Produkte auf Abruf *just in time* (JIT) erstellt werden können, ohne wertvolle Materialien zu verschwenden.

5. Integriertes Kettenmanagement (IKM)
Nur wenige Hersteller setzen den gesamten Lebenszyklus ihrer Produkte direkt selbst um. Fast jedes Unternehmen hat mit Zulieferern, Zwischen- und Einzelhändlern zu tun, sowohl mit Business-to-Business (B2B) als auch mit Business-to-Customer (B2C). Früher beschäftigten sich die meisten Unternehmen nicht mit der gesamten Kette, sondern konzentrierten sich hauptsächlich auf nur zwei der Glieder: Produktion und Verkauf. Doch das ändert sich rasch: Die Unternehmen versuchen nicht nur, die Qualität ihrer eigenen Produktions- und Verkaufsprozesse zu kontrollieren, sondern auch die der anderen Phasen des Lebenszyklus ihrer Produkte.

Kommt es zu einer Zusammenarbeit zwischen den an den verschiedenen Phasen der Kette beteiligten Unternehmen, einschließlich der Entnahmephase, führt das integrierte Kettenmanagement zu einem Ansatz, der als Cradle to Cradle, kurz C2C, bezeichnet wird und die Schaffung geschlossener Kreisläufe ermöglicht. Abschn. 4.8, das sich mit nachhaltigem Wirtschaften befasst, gibt Beispiele dafür.

6. Vom Produkt zur Dienstleistung

Wenn Unternehmen auch in der Konsumphase und in der Entsorgungsphase mit den von ihnen hergestellten Produkten verbunden bleiben, verändert sich das Verhältnis zu den Produkten und zu den Kunden. Der Hersteller bleibt für Störungen rechtlich und faktisch verantwortlich, in verschiedenen Bereichen auch für die Rücknahme der hinterlegten Produkte, wie Fall 1.5 gezeigt hat. Der Kunde bleibt also in Kontakt mit dem Hersteller oder zumindest mit dem Einzelhändler, für Wartung und Reparaturen und für die Rückgabe des Produkts am Ende seiner Lebensdauer. Infolgedessen wandelt sich ihre Interaktion von einem einmaligen Kontakt (Produktverkauf) zu einer dauerhaften gegenseitigen Beziehung (Dienstleistung).

Bei Fotokopierern ist dies seit vielen Jahren der Fall. Die Kopiergeräte wurden und werden in der Regel nicht verkauft, sondern vermietet. Immer öfter werden Autos geleast; Mobiltelefone werden im Rahmen eines Abonnements „ausgeliehen". In der Business-to-Business (B2B)-Welt gilt dasselbe für viele weitere Gerätetypen.

Eine wichtige Konsequenz ist, dass der Kunde nicht tatsächlich für ein Produkt, sondern für eine Dienstleistung bezahlt. Ein Auto-Leasing-Unternehmen bietet kein Auto an, sondern *Mobilität:* eine Dienstleistung. Wenn das Auto kaputt geht, ist das nicht das Problem des Kunden, sondern des Lieferanten: Die Werkstatt hat die Pflicht, sofort das Auto zu reparieren oder ein anderes zu liefern, damit der Kunde weiterfahren kann.

Ein gutes B2B-Beispiel ist *Pay-per-Lux*, ein Prinzip, das von Philips in Zusammenarbeit mit dem Architekten Thomas Rau entwickelt wurde. Nach diesem Prinzip erwirbt ein Unternehmen keine *Lampen,* sondern *Licht.* (Daher der Name: „Lux" ist ein Maß für die Leuchtdichte oder Helligkeit.) Das heißt, Philips entwirft das Beleuchtungskonzept in den Büros eines Kunden auf der Grundlage der Bedürfnisse des Kunden. Philips installiert die Beleuchtungskörper und Lampen. Philips bezahlt auch den Strom, tauscht defekte Lampen aus und passt die Beleuchtung an, wenn sich das Unternehmen ändert. Mit anderen Worten: Philips ist nicht mehr ein Produktverkäufer, sondern ein Dienstleister.

Es gibt viele Vorteile. Der Kunde, ein Unternehmen, das pro Lux bezahlt, braucht sich nicht mehr um die Beleuchtung zu kümmern, weil der Dienstleister garantiert, dass alles so funktioniert, wie es soll. Viele Jahre lang spekulierten einige Leute, dass Glühlampen so hergestellt werden, dass sie eher früher als später ausfallen („geplante Veralterung"), da die Lampenindustrie sonst nicht genug Geld verdienen würde. Mit dem neuen Ansatz ist eine geplante Veralterung jedoch undenkbar, denn wenn das Licht ausgeht, verliert nur der Anbieter. Der Anbieter hat auch einen Vorteil: Statt eines einmaligen Vertrages über den Verkauf von Lampen baut der Anbieter nun eine dauerhafte Verbindung zu den Kunden auf, die so lange bestehen bleiben, wie sie zufrieden sind.

Diese Denkweise wird auch als *Donut-Ökonomie* bezeichnet, eine Beschreibung, die von der Nachhaltigkeitsexpertin Kate Raworth entworfen wurde.

7. Biomimikry

Der Mensch war natürlich nicht der erste, der geschlossene Kreisläufe erfand, es gibt sie schon seit Hunderten von Millionen Jahren. Unsere Nachahmung natürlicher Prozesse, die Biomimikry, kann sogar noch viel weiter gehen, als nur Kreisläufe zu schließen.

Natürliche Umgebungen bestehen aus vielen miteinander verbundenen Schleifen, die zusammen ein komplexes Ökosystem bilden. In gleicher Weise besteht die menschliche Welt aus vielen verschiedenen und miteinander verbundenen Prozessen; ebenso komplex wird es sein, alle Stoffkreisläufe zu schließen, denn sie beeinflussen sich gegenseitig auf vielfältige Weise, z. B. durch Knappheit: an Rohstoffen, Energie, Produktionskapital, Kundengeldern, Kundenbetreuung usw. Deshalb sind Begriffe wie „Lebenszyklus" und „Kettenmanagement" noch nicht stark genug, um zu beschreiben, was benötigt wird, denn sie scheinen darauf hinzudeuten, dass Produktzyklen eindimensionale Prozesse ohne externe Verbindungen sind. In Wirklichkeit wäre es besser, „Zyklus" durch „Netzwerk" oder noch besser zu ersetzen: „System" zu ersetzen und somit von „Netzwerkanalyse" oder gar „Systemanalyse" zu sprechen.

Nicht nur die Optimierung eindimensionaler Zyklen, sondern auch realer Netzwerke ist sehr kompliziert. Biologische Ökosysteme haben sich im Laufe von Millionen von Jahren dank der Evolution entwickelt. Menschliche Ökosysteme – sowohl wirtschaftliche als auch soziale und landwirtschaftliche Systeme – sind aus Prozessen entstanden, die der Evolution zwar in gewisser Weise ähneln, sich aber in vielerlei Hinsicht grundlegend unterscheiden. Während wir aus dem Studium der Natur viel lernen können, können wir es uns nicht leisten, darauf zu warten, dass sich langsam entwickelnde wirtschaftliche Prozesse allmählich selbsttragend werden – falls sie jemals spontan ablaufen. Stattdessen ist die intelligente Gestaltung unserer landwirtschaftlichen und industriellen Prozesse, um sie effizient miteinander zu verbinden, eine Hauptaufgabe der komplexen Nachhaltigkeitswissenschaft. Dies erfordert eine neue Denkweise – einen Paradigmenwechsel – und einen radikalen Systemwechsel, kurz: eine Transition.

8. Systemdenken

Im Hinblick auf eine solche Transition sind in den letzten Jahrzehnten neue theoretische und technologische Entwicklungen verfügbar geworden, um die komplizierte Aufgabe der Umgestaltung der Wirtschaft zu erfüllen. Heute verfügen wir über Methoden wie Komplexitätstheorie, Spieltheorie, Simulationen, selbstlernende Systeme, neuronale Netze, virtuelle Realität, die Fähigkeit, mit großen Datenmengen umzugehen, und vieles mehr. Dies sind starke Werkzeuge, die uns helfen, wirklich integriert und ganzheitlich zu denken, auf einer komplexen und systemischen Ebene. Zusammen werden uns diese und andere Methoden und Denkweisen dabei helfen, die Transition zu einer Kreislaufwirtschaft zu vollziehen.

Diese Transition wurde bereits in Abschn. 3.1 erwähnt, wo es heißt, dass das Triple P ausgewogen sein muss. Wenn dies gelingt, wird es das P des „Profits" besser mit dem P der „People" und des „Planeten" in Einklang bringen.

4.9   Die Ziele der nachhaltigen Entwicklung

Die globale Transition zu einer Kreislaufwirtschaft ist ein wichtiges Ziel der nachhaltigen Entwicklung, aber nicht das einzige. Seit Anfang der 1990er-Jahre wird die
Frage, wohin der Prozess der nachhaltigen Entwicklung führen soll, heftig diskutiert.

Der Brundtland-Bericht, der den Ton für eine nachhaltige Entwicklung angibt,
wurde 1987 veröffentlicht, wie in Kap. 1 beschrieben. Von diesem Zeitpunkt an wurde
intensiv an der Festlegung konkreter („SMART"-)Ziele für die nachhaltige Entwicklung
gearbeitet. Während der ersten Weltkonferenz über nachhaltige Entwicklung, der
UNCED in Rio de Janeiro 1992, wurde eine Reihe von Zielen zum ersten Mal in der
Agenda 21, der Agenda für das 21. Jahrhundert, festgelegt, wie Sie bereits in diesem
Kapitel gesehen haben.

Um die Jahrhundertwende folgte eine neue Reihe konkreter Ziele: die *Millenniums-
Entwicklungsziele* (MDGs), die eine lange Reihe international vereinbarter, messbarer
Ziele für den Zeitraum von 2000 bis 2015 festlegen, insbesondere im Hinblick auf die
in den Entwicklungsländern zu erreichenden Ziele. Die Ziele waren nicht sehr SMART,
da der „realistische" Aspekt nicht ganz zutreffend war. Einige dieser Ziele wurden vollständig, andere teilweise und eine gute Anzahl kaum oder gar nicht erreicht.

Als das Jahr 2015 näher rückte, wurde international intensiv über ein ehrgeiziges
Nachfolgeprogramm verhandelt. Dies führte zu einer Sammlung von 17 *Zielen für
nachhaltige Entwicklung* (*Sustainable Development Goals,* SDGs). Die Ziele, die in
Abb. 4.15 dargestellt sind, legen das globale Nachhaltigkeitsprogramm für den Zeitraum
von 2015 bis 2030 fest. Zusammen werden sie auch *Agenda 2030* genannt.

Die 17 Ziele sind in Tab. 4.7 aufgeführt.

Abb. 4.15 Die 17 Ziele der nachhaltigen Entwicklung (SDGs).

Tab. 4.7 Die 17 Ziele für nachhaltige Entwicklung (SDGs)

#	Ziel	Beschreibung
1	Keine Armut	Armut in allen ihren Formen überall beenden
2	Null Hunger	Hunger beenden, Ernährungssicherheit und verbesserte Ernährung erreichen und nachhaltige Landwirtschaft fördern
3	Gute Gesundheit und Wohlbefinden	Gewährleistung eines gesunden Lebens und Förderung des Wohlbefindens für alle in jedem Alter
4	Hochwertige Bildung	Gewährleistung einer integrativen und gerechten Qualitätsbildung und Förderung lebenslanger Lernmöglichkeiten für alle
5	Gleichstellung der Geschlechter	Gleichstellung der Geschlechter und Ermächtigung aller Frauen und Mädchen erreichen
6	Sauberes Wasser und sanitäre Einrichtungen	Gewährleistung der Verfügbarkeit und nachhaltigen Bewirtschaftung von Wasser und sanitären Einrichtungen für alle
7	Erschwingliche und saubere Energie	Zugang zu erschwinglicher, zuverlässiger, nachhaltiger und moderner Energie für alle sicherstellen
8	Menschenwürdige Arbeit und wirtschaftliches Wachstum	Nachhaltiges, integratives und nachhaltiges Wirtschaftswachstum, produktive Vollbeschäftigung und menschenwürdige Arbeit für alle fördern
9	Industrie, Innovation und Infrastruktur	Aufbau einer belastbaren Infrastruktur, Förderung einer integrativen und nachhaltigen Industrialisierung und Förderung der Innovation
10	Geringere Ungleichheiten	Verringerung der Einkommensungleichheit innerhalb und zwischen Ländern
11	Nachhaltige Städte und Gemeinden	Städte und menschliche Siedlungen integrativ, sicher, widerstandsfähig und nachhaltig machen
12	Verantwortungsbewusster Konsum und Produktion	Gewährleistung nachhaltiger Konsum- und Produktionsmuster
13	Klimaaktion	Dringende Maßnahmen zur Bekämpfung des Klimawandels und seiner Auswirkungen zu ergreifen, indem Emissionen reguliert und Entwicklungen im Bereich der erneuerbaren Energien gefördert werden
14	Leben unter Wasser	Erhaltung und nachhaltige Nutzung der Ozeane, Meere und Meeresressourcen für eine nachhaltige Entwicklung
15	Leben an Land	Schutz, Wiederherstellung und Förderung der nachhaltigen Nutzung von Landökosystemen; nachhaltige Bewirtschaftung von Wäldern; Bekämpfung der Wüstenbildung; Stopp und Umkehr der Bodendegradation; Eindämmung des Verlusts der biologischen Vielfalt
16	Frieden, Gerechtigkeit und starke Institutionen	Förderung friedlicher und integrativer Gesellschaften für eine nachhaltige Entwicklung, Zugang zur Justiz für alle und Aufbau effektiver, rechenschaftspflichtiger und integrativer Institutionen auf allen Ebenen
17	Partnerschaften für die Ziele	Stärkung der Mittel zur Umsetzung und Wiederbelebung der globalen Partnerschaft für nachhaltige Entwicklung

Genau wie die Agenda 21 und die MDGs sind auch die SDGs in detaillierteren Bedingungen formuliert, die bewertet werden können. Als Beispiel seien hier die Einzelheiten der SDG Nr. 1 genannt.

SDG 1, Keine Armut

1.1   Bis 2030 die extreme Armut für alle Menschen überall auf der Welt beseitigen, derzeit gemessen als Menschen, die von weniger als 1,25 US$ pro Tag leben.

1.2   Bis 2030 den Anteil der Männer, Frauen und Kinder aller Altersgruppen, die in allen Dimensionen von Armut leben, gemäß den nationalen Definitionen mindestens halbieren.

1.3   National angemessene Sozialschutzsysteme und -maßnahmen für alle, einschließlich Mindestlohn, einführen und bis 2030 eine substanzielle Abdeckung der Armen und Schwachen erreichen.

1.4   Bis 2030 sicherstellen, dass alle Männer und Frauen, insbesondere die Armen und Schwachen, die gleichen Rechte auf wirtschaftliche Ressourcen sowie Zugang zu grundlegenden Dienstleistungen, Eigentum und Kontrolle über Land und andere Eigentumsformen, Erbschaften, natürliche Ressourcen, geeignete neue Technologien und Finanzdienstleistungen, einschließlich Mikrofinanzierung, haben.

1.5   Bis 2030 die Widerstandsfähigkeit der Armen und der Menschen in gefährdeten Situationen stärken und ihre Gefährdung und Verwundbarkeit gegenüber klimabedingten Extremereignissen und anderen wirtschaftlichen, sozialen und ökologischen Schocks und Katastrophen verringern.

1.a   Gewährleistung einer beträchtlichen Mobilisierung von Ressourcen aus verschiedenen Quellen, auch durch verstärkte Entwicklungszusammenarbeit, um den Entwicklungsländern, insbesondere den am wenigsten entwickelten Ländern, angemessene und vorhersehbare Mittel zur Durchführung von Programmen und Politiken zur Beendigung der Armut in all ihren Dimensionen zur Verfügung zu stellen.

1.b   Schaffung solider politischer Rahmenbedingungen auf nationaler, regionaler und internationaler Ebene auf der Grundlage armutsorientierter und geschlechtersensibler Entwicklungsstrategien, um beschleunigte Investitionen in Maßnahmen zur Beseitigung der Armut zu unterstützen

Anders als die vorhergehenden MDGs bringen die SDGs auch robuste Aufgaben für die reichen Länder mit sich, auch weil sie ihnen soziale Verpflichtungen auferlegen. Zudem sind die neuen Ziele wesentlich robuster als ihre Vorgänger. So war in den MDGs noch von „Halbierung der Armut" die Rede, während die SDGs die Beseitigung der Armut anstreben.

Die 17 Ziele mögen auf den ersten Blick nicht sehr konkret sein, aber sie sind ausgearbeitet worden: Zunächst in Form einer Reihe konkreter Ziele; danach wurden zu jedem von ihnen ein oder mehrere messbare Indikatoren hinzugefügt. Insgesamt gibt es 232 solcher Indikatoren. (Offenbar gibt es 244, aber es gibt 12 Doppelindikatoren, die mit mehr als einer SDG verknüpft sind.)

Tab. 4.8 Beispiel: eines der Ziele einer SDG mit den zugehörigen Indikatoren

SDG 8: Nachhaltiges und integratives Wirtschaftswachstum, produktive Vollbeschäftigung und menschenwürdige Arbeit für alle fördern.	
Ziel 8.8: Schutz der Arbeitnehmerrechte und Förderung eines sicheren und geschützten Arbeitsumfelds für alle Arbeitnehmer, einschließlich Wanderarbeitnehmer, insbesondere Migranten und Migrantinnen und Personen in prekären Arbeitsverhältnissen.	*Indikator 8.8.1:* Häufigkeitsraten von tödlichen und nicht-tödlichen Arbeitsunfällen, nach Geschlecht und Migrantenstatus
	Indikator 8.8.2: Grad der nationalen Einhaltung der Arbeitsrechte (Vereinigungsfreiheit und Recht auf Kollektivverhandlungen) auf der Grundlage der Textquellen der Internationalen Arbeitsorganisation (ILO) und der nationalen Gesetzgebung, nach Geschlecht und Migrantenstatus

Um Ihnen eine Vorstellung davon zu geben, wie dies aussieht, gibt Tab. 4.8 ein Beispiel, das zum SDG 8 gehört. Die Ziele dieses Ziels sind als 8.1, 8.2 usw. nummeriert. Die Tabelle zeigt das Ziel 8.8, für das zwei Indikatoren definiert wurden.

Die SDGs in Grundlagen der nachhaltigen Entwicklung

In diesem Lehrbuch werden viele der Themen der 17 SDGs und ihre Ziele diskutiert – obwohl die SDGs in der Regel nicht explizit erwähnt werden, da das Buch anders strukturiert ist als die SDGs: Das Buch diskutiert viel mehr als nur die SDGs.

Um dem Leser die Arbeit zu erleichtern, sind die wichtigsten Beziehungen zwischen den Buchkapiteln und den SDGs in den Tab. 4.9 und 4.10 dargestellt.

Weitere Einzelheiten über die Beziehungen zwischen den SDGs, ihre Ziele und die Abschnitte des Buches sind als Tabellenkalkulation *The SDGs in the Sustainability*

Tab. 4.9 Die Buchkapitel und die SDGs

Kapitel	SDG
TEIL 1: SWOT-Analyse	
1. Nachhaltige Entwicklung, eine Einführung	2, 6, 12, 15
2. Webfehler im System: Mensch und Natur	2, 6, 14, 15
3. Webfehler im System: Mensch und Gesellschaft	1, 3, 5, 10, 11
4. Quellen der Vitalität	1, 3, 4, 5, 8, 9, 10, 11, 12, 14, 15, 16, 17
TEIL 2: Lösungsstrategien	
5. Hier und dort	1, 2, 3, 6, 9
6. Jetzt und später	8, 13
7. Klima und Energie	7, 13, 17
8. Nachhaltige Geschäftspraktiken	4, 8, 9, 12, 16

Tab. 4.10   Die SDGs und die Buchkapitel

SDG	Kapitel
1. Keine Armut	3, 4, 5
2. Kein Hunger, nachhaltige Landwirtschaft	1, 2, 5
3. Gesundheit und Wohlbefinden	3, 4, 5
4. Bildung	4, 8
5. Gleichstellung der Geschlechter	3, 4
6. Sauberes Wasser und sanitäre Einrichtungen	1, 2, 5
7. Nachhaltige Energie	7
8. Menschenwürdige Arbeit und Wirtschaftswachstum	4, 6, 8
9. Industrie, Innovation, Infrastruktur	4, 5, 8
10. Geringere Ungleichheiten	3, 4
11. Nachhaltige Städte und Gemeinden	3, 4
12. Verantwortungsbewusster Konsum und Produktion	1, 4, 8
13. Klimaschutz	6, 7
14. Leben unter Wasser	2, 4
15. Leben an Land	1, 2, 4
16. Frieden, Sicherheit, Gerechtigkeit	4, 8
17. Partnerschaften	4, 7

Textbooks.xlsx verfügbar, die Sie von der Website https://niko.roorda.nu/books/grund-lagen-der-nachhaltigen-entwicklung herunterladen können. Zur Veranschaulichung ist ein kleiner Teil dieses Arbeitsblattes in Tab. 4.11 dargestellt.

Während Tab. 4.11 veranschaulicht, wie die herunterladbare Tabelle die Suche von SDG-Zielen zu Abschnitten des Buches ermöglicht, bietet Tab. 4.12 ein Beispiel für die inverse Suche, die ebenfalls in der Tabelle verfügbar ist.

4.10   SDG 17: Zusammenarbeit

Die letzte SDG, Nummer 17, ist eine besondere, da sie keine unmittelbaren Nachhaltig-keitsziele festlegt, sondern Zusammenarbeit fordert, um die anderen Ziele zu erreichen. Mehrere Punkte der SDG 17 stehen in direktem Zusammenhang mit Themen, die in den vorherigen Kapiteln dieses Buches diskutiert wurden, wie z. B:

Ziel 17.4
Unterstützung der Entwicklungsländer bei der Erreichung langfristiger Schuldentrag-fähigkeit durch eine koordinierte Politik, die darauf abzielt, die Schuldenfinanzierung, den Schuldenerlass und gegebenenfalls die Umschuldung zu fördern und die Auslands-verschuldung hoch verschuldeter armer Länder anzugehen, um die Schuldennot zu ver-ringern.

Tab. 4.11 Von SDG-Zielen zu Buchabschnitten. Beispiel: SDG 1

Ziel		Buchabschnitt
1.1	Bis 2030 die extreme Armut für alle Menschen überall auf der Welt zu beseitigen, derzeit gemessen an Menschen, die von weniger als 1,25 US$ pro Tag leben.	3.2
1.2	Bis 2030 den Anteil von Männern, Frauen und Kindern aller Altersgruppen, die in Armut in allen ihren Dimensionen leben, gemäß den nationalen Definitionen mindestens halbieren.	3.2
1.3	National angemessene Sozialschutzsysteme und -maßnahmen für alle, einschließlich Mindestlohn, einzuführen und bis 2030 eine substanzielle Abdeckung der Armen und Schwachen zu erreichen.	4.2
1.4	Bis 2030 sicherstellen, dass alle Männer und Frauen, insbesondere die Armen und Schwachen, die gleichen Rechte auf wirtschaftliche Ressourcen sowie Zugang zu grundlegenden Dienstleistungen, Eigentum und Kontrolle über Land und andere Eigentumsformen, Erbschaften, natürliche Ressourcen, geeignete neue Technologien und Finanzdienstleistungen, einschließlich Mikrofinanzierung, haben.	4.6
1.5	Bis 2030 die Widerstandsfähigkeit der Armen und der Menschen in gefährdeten Situationen zu stärken und ihre Gefährdung und Verwundbarkeit gegenüber klimabedingten Extremereignissen und anderen wirtschaftlichen, sozialen und ökologischen Schocks und Katastrophen zu verringern.	5.2, 5.4
1.a	Gewährleistung einer bedeutenden Mobilisierung von Ressourcen aus verschiedenen Quellen, auch durch verstärkte Entwicklungszusammenarbeit, um den Entwicklungsländern, insbesondere den am wenigsten entwickelten Ländern, angemessene und vorhersehbare Mittel zur Durchführung von Programmen und Politiken zur Beendigung der Armut in all ihren Dimensionen zur Verfügung zu stellen.	2.5
1.b	Schaffung solider politischer Rahmenbedingungen auf nationaler, regionaler und internationaler Ebene auf der Grundlage armutsorientierter und geschlechtersensibler Entwicklungsstrategien, um beschleunigte Investitionen in Maßnahmen zur Beseitigung der Armut zu unterstützen.	

Tab. 4.12 Von Buchabschnitten zu SDG-Zielen. Beispiel: Kap. 1

Sektion Buch		SDG-Ziel
1.1	Mensch und Natur	3.9, 6.6, 13.1, 15.1
1.2	Reich und arm	2.1, 2.5, 15.6
1.3	Probleme und Erfolgsgeschichten	15.6
1.4	Zwei Dimensionen: hier und dort, jetzt und später	6.1, 16.7, 16.10
1.5	Die Definition von „nachhaltiger Entwicklung"	12.8
1.6	Das Tripel P	
1.7	Von oben nach unten und von unten nach oben	11.6, 12.3, 12.5

Ziel 17.10
Förderung eines universellen, auf Regeln basierenden, offenen, nichtdiskriminierenden und gerechten multilateralen Handelssystems im Rahmen der Welthandelsorganisation.

Ziel 17.13
Verbesserung der globalen makroökonomischen Stabilität, u. a. durch politische Koordinierung und Politikkohärenz.

Obwohl sich die SDG 17 hauptsächlich mit internationaler Solidarität und Zusammenarbeit befasst, bezieht sie sich auch auf die Zusammenarbeit zwischen gesellschaftlichen Partnern, sogar innerhalb von Regionen oder Ländern. Dies zeigt die SDG 17.17 deutlich.

Ziel 17.17
Ermutigung und Förderung wirksamer öffentlicher, öffentlich-privater und zivilgesellschaftlicher Partnerschaften, aufbauend auf den Erfahrungen und Ressourcenstrategien von Partnerschaften.

Im vorliegenden Kapitel wurden mehrere Beispiele für eine solche Zusammenarbeit angeführt. In den drei Fällen des Abschn. 4.7 arbeiten die Schülerinnen und Schüler eng zusammen, nicht nur mit gewöhnlichen Menschen in den entlegensten Winkeln der Welt, sondern auch mit den lokalen, nationalen oder internationalen NGOs. Zu Beginn dieses Kapitels arbeitet Unilever mit dem World Wildlife Fund, der FAO und mit lokalen Fischereiunternehmen zusammen, während Utz Certified mit multinationalen Unternehmen und lokalen Kaffeeproduzenten kooperiert. Dies sind Beispiele für öffentlich-private Partnerschaften (PPP), durch die die Grenzen zwischen kommerziellen Unternehmen, gemeinnützigen Organisationen und Einzelpersonen überschritten werden und eine paritätische Zusammenarbeit ermöglicht wird. Eine solche Zusammenarbeit ist notwendig, da die durch Nicht-Nachhaltigkeit verursachten Probleme häufig außerordentlich komplex sind. In vielen Fällen können echte Lösungen nur durch echte Transitionen gefunden werden, die zu grundlegend anderen Denkweisen und zu einer umfassenden Veränderung der physischen und wirtschaftlichen Strukturen führen. Wenn es um die Steuerung dieser Transitionen – das Transitionsmanagement – geht, wird viel Forschung betrieben. Eine Sache, die laut und deutlich aus dieser Forschung hervorgegangen ist, ist, dass Transitionsmanagement unmöglich ist, wenn es nur entweder von oben nach unten oder von unten nach oben erfolgt, einfach weil viele Parteien ihren Beitrag leisten müssen, ohne gezwungen zu werden, sondern vielmehr aus einem Gefühl der Beteiligung heraus. Drei Arten von Partnern, die als Netzwerk zusammenarbeiten, sind in der Lage, in dieser Hinsicht Ergebnisse zu erzielen (Abb. 4.16): Regierungen, einschließlich zwischenstaatlicher Organisationen; Unternehmen, einschließlich Bauern, Banken und Medien; und die Zivilgesellschaft, einschließlich NGOs, Bildungseinrichtungen und Einzelpersonen.

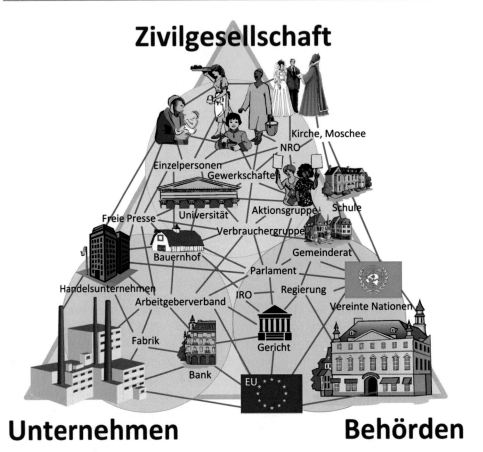

Abb. 4.16 Das Dreieck aus Zivilgesellschaft, Unternehmenswelt und Staat, die gemeinsam Transitionen im Sinne einer nachhaltigen Entwicklung bewältigen können.

Um große und komplexe Fragen der nachhaltigen Entwicklung zu lösen, bedarf es einer intensiven interdisziplinären Zusammenarbeit – also einer engen Kooperation als Team von Fachleuten verschiedenster Disziplinen. Aber selbst das reicht nicht aus. Dieser kooperative Ansatz muss noch weiter ausgebaut werden, sodass nicht nur Experten an Bord kommen, sondern auch eine Reihe anderer, die – aus welchen Gründen auch immer – interessierte Parteien sind – Stakeholder, wie z. B. Kunden oder Bewohner. Ein solches Niveau der Zusammenarbeit wird als transdisziplinär bezeichnet: wörtlich „über die Disziplinen hinaus". Transitionsmanagement im Sinne einer nachhaltigen Entwicklung ist per Definition transdisziplinär. Dies ist nicht immer eine leichte Aufgabe für Fachleute, da sie auf einer intensiven Ebene mit anderen zusammenarbeiten müssen, die wenig oder gar nichts über ihr Fachgebiet wissen. Die Fähigkeit, transdisziplinär zusammenzuarbeiten, mag für viele schwierig sein, aber sie ist ein sehr wichtiges Merkmal für Fachleute, die wirklich zur nachhaltigen Entwicklung beitragen wollen.

Kritische Betrachtung der SDGs

Nicht alle 17 Ziele sind kritiklos akzeptiert worden. So spricht beispielsweise die bereits erwähnte SDG 8 von „nachhaltigem Wachstum", während in Abschn. 4.3 beschrieben wird, warum Nachhaltigkeit und Wirtschaftswachstum langfristig nicht zusammenpassen.

SDG 4, in dem es um „Bildung für alle" geht, lässt sich nicht überall eindeutig anwenden. Wie steht es mit Völkern, die noch immer unter den gleichen Bedingungen wie vor 5000 Jahren leben, z. B. tief im Dschungel des Amazonas oder auf Sumatra? Wenn Sie darauf bestehen, dass alle ihre Kinder zur Schule gehen, werden Sie ihre Kultur zerstören. „Hochwertige Bildung" muss daher im lokalen Kontext gesehen werden und bedeutet nicht überall und immer: „zur Schule gehen".

Die SDGs erwähnen das Wort „Zukunft" nicht ein einziges Mal. In den Zielvorgaben wird das Wort ein einziges Mal verwendet (Ziel 14.c), was kaum auf eine visionäre Sicht auf die Zukunft der nachhaltigen Entwicklung hinweist. Dieser Mangel an Vision wird noch dadurch veranschaulicht, dass Begriffe wie „Transition" oder „Transformation" und „Szenario" fehlen, obwohl sie im Allgemeinen als entscheidend für die nachhaltige Entwicklung angesehen werden. Themen wie Bevölkerungswachstum oder eine alternde Bevölkerung werden ignoriert. Die SDGs sind ein internationaler Kompromiss, in dessen Folge Themen, die in einigen (einflussreichen) Ländern als umstritten oder sogar inakzeptabel angesehen werden, völlig fehlen. Ein Beispiel dafür ist die Tatsache, dass, obwohl sich die SDG 5 ausdrücklich mit dem Empowerment von Frauen befasst und die Ziele der SDG 10 von der Ermächtigung und Einbeziehung „aller, unabhängig von Alter, Geschlecht, Behinderung, Rasse, ethnischer Herkunft, Herkunft, Religion oder wirtschaftlichem oder sonstigem Status" sprechen, Homosexuelle oder andere Mitglieder einer LGBTI-Denomination fehlen. „Demokratie" wird einmal erwähnt: in Kriterium 11.3.2, das sich auf die Inklusivität innerhalb menschlicher Siedlungen bezieht.

Aus wirtschaftlicher Sicht sind die BIPs kaum innovativ. Das Konzept der Kreislaufwirtschaft, das bereits bei der Transition zu einer nachhaltigen Wirtschaft führend ist, fehlt. Das „grüne Bruttoinlandsprodukt" (siehe Abschn. 4.3) wird nicht erwähnt, obwohl man sagen muss, dass einige Aspekte davon vorkommen, wie z. B. „unbezahlte Pflege- und Hausarbeit anerkennen und wertschätzen" (Ziel 2.3) und „Ökosystem- und Biodiversitätswerte" (Ziel 15.8). Alle anderen Texte, vielleicht sogar einschließlich dieser beiden, beziehen sich auf den „Wert" in einer strikt finanziellen Interpretation, wie z. B. in „Mehrwert", der mehrfach erwähnt wird.

All diese und eine Reihe weiterer Fakten können mithilfe des zuvor erwähnten Arbeitsblattes, das der Leser herunterladen kann, leicht untersucht werden.

Die SDGs basieren eindeutig auf der gegenwärtigen wirtschaftlichen und politischen Realität, die nicht in irgendeiner Weise infrage gestellt wird. Sie haben nichts mit der Möglichkeit einer sich verändernden Weltordnung zu tun, die eine ernsthafte Einschränkung darstellt. Einerseits ist dies eine Folge des politischen Kompromisses, den die Nachhaltigkeitsziele darstellen; andererseits liegt es auch daran, dass es sich nur um kurzfristige Ziele handelt, und zwar für einen sehr begrenzten Zeitraum: von 2015 bis 2030. Nachhaltige Entwicklung ist offensichtlich ein sehr langfristiger Prozess.

Folglich darf der Leser nicht den Fehler begehen, nachhaltige Entwicklung nur mit den 17 SDGs zu identifizieren. Daher befasst sich dieses Buch, *Grundlagen der nachhaltigen Entwicklung,* mit viel mehr Themen als nur mit den 17 SDGs.

Die SDGs sind nüchtern und technisch, und das müssen sie auch sein, für eine Liste von messbaren Zielen, an denen Regierungen und Institutionen gemessen werden können.

In ihnen steckt wenig Inspiration oder Leidenschaft. Glücklicherweise gibt es auch Texte wie die in diesem Kapitel erwähnten, wie z. B. die Rede von Seattle und die *Erd-Charta.* Diese bilden zusammen mit den 17 SDGs einen wunderbaren, vollständigeren Satz, der dem weltweiten Streben nach nachhaltiger Entwicklung eine Richtung gibt.

Zusammenfassung
Den in den Abschn. 4.2 und 4.3 untersuchten Webfehlern im System stehen viele Arten von Quellen der Vitalität gegenüber. Dazu gehören:

- Internationale Organisationen, darunter viele, die den Vereinten Nationen oder der Europäischen Union angeschlossen sind. Die Ziele der nachhaltigen Entwicklung haben große Bedeutung im internationalen Bemühen um Nachhaltigkeit.
- Quellen der Inspiration und kraftvoller Ideen, wie Solidarität, Frieden, partizipatorische Demokratie, Menschenrechte und Emanzipation.
- Menschen, sowohl als Einzelpersonen als auch im Rahmen von Vereinigungen, Protestgruppen und NGOs oder informeller in Form von Massenbewegungen. Zusammen bilden sie die Zivilgesellschaft, die ihre Kraft zum Teil aus der Vielfalt schöpft.
- Die natürliche Umwelt, wenn sie richtig verwaltet wird, z. B. indem fragmentierte Ökosysteme wieder zusammengefügt werden.
- Wissenschaft und Technologie, die uns überraschende Innovationen und Durchbrüche bescheren können.
- Die Unternehmenswelt, sowohl die großen multinationalen Konzerne als auch eine große Anzahl kleiner Unternehmen, gegebenenfalls unterstützt durch Mikrokredite.
- Die Fachkräfte der Zukunft – die Studierenden von heute, die bereits in der Ausbildung wichtige Beiträge zur Nachhaltigkeit leisten können.

Wenn diese Quellen der Vitalität zusammenwirken, etwa in Form von öffentlich-privaten Partnerschaften, ist ihre kombinierte Fähigkeit, nachhaltige Entwicklung zu erzeugen, viel größer. Gemeinsam sind sie in der Lage, das dezentrale Management nachhaltiger Transitionen zu übernehmen.

Die Abschn. 4.2, 4.3 und 4.4 bildeten zusammen eine SWOT-Analyse in Form einer Skizze der Schwächen (W) und Bedrohungen (T) in den Abschn. 4.2 und 4.3, gefolgt von den Stärken (S) und Chancen (O), wie in Abschn. 4.4 ausgeführt.

Auf der Grundlage dieser Analyse wurde eine Agenda für die nächsten Jahrzehnte vorgestellt: Die Agenda für nachhaltige Entwicklung bis 2030, in der die 17 Ziele für nachhaltige Entwicklung definiert werden.

In der zweiten Hälfte des Buches werden Programme und Methoden untersucht, um diese Agenda zu verwirklichen.

Die Grenzen wurden abgesteckt: die Webfehler im System und die Quellen der Vitalität, die die Schwachpunkte und die Stärken im System der menschlichen Gesellschaft sind. Die Hauptfehler und die sich daraus ergebenden Bedrohungen wurden in den Kap. 2 und 3 ausführlich beschrieben, während Kap. 4 die gegensätzlichen Quellen der Vitalität und die sich daraus ergebenden Möglichkeiten untersuchte. Die Beziehungen zwischen ihnen wurden herausgearbeitet, und sie gipfelten in einer Liste von 17 SDGs: Ziele, die durch nachhaltige Entwicklung erreicht werden müssen. In groben Zügen bedeutet dies, dass die SWOT-Analyse (Stärken, Schwächen, Chancen und Gefahren) abgeschlossen ist. Nun ist es an der Zeit, zu sehen, was getan werden kann, um das Zielpaket auf den Weg zu bringen, was in den nächsten Kapiteln geschehen wird. Es gibt viele Möglichkeiten, Fragen der Nicht-Nachhaltigkeit anzugehen. Die globale Gesellschaft kann in sehr unterschiedliche Richtungen voranschreiten. Solche Unterschiede werden noch deutlicher, wenn man sie auf regionaler Ebene betrachtet. Der zweite Teil dieses Buches befasst sich mit den verschiedenen Richtungen, die eine nachhaltige Entwicklung einschlagen kann.

Teil 2 besteht aus den folgenden Kapiteln:

5. Hier und da
6. Jetzt und später
7. Klima und Energie
8. Nachhaltige Geschäftspraktiken

Inhaltsverzeichnis

> **Fall 5.1. Zu viele Kinder**
>
> Das Bußgeld wurde auf 2000 Yuan – rund 200 US$ – festgesetzt. Dies war eine hohe Summe für die Familie Zhou, die in Yulin, der Hauptstadt der chinesischen Provinz Guangxi, lebt, da ihr monatliches Einkommen nur 1200 Yuan beträgt. Die Strafe wurde verhängt, weil sie zwei Kinder hatten – eines mehr als erlaubt (Abb. 5.1). Offiziell handelte es sich nicht um eine Geldstrafe, sondern eher um eine „soziale Pflegegebühr".
>
> In gewisser Weise sind die Zhou's glimpflich davongekommen, denn es gibt Geschichten über andere Familien, die vertrieben und schwangere Frauen zur Abtreibung gezwungen wurden.
>
> Eines frühen Morgens wird in einer Stadt in der Provinz Hunan neben einer Autobahn eine winzige Leiche gefunden. Es handelt sich um ein neugeborenes Mädchen, das von seinen Eltern ausgesetzt wurde. Vielleicht war es ihr zweites Kind. Aber es hätte genauso gut ihr erstes sein können, und wie viele Familien in China hatten sie auf einen Jungen gehofft – und weil sie nur ein Kind bekommen konnten, musste das Mädchen gehen. Autos rasen an der anonymen kleinen Leiche vorbei und bespritzen sie mit Schlamm. Niemand hält an. Sie sind alle in Eile.

© Der/die Autor(en), exklusiv lizenziert durch Springer-Verlag GmbH, DE, ein Teil von
Springer Nature 2021
N. Roorda, *Grundlagen der nachhaltigen Entwicklung,*
https://doi.org/10.1007/978-3-662-62868-3_5

Abb. 5.1 Ein Familienplanungsplakat entlang einer Wohnstraße in Guangzhou propagiert „Ein Kind pro Paar!". (Quelle: Wladimir Menkow, Wikimedia)

Unsere bisherigen Studien haben sich weitgehend auf die Welt als Ganzes bezogen. Aber es gibt natürlich große Unterschiede zwischen den verschiedenen Teilen der Welt – zwischen den Regionen, wie sie manchmal genannt werden. Zu den Regionen gehören China, Indien, Lateinamerika, Nordamerika und Europa, aber auch die arabische Welt oder Indonesien. Die Regionen sind nicht streng definiert, und Länder wie Ägypten und Tunesien können als Teil der arabischen Region betrachtet werden, sind aber auch Mitglieder der Afrikanischen Union (AU).

Jede Region wird ihre eigenen Schwächen und ihre eigenen Quellen der Vitalität haben. Diese spielen eine Rolle, wenn es darum geht, die Art der Lösungen zu bestimmen, die man im Sinne einer nachhaltigen Entwicklung annimmt. Als Beispiele werden in diesem Kapitel vier Regionen untersucht, wobei das Triple P genutzt wird: People, Planet und Profit. Für jede von ihnen wird der gegenwärtige Zustand und auch die Aussichten für die Zukunft beschrieben.

Es gibt einen guten Grund, warum diese vier Regionen ausgewählt wurden: die Europäische Union (EU), China, Indien und die ECOWAS, eine Gruppe kooperierender afrikanischer Staaten südlich der Sahara. Abb. 5.2 zeigt sie deutlich. In dieser Grafik stellt die horizontale Achse den HDI, den Index der menschlichen Entwicklung, dar, der in Kap. 3 erwähnt wurde. Die vertikale Achse zeigt das durchschnittliche Pro-Kopf-Einkommen. Es scheint eine deutlich sichtbare Beziehung zwischen beiden zu bestehen, was nicht überraschend ist. Die Kurve stellt den allgemeinen Trend dar: Je höher das Einkommen, desto höher steht ein Land oder eine Region auf der HDI-Liste.

Nicht alle Länder befinden sich genau auf dieser Trendlinie. Da ein niedriger HDI-Rang ein Indikator für ein angenehmes Leben in einem Land ist, schneiden Länder, die links oder unterhalb der Trendlinie liegen, im Verhältnis zu ihrem Nationaleinkommen gut ab. Länder, die rechts oben auf der Trendlinie liegen, haben dagegen eine geringere

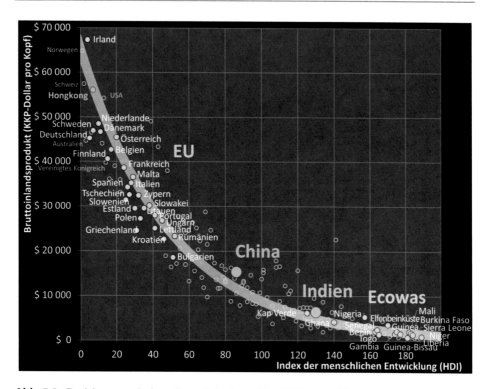

Abb. 5.2 Beziehung zwischen Bruttoinlandsprodukt (BIP) und Human Development Index (HDI). (Quelle: UNDP: Human Development Report 2019. Die BIP-Werte sind die von 2017, ausgedrückt in KKP-Dollar von 2011 pro Kopf)

Wahrscheinlichkeit, ihr Einkommen und ihren Wohlstand in ein hohes Entwicklungs- und Wohlstandsniveau umzuwandeln.

Abb. 5.2 veranschaulicht, dass die vier Regionen für vier verschiedene Stadien der Entwicklung und des Wohlbefindens charakteristisch sind. Die EU ist ein Beispiel für eine wohlhabende und entwickelte Region. Die ECOWAS befindet sich am anderen Extrem, mit einer niedrigen Entwicklung und viel Armut. China und Indien liegen dazwischen, beide bewegen sich aufwärts; beachten Sie jedoch die besondere Stellung Hongkongs, das zu China gehört. Sie werden später in diesem Kapitel mehr darüber lesen.

Außerdem weisen die Regionen viel mehr Unterschiede auf. Zusammen bieten sie einen guten Überblick über die immensen Unterschiede, sowohl was die regionalen Probleme als auch die Lösungsstrategien an verschiedenen Orten der Welt betrifft.

Dieses Kapitel legt den Schwerpunkt auf die Dimension des Raumes, des Ortes, des „Hier und Jetzt". Die andere Dimension: die Zeit, das „Jetzt und Später", wird im folgenden Kapitel behandelt.

5.1   China: Wachstum, aber nicht in Bezug auf die Menschenrechte

Ungleichheit: der GINI-Koeffizient

Tab. 5.1 zeigt die Entwicklung in China über einen Zeitraum von 80 Jahren, basierend auf dem Triple P. Bei den Profitthemen finden Sie auch die Einkommensungleichheit, die in zwei verschiedenen Maßen dargestellt wird. In Klammern ist das Verhältnis zwischen dem Durchschnittseinkommen der am meisten verdienenden 10 % und dem der am wenigsten verdienenden 10 % in einem bestimmten Land angegeben. Dieses Maß wird als „90 %/10 %" bezeichnet.

Es gibt auch den GINI-Koeffizienten. Dies ist eine Zahl, die zwischen 0 und 1 (oder zwischen 0 % und 100 %) schwankt, wobei „0" für „vollkommene Gleichheit" (bei der jeder genau den gleichen Betrag verdient) und „1" für „maximale Ungleichheit" (bei der das gesamte Einkommen im Land an nur eine Person geht) steht.

Abb. 5.3   China

Tab. 5.1 China (siehe Abb. 5.3)

Jahr		1970	2018	2050
People	Bevölkerung	828 Mio.	1426 Mio.	1402 Mio.
	Geburtenrate (Kinder pro Frau)	4,85	1,69	1,75
	Kindersterblichkeit (bis zu 5 Jahren)	10 %	1,2 %	0,5 %
	Lebenserwartung bei der Geburt	61,7 Jahre	76,6 Jahre	81,5 Jahre
	Städtische Bevölkerung	17 %	59 %	78 %
Planet	Fläche		9,6 Mio. km^2	
	Ökologischer Fußabdruck	1,06 gha p. Kopf	3,62 gha p. Kopf	
	Biokapazität	0,91 gha p. Kopf	0,96 gha p. Kopf	
Profit	BIP (2018 US$)	93 Mrd. US$	13608 Mrd. US$	
	BIP (KKP-Dollar pro Kopf)		16200 US$	
	Einkommensdisparität[a]		46,5 % (11 Mal)	

[a]GINI; in Klammern: Einkommen der reichsten 10 % geteilt durch Einkommen der ärmsten 10 %
Quellen: UN DESA: World Population Prospects 2019 and World Urbanization Prospects 2018;
UNDP: Human Development Report 2019; World Bank: World Development Indicators 2019;
CIA: The World Factbook 2019. Global Footprint Network: Ecological Footprint Explorer 2019
Fußabdruck und Biokapazität sind von 2016; Daten zur Einkommenspolitik aus verschiedenen
Jahren sind von 2011 bis einschließlich 2016

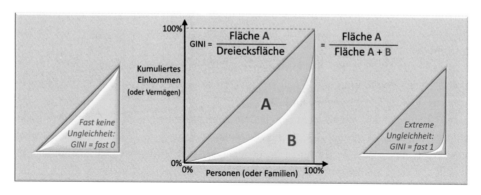

Abb. 5.4 Berechnung des GINI-Koeffizienten

Abb. 5.4 zeigt, wie der GINI-Koeffizient berechnet wird. Die Berechnung ist wie folgt: 1) Sortierung aller Personen (oder Familien) in der Reihenfolge ihres Einkommens, von niedrig bis hoch. 2) Berechnen Sie die kumulierten Einkommen, für die Sie alle Einkommen von 0 bis zu einem bestimmten Wert aufaddieren. Bei vollkommener Gleichheit (GINI = 0) bedeutet dies z. B., dass 50 % der Personen auch 50 %

des Gesamteinkommens finden. 3) Erstellen Sie ein Diagramm wie in Abb. 5.4. Der GINI-Koeffizient ist gleich der Fläche des blauen Stücks (A, das Einkommen, das die weniger verdienende Person „verpasst" hat), geteilt durch die Fläche des gesamten Dreiecks, also von A + B. China hat, wie Tab. 5.1 zeigt, einen GINI von fast 0,5, was zeigt, dass die Fläche A in China fast so groß ist wie die Fläche B.

Der GINI ist das am häufigsten verwendete Maß für Ungleichheit, das nicht nur auf Einkommen (d. h. auf fließendes Geld), sondern auch auf Vermögensungleichheit (d. h. auf akkumuliertes Geld) angewandt wird. (Anmerkung: In Büchern und Artikeln versäumen die Autoren oft zu erwähnen, über welchen der beiden GINI-Koeffizienten sie schreiben.)

Die beiden Maße der Ungleichheit, die 90 %/10 % und der GINI, erhalten nur dann eine wirkliche Bedeutung, wenn man die Werte verschiedener Länder vergleicht. Sie finden sie daher nicht nur in der Tabelle mit den Grunddaten aus China, sondern auch in denen aus Indien, der EU und der ECOWAS (in den kommenden Absätzen). Das GINI wurde auch in Kap. 3 verwendet, wo Tab. 3.2 Daten aus einer Reihe von Ländern enthält.

Geschichte

Chinas Geschichte reicht Tausende von Jahren zurück und besteht aus einem Flickenteppich mächtiger Imperien, unterbrochen von Perioden der Zersplitterung und der Abhängigkeit vom Ausland – oft als Folge von Invasionen. Dies mag der Fall gewesen sein, als in der Zeit zwischen 2200 und 800 v. Chr. neue Dynastien an die Macht kamen, und es war sicherlich auch der Fall, als die Mongolen im 13. Jahrhundert n. Chr. einmarschierten.

Im siebten Jahrhundert n. Chr. wuchs das Reich durch Eroberungen zu einem gigantischen Gebiet heran, das einen großen Teil Ostasiens, einschließlich des heutigen Sibiriens, Koreas und Vietnams, umfasste.

Im 19. Jahrhundert engagierten sich andere Nationen zunehmend in China, wobei das britische Empire, Frankreich, Deutschland, Japan, Russland und die Vereinigten Staaten Teile des chinesischen Territoriums besetzten oder sich in die innere Verwaltung einmischten. Diese Mächte setzten entwürdigende Mittel wie die britische Strategie des Opiumimports ein, wodurch eine große Zahl von Chinesen von der Droge abhängig wurde. Als die chinesischen Behörden daraufhin den Handel mit Opium verboten, erklärten die Briten China den Krieg. Das britische Empire gewann die beiden „Opiumkriege" (1839–1842 und 1856–1860), indem es 1860 die Hauptstadt Peking besetzte und nach der Flucht des Kaisers das Opium wieder legalisierte.

Die letzte Kaiserdynastie fiel 1911 einer Revolution zum Opfer, als China zur Republik erklärt wurde. Zwei Jahrzehnte später fiel Japan 1937 in China ein und besetzte das Land bis 1945. Die japanische Invasion unterbrach einen Kampf zwischen der regierenden nationalistischen Partei und den Kommunisten, der im Gefolge des japanischen Aufbruchs wieder aufflammte und 1949 in der Machtübernahme der

Kommunisten unter Führung von Mao Zedong gipfelte. Die Nationalisten flohen auf die Insel Taiwan, wo sie immer noch eine politische Kraft sind.

Seitdem steht das Land unter kommunistischer Kontrolle, und 1966 verkündete Mao den Beginn der Kulturrevolution, die das Land in ein Chaos stürzte. Alles, was intellektuell war – oder zu sein schien – wurde als „schlecht" betrachtet. Die Meinungsfreiheit wurde noch weiter eingeschränkt, und Bildung, Gesundheitswesen und Wirtschaft brachen zusammen. Ein Bürgerkrieg brach aus, der Millionen Menschen das Leben kostete.

Nach dem Tod von Mao 1976 wurden langsam aber sicher Reformen in der Wirtschaft des Landes eingeführt, die dem freien Markt eine Chance zur Entfaltung gaben. Dies ging Hand in Hand mit einer zunehmenden Öffnung gegenüber anderen Ländern. Zuvor war China sehr isoliert gewesen, da nur wenige Ausländer einreisen durften und das Land weitgehend auf eine Beteiligung an auswärtigen Angelegenheiten verzichtete. Aber die Dinge haben sich seit dieser Zeit drastisch verändert.

Das hat Napoleon vor 200 Jahren gesagt: „China ist ein schlafender Riese. Aber wenn er erwacht, wird die Welt erbeben". Wir werden bald wissen, ob der französische Kaiser Recht hatte, denn China ist erwacht.

People

China ist derzeit die bevölkerungsreichste Nation der Erde. Mehr als jeder sechste Mensch lebt in China.

Vor 50 Jahren wuchs die Bevölkerung mit einer enormen Rate, wodurch die Bevölkerungsexplosion zu einer der größten Ursachen für die Nicht-Nachhaltigkeit und zu einem wichtigen Faktor bei der Festlegung der Strategie der chinesischen Behörden, ab 1979 eine Ein-Kind-Politik zu betreiben, wurde. Familien, die mehr als ein Kind haben, werden mit hohen Geldstrafen belegt, obwohl in den letzten Jahren ein gewisser Spielraum für Eltern eingeführt wurde, die z. B. ihr einziges Kind bei einer Katastrophe verloren haben könnten. Im Jahr 2015 wurde angekündigt, dass die Ein-Kind-Politik abgeschafft wird. Das Bevölkerungswachstum ist erheblich geschrumpft (wie aus Tab. 5.1 hervorgeht), und Experten gehen davon aus, dass die chinesische Bevölkerung irgendwann zwischen 2020 und 2030 schrumpfen wird.

Die Ein-Kind-Politik war höchst umstritten und wurde von Menschenrechtsorganisationen und anderen kritisiert. Fall 5.1 illustriert, wie die Bevölkerungsstrategie zu erniedrigenden Szenarien führte, aber es gab auch andere Konsequenzen, von denen einige höchstwahrscheinlich nicht vorhergesehen wurden. Da Söhne fast überall in China den Töchtern vorgezogen werden, wurden und werden eine große Zahl von Mädchen fast unmittelbar nach ihrer Geburt abgetrieben oder getötet. Die Folgen dieser Praxis sind gravierend, und in den letzten Jahren werden auf 100 Mädchen ca. 120 Jungen aufgezogen (Quelle: CIA World Factbook 2019). Es wird geschätzt, dass es 18 Mio. mehr junge Männer (bis zum Alter von 15 Jahren) als Frauen gibt, von denen viele keinen zukünftigen Partner haben werden – wenn sie heterosexuell sind. Dies hat zu einem neuartigen Bevölkerungsproblem geführt, das wie eine Zeitbombe über der chinesischen Gesellschaft schwebt. Tatsache bleibt jedoch, dass eine hochaktive Politik zur Eindämmung des Bevölkerungswachstums absolut notwendig war; ohne die Ein-Kind-Politik gäbe es heute mindestens 100 Mio. Chinesen mehr.

Fragen

- Ist die Ein-Kind-Politik ein krimineller Akt, hätte sie nie umgesetzt werden dürfen?
- Oder war die Politik eine Notwendigkeit, und wäre die Situation in China sonst außer Kontrolle geraten?
- Ist dies angesichts der Tatsache, dass die Ein-Kind-Politik nur möglich war, weil China keine Demokratie ist, ein Argument für eine Diktatur?

Die Ein-Kind-Politik wäre in einer demokratischen Nation schlichtweg unmöglich gewesen. Die chinesische Regierung regiert das Land mit eiserner Faust – es ist eine Diktatur. Die Menschenrechte werden kaum respektiert. Die Behörden kontrollieren Presse und Fernsehen, und auch das Internet unterliegt der Zensur. Das Land ist offiziell immer noch ein kommunistisches Land, obwohl es dafür in wirtschaftlicher Hinsicht wenig Beweise gibt.

Ein schockierendes Ereignis ereignete sich 1989, als kurz nachdem die Menschen in Osteuropa ihre eigenen kommunistischen Diktaturen friedlich gestürzt hatten, viele Chinesen hofften, ähnliche Ziele zu erreichen. Mit Studenten an der Spitze starteten über eine Million Menschen am 27. April auf dem Tiananmen-Platz (dem „Tor zur Befriedung des Himmels") in Peking eine Demonstration. Nach einigen Wochen traten ein paar Tausend Studenten in einen Hungerstreik.

Dann, am 3. Juni 1989, schaltete sich die Armee ein. Der Platz wurde mit Panzern und bewaffneten Soldaten leergeräumt, wobei zwischen 300 und 400 Demonstranten starben. Die chinesische Demokratie war noch mehr zu einem Hirngespinst geworden.

Hongkong, Tibet, Xinjiang

Die Großstadt Hongkong mit 7 Mio. Einwohnern liegt auf einer Halbinsel auf der Südseite Chinas. Seit 1842 wurde die Stadt von den Briten regiert, zunächst von der Britischen Ostindien-Kompanie, später als Kronkolonie. Im Jahr 1898 unterzeichneten die britische und die chinesische Regierung einen Pachtvertrag für 99 Jahre.

Als der Pachtzeitraum 1997 endete, wurde Hongkong an die chinesischen Behörden übergeben. Damit einer gingen Garantien für Freiheit, Eigentum und Demokratie für die Bevölkerung Hongkongs, die an westliche Standards gewöhnt war. Abb. 5.2 zeigt Hongkong unter den europäischen Ländern, sowohl in Bezug auf das Einkommen als auch in Bezug auf die menschliche Entwicklung und das Wohlergehen (nach dem HDI), womit sich Hongkong erheblich vom Rest Chinas unterscheidet. Während des Transfers wurde vereinbart, dass Hongkong 50 Jahre lang, bis zum Jahr 2047, nicht den gleichen Gesetzen wie im kommunistischen Teil des Landes unterworfen sein würde. Seither wurde eifrig geprüft, ob die chinesische Regierung dieser Verpflichtung nachkommt.

Ab 2014 stellte sich heraus, dass es nicht gut lief. Die Regierung kündigte Maßnahmen zur Beeinflussung der lokalen Regierung an, gefolgt von großen Protestdemonstrationen. 2019 wurde in Hongkong ein Gesetzentwurf für ein Auslieferungsabkommen von Kriminellen an China vorgelegt. Auch dies führte zu enormen Protesten, da befürchtet wurde, dass auch Dissidenten auf der Grundlage dieses Gesetzes überstellt werden.

Hongkong ist auf der Karte in Abb. 5.5 zu finden. Dort können Sie auch einige andere problematische Regionen sehen. Aksai Chin, das derzeit von China regiert wird, wird von Indien beansprucht, während Arunachal Pradesh, das von Indien regiert wird, von China beansprucht wird. 1962 brach in diesen beiden Gebieten ein Krieg aus, der nichts änderte. Noch im Jahr 2017 standen beide Länder kurz vor einem weiteren Krieg um die umstrittenen Gebiete.

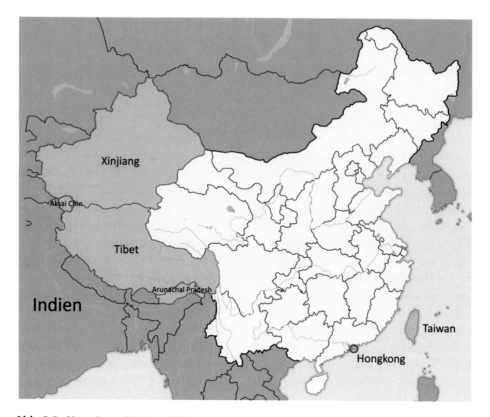

Abb. 5.5 Umstrittene Regionen Chinas

Ein weiteres kompliziertes Thema ist Taiwan, offiziell die „Republik China", das seit der Machtübernahme der kommunistischen Partei auf dem chinesischen Festland 1949 und der Flucht der ehemaligen Regierung nach Taiwan die Unabhängigkeit von China besitzt. Die Unabhängigkeit wurde von der Regierung in Peking nie akzeptiert, und es besteht eine ständige Kriegsgefahr.

Und dann gibt es zwei riesige „autonome Regionen". Eine davon ist Tibet mit einer Fläche von mehr als 1,2 Mio. km² (474.000 Quadratmeilen) und einer Bevölkerung von kaum mehr als 3 Mio. Einwohnern, eine der am dünnsten besiedelten Regionen der Welt. Nach jahrzehntelangen rechtlichen und politischen Auseinandersetzungen wurde es 1950 von den chinesischen Streitkräften besetzt. Ihr religiöser und politischer Führer, der Dalai-Lama, durfte zunächst im Amt bleiben, musste aber einige Jahre später aus dem Land fliehen. Bis heute hegen die Tibeter die Hoffnung auf Freiheit in einem unabhängigen Land. Ihre Ambitionen werden stark unterdrückt, da die chinesische Regierung die Menschenrechte in Tibet durch Verschwindenlassen, Folter, willkürliche Verhaftung und Inhaftierung, politische und religiöse Unterdrückung, Zwangsabtreibungen und Sterilisation und sogar Kindermord ernsthaft missachtet.

Ein weiteres, noch größeres Gebiet innerhalb der chinesischen Grenzen ist Xinjiang, die Heimat vieler ethnischer Gruppen. Eine von ihnen sind die Uiguren, eine türkische Minderheit von etwa 12 Mio. Muslimen, die in dem oft als Ostturkestan bezeichneten Gebiet leben. Sie erleben die gleiche Art von Unterdrückung wie die Tibeter, einschließlich Massenverhaftungen und „Umerziehung" in stadtgroßen Lagern, als Antwort auf die „ostturkestanische Unabhängigkeitsbewegung".

Profit

China war in den Jahren nach dem Zweiten Weltkrieg eine arme Nation – ein Standardland der Dritten Welt. Aber das änderte sich langsam, und ab 1978 entwickelte sich China zu einer Marktwirtschaft. Ausländische Unternehmen durften sich niederlassen, Unternehmen durften Gewinne erwirtschaften und die chinesische Industrie wurde dramatisch modernisiert. Seit 2001 ist das Land Mitglied der Welthandelsorganisation (WTO). In der Forbes Global 2000, der jährlichen Rangliste der größten Unternehmen, ist 2019 ein chinesisches Unternehmen, die Geschäftsbank ICBC, die Nummer 1; unter den Top Ten finden sich fünf chinesische Unternehmen (plus vier amerikanische und ein niederländisches Unternehmen).

Der Wirtschaft geht es gut; sehr gut, um ehrlich zu sein. Jahrelang war das Wirtschaftswachstum des Landes im Vergleich zu westlichen Nationen sehr hoch. Als Chinas Wirtschaft reifer wurde, verlangsamte sich das reale BIP-Wachstum von 14,2 % im Jahr 2007 auf 6,6 % im Jahr 2018, und dieses Wachstum wird laut Prognosen des Internationalen Währungsfonds (IMF) bis 2024 auf 5,5 % zurückgehen. China verfügt über eine gigantische Exportbasis, die sicherlich nicht nur aus einfachen Produkten besteht – ein Viertel der chinesischen Exporte besteht aus Hightech-Elektronik. Gegenwärtig ist China die zweitgrößte Volkswirtschaft der Welt, und viele erwarten, dass es irgendwann im 21. Jahrhundert die größte Volkswirtschaft der Welt sein wird.

Ein Teil des chinesischen Volkes profitiert von diesem wirtschaftlichen Sprung nach vorn, und die Zahl der Menschen, die in extremer Armut leben (weniger als ein Dollar pro Tag), ist zwischen 1990 und 2000 von 33 % auf 16 % zurückgegangen. Im Jahr 2015 war die Armut laut Weltbank im Jahr 2019 erneut sensationell zurückgegangen. Wie sehr, das hängt davon ab, welche Definition von absoluter Armut verwendet wird (siehe Kap. 3): Wenn die Armutsgrenze auf 1,90 US$ pro Tag festgelegt wird, waren nur 0,7 % arm. Bei einer Grenze von 3,20 US$ waren es 7 %.

Aber es gibt auch eine Kehrseite, denn das Leben hat sich noch nicht für alle verbessert. Es gibt eine Unterschicht von Fabrikarbeitern, die gezwungen ist, in Häusern oder Baracken zu leben, die der Fabrik gehören, und alle ihre Waren im Fabrikladen zu kaufen. Sie sind gezwungen, 12 bis 16 h täglich zu arbeiten, verdienen nicht genug (oder gerade genug), um die Kosten für ihre Unterkunft zu decken, und sind in hohem Maße Sklaven der Fabriken, in denen sie arbeiten (Abb. 5.6). Viele der vom Westen aus China importierten Produkte, wie Spielzeug, Kleidung und Computer, werden von dieser Art von Arbeitern hergestellt. Der preisgekrönte Dokumentarfilm „China Blue" aus dem Jahr 2005 vermittelt ein erschütterndes Bild der Arbeitsbedingungen in einer solchen Fabrik.

Gleichzeitig schließen viele große westliche Unternehmen ihre Fabriken in Europa und den USA, entlassen ihre Arbeiter und verlagern ihre Geschäfte nach China und in andere Niedriglohnländer. Häufig haben sie keine andere Wahl, denn wenn sie nicht umziehen, während ihre Konkurrenten diesen Schritt tun, laufen sie Gefahr, ihr Geschäft aufgeben zu müssen.

Fall 5.2. Der einzige Ausgang

Foxconn beschäftigt über eine Million junge Menschen. Trotz des englisch klingenden Namens ist Foxconn ein chinesisches Unternehmen mit Sitz in Shenzhen. Die Mitarbeiter, die meist zwischen 18 und 24 Jahren alt sind, stellen Telefone, Spielkonsolen und Computer für westliche multinationale Unternehmen wie Apple, Dell, Intel und Microsoft her.

Im Mai 2010 erhielt die gesamte Belegschaft plötzlich eine 20%ige Lohnerhöhung. Der Grund dafür? Ein verzweifelter Versuch der Unternehmensleitung, eine Selbstmordepidemie unter den Arbeitern des Longhua Wissenschafts- und Technologieparks zu stoppen. Des Geschäftskomplexes, der besser bekannt ist als „Foxconn City", wo rund 300.000 Menschen an einem Standort arbeiten. Aus dem gleichen Grund errichtete das Unternehmen Sicherheitsnetze um die höheren Gebäude und beschäftigte ein Team von Ratsmitgliedern.

Ob all diese Maßnahmen helfen würden, blieb abzuwarten, da der Hintergrund der Selbstmorde in erster Linie das unmenschliche Arbeitstempo, zu dem die Mitarbeiter gezwungen waren, zusammen mit den unglaublich vielen Überstunden war. Die jungen Arbeiterinnen und Arbeiter hatten regelmäßig wochenlang am Stück nur

Abb. 5.6 Die Bedingungen in chinesischen Fabriken sind schwer. Arbeitstage von 16 oder mehr Stunden, ohne freie Wochenenden, sind keine Ausnahme. (Quelle: Robert Scoble, Wikimedia)

zwei oder vier Stunden Schlaf pro Nacht, manchmal sogar ganz ohne Schlaf. Hinzu kam das völlige Fehlen eines Privatlebens, da die Arbeiter in Baracken auf dem Fabrikgelände untergebracht waren und sich viele ein Zimmer teilten. Sie hatten kaum Gelegenheit, ihre Familie zu sehen oder Freunde zu finden, geschweige denn, eine Familie zu gründen und sich eine Zukunft aufzubauen. In den Monaten vor Mai 2010 erwies sich der völlige Mangel an Zukunft für elf der Arbeiter als Grund genug, den einzigen Ausweg zu wählen, der ihnen noch blieb – Selbstmord.

Apple und Dell, beides Foxconn-Käufer, reagierten schockiert und forderten die Durchführung einer Untersuchung. Diesen Unternehmen war möglicherweise nicht bewusst, dass die Situation bei Foxconn seit Jahren für viele Unternehmen in China typisch ist.

Die Lohnerhöhung hatte anscheinend nicht die unmittelbar beabsichtigte Wirkung, denn kaum eine Woche später wurde aus der 20%igen Erhöhung eine 100%ige Erhöhung.

Vielleicht gibt es aber auch eine andere Interpretation dieser Fragen. Einige Kommentatoren argumentierten, dass China im Allgemeinen eine recht hohe Selbstmordrate von 20 Todesfällen pro 100.000 Personen jährlich aufweist (*The Independent*, 9. September 2011). Im Jahr 2010 wurden 14 Selbstmorde von Foxconn-Mitarbeitern gemeldet, was relativ niedrig ist. Vielleicht keine Selbstmordepidemie? Was die Lohnerhöhungen betrifft: Dies könnte darauf zurückzuführen sein, dass China seinen Wendepunkt in Lewis erreicht hat, wo ein Mangel an Arbeitskräften zu einem starken Anstieg der Gehälter führt (*China Daily*, 3. Juni 2010; *The Economist*, 10. Juni 2010).

Jedenfalls waren die Probleme nicht vorbei, denn in den Jahren 2011, 2012, 2013 und 2016 wurden neue Selbstmorde von Beschäftigten gemeldet, die aus Fabrikgebäuden gesprungen waren. Im Jahr 2016 hielt das Unternehmen die gesetzliche Höchstarbeitszeit von 49 Wochenstunden immer noch nicht ein.

Fragen

- Besitzen Sie Besitztümer, die ganz oder teilweise „in China hergestellt" wurden? Haben Sie dies jemals überprüft?
- Wenn Sie in China hergestellte Artikel kaufen, tragen Sie möglicherweise zu einer Situation bei, in der die Arbeiter sehr niedrige Löhne erhalten. Wenn Sie sie aber nicht kaufen, dann verdienen diese Menschen vielleicht überhaupt nichts. Was ist unter diesen Umständen Ihre beste Option?

Viele Jahre lang war Abfall ein bedeutender Import für China. Der Abfallhandel war gigantisch; sein Umfang wurde für 2013 auf 400 Mrd. US$ pro Jahr geschätzt. Ein bedeutender Teil wurde aus Europa importiert, mit den Niederlanden, der Schweiz, Belgien und Deutschland als Hauptlieferanten: Müll zu exportieren ist viel billiger als Recycling oder Deponierung. China übernahm riesige Mengen: Im Jahr 2013 handelte es sich um 7,4 Mio. Tonnen Plastik, 28 Mio. Tonnen Papier und 6 Mio. Tonnen geschredderten Stahl. Auch Elektronikschrott – eigentlich chemischer Abfall – wurde in riesigen Mengen verbracht, hauptsächlich aus den Vereinigten Staaten, die das Basler Übereinkommen nicht unterzeichnet haben (siehe Kap. 3). Selbst im Jahr 2017 importierte China 56 % aller Kunststoffabfälle der Welt.

Der chinesische Industriesektor nutzte den Abfall als wertvollen Rohstoff für die Herstellung neuer Produkte. Aus der Sicht eines geschlossenen Kreislaufs war dies keine schlechte Vorgehensweise, aber die Tatsache, dass das Abfallproblem von wohlhabenden Nationen nach China verlagert wurde, ist ein weniger erfreulicher Aspekt. Mit den wertvollen Rohstoffen kamen auch Umweltverschmutzung und Gesundheitsrisiken nach China. Die Regierung in Peking verbot 2017 die Einfuhr von Abfällen.

Planet

Die wirtschaftliche Entwicklung Chinas hat zu Umweltproblemen von titanischen
Ausmaßen geführt. Das Land erzeugt einen großen Teil seines Stroms mit Kohle, die
Ruß und CO_2 freisetzt und die so gefährlich aus Bergwerken gewonnen wird, dass es fast
wöchentlich zu tödlichen Unfällen kommt. Sieben der zehn am stärksten verschmutzten
Städte der Welt liegen in China, und 30 % des Landes werden von saurem Regen
geplagt.

Intensive Besatzung und Landwirtschaft haben die natürliche Umwelt geschädigt.
Zehntausende Hektar werden jedes Jahr folgenreich erodiert, und die Wälder Chinas
sind dramatisch ausgedünnt worden – nur noch 16 % des Landes sind bewaldet. Dies
hat Folgen für eine Reihe wichtiger Tierarten, die jetzt vom Aussterben bedroht sind. Die
berühmteste davon ist der Große Panda.

Entwaldung bedeutet auch Bodenerosion, wobei das fruchtbare Land austrocknet und
weggeweht oder weggespült wird (Abb. 5.7). Ein Fünftel von Chinas Land ist auf diese

Abb. 5.7 Sandstürme
kommen aus Nordchina.
Oben: aus dem Weltall, mit
Nordchina auf der linken
Seite und der koreanischen
Halbinsel in der Mitte. Die
weißen Flächen sind Wolken,
die gelben Flächen sind Sand.
Unten: Der Himmel über
Taiwan ist mit Sand vom
chinesischen Festland bedeckt.
(Quelle: SeaWiFS Project,
NASA/Goddard Space Flight
Center, & ORBIMAGE; 阿爾
特斯, Wikimedia)

Weise ernsthaft degradiert worden, wobei jährlich 5 Mrd. Tonnen fruchtbarer Boden verschwinden und zu Staub- und Sandstürmen führen. Im Jahr 1950 kam es alle 30 Jahre einmal zu einem Sandsturm, aber seit 1990 treten sie fast jährlich auf.

Wurzeln können Regenwasser absorbieren, ähnlich wie ein Schwamm, aber erodiertes und ausgetrocknetes Land ist dazu viel weniger in der Lage, und so hat die Abholzung der Wälder auch die Chance auf größere Überschwemmungen erhöht. Eine Überschwemmung im Jahr 1996 tötete eine große Zahl von Menschen und verursachte Schäden in Höhe von 27 Mrd. US$. 1998 folgte eine noch größere Überschwemmung, von der eine Viertelmilliarde Menschen betroffen waren.

Paradoxerweise gibt es auch einen ständigen Wassermangel. Es wird so viel Süßwasser für Trinkwasser, Bewässerung und Industrie verwendet, dass einer der größten Flüsse des Landes, der Huang He (der Gelbe Fluss), nun für einen Großteil des Jahres trocken ist. Dies zerstört die natürliche Umwelt und behindert die Schifffahrt, während der hohe Verbrauch an Grundwasser dazu führt, dass Meerwasser ins Landesinnere fließt. Dies und schlechte Bewässerungspraktiken führen dazu, dass das Land versalzt wird.

Die Wasserqualität ist insgesamt schlecht, wobei das Wasser aus den großen Flüssen, das Grundwasser und die Küstenabschnitte durch die Einleitung von Abwässern durch Industrie und Städte stark verschmutzt sind. Künstliche und natürliche Düngemittel und Pestizide für Landwirtschaft und Aquakultur haben ebenfalls zu der schlechten Wasserqualität beigetragen – nur 20 % des Abwassers werden behandelt. Das Vorhandensein von Düngemittelchemikalien im Wasser hat zur Eutrophierung, zur Überdüngung der Gewässer geführt, die Algen gedeihen lässt und dem Wasser den Sauerstoff raubt, wodurch Fische und andere Organismen getötet werden.

Die durch Luftverschmutzung und Wüstenbildung verursachten Schäden werden zusammen auf etwa 100 Mrd. US$ pro Jahr geschätzt – eine sehr hohe Summe im Vergleich zum jährlichen BIP Chinas (Tab. 5.1). In den letzten Jahren haben die Behörden die Umweltprobleme ernst genommen und zahlreiche Maßnahmen ergriffen. Eine davon ist eine „Grüne Große Mauer" aus Bäumen, die für 6 Mrd. US$ um die Hauptstadt Peking herum gepflanzt wurde, um die Einwohner vor Staubstürmen zu schützen. Dies ist erst der Anfang eines noch größeren Projekts, das darauf abzielt, zwischen 1978 und 2050 eine Grünzone mit einer Länge von 4500 km (2800 Meilen) und einer durchschnittlichen Breite von 1000 km (600 Meilen) zu schaffen.

Seit 2003 sind Umweltverträglichkeitsberichte für alle größeren Bauprojekte obligatorisch, und die Ergebnisse sind positiv, wobei eine Reihe dieser Projekte seit 2005 aufgrund übermäßiger Umweltschäden abgerissen wurden. China hat eine Reihe von internationalen Umweltabkommen unterzeichnet, darunter solche, die sich auf die biologische Vielfalt, die Ozonschicht und den Versand gefährlicher Güter beziehen.

Im Jahr 2017 wurde das Abholzen von Wäldern in China verboten. Das ist nicht nur eindeutig positiv, denn der Bedarf an Holz ist nicht geringer geworden. Die Holzimporte, z. B. aus dem tropischen Afrika, steigen rapide an bis zu mehr als 100 Mio. Kubikmeter pro Jahr; ein Drittel davon ist knappes Hartholz. Das bedeutet, dass China, genau wie die westlichen Nationen, ein großes Umweltproblem auf andere Nationen überträgt.

Im Jahr 2016 hat das Land das Pariser Abkommen über den Klimawandel unterzeichnet und ratifiziert, und es ist zu erwarten, dass China seine Treibhausgasemissionen ernsthaft senken wird; mehr dazu in Kap. 7. Ein relativ hoher Prozentsatz (fast 20 %) der Energie des Landes wird bereits heute aus erneuerbaren Quellen wie Wind- und Wasserkraft erzeugt. Doch ebenso wie in den westlichen Ländern sind die Probleme, die China lösen muss, äußerst komplex, wobei jede Lösung sowohl Vor- als auch Nachteile hat, wie der folgende Fall zeigt.

Fall 5.3. Der Drei-Schluchten-Staudamm

Die Erzeugung einer riesigen Menge elektrischer Energie begann 2009. Der Drei-Schluchten-Staudamm schnitt erstmals 2006 den Jangtse-Fluss ab, wodurch das mit 600 km Länge größte Reservoir der Welt entstand. Seit 2012 erzeugt diese Wassermasse eine Leistung von 18.000 Megawatt, ausreichend für 160 Mrd. Kilowattstunden Strom pro Jahr: Das entspricht der kombinierten Leistung von 20 Kernkraftwerken. Dies bedeutet eine Reduzierung von Millionen Tonnen CO_2-Emissionen in die Atmosphäre, was sowohl für die Wirtschaft und die Umwelt als auch für die Menschen großartig ist, da die 300 Mio. Menschen, die flussabwärts leben, weniger anfällig für Überschwemmungen sein werden. Aber es gibt auch Nachteile.

Das steigende Wasser zwang 1,4 Mio. Menschen zur Umsiedlung, wobei 40 Städte und eine unbekannte Anzahl von Dörfern überflutet wurden, während auch viel lokale Natur zerstört wurde. Es besteht die Gefahr, dass sich giftiger Schlamm auf dem Dammbett absetzt, da die Abfälle aus Chongqing, der mit 32 Mio. Einwohnern größten Stadt des Landes, abgelassen werden. Hinzu kommt, dass durch die Wassermassen die Verdunstung aus dem Fluss zunimmt, was dazu führt, dass das Land flussabwärts austrocknet, die natürliche Umwelt geschädigt wird, die landwirtschaftliche Bewässerung gefährdet ist und das Trinkwasser immer knapper wird. Die Fruchtbarkeit des Bodens wird abnehmen, denn mit abnehmenden Überschwemmungen lagern sich weniger fruchtbare Sedimente auf den Flussfeldern ab.

Im Jahr 2011 gab die chinesische Regierung zu, dass es einige ernsthafte Probleme gibt. Der Damm scheint eine erhöhte Häufigkeit von Erdbeben zu verursachen. Die Nebenflüsse des Jangtse sind mit Schwermetallen wie Kupfer, Zink, Blei und Ammonium verseucht. Die vielen umgesiedelten Menschen sind mit vielen sozialen und wirtschaftlichen Problemen konfrontiert. Und der Staudamm trägt zu Dürreperioden flussabwärts bei, die zu massiven Ernteausfällen führen.

Außerdem steht ein weiteres ehrgeiziges Projekt der Regierung an, bei dem Flüsse im wasserreichen Süden durch drei riesige Kanäle mit den austrocknenden Flüssen im Norden verbunden werden sollen. Es handelt sich um das größte wasserbezogene Projekt, das jemals geplant wurde. Nach seiner Fertigstellung werden jährlich 45 Mrd. m^3 Wasser transportiert, das entspricht der Hälfte des Wassers, das jedes Jahr durch den Rhein, den größten Fluss Europas, fließt. Die Nahrungsmittelproduktion im Norden wird dadurch erheblich zunehmen. Doch einige Experten befürchten, dass die Folgen für die chinesischen Wasserressourcen und die natürliche Umwelt gravierend sein und vielleicht sogar das lokale Klima beeinträchtigen werden.

Aussichten

Die chinesischen Behörden gehen die gravierenden Probleme der Nicht-Nachhaltigkeit mit einem vollständig von oben nach unten gerichteten Ansatz an – sie bemühen sich, die volle Kontrolle über alle Aspekte zu behalten. „Kontrolle" ist das gesamte Leitparadigma, und die angewandten Methoden sind großartig – der größte Staudamm der Welt, Kanäle, die sich über Tausende von Kilometern erstrecken, ein beispielloses Wirtschaftswachstum, das sich seit Jahren fortsetzt, eine Bevölkerungspolitik, die über eine Milliarde Bürgerinnen und Bürgern aufgezwungen wird. Dies ist auch eine Nation, in der Dissens ohne Zögern zensiert wird, und zwar in dem Maße, dass selbst die Suchmaschine Google sich 2010 aus China zurückgezogen hat, nachdem nicht nur ihre Suchseiten zensiert wurden – ein Schritt, den Google akzeptierte –, sondern auch ihre Websites auf Anordnung der chinesischen Behörden gehackt wurden, so Google. Facebook, Twitter, YouTube, Instagram und viele andere Websites sind auf Anordnung der chinesischen Regierung blockiert. Die Beschränkungen werden offiziell als Golden Shield Project bezeichnet, werden aber oft als Great Firewall of China bezeichnet.

Dieser Einsatz der Kontrolle war in gewisser Hinsicht erfolgreich – die Wachstumsrate der Bevölkerung ist deutlich zurückgegangen, mit Geburtenzahlen deutlich unter zwei Kindern pro Frau, was zum Teil auf die Ein-Kind-Politik, aber auch auf den steigenden Wohlstand eines Teils der Bevölkerung zurückzuführen ist (wie im folgenden Kapitel ausführlicher erörtert wird). Der einzige Grund, warum die Bevölkerung noch immer wächst, ist, dass ein großer Teil der heutigen Bevölkerung in einem fruchtbaren Alter ist, da sie während des Babybooms der vorangegangenen Generation geboren wurde.

Noch vor wenigen Jahrzehnten war ein großer Teil des chinesischen Volkes verarmt. Heute ist es den Behörden gelungen, dies umfassend zu ändern, wobei sich die Lebensbedingungen für viele – wenn auch sicherlich nicht für alle – des Volkes deutlich verbessert haben. Es gibt jedoch eine Kehrseite der wirtschaftlichen Fortschritte, und das ist der beträchtliche Schaden für die Umwelt.

In den letzten Jahren war das Wirtschaftswachstum in China geringer, was von Ökonomen mit einiger Sorge betrachtet wird, es ist aber immer noch einige Prozentpunkte höher als in westlichen Ländern üblich. Das anhaltende Wirtschaftswachstum ermöglicht es den Behörden, Gelder für die Bewältigung der Umweltprobleme bereitzustellen.

Mit anderen Worten: Wenn die Regierung an einer eindeutig umweltorientierten Politik festhält, wird das Wohlstandswachstum tatsächlich der Schlüssel zur Verbesserung der Umweltbedingungen sein. Von echter Bedeutung ist dabei auch die Tatsache, dass das Bevölkerungswachstum in China gering ist und innerhalb weniger Jahrzehnte zum Stillstand kommen wird. Paradoxerweise ist diese positive Entwicklung zum Teil den Einschränkungen der Menschenrechte zu verdanken.

Wenn es den Chinesen gelingen soll, sowohl die Armut als auch die Umweltzerstörung zu lindern, könnte ein Gleichgewicht gefunden werden, in dem die Interessen der *Menschen,* des *Planeten* und des *Profits* im Gleichgewicht sind. Das bedeutet, dass China in nicht allzu ferner Zukunft eine wohlhabende und gesunde Nation sein könnte. Sollte das Land in diesem Bestreben scheitern, dann wird China zusammen mit den gegenwärtig wohlhabenden Nationen weiterhin zur beschleunigten Verschärfung unserer globalen Umweltprobleme beitragen.

Ob die chinesischen Behörden in der Lage sein werden, den Top-down-Ansatz langfristig beizubehalten, ist eine faszinierende Frage. In anderen Teilen der Welt haben wir immer wieder erlebt, dass sich aus dem zunehmenden Wohlstand der Bevölkerung eine breite Mittelschicht entwickelte, die langsam mehr Bürgerrechte einforderte, was in den meisten Fällen letztlich zu demokratischen Reformen führte und damit das Kontrollparadigma erodieren ließ. Gleichzeitig erkennen die westlichen Nationen zunehmend an, dass die Naturkräfte – einschließlich des Klimas, der Flüsse und der Ausbreitung der Natur – nicht vollständig kontrolliert werden können, wobei dieser Ansatz zunehmend dem Paradigma der „Anpassung" weicht, das dem Prozess der Demokratisierung ähnelt, sich aber auf *den Planeten* und nicht auf *die Menschen* bezieht. Ob sich China in die gleiche Richtung bewegen wird, bleibt abzuwarten.

Eine weitere große Frage ist, was der Klimawandel mit China machen wird.

Fall 5.4. Das Klima in Nordchina

Die nordchinesische Ebene ist ein Gebiet von $310.000 \, km^2$. Mit einer Bevölkerung von 400 Mio. Menschen ist es ein sehr dicht besiedeltes Gebiet, zu dem auch die Hauptstadt Beijing (Peking) gehört. Sie ist eine wichtige Nahrungsquelle für China, sowohl für die eigene Bevölkerung als auch für den Export. In dem zuvor eher trockenen Gebiet wird viel bewässert. Und genau diese Bewässerung könnte das Gebiet zerstören.

Als Folge des Klimawandels steigt die Durchschnittstemperatur in der nordchinesischen Tiefebene, wie auch in anderen Teilen der Welt, an. Das ist nicht so gut, aber noch wichtiger ist, dass auch die Peaks, die nur gelegentlich auftretenden Höchsttemperaturen, steigen.

Nun treten hohe Temperaturen auch anderswo auf. Aber das ist nicht immer und überall gleich. Seine Auswirkungen hängen auch mit der Luftfeuchtigkeit zusammen. Je feuchter die Luft ist, desto höher ist die Temperatur, die der Mensch erlebt. Das liegt daran, dass der Mensch seine Temperatur durch

Schwitzen reguliert: Der verdampfende Schweiß gibt Wärme ab, und infolgedessen kühlen wir ab, sodass wir selbst in einer Umgebung von beispielsweise
50 °C eine Körpertemperatur von 37 °C halten können. Wenn die Luft jedoch sehr
feucht ist, findet keine oder nur eine geringe Verdunstung statt, und die Körpertemperatur wird nicht gehalten. Dieser Effekt wird von den Physikern mithilfe
eines Thermometers simuliert, dessen Flüssigkeitsreservoir (die „Kugel") ständig
feucht gehalten wird; die so gemessene *Feuchtkugeltemperatur entspricht* also gut
der *Empfindungstemperatur* der Luft.

Wenn diese erlebte Temperatur über 35 °C ansteigt, sterben Menschen, auch
Menschen mit einem gesunden Herzen, in Massen.

In der nordchinesischen Ebene erhöhen die Bewässerung und die daraus
resultierende Verdunstung von Wasser die Luftfeuchtigkeit. Infolgedessen
steigt die scheinbare Temperatur schneller an als die physikalische Temperatur.
Nach Ansicht der Forscher kann dies in der zweiten Hälfte dieses Jahrhunderts
zu Spitzentemperaturen von deutlich über 35 °C führen. Sie können sich vorstellen, was passieren wird: Panik in Städten und Dörfern, der Tod von Millionen
von Menschen in wenigen Tagen, Hungersnot im übrigen China und anderswo,
Unruhen und Kämpfe und ein Flüchtlingsstrom von beispielloser Größe. Was
würde passieren, wenn *buchstäblich* Hunderte von Millionen von Menschen ihr
in Not geratenes Wohngebiet verlassen und nach Süden und Westen, nach Süd-,
Zentral- und Westasien schwärmen und andere Völker vor sich her drängen, bis
nach Westeuropa?

Ob es tatsächlich zu solchen Hitzewellen kommen wird, ist sehr schwer zu
berechnen, da der Klimawandel nicht nur von zahlreichen Rückkopplungs-
mechanismen abhängt, sondern auch davon, inwieweit es der Welt gelingt, seine
Ursachen zu reduzieren. Sollte dies jedoch geschehen, wird es einen Kipppunkt
in der Menschheitsgeschichte geben, wie ihn die Welt noch nie gesehen hat. Oder
doch?

*Es ergibt sich ein Vergleich mit der berühmten frühen europäischen Migrations-
periode, die auch als „Barbareninvasionen" oder (auf Englisch) mit dem
deutschen Wort Völkerwanderung bezeichnet wird. Als im vierten Jahrhundert
die Hunnen und im fünften und sechsten Jahrhundert die Awaren aus Westasien
plündernd und erobernd nach Westen marschierten, wurden west-asiatische und
europäische Nationen aus ihren Häusern vertrieben. Das Römische Reich brach
zusammen. Die Ostgoten, Westgoten, Alanen, Vandalen, Sueben, Burgunder,
Franken, Alemannen, Angeln, Sachsen, Langobarden, Slawen und Bulgaren zogen
in Europa umher, bis sie neue Standorte erwarben oder einfach aus der Geschichte
verschwanden. Es ging damals nur um Millionen, nicht um Milliarden von
Menschen. Wenn so etwas passiert: Was würde die NATO tun?*

Die nordchinesische Ebene ist nicht das einzige Gebiet, in dem solche Entwicklungen stattfinden können. Ähnliche Katastrophen werden in Südasien, einschließlich des sehr dicht besiedelten Indiens, und im ohnehin explosiven Nahen Osten befürchtet, wo in Bandar Mahshahr im Iran im Juli 2015 mit einer physikalischen Temperatur von 46 °C und einer Luftfeuchtigkeit von 50 % die kritische Feuchtkugeltemperatur von 35 °C fast erreicht wurde.

5.2   Indien: Hochtechnologie versus ländliche Gebiete

Geschichte

Indien gehört zusammen mit China zu den BRICS-Ländern (Brasilien, Russland, Indien, China und Südafrika), fünf Länder, die sich rasch zu Wirtschaftsgiganten entwickeln. Und genau wie China hat auch Indien eine tausendjährige Geschichte, wobei es bereits 3000 v. Chr. komplexe Städte mit bis zu 30.000 Einwohnern gab. Doch damit enden mehr oder weniger alle Ähnlichkeiten mit China.

Abb. 5.8 Indien

Indien war schon immer von Nationen umgeben, die zahlreiche Völker und Kulturen umfassen, weshalb es häufig Schauplatz für die Ankunft einer neuen Gruppe von Menschen war. In anderen Teilen der Welt würde ein solcher Vorfall normalerweise dazu führen, dass die ursprünglichen Bewohner aussterben oder langsam in die neue Bevölkerung assimiliert werden, aber in Indien führte er zu Schichten, wobei jedes neue Eroberungsvolk eine neue herrschende Klasse bildete, die sich nicht mit den anderen Klassen vermischte. Dies ist der Ursprung des Kastensystems, das Indien charakterisiert. Das komplexe Kastensystem ist tief im Hinduismus verwurzelt, der die größte Religion Indiens ist.

Irgendwann um 1500 v. Chr. kamen die Arier in Indien an. Sie sprachen Sanskrit, das mit den europäischen Sprachen verwandt ist, und obwohl es nicht mehr gesprochen wird, gilt es noch immer – wie Latein in Europa – als die „klassische" Sprache Indiens, insbesondere für Texte.

Es folgten Invasionswellen der Perser, der Griechen (angeführt von Alexander dem Großen), der Türken und der Mongolen. Die Portugiesen, Holländer und Engländer kämpften im 16. und 17. Jahrhundert gegeneinander um die Kontrolle der Häfen des Subkontinents. Das britische Empire ging als Sieger hervor, und seine East India Company und andere Kompanien übernahmen nach und nach immer größere Teile des riesigen Landes. Im 19. Jahrhundert übernahmen die englischen Behörden die Führung der Nation.

Im 20. Jahrhundert strebte Indien nach Unabhängigkeit unter der inspirierten Führung von Mohandas Gandhi, der mit einer Strategie der völligen Gewaltlosigkeit Druck auf die Kolonialmacht ausübte (Ahimsa: ein Begriff, der eine Kombination aus Gewaltlosigkeit und Respekt vor allen Lebewesen ausdrückt). Unter anderem prangerte er die kommerzielle Unterdrückung des indischen Volkes an. So wurde den Indigenen beispielsweise verboten, Salz aus dem Meer zu gewinnen, da dies ein von den Briten kontrolliertes Monopol sei. Gandhi und Tausende von indischen Mitbürgern protestierten, indem sie an den Ozean gingen und Salz gewannen, wobei ihre Aktionen gefilmt und anschließend in Kinos auf der ganzen Welt gezeigt wurden. Die gewaltlose Kampagne für die Unabhängigkeit erweckte in der öffentlichen Meinung in Europa einen solchen Eindruck, dass das Vereinigte Königreich sich gezwungen sah, Indien 1947 die Unabhängigkeit zu gewähren.

Unmittelbar nach der Unabhängigkeit explodierten die lange schwelenden Spannungen zwischen den hinduistischen und muslimischen Bevölkerungsgruppen. In den darauf folgenden Kämpfen starben Millionen von Menschen, wobei das Land 1949 durch die Sezession von Pakistan im Westen und Bangladesch im Osten in drei Teile geteilt wurde. Bangladesch und Pakistan bildeten eine Einheit, bis Bangladesch 1971 mit indischer Unterstützung die Sezession vollzog. Das Verhältnis zwischen Indien und Pakistan ist auch heute noch angespannt.

People

Im Gegensatz zu China ist Indien eine parlamentarische Demokratie, die es seit seiner Unabhängigkeit im Jahr 1947 ist, obwohl es eine Reihe von Krisen gegeben hat, darunter die Ermordung seines Premierministers im Jahr 1984.

Auch in Indien hat die Bevölkerung im 20. Jahrhundert um ein Mehrfaches zugenommen, aber anders als in China sind die Wachstumszahlen nicht nennenswert rückläufig. Die Geburtenrate geht zwar zurück, aber nicht so stark (2,1 Kinder pro Frau; siehe Tab. 5.2), dass sich die Bevölkerung stabilisieren könnte. Prognosen gehen davon aus, dass Indiens Bevölkerung kurz nach 2025 diejenige Chinas überholen und zum bevölkerungsreichsten Land der Welt werden wird. Man darf nicht vergessen, dass Indien nur ein Drittel so groß ist wie China. Eine Strategie wie die Ein-Kind-Politik in China könnte in Indien niemals erfolgreich sein, weil dem Land die absolute Zentralgewalt fehlt. Die Gesundheitsausgaben sind niedrig, ebenso wie die Bildungsausgaben, obwohl beides im Steigen begriffen ist und viele Kinder nicht zur Schule gehen. Kinderarbeit ist im ganzen Land weit verbreitet, einige Hunderttausend Kinder arbeiten auf Baumwollplantagen, während andere unter gefährlichen Bedingungen in den Fabriken schuften und leiden. Viele von ihnen sind Schuldsklaven – sie sind vielleicht keine Sklaven im offiziellen Sinne, aber sie können nicht gehen, wann sie wollen, da ihr Lohn im Voraus an ihre Eltern gezahlt wurde, manchmal Jahre im Voraus. Sie dürfen erst gehen, wenn sie alle Kredite zurückgezahlt haben. Baumwollbauern und andere Arbeitgeber profitieren in hohem Maße von diesem System, denn Kinder arbeiten präziser als Erwachsene, sie kosten weniger und sind gefügiger, sodass es einfach ist, sie für längere

Tab. 5.2   Indien (siehe Abb. 5.8)

Jahr		1970	2018	2050
People	Bevölkerung	555 Mio.	1352 Mio.	1639 Mio.
	Geburtenrate (Kinder pro Frau)	5,41	2,24	1,82
	Kindersterblichkeit (bis zu 5 Jahren)	20 %	4,0 %	1,6 %
	Lebenserwartung bei der Geburt	49,4 Jahre	69,3 Jahre	74,6 Jahre
	Städtische Bevölkerung	20 %	34 %	53 %
Planet	Fläche		3,3 Mio. km^2	
	Ökologischer Fußabdruck	0,67 gha p. Kopf	1,17 gha p. Kopf	
	Biokapazität	0,49 gha p. Kopf	0,43 gha p. Kopf	
Profit	BIP (2018 US$)	62 Mrd. US$	2726 Mrd. US$	
	BIP (KKP-Dollar pro Kopf)		6899 US$	
	Einkommensdisparität[a]		35,2 % (9 Mal)	

[a]GINI; in Klammern: Einkommen der reichsten 10 % geteilt durch Einkommen der ärmsten 10 %
Quellen: siehe Tab. 5.1

Zeit arbeiten zu lassen. Ausländische Unternehmen sind dafür mitverantwortlich, da sie billig angebaute Baumwolle und andere landwirtschaftliche und industrielle Produkte für niedrige Summen kaufen. Doch Veränderungen zeichnen sich ab, und internationale Organisationen wie UNICEF und die Internationale Arbeitsorganisation (ILO) versuchen, den Kindern zu helfen. Immer mehr Unternehmen geben ihre Mittäterschaft zu und versuchen, die Situation zu ändern. Eines der Probleme ist, dass, wenn man dafür sorgt, dass die Kinder zur Schule gehen, ihre Familien häufig nicht über die Runden kommen – sie brauchen diesen Lohn, egal wie gering die Summe ist. Aus diesem Grund versucht man oft, eine Lösung durch eine Kombination von beidem zu finden, bei der die Kinder einen Teil des Tages zur Schule gehen und für den Rest des Tages arbeiten können.

Eine weitere Quelle von Problemen ist das Kastensystem. Das Kastensystem existiert zwar per Gesetz nicht mehr, aber in der Praxis hat sich dadurch nicht viel geändert. Die untersten indischen Schichten, die Dalits, sind die Ausgestoßenen, die im Westen als Parias oder Unberührbare bekannt sind. Die 140 Mio. Dalits werden von der indischen Gesellschaft ausgegrenzt und in jeder erdenklichen Weise diskriminiert. Ausländische Hilfe, die Ende 2004 und Anfang 2005 als Reaktion auf den großen Tsunami, der die Küsten Asiens und Afrikas im Indischen Ozean traf, empfangen wurde, erreichte die Dalits nicht – sie durften keine Hilfe erhalten. Heute gibt es jedoch einige Anzeichen für Veränderungen.

Fall 5.5. Ein Dalit in der Verwaltung von Uttar Pradesh

Nur wenige konnten dies bei den Wahlen 2007 in Uttar Pradesh vorhersehen. Dieser indische Bundesstaat ist riesig, ein Sechstel aller Inder nennt ihn seine Heimat, und damit ist die Bevölkerung mit 200 Mio. Menschen größer als die der meisten Länder der Welt. Obwohl er das Herz der nordindischen Kultur bildet, ist er verarmt, mit einer hohen Analphabetenrate und wenig öffentlichen Geldern für Wohlfahrt und öffentliche Gesundheit.

Das Ergebnis der Wahlen vom Mai 2007 war überraschend: Die Bahujan-Samaj-Partei (BSP) gewann die absolute Mehrheit im Parlament. Was dies so bemerkenswert machte, war die Tatsache, dass die Partei von Frau Kumari Mayawati, einer Dalit, geführt wurde. Sie wurde später Oberministerin von Uttar Pradesh.

An sich war dies noch nicht einmal ein bemerkenswertes Ereignis, da sie bereits bei früheren Gelegenheiten kurz an der Spitze des Staates gestanden hatte. Damals hatte sie jedoch eine Koalitionsregierung geführt, die sich aus mehreren Parteien zusammensetzte. Was 2007 anders war, war, dass die BSP die absolute Mehrheit erlangte, da dies bedeutet, dass viele Nicht-Dalits für sie gestimmt haben müssen. Unberührbar … wirklich?

Mayawati Kumari war bis 2017 Premierministerin von Uttar Pradesh, womit sie die Erste war, die eine ganze Amtszeit eine staatliche Führungsposition innehatte.

Profit

Das Wirtschaftswachstum in Indien ähnelt in gewisser Weise dem in China, aber es kam
später in Gang und ist weniger kräftig; in den letzten Jahren hat es sich beschleunigt.
Indien hat immer versucht, sich aus eigener Kraft zu entwickeln, und war bis vor
Kurzem für ausländische Investitionen viel weniger zugänglich als China, was einer der
Gründe dafür sein könnte, dass sein Wirtschaftswachstum hinter dem seines nordöst-
lichen Nachbarn zurückblieb. Aber das Land entwickelt sich schnell zu einem modernen
Land. Zugleich bleibt es ein Land mit einer starken traditionellen Seite: Es ist ein Land
mit zwei Gesichtern. Ein schönes Symbol, das beide Seiten verbindet, ist der hoch-
moderne hinduistische Lotustempel in der Hauptstadt Delhi (Abb. 5.9).

Die beiden Gesichter sind auch an der Arbeit und dem Einkommen des Landes zu
erkennen. Während ein hoher Prozentsatz der Bevölkerung in der Landwirtschaft arbeitet
(Abb. 5.10), oft unter primitiven Bedingungen, beschäftigt sich ein anderer Teil mit
hochmoderner Technologie. Wie China ist Indien ein Land, in das nicht wenige westliche Unternehmen ihre Aktivitäten verlagern. Dabei handelt es sich zum Teil um hochwertige Technologie, einschließlich Software. Nicht alle Unternehmen verlagern sich
selbst physisch („Offshoring"), zum Teil in Form von Outsourcing, wobei nur bestimmte
Geschäftsabteilungen wie Kundendienst oder Buchhaltung nach Indien verlagert werden.
Der Dienstleistungssektor ist daher die am schnellsten wachsende Einkommensquelle
des Landes.

Abb. 5.9 Das moderne Gesicht Indiens – der Lotus-Tempel in Delhi. (Quelle: Niko Roorda)

Abb. 5.10 Das traditionelle Gesicht Indiens – Landwirtschaft mit Menschen- und Tierkraft. (Quelle: Michael Gäbler, Wikimedia)

Ein beeindruckendes Beispiel ist die Stadt Bangalore, die als „Silicon Valley of India" bezeichnet wird und als IT-Hauptstadt Indiens gilt. In einer anderen Stadt, Hyderabad, gibt es ein riesiges Industriegebiet namens HITEC City, kurz für „Hyderabad Information Technology and Engineering Consultancy City"; ihr Spitzname ist *Cyberabad*. Bekannte multinationale Unternehmen haben dort Niederlassungen, darunter Microsoft, IBM, Bank of America, Motorola, Electronic Arts und Hunderte andere.

Der indische IT-Sektor wächst blitzschnell. Die Gesamtgröße betrug 1996 nur 1,2 Mrd. US$, stieg aber im Jahr 2000 auf 5,7 Mrd. US$, 2012 auf 100 Mrd. US$ und 2018 auf 167 Mrd. US$ oder 7,7 % des BIP, zusammengenommen 4 Mio. Beschäftigte. Für 2025 wird mit einem weiteren Wachstum auf 350 Mrd. US$ gerechnet, was 10 % des BIP entspricht.

Auffallend ist, dass die Einkommensdisparität in Indien nicht extrem ist, denn die wohlhabendsten 10 % haben neunmal so viel Einkommen wie die ärmsten 10 % – weniger als im offiziell noch kommunistischen China. Das bedeutet, dass die oberste Ebene der extrem reichen Menschen nicht so groß ist.

Zwei Drittel der Inder arbeiten in der Landwirtschaft, die kleinräumig ist und stark von Handarbeit abhängt. Landwirtschaft, Forstwirtschaft und Fischerei machen zusammen ein Viertel des gesamten indischen BIP aus. Die Arbeit ist anfällig und stark von den Wetterbedingungen abhängig. Obwohl die Produktion in den letzten Jahren stark gestiegen sein mag, ist sie in Dürrezeiten um über 10 % gesunken.

Planet

Fall 5.6. Dürre und Hitze

Die Niederschläge gingen in jenem Jahr um 29 % zurück, da der Monsun, der jährliche Wind vom Meer, nicht kam. Es war ein schlimmer Schlag, denn er bedeutete, dass die Ernte schlecht ausfallen würde. Und 2008 erwies sich für fast die Hälfte der Distrikte in Indien, wo die Bauern stark von den Monsunregenfällen abhängig sind, als schlechtes Landwirtschaftsjahr. Sie brauchen die Regenfälle, da viele Orte nur wenig Bewässerung haben.

Die Ernten waren, wie befürchtet, schlecht, da die Reisernte 10 Mio. Tonnen weniger als im Vorjahr ausmachte – ein Rückgang um 10 %. Die Preise für Reissaatgut und Zucker stiegen dramatisch an.

Dutzende von Bauern im Bundesstaat Andhra Pradesh konnten ihre Kredite, die sie zur Deckung der Kosten für Saatgut aufgenommen hatten, nicht zurückzahlen und begingen Selbstmord. Andere verkauften ihre Frauen und Töchter, um das Geld aufzubringen, eine illegale Praxis, bei der die Gerichte Überstunden machten, um die Transaktionen rückgängig zu machen.

Die späteren Jahre brachten nicht viel Verbesserung. 2009, 2010 und 2012 waren wieder knochentrockene Jahre. Das war noch nicht alles. In den folgenden Jahren schlug der Klimawandel gnadenlos zu, mit einer vorläufig wärmsten Periode im Juni 2019. Abb. 5.11 zeigt eine Reihe von lokalen Temperaturen, darunter einen Wert von 51° C (glücklicherweise keine Feuchtkugeltemperatur …) in Churu bei Delhi. Tausende von Menschen starben an der Hitze im selben Monat, in dem auch in Europa, in China und in Simbabwe in Afrika Rekordhitzewellen auftraten, gefolgt von einer Hitzewelle in … ja, Alaska: die Temperatur in Anchorage stieg über 30° C.

Die Bevölkerung Indiens wächst schnell, ebenso wie das Pro-Kopf-Einkommen. Der Druck auf die Naturräume nimmt ebenfalls zu. Gegenwärtig machen Wälder und andere Naturgebiete etwa 20 % Indiens aus, wobei Ausmaß und Qualität abnehmen. Dichte Naturwälder werden zu spärlichen Kulturwäldern oder sie machen der Landwirtschaft Platz, und 500 Säugetierarten und Tausende von Vogelarten sind vom Aussterben bedroht. Die Landwirtschaft setzt zunehmend auf Bewässerung, um die Abhängigkeit der Industrie von Regenfällen zu verringern, eine Praxis, die in den nächsten Jahrzehnten weiter zunehmen und mit dem Bevölkerungswachstum Schritt halten wird.

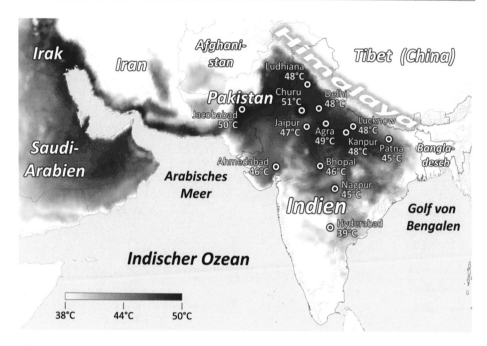

Abb. 5.11   Die Hitzewelle von 2019. (Quelle: NASA Earth Observatory: Joshua Stevens, GEOS-5)

Tiefes Grundwasser ist die Hauptquelle für die Bewässerung – mit anderen Worten: Mineralwasser. Es handelt sich dabei nicht um eine erneuerbare Ressource, die mit der Zeit ernsthafte Probleme verursachen kann. Die Bewässerung wird in vielen Fällen nicht professionell durchgeführt, und es wird viel Wasser verschwendet, während der Boden immer stärker versalzt wird. Aber die Dinge könnten anders liegen.

Fall 5.7. Die *Johads* von Rajasthan

Rajendra Singh leitet die lokale NGO Tarun Bhagat Singh im Distrikt Alwar. Er ist Experte für Wassermanagement und lehrt die Bauern in Alwar im Bundesstaat Rajasthan, was ihre Vorfahren bereits wussten – wie man Regenwasser in *johads* eindämmen kann, indem man kleine Bäche oder Kanäle benutzt, um das Wasser zu unterirdischen Speichertanks zu leiten.

In den 1970er-Jahren gab es diese Praxis nicht mehr, und die regionalen Flüsse trockneten regelmäßig aus, während die Brunnen leer waren. Kein einziger Baum stand noch.

Aber heute hat sich der Kreis geschlossen. Die Felder sind grün, die Brunnen laufen über, und das für die Bewässerung verwendete Wasser ist durch die Wurzeln blühender Bäume im Boden eingeschlossen. Um dies zu erreichen, wurden die Flüsse gesäubert, an zahlreichen Orten traditionelle kleine Dämme zum Auffüllen der *Dschohads* errichtet und Brunnen und Wälder gepflanzt. All dies bedeutete, dass das Wasser, das in nassen Perioden zur Verfügung stand, für Zeiten, in denen wenig Regen fiel, zurückgehalten wurde. Nicht ein Tropfen wurde verschwendet.

Landwirtschafts- und Umweltexperten reisen nun aus ganz Indien nach Alwar, um Rajendra Singhs Ansatz zu studieren. Altes Wissen, das verloren gegangen war, wird so wiederbelebt.

Die indische Landwirtschaft wird durch die Tatsache erschwert, dass in einem großen Teil der Nation der Boden in gewissem Maße degradiert ist, wie aus Tab. 5.3 und Abb. 5.12 hervorgeht.

Tab. 5.3 Bodendegradation in Indien

Bedingung	Fläche (Mega-Hektar)	Prozentualer Anteil (%)
Wassererosion	93,7	28,6
Winderosion	9,5	2,9
Abholzung von Wasser	14,3	4,4
Salzgehalt/Alkalinität	5,9	1,8
Säuregehalt des Bodens	16	4,9
Komplexes Problem	7,4	2,3
Gesamte degradierte Fläche	146,8	44,8

Quelle: Bhattacharyya et al. (2015)

Abb. 5.12 Bodenerosion. (Quelle: Bernard Dupont, Wikimedia)

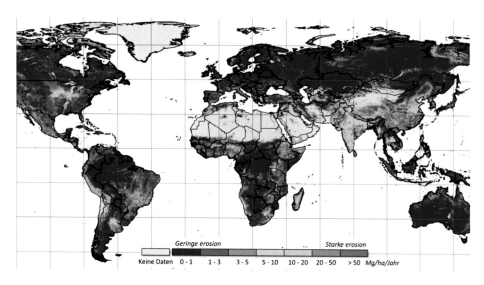

Abb. 5.13 Bodenerosion ist nicht nur in Indien ein großes Problem. (Quelle: European Soil Data Centre 2019)

Die Bodenerosion ist ein internationales Problem, wie aus Abb. 5.13 ersichtlich ist, aber sie ist in Indien besonders dramatisch.

Auch die Luftqualität verschlechtert sich, und die Feinstaubkonzentration ist in fast allen indischen Großstädten höher als nach internationalen Standards zulässig. Ein Anstieg der Schwefeldioxid- und Stickoxidkonzentrationen hat bereits zu einem sprunghaften Anstieg der Zahl der Herzkrankheiten und Krebserkrankungen geführt. Der Anstieg dieser Gase ist auf einen erhöhten Energieverbrauch für Autos und Industrie zurückzuführen.

Aussichten

Indien war schon immer eine auffallende Kombination von Extremen, die von ganz und gar primitiv bis außerordentlich modern reichten. Bestimmte Regionen und Aspekte der indischen Gesellschaft sind mit dem Mittelalter in Europa vergleichbar, wie etwa die feudale Schichtung, die die Dalits ganz unten hält, und die landwirtschaftlichen Praktiken, die vielerorts mit einfachen Werkzeugen, oft von Hand, betrieben werden. Aber in anderer Hinsicht ist Indien im 21. Jahrhundert sehr zu Hause, auch wenn die IT-Industrie zwar sehr hochtechnologisch erscheinen mag, aber immer noch nicht innovativ genug ist, da es im internationalen Vergleich nur wenige indische Patente gibt. Die indische High-Tech-Industrie folgt immer noch eher, als dass sie führend ist, obwohl es Anzeichen dafür gibt, dass sich dies ändert.

Genau wie in China hat das hohe Wirtschaftswachstum in Indien sowohl positive als auch negative Folgen. Die Fortschritte sind wesentlich für die Verbesserung der Lebensbedingungen der vielen verarmten Menschen und werden es mehr Kindern ermöglichen, eine Schule zu besuchen, sodass sie ihrerseits ihre eigenen Lebensumstände verbessern können. Aber das Wirtschaftswachstum wirkt sich auch ernsthaft auf die Umwelt aus, während das Land auch unverhältnismäßig stark vom globalen Klimawandel betroffen ist. Um damit fertig zu werden, müssen landwirtschaftliche Methoden eingesetzt werden, die sauberer und viel effizienter sind, mit denen auf weniger Land wesentlich mehr Nahrungsmittel angebaut werden können, und zwar so, dass die Auswirkungen auf die natürliche Umwelt dramatisch reduziert werden. Auf diese Weise kann sich das Land allmählich von den bereits verursachten Schäden erholen. Sollte dies gelingen, dann wird die wachsende Bevölkerung ausreichend Nahrung haben, während die vorhandene natürliche Umwelt erhalten und erweitert werden kann. Das Land wird auch sauberere Technologien einsetzen müssen, um die Luftverschmutzung einzudämmen.

Um all dies zu erreichen, sind große Investitionen erforderlich, die nur durch wirtschaftliches Wachstum ermöglicht werden können. Und so leidet Indien unter dem gleichen Paradoxon wie China – um die negativen Folgen des Wirtschaftswachstums

Tab. 5.4 EU-28[a] (siehe Abb. 5.14)

Jahr		1970	2018	2050
People	Bevölkerung	441 Mio.	512 Mio.	497 Mio.
	Geburtenrate (Kinder pro Frau)	2,19	1,58	1,69
	Kindersterblichkeit (bis zu 5 Jahren)	2,6 %	0,4 %	0,2 %
	Lebenserwartung bei der Geburt	71,5 Jahre	81,1 Jahre	85,2 Jahre
	Städtische Bevölkerung	66 %	81 %	91 %
Planet	Fläche		4,4 Mio. km^2	
	Ökologischer Fußabdruck	5,31 gha p. Kopf	4,59 gha p. Kopf	
	Biokapazität	1,92 gha p. Kopf	2,06 gha p. Kopf	
Profit	BIP (2018 US$)	613 Mrd. US$	13946 Mrd. US$	
	BIP (KKP-Dollar pro Kopf)		38500 US$	
	Einkommensdisparität[b]		30,8 % (10 Mal)	
Länder	Österreich, Belgien, Bulgarien, Kroatien, Zypern, Tschechische Republik, Dänemark, Estland, Finnland, Frankreich, Deutschland, Griechenland, Ungarn, Irland, Italien, Lettland, Litauen, Luxemburg, Malta, Niederlande, Polen, Portugal, Rumänien, Slowakei, Slowenien, Spanien, Schweden. Das Vereinigte Königreich war von 1973 bis 2020 Mitglied.			

[a]Die 28 Nationen, die 2018 die EU bildeten; dasselbe gilt für 1970 und 2050
[b]GINI; in Klammern: Einkommen der reichsten 10 % geteilt durch Einkommen der ärmsten 10 %
Quellen: siehe Tab. 5.1

zu bekämpfen, ist weiteres Wirtschaftswachstum erforderlich. An diesem Wachstum mangelt es gewiss nicht, aber es bleibt die Frage, ob es Indien gelingen wird, dieses Wachstum auf verbesserte soziale und ökologische Bedingungen anzuwenden. Selbst wenn es gelingen sollte, wird der Prozess noch Jahrzehnte länger dauern als in China, da das Wirtschaftswachstum Indiens später einsetzt und langsamer zunimmt und die Bevölkerung weiter wächst.

Das Vorhergehende wird nicht durch eine zentralisierte Volkswirtschaft umgesetzt werden, wie es in China der Fall ist, was in einem Indien, das demokratisch und dezentralisiert ist und das gelegentlich unter einer völlig chaotischen politischen Struktur und Kultur leidet, undenkbar ist. Die notwendigen Transitionen müssen folglich durch die Zusammenarbeit unzähliger Gruppen, Unternehmen und Behörden auf allen Ebenen der Nation umgesetzt werden. Methoden wie Mikrokredite und öffentlich-private Partnerschaften eignen sich perfekt für diesen Ansatz, während universelle Bildung, Information und Gesundheitsversorgung von wesentlicher Bedeutung sind.

5.3   Die EU: Kontinent einer alternden Bevölkerung

Geschichte

Zurzeit Christi herrschten die Römer über die Mehrheit der keltischen Völker in Westeuropa, darunter auch über die Gallier im heutigen Frankreich. Im Laufe der Jahrhunderte zogen die germanischen Stämme (Franken, Sachsen und andere) von Osteuropa nach Westen, die sogenannte Völkerwanderungszeit (oder „Barbareninvasionen"), die um das sechste Jahrhundert endete. Das Weströmische Reich brach im gleichen Zeitraum zusammen, wie Sie in Fall 5.3 gesehen haben. Irgendwann um 800 n. Chr. eroberte Karl der Große, der König der Franken, einen großen Teil Westeuropas. Sein Reich zerfiel nach seinem Tod. Damit war die Saat für das moderne Europa gelegt, denn die beiden größten Teile des Reiches entwickelten sich später zu den wichtigsten Machtzentren auf dem Festland, Frankreich und Deutschland.

In Osteuropa dauerten die Migrationen jahrhundertelang an, wobei die Region noch immer durch die russische Expansion und die mongolischen und türkischen Invasionen im Mittelalter verunsichert war.

Europa sieht sich häufig mehr oder weniger als kultureller Nachfolger der klassischen griechischen und römischen Zivilisationen. Dies war im Mittelalter nicht besonders zutreffend, als die arabische Welt dieses klassische Kulturerbe am Leben erhielt und weiter ausbaute. Die Araber wurden von westeuropäischen Kreuzzügen wiederholt und bösartig angegriffen. Während der Renaissance verlagerte sich der Schwerpunkt der modernen Entwicklung vom Nahen Osten nach Europa. Von diesem Zeitpunkt an nahm der Wohlstand in Europa zu und beschleunigte sich im 18. Jahrhundert mit dem Aufkommen der Mechanisierung noch weiter, gefolgt von der Industrialisierung.

People

Zusammen mit der Zunahme des Wohlstands und den Fortschritten von Wissenschaft und Technik nahm die Bevölkerungszahl zu. Diese Beschleunigung war mit einer verbesserten Gesundheitsversorgung und Hygiene verbunden, was zu einem Rückgang der Kindersterblichkeit führte, während die Geburtenrate nicht unmittelbar darauf folgte. Dasselbe geschah zu einem späteren Zeitpunkt in China und in Indien, und es geschieht gegenwärtig in Afrika, wie später in diesem Kapitel beschrieben wird.

Der größte Bevölkerungssprung in Europa fand im 20. Jahrhundert statt. Nicht einmal zwei Weltkriege und die Grippepandemie von 1918 konnten dieses Wachstum signifikant beeinträchtigen.

Nach dem Zweiten Weltkrieg sprang die Geburtenrate während des sogenannten Babybooms sprunghaft an, der gleichzeitig mit dem Beginn der intensiven wirtschaftlichen und politischen Zusammenarbeit zwischen den europäischen Nationen als Reaktion auf den Krieg stattfand. Ein wichtiger Motivationsfaktor für diese Zusammenarbeit war der Gedanke, dass künftige Kriege vermieden werden könnten, wenn die Länder in wirtschaftlicher Hinsicht enger miteinander verbunden wären. Die Geschichte der EU-Erweiterung ist aus Tab. 5.5 und Abb. 5.15 ersichtlich.

Die erste Form der Zusammenarbeit betraf nur die Stahlproduktion und die dafür benötigte Kohle und war ausschließlich auf den Wiederaufbau Europas nach dem Krieg zurückzuführen. Aus der EGKS (Europäische Gemeinschaft für Kohle und Stahl) wurde 1957 die EWG (Europäische Wirtschaftsgemeinschaft), die ihren Schwerpunkt auf viele andere wirtschaftliche Aspekte ausdehnte, wobei der größte davon die Landwirtschaft war. Zu dieser Zeit wurden die in Kap. 2 und 3 diskutierten Agrarsubventionen und Einfuhrzölle eingeführt, die bis heute die Entwicklung verarmter Nationen in anderen Teilen der Welt behindern.

Als die Europäische Union gegründet wurde, wurden die Verträge, die sie regelten, um Bereiche wie Verteidigung, Justiz, innere Angelegenheiten und Finanzen erweitert. Das Schengener Abkommen brachte große Teile der EU in einer Zollunion zusammen, in der alle Bürgerinnen und Bürger das Recht auf Freizügigkeit innerhalb des Schengen-Raums haben.

Die EU ist kein einzelnes Land (siehe Tab. 5.4). Sie ist auch keine Gruppe von 27 unabhängigen Nationen: Sie liegt vielmehr irgendwo dazwischen. Dies wurde für ihre Bewohner spürbar, als 2002 die gemeinsame Währung, der Euro, eingeführt und 2009 der erste Präsident Europas (genauer gesagt der Präsident des Europäischen Rates) ernannt wurde.

Nicht jeder ist bestrebt, Teil der multinationalen Gemeinschaft zu sein. Im Jahr 2016 beschlossen die britischen Wähler mit einer knappen Mehrheit, die EU zu verlassen: der sogenannte Brexit, der in Kap. 4 erwähnt wird. Zuvor zogen mehrere Länder ihren früheren Antrag auf eine EU-Mitgliedschaft zurück (Tab. 5.5).

Abb. 5.14 Die Europäische Union (EU)

Fragen

- Glauben Sie, dass die EU schließlich zu einer echten Nation wird, so etwas wie die Vereinigten Staaten von Europa?
- Sollte dies Ihrer Ansicht nach passieren oder definitiv nicht?
- Was auch immer geschieht, es wird immer eine Gewaltenteilung zwischen der EU als Ganzes und ihren einzelnen Einheiten geben, wie es derzeit der Fall ist. Dies unterscheidet sich nicht wirklich von der Situation in den Vereinigten Staaten von Amerika. Bedeutet dies, dass die Frage, ob die EU jemals ein einzelnes Land werden wird, irrelevant ist?

Das Bevölkerungswachstum in Europa ist erheblich zurückgegangen, selbst in Jahren, in denen eine starke Einwanderung stattfand. Da Kinder während des Babybooms der Nachkriegszeit kurz vor dem Rentenalter geboren wurden und die Geburtenrate seither nachhaltig gesunken ist, nimmt die Zahl der älteren Menschen in Europa dramatisch zu. Abb. 5.16 zeigt die Alterung der Bevölkerung. Viele europäische Länder haben auf das Problem der alternden Bevölkerung mit der Anhebung des Rentenalters reagiert. Inwieweit ein solcher Schritt tatsächlich notwendig ist, lässt sich nicht allein an dieser Alterung, d. h. am Rückgang des Anteils der Erwerbsbevölkerung, ermessen. Ein weiterer entscheidender Faktor ist die zu erwartende Steigerung der durchschnitt-

Tab. 5.5 Geschichte der EU

Bemerkenswerte Ereignisse	Jahr	Beitritt
Die Benelux-Region wird gegründet, eine Partnerschaft zwischen Belgien, den Niederlanden und Luxemburg	1948	
Gründung der EGKS (Europäische Gemeinschaft für Kohle und Stahl)	1951	Frankreich, Deutschland, Italien, die Niederlande, Belgien, Luxemburg
EWG (Europäische Wirtschaftsgemeinschaft) gegründet	1957	
	1973	Dänemark (inkl. Grönland), Irland, Vereinigtes Königreich
Direkt gewähltes Europäisches Parlament	1979	
	1981	Griechenland
	1985	Grönland (Teil von Dänemark) verlässt die EU
	1986	Spanien, Portugal
	1990	Ostdeutschland (wiedervereinigt mit Westdeutschland)
Die EU (Europäische Union) gegründet	1992	
Zollunion (Schengener Abkommen)	1995	Österreich, Finnland, Schweden
Einführung des Euro	2002	
	2004	Polen, Ungarn, Tschechische Republik, Slowakei, Slowenien, Estland, Lettland, Litauen, Zypern, Malta
	2007	Rumänien, Bulgarien
Vertrag von Lissabon, Europäischer Präsident	2009	
	2013	Kroatien
	2020	Vereinigtes Königreich verlässt die EU („Brexit")
Kandidat		Albanien, Nordmakedonien, Montenegro, Serbien, Türkei
Antrag auf Mitgliedschaft		Bosnien-Herzegowina, Kosovo
Zulässig; zeigte den Wunsch an, der EU beizutreten		Georgien, Moldawien, Ukraine
Zulässig		Armenien, Aserbaidschan
Nicht-EU-Staaten mit Euro als Währung		Andorra, Monaco, San Marino, Vatikan
Zurückgezogener Antrag auf Mitgliedschaft		Schweiz, Norwegen, Island

Abb. 5.15 Die Entstehung der Europäischen Union

lichen Arbeitsproduktivität jedes Erwerbstätigen, denn wenn ein Erwerbstätiger seine Produktivität steigert, werden weniger Erwerbstätige benötigt. Darüber hinaus hängt das Ausmaß, in dem das Rentenalter angehoben werden sollte, davon ab, was die Menschen tatsächlich wünschen. Wenn sie wollen, dass der Wohlstand in den nächsten Jahrzehnten weiter steigt, dann müssen sie die Rentenpläne aufgeben, um sich diesen zu verdienen. Wenn sie sich aber mit einem verminderten Wohlstandszuwachs zufrieden geben, wird ein Aufschub des Renteneintritts weniger wichtig. Größerer Wohlstand oder mehr Wohl-fahrt? Die Entscheidung für einen wachsenden Wohlstand ist, im Gegensatz zu dem, was viele stillschweigend annehmen, eine gesellschaftliche Entscheidung und kein auto-nomer Prozess.

Einige glauben, dass das Problem der alternden Bevölkerung in Europa durch die Förderung größerer Familien gelöst werden kann. Langfristig gesehen ist dies jedoch die am wenigsten geeignete Option, denn es ist unerlässlich, dass das Bevölkerungs-wachstum in Europa zum Stillstand kommt und anschließend erwartungsgemäß zurück-geht, um den ökologischen Fußabdruck zu begrenzen und ihn letztlich deutlich zu verkleinern. Die Alterung ist nichts weiter als ein vorübergehendes Problem, das sich von selbst lösen wird, wenn sich die Bevölkerung Europas zu gegebener Zeit stabilisiert. Der Beginn dieser Stabilität ist in Abb. 5.16 bei den jüngeren Generationen nach 2040 rechts unten in der Grafik zu sehen.

Seit den 1960er-Jahren sind viele Einwanderer nach Europa geströmt. Die erste
Welle neuer Einwohner kam auf Einladung von Unternehmen, die billige Arbeitskräfte brauchten, nach Europa. Abgesehen von diesen ausländischen Arbeitern und
ihren Familien gibt es in Europa auch viele Menschen aus den ehemaligen Kolonien
des Kontinents und Flüchtlinge aus der ganzen Welt. Die Integration dieser ethnischen
Minderheiten ist zu einem Problem für die Gesellschaft in Westeuropa geworden, wie
in Kap. 3 beschrieben wurde. Gleichzeitig wird erwartet, dass dieser Zustrom von
Menschen für die europäische Wirtschaft im 21. Jahrhundert sehr wichtig sein wird, da
die Einwanderer die arbeitende Bevölkerung stützen und somit das Problem des Alterns
bis zu einem gewissen Grad verringern. Dies bedeutet auch, dass viele Einwanderer in
den niedrig bewerteten und schlecht bezahlten Jobs landen, die nur noch wenige Einheimische zu übernehmen bereit sind. Europa braucht ganz einfach die neuen Einwanderer. Übrigens ist die Zuwanderung in den Schätzungen in Abb. 5.16 berücksichtigt
worden.

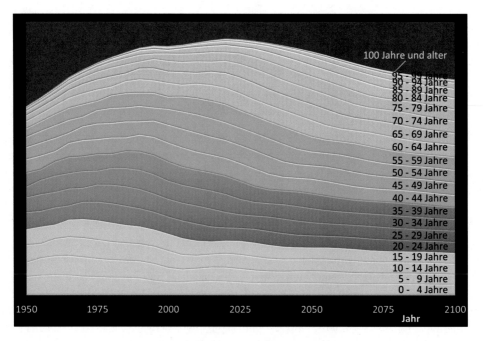

Abb. 5.16 Alterung in der EU. Es werden Daten bis 2018 ermittelt; der Rest sind Prognosen.
(Quelle: UN-Abteilung für wirtschaftliche und soziale Angelegenheiten (DESA): World
Population Prospects 2019)

Profit

Nur ein winziger Teil des europäischen Einkommens stammt aus der Landwirtschaft – nicht mehr als 2 %. Abb. 5.17 zeigt die Vergleichszahlen mit China, Indien und anderen sowie drei afrikanischen Ländern (Mitgliedstaaten der ECOWAS: Sierra Leone, Mali und Nigeria, siehe folgenden Abschnitt). Zwei Drittel des europäischen BIP werden durch die Dienstleistungswirtschaft erwirtschaftet, und zwar in den Bereichen Finanzdienstleistungen, Gesundheitswesen, Bildung, Management, Tourismus, Handel, IKT usw.

Das Gesamt-BIP der EU-Nationen ist fast so hoch wie das der Vereinigten Staaten und etwa dreimal so hoch wie das Japans. Aber die Pro-Kopf-Kaufkraft (das BIP pro Person in KKP-Dollar) ist viel niedriger als das der USA und Japans, obwohl es diesbezüglich große Unterschiede zwischen den EU-Ländern gibt und die Kaufkraft der frühesten EU-Mitgliedstaaten mit der Japans vergleichbar ist.

Die EU spielt sowohl in wirtschaftlicher als auch in militärischer Hinsicht eine weitaus weniger dominante Rolle in der Welt als die USA. Dies wird durch die Tatsache symbolisiert, dass der Welthandel in Dollar ausgedrückt wird, obwohl seit der Einführung des Euros eine Verschiebung stattgefunden hat, durch die die EU in finanzieller Hinsicht eine klarere Rolle auf der Weltbühne spielt.

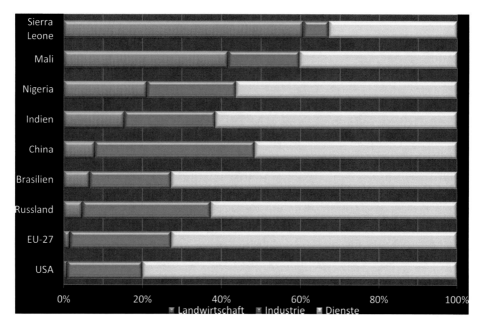

Abb. 5.17 Zusammensetzung des BIP für eine Reihe von Regionen und Nationen im Jahr 2018. (Quelle: CIA World Factbook 2020)

Die Europäische Kommission, die „Regierung" der EU, ist der Ansicht, dass der wirtschaftliche Vergleich mit den USA und Japan Anlass zur Sorge gibt, und hat Maßnahmen ergriffen, um den Unterschied auszugleichen. Ob dies ein gerechtfertigter Schritt ist, ist fraglich, da das BIP der EU auch mit der Welt außerhalb Japans und der USA verglichen werden kann, in diesem Fall ist ihre Wirtschaft in der Tat sehr robust. Darüber hinaus stellt sich auch die Frage, ob die militärischen oder wirtschaftlichen Mächte Europas die wichtigsten Indikatoren sind, um die Region mit anderen zu vergleichen. In der UNO-Rangliste 2019 der Länder mit den besten Lebensbedingungen, dem Human Development Index (HDI, siehe Kap. 3), befinden sich sieben europäische Länder unter den Top Ten. (Die anderen sind Hongkong, Australien und Singapur.) Die USA rangieren auf Platz 15, Japan auf Platz 19. Offenbar kann es einem in einem Land sehr gut gehen, ohne das höchste Einkommen zu haben.

Dies hängt zum Teil von der Zahl der Stunden und Jahre ab, die ein Mensch arbeiten kann – in Europa weniger als in den USA und Japan und auch weniger als in vielen armen Ländern. Während dies für die Wirtschaft vielleicht nicht großartig ist, ist es für die Menschen angenehm. Darüber hinaus sind die soziale Sicherheit und die medizinische Versorgung in der EU im Vergleich zum Rest der Welt sehr gut. Dies ist ein Teil dessen, was für Europa charakteristisch ist, und man kann es als die Kraft des Kontinents bezeichnen. Der US-amerikanische Autor Jeremy Rifkin hat diese Stärke in seinem Buch „The European Dream" (2005) umrissen – wo der „amerikanische Traum" individuelle Freiheit, Gleichheit und Wohlstand betont, konzentriert sich der „europäische Traum" mehr auf Solidarität und Teilhabe, Gleichwertigkeit und Vielfalt, Lebensqualität und Wohlstand.

Planet

Die erste schwere Umweltkatastrophe in Europa wurde durch die griechische und römische Zivilisation der Antike verursacht. Die Wälder rund um das Mittelmeer wurden abgeholzt, um Holz zu gewinnen und Land für die Landwirtschaft freizugeben. Das entblößte Land war der Erosion unterworfen und seine Fruchtbarkeit nahm ab. Große Wildtiere starben aus, wurden bis zur Ausrottung gejagt oder hatten keinen natürlichen Lebensraum mehr.

Eine berüchtigte Umweltgefahr im klassischen Rom war die Bleivergiftung. Die Römer verkleideten ihre Aquädukte mit Blei, und so absorbierten ihre Körper das Blei, wenn sie das Wasser tranken. Die wohlhabenderen Römer absorbierten ebenfalls große Mengen Blei durch mit Bleiacetat gesüßten Wein. Das Blei beeinträchtigte das Gehirn und konnte Wahnsinn verursachen – es könnte durchaus zum Untergang des Weströmischen Reiches beigetragen haben.

Im Mittelalter wurde die natürliche Umwelt Westeuropas in vergleichbarer Weise geschädigt, wie dies im antiken Griechenland und Rom geschah. Bis 1600 waren viele der Urwälder Englands verschwunden, während große Tierarten wie Bären, Wölfe und Auerochsen in weiten Teilen des Kontinents ausgerottet wurden. Der Auerochse, eine in Europa einzigartige Tierart, starb 1627 aus, gefolgt vom kaukasischen Elch um 1850, dem Tarpan (ein Wildpferd) 1909, dem mallorquinischen Hasen um 1980, dem Pyrenäensteinbock im Januar 2000, dem madeirischen Großen Weißen (ein Schmetterling, der 2007 für ausgestorben erklärt wurde) und einer Vielzahl anderer Tiere.

Es liegt eine Ironie in der Tatsache, dass Europa gegenwärtig Länder in der übrigen Welt unter Druck setzt, ihre eigenen Urwälder zu schützen. Es ist leicht für die EU zu reden, nachdem ihre Mitgliedstaaten einen großen Teil der ursprünglichen natürlichen Umwelt zerstört haben und ihnen Land für landwirtschaftliche, Wohn- und Erholungszwecke zur Verfügung stellen. Darüber hinaus erliegen die Wälder in Europa bis heute der Axt des Holzfällers und die Hänge werden massenhaft gerodet, um Platz für Skipisten zu schaffen. Dem stehen die jüngsten Versuche zur Erhaltung der natürlichen Umwelt, das in Kap. 4 erwähnte Projekt Natura 2000, entgegen. Die gegenwärtige Verteilung der Wälder und anderer Gebiete in Europa ist in Abb. 5.18 zu sehen.

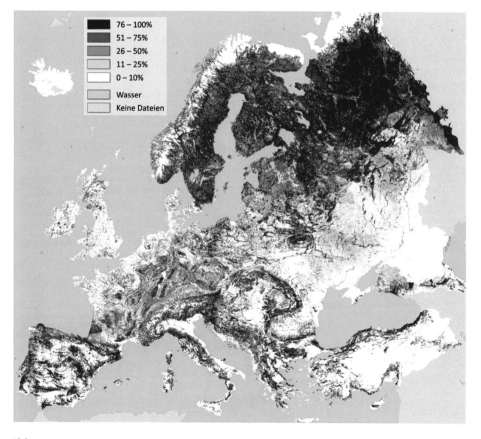

Abb. 5.18 Wälder und andere Regionen in Europa. (Quelle: European Forest Institute 2015)

Die großflächige Zerstörung der Wälder zwang die Menschen, von der Nutzung von Holz als Brennstoff auf andere Energiequellen umzusteigen, was wiederum zur intensiven Nutzung von Kohle führte. Um 1700 wurde im Vereinigten Königreich die erste Dampfmaschine in Betrieb genommen, um Wasser aus den Kohlebergwerken zu pumpen. Zwischen 1770 und 1830 fand dort die erste industrielle Revolution statt, der das übrige Europa im Laufe des 19. Jahrhunderts folgte.

Für die Umwelt waren die Folgen dieser Industrialisierung dramatisch: Steinkohlenteer verschmutzte Flüsse und verursachte Krebs und Allergien. Die Chemikalien, die von den chemischen Fabriken, einschließlich derer in der Gummiindustrie, in die Oberflächengewässer eingeleitet wurden, taten dasselbe. Bei der Verbrennung von Kohle wurde so viel Ruß in die Atmosphäre freigesetzt, dass die Großstädte schwarz wurden (Abb. 5.19). Der Smog verursachte unterdessen eine Epidemie von Atembeschwerden.

Die Menschen wurden sich allmählich der Umweltprobleme bewusst. Die ersten Naturschutzgebiete wurden bereits vor 1900 geschaffen, aber erst in den 1960er-Jahren entstand ein ausgeprägtes Umweltbewusstsein. Umweltaktionsgruppen wurden gegründet, und Regierungen und Industrie begannen, die Probleme ernst zu nehmen. Die Fabriken installierten Filter an ihren Schornsteinen und Abflussrohren, um große

Abb. 5.19 Dank der natürlichen Auslese wurde das helle Mottenbiston betularia (oben) im Großbritannien des 19. Jahrhunderts durch ein dunkles Variationsbiston betularia carbonaria (unten) ersetzt, das auf rußbedeckten Bäumen und Mauern besser getarnt war. (Quelle: Olaf Leillinger, Wikimedia)

Emissionen gefährlicher Stoffe zu verhindern, was als End-of-Pipe-Technologie bekannt ist.

Die Wissenschaftler entdeckten, dass die Ozonschicht durch Treibgase in Aerosoldosen und Kühlschränken bedroht war. Damit wurde zum ersten Mal erkannt, dass Menschen in der Lage sind, Umweltschäden im globalen Maßstab zu verursachen. Zu einem späteren Zeitpunkt stellte sich heraus, dass dies auch für den Anstieg der atmosphärischen Temperatur durch den Treibhauseffekt gilt. Es wurde auch festgestellt, dass Schwermetalle wie Blei, die durch Gase in die Atmosphäre freigesetzt werden, und Kadmium in Farbstoffen große Schäden verursachen. Die Folgen der Überdüngung zeigten sich in Form des sauren Regens, der die Wälder in Mitleidenschaft zog. Inzwischen scheint auch Feinstaub schädlicher zu sein, als bis vor Kurzem angenommen wurde.

Ab den 1970er-Jahren wurden die schwerwiegendsten Umweltprobleme der damaligen Zeit systematisch angegangen. Die Luftverschmutzung in Europa ging zurück, u. a. dank der an den Fahrzeugen befestigten Katalysatoren, die Qualität der Oberflächengewässer verbesserte sich, als das Abwasser gereinigt und die Einleitungen verringert wurden, und die Umweltgesetzgebung wurde verschärft. Auch für den Umgang mit chemischen Abfällen wurden Gesetze eingeführt. 1993 richtete die EU die Europäische Umweltagentur (EUA) ein, was bedeutete, dass Umweltfragen fortan weitgehend auf europäischer Ebene behandelt wurden.

Alles in allem ist die Situation hinsichtlich der regionalen Umwelt auf dem Kontinent derzeit nicht mehr so schlecht wie früher, abgesehen vom Treibhausgaseffekt, der später beschrieben wird. Bis zu einem gewissen Grad gibt es jedoch nur den Anschein eines Fortschritts, da einige der Folgen des europäischen Lebensstils auf andere Teile der Welt übertragen werden, wie in Kap. 2 erörtert wird. Auch die von der Industrie in China und Indien verursachten Umweltprobleme sind bis zu einem gewissen Grad eine Form der Übertragung des Problems, da die Europäer die in diesen Ländern hergestellten Produkte kaufen, die billig sind, was zum Teil darauf zurückzuführen ist, dass die Umweltgesetzgebung außerhalb Europas nicht so umfangreich ist.

Aussichten

Der ökologische Fußabdruck Europas ist zu groß, wie bereits in Kap. 2 erläutert wurde. Aber es gibt echte Chancen für Verbesserungen. Das Bevölkerungswachstum des Kontinents ist auf einem niedrigen Niveau und wird ab etwa 2025 abnehmen; auch die umfangreiche Zuwanderung von Flüchtlingen wird daran nichts ändern. In Portugal, Ungarn und Bulgarien ist die Bevölkerung seit 1985 sogar rückläufig.

Die Mitgliedstaaten arbeiten hart daran, die CO_2-Emissionen zu reduzieren. Diese Reduktion wurde zunächst auf der Grundlage des Kyoto-Protokolls, seit 2015 auf der Grundlage des Pariser Abkommens und seit 2019 auf der Grundlage des europäischen Green Deal vorgenommen. In Kap. 7 wird dies im Detail beschrieben.

Der Abbau von Agrarsubventionen und Handelsschranken steht auf der Tagesordnung vieler internationaler Gespräche, was armen Ländern die Möglichkeit geben könnte, ihre Handelsposition zu verbessern. Dasselbe gilt für die Schulden der Ärmsten unter ihnen.

In Europa wird mehr Geld in die nachhaltige Entwicklung investiert als in anderen Regionen, darunter China, Japan und die USA. Obwohl einige argumentieren, dass dies schlecht für die Wirtschaft und den globalen Wettbewerb ist, ist es nicht undenkbar, dass Umweltinvestitionen innerhalb einiger Jahre zu einem Wettbewerbsvorteil führen werden, denn sobald andere Regionen gezwungen sind, das Gleiche zu tun, kann Europa einen Vorteil haben.

Seit dem Ende des Zweiten Weltkriegs herrscht Frieden zwischen den Mitgliedstaaten der EU. Es gab blutige Kriege im ehemaligen Jugoslawien – der durch den Völkermord von Srebrenica 1995 markierte Tiefpunkt – aber von den Nationen, die aus dem zersplitterten Jugoslawien hervorgegangen sind, ist Slowenien seit 2004 Mitglied der EU, Kroatien folgte 2013, Mazedonien ist Beitrittskandidat und Montenegro, Serbien und Bosnien-Herzegowina haben die Mitgliedschaft beantragt und verhandeln derzeit über die Bedingungen. Sie alle sind auf dem besten Weg, demokratische Nationen zu werden, oder haben dieses Ziel unter Achtung der Menschenrechte bereits erreicht.

Der Entscheidungsprozess innerhalb der Europäischen Union ist häufig ein langsamer Prozess, aber was wie eine Schwäche erscheinen mag, ist in Wirklichkeit eine der großen Stärken der Organisation. In Europa gibt es etwa 50 Nationen, von denen mehr als die Hälfte EU-Mitgliedstaaten sind, und etwa 100 verschiedene ethnische Gruppen, jede mit ihrer eigenen Sprache, Kultur und ihren eigenen Bräuchen. Vor der EU war der Krieg eine gängige Methode des Meinungsaustauschs zwischen den Ländern des Kontinents, aber diese Methode des politischen Diskurses ist nun in den meisten Teilen Europas verdrängt worden. Dies ist eine echte Transition, und es ist sogar ein sehr hoffnungsvolles Zeichen auf globaler Ebene, da es zeigt, *dass es möglich ist, gewaltsame Konflikte vollständig auszulöschen.* Wenn eine solche Transition zum Frieden auf kontinentaler Ebene stattfinden kann – wie Europa mit seiner blutigen Geschichte beweist –, gibt es absolut keinen Grund, warum dies nicht auch auf globaler Ebene geschehen könnte. *Weltfrieden – „War is over", „Krieg ist vorbei" – ist möglich.*

Angesichts dessen ist es nicht schlimm, dass der Entscheidungsprozess in Europa so viel Zeit in Anspruch nimmt, denn dies ist der Preis, den die Europäer zahlen, um sicherzustellen, dass die Menschen, Gruppen und Nationen in ihrer komplexen Ecke der Welt einen Konsens über den Kurs Europas erreichen, der so weit wie möglich auf Unterstützung, Akzeptanz und Beteiligung beruht. Dieser Preis ist im Vergleich zu der anderen Option – dem Krieg – nicht hoch. Mit anderen Worten: *Bitte lassen Sie die Entscheidungsfindung in Europa langsam sein!*

Die aufeinanderfolgenden Erweiterungen der EU haben dazu geführt, dass eine wachsende Zahl von Ländern auf einer Plattform des Friedens und der Menschenrechte existiert. Mögliche zukünftige Erweiterungen werden diese Aufgabe fortsetzen. Die EU nimmt nur europäische Nationen in ihren Schoß auf, weshalb Marokko, das 1987 die Mitgliedschaft beantragte, abgelehnt wurde, obwohl dem Land 2008 der „fortgeschrittene Status" zuerkannt wurde, was bedeutet, dass es keine Vollmitgliedschaft hat, aber immer noch als mehr als nur ein Verbündeter betrachtet wird.

In den letzten Jahren ist in vielen europäischen Ländern ein Gefühl der Skepsis gegenüber der EU gewachsen. Viele Menschen erleben eine große Distanz zur Union und ihrer Bürokratie sowie einen Mangel an demokratischer Kontrolle über die EU-Politik. Dies hat während der großen Flüchtlingswelle, die ab etwa 2015 aus Afrika und dem Nahen Osten nach Europa kam, erheblich zugenommen. Diese europäische Migrantenkrise verstärkte Gefühle von Nationalismus und Populismus. Die EU-Länder hatten große Probleme bei der Aufnahme und Verteilung der Flüchtlinge. Mehrere Länder führten innerhalb des Schengen-Raums wieder Grenzkontrollen ein oder bauten sogar Zäune, um die Flüchtlinge fernzuhalten. Die Menschenrechtspolitik, für die sich die EU-Länder stark gemacht hatten, geriet unter Druck.

Die Beitrittskandidatur der Türkei ist ein weiterer Testfall für die Union. Einige Jahre lang standen viele Menschen in der EU einer türkischen Mitgliedschaft skeptisch gegenüber, und die Verhandlungen gerieten ins Stocken. Als Folge eines Vertrags zwischen der EU und der Türkei, der vorsah, eine große Zahl von Flüchtlingen, insbesondere aus Syrien und dem Irak (Abb. 5.20), innerhalb des asiatischen Landes zu halten, wurde die Kandidatur jedoch – zumindest formell – erneuert. Gleichzeitig gibt es in den westlichen Ländern viel Kritik an der Demokratie und den Menschenrechten in der Türkei, was die EU-Führer vor ein weiteres kompliziertes Dilemma stellt. Die Demokratie in der Türkei ist in den letzten Jahren ernsthaft untergraben worden, was der Hauptgrund dafür ist, dass die Mitgliedschaft, obwohl versprochen, noch in weiter Ferne liegt. Unter dem Gesichtspunkt des Weltfriedens und der Stabilität in der Welt könnte es jedoch gut sein, das Land und möglicherweise sogar noch mehr Länder außerhalb Europas irgendwann als Vollmitglieder zuzulassen, auch wenn dies bedeuten würde, dass die Entscheidungsfindung in der EU noch komplexer und langsamer würde.

Verträge wie zwischen der EU und der Türkei sind vielleicht oder vielleicht nicht geeignet, die Flüchtlingskrise kurzfristig zu lösen oder zu mildern – zumindest für die EU-Länder; wahrscheinlich nicht für die Flüchtlinge selbst. Aber es ist offensichtlich, dass es auf lange Sicht nur eine wirkliche Lösung gibt: Es ist unnötig, dass die Bürger Afrikas, des Nahen Ostens und anderer unruhiger Regionen der Welt ihre Heimat verlassen und versuchen, als Fremde in fremden Ländern ein besseres Leben zu finden. Mit anderen Worten: Armut und Krieg auszurotten und in jedem Land eine echte nachhaltige Entwicklung zu schaffen. Dies gilt sicherlich auch für die nächste Region, die hier zur Diskussion steht: die ECOWAS.

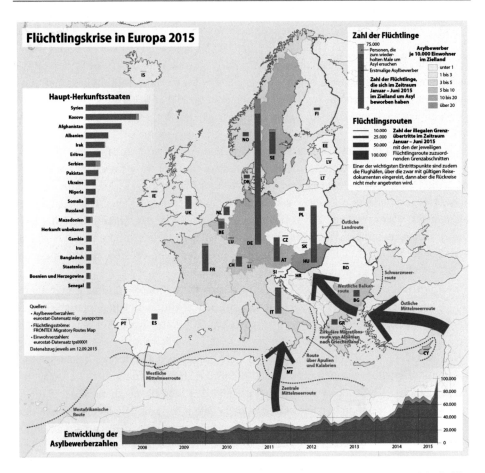

Abb. 5.20 Karte der europäischen Migrantenkrise 2015. Karte erstellt von Maximilian Dörrbecker. (Quelle: Eurostat 2015)

5.4   ECOWAS: explosives Bevölkerungswachstum in Afrika

Die ECOWAS besteht aus 15 Nationen in Westafrika südlich der Sahara (siehe Tab. 5.6). Genau wie Europa ist es eine Region, die Dutzende von ethnischen Gruppen und Sprachen mit einer alten und komplexen Geschichte beherbergt.

Geschichte

Die ersten Stadtstaaten entstanden um 500 n. Chr., gegründet von den Hausa, einem Stamm im Norden des heutigen Nigeria und Niger. In den folgenden Jahrhunderten entstanden große Reiche unter ethnischen Gruppen wie den Yoruba und Fulani.

Ab dem 15. Jahrhundert begannen die Europäer in die Region einzudringen, angefangen mit den portugiesischen Kolonien. Andere Länder folgten zunächst für den Handel und später zur Plünderung.

Etwa zwischen 1500 und 1800 beruhte die Wirtschaft der Region vor allem auf dem Sklavenhandel, der nicht nur für die Europäer, sondern auch für die afrikanischen Reiche sehr profitabel war. Um 1700 verkauften sie jährlich etwa 10.000 Sklaven an die europäischen Händler, und insgesamt wurden mindestens 12 Mio. Sklaven nach Amerika verschifft.

Im Jahr 1807 verbot das Vereinigte Königreich die Sklaverei, und der Sklavenhandel brach zusammen, und die Preise fielen. Danach wurden die meisten Sklaven von Menschen in Afrika gekauft, bis die Sklaven einige Jahrzehnte später revoltierten, was zu Bürgerkrieg, zerstörten Städten und Hunderttausenden von Flüchtlingen führte.

Der größte Teil Afrikas fiel der europäischen Kolonialisierung erst viel später zum Opfer als Gebiete in Asien und Amerika, und erst im 19. Jahrhundert wurde Afrika zum Schauplatz eines Gerangels zwischen Frankreich und dem Vereinigten Königreich, um möglichst viel Land zu kolonisieren. Dies spielte sich auch in der späteren ECOWAS-Region ab, in der Nigeria 1901 die letzte Kolonie wurde.

Die 15 Länder, aus denen sich die ECOWAS heute zusammensetzt, sind aus den von den Europäern gezogenen Grenzen hervorgegangen. Diese Grenzen verlaufen häufig quer durch Gebiete, die von einer gemeinsamen ethnischen Gruppe bewohnt werden. Von den 15 Nationen waren acht französische Kolonien, vier gehörten den Briten und zwei waren Portugiesen.

Es gab ein Land, das bereits 1847 erfolgreich seine Unabhängigkeit erklärte – Liberia. Dies ist der Grund für seinen Namen, der das „Land der Freiheit" bedeutet. Die anderen Nationen erlangten alle zwischen 1957 und 1975 ihre Unabhängigkeit.

Die acht ehemaligen französischen Kolonien werden als frankophone Nationen bezeichnet, und der französische Einfluss ist nach wie vor stark, während das Medium der Kommunikation zwischen den Völkern ebenfalls französisch ist. Die vier ehemaligen britischen Kolonien, darunter das große Land Nigeria, werden anglophone Nationen genannt, wobei Englisch das Medium der Kommunikation zwischen den verschiedenen Gruppen ist.

Mauretanien war einst ebenfalls Mitglied der ECOWAS, trat aber im Jahr 2000 aus ihr aus.

Die ECOWAS wurde 1975 mit dem ursprünglichen Ziel gegründet, die Wirtschaft der Mitgliedstaaten zu fördern. Später kamen weitere Ziele hinzu, darunter die Stärkung der politischen Stabilität und die Suche nach friedlichen Lösungen für Konflikte zwischen den Mitgliedstaaten. Die Ziele wurden mit angemessenem Erfolg aber nicht immer erreicht, wobei es gelegentlich zu Konflikten zwischen den Nationen kam, insbesondere wegen verschwommener Grenzen. Seit 2002 hat die ECOWAS ein Gemeinschaftsparlament und einen Gemeinschaftsgerichtshof.

Bei mehreren Gelegenheiten intervenierten die 15 Nationen, um die Demokratie zu schützen. Einige dieser Interventionen waren militärischer Natur. Eine gemeinsame

Abb. 5.21 Wirtschaftsgemeinschaft Westafrikanischer Staaten (ECOWAS)

Tab. 5.6 ECOWAS (siehe Abb. 5.21)

Jahr		1970	2018	2050
People	Bevölkerung	105 Mio.	387 Mio.	788 Mio.
	Geburtenrate (Kinder pro Frau)	6,73	5,16	3,44
	Kindersterblichkeit (bis zu 5 Jahren)	26 %	9,1 %	4,8 %
	Lebenserwartung bei der Geburt	42,0 Jahre	57,6 Jahre	65,4 Jahre
	Städtische Bevölkerung	19 %	46 %	65 %
Planet	Fläche		5,1 Mio. km^2	
	Ökologischer Fußabdruck	1,26 gha p. Kopf	1,26 gha p. Kopf	
	Biokapazität	2,08 gha p. Kopf	1,01 gha p. Kopf	
Profit	BIP (2018 US$)	20 Mrd. US$	610 Mrd. US$	
	BIP (KKP-Dollar pro Kopf)		3983 US$	
	Einkommensdisparität[a]		44,1 % (15 Mal)	
Länder	Benin, Burkina Faso, Kap Verde, Gambia, Ghana, Guinea, Guinea-Bissau, Elfenbeinküste, Liberia, Mali, Niger, Nigeria, Senegal, Sierra Leone, Togo, Kap Verde. Mauretanien war von 1975 bis 2000 Mitglied			

[a]GINI; in Klammern: Einkommen der reichsten 10 % geteilt durch Einkommen der ärmsten 10 %
Quellen: siehe Tab. 5.1

Streitkraft namens ECOMOG (ECOWAS-Überwachungsgruppe) wurde in Liberia (1990), Sierra Leone (1997), Guinea-Bissau (1999) und Togo (2005) eingesetzt. Alle diese Nationen sind erneut Vollmitglieder der ECOWAS.

Ebenso wurde die Mitgliedschaft Guineas nach einem blutigen Staatsstreich im Jahr 2009 vorübergehend ausgesetzt, ebenso wie die des Niger im selben Jahr, als dessen Präsident die Verfassung änderte, um seine Herrschaft auszuweiten. Beide Länder wurden 2011 wieder aufgenommen, nachdem die Demokratie 2010 mithilfe der ECOWAS wiederhergestellt worden war. Die Mitgliedschaft Malis wurde 2012 nach einem Staatsstreich ausgesetzt.

Im Jahr 2017 intervenierte die ECOWAS durch politischen und militärischen Druck im Mitgliedstaat Gambia.

Fall 5.8. Demokratie in Gambia

Im Dezember 2016 fanden in Gambia allgemeine Präsidentschaftswahlen statt. Dies war außergewöhnlich, da das Land nach einem Militärputsch 23 Jahre lang von Diktator Yahya Jammeh regiert wurde.

Zu Beginn des Jahres 2016 hatte Amnesty International die ECOWAS-Führung aufgefordert, die Mitgliedschaft Gambias auszusetzen. „Die ECOWAS sollte sich zu der beklagenswerten Situation im Land äußern und mit den gambischen Behörden zusammenarbeiten, um die Freilassung der politischen Gefangenen zu erreichen. (…) Wenn die gambische Regierung sich weigert, sollte die ECOWAS eine Suspendierung in Erwägung ziehen, bis Gambia seinen Verpflichtungen nachkommt", sagte Alioune Tine, Regionaldirektorin für West- und Zentralafrika von Amnesty International. Die Präsidentin der ECOWAS-Kommission lehnte dies mit der Begründung ab, dass „es Bedrohungen für die Menschenrechte gibt, aber sie zu verurteilen, wird uns nicht helfen, das Problem zu lösen".

Wahrscheinlich rechnete Präsident Yammeh damit, die Wahlen leicht zu gewinnen und damit seine Herrschaft „für eine Milliarde Jahre" zu sichern, wie er sagte. Aber nachdem die Wahllokale geschlossen waren, schien sein Gegner Adama Barrow ihn geschlagen zu haben.

Yammeh räumte seine Niederlage zunächst ein. Doch einige Tage später weigerte er sich unter Berufung auf „inakzeptable Anomalien" zurückzutreten, und gab anschließend bekannt, dass er das Ergebnis annulliert habe.

Dieses Mal traten die ECOWAS-Führer in Aktion. Die Regierungen von Nigeria, Senegal, Mali und mehreren anderen ECOWAS-Mitgliedern warnten am 23. Dezember, dass sie gemeinsam militärisch eingreifen würden, wenn Jammeh nicht zurücktrete. In den nächsten Wochen verhandelten die Präsidenten mehrerer Nachbarländer über sein Zugeständnis, jedoch ohne Erfolg. In der Zwischenzeit flohen Tausende von gambischen Zivilisten aus dem Land.

Am 19. Januar 2017 wurde Adama Barrow in der gambischen Botschaft in Dakar, Senegal, als neuer gambischer Präsident vereidigt. Am selben Tag verabschiedete der Sicherheitsrat der Vereinten Nationen einstimmig die Resolution

2337 des UN-Sicherheitsrats, in der er die Bemühungen der ECOWAS um Verhandlungen über den Übergang der Präsidentschaft unterstützte. Dennoch ging
Jammeh nicht weg. Dann drangen die ECOWAS-Truppen in das Land ein. Sie
wurden von der Zivilbevölkerung bejubelt. Die kleine gambische Armee leistete
überhaupt keinen Widerstand. Nachdem die Vororte von Gambias Hauptstadt
Banjul erreicht worden waren, stoppte die internationale Militärmacht für eine
letzte Verhandlungsrunde.

Diesmal trat der Diktator zurück. Er erhielt die Gelegenheit, das Land in
Richtung Guinea und anschließend nach Äquatorialguinea zu verlassen.

Der neue Präsident Barrow kündigte an, dass eine „Wahrheits- und Ver-
söhnungskommission" eingesetzt werde, um die Vergangenheit auf friedliche
Weise aufzuarbeiten.

Dennoch bleibt die Lage in Gambia in Bezug auf Demokratie und Menschenrechte kompliziert. Obwohl er 2017 für eine Amtszeit von fünf Jahren gewählt
wurde, versprach der neue Präsident, dass er früher zurücktreten werde: nach drei
Jahren. Doch im Jahr 2020 weigerte er sich, seinen Rücktritt zu erklären, und verhaftete mehr als 100 friedliche Demonstranten der „Drei Jahre Jotna-Bewegung"
(Drei Jahre genug), was erneut Kritik von Amnesty International hervorrief.

People

In Westafrika leben einige der ärmsten Nationen der Welt. Das Pro-Kopf-BIP der
ECOWAS-Region beträgt lediglich 6 % des BIP der EU. In Bezug auf die regionale
Kaufkraft (mit anderen Worten, in KKP-Dollar) ist das Pro-Kopf-BIP mit 10 % des EU-
Durchschnitts etwas besser.

Die Menschen nehmen eine breite Palette von Lebensstilen an, wobei viele Küsten-
bewohner in Städten leben und ein hoher Prozentsatz der Menschen von der Landwirtschaft lebt. Die Tuareg hingegen sind Nomaden und haben traditionell als Hirten und
Händler zwischen Westafrika und den arabischen Ländern Nordafrikas und des Nahen
Ostens gelebt.

Die Lebenserwartung ist niedrig, was vor allem auf die hohe Kindersterblichkeit
zurückzuführen ist, und auch die Gesundheitsversorgung und Hygiene sind schlecht.
Der Zugang zu sauberem Wasser, der in den meisten Mitgliedstaaten 75 % bis 90 % der
Menschen zur Verfügung steht, hat deutlich zugenommen, wenngleich einige Länder im
Rückstand sind: Nur 58 % verfügen in Niger über sauberes Wasser. In einigen Ländern
sind 30 % der Bevölkerung unterernährt, und zwischen einem Viertel und einem Drittel
der Kinder sind untergewichtig.

Krankheiten wie Malaria und Aids haben die Wirtschaft schwer erschüttert.
Besonders tragisch sind die malariabedingten Todesfälle: Es gibt hervorragende Medikamente, die, wenn sie rechtzeitig verabreicht werden, in der Regel einen Anfall heilen,

und dennoch sterben in Wirklichkeit immer noch viele afrikanische Kinder daran. Jedes sechste Kind stirbt, bevor es fünf Jahre alt wird, wobei im Laufe der Jahre kaum eine Verbesserung dieser Sterblichkeitsrate zu beobachten ist.

In den Jahren 2014 und 2015 wurde die Region von einer neuen Katastrophe heimgesucht: einem massiven Ausbruch der gefürchteten Ebola-Krankheit. Von Guinea aus breitete sich die tödliche Infektion nach Sierra Leone und Liberia aus und in geringerem Umfang auch nach Nigeria, Senegal und Mali. Die Weltgesundheitsorganisation (WHO) erklärte den „Public Health-Notstand von internationaler Bedeutung". Innerhalb von zwei Jahren infizierte die Epidemie fast 29.000 Menschen, wobei 11.300 von ihnen starben: 40 % von ihnen. Das sind die offiziellen Daten, aber die WHO vermutet, dass die tatsächlichen Zahlen wesentlich höher lagen. Bevor die Epidemie im Jahr 2016 beendet wurde, hatte sie schwerwiegende Auswirkungen auf die Wirtschaft mehrerer ECOWAS-Staaten, insbesondere von Sierra Leone, wie nachfolgend Abb. 5.26 zeigen wird.

Die Geburtenrate in den ECOWAS-Ländern ist hoch. Dies ist eine Notwendigkeit, da es keine sozialen staatlichen Einrichtungen und Altersrenten gibt. Ältere Menschen sind bei der Betreuung ihrer Kinder völlig auf die Mithilfe der älteren Kinder angewiesen. Angesichts der hohen Kindersterblichkeit ist dies an sich schon ein Risiko, weshalb sie große Familien haben müssen. Infolgedessen nimmt die Bevölkerung rasch zu. Im Jahr 1970 betrug die Bevölkerung der Region ungefähr ein Viertel der Bevölkerung der EU-28 – der 28 Nationen, die seit 2013 die EU bilden – aber bis zum Jahr 2000 war die Bevölkerung auf die Hälfte der Bevölkerung der EU angewachsen. Die Bevölkerung wird noch lange Zeit weiterwachsen, wenn auch langsamer, und es wird erwartet, dass die Bevölkerung der ECOWAS-Region irgendwann um 2030 die der EU übersteigen wird.

Die Altersverteilung der Bevölkerung der Region zeigt die Merkmale einer Bevölkerungsexplosion. Abb. 5.22 zeigt das Beispiel von Guinea, das mit seiner Basis die mit Abstand breiteste Scheibe der Pyramide darstellt. Zu Vergleichszwecken wird ihr eine Pyramide für Deutschland gegenübergestellt. Der breiteste Punkt für Deutschland liegt in der Kategorie der 55- bis 59-Jährigen, die als die Gruppe der Babyboomer der Nachkriegszeit identifiziert werden kann. Diese Gruppe kann auch als die herannahende Welle von Personen im Rentenalter gesehen werden. Guinea wird eines Tages eine vergleichbare Situation als Auftakt zu einer stabilen Altersverteilung erleben, die Italien nach 2100 erreichen könnte.

Das Bildungsniveau in den ECOWAS-Ländern liegt unter dem Standard, da in den meisten Ländern nur etwa 60 % der Kinder eine Schule besuchen. Die Zahl der lese- und schreibkundigen Erwachsenen schwankt zwischen 20 % in einem Land wie Niger und 80 % in Ghana. Es gibt jedoch große Unterschiede zwischen den Geschlechtern: In einigen Ländern sind doppelt so viele Männer wie Frauen alphabetisiert.

In allen ECOWAS-Staaten werden Fortschritte erzielt, aber es ist eine bedauerliche und häufige Realität, dass diese infolge von Gewalt dramatisch zurückgehen. Krieg, Terror und Staatsstreiche sind die größten Probleme der Region. Als Folge dieser

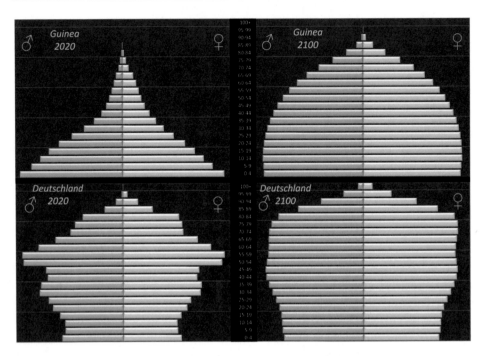

Abb. 5.22 Zwei Bevölkerungspyramiden: oben ist der ECOWAS-Mitgliedstaat Guinea, unten der EU-Mitgliedstaat Deutschland. (Quelle: UN-Abteilung für wirtschaftliche und soziale Angelegenheiten (DESA): World Population Prospects 2019)

Probleme gab es in den letzten Jahrzehnten Millionen von Flüchtlingen. Korrupte Regierungen und ebenso korrupte und gewalttätige „Befreiungsbewegungen" bekämpfen sich gegenseitig, wobei keine Seite zögert, Kindersoldaten zu rekrutieren, wie in Fall 5.9 beschrieben.

Fall 5.9. Kindersoldaten in Liberia

Im März 2003 griffen liberianische Regierungstruppen Schulen und Flüchtlingslager an und entführten Kinder, von denen einige erst neun Jahre alt waren. Wer Widerstand leistete, wurde geschlagen. Die Kinder wurden in Militärlagern untergebracht, ihre Köpfe wurden rasiert. Einige wurden an ihre Eltern zurückverkauft, aber alle anderen, deren Eltern zu arm waren, um zu bezahlen, wurden bewaffnet und ohne jegliche Ausbildung gegen Rebellenorganisationen in den Kampf geschickt. Mädchen wurden als Sexsklavinnen benutzt.

Als die Mütter der entführten Kinder in der Hauptstadt Monrovia demonstrierten, bestritt der Verteidigungsminister, dass Liberia Kindersoldaten rekrutiere. Aber es gab sie sicherlich, wie Human Rights Watch und Amnesty International auf der Grundlage von Zeugenaussagen bestätigten.

> Nicht nur das liberianische Regime rekrutierte Kindersoldaten im Land, auch die Rebellengruppe Movement for Democracy in Liberia (MODEL) bewaffnete Kinder, ebenso wie die Liberians United for Reconciliation and Democracy (LURD), eine Organisation, die angeblich von Sierra Leone, Guinea und den Vereinigten Staaten unterstützt wurde.

Die Situation hat sich seit 2003 nicht verbessert. Im Jahr 2019 berichtete die Menschenrechtsorganisation Child Soldiers International, dass die Zahl der gewaltsam rekrutierten Kinder in den vergangenen fünf Jahren um mehr als 150 % gestiegen sei. Diese Zahl bezog sich auf die Welt als Ganzes, aber die ECOWAS-Länder waren in diesen Zahlen stark vertreten. Die Kindersoldaten werden sowohl von Regierungen als auch von Aufständischen eingesetzt. Bestimmte aufständische Gruppen in einigen Ländern werden von den Regierungen anderer ECOWAS-Länder unterstützt.

Profit

Die ECOWAS-Region hat alle Chancen, ein wohlhabendes Gebiet zu werden. Sie ist reich an natürlichen Ressourcen – Gold, Diamanten, Kupfer, Aluminium, Phosphor, Uran, Eisenerz und viele andere. Nigeria verfügt über große Ölreserven, die von Shell und anderen Ölgesellschaften gefördert werden.

Die Sahelzone, die an die Sahara angrenzende Trockenzone, bildet den nördlichen Teil der ECOWAS-Region, in der wenig wächst und die Bewohner einen ständigen Krieg gegen die Dürre führen (Abb. 5.23). Wie in Fall 2.6 dargestellt, werden in diesem Kampf einige Fortschritte erzielt. Die südlichen Gebiete sind üppiger, und dort wird eine große Vielfalt an Feldfrüchten angebaut, die in erster Linie für den Exportmarkt bestimmt sind.

Es gibt eine Reihe von Gründen, warum diese Länder kaum Chancen haben, ihr Wohlstandsniveau zu verbessern, wobei bewaffnete Konflikte an erster Stelle stehen. Aber auch die schlechte Infrastruktur spielt eine Rolle, ebenso wie der Mangel an Investitionskapital, wodurch die Ausbeutung der natürlichen Ressourcen weitgehend von ausländischen Unternehmen kontrolliert wird. Da die Ausbildung unzureichend ist, sind die einheimischen Mitarbeiter, anders als in China und Indien, kaum in der Lage, in verantwortliche Positionen in den lokalen Niederlassungen der ausländischen Firmen aufzusteigen. Das bedeutet, dass die Industrie in ausländischen Händen bleibt. Die ausländischen Unternehmen unterstützen häufig die herrschenden Regime, da sie von der politischen Stabilität profitieren. Die Unterstützung, die der Energiekonzern Shell der nigerianischen Regierung gewährte – die in den 1990er-Jahren die Menschenrechte vorsätzlich missachtete – ist ein berüchtigtes Beispiel dafür.

Es ist eine schwierige Aufgabe für eine ECOWAS-Nation, in ihre eigene Wirtschaft zu investieren, da sie alle hoch verschuldet sind und gezwungen sind, jährlich große

Abb. 5.23 Die Landwirtschaft in der Sahelzone ist mit einem ständigen Kampf gegen die Dürre verbunden, wie hier im Senegal. (Quelle: UN-Foto, Carl Purcell)

Summen an Zinsen und Ratenzahlungen an die reichen Nationen zu zahlen – viel mehr, als sie an Entwicklungshilfe erhalten. Außerdem haben sich Staatschefs in der Vergangenheit große Teile dieser Entwicklungshilfe angeeignet, indem sie sie einfach gestohlen und auf Offshore-Bankkonten eingezahlt haben. Diese Tatsache macht die spätere Rückzahlung von Zinsen und Ratenzahlungen auf Darlehen für die Länder zu einer zusätzlich bitteren Pille, die sie schlucken müssen.

Der Internationale Währungsfonds (IMF) und die Weltbank beteiligen sich an den Bemühungen, diese Schuldenlast zu verringern. Doch ihr Ansatz ist zweifelhaft. Ghana z. B. wurde ein teilweiser Schuldenerlass für Beträge angeboten, die es im Ausland geliehen hatte, aber der Erlass sollte nur unter der Bedingung gewährt werden, dass die Subvention des Landes für die Versorgung der ärmsten Ghanaer mit sauberem Wasser zurückgezogen wird, um wettbewerbsfähigen Märkten und freiem Handel eine Chance zu geben. Sobald Ghana das Angebot akzeptierte, wurde die Verfügbarkeit von sauberem Wasser für seine Bürger eingeschränkt.

Der Export von Agrarprodukten wird dadurch erschwert, dass reiche Nationen Handelsschranken errichtet haben, um ihre eigene Agrarindustrie zu schützen, und dass Landwirte in der EU, Japan und den USA subventioniert werden. Eine Subventionierung amerikanischer Baumwollbauern führte beispielsweise zu einem Überschuss an Baumwolle, die im Ausland zu Preisen verkauft wurde, die weit unter den Produktionskosten lagen, wodurch die Weltmarktpreise dramatisch sanken. Leider macht Baumwolle etwa die Hälfte des Einkommens von Ländern wie Benin, Mali und Burkina Faso aus, was dazu führte, dass so mancher Bauer in der Region in Konkurs ging.

Fragen

- Wer oder was ist schuld an der schrecklichen Situation in Westafrika – Europas koloniale Vergangenheit?
- Oder ist es die Schuld der korrupten Regime in diesen Ländern?
- Oder vielleicht die Schuldenfalle, die zum Teil auf die Einmischung der reichen Länder zurückzuführen ist?
- Oder liegt es an den Kriegen und der Gewalt, die von den Einwohnern verübt werden?
- Oder die sehr schlecht bezahlte Arbeit für multinationale Unternehmen?
- Könnte es an den Handelsbarrieren und Subventionen liegen, die von den wohlhabenden Nationen eingeführt wurden?
- Wie wichtig ist es, zu entscheiden, wer schuld ist?

Die ECOWAS bemüht sich, die Situation durch einen kollektiven Ansatz zu verbessern. Alle Einfuhrzölle zwischen den ECOWAS-Nationen wurden abgeschafft, und die Länder arbeiten an der Einführung einer gemeinsamen Währung, ähnlich wie der Euro in der Europäischen Union. Zum Teil wurde dies bereits erreicht, da die acht frankophonen Nationen dieselbe Währung verwenden – den CFA-Franc, der von der Zentralbank der acht Länder, der Banque Centrale des États de l'Afrique de l'Ouest (BCEAO), ausgegeben wird. Der Wert ist dauerhaft an den des Euros gekoppelt: 1000 CFA-Franc (Abb. 5.24) entsprechen 1.52449 Euro. Im Januar 2015 führten sechs weitere ECOWAS-Mitgliedsstaaten ebenfalls eine gemeinsame Währung untereinander ein, den eco. Die

Abb. 5.24 Eine 1000 CFA-Franken-Note

Einführung wurde mehrmals verschoben, weil die vereinbarten Kriterien von den sechs Ländern wiederholt nicht eingehalten wurden.

Das vorrangige Ziel ist, dass die beiden Währungen zu einer einzigen Währung zusammengefasst werden, die in der gesamten ECOWAS-Region verwendet werden kann. Um dieses Ziel zu fördern, wurde im Jahr 2000 das West African Monetary Institute mit Sitz in Accra, Ghana, als Vorläufer einer gemeinsamen Zentralbank gegründet.

Planet

Vor kaum einem Jahrhundert waren weite Teile Westafrikas noch von wunderschönen tropischen Regenwäldern bedeckt. Im Jahr 1960 war die Hälfte von Sierra Leone noch von Urwald bedeckt. 1960 besaß die Elfenbeinküste noch 16 Mio. Hektar unberührten Urwald. Im Jahr 2018 waren nur noch 2,5 Mio. Hektar übrig: Der Rest war abgeholzt oder abgebrannt und in landwirtschaftliche Nutzfläche oder in Kulturwald umgewandelt worden (Abb. 5.25). Der Wald wird abgeholzt, um der wachsenden Bevölkerung Raum für Landwirtschaft und Wohnen sowie für den Export von Tropenholz, auch

Abb. 5.25 Slash and Burn: Die Abholzung von Wäldern, um Platz für Landwirtschaft und Lebensraum sowie für den Export zu schaffen, hat in einigen Ländern Afrikas beängstigende Formen angenommen. Das Foto zeigt die Brandrodung („slash-and-burn") der Landwirtschaft (Chitemene) in Sambia. (Quelle: Kolalife, Wikimedia)

nach China und in westliche Länder, zu geben. Das Ausmaß der Entwaldung ist nicht überall in Westafrika gleich, aber alle noch vorhandenen Wälder schrumpfen, und die Geschwindigkeit, mit der sie verschwinden, beschleunigt sich. Dies hat dazu geführt, dass Tausende von Tier- und Pflanzenarten vom Aussterben bedroht sind.

Die Folgen sind in der Tat sehr gravierend – schlechtes Management bedeutet, dass die landwirtschaftlichen Nutzflächen degradieren und der fruchtbare Boden ausgetrocknet und verweht wird. Die Folge ist, dass die Wüstenbildung immer weiter südlich von der Sahara voranschreitet. Die zunehmende Intensität der Dürren führt zu Ernteausfällen und Hungersnöten. Viel Hoffnung besteht nun darin, dass am Rande der Sahara eine „grüne Mauer" errichtet wird, wie in Fall 2.6 skizziert wurde.

Ein weiteres Problem ist in Nigeria zu sehen, nämlich die extreme Umweltverschmutzung, die durch die Erschließung von Ölreserven entstanden ist. Der Boden ist vielerorts stark kontaminiert, was auf 4000 Ölleckagen seit 1960 zurückzuführen ist. Mangrovenwälder sind stark betroffen, da der Boden so stark verschmutzt ist, während Gasfackeln, die zur Beseitigung von Abgasen aus Ölquellen eingesetzt werden, zu stark verschmutzter Luft und saurem Regen geführt haben.

Selbst das Meer leidet und gefährdet die Menschen, die Meeresfrüchte verzehren. Das Problem ist zu einem großen Teil darauf zurückzuführen, dass sowohl die nigerianischen Behörden als auch die Ölgesellschaften der Umwelt jahrzehntelang wenig Aufmerksamkeit geschenkt haben. Heute bietet sich ein anderes Bild, wie die Geldstrafe, die 2003 gegen Shell verhängt wurde, als das Unternehmen gezwungen war, 1,5 Mrd. US\$ Schadenersatz an den Ijaw-Stamm zu zahlen, weil das Unternehmen über einen Zeitraum von 50 Jahren der Umwelt und der Gesundheit der Menschen geschadet hatte.

Dieser Prozess des Abbrennens von unerwünschtem Gas wurde 1984 verboten, und Shell kündigte an, das Abfackeln von Gas im Jahr 2008 einzustellen. Es stimmt zwar, dass das Ausmaß der Gasabfackelung in jenem Jahr auf ein Drittel reduziert wurde, aber diese gängige Praxis ist immer noch nicht eingestellt. Im Jahr 2018 zeigten Messungen des amerikanischen Forschungsinstituts *National Oceanic and Atmospheric Administration* (NOAA), dass die Intensität des Abfackelns in den letzten fünf Jahren zugenommen hatte. Könnte dies in irgendeinem Zusammenhang mit dem stehen, was in Kap. 3 erwähnt wurde? *„Nigeria, ein Land mit zweihundert Millionen Einwohnern, ist seit vielen Jahren bestrebt, die durch die Ölförderung von Shell verursachten Umweltschäden durch die Gesetzgebung zu begrenzen. Nigeria hatte 2019 ein Bruttoinlandsprodukt von ca. 400 Mrd. Dollar; der Umsatz des Ölkonzerns Shell belief sich in diesem Jahr auf 383 Mrd. Dollar, mit einem Gewinn von 23 Mrd. Dollar".* Es ist keine Kleinigkeit: Die CO_2-Emissionen des weltweit abgefackelten Gases sind die gleichen wie die von 77 Mio. Autos. Die Energie, die jedes Jahr damit verschwendet wird, würde ausreichen, um ganz Afrika mit Strom zu versorgen.

Aussichten

Afrika, und insbesondere der subsaharische Teil davon, ist seit Langem das „Sorgen-
kind" der Welt. Die langfristigen Aussichten sahen nicht gut aus. Die Bevölkerung wird
noch viele Jahre lang weiter wachsen, was es für die Region äußerst schwierig macht,
ihre wirtschaftlichen und sozialen Bedingungen zu verbessern. Gleichzeitig ist die natürliche Umwelt in Teilen Afrikas extrem verwundbar, wie die riesigen und wachsenden
Wüsten zeigen. Dies hat zur Folge, dass die Region immer schneller überbevölkert wird,
was wiederum bedeutet, dass Konflikte leicht zu Gewaltexplosionen führen können. Der
Völkermord in Ruanda 1994 und die seit 2003 schwelenden Massenmorde im Sudan (die
beide nicht zur ECOWAS gehören, aber immer noch Teil der afrikanischen Problemzone
sind) zeugen davon auf grausame Weise.

Dennoch gibt es in diesem Teil der Welt nicht nur schlechte Nachrichten. Die verschiedenen Mitglieder der ECOWAS – und viele andere afrikanische Länder – befinden
sich in einer Phase starken Wirtschaftswachstums, wie Abb. 5.26 zeigt. Ein gutes Beispiel ist Ghana, das das reale Einkommen pro Person in den zwei Jahrzehnten bis 2000
mehr als verdoppelt und in den 18 Jahren danach fast verdreifacht hat.

Abb. 5.26 zeigt auch die Auswirkungen der Ebola-Epidemie in den Jahren 2014–
2016, die die Volkswirtschaften Sierra Leones, Liberias und Nigerias nicht nur durch

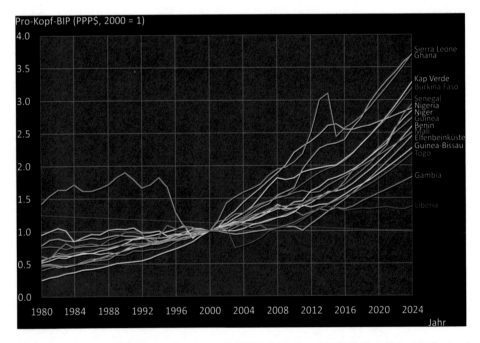

Abb. 5.26 Relative BIP-Entwicklung der ECOWAS-Länder (KKP-Dollar; Jahr 2000 als 1
genommen). Es werden Daten bis 2018 ermittelt; der Rest sind Prognosen. (Quelle: IMF: World
Economic Outlook Database 2020)

Krankheit und Tod, sondern auch durch Quarantänen, Konkurse und internationale Handelsbarrieren schwer getroffen hat.

Wenn solche Epidemien und insbesondere Gewaltausbrüche überwunden werden können, haben die afrikanischen Länder alle Möglichkeiten, ihre Situation rasch zu verbessern, was wiederum das Bevölkerungswachstum verlangsamen und letztlich zu einer wirklich nachhaltigen Entwicklung führen kann – es sei denn, der Klimawandel fügt dem gefährdeten Kontinent irreparable Schäden zu. Er ist reich an natürlichen Ressourcen, die derzeit besser genutzt werden können, um die Volkswirtschaften der afrikanischen Nationen zu stärken. Darüber hinaus verfügt der Kontinent über einen enormen kulturellen Reichtum (Abb. 5.27), während noch immer große Wälder existieren, die zumindest teilweise erhalten werden könnten, wenn sie angemessen geschützt würden. Und es ist möglich, dass sogar die riesige Sahara gedeiht, wenn ein Teil davon zur Erzeugung von Sonnenenergie genutzt wird, die zur Bewässerung anderer Teile mit Wasser verwendet werden könnte. Pläne dafür gibt es bereits.

Wie in Asien kann auch in Afrika viel erreicht werden durch eine Kombination von Top-down-Strategien afrikanischer Staaten und internationaler Organisationen und einem Bottom-up-Ansatz der Menschen selbst, u. a. mithilfe von Mikrokrediten. Darüber hinaus kann von öffentlich-privaten Partnerschaften viel erwartet werden, wie der letzte Fall dieses Abschnitts zeigt.

Abb. 5.27 Afrika verfügt über einen großen kulturellen Reichtum, wie z. B. die Große Moschee Djenné in Mali, die zum Weltkulturerbe gehört. (Quelle: Ferdinand Reus, Wikimedia)

Fall 5.10. Krankenversicherung, Afrika-Stil

Internationale Anerkennung für afrikanischen Krankenversicherungsplan

Eine NGO namens PharmAccess hat für ihre „bahnbrechende Vision" für das afrikanische Gesundheitswesen eine prestigeträchtige Auszeichnung erhalten. Durch den Plan können afrikanische Menschen über eine kollektive Krankenversicherung Zugang zur Gesundheitsversorgung erhalten.

Der Preis für einen Plan zur Entwicklung des privaten Sektors wurde von der Financial Times und der International Finance Corporation (IFC), einem Teil der Weltbank, verliehen.

PharmAccess hat im vergangenen Jahr die Krankenkasse (HIF) mit einem Zuschuss von 100 Mio. Euro gegründet. Tausende von Menschen in Nigeria sind bereits über den Fonds versichert.

Und das Programm geht weiter! März 2014: HIF und der Gouverneur des nigrischen Bundesstaates Kwara kündigten an, dass die Landesregierung die finanzielle Verantwortung für die Gesundheitskosten aller Einwohner mit niedrigem Einkommen übernimmt. Kwara (Abb. 5.28) hat eine Bevölkerung von fast 3 Mio. Menschen. Das Versicherungsprogramm wird die Prämie für einen beträchtlichen Teil der Bevölkerung bezahlen.

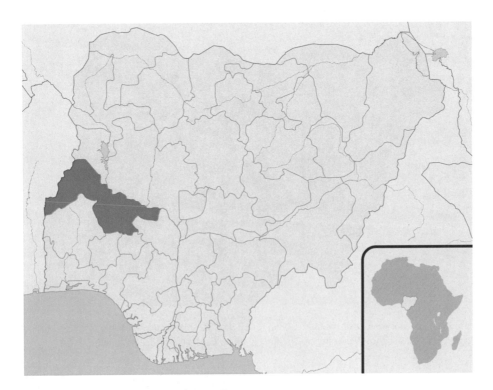

Abb. 5.28   Der nigerianische Bundesstaat Kwara

Ein wichtiger Meilenstein wurde 2018 erreicht. Im Juli wurde bekannt gegeben, dass ab diesem Zeitpunkt jeder Einwohner von Kwara verpflichtet ist, sich gegen medizinische Kosten zu versichern. Der Durchbruch ist ein Beispiel für den Rest Nigerias, für Afrika und für den Rest der Welt.

5.5   Geteilte Verantwortung

Jedes der zuvor untersuchten Gebiete wurde in den letzten Jahrhunderten stark von den wohlhabenden Nationen Europas und Nordamerikas beeinflusst, und es ist auch in anderen Regionen nicht anders, einschließlich des Nahen Ostens, Lateinamerikas und Südostasiens.

Es gab eine Zeit, aus der der westliche Einfluss in der Eroberung und Unterdrückung von Kolonien, in Sklaverei und Einwanderungswellen sowie in der Vertreibung oder Tötung der einheimischen Bevölkerung bestand. Sogar die meist unbeabsichtigte Übertragung von Infektionskrankheiten trug zu den weit verbreiteten Todesfällen der Einheimischen bei.

Die einfallenden Mächte untergruben die traditionellen und religiösen Vorstellungen der lokalen Bevölkerung und sie wurden kulturell entwurzelt. Die Folgen davon sind noch heute in fast allen Teilen der Welt zu sehen. Die Nationen sind aus dem Gleichgewicht geraten, und sie kämpfen darum, allein Lösungen für ihre Probleme zu finden.

Heute wird der westliche Einfluss nicht mehr durch Kolonialismus und Sklaverei ausgeübt, sondern vielmehr durch die Schulden, die die armen Länder gemacht haben, die Praxis des Transfers von Umwelteffekten, den Einsatz billiger Arbeitskräfte für billige Produkte, die Unterstützung diktatorischer Regime und den kulturellen Schaden, den die multinationalen Unternehmen und der Tourismus verursachen. Der Einfluss umfasst aber auch die Entwicklungszusammenarbeit und die Unterstützung von Demokratisierungsprozessen.

Das bedeutet nicht, dass die schrecklichen Zustände in den ärmeren Teilen der Welt vollständig von den reichen Nationen verursacht werden – so einfach ist das nicht. Einige dieser Ursachen sind auf die armen Länder selbst zurückzuführen, die ihre eigenen Umweltprobleme verursachen, Kriege führen und, wenn sie die Gelegenheit dazu haben, ihre Probleme ebenso schnell auf ein anderes Land übertragen. China ist ein gutes Beispiel dafür, das tropisches Hartholz importiert, um seine eigenen Wälder zu retten. Es ist jedoch nach wie vor richtig, dass die reichen Nationen einige der anstehenden Probleme verursacht haben, was eine Verantwortung schafft, etwas dagegen zu unternehmen.

Auch das ist noch nicht das Ende der Geschichte. Abgesehen von der Frage, inwieweit die wohlhabenden Nationen schuldig sind, die Probleme ihrer ärmeren Kollegen verursacht zu haben, haben die wohlhabenden Nationen und Menschen nach wie vor die moralische Verpflichtung, etwas zu unternehmen. Die Extreme des Wohlstands, die es zwischen Arm und Reich gibt, lassen sich mit keinem Mittel rechtfertigen, und die Tatsache, dass die Menschen in weiten Teilen unserer Welt unter dem Fehlen von Gesundheitsversorgung, Bildung oder auch nur sauberem Wasser leiden, ist nicht hinnehmbar. Jeder, der in der Lage ist, etwas gegen diese Situation zu unternehmen, hat eine persönliche und kollektive Verantwortung, etwas dagegen zu tun.

Fragen

- Nehmen wir an, Sie stehen an einem Flussufer, wenn jemand in der Nähe in den Fluss fällt. Die Person kann nicht schwimmen. Sie tun nichts, Sie schauen nur zu. Bald verschwindet das Opfer unter der Oberfläche und ertrinkt. Sind Sie für den Tod dieser Person strafbar?
- Nehmen wir an, dass in Sierra Leone jeden Tag Menschen an Hunger sterben. Sie tun nichts, Sie schauen nur zu. Werden Sie für den Tod dieser Menschen bestraft?
- Ist dies ein fairer Vergleich?

Die wohlhabenden Nationen haben eine Verantwortung gegenüber den Menschen, die in den armen Ländern leben, ebenso wie die internationalen Unternehmen, die sowohl in den reichen als auch in den armen Ländern tätig sind. Ebenso der einzelne Mensch, weil er Produkte aus armen Ländern kauft oder sie als Tourist besucht und weil er die Folgen seines Lebensstils – unbeabsichtigt – auf die Bewohner der armen Regionen der Welt abwälzt. Und auch unabhängig von ihrem westlichen Lebensstil, einfach weil es Menschen gibt, die auf diesem Planeten leiden.

Arten von Verantwortung

Es gibt drei Möglichkeiten, über diese Verantwortung nachzudenken.

Eine davon ist die Frage der *rechtlichen Verantwortung*. Nationen und Unternehmen haben Verpflichtungen, die sich aus internationalen Gesetzen und Verträgen ergeben, auf deren Grundlage andere Nationen, Unternehmen oder Bürger die Gerichte anrufen können, um zu verlangen, dass bestimmte Dinge getan – oder nicht getan – werden oder um Schadenersatz zu fordern.

Fall 5.11. Wir sehen uns vor Gericht!
Der Pazifische Ozean ist die Heimat einer Reihe winziger Nationen, der sogenannten Small Island Development States (SIDS). Sie bündeln ihre Kräfte in der internationalen politischen Arena über AOSIS, die Allianz der kleinen Inselstaaten.

Tuvalu ist einer von ihnen. Das Land besteht aus neun Koralleninseln (Atollen), die sich nur knapp über den Meeresspiegel erheben und insgesamt eine Fläche von 10 Quadratmeilen (27 Quadratkilometer) einnehmen. Es ist die Heimat von 12.000 Menschen. Der höchste Punkt auf Tuvalu liegt nur vier Meter über dem Meeresspiegel, was die Nation zu einer der am stärksten vom Treibhauseffekt bedrohten macht. Der steigende Meeresspiegel könnte die Nation innerhalb weniger Jahrzehnte ganz oder teilweise im Wasser versinken lassen.

Im Jahr 2002 drohte Tuvalu damit, zwei andere Nationen vor Gericht zu stellen – die Vereinigten Staaten und Australien, zwei Hauptverursacher von Treibhausgasen. Es war geplant, beide Länder vor dem Internationalen Gerichtshof (IGH) in Den Haag anzuklagen, und Tuvalu suchte nach Mitklägern für diesen Fall, darunter andere Inselnationen im Pazifischen und Indischen Ozean sowie in der Karibik.

Der Plan wurde nie Wirklichkeit. Aber 2011 begann ein weiterer kleiner Inselstaat seine Optionen zu prüfen: Palau, bestehend aus mehr als 500 Inseln, die von 21.000 Menschen bewohnt werden (Abb. 5.29). Am 22. September 2011 kündigte die Regierung von Palau einen Plan an, den IGH um ein Gutachten zu der Frage zu ersuchen, ob die Länder eine rechtliche Verantwortung haben, sicherzustellen, dass alle Aktivitäten auf ihrem Territorium, die Treibhausgase ausstoßen, anderen Staaten keinen Schaden zufügen. Palau beruft sich auf die sogenannte „no harm rule", ein Prinzip des Völkerrechts, das die Staaten dazu verpflichtet, das Risiko von Umweltschäden für andere Staaten zu verhindern, zu verringern und zu kontrollieren. Die Regel ist in verschiedene Gesetze und internationale Verträge aufgenommen worden. Einer von ihnen ist das Seerechtsübereinkommen der Vereinten Nationen (UNCLOS) von 1982, in dessen Artikel 194 Absatz 2 es heißt: „Die Staaten treffen alle erforderlichen Maßnahmen, um sicherzustellen, dass die ihrer Hoheitsgewalt oder Kontrolle unterstehenden Tätigkeiten so ausgeübt werden, dass anderen Staaten und ihrer Umwelt durch Verschmutzung kein Schaden zugefügt wird."

Im IGH wurde das „No Harm"-Prinzip mehrfach erfolgreich angewandt, beispielsweise 1997 (Ungarn gegen die Slowakei) und 2010 (Argentinien gegen Uruguay). Wenn Palau wirklich vor Gericht geht, wird es das erste Mal sein, dass ein so kleines Land eine oder vielleicht sogar viele mächtige Mächte der Welt verklagt.

Eine noch einschneidendere Gesetzesinitiative folgte im Dezember 2019. Es war Vanuatu, das aus 80 Inseln im Pazifik besteht, das dem Internationalen Strafgerichtshof (IStGH) vorschlug, dort Strafanzeigen zuzulassen wegen Ecocide (Umweltzerstörung): die großflächige Ausrottung ökologischer Systeme. Wenn diese Anklage ermöglicht wird, wird sie von vergleichbarer Schwere wie Völkermord sein.

Abb. 5.29 Der Archipel von Palau. (Quelle: LuxTonnerre, Wikimedia)

Eine weitere Grundlage für Verantwortung findet sich in *ethischen Normen*. Das bedeutet, dass Menschen oder Organisationen Verantwortung für ein bestimmtes Thema übernehmen, weil sie glauben, dass sie dies tun sollten, auch wenn dies nicht gesetzlich oder vertraglich vorgeschrieben ist. Eine solche moralische Verpflichtung beruht häufig auf einer religiösen, humanistischen oder persönlichen Überzeugung.

Dann gibt es eine dritte Form, in der die Verantwortung einfach auf dem Prinzip der *Menschlichkeit* und des *Mitgefühls beruht*. Sie beruht auf der Sorge um, der Solidarität mit und dem emotionalen Gefühl für Mitmenschen. Dies wurde z. B. unmittelbar nach dem Tsunami im Indischen Ozean 2004 deutlich, als Länder und Menschen auf der ganzen Welt sich verantwortlich fühlten und umfassende Hilfe anboten.

Bei den reichen Nationen nimmt ihre Verantwortung u. a. durch Entwicklungsprojekte, finanzielle Hilfe, militärische Interventionen in Kriegsgebieten oder durch Gesundheitskampagnen, die oft von internationalen Gremien wie der *Internationalen Rotkreuz- und Rothalbmondbewegung* und *Ärzte ohne Grenzen* koordiniert werden, Gestalt an.

Auch Unternehmen handeln zunehmend im Rahmen einer Grundphilosophie der unternehmerischen Gesellschaftsverantwortung (Corporate Social Responsibility, CSR), die die Übernahme von Verantwortung für ärmere Nationen und ihre Bewohner beinhalten kann. Auf diesen Aspekt wird in Kap. 8 näher eingegangen.

Es ist nicht immer einfach, Verantwortung positiv in die Tat umzusetzen. Gut gemeinte Hilfe hat häufig zu schädlichen Nebenwirkungen geführt. In einigen Fällen sind diese Nebenwirkungen einfach unvermeidlich, und sie sind Teil einer schwierigen Phase auf dem Weg zum Wohlstand, die nicht umgangen werden kann. Ein Beispiel dafür ist die Tatsache, dass in vielen Ländern Verbesserungen in Bezug auf Hygiene und medizinische Einrichtungen erzielt wurden, auch dank der Rolle internationaler Organisationen. Dadurch konnte zwar die Kindersterblichkeit gesenkt werden – eine große Errungenschaft – aber ein Nebeneffekt ist ein erhebliches Bevölkerungswachstum, das zu Verknappung und Umweltschäden führt.

Andere unerwünschte Nebenwirkungen dieser Form der Hilfe könnten vermeidbar sein. Die Bereitstellung kostenloser Hilfsgüter hat schon so manches lokale Unternehmen durch die Zerstörung der Konkurrenz untergehen lassen. Finanzielle Hilfen für arme Länder haben dazu geführt, dass diese sich stark verschuldet haben, und das hätte wahrscheinlich anders gemacht werden können. Entwicklungshilfe in dieser Form ist nicht intelligent, und sie wird heute weniger eingesetzt.

Dilemmas

Wenn jeder in der Welt immer verantwortungsbewusst handeln würde, wäre die Welt sicherlich viel besser dran. Aber das ist nicht so einfach, denn Nationen, Unternehmen und Menschen stehen ständig vor der Wahl zwischen Allgemeininteresse und Eigeninteresse. Daraus ergeben sich eine Reihe von kniffligen Entscheidungen, z. B. wie die folgende.

Das Gefangenendilemma

Es waren einmal zwei Männer, die einen bewaffneten Raubüberfall begingen. Kurz darauf wurden sie von der Polizei verhaftet und im Besitz von zwei Gewehren, aber ohne die Beute, aufgefunden. Die Polizei konnte sie wegen illegalen Waffenbesitzes anklagen, obwohl sich herausstellte, dass es keine ausreichenden Beweise gab, um sie für den bewaffneten Raubüberfall anzuklagen. Die beiden Männer wurden in getrennten Zellen eingesperrt, was sie daran hinderte, miteinander zu kommunizieren, und der Richter in ihrem Fall schlug jedem von ihnen Folgendes vor:

1. *Wenn Sie beide weiterhin leugnen, den Raub begangen zu haben, werden Sie beide wegen illegalen Waffenbesitzes mit einer Geldstrafe freigelassen.*
2. *Wenn Sie Ihre Beteiligung gestehen, Ihr Kumpel aber nicht, werden Sie freigelassen, weil Sie als Einziger kooperiert haben.*
3. *Wenn Ihr Kumpel seine Beteiligung gesteht, Sie aber nicht, werden Sie zu fünf Jahren Gefängnis verurteilt, weil Sie sich geweigert haben, zu kooperieren.*
4. *Wenn Sie beide Ihre Beteiligung gestehen, wird jeder von Ihnen zu drei Jahren Gefängnis verurteilt.*

Dies wurde zu einer schwierigen Entscheidung für die beiden Männer, die, wie Sie sich erinnern, nicht miteinander diskutieren konnten. Sollten beide schweigen, dann wäre die schlimmste Folge, dass beide wegen illegalen Waffenbesitzes zu einer Geldstrafe verurteilt würden. Wenn nur einer mit der Polizei kooperieren würde, würde er diese aufs Glatteis führen, aber sein Kumpel wäre der Angeschmierte.

Wenn sie nur darüber reden könnten! Aber die Polizisten haben jeden Kontakt unterbrochen. Was wäre die beste Lösung für das Dilemma?

Dies ist das berühmte *Prisoner's Dilemma oder Gefangenendilemma.* Das Problem für jeden der Gefangenen besteht darin, dass er sich entscheiden muss zwischen einer Handlung, die beiden zugutekommt (beide leugnen das Verbrechen) oder einer Handlung, die nur einem von ihnen zugutekommt (das Verbrechen gestehen), in der Hoffnung, dass der andere Gefangene nicht dasselbe tut (siehe auch Tab. 5.7).

Sollten sich beide für sich selbst entscheiden, leiden sie beide. Das Dilemma läuft auf Folgendes hinaus: Die beste Option für alle wäre, zusammenzuarbeiten, aber das ist nicht möglich. Also konzentrieren sich die Parteien stattdessen auf ihren eigenen Nutzen, was zur Folge hat, dass nicht das bestmögliche Ergebnis erzielt wird.

In der Realität gibt es viele Szenarien, die ein ähnliches Dilemma heraufbeschwören, z. B. wenn Unternehmen gezwungen sind, ihre Produktionskapazitäten in andere Länder zu verlagern, um Kosten zu sparen: *Offshoring* nennt man das, was dem *Outsourcing* ähnlich, aber nicht identisch ist, das geschieht, wenn ein Unternehmen Aufträge an ein anderes Unternehmen auslagert. Gab es eine solche Notwendigkeit in Fall 5.12? Seien Sie Ihr eigener Richter.

Tab. 5.7 *Das Dilemma* des *Gefangenen* (in Kürze)

Wenn ...	... ich leugne	... ich gestehe
... er leugnet	Ich werde mit einer Geldstrafe belegt	Ich bin frei!
... er gesteht	Ich werde zu fünf Jahren verurteilt.	Ich werde zu drei Jahren verurteilt.

Fall 5.12. Mondelēz verlegt Arbeitsplätze der Oreo-Produktion nach Mexiko

Im Mai 2017 verteidigte der Vorstand von Mondelēz International auf der Jahreshauptversammlung der Aktionäre seine Entscheidung, die Produktion der berühmten Oreo-Kekse von seiner Nabisco-Fabrik im Süden von Chicago nach Salinas in Mexiko zu verlagern. Dadurch wurden in Chicago 600 Arbeitsplätze abgebaut.

Der Plan wurde erstmals 2015 angekündigt. Im Jahr zuvor erwirtschaftete Mondelēz einen Umsatz von mehr als 34 Mrd. US$, und das Einkommen des CEO (formal: ihr „Gesamtvergütungspaket" belief sich auf 21 Mio. US$. Der Druck, amerikanische Arbeitsplätze abzubauen, hing mit einem Hedge-Fonds-Milliardär zusammen, der eine 7,5%ige Beteiligung an Mondelēz erworben hatte; es wird vermutet, dass er auf Kostensenkungen gedrängt hat.

Im Vorfeld der Verlagerung nach Mexiko verhandelte Mondelēz mit den Arbeitnehmergewerkschaften und forderte die Arbeitnehmer auf, Lohnkürzungen zu akzeptieren, um die Differenz von 46 Mio. US$ zwischen der Produktion in den USA und Mexiko auszugleichen. Laut Mondelēz stellten die Gewerkschaften unangemessene Forderungen.

Im Anschluss an die Ankündigung kündigten gewählte Amtsträger und Gewerkschaftsaktivisten einen *Oreo-Boykott* an, der auch als *Nabisco-Boykott* oder als *Mondelēz Boykott* bekannt wurde. Während die Beschäftigten jedoch Entlassungsbescheide erhielten, wurde die Produktion in Mexiko 2016 aufgenommen.

Im Jahr 2018 wurde bekannt, dass die mexikanischen Arbeiter den Gegenwert von 8 bis 10 US$ pro Tag* erhielten, bei einer täglichen Arbeitszeit von 12 Stunden. Ihr CEO, 64 Jahre alt, ging Ende 2017 in den Ruhestand, mit fast 35 Mio. US$ persönlicher Rente, einer Abfindung von 50 Mio. US$ und mehr als 70 Mio. US$ an zusätzlichen Aktienoptionen.**

*(Quellen: * Tarifverhandlungsabkommen (Collective Bargaining Agreement, CBA) zwischen Mondelēz Mexiko, S.A de C.V. und Federacion Obrera Sindical de la Republica Mexicana, bereitgestellt von der BCTGM International Union; ** Interfaith Worker Justice 2018: Breaking Faith)*

In diesem Fall ist die Firma Mondelēz, der Sie zuvor in Fall 3.9 in einer positiven Rolle begegnet sind, einer der „Gefangenen", während konkurrierende Unternehmen die anderen Gefangenen sind – d. h. Mondelēz wäre ein solcher „Gefangener", wenn es wirklich aus Wettbewerbsgründen gezwungen wäre, nach Mexiko umzuziehen. Wenn dem so ist, liegt das Dilemma für das Unternehmen in der Frage, ob es seine Aktivitäten in ein Niedriglohnland verlagern soll oder nicht. Die meisten Unternehmen sind mit einem solchen Schritt nicht glücklich – Menschen in den Herkunftsländern werden ihre Arbeitsplätze verlieren, und sie zu entlassen, ist eine Aufgabe, die die meisten Manager nicht gerne übernehmen. Das Offshoring bedeutet auch, dass Menschen eingestellt werden, die höchstwahrscheinlich für erheblich niedrigere Löhne arbeiten müssen.

Außerdem sind die Umweltvorschriften in diesen Ländern möglicherweise viel weniger streng, sodass es möglich ist, dass das Unternehmen nach dem Umzug sehr viel mehr Schaden anrichtet als zuvor.

Natürlich muss das Unternehmen nichts davon tun, und es könnte einfach in seinem Herkunftsland weiterarbeiten oder sogar in andere Länder umziehen, dann aber ungewöhnlich hohe Löhne zahlen und eine ungewöhnlich strenge Umweltpolitik einhalten. Wenn aber die Konkurrenten des Unternehmens ihre Aktivitäten in Niedriglohnländer verlagern, in denen viele von ihnen wenig Respekt vor angemessenen Löhnen oder der Umwelt zeigen, bleibt vielleicht keine andere Wahl, als ebenfalls umzuziehen. Wenn ein Unternehmen dann also dort bleibt, wo es ist, oder an seinen neuen Standorten übermäßig viel Geld für Löhne und Umwelt ausgibt, wird es unter einem extremen Wettbewerbsnachteil leiden. Wenn dies dazu führt, dass das Unternehmen noch schlechter abschneidet, dann werden viel mehr Menschen arbeitslos, und die Konkurrenten, die sich weniger um die Umwelt kümmern, werden viel dominanter sein.

Wenn *alle* Unternehmen sich entscheiden würden, nicht in Niedriglohnländer umzuziehen, oder wenn sie sich entscheiden würden, die Löhne und die Umweltpolitik dort zu erhöhen, dann wäre die Wahl leicht. Dann gäbe es keine Einwände, im Rahmen der sozialen Verantwortung der Unternehmen zu operieren. Aber in dem Moment, in dem auch nur ein Unternehmen dies nicht tut, werden die anderen gezwungen sein, diesem Beispiel zu folgen oder in Konkurs zu gehen.

Genau wie die beiden Gefangenen hat das Unternehmen nicht die Möglichkeit, seine Konkurrenten zu konsultieren, denn sobald die Finanzinstitute versuchen, gemeinsame Vereinbarungen über Löhne und Gebühren zu treffen, machen sie sich des unlauteren Wettbewerbs schuldig, der nach dem US-Kartellrecht oder dem EU-Wettbewerbsrecht verboten ist; Verstöße können zu hohen Strafen für die Unternehmen führen, die bis zu Milliarden von Dollar betragen können.

Ein weiteres wohlbekanntes Dilemma ist die Verteilung knapper Ressourcen, einschließlich begrenzter Ressourcen wie landwirtschaftliche Nutzflächen, Öl und Gas, Eisenerz und Aluminium.

Die Tragödie der Gemeingüter (Tragedy of the Commons)

In einem Dorf von Schafhirten besitzen alle Familien gemeinsam eine große Koppel, eine „Commons" – ein gemeinsam genutztes Gut. Jahrhundertelang war dieses Gemeingut groß und das Dorf klein, sodass alle Dorfbewohner ihre Schafe auf der Koppel weiden lassen konnten. Doch mit der Zeit wuchs die Dorfbevölkerung und damit auch die Zahl der Schafe, sodass die begrenzte Größe der Koppel irgendwann zum Problem wurde. Zu diesem Zeitpunkt wäre es in Ordnung gewesen, wenn sich alle Hirten auf eine bestimmte Anzahl von Schafen beschränkt hätten, aber so funktionierte es nicht. Denn viele Hirten dachten in erster Linie nur an ihr eigenes Interesse, was für sie vernünftig war: „Wenn ich meiner jetzigen Herde ein weiteres Schaf hinzufüge, hätte ich genauso viel profitiert wie die Schafe. Gleichzeitig erleide ich aber auch einen kleinen Verlust, denn alle Schafe müssen vom selben Land leben, und so haben alle etwas weniger zu fressen. Aber ich erleide diesen Verlust nicht allein, denn ich teile ihn mit allen anderen. Das bedeutet, dass mein Verlust viel kleiner ist als mein Gewinn. Also lasst mich dieses zusätzliche Schaf besorgen!"

Weil einige Hirten dies taten, konnte der Rest nicht zurückstehen, und jeder Hirte tat sein Bestes, um seine Herde zu vergrößern, damit sie nicht unter den ähnlichen Bemühungen ihrer Nachbarn zu leiden hatte. Natürlich konnte dies nicht sehr lange so weitergehen, und die Situation endete in einer Tragödie. Das Gemeindeland wurde überweidet und ausgeweidet, die Schafe starben alle, und das Dorf blieb mittellos zurück.

Dies ist die „*Tragedy of the Commons*", oder die „*Tragödie der Allgemeingüter*" (erstmals beschrieben von Garret Hardin, *Wissenschaft*, 13. Dezember 1968). Alle Länder verwenden begrenzte Ressourcen, aber nicht jedes Land verbraucht sie in gleichem Maße. Einige Länder sind sehr gut darin, diese Ressourcen zu kaufen, und man könnte sie respektlos als „Grabscher" bezeichnen. Wenn jede Nation einen bescheidenen Ansatz wählen würde, könnte die Welt noch lange mit dem, was jetzt zur Verfügung steht, weitermachen. Aber die Tatsache, dass einige Länder „Grabscher" sind, bedeutet, dass andere die gleiche Haltung einnehmen, um nicht zurückzufallen. Auch hier scheint ein verantwortungsbewusstes Verhalten aller zum Vorteil aller zu sein. Aber das unverantwortliche Verhalten der einen provoziert andere dazu, ebenfalls unverantwortlich zu handeln, zum Nachteil aller.

Beide Dilemmas – das der Gefangenen und das der Schafhirten – betreffen die Kommunikation. Das erste Dilemma ist entstanden, weil Kommunikation unmöglich oder illegal ist, und während sie im zweiten Dilemma möglich ist, kommunizieren bestimmte Parteien nicht um ihrer eigenen Interessen willen. Ein falsch verstandenes Eigeninteresse, d. h. angesichts der Tatsache, dass es für alle schlecht ausgeht.

Fragen

- Was würden Sie tun, wenn Sie einer der Gefangenen in dem *Gefangenendilemma* wären? Warum?
- Was würden Sie tun wollen, wenn Sie einer der Hirten auf dem Gemeindeland wären? Würde es funktionieren?

Eine gute Kommunikation, gefolgt von einer tatsächlichen Zusammenarbeit, an der alle beteiligt sind, ist nur möglich, wenn alle Beteiligten davon überzeugt sind, dass ihre scheinbaren Eigeninteressen auf Dauer allen zum Nachteil gereichen. Wenn dieser Punkt erreicht ist, ist dies der richtige Zeitpunkt für Verhandlungen und für die Übernahme gemeinsamer Verantwortung. Im Falle der nachhaltigen Entwicklung wäre dies der Zeitpunkt, an dem internationale Gremien entscheidend sein können und an dem internationale Verträge abgeschlossen werden können.

Konsequenzen

Viele Formen der Nicht-Nachhaltigkeit ergaben sich aus der Tatsache, dass Entscheidungen auf unsolide Weise getroffen wurden. Dies könnte auf eine übermäßige Rücksichtnahme auf oder ein Missverständnis von Eigeninteressen zurückzuführen sein – wie in der *Tragödie der „Commons"* – oder auf schlechte Kommunikation oder die Unfähigkeit, angemessene Überlegungen anzustellen, wie im Falle des *Gefangenendilemmas*. Andere Gründe könnten Vorurteile, mangelnde Information oder falsche Theorien sein. Eine weitere häufige Ursache für schlechte Entscheidungen ist Kurzsichtigkeit, verursacht durch das Ignorieren von verfügbarem Wissen und Erkenntnissen oder durch die Vernachlässigung der Konsequenzen von Entscheidungen – Konsequenzen sowohl für die Beteiligten als auch für andere.

Eine solche Vernachlässigung ließe sich mit einer Stakeholder-Analyse recht einfach beheben. Dabei werden die Konsequenzen einer bestimmten Entscheidung inventarisiert, sowohl die positiven als auch die negativen – mit anderen Worten, die Vorteile und die Probleme wie Schaden und Unannehmlichkeiten. Es ist nicht ungewöhnlich, solche Analysen zu erstellen und alle Konsequenzen aufzuzeichnen. Für große Bauprojekte ist eine Umweltverträglichkeitsprüfung (UVP) in vielen Ländern seit Jahren obligatorisch. Doch in vielen Fällen konzentrieren sich die Stakeholder-Analysen mehr auf die Gegenwart als auf die Zukunft, und wo das Morgen ein Teil des Bildes ist, ist es eher die kurzfristige als die langfristige Zukunft. Darüber hinaus wird bei der Betrachtung der Zukunft oft stillschweigend angenommen, dass die Zukunft weitgehend der Gegenwart ähneln wird, mit einer Handvoll vorhersehbarer Trends – eine Annahme, die sich bei vielen Gelegenheiten als falsch erwiesen hat.

Es gibt eine einfache Faustregel, die hilft, wenn es darum geht, verantwortungsvolle, mehr oder weniger zukunftssichere Entscheidungen zu treffen. Die Faustregel besteht aus sechs Teilen.

1. Bestimmen Sie die Konsequenztragweite
Berücksichtigen Sie bei jeder Entscheidung, die getroffen werden muss, die möglichen Folgen für die Umgebung. Der Gesamtumfang der Umgebung, für den die Entscheidung Folgen haben kann, wird als *Konsequenztragweite* bezeichnet. Dieser Umfang kann Menschen einschließen, aber im weiteren Sinne würde er auch die natürliche Umwelt betreffen.

Wenn ein Urlauber z. B. nach Thailand fliegt, hat diese Reise Konsequenzen für die thailändische Bevölkerung, für die natürliche Umwelt Thailands, für den Treibhauseffekt, für die Menschen, die in der Nähe des Flughafens wohnen, von dem unser Urlauber abfliegt usw. Sollte der Manager eines Unternehmens erwägen, die Produktion aus einem westlichen Land nach Indien zu verlagern, so hat diese Entscheidung

Konsequenzen für die Arbeitnehmer in dem westlichen Land, für ihre Familien und für die Wirtschaft in beiden beteiligten Ländern. Sie wird auch Konsequenzen für die Umwelt in Indien sowie für die zukünftigen Mitarbeiter des Unternehmens und ihre Familien in Indien haben. Zu den weiteren Folgen gehören die Folgen für den Transport der Produkte, was wiederum Folgen für den Energieverbrauch und für die Umwelt haben wird.

2. Bestimmen Sie die Konsequenzen für die gesamte Konsequenztragweite
Sobald der Umfang der Folgen bekannt ist, muss man versuchen, die positiven und negativen Folgen der Entscheidung für den gesamten Umfang richtig und ehrlich abzuschätzen. Prüfen, ob nicht andere Menschen, die Natur oder die Umwelt in ungerechtfertigter Weise geschädigt werden, wodurch Vorteile auf Kosten eines Nachteils für andere – der Übertragung von Problemen – erzielt werden. Wenn dies der Fall ist, dann muss man versuchen, die Entscheidung so zu ändern, dass der Nachteil beseitigt oder verringert wird, oder sich weitere Maßnahmen einfallen lassen, die die Nachteile ausgleichen.

Die einzig richtige Art und Weise, die Konsequenzen für die Beteiligten zu bestimmen, ist die Konsultation der Beteiligten selbst über diese Konsequenzen. Wenn dies nicht möglich ist, z. B. weil die Natur ein Interessenvertreter ist, der keine Stimme hat, dann sprechen Sie mit einem Vertreter, z. B. einem der Naturgremien.

3. Bestimmen Sie die Konsequenzperiode
Verantwortung bezieht sich nicht nur auf die Akteure von heute, sondern auch auf die von morgen. Deshalb muss neben der Konsequenztragweite auch die *Konsequenzperiode* berücksichtigt werden: Die Zeitspanne, die vergeht, bis die Folgen der Entscheidung neutralisiert sind. Diese Zeit kann dramatisch variieren, von einer Minute bis zu Jahrhunderten. Wenn Sie sich zwischen dem Trinken einer Tasse Kaffee oder einer Tasse Tee entscheiden sollten, wird der Zeitraum der Folgen wahrscheinlich nicht länger als 15 Min. dauern, bis Sie Ihr Getränk getrunken haben und das Ergebnis der Entscheidung keine Rolle mehr spielt. Wenn Sie ein Thema für Ihr Praktikum wählen, dann kann die Folgezeit je nach Ihrer Wahl einige Wochen bis sechs Monate betragen. Dieser Zeitraum könnte aber auch wesentlich länger sein, wenn er a) einen Einfluss auf Ihre gesamte Karriere hat oder b) Sie während Ihres Praktikums einen dauerhaften Einfluss auf Ihr Umfeld (z. B. ein Unternehmen) ausüben, in dem Sie Ihr Praktikum absolvieren. Dieses Beispiel zeigt, dass Konsequenzperioden manchmal unerwartet lange dauern können.

Die Konsequenztragweite und die Konsequenzperiode können zusammen symbolisch dargestellt werden, wie Abb. 5.30 zeigt, in der die Raumdimension auf der horizontalen Achse und die Zeitdimension auf der vertikalen Achse dargestellt ist. Wenn es um nachhaltige Entwicklung geht, geht es häufig um sehr lange Konsequenzperioden. Einer der bestimmenden Faktoren ist der Maßstab, auf den sich die Entscheidung bezieht. Die Entscheidung, ein Solarzellenpaneel zur Erzeugung grüner Energie zu installieren, hat eine Folgezeit von etwa zehn Jahren, nach deren Ablauf die Solarzellen ersetzt werden

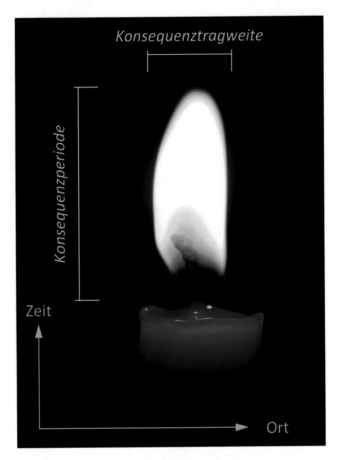

Abb. 5.30 Konsequenztragweite und Konsequenzzeitraum. (Quelle des Hintergrundfotos: Victor Rocha, Wikimedia)

müssen. Aber eine Entscheidung, Solarzellen landesweit zu installieren, um eine große Energiemenge zu erzeugen, ist eine weitreichende Entscheidung, die 50 Jahre oder ein Jahrhundert dauern kann.

4. Bestimmen Sie die Konsequenzen für die gesamte Konsequenzperiode
Entscheidungen werden oft getroffen, ohne dass der gesamte Umfang der Folgen berücksichtigt wird. Das Gleiche gilt für den Zeitraum der Folgen. Einzelpersonen, Unternehmen und Regierungen treffen oft Entscheidungen, ohne zuvor die langfristigen oder weitreichenden Folgen bewusst in Betracht zu ziehen. Menschen, auch Regierungschefs und Unternehmen, neigen dazu, kurzsichtig zu sein. Dafür gibt es zahlreiche Beispiele. Eines davon ist die Anwendung der Kernenergie, die für einige Jahrzehnte Vorteile bietet, aber eine Konsequenzperiode von Hunderttausenden von Jahren haben

kann, wie in Kap. 7 beschrieben wird. Werden die künftigen Akteure die Anwendung der Kernenergie im 20. und 21. Jahrhundert noch für eine großartige Idee halten? Vielleicht werden sie es, vielleicht auch nicht. Aber der Punkt ist, dass diese Frage, die ein zentrales Thema in den Diskussionen sein sollte, von vielen Entscheidungsträgern weitgehend vernachlässigt wird.

5. Erwägen Sie die Alternativen
Befolgen Sie das gleiche Verfahren wie bei Alternativentscheidungen. Nichtstun – die „Null-Option" – ist eine dieser Alternativen, bei der auch der Konsequenztragweite und die Konsequenzperiode bestimmt werden müssen. Wägen Sie dann die Folgen aller möglichen Entscheidungen gegeneinander ab.

6. Eine gute Entscheidung treffen
Verwenden Sie schließlich die folgenden Anweisungen:

Faustregel für eine gute Entscheidung
Eine Entscheidung kann nur dann eine gute Entscheidung sein:

„Hier" und „Dort"

1. Die Konsequenztragweite wird bestimmt.
2. Die Vor- und Nachteile für die gesamte Konsequenztragweite werden in Absprache mit den Beteiligten ermittelt und genauestens abgewogen;

„Jetzt" und „Später"

3. Die Konsequenzperiode wird festgelegt.
4. Es ist überzeugend nachgewiesen, dass vernünftigerweise davon ausgegangen werden kann, dass die Menschen am Ende der Konsequenzperiode immer noch denken werden, dass es eine gute Entscheidung war.

Es ist vor allem die vierte Bedingung, die selten befolgt wird. Natürlich ist es oft schwierig, Vermutungen darüber anzustellen, was die Menschen zu einem späteren Zeitpunkt von einer heute getroffenen Entscheidung halten werden, aber es gibt Methoden, um dies zu untersuchen, wie z. B. Trendanalysen, Modelle und Szenarien. Diese Methoden, die im folgenden Kapitel erörtert werden, bieten keine Gewissheit, aber ihre Anwendung ist besser, als das Thema überhaupt nicht zu berücksichtigen und mit verbundenen Augen voranzuschreiten.

Auf diese Weise wird es möglich, Verantwortung für Entscheidungen und Handlungen zu übernehmen. Wir werden es vielleicht nicht immer vermeiden, die Folgen des Lebensstils eines Menschen auf andere zu übertragen. Aber zumindest sind wir uns dessen bewusst, was uns in die Lage versetzt, eine faire Entscheidung darüber zu treffen, was akzeptabel und was inakzeptabel ist.

- Anwendung des gerade besprochenen Stufenplans auf eine Entscheidung, die Sie vor Kurzem getroffen haben. Kommen Sie wieder zum gleichen Ergebnis?

Macht schafft Verantwortung

Die Ungleichheit in der Welt drückt sich nicht nur in Form von Wohlfahrtsunterschieden aus, sondern auch in Macht. Macht neigt dazu, sich selbst am Leben zu erhalten – eine Person mit viel Macht wird sie im Allgemeinen dazu nutzen, diese Macht und den damit verbundenen Wohlstand zu erhalten.

Die Art und Weise, wie in den Vereinten Nationen Entscheidungen getroffen werden, ist ein gutes Beispiel dafür. Wie in Kap. 4 ausführlich dargelegt wurde, bestehen die oberen Ränge der UNO aus zwei Organen. Alle Nationen sind in der Generalversammlung vertreten, während im Sicherheitsrat nur einige wenige vertreten sind. Die mächtigsten Länder der Welt sind ständige Mitglieder des Sicherheitsrates, und sie verfügen jeweils über ein Vetorecht – wenn auch nur eines von ihnen gegen einen Vorschlag stimmt, wird er abgelehnt. Die Struktur ähnelt der folgenden imaginären Geschichte.

Die sieben Söhne des Landwirts

Es war einmal ein Bauer, der hatte viel Geld, sowie sieben Söhne und ein fruchtbares Feld. Aber ein ewiges Leben hatte er nicht, und eines Tages fühlte er sein Ende nahen.

Er rief seine sieben Söhne zu sich und gab ihnen sein Feld und sein Geld. Der Bauer wies seine Söhne an, das Feld gemeinsam zu bestellen, aber er teilte sein Geld unter ihnen auf. Jeder seiner Söhne erhielt fünf Kronen, mit Ausnahme des ältesten, der 1000 Kronen erhielt. Sobald er diese Aufgabe erledigt hatte, seufzte der Bauer und starb.

„Das ist nicht fair", riefen sechs der sieben Brüder.

„Warum nicht", fragte der Älteste. „Ich habe es doch nicht gestohlen, oder? Es wurde mir gegeben. Und überhaupt, wenn einer von Euch die 1000 Kronen bekommen hätte, hättet Ihr sie auch behalten. Das werde ich also tun – es behalten."

Und ja, es klang logisch. Also wählte jeder der Brüder ein Stück des Feldes aus und machte sich bereit, zu säen …, aber es waren keine Samen mehr übrig.

Also gingen die Brüder in den örtlichen Bauernladen und kauften Saatgut. Der älteste Bruder gab 100 Kronen aus, und die anderen Brüder gaben jeweils nur zwei Kronen aus, „weil man ein wenig für Miete und Lebensmittel beiseitelegen muss".

Vier Monate vergingen und das Feld war reich an Getreide. Nun war es Zeit, zu ernten. Der älteste Bruder behielt ein Viertel seiner Ernte, sodass er ein ganzes Jahr lang Weiß- und Schwarzbrot essen konnte, und verkaufte den Rest des Getreides für 300 Kronen – ein großer Gewinn, aber er hatte schließlich hart dafür gearbeitet.

Und dann haben wir die armen anderen sechs Brüder! Sie alle hatten ihr Stück Land geerntet, aber der Ertrag reichte nicht einmal für einen Monat zum Überleben aus. Und sie hatten auch ihr ganzes Geld ausgegeben.

Die hungrigen Sechs näherten sich ihrem ältesten Bruder. Zum Glück war er ein netter Kerl, und er gab jedem von ihnen zehn Kronen. Aber es gab eine Bedingung – sie mussten alle in drei Monaten zurückkehren und ihm 20 Kronen zahlen. Das war vernünftig, sagte er: „Weil ich Euch doch helfe!"

Drei Monate später kehrten die sechs dünnen Männer zu ihrem ältesten Bruder zurück. „Wir können Dir nichts bezahlen", sagten sie verzweifelt. „Wir brauchten das Geld nur, um zu überleben, und jetzt haben wir nichts mehr!"

Aber ihr ältester Bruder war sehr philanthropisch. „Das spielt keine Rolle. Tatsächlich werde ich jedem von Euch 25 Kronen leihen, damit Ihr weitermachen könnt."

Die sechs Brüder nahmen das Geld dankbar an.

„Und wenn Ihr mir jetzt alle in drei Monaten 50 Kronen zahlt, dann ist alles in Ordnung", sagte er ihnen fröhlich. „Und schaut, jetzt könnt Ihr Eure Schulden bei mir bezahlen!" Und er riss jedem der Brüder 20 Kronen aus der Hand.

Seine Geschwister waren jedoch nicht dumm. Sie erkannten nun, was er vorhatte, und protestierten: „Das werden wir niemals schaffen! Wenn wir so weitermachen, wird es nur noch schlimmer werden."

Ein großer Familienstreit brach aus. Doch nach 15 Min. kam der jüngste Bruder mit einem Vorschlag.

„Ich weiß!", sagte er. „Lasst uns einen Ausschuss gründen. Noch besser, einen Klub von Brüdern!"

Das klang interessant. „Was ist ein Klub von Brüdern", fragten ihn die anderen.

„In einem Club einigen wir uns gemeinsam darauf, was fair ist", sagte der Jüngste, „und wenn wir uns nicht einig sind, stimmen wir darüber ab. Das ist demokratisch!"

Alle waren sich einig, dass dies eine großartige Idee war, mit Ausnahme des Ältesten. „Jetzt wartet mal einen Moment", sagte er. „Wenn wir das tun, werdet Ihr sechs jedes Mal gegen mich stimmen. Danke, aber nein danke."

Der Streit ging also für weitere 15 min. weiter, und am Ende beschlossen sie alle, den Club der Brüder zu gründen. Entscheidungen im Klub würden in einer demokratischen Abstimmung getroffen, bei der der älteste Bruder zehn Stimmen abgeben konnte, während die übrigen Brüder jeweils eine Stimme hatten.

Der Brüderclub diskutierte die Frage der sechs jüngsten Brüder, die Hunger leiden. Es wurde der Vorschlag unterbreitet, das gesamte Geld der Brüder unter ihnen umzuverteilen, wobei jeder Bruder den gleichen Anteil erhalten sollte. Nun, der Vorschlag wurde zur Abstimmung gestellt, und er wurde mit der Mehrheit der

Stimmen abgelehnt. Von diesem Zeitpunkt an stand also fest, dass das Geld gerecht verteilt worden war und dass sie alle entschieden hatten, dass dies tatsächlich der Fall war.

Aber es gab einen Bruder, der das Geschehene nicht ertragen konnte. Er wurde so wütend, dass er seinem ältesten Bruder auf die Nase schlug, dass das Blut nur so spritzte!

Dies war natürlich inakzeptabel. Der Club der Brüder traf sich, um ihre Optionen zu besprechen, und es wurde beschlossen, dass der verärgerte Bruder nicht länger bleiben konnte.

So wurde er weggeschickt, um seinen eigenen Weg in der weiten Welt zu gehen.

Aber die übrigen Brüder arbeiteten weiter auf dem Feld. Und sie lebten lange und glücklich. Oder jedenfalls lebte die demokratische Mehrheit lang und glücklich ...

Macht zielt darauf ab, sich zu verteidigen und an Ort und Stelle zu bleiben. Das hat aber auch eine Kehrseite, nämlich dass derjenige, der viel Macht hat, auch eine große Verantwortung gegenüber den weniger Privilegierten hat. Viele der Leser dieses Buches gehören vermutlich in mindestens zweifacher Hinsicht zur herrschenden Klasse – im Vergleich zum weltweiten Durchschnitt mit viel Geld und Besitz; und dank einer guten Ausbildung überdurchschnittliche Möglichkeiten, Entscheidungen zu treffen, die das Leben anderer beeinflussen.

Das bedeutet, dass diese Leser auch eine überdurchschnittlich hohe Verantwortung tragen. Gegenüber den Menschen, die sie leiten oder leiten werden. Gegenüber den Menschen, die ihre Kunden, ihre Patienten oder ihre Schüler sein werden. Oder gegenüber den Menschen, die sie durch künstlerisches Schaffen beeinflussen werden. Aber sie sind auch verantwortlich für die Menschen, die indirekt den Folgen ihrer Entscheidungen und der von ihnen beeinflussten natürlichen Umwelt ausgesetzt sind. Tatsächlich sind sie für die gesamte Tragweite und Dauer ihrer Entscheidungen verantwortlich, und zwar für einen vermutlich langen Zeitraum.

Kurz- und langfristig

In vielen Fällen ist es sinnvoll, zwischen zwei Arten der Herangehensweise an ein Problem zu unterscheiden – der Bekämpfung eines Problems und der Beseitigung der Folgen dieses Problems. Ein gutes Beispiel ist eine Situation, in der sich eine Familie kongenial einen Aufenthaltsraum teilt, während es draußen regnet, bis einer von ihnen plötzlich bemerkt, dass das Dach undicht ist und Wasser von der Decke tropft. Jetzt sind zwei Arten von Maßnahmen erforderlich. Erstens muss das kurzfristige Problem gelöst werden, das darin besteht, Eimer unter das Leck zu stellen und mit Handtüchern aufzuwischen. Aber das ist noch nicht das Ende der Geschichte, sonst würden die Eimer und Handtücher zu einem festen Bestandteil des Aufenthaltsraums werden. Und außerdem neigen Löcher in Dächern dazu, mit der Zeit größer zu werden, bis das gesamte Dach einstürzen könnte. Deshalb muss auch das langfristige Problem angegangen werden, das darin besteht, dass jemand auf das Dach steigt und sich um die Ursache kümmert.

In der Weltpolitik bietet die Frage des Terrorismus ein gutes Beispiel. Die Umsetzung von Sicherheitsmaßnahmen ist eine Form der direkten Aktion, ebenso wie die Inhaftierung von Terroristen. Beides sind kurzfristige Lösungen – die Symptome bekämpfen, aber in keiner Weise das Problem angehen. Wenn man daran arbeitet, die Ungleichheit in der Welt zu verringern, tut man das Gegenteil und beseitigt langfristig die Ursache.

In der Welt der Politik wird auffallend wenig zwischen kurz- und langfristigen Lösungen unterschieden. Die parlamentarischen Debatten über den Terrorismus befassen sich in vielen Ländern regelmäßig mit der Einschränkung der Bürgerrechte, der Ausweitung der Polizeibefugnisse oder der Befugnisse des Geheimdienstes und der Ausweisung von Ausländern. Das Verhältnis zur globalen Ungleichheit wird jedoch selten diskutiert.

Dasselbe zeigt sich auch in den Diskussionen über die Landwirtschaft. Häufig werden die Interessen der westlichen Landwirte diskutiert, aber kaum jemals der Einwegverkehr mit importierten Futtermitteln und die Folgen, die dies für die landwirtschaftlichen Flächen anderswo (das volle Ausmaß der Folgen) oder für die ferne Zukunft (die gesamte Zeit der Folgen) hat.

Dies macht es schwierig, die künftigen Folgen der gegenwärtigen Politik realistisch und verantwortungsbewusst zu berücksichtigen. Dennoch ist dies für eine nachhaltige Entwicklung absolut unerlässlich. Tatsächlich gibt es starke Methoden, um dies zu erreichen, wie im nächsten Kapitel gezeigt werden wird.

Zusammenfassung

Die verschiedenen Regionen der Welt wenden je nach Art ihrer primären Nachhaltigkeitsfragen, ihrer politischen und wirtschaftlichen Strukturen und ihres kulturellen und historischen Hintergrunds unterschiedliche Strategien für die Zwecke der nachhaltigen Entwicklung an.

- China bekämpfte das Bevölkerungswachstum erfolgreich durch seine Ein-Kind-Politik und unternimmt umfassende Versuche, seine anderen Probleme durch vergleichbare Top-down-Strategien zu lösen, darunter Wasserknappheit, Schädigung der natürlichen Umwelt und Sandstürme. Das Wirtschaftswachstum in China ist enorm, das Land ist zu einer globalen Wirtschaftsmacht geworden. Allerdings haben sich die Arbeits- und Lebensbedingungen in den Großstädten nur mäßig verbessert. Menschenrechte, Demokratie, Informations- und Meinungsfreiheit werden aktiv unterdrückt.

- In der demokratischen Nation Indien, in der eine Top-down-Strategie wie die der Chinesen niemals funktionieren könnte, ist das Wachstum der IT-Industrie zu einem starken Motor für die wirtschaftliche Entwicklung und Bildung geworden. Während ein Teil der stratifizierten Bevölkerung davon profitiert hat, gibt es eine große Landbevölkerung, die damit konfrontiert ist, zurückzubleiben. Erfolgreiche Modellprojekte, die moderne und traditionelle landwirtschaftliche Methoden kombinieren, breiten sich aus.
- Das Bevölkerungswachstum in Europa ist zum Stillstand gekommen, und der Babyboom vor einigen Jahrzehnten bedeutet, dass die alternde Bevölkerung nun eines der Probleme ist, mit denen Europa sich auseinandersetzen muss, ebenso wie sein sehr großer ökologischer Fußabdruck. Zu den positiven Seiten der Europäischen Union gehört die Tatsache, dass sie Frieden, Demokratie, Menschenrechte und Solidarität fördert.
- Die ECOWAS-Nationen sehen sich mit einer dramatischen Bevölkerungsexplosion konfrontiert, die auf eine Kombination aus verbesserter Gesundheitsversorgung und Hygiene sowie einer unterentwickelten Wirtschaft und Armut zurückzuführen ist. Die Region kann durch ein robustes Wirtschaftswachstum verbessert werden, was wiederum zu einem Rückgang der Geburtenrate und letztlich zu einem stabilen Szenario führen kann. Zu den Quellen der Vitalität gehören die wirtschaftliche Zusammenarbeit der afrikanischen Länder, die reichen natürlichen Ressourcen – die genutzt werden könnten, um das afrikanische Wohlstandsniveau in größerem Umfang als bisher zu steigern – und der kulturelle Reichtum.

Die vielfältigen Nachhaltigkeitsprobleme, die heute bestehen, können durch kollektive Verantwortung aller Nationen und Menschen gelöst werden. Sowohl das „*Gefangenendilemma*" als auch die „*Tragödie der Allmende*" zeigen deutlich, dass Dialog und Zusammenarbeit unerlässlich sind. Entscheidungen müssen auf der Grundlage sowohl des Umfangs als auch der Dauer der Folgen getroffen werden. Bei Letzteren muss zwischen kurzfristigen Lösungen (Bekämpfung der Symptome) und langfristigen Lösungen (Beseitigung der Ursachen) unterschieden werden.

Jetzt und später

6

Inhaltsverzeichnis

> **Fall 6.1. Das zukünftige Jahr 2000**
>
> Bis 1990 wird es kommerzielle Flüge mit Geschwindigkeiten von mehr als 6000 km pro Stunde geben.
>
> Vor dem Jahr 2000 werden die Menschen in Städten auf dem Meeresgrund leben. Künstliche Monde, die im Raum schweben, werden große Städte erleuchten.
>
> Bis zum Jahr 2000 werden Menschen in der Lage sein, monate- oder sogar jahrelang Winterschlaf zu halten.
>
> Bis zur Jahrhundertwende werden Computer nicht mehr als 1,5 t wiegen.
>
> Im Jahr 2000 werden die Menschen mit ihren eigenen Hubschraubern pendeln.
>
> Bis zum Jahr 2000 werden zwei Drittel der Weltbevölkerung 1000 Dollar oder mehr verdienen.
>
> Armut wird im Jahr 2000 der Vergangenheit angehören.
>
> Ab 1979 wird es in den Ozeanen keine Robben mehr geben.
>
> Nach 1980 werden in den westlichen Ländern massive Lebensmittelkrawalle ausbrechen. Die Hungersnot wird die ganze Welt in eiserner Umklammerung

© Der/die Autor(en), exklusiv lizenziert durch Springer-Verlag GmbH, DE, ein Teil von
Springer Nature 2021
N. Roorda, *Grundlagen der nachhaltigen Entwicklung,*
https://doi.org/10.1007/978-3-662-62868-3_6

halten, und 4 Mrd. Menschen werden zwischen 1980 und 1989 an Unterernährung sterben.

Bis 1980 wird die Lebenserwartung in den Vereinigten Staaten auf 42 Jahre gesunken sein. Bis 1999 wird es in den USA nur noch etwa 22 Mio. Menschen geben.

Ab 1975 werden jedes Jahr etwa 40.000 Tierarten aussterben, bis zum Jahr 2000 werden insgesamt eine Million Arten ausgestorben sein.

Bis 1995 werden bis zu 80 % aller Tierarten ausgelöscht sein.

Dies sind nur einige der Vorhersagen, die zwischen 1960 und 1980 von denjenigen gemacht wurden, die sich auf die Zukunft spezialisiert haben.

(Quellen: Ehrlich 1968; Ehrlich 1970; Myers 1979; Kahn et al. 1976; Kahn und Wiener 1967; Wall Street Journal 1966)

Die ungleiche Verteilung des Wohlstands besteht nicht nur zwischen den Menschen, die verschiedene Regionen des Planeten besetzen, sondern könnte auch als zwischen den Menschen von heute und den nächsten Generationen – d. h. zwischen *heute* und *später* – betrachtet werden. Die rücksichtslose Ausbeutung der natürlichen Umwelt und die Erschöpfung nicht erneuerbarer Quellen könnten dazu führen, dass wir vor einer Situation stehen, in der wir es künftigen Generationen sehr schwer machen, ihre eigenen Bedürfnisse zu befriedigen. Dies könnte sogar das Ende der Zivilisation, wie wir sie kennen, bedeuten – eine Realität, die wir aus den Schicksalen einer Reihe alter, längst vergangener Kulturen gelernt haben.

Nach einem Blick zurück in die Zeit wird in diesem Abschnitt tief in die Zukunft geblickt. Es gibt eine Reihe von Methoden, um die Zukunft abzubilden. Eine davon könnte einfach auf Fantasie beruhen, wie es Science-Fiction-Autoren tun, aber es gibt auch mehr wissenschaftliche Ansätze, um die Zukunft abzubilden. Dies wird von Zukunftsforschern mithilfe von Szenarien und Rechenmodellen durchgeführt. Auch Computerprogramme unterstützen diese Erforschung der Zukunft.

6.1   Lehren aus der Vergangenheit

Die Liste der Vorhersagen in Fall 6.1 zeigt, wie schwierig es ist, künftige Entwicklungen vorherzusagen. Von den 1960er- bis in die 1980er-Jahre gab es viele Gelehrte, die völlig falsch lagen. Einige von ihnen sahen eine glitzernde neue Welt vor sich, vollgestopft mit aufregender Technologie und menschlichem Wohlstand, während andere glaubten, das Ende unserer Zivilisation sei nahe.

Das Jahr 2000 ist gekommen und gegangen, und die neue Technologie hat uns eine Reihe sensationeller Innovationen gebracht, auch wenn sie uns einer nachhaltigen Gesellschaft nicht viel nähergebracht haben. Auf der anderen Seite schwebt das Ende der Zivilisation nicht gerade am Horizont. Oder doch?

Bevor man die Welt weit über das Jahr 2000 hinaus erkundet, wäre es ratsam, zunächst zu versuchen, etwas aus den Lehren der Vergangenheit zu lernen. Wie haben sich die vergangenen Zivilisationen entwickelt? Warum gibt es sie nicht mehr? Sind wir immer noch mit den gleichen Problemen konfrontiert, die ihr Verschwinden verursacht haben? In der ersten Untersuchung wird das alte Mesopotamien untersucht.

Mesopotamien

Im Nahen Osten gibt es eine Region, die in etwa den heutigen Nationen Irak und Syrien entspricht und in der Antike Mesopotamien genannt wurde – das „Land zwischen den Flüssen". Die Region war eine Wiege der Zivilisation. Die Schrift wurde hier erfunden, ebenso wie die ersten bekannten Formen der Landwirtschaft, der Mathematik, des Steuerwesens, der Geschichtsschreibung, der Metallverarbeitung und der Astronomie … und das Rad, irgendwann um 3700 v. Chr. Das Land beherbergte die ältesten Städte der Welt, darunter Eridu, Ur, Lagash, Kish und später Babylon.

Da die Region die erste in der Welt war, in der landwirtschaftliche Methoden angewandt wurden, entstand eine Situation, in der im Gegensatz zu den umliegenden Gebieten viel Nahrung zur Verfügung stand. Folglich war die gesamte Bevölkerung nicht nur mit der Nahrungsmittelproduktion beschäftigt, sondern ein Teil konnte nun einen anderen Beruf wählen. Dies war eine neue Entwicklung, und einige wurden Beamte, während andere sich dem Soldatenberuf zuwandten. Die erste Armee der Welt war geboren, die in den umliegenden Ländern eine leichte Beute fand. Und so entstand ein mächtiges Imperium – Babylon.

In den folgenden Jahrhunderten ging es der Nation gut, sehr gut. Die Bevölkerung wuchs, und als Folge davon waren intelligente Methoden zur Förderung der Landwirtschaft erforderlich. Die Bewässerung wurde erfunden, und das Wasser der beiden großen Flüsse Euphrat und Tigris wurde zur Bewässerung des Landes genutzt. Heute enthält das Flusswasser immer eine kleine Menge Salz, das von den Bergen, in denen die Flüsse ihre Quellen haben, freigesetzt wird. Dieses Salz würde normalerweise mit dem Wasser ins Meer fließen, wo es sich ansammelt – deshalb enthält das Meer Salzwasser. Aber wenn Flusswasser zur Bewässerung von Land verwendet wird, verdunstet das Wasser vom Land und das Salz sammelt sich dort statt im Meer. Das ist ein extrem langsamer Prozess, und es dauert lange, bis er sich bemerkbar macht. Aber in Mesopotamien versalzte das Land langsam, aber sicher.

Die Bodenfruchtbarkeit nahm ab, während gleichzeitig die Zahl der zu fütternden Mäuler zunahm. Und so wurde eine Vielzahl von Lösungen angewandt, um dieses Problem zu lösen. Anstelle von Weizen wurde vermehrt Gerste angebaut, eine Kulturpflanze mit einer größeren Resistenz gegen Salz. Die Felder wurden nicht mehr jedes Jahr genutzt, sondern für bestimmte Jahre brachgelegt, damit das Regenwasser das Salz wegschwemmen und die Natur sich bis zu einem gewissen Grad erholen konnte. Um dies auszugleichen, wurde immer mehr Land genutzt, was zur Folge hatte, dass Wälder gerodet werden mussten und umliegende Königreiche erobert wurden.

Die Zunahme der menschlichen Präsenz setzte die natürliche Umwelt unter Druck, wobei die größten Tiere in rascher Folge starben. Der Elefant, der Löwe, der Tiger und das Nashorn verschwanden alle.

Mesopotamien war einst ein Land mit bewaldeten Hügeln, aber der Raum wurde für die Landwirtschaft und die Bäume für Wohnungen und Schiffe benötigt. Die Wälder wurden dezimiert, und die jungen Bäume, die die alten Bäume ersetzen konnten, wurden von großen Ziegenherden gefressen. Nach und nach verschwanden die Wälder, Wind und Regen trafen auf die ungeschützte nackte Erde. Die Folge war eine großflächige Erosion, und die fruchtbare oberste Bodenschicht – der Teil, der durch die intensive Landwirtschaft noch nicht erschöpft war – wurde weggeweht oder weggeschwemmt, während die restliche Erde ohne Wurzeln keine Feuchtigkeit halten konnte und austrocknete.

Überbevölkerung und Unterernährung machten die Region anfällig für Krankheiten und Eindringlinge, und die Situation wurde langsam unhaltbar.

Der heutige Irak ist eher ein Land der Wüsten als der subtropischen Wälder (Abb. 6.1). Es ist möglich, dass dies zum Teil auf den natürlichen Klimawandel zurückzuführen ist, ein Faktor, der schwer zu ermitteln ist. Aber auch menschliche Aktivitäten haben sicherlich dazu beigetragen.

Abb. 6.1 Die karge irakische Wüste, bekannt aus Fotos und Fernsehberichten über die Golfkriege, war einst die hügelige Waldlandschaft des mächtigen babylonischen Reiches. (Quelle: US Marine Corps, Alicia M. Garcia)

Osterinsel

Es gibt eine winzige Insel in der Mitte des Pazifischen Ozeans – Rapa Nui, wie die Einheimischen sie nennen. Die Europäer sahen sie zum ersten Mal am Ostersonntag, daher der Name *Osterinsel*. Über die Geschichte dieser Insel gibt es eine berühmte und auch traurige Geschichte.

Die Insel ist nicht mehr als ein Punkt auf der Karte. Sie ist so isoliert, dass es ein Wunder ist, dass sie jemals von Menschen entdeckt wurde, die mit Kanus navigieren. Aber es geschah – so geht die Geschichte – um 900 n. Chr., als die Polynesier auf eine reiche und grüne Insel kamen, die mit subtropischen Wäldern, Palmen und einer großen Vielfalt an Fauna, darunter 30 Vogelarten, bedeckt ist. Es war ein kleines Stück Paradies.

Fast acht Jahrhunderte später, am Ostersonntag, dem 5. April 1722, betraten die ersten Europäer die Insel, als der holländische Entdecker Jacob Roggeveen sie entdeckte (Abb. 6.2). Die Osterinsel („Paasch Eyland"), die sie fanden, war eine entblößte, mit Gras bewachsene Insel. Es war kein einziger Baum zu finden, nur eine hungernde Bevölkerung. Die größten Tiere, die es noch gab, waren Insekten. Und Statuen! Das war es, was sie fanden. Die Moai der Osterinsel (Abb. 6.3) sind riesig. Der größte von ihnen ist über 20 m hoch – wenn er neben einem Wohnblock steht, würde er in den fünften Stock hineinschauen. Mehr als 200 dieser gigantischen Statuen sind über die ganze Insel verstreut.

Es war ein Rätsel! Wie konnte eine so kleine Gruppe von Menschen in der Lage sein, diese riesigen Statuen zu errichten? Sie waren von ihrem Sockel bis zu ihrer Kopfbedeckung als ein einziges Stück aus Vulkangestein gehauen und kilometerweit an ihren jetzigen Standort geschleppt worden. Einige ragten noch immer halb aus dem Felsen, als ob plötzlich eine Katastrophe über die Insel hereingebrochen wäre und alle Arbeiten gestoppt hätte. Andere lagen auf der Seite.

Es dauerte sehr lange, die Geschichte der Insel zu entwirren, aber – so die berühmte Geschichte – genau das geschah. Als die ersten Bewohner auf Rapa Nui ankamen, trafen sie auf so viel natürlichen Reichtum, dass es wenig zu tun gab, um sich zu ernähren. Mit all der Zeit, die ihnen zur Verfügung stand, konnten sie sich mit anderen Dingen beschäftigen, wie z. B. mit der Bildhauerei.

Aber die Gesellschaft der Insel wurde mit zunehmender Einwohnerzahl immer komplexer. Die Bevölkerung bestand aus elf oder zwölf großen Clans, die friedlich miteinander um Macht und Status rangen. Eine der Methoden, seinen Status zu verbessern, bestand darin, Moai, die Statuen, aus dem Felsen zu hauen und zu errichten, die in der Folge immer größer wurden. Zum Bewegen der Statuen wurden Baumstämme benötigt, die als Schienen dienten, über die Holzschlitten gezogen wurden. Holz wurde auch für Häuser, Boote und als Brennstoff benötigt, während viele Tiere als Nahrung gefangen wurden, darunter Delfine, Fische, Ratten, Vögel und Robben.

Die Bevölkerung wuchs, bis sie schließlich vielleicht 20.000 Menschen erreichte – weit mehr, als die Insel verkraften konnte. Die Tiere starben eines nach dem anderen

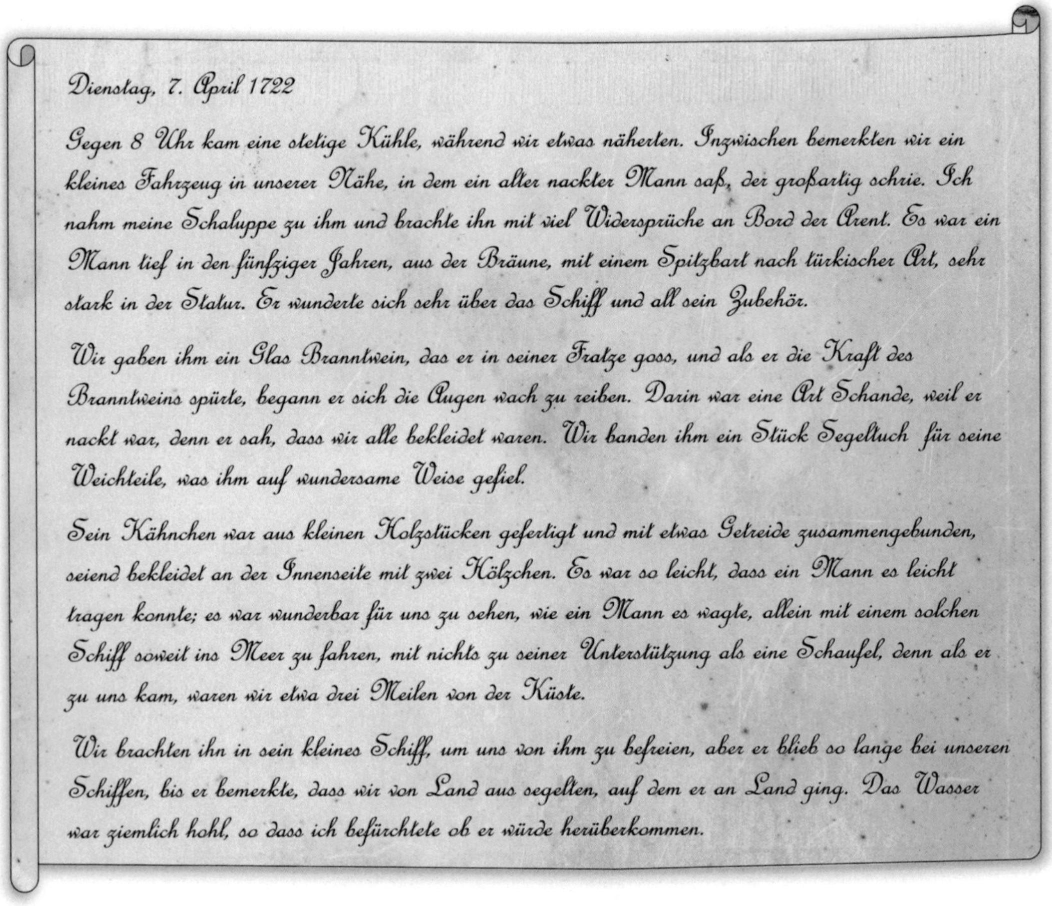

Dienstag, 7. April 1722

Gegen 8 Uhr kam eine stetige Kühle, während wir etwas näherten. Inzwischen bemerkten wir ein kleines Fahrzeug in unserer Nähe, in dem ein alter nackter Mann saß, der großartig schrie. Ich nahm meine Schaluppe zu ihm und brachte ihn mit viel Widersprüche an Bord der Arent. Es war ein Mann tief in den fünfziger Jahren, aus der Bräune, mit einem Spitzbart nach türkischer Art, sehr stark in der Statur. Er wunderte sich sehr über das Schiff und all sein Zubehör.

Wir gaben ihm ein Glas Branntwein, das er in seiner Fratze goss, und als er die Kraft des Branntweins spürte, begann er sich die Augen wach zu reiben. Darin war eine Art Schande, weil er nackt war, denn er sah, dass wir alle bekleidet waren. Wir banden ihm ein Stück Segeltuch für seine Weichteile, was ihm auf wundersame Weise gefiel.

Sein Kähnchen war aus kleinen Holzstücken gefertigt und mit etwas Getreide zusammengebunden, seiend bekleidet an der Innenseite mit zwei Hölzchen. Es war so leicht, dass ein Mann es leicht tragen konnte; es war wunderbar für uns zu sehen, wie ein Mann es wagte, allein mit einem solchen Schiff soweit ins Meer zu fahren, mit nichts zu seiner Unterstützung als eine Schaufel, denn als er zu uns kam, waren wir etwa drei Meilen von der Küste.

Wir brachten ihn in sein kleines Schiff, um uns von ihm zu befreien, aber er blieb so lange bei unseren Schiffen, bis er bemerkte, dass wir von Land aus segelten, auf dem er an Land ging. Das Wasser war ziemlich hohl, so dass ich befürchtete ob er würde herüberkommen.

Abb. 6.2 Als Roggeveen die Insel entdeckte, hatten die Bewohner alle seetüchtigen Schiffe verloren und waren mit klapprigen Booten aus Stroh und zusammengebundenen Zweigen zurückgelassen worden, wie aus dem Logbuch des Kapitäns zu ersehen ist … (Quelle: Bouwman 1722; Hintergrund „Papier": The Digital Yard Sale)

aus, und das Land wurde unfruchtbar. Pflanzen, die zur Ernährung der Bevölkerung notwendig waren – wie Wurzeln, Nüsse und Palmen – wurden seltener und verschwanden schließlich ganz.

Und auch die Bäume verschwanden, bis der allerletzte in einem wahnwitzigen Wettstreit zwischen den Clans gefällt wurde, um zu sehen, wer die größten Moai errichten konnte. Möglicherweise sind die Statuen als Zeichen des Glaubens in dem verzweifelten Versuch benutzt worden, um bei den Göttern und Vorfahren um Segen für die sterbende Insel zu betteln. Und so konnten keine Schiffe mehr gebaut werden, mit denen die Menschen fischen konnten oder – noch schlimmer – mit denen sie von der Insel zu besseren Orten fliehen konnten. Sie waren Gefangene.

Es kam zu Gewaltausbrüchen. In den blutigen Kämpfen wurde eine große Zahl von Menschen getötet. Einige der Moai wurden gestürzt. Als die Europäer die Osterinsel

Abb. 6.3 Die Moai der Osterinsel starren auf die kahle Landschaft. (Quelle: Aurbina 2004, Wikimedia)

entdeckten, waren nur noch wenige Menschen übrig. Diese Überlebenden führten ein erbärmliches Dasein, aus dem es kein Entkommen gab.

Die tragische Geschichte der Osterinsel wurde von vielen bekannten Autoren erzählt, z. B. von Jared Diamond in seinem berühmten Buch „Collapse" von 2005.

Jüngste Forschungen haben gezeigt, dass die Geschichte wahrscheinlich nicht korrekt ist; sie entstand durch eine mündliche Überlieferung, die im Laufe von Hunderten von Jahren immer weiter verändert wurde und einige wenige moderne westliche Erzähler die Geschichte weiter ausbauten.

Andere Zivilisationen

Die Geschichte der Osterinsel gilt als Standardbeispiel für eine Zivilisation, die sich „in eine Ecke treiben lässt" und sich selbst zerstört. Dies ist wahrscheinlich nicht das, was wirklich geschehen ist. Aber es gibt viele andere Zivilisationen, die, teilweise aufgrund ihrer eigenen Handlungen, untergegangen sind. Wahre Geschichten dieser Größenordnung, wie die über Mesopotamien, kann man in vielen Variationen und an vielen Orten hören. Dasselbe geschah in China um 300 v. Chr., während es in Griechenland um die Zeit Christi geschah. Es war immer die gleiche Geschichte, mit dezimierten Wäldern für Boote und Gebäude, Ziegen, die das zerstörten, was von der Umwelt übriggeblieben war, und dem Zusammenbruch der Zivilisation.

Das Römische Reich brach im fünften Jahrhundert n. Chr. zusammen, zum Teil als Folge von Umweltproblemen. Eine davon war, dass die Bauern im Rahmen der Kriegsanstrengungen große Mengen Getreide abtreten mussten und das Land jahrhundertelang so rücksichtslos ausbeuteten. Noch heute findet man eine karge und verlassene Landschaft rund um einige alte römische Siedlungen.

Die Chaco Anasazi, ein amerikanischer Indianerstamm im Bundesstaat New Mexico, herrschten im elften Jahrhundert n. Chr. über ein Gebiet der Größe Schottlands. Die rücksichtslose Ausbeutung und Versalzung durch Bewässerung bedeutete einen Rückgang der Fruchtbarkeit des Bodens, und die Kultur brach um 1300 n. Chr. zusammen. Die Mayas erlitten um 900 n. Chr. ein ähnliches Schicksal in Mittelamerika, ebenso die Moche und Tiwanaku in Südamerika, Kreta im Mittelmeer, das Königreich Simbabwe in Afrika, Angkor Wat in Kambodscha und Dutzende andere Zivilisationen und mächtige Reiche.

Wie steht es mit uns: Was wird aus uns werden?

Fragen

- Im Vergleich zu früheren Kulturen ist unsere Zivilisation unglaublich reich und mächtig. Sind wir unverwundbar? Ist es unmöglich, dass unsere Kultur jemals enden wird?
- Sehen Sie in unserer heutigen Zivilisation Symptome, die denen ähneln, die frühere Reiche zum Zusammenbruch gebracht haben?
- Was sind Ihrer Meinung nach die Mechanismen hinter dem Zusammenbruch einer Zivilisation? Was würden die Menschen erleben?

6.2   Propheten, Zukunftsforscher und Science-Fiction-Autoren

Nachdem wir die Vergangenheit nun hinter uns gelassen haben, ist es jetzt Zeit für die Zukunft. Die größte Frage ist natürlich, ob wir in der Lage sind, das traurige Schicksal all jener Zivilisationen zu vermeiden, die vor uns verschwunden sind. Wenn man nämlich von nachhaltiger Entwicklung spricht, geht es genau darum, ob wir in diesem Jahrhundert in eine Abwärtsspirale geraten. Oder werden wir einen Ausweg finden, der uns in eine bessere Welt führt?

Fragen

- Was wird Ihrer Meinung nach passieren – wird unsere Technologie uns helfen, die Gesellschaft nachhaltig zu gestalten?
- Oder vielmehr unser Verständnis der Vergangenheit?
- Oder unsere Vorhersagekraft und andere neue Sichtweisen auf die Welt?
- Oder vielleicht eine Kombination aus all diesen Elementen?

Es gibt mindestens drei Möglichkeiten, mit der Zukunft umzugehen – wir können versuchen, sie vorherzusagen, sie im Voraus zu entdecken; wir können uns bemühen, sie nach einem vorgefassten Plan selbst zu gestalten; oder wir können einfach abwarten und sehen, was passiert.

Einfach abzuwarten, was passiert, ist für viele Menschen nicht besonders befriedigend. Auch unter dem Gesichtspunkt der nachhaltigen Entwicklung ist dies keine attraktive Option, denn es besteht die Gefahr, dass wir in eine Zukunft geraten, die niemand will – so wie in Babylon geschehen. Aus diesem Grund werden in der vorliegenden Sektion stattdessen Versuche untersucht, die Zukunft zu kennen, bevor sie da ist.

Fall 6.2. Nostradamus

Im 16. Jahrhundert lebte ein Astrologe namens Nostradamus. Sein Ruhm war zu seiner Zeit, und ist auch heute noch, weit verbreitet. Er schrieb Tausende von Texten – „Vierzeiler" – mit geheimnisvollen Prophezeiungen. Kaum jemand kann mit Genauigkeit sagen, was er mit diesen Texten tatsächlich ausdrücken wollte. Vermutungen sind an der Tagesordnung. Einige Leute behaupten, sie seien in der Lage, bestimmte historische Ereignisse in den Quatrains zu identifizieren, wie die Geburt von Napoleon und Hitler, den Tod von Königen, Kriege und Seuchen.

Ein Beispiel für eine angebliche Prophezeiung ist:

- *Der schreckliche Krieg, der sich im Westen vorbereitet,*
- *im Jahr darauf wird die Seuche kommen*
- *so schrecklich stark, bei Jung, Alt und Tier,*
- *Blut, Feuer, Merkur, Mars, Jupiter in Frankreich.*

Einige behaupten, der Vierzeiler prophezeie den Anstieg von Aids, die „Seuche" in der zweiten Zeile, wobei der Krieg, auf den in der ersten Zeile Bezug genommen wird, der zwischen dem Irak und dem Iran in den 1980er-Jahren war. Andere wiederum glauben, er beziehe sich auf die Grippepandemie, die unmittelbar auf den Ersten Weltkrieg folgte.

(Quelle: Nostradamus 1554, Quatrain 55 von Century 9; deutsche Übersetzung: Verlag Gunter Pirntke 2012)

Nostradamus ist sicherlich nicht das einzige Orakel. Menschen, die behaupten, die Zukunft sehen zu können, gibt es schon seit Tausenden von Jahren. Es gibt sie in der Bibel, in der griechischen Antike, im Mittelalter und in unserer heutigen Zeit. Sie nennen sich selbst Propheten, Seher oder Astrologen. Wie Fall 6.2 illustriert, sind ihre Vorhersagen mit Vorsicht zu genießen. Je nach persönlicher Überzeugung kann man sich dafür entscheiden, Vorhersagen zu glauben, die von einer bestimmten Quelle ausgehen. Aber welche Vorhersagen ein Einzelner auch immer zu glauben beschließt, z. B. die der Propheten des Alten Testaments, sie werden wahrscheinlich nicht viele nützliche Informationen über zukünftige nachhaltige Entwicklungen im 21. Jahrhundert finden.

Dann gibt es noch einen anderen Ansatz, um über die Zukunft nachzudenken, einen Ansatz, der auf Kreativität und Fantasie beruht. Geschichten der Zukunft finden sich in Science-Fiction-Romanen, Comic-Büchern, Filmen und Computerspielen. Obwohl Science-Fiction-Autoren in der Regel nicht die Zukunft vorhersagen, sind ihre vorausschauenden Fähigkeiten sehr nützlich, wenn es darum geht, mögliche Zukünfte auszuloten und zu erforschen. Dies kann uns dabei helfen, die Folgen gegenwärtiger oder denkbarer Entwicklungen zu analysieren und Debatten darüber zu beginnen, welche Zukunft wir anstreben und welche wir meiden könnten.

Mit einer höflichen Geste des Respekts
Er untersuchte sein Gesicht im Spiegel. Einst, vor Hunderten von Jahren, waren Spiegel aus Silber und Glas, hatte er einmal gehört – ganz anders als die heutige Kombination von Webcam und Monitor. Die Muster, die sein Gesicht zierten, identifizierten ihn als einen Wissenden, der drei Jahre lang Eigentum von Hitachi ProcterGamble war, während die gewölbten Formen über seinen Augen der Welt verrieten, dass er über Wissen der Stufe 15 verfügte. Das reichte nicht aus für die Arbeit, die er nun zu erledigen hatte.

Er griff ungeschickt zu einem Sprayer und zeichnete mit zitternder Hand zwei weitere Linien über seinem rechten Auge. Zum ersten Mal in seinem Leben wünschte er sich, er hätte schreiben gelernt – es hätte diese Arbeit viel einfacher gemacht! Aber niemand lernte das Schreiben mehr. Alles erledigt, er hatte nun Kenntnisse auf Stufe 21.

Was er gerade getan hatte, war natürlich höchst illegal. Wäre er erwischt worden, wäre er sublimiert worden, seine Moleküle hätten sich über nicht weniger als drei Kontinente verteilt. Um ein Beispiel für andere zu geben.

Die Aufregung machte ihn atemlos, die Arbeit war wirklich zu viel für ihn. Er brauchte mehr Mut! Zum Glück hatte er diesen. Er entfernte vorsichtig den Chip aus der Andockstation in seinem Hals. Er holte eine weitere Leiterplatte aus seiner Tasche. Sie sah gleich aus wie die erste, war es aber nicht. Sie hatte ihn ein Vermögen gekostet – über 100 Gigadollar von der nun geächteten merikanischen Regierung in Deecey. Er steckte sie in die Dockingstation und atmete tief durch. Sein Mut stieg und sofort fühlte er sich entspannt und zuversichtlich. Es würde funktionieren!

Er stand auf. Die Tür glitt auf, der Hauscomputer verstand seine Absichten. Er ging nach draußen. Es war schade, dass die Stadt sofort wusste, wohin er ging, aber das war unvermeidlich. Er war vorübergehend durch die Werbung auf der Straße abgelenkt, sodass er die beiden vorbeifahrenden Nachbarn fast übersah. Gerade noch rechtzeitig grüßte er sie wortlos mit der höflichen Geste des Respekts. Im Gegenzug nickten sie förmlich mit dem Kopf und erwiderten freundlich seinen Gruß.

Voller Zuversicht überquerte er den Platz in Richtung des Arbeiterpalastes. Das Wissen über die Bombe in der Hüfttasche seiner Kutte fühlte sich schwer an.

Historische Science-Fiction kann großen Spaß machen, wie der in Abb. 6.4 gezeigte Buck-Rogers-Comic aus dem Jahr 1929, der im 25. Jahrhundert spielt. Als dieser Comic entstand, gab es noch keine Transistoren oder Computerchips, sodass bei der

Abb. 6.4 Buck Rogers im 25. Jahrhundert, wie die Zukunft 1929 aussah. (Quelle: Philip Francis Nowlan & Richard Calkins: The collected works of Buck Rogers in the twenty-fifth century AD. Chelsea House Publishers, Chicago 1929–1969)

Technologie des 25. Jahrhunderts noch Vakuumröhren verwendet wurden. Trotzdem verfügten sie über SMS-Fähigkeiten, wie in der rechten unteren Abbildung zu sehen ist.

Eine weitere Gruppe von Menschen beschäftigt sich mit der Zukunft. In der Futurologie, dem Studium der Zukunft, untersuchen Fachleute die Zukunft auf wissenschaftliche Weise. Es muss auch gesagt werden, dass die Erfolgsquote variiert. Manchmal machen Zukunftsforscher vernünftige Vorhersagen, wie sich später herausstellt, während sie zu anderen Zeiten vollkommen daneben liegen. Fall 6.1 veranschaulicht Letzteres. In der Zukunftsforschung (Futurologie) wird eine Vielzahl von Methoden angewandt, eine davon ist die Trendextrapolation, bei der vergangene Entwicklungen, „Trends", untersucht werden. Wenn ein Zukunftsforscher davon ausgeht, dass diese Trends noch einige Zeit in der Zukunft anhalten werden, dann könnte er oder sie diesen Trend in die Zukunft ausdehnen, „extrapolieren", und so eine fundierte Vermutung darüber anstellen, was in den nächsten Jahren geschehen könnte. Abb. 5.15, die die Altersverteilung in der EU bis zum Jahr 2100 zeigt, ist ein Beispiel für eine solche Trendextrapolation, die vom statistischen Amt der Europäischen Union erstellt wurde. Die Vorhersagen der wirtschaftspolitischen Ämter, die u. a. die zukünftigen Ergebnisse der aktuellen Regierungspolitik berechnen, ist ebenso eine Trendextrapolation wie die täglichen Wettervorhersagen.

Dies ist nicht ohne Risiken, da Trends selten lange anhalten. Einige könnten eine Weile andauern und dann beginnen, abzunehmen. Ein Beispiel dafür ist die Lebenserwartung in den Vereinigten Staaten – im 20. Jahrhundert verlängerte sich die durchschnittliche Lebenserwartung aller Gruppen stetig, doch neuere Berichte deuten darauf hin, dass die Amerikaner aufgrund eines zunehmend ungesunden Lebensstils möglicherweise kürzer leben. Andere Trends können kapriziös sein und auf Moden reagieren. In vielen Fällen sind die Wettervorhersagen falsch, und dasselbe gilt für Versuche der US-Notenbank, wirtschaftliche Entwicklungen vorherzusagen.

Das größte Risiko, das bei Trendextrapolationen besteht, sind Trendbrüche – Ereignisse, die (fast) niemand hätte kommen sehen können und die zu radikalen Veränderungen führen. Der Aufstieg des Internets ist ein Beispiel für einen Trendbruch. Alle Science-Fiction-Geschichten vor 1990 oder weiter zurück, die sich im 21. Jahrhundert oder später ereignen, liegen dank der Tatsache, dass Google, E-Mail oder Instant Messaging nicht vorhanden sind, weit daneben. Mit einer ähnlichen Gefahr können Zukunftsforscher trotz ihres Fachwissens und ihrer Erfahrungen konfrontiert werden. Nur wenige von ihnen prognostizierten die schwere Finanzkrise, die sich, ausgehend von der Immobilienkrise in den Vereinigten Staaten, in der zweiten Hälfte des ersten Jahrzehnts des Jahrhunderts weltweit ausbreitete, wie in Kap. 2 beschrieben.

Es gibt aber auch Trends, die über einen langen Zeitraum anhalten und sich sogar angesichts radikaler Veränderungen fortsetzen können. Diese Trends werden als robust bezeichnet, da sie Rückschläge einstecken können. Zu den robusten Trends der letzten Jahre gehören die zunehmende Geschwindigkeit der Kommunikation, die Zunahme der Größe von Politik und Unternehmen und die Urbanisierung, der Zustrom von Menschen in die Städte. Es ist wahrscheinlich, dass sich diese Trends im laufenden Jahrhundert fortsetzen werden. Aber selbst das ist eine riskante Behauptung.

Eine weitere Methode, die von Zukunftsforschern angewandt wird, ist das Erzählen von „Szenarien", durch die sie Ideen oder Unterstützungsmaßnahmen entwickeln und sich so ein Bild von der Zukunft machen. Vielleicht wäre es besser, von *einer „möglichen Zukunft"* zu sprechen. Dabei unterscheiden sich die Zukunftsforscher nicht sehr von vielen Science-Fiction-Autoren. Dies ist kein Zufall ist, da viele Science-Fiction-Autoren auch wissenschaftliche Forscher sind. Die erzählerische Zukunftsforschung ist nicht per se seriös und akademisch, und sie kann auch Satire beinhalten – eine Satire, die Führungspersönlichkeiten wegen ihrer Unfähigkeit, Trends zu brechen, verspottet.

Meine lieben Landsleute!
Die Bürger dieser großen Nation sorgen sich um unser Land aufgrund des Anstiegs des Meeresspiegels als Folge des sogenannten „Treibhauseffekts". Besonders die Voraussagen, die die Runde machen, dass alle Untertanen innerhalb von 30 Jahren aus unserer Nation fliehen müssen, haben in der Bevölkerung große Besorgnis ausgelöst.

Daher beschloss Ihre Regierung, eine gründliche Untersuchung dieses Phänomens einzuleiten. Gegenwärtig ist diese Studie abgeschlossen, und ich bin befugt, Ihnen ihre wichtigsten Schlussfolgerungen mitzuteilen.

Ich bin in der Lage, Sie zu beruhigen. Lassen Sie mich zunächst sagen, dass die vollständige Überschwemmung unserer Nation, wie uns die Wissenschaft gesagt hat, nicht vor etwa 2120 stattfinden wird. Bis dahin wird kein einziger Niederländer unser schönes Land verlassen müssen. Aber auch danach wird dies kein einziger Niederländer tun müssen.

Dank der Errungenschaften der Technologie hat Ihre Regierung einen Plan ausgearbeitet, der es uns ermöglichen soll, unser Land und die Menschen vor dem Tod durch Ertrinken zu retten.

In der ersten Phase dieses Rettungsplans werden die Dünen im Westen und Norden der Nation mithilfe von Deichen abgestützt und angehoben. Dies wird bis 2060 abgeschlossen sein.

Doch das ist noch nicht alles.

Sie werden verstehen, dass selbst in einer Nation, die über die Erfahrungen verfügt, die wir haben, es ab einem bestimmten Zeitpunkt nicht mehr möglich ist, Deiche immer höher zu bauen. Wenn also das Meer über den maximal erreichbaren Deichpegel ansteigt, werden wir bereit sein, uns der Situation zu stellen. Viel früher als zu diesem kritischen Zeitpunkt wird mit dem Ausbau der Gewächshäuser im Westland begonnen werden. In Übereinstimmung mit den Plänen Ihrer Regierung werden diese Gewächshäuser (Abb. 6.5) bis 2120 die Größe des gesamten Landes erreicht haben – gerade rechtzeitig, wenn das Meer die Deiche überflutet. Zu diesem Zeitpunkt wird das ganze Land mit Glas bedeckt sein.

Aber selbst dann, meine lieben Landsleute, werden die Niederlande nicht völlig vom Rest der Welt isoliert sein. Noch geraume Zeit, nachdem das Gewächshaus geschlossen

Abb. 6.5 Die Niederlande in
der Zukunft?

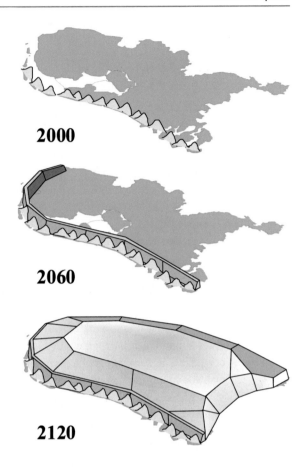

ist, wird das Land bei Ebbe teilweise noch trocken sein. Erst nach 2150 wird unser Land
24 h am Tag unter Wasser stehen, danach werden wir per U-Boot Kontakt mit anderen
Teilen der Welt halten.

Zu diesem Zweck hat die Regierung einige der größten Schiffswerften des Landes mit
dem Bau von einigen Dutzend Luxus-U-Booten beauftragt.

Wie Sie sehen, gibt es überhaupt keinen Grund zur Besorgnis Ihrerseits. Die
Behörden haben das Problem fest im Griff. Sie können alle beruhigt sein.

Eine Betrachtung der Zukunft in Form von Szenarien hat bei einer Reihe von
Zukunftsforschern zu einer sehr pessimistischen Sichtweise geführt, wobei die
Geschichten in Untergangsstimmung und Melancholie abgleiten. Aber andere sind
grenzenlos optimistisch, und diese Autoren behaupten in ihren Erzählungen, dass sich
alles von selbst regeln wird. Wahrscheinlich blicken beide Extreme durch eine getönte
Brille in die Zukunft, das eine durch eine dunkle, das andere durch eine rosarote Brille.
Welcher Farbton des Filters gewählt wird, hängt von der Persönlichkeit und vielleicht
auch von der politischen Neigung des Zukunftsforschers ab.

Dunkle Brille

Ein Blick durch die Brille eines Schwarzsehers.

Diese Pessimisten informieren uns natürlich über die nüchternen Prognosen, die wir alle schon einmal gehört haben, mit Warnungen, dass unsere globale Gesellschaft durch Überbevölkerung, Treibhauseffekt, Umweltverschmutzung, Ressourcenerschöpfung, unfruchtbare Böden, Dürren und Versalzung auseinanderbrechen wird. Solche Vorhersagen sind in gewisser Weise richtig, da dies alles reale Bedrohungen sind – Bedrohungen, gegen die wir hart arbeiten müssen.

Dazu gehören auch Unkenrufe über absichtliche Zerstörungen, die von Menschen – von Nationen, von terroristischen Gruppen oder von einzelnen Verrückten – verübt werden. Ein Angriff mit Atomwaffen ist eine der Möglichkeiten, die diesen Gruppen zugetraut werden, ebenso wie ein Angriff mit biologischen Waffen, höchstwahrscheinlich mithilfe von Bakterien oder Viren, die in Laboren konstruiert wurden. Abgesehen von der biologischen Version gibt es auch Computerviren, die über das Internet das globale Wirtschaftssystem zerstören könnten.

In den letzten Jahren ist viel von der Möglichkeit die Rede, dass ein außerirdischer Körper – ein Meteorit oder Asteroid – mit der Erde kollidiert und eine Katastrophe verursacht, die mit der vergleichbar ist, die vor 65 Mio. Jahren die Dinosaurier ausgelöscht hat. Es ist auffällig, dass einige Menschen bei diesem Gedanken plötzlich in Angst und Schrecken geraten, obwohl die Wahrscheinlichkeit, dass dies geschieht, jetzt nicht größer ist als in Millionen von Jahren.

Biologen fürchten auch das Risiko des Ausbruchs einer neuen Krankheit, die einen großen Teil der menschlichen Rasse auslöschen könnte. Tatsächlich treten in Abständen neue Krankheiten auf, wie Ebola, Aids, SARS und Schweinegrippe. Im Gegensatz zu der Möglichkeit, dass wir von einem Meteoriten getroffen werden, ist die Chance einer neuen Pandemie größer als früher, dank einer höheren Bevölkerungsdichte, einer größeren Mobilität (nicht zuletzt durch Ferien in exotischen Ländern) und einer Zunahme der Kontakte zwischen Mensch und Tier, die zumindest teilweise durch unsere Eingriffe in die natürliche Umwelt verursacht werden.

Dann hören wir auch Gerüchte über völlig neue Bedrohungen, die sich aus den neuesten technologischen Entwicklungen ergeben könnten. Manche Menschen befürchten z. B., dass die Welt von Computern und Robotern, die durch künstliche Intelligenz gesteuert werden, übernommen werden könnte, die die menschliche Rasse versklaven.

Ein weiterer neuer technologischer Durchbruch ist die Nanotechnologie, ein Bereich, in dem die Menschen versuchen, winzige, mit bloßem Auge unsichtbare, Maschinen wie Motoren, Computer, Roboter und Stromgeneratoren zu schaffen. Wenn es den Wissenschaftlern gelingt, diese herzustellen, werden sie vielleicht nicht größer als ein Molekül sein, nicht größer als 10 oder 100 nm (daher auch der Name, wobei ein Nanometer ein Millionstel Millimeter ist). Diese Maschinen wären so leicht, dass sie durch die Luft schweben könnten, und sie könnten allein oder in Gruppen Millionen Aufgaben lösen, wie z. B. chirurgische Eingriffe, die Reinigung von Wasser, die Bekämpfung von Bakterien und Viren oder den Aufbau von menschlichem Gewebe, Molekül für Molekül.

Geht man noch einen Schritt weiter und in einige von ihnen die Möglichkeit einbaut, sich von selbst gesuchten Materialien zu kopieren, dann hat man sozusagen eine neue Lebensform. Diese Lebensform könnte – ebenso wie das wirkliche Leben – gefährlich sein, wenn spontane Fehler („Mutationen") auftreten, die sich ungehindert kopieren („fortpflanzen") und buchstäblich alle Lebewesen als Bausteine („Nahrung") verwenden könnten. Eric Drexler, der als Vater der Nanotechnologie bezeichnet wurde, hat diese Gefahr als das „Grey Goo"-Problem beschrieben. Dies angesichts der Möglichkeit, dass der gesamte Planet innerhalb von Tagen zu einer Art grauer Suppe aus Billionen von Nanomaschinen reduziert werden und in der kein Leben existieren könnte (Quelle: Drexler 1986. Im Jahr 2004 schrieb Drexler, dass er das Szenario der grauen Schmiere nicht mehr als Gefahr betrachtet, aber nicht alle stimmen ihm zu).

Rosa getönte Brille

All diese Risiken und Gefahren mögen als große Bedrohungen erscheinen, aber eine Reihe von Menschen lassen sich davon nicht beeindrucken. Diese Optimisten vertreten die genau entgegengesetzte Ansicht und betonen die Dinge, die gut laufen und Fortschritte machen.

Sie glauben z. B., dass unsere Ressourcen überhaupt nicht aufgebraucht werden. Deshalb wiesen sie vor einigen Jahren darauf hin, dass die Handelspreise für Metalle und fossile Brennstoffe in den letzten Jahrzehnten nicht gestiegen sind (was der Fall gewesen wäre, wenn sie knapp gewesen wären), sondern tatsächlich gesunken sind. Dies hat sich in den letzten Jahren geändert, und die Preise für viele Metalle und für Rohöl sind beträchtlich gestiegen, insbesondere aufgrund der gestiegenen Nachfrage in Asien. Diese Optimisten betonen auch die Tatsache, dass die förderbare Ölmenge in den letzten Jahren trotz des beträchtlichen Verbrauchs nicht abgenommen, sondern eher zugenommen hat. In diesem Punkt haben sie recht, wie das nächste Kapitel zeigen wird.

Überbevölkerung ist auch keine drohende Gefahr, sagen uns die Träger dieser rosaroten Brille. In einigen Teilen der Welt schrumpft die Bevölkerung bereits jetzt, andere Teile werden innerhalb weniger Jahrzehnte folgen. Dies wird sogar in Gebieten wie der ECOWAS-Region geschehen. Gleichzeitig steigt die Nahrungsmittelproduktion mit einer Geschwindigkeit, die schneller ist als das Bevölkerungswachstum. Dies ist weitgehend auf das Wirtschaftswachstum zurückzuführen, und das bedeutet, so die Wirtschaftsoptimisten, dass dieses Wachstum dramatisch stimuliert werden muss, da es ihrer Ansicht nach der Schlüssel zu einer nachhaltigen Entwicklung ist. Auch Umweltprobleme sind kein Thema, wie der bekannte Öko-Optimist Bjørn Lomborg gesagt hat (u. a. in seinem Buch *The Sceptical Environmentalist* 1998). Er ist der Meinung, dass die Zahlen über die Aussterberaten von Fauna und Flora beispielsweise stark übertrieben sind, was auch für Umweltprobleme wie sauren Regen gilt. Lomborg und andere sagen uns, dass wir uns nicht so sehr um alle Probleme kümmern sollten – schließlich haben sich zahllose frühere Probleme von selbst gelöst, und dasselbe wird sicher auch mit der jetzigen Charge geschehen.

Fragen

- Wer hat für Sie recht, die Pessimisten oder die Optimisten? Oder vielleicht haben sie beide teilweise recht? Und warum?
- Tragen Sie eine getönte Brille? Wenn ja, ist sie dunkel oder rosa gefärbt? Oder glauben Sie, dass Sie weder optimistisch noch pessimistisch, sondern nur realistisch sind?
- Glauben Sie, dass andere glauben, dass Sie eine getönte Brille tragen? Wenn ja, ist sie dunkel oder rosa gefärbt? Fragen Sie andere nach ihrer Meinung, die sie von Ihnen haben!

Wer hat recht, die Träger der dunklen Brille oder der rosaroten Brille?

Die erste Gruppe, die Unheilsverkünder, ähnelt den alten Untergangspropheten, die im Mittelalter aufschrien: „Wehe uns allen! Das Ende ist nahe!" Einige von ihnen scheinen sich sogar über unsere düstere Zukunft zu freuen. Einige Gruppen, darunter auch einige Umweltbewegungen, übertreiben manchmal sehr stark bewusst oder unbewusst bei einer Reihe der anstehenden Fragen. Aber sie haben insofern immer noch recht, da viele Themen sehr real und ernst zu nehmen sind und nicht von selbst verschwinden werden.

Auch die Optimisten haben teilweise recht. Es wurden Fortschritte erzielt, auch weil einige Probleme nicht so gravierend waren, wie behauptet wurde. Aber die Vorstellung, dass sich alle zuvor aufgetretenen Probleme von selbst gelöst hätten, ist einfach nicht wahr. Wie bereits früher in diesem Kapitel aufgezeigt wurde, ist es nur allzu häufig der Fall, dass grundlegende Fragen nicht gelöst werden und deshalb ganze Zivilisationen zusammenbrechen. Während einige Pessimisten den Untergangspropheten von einst ähneln mögen, sind einige Optimisten mit einem Menschen zu vergleichen, der in einem luxuriösen Sessel sitzend die Live-Übertragung eines Marathons im Fernseher schaut und denkt: „Siehst du, es geschieht alles von selbst!" Und während er sich noch etwas zu trinken holt, vergisst er, dass die Läufer ihr Bestes geben müssen, um ins Ziel zu kommen.

Alles in allem erinnert die Situation an ein Glas, das zur Hälfte mit Wasser gefüllt ist. „Es ist halb leer", sagen die Pessimisten. „Es ist halb voll", sagen die Optimisten (Abb. 6.6).

Eine interessante Art und Weise, in der Zukunftsforscher ihren Meinungsverschiedenheiten Gestalt verleihen, sind Wetten. „Long Bets" sind Langzeitwetten, die jeder online (www.longbets.org) abschließen kann und bei denen Geld auf eine herausfordernde Behauptung gesetzt wird. Dazu gehören:

Abb. 6.6 Dunkle oder rosafarbene Brillen … (Quelle: Peter de Wit, De Volkskrant)

- Mindestens eine im Jahr 2000 lebende Person wird im Jahr 2150 noch am Leben sein.
- Spätestens 2020 wird Solarenergie nicht mehr oder sogar weniger kosten als Energie aus fossilen Brennstoffen.
- Spätestens 2020 werden mindestens eine Million Menschen bei einem Bioterroranschlag oder einem biologischen Unfall ums Leben gekommen sein.
- Nach der großflächigen Einführung von selbstfahrenden Autos wird es im Jahr 2044 verboten sein, selbst ein Auto zu fahren.
- Im Jahr 2060 wird es weniger Menschen auf der Erde geben als heute.
- Spätestens bis zum Jahr 2100 wird es eine Weltregierung geben, die für die Wirtschafts- und Umweltgesetzgebung zuständig ist und alle Massenvernichtungswaffen kontrolliert.

6.3   Modelle, Szenarien und Simulationen

Eine solche langjährige Wette ist eine lustige Art und Weise, in der sich die Zukunftsforschung engagieren kann. Der Nachteil ist natürlich, dass der Gewinner erst im Nachhinein ermittelt wird – wenn wir in der Zukunft sind. Dasselbe gilt für narrative Zukunftsforscher, Trendextrapolation und Science-Fiction, bei denen die Wahrheit erst dann bekannt wird, wenn wir an diesem Punkt angekommen sind. Das ist schade, und wenn wir die Zukunft aus dem Blickwinkel der Gegenwart erforschen wollen, bietet die Zukunft wenig Ansatzpunkte. Schließlich ist das ein festes Merkmal der Zukunft – im Prinzip ist sie unvorhersehbar, wie wir an den vielen Versäumnissen der Zukunftsforscher sehen können. Das bedeutet, dass die nachhaltige Entwicklung zwangsläufig mit einer Vielzahl von Unsicherheiten konfrontiert ist, und die Fähigkeit, mit diesen Unsicherheiten umzugehen, ist daher ein wichtiger Aspekt für Fachleute, die einen zukunftsorientierten Ansatz verfolgen wollen.

Trotzdem gibt es in der Zukunftsforschung eine andere Methode, die einen Ansatzpunkt bietet. Man könnte sie als „experimentelle Zukunftsforschung" bezeichnen, da sie die Zukunft so voraussieht, dass mit ihr experimentiert werden kann. In Wirklichkeit haben wir es hier nicht mit *der* Zukunft zu tun, sondern mit *einer möglichen*

Zukunft. Der Prozess beinhaltet den Einsatz eines Computers und speziell entworfener Anwendungen, die als Simulationssoftware bezeichnet werden. Das Wort Simulation bezieht sich wörtlich auf „Nachahmung" und beinhaltet die Nachahmung der realen Welt oder eines Teils davon auf einem Computer. Teile dieser Software wurden als Spiele entwickelt, wobei die Sims und SimCity zu den bekanntesten gehören. Diese beiden Namen stammen von dem Wort „Simulation" ab. Andere Simulationspakete sind für ernsthaftere Zwecke gedacht und werden verwendet, um zu sehen, wie das Wetter in der nahen Zukunft sein wird, z. B. für die Wettervorhersagen, die wir sehen und lesen. Einige Programme kombinieren beides: Ein Beispiel ist das Spiel „Anno 2070", bei dem der Spieler die Möglichkeit hat, zwischen einer umweltfreundlichen oder einer wirtschaftlich rentableren zukünftigen Entwicklung (um das Jahr 2070 herum) zu wählen (Abb. 6.7). Diese Wahl zwischen *Planet* und *Profit* verleiht dem Programm den Charakter eines „Serious Game".

Ein Simulationsprogramm verwendet ein Modell, das eine vereinfachte Darstellung der Realität ist. Eine Simulationssoftware verwendet nicht als einzige ein Modell – ein Plastikbausatz eines Flugzeugs ist ebenfalls ein Modell, so wie eine Karte in einem Atlas ein Modell eines realen Landes ist. Ein Foto dient als Modell des abgebildeten Subjekts, und eine Reihe von Formeln, die zusammen die Umlaufbahnen der Planeten detailliert beschreiben, ist ein Modell eines Planetensystems.

Das Wort „vereinfacht" in der Definition von „Modell" ist sehr wichtig, da jedes Modell, sei es ein Spielzeugflugzeug, eine SimCity-Landschaft oder eine Darstellung der Atmosphäre in einer Wettersoftware, aus der realen Situation abgeleitet wird, indem

Abb. 6.7   Das Computerspiel Anno 2070. (Quelle: Ubisoft 2011)

viele der realen Aspekte vereinfacht werden. Dies ist unvermeidlich, da ein Modell des Universums, das in keiner Weise vereinfacht ist, einfach das Universum selbst wäre. Die Realität wird durch das Folgende vereinfacht:

- Verkleinerung der Skala
- Weglassen der umliegenden Gebiete
- das Weglassen einiger Komponenten
- Vereinfachung anderer Komponenten
- eine zweidimensionale Darstellung eines dreidimensionalen Szenarios (z. B. auf einem Computermonitor)
- die Vereinfachung von Ereignissen, der zugrunde liegenden Naturgesetze oder der Wirtschafts- oder Gerichtsgesetze

Ein häufiger Fehler, den Menschen bei der Verwendung von Modellen – insbesondere von Simulationssoftware – begehen, besteht darin, dass sie die Vereinfachungen vergessen und aus den Simulationsergebnissen ohne jegliche Vorsicht Rückschlüsse auf die reale Welt ziehen.

Die Wahl des Modells ist der erste Schritt bei der Durchführung einer Simulation, während der zweite Schritt die Auswahl eines Szenarios beinhaltet. Ein Szenario ist der Plan für die Ereignisse, die in der Simulation stattfinden sollen. Das Wort bezog sich ursprünglich auf Theaterstücke – und später auf Filme –, um die Szenen zu umreißen, aus denen sich die Geschichte zusammensetzte, wobei ein Szenario voraussetzte, dass jede Szene im Voraus geschrieben wurde. Dies ist bei einer Computersimulation nicht erforderlich, bei der nur die Ausgangssituation festgelegt werden muss. Der Computer errechnet dann mithilfe des Modells den schrittweisen Ablauf der Ereignisse von diesem Ausgangspunkt an. Auf diese Weise wird die Zukunft „berechnet".

Ein Beispiel zeigt dies. Das Beispiel wird oft als „Beute-Raubtier-Modell" bezeichnet. Dieses Modell untersucht den Fortschritt von zwei Tierarten – Raubtiere und Beutetiere, wie z. B. Füchse und Kaninchen. Das Modell ist lehrreich, da es anstelle von Füchsen und Kaninchen genauso gut mit Menschen und ihrem Konsum von Nahrung und anderen Ressourcen erstellt werden könnte. So können die Folgen des Raubbaus untersucht werden.

In seiner einfachsten Form besteht das Modell aus nur zwei mathematischen Formeln. Eine davon befasst sich mit der Zunahme der Fuchspopulation, wenn sie Kaninchen fressen, und mit ihrer Abnahme, wenn die Füchse an Altersschwäche sterben. Die andere Formel befasst sich mit der Abnahme der Kaninchenpopulation, wenn sie von Füchsen gefressen werden, und mit ihrer Zunahme durch Fortpflanzung.

Dieses Modell ist extrem vereinfacht. Die Geschlechter der Füchse und Kaninchen spielen keine Rolle, ebenso wenig wie die Landschaft und das Graswachstum, der Wechsel der Jahreszeiten oder die Auswanderung und Einwanderung der Füchse und Kaninchen in andere Gebiete oder aus anderen Gebieten. Eine andere Sache, die in diesem Modell nicht enthalten ist, ist die Rolle, die der Zufall spielt. Da der Zufallsfaktor

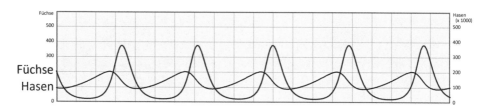

Abb. 6.8 Das Fuchs-Hasen-Szenario. Anzahl der Füchse und Hasen im Laufe der Zeit, nach dem Formelmodell

fehlt, wird die Zukunft völlig vorhersehbar, und sobald die Ausgangssituation – die Ausgangspopulation der Kaninchen und Füchse – festgelegt ist, wird das Szenario erstellt. Sobald der Computer mit diesem Modell zu arbeiten beginnt, liefert er ein sauberes und regelmäßiges Diagramm wie das in Abb. 6.8. Wiederholen Sie die Simulation unter Verwendung desselben Szenarios, wird genau derselbe Graph wiedergegeben.

Abb. 6.8 wurde mithilfe eines kleinen Computerprogramms namens „*Fox Rabbit Math Model*" erstellt, das von der Website https://niko.roorda.nu/computer-programs heruntergeladen werden kann. Sie können damit Experimente durchführen – ändern Sie das Szenario, indem Sie verschiedene Ausgangspopulationen für die Füchse und Kaninchen auswählen, und sehen Sie sich die Ergebnisse an.

Wie einfach ein solches Modell auch sein mag, es ist dennoch von Nutzen. Die Grafik zeigt, dass die Fuchspopulation zunimmt, wenn Kaninchen im Überfluss vorhanden sind, und so kommen die Spitzen auf der Fuchslinie immer *nach* denen auf der Kaninchenlinie – die Fuchslinie „hinkt" der Kaninchenlinie hinterher. Dies zeigt ein *periodisches* Verhalten, d. h. ein Verhalten, das sich ständig wiederholt. Die Art und Weise, wie dies geschieht, ist natürlich nicht sehr realistisch – in Wirklichkeit wird die Entwicklung sicherlich nicht so periodisch verlaufen.

Das Fuchs-Kaninchen-Modell kann auch auf eine andere Art und Weise simuliert werden, nämlich durch die Darstellung einer Landschaft in einem Computerprogramm, in der tatsächlich Füchse und Kaninchen existieren. In dieser Landschaft streifen die Füchse auf der Jagd nach Kaninchen umher, wie in Abb. 6.9 zu sehen ist, wobei die Füchse die größeren dunklen Punkte und die Kaninchen die vielen kleinen sind. Dieses Bild wurde mit einem anderen Programm erstellt, dem *Fox Rabbit Field Model,* das ebenfalls von der Website https://niko.roorda.nu/computer-programs heruntergeladen werden kann. Diese Simulation ist wesentlich realistischer, auch dank der Tatsache, dass der Zufall eine Rolle spielt. Wenn die Simulation mit einer gegebenen Ausgangssituation gestartet wird, sieht die resultierende Grafik anders aus als die im Fuchs-Kaninchen-Modell. Wiederholen Sie die Simulation mehrere Male mit der gleichen Ausgangssituation, wird der Graph jedes Mal anders aussehen, da der Zufall in das Modell integriert ist. Ein Beispiel für ein solches Diagramm ist in Abb. 6.10 zu sehen, und mit der Software können weitere dieser Diagrammtypen erzeugt werden.

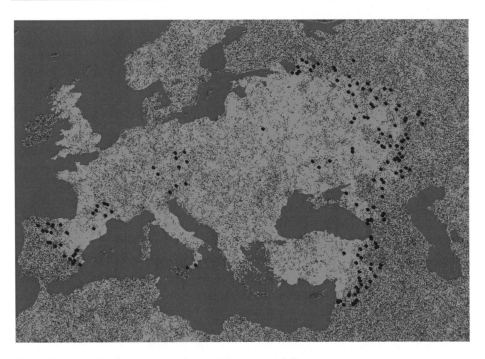

Abb. 6.9 Fuchs-Kaninchen-Simulation, das Graslandmodell

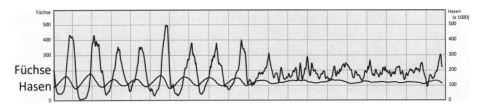

Abb. 6.10 Dasselbe Szenario wie in Abb. 6.8, aber ein anderes Modell. Dieses Diagramm basiert auf dem Graslandmodell

In Abb. 6.10 entsprechen die Wellen der Grafik in etwa denen in Abb. 6.8, aber die Details unterscheiden sich dramatisch. Mit anderen Worten, die Ergebnisse werden nicht nur durch das Szenario, sondern auch durch das verwendete Modell bestimmt. Das Graslandmodell, das bereits viel realistischer ist, kann bei der Betrachtung der nachhaltigen Entwicklung nützlich sein. Die Software erlaubt es z. B., das Verhalten der Füchse zu verändern (Abb. 6.11), wodurch sie mehr oder weniger erfolgreich jagen können. Indem alle Szenarien auf diese Weise untersucht werden, können die Folgen von mehr oder weniger Raubbau oder Überbevölkerung untersucht werden.

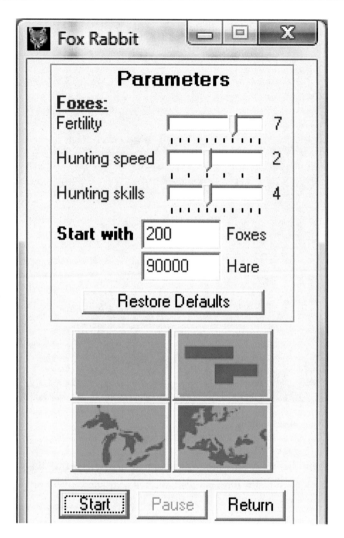

Abb. 6.11 Im Graslandmodell können Sie die Eigenschaften der Füchse einstellen

6.4 Wachstumsmodelle

Mit dieser Art von Software ist es möglich, ein sehr breites Spektrum von Modellen und Szenarien zu untersuchen. Häufig handelt es sich dabei um Wachstum oder Schrumpfung, die sich auf Menschen- oder Tierpopulationen, vielleicht auch auf Bakterien oder Pflanzen oder sogar – außerhalb der Biologie – auf Städte, Unternehmen, Fabriken oder Wohlstand, Gewinnprognosen oder Umweltschäden beziehen können.

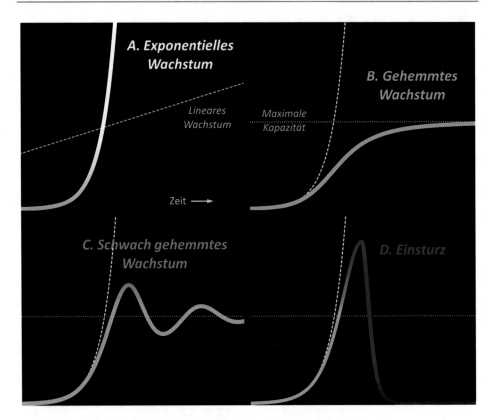

Abb. 6.12   Vier Wachstumsmodelle

Untersuchungen dieser Arten von Wachstumsprozessen zeigt, dass es bestimmte Arten von Wachstum gibt, die für viele Situationen charakteristisch sind. Diese sind in Abb. 6.12 zu sehen.

Ungehemmtes Wachstum

Stellen Sie sich vor, dass plötzlich eine neue Art von Bakterien auftaucht. Dies kann tatsächlich geschehen, wenn ein Fehler – eine Mutation – auftritt, wenn sich eine bestehende Bakterienart vermehrt. Nun stellen Sie sich vor, dass dieses neue Bakterium sehr schnell wächst und sich innerhalb von 15 Min. in zwei Teile spaltet, um sich zu vermehren. Eine Viertelstunde später haben sich diese beiden neuen Bakterien erneut in zwei Teile geteilt, sodass vier von ihnen entstanden sind. Nach weiteren 15 Min. sind es acht, dann 16 usw. Diese 15 Min. sind die Verdoppelungszeit der Bakterien, und die Zunahme der Anzahl der Bakterien ist ungehemmt, da es (vorerst) nichts gibt, was dieses Wachstum stoppen könnte.

Ein ungehemmtes Wachstum wie dieses wird exponentielles Wachstum genannt. Man erhält überraschende Ergebnisse, wenn man den exponentiellen Wachstumstrend extrapoliert, da er schneller zunimmt, als die meisten Menschen intuitiv schätzen würden. Unser neues Bakterium ist ein gutes Beispiel dafür. Innerhalb von 24 h werden aus diesem einen Bakterium über 16 Mio. Bakterien geworden sein. Nach weiteren 24 h werden es 281.474.976.710.656 sein – fast 300 Billionen!

Ungehemmtes Wachstum ist im Überfluss vorhanden – die menschliche Bevölkerung ist in den letzten Jahrhunderten exponentiell gewachsen. Um ehrlich zu sein, ist sie sogar noch schneller gewachsen, wobei die Verdoppelungszeit im 20. Jahrhundert immer kürzer geworden ist. Im vorherigen Jahrhundert betrug die Verdopplungszeit der menschlichen Bevölkerung ca. 100 Jahre. Aber zwischen 1950 und 1987 verdoppelte sich die Zahl von 2,5 Mrd. auf 5 Mrd. in nur 37 Jahren. Gegenwärtig ist die Wachstumsrate wieder rückläufig, derzeit mit einer Verdoppelungszeit von etwa 50 Jahren.

Es überrascht nicht, dass sich die Weltbevölkerung verlangsamt, da es unmöglich ist, das exponentielle Wachstum über einen langen Zeitraum fortzusetzen. Dies wird deutlich, wenn man untersucht, welche Folgen ein anhaltendes exponentielles Wachstum hätte – durch ein Gedankenexperiment, bei dem das gegenwärtige Wachstum mit seiner 50-jährigen Verdoppelungszeit extrapoliert wird. Im Jahr 2000 gab es rund 6 Mrd. Menschen auf der Erde. Das bedeutet, dass es im Jahr 2300 384 Mrd. Menschen geben würde. Im Jahr 2740 wird es so viele Menschen geben, dass jeder Mensch einen Quadratmeter Land haben wird, einschließlich der Antarktis und der Sahara. Vor dem Jahr 2900 wird es nur noch Stehplätze geben.

Im Jahr 4220 wird die Gesamtmasse der Menschheit der Masse des Planeten entsprechen (Abb. 6.13). Können Sie sich das vorstellen – ein ganzer Planet, der – vom Kern bis zur Kruste – nur aus einem kreisenden Berg von Menschenfleisch und -knochen besteht?

Und sollten Sie glauben, dass wir das Problem durch die Kolonisierung anderer Planeten lösen können: Um 7650 wird die gesamte Milchstraßengalaxie mit ihren Milliarden von Sternen und Planeten aus menschlichem Gewebe bestehen. Im Jahr 8800 schließlich erreicht die menschliche Masse die Größe des gesamten Universums.

Das Ergebnis dieses kleinen Gedankenexperiments ist völlig verrückt, aber das Merkwürdigste ist, dass ein solches Wachstum zunächst nicht so hoch erscheint. Die Verdoppelungszeit, die in der vorhergehenden Berechnung verwendet wurde, ist die tatsächliche Verdoppelungszeit der heutigen Bevölkerung und entspricht einem jährlichen Wachstum von nicht mehr als 1,4 %. Dieses Experiment beweist, dass das exponentielle Wachstum größer ist, als viele denken mögen.

Mithilfe der Tabellenkalkulation *Exponential growth.xlsx* kann man die Beziehung zwischen dem Wachstumsprozentsatz, dem Wachstumsfaktor und der benötigten Zeit untersuchen. Sie kann von der Website https://niko.roorda.nu/books/grundlagen-der-nachhaltigen-entwicklung heruntergeladen werden.

Dies gilt nicht nur für das Wachstum der Weltbevölkerung, sondern auch für andere Arten des Wachstums. Kap. 3 befasste sich mit einer Reihe von Webfehlern im Gefüge

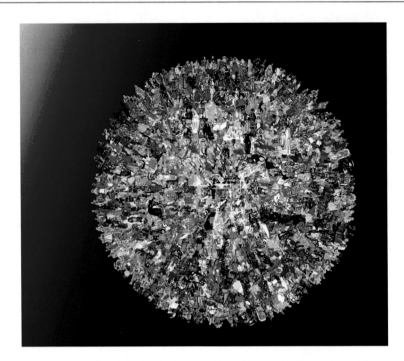

Abb. 6.13 Im Jahre 4220 wird die Erde vom Kern bis zur Erdkruste aus Menschenfleisch bestehen

des menschlichen Systems. Einer davon ist die Tatsache, dass im gegenwärtigen Wirtschaftssystem ein konstantes Wirtschaftswachstum von 1 oder 2 % pro Jahr unerlässlich ist. Abschn. 3.1 zeigte, dass ein konstantes Wachstum von 2,5 % pro Jahr bedeutete, dass die Menschheit in 1200 Jahren eine Billion Mal so reich sein würde wie heute. Dieses Ergebnis, das wiederum eindeutig absurd ist, ist das Ergebnis eines angenommenen anhaltenden exponentiellen Wachstums. Das konstante Wachstum um einen festen Prozentsatz pro Jahr ist *identisch* mit einem exponentiellen Wachstum mit einer Verdoppelungszeit von mehreren Jahren. Bei einem jährlichen Wachstum von 1,4 % beträgt die Verdoppelungszeit 50 Jahre, bei 2,5 % beträgt die Verdoppelungszeit 28 Jahre. Die Aufrechterhaltung eines solchen Wachstums über einen längeren Zeitraum ist unmöglich. Ungehemmtes exponentielles Wachstum kann eine gewisse Zeit dauern, aber es *wird* an einem bestimmten Punkt enden, das ist zu 100 % sicher. Dieses Ende kann auf eine angenehme Art und Weise eintreten – man nennt es gehemmtes Wachstum. Oder es kann auf eine weniger angenehme Art und Weise kommen, was in Kürze klar werden wird.

Gehemmtes Wachstum

Kommen wir zurück zu den Bakterien, mit ihrer Verdoppelungszeit von 15 Min. In wenigen Tagen werden sich die Bakterien enorm vermehren. Nun stellen Sie sich vor, dass diese Bakterien nicht im Freien, sondern in einem versiegelten Behälter in einem Labor sind. In diesem Fall wird sich das exponentielle Wachstum wahrscheinlich in den ersten Stunden fortsetzen, vor allem, wenn der Laborant sie mit ausreichend Nahrung versorgt, aber ab einem bestimmten Punkt werden die Auswirkungen des begrenzten Raums spürbar sein. Die Wachstumsrate wird langsam abnehmen, die Verdoppelungszeit verlängert sich und ein tatsächlicher Anstieg der Zahlen hört auf, da die Bakterienkolonie allmählich zu einer konstanten Population wird. Ein Gleichgewicht ist erreicht. Dies ist aus Diagramm B in Abb. 6.12 ersichtlich, das eine Trendverschiebung von einem konstanten Wachstum zu einem Gleichgewicht zeigt.

Dies wird als gehemmtes Wachstum bezeichnet, mathematisch auch als logistisches Wachstum bezeichnet.

Die Menschheit kann einem ähnlichen Muster folgen, und es stimmt in der Tat, dass unsere Wachstumsrate abnimmt, wobei die Verdoppelungszeit Mitte des 20. Jahrhunderts bei 35 Jahren lag, während sie heute bei etwa 50 Jahren liegt.

Das Wachstum der Weltwirtschaft hat noch keine Anzeichen einer Verlangsamung gezeigt, um ein Gleichgewicht zu erreichen. Seine Wachstumsrate schwankt kontinuierlich, unterbrochen von einer gelegentlichen Krise, in der das Wachstum stagniert oder sogar kurzzeitig ins Negative geht; die Grundannahme aller Ökonomen ist jedoch, dass die Stagnation wieder einem kontinuierlichen Wachstum weichen wird. Dies ist ein Manko des Wirtschaftssystems – kontinuierliches Wachstum ist notwendig, aber auch auf Dauer nicht zu halten. Ein gehemmtes Wachstum ist das Ergebnis von Grenzen, die einem System auferlegt werden. Dabei kann es sich um Beschränkungen des verfügbaren Raums oder der verfügbaren Nahrungsmittel oder, allgemeiner gesagt, um Beschränkungen der verfügbaren Ressourcen handeln. Eine weitere Beschränkung könnte die Tragfähigkeit der Umwelt sein – eine zunehmende Verschmutzung oder Verschlechterung der natürlichen Umwelt kann das Wachstum hemmen.

Schwach gehemmtes Wachstum

Das gehemmte Wachstum wird durch die dem System auferlegten Beschränkungen verursacht. Das Wachstum der menschlichen Bevölkerung könnte z. B. infolge eines Rückgangs der Fruchtbarkeitsrate, mangelnder Ernährung oder aufgrund der Verwendung von Verhütungsmitteln zurückgehen. Das Wirtschaftswachstum könnte auch zurückgehen, wenn die Umwelt geschädigt wird, was zu einem Rückgang der Gewinne führt. Es gibt viele andere mögliche Mechanismen, die das Wachstum begrenzen könnten.

Dies bedeutet nicht, dass die Begrenzung immer rechtzeitig erfolgt. Die begrenzenden Kräfte können genauso gut zu einem sehr späten Zeitpunkt eintreten. Wenn dies geschieht, besteht die Chance, dass das Wachstum über die Grenzen des Systems „hinausschießt". Die Verlangsamung tritt dann zu spät ein, sodass eine Periode negativen Wachstums (ein Rückgang) folgen muss, um das System wieder in seine Grenzen zu bringen. Grafik C in Abb. 6.12 zeigt dies. Eine solche Periode kann schmerzhaft sein, und wenn es sich um Wohlstandsniveaus handelt, die überschritten worden sind, müssen sich die Menschen auf ein niedrigeres Wohlstandsniveau einstellen. Sie wird höchstwahrscheinlich auch mit Konkursen und steigender Arbeitslosigkeit einhergehen.

Eine schwache Wachstumshemmung könnte entstehen, wenn der Mechanismus, der den Rückgang in Gang setzt, schwach und verzögert ist. Ein Beispiel aus der realen Welt ist der Temperaturanstieg auf dem Planeten als Folge der Treibhausgasemissionen. Dieser Anstieg kann nur behoben werden, wenn eine Reihe schwieriger Schritte nacheinander unternommen werden. Dazu gehören:

1. Ein wissenschaftliches Verständnis der Auswirkungen der Treibhausgase
2. Ein politisches Bewusstsein für die Schwere dieser Auswirkungen
3. Ein wirksamer internationaler politischer Entscheidungsprozess
4. Revision von Produktionsprozessen und Energieverbrauch und/oder Pflanzung vieler Bäume
5. Abnahme der Konzentration von Treibhausgasen

Zusammengenommen ist dies ein Prozess, der zumindest Jahrzehnte dauern wird. Dies liegt zunächst an der langsamen Entscheidungsfindung der Menschen (Schritte 1 bis 3), gefolgt von der Zeit, die erforderlich ist, um die in die Produktionsmittel getätigten Investitionen zurückzuverdienen (Schritt 4). Mindestens ebenso wichtig ist Schritt 5 – die Systemverzögerung, die Trägheit des natürlichen Prozesses, der die Treibhausgase in der Atmosphäre erschöpft. Dieses letzte Element wird häufig dramatisch unterschätzt. Von dem Moment an, in dem die Ursache eines Problems beseitigt ist, kann es sehr lange dauern, bis die Folgen des Problems abnehmen. Fall 6.3 zeigt dies anhand eines anderen Problems, das in der Atmosphäre auftritt – dem Abbau der Ozonschicht. In Kap. 1 wurde bereits das Montrealer Protokoll (1989) erwähnt und beschrieben, dass es ein Beispiel für einen sehr erfolgreichen internationalen Ansatz ist (Abb. 1.9). Fall 6.3 bietet einige interessante Details.

Fall 6.3. Die Ozonschicht
Die oberste Schicht der Stratosphäre wird als Ozonschicht bezeichnet und befindet sich etwa 50 km über der Oberfläche des Planeten. Wie der Name schon sagt, enthält diese Schicht eine hohe Konzentration von Ozon (O_3), einer speziellen Form von Sauerstoff. Bodennahes Ozon kann gefährlich sein, aber in einer Höhe von 50 km ist es für uns von großem Nutzen, da es einen großen Teil der ultravioletten (UV) Strahlung absorbiert, die Haut- und Augenleiden, einschließlich Hautkrebs, verursacht.

Der Mensch hat eine Reihe von Gasen produziert, die für uns nützlich sind, beispielsweise in Aerosoldosen und für den Kühlprozess in unseren Kühlschränken. Nach ihrer Verwendung werden diese Gase schließlich in der Atmosphäre verteilt und erreichen nach vielen Jahren – 10 bis 20 – eine Höhe von 50 km. Diese Gase bauen das Ozon ab, sodass eine erhöhte Menge an ultraviolettem Licht die Erde erreichen kann.

Die Hauptschuldigen sind die FCKW, die Fluorchlorkohlenwasserstoffe, und die HFCKW, die Hydrofluorchlorkohlenwasserstoffe, die als Katalysatoren für den Abbau von Ozon wirken. Das bedeutet, dass sie den Prozess beschleunigen, ohne selbst abgebaut zu werden. Als Folge davon kann eine kleine Menge FCKW oder HFCKW eine große Menge Ozon zerstören. Die Chemikalien werden durch Sonnenlicht abgebaut, aber dies ist ein sehr langer Prozess, der zwischen 50 und 200 Jahren dauert.

Die Ozonschicht wird folglich dünner, ein Prozess, der sich am Südpol am schnellsten vollzieht. Aus diesem Grund besteht seit etwa 1980 ein „Loch in der Ozonschicht", das eine Region von der Größe eines Kontinents bedeckt, in der die Ozonschicht um bis zu 60 % abgebaut wurde (Abb. 6.14). Augen- und Hautkrankheiten haben bei Menschen und Tieren in Australien und Teilen Südamerikas stark zugenommen, und den Menschen wird empfohlen, sich nicht zu sonnen. Über dem Nordpol ist ein weiteres „Loch" entstanden.

Es gibt zwei Gründe, warum das Ozonproblem mit Verzögerung auf Veränderungen reagiert. Der erste ist der Zeitraum von 10 bis 20 Jahren zwischen der Freisetzung der schädlichen Gase und dem Zeitpunkt, an dem sie die Ozonschicht erreichen. Der zweite ist der Zeitraum von 50 bis 200 Jahren, der erforderlich ist, damit diese Gase abgebaut werden können. Mit anderen Worten, wenn wir zu irgendeinem Zeitpunkt die Produktion dieser Gase vollständig einstellen, wird die Ozonschicht noch lange Zeit danach abgebaut werden.

Die Produktion von FCKW und HFCKW ist dank des Montrealer Protokolls dramatisch zurückgegangen, aber noch nicht ganz zum Erliegen gekommen. Eine dritte Gruppe, die Hydrofluorkohlenwasserstoffe (HFKW), wurde als Folge des Pariser Abkommens über den Klimawandel nicht vor 2016 unter ein Abkommen gebracht, wie in Abschn. 7.5 beschrieben wird.

Die Systemverzögerung wirkt sich eigentlich auf zwei Arten gegen uns aus – zu Beginn und am Ende eines schädigenden Prozesses. Am Anfang könnte es viele Jahre dauern, bis sich ein durch einen menschlichen Prozess verursachter Schaden (siehe Punkt a in Abb. 6.15) bemerkbar macht (Punkt b), und am Ende, weil es viele Jahre dauert, bis der Schaden selbst nachlässt (Punkt c), was dann noch sehr lange dauern kann, nachdem die Ursache verschwunden ist (Punkt e). Das Ergebnis „hinkt" der Ursache hinterher, und dieser Zeitverzögerungseffekt ist trügerisch.

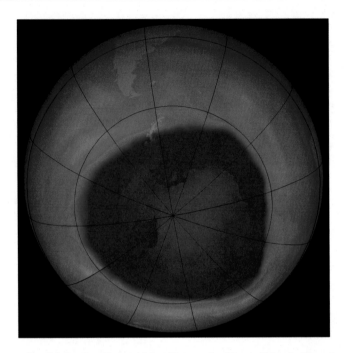

Abb. 6.14 Das „Loch" in der Ozonschicht (das große blaue Gebiet) über dem Südpol im Oktober 2015, das den Kontinent Antarktis bedeckt (violett). (Quelle: NASA Visible Earth, NASA Scientific Visualization Studio, Goddard Space Flight Center)

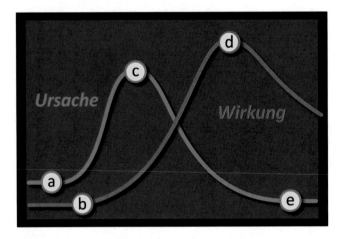

Abb. 6.15 Time-Lag-Effekt – das Ergebnis hinkt der Ursache hinterher

Das Diagramm in Abb. 6.15 ähnelt demjenigen, das die Füchse und Kaninchen in Abb. 6.8 darstellt, was kein Zufall ist, da das Fuchs-Kaninchen-Modell eine gute Illustration des Zeitverzögerungseffekts ist.

Dasselbe gilt für den Abbau der Ozonschicht, das Thema von Fall 6.3, das bereits in Kap. 1 erwähnt wurde. Dort zeigte Abb. 1.9 die Wirksamkeit des Montrealer Protokolls im Hinblick auf die Verringerung der Produktion und des Verbrauchs von FCKW und verwandten Stoffen. Diese Grafik wird in Abb. 6.16 wiederholt, diesmal nicht nur die *Ursache* (die FCKW), sondern auch die *Wirkung:* die Größe des Lochs in der Ozonschicht, gemessen über die Jahre. Die roten Punkte in der Grafik sind separate Messungen. Sie variieren aufgrund der Launenhaftigkeit des Wetters stark. Aber zusammen bilden sie einen Trend, dargestellt als rote Linie. Diese Kurve zeigt eine bescheidene Abnahme der Größe des Ozonlochs. Die langsame Abnahme ist noch ziemlich unsicher, was den unangenehmen Zeitverzögerungseffekt veranschaulicht. Es wird erwartet, dass es zwischen 50 und 100 Jahre dauern wird, bis sich das Ozonloch über dem Südpol wieder erholt hat.

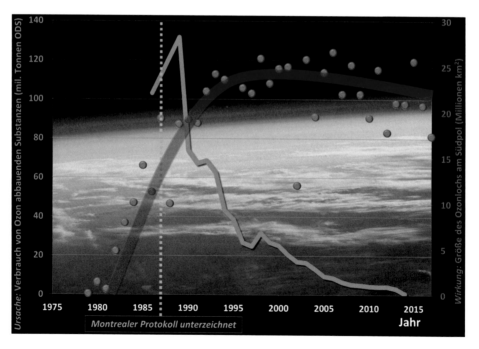

Abb. 6.16 Zeitverzögerungseffekt für die Ozonschicht – der Einsatz von Fluorchlorkohlenwasserstoffen (FCKW) und Hydrofluorchlorkohlenwasserstoffen (HFCKW) (Ursache) und das Ausmaß des „Lochs" in der Ozonschicht (Ergebnis). (Quellen: Verwendung von CFC: UNEP GEO Data Portal 2016. Ausdehnung der Ozonschicht: NASA Goddard Space Flight Center 2019; Hintergrundfoto: NASA Scientific Visualization Studio)

Als menschliche Wesen wissen und verstehen wir oft weder, was wir tun, noch sind wir nicht in der Lage, die Folgen unseres Handelns vorherzusehen. Wenn wir es könnten, und wenn wir in der Lage wären, rechtzeitig zu antizipieren – d. h. frühzeitig zu handeln, um die verursachten Schäden zu bekämpfen –, dann würde der Wachstumsrückgang immer durch Grafik B dargestellt (Abb. 6.12). Da dies aber nicht der Fall ist, ähnelt die Realität oft eher der Grafik C.

Einsturz

Aber auch die Realität ähnelt nicht immer dem Schaubild C, und es besteht die Gefahr, dass die Hemmung so schwach und so langsam ist, dass das System stark überschießt und etwas nachgibt. Dies führt zum *Einsturz*: zum Zusammenbruch des gesamten Systems, wie in Grafik D zu sehen ist.

Dieses Buch hat bereits Beispiele eines solchen Zusammenbruchs behandelt. Der Börsenkrach von 1987 am Schwarzen Montag war eines davon. Folglich spiegelt die Form des Diagramms D (Abb. 6.12) die Form des Diagramms 2.12 in Kap. 2 wider – schauen Sie sich die „Blase" gefolgt vom „Schwarzen Montag" an. Die Folgen des Crashs von 1987 blieben begrenzt, da eine Erholung schnell in Gang kam, aber der Crash von 1929 war viel schlimmer, und die Weltwirtschaft kam erst nach einem Weltkrieg wieder in Schwung.

Viel dramatischer war der Zusammenbruch des alten Babyloniens, wie bereits zuvor in diesem Kapitel skizziert wurde. Diese Zivilisation ging völlig verloren. Ein Zusammenbruch dieses Ausmaßes ist nicht ungewöhnlich, da eine Kombination von Überbevölkerung und Raubbau, manchmal verstärkt durch äußere Ursachen wie Klimawandel oder Angriffe, immer wieder zu Katastrophen führte, die das System dauerhaft zerfallen ließen.

Wenn sich ein Zusammenbruch in diesem Ausmaß ereignet, kann man nicht von einer *Trendwende* vom Wachstum zum Gleichgewicht sprechen, sondern eher von einem *Trendbruch,* bei dem sich das Wachstum radikal umkehrt und zu einem Prozess der raschen Schrumpfung wird. Die Wirtschaft bricht zusammen, die Produktion friert ein, die Zahl der Menschen nimmt innerhalb einer oder weniger Generationen aufgrund von Hungersnöten, Kriegen, Pandemien und sinkenden Geburtenraten drastisch ab. Regierungen werden abgesetzt, Nationen verschwinden und es herrscht Chaos.

Warnungen, dass unsere gegenwärtige Zivilisation in Gefahr ist, dass dies geschieht, sind nichts Neues. Bereits 1798 schrieb Thomas Malthus über die Gefahr eines exponentiellen Bevölkerungswachstums (*„An Essay on the Principle of Population"*). Er wies darauf hin, dass früher oder später das Wachstum der Nahrungsmittelproduktion zum Stillstand kommen würde, was katastrophale Folgen haben könnte.

Wenn wir das gleiche traurige Schicksal vermeiden wollen, unter dem so viele frühere Zivilisationen gelitten haben, müssen wir viele bestehende Trends ändern. Einige davon können schrittweise in Form von Trendwenden verändert werden, während andere in

Form von selbstgewählten Trendbrüchen radikaler verändert werden müssen. Trendbrüche *werden* kommen. Wenn wir sie nicht selbst auswählen und kontrollieren, werden sie in unerwünschten und unkontrollierbaren Formen auftreten. Eine Betrachtung der Zukunftsszenarien für den gesamten Planeten macht dies deutlich, wie der folgende Abschnitt zeigen wird.

6.5 Weltweite Szenarien

Eine große Anzahl von Modellen wurde entwickelt, um unsere Zukunft zu studieren. Die Vereinten Nationen beispielsweise verwenden Modelle, um das erwartete Wachstum der Weltbevölkerung abzubilden. Bei der Erstellung solcher Modelle werden viele Fragen natürlich vereinfacht, da sie sonst unmöglich zu erstellen wären. Es werden Annahmen über zukünftige Entwicklungen gemacht, wie z. B. das Wirtschaftswachstum, mögliche neue Entdeckungen von Metallen, Öl und anderen Ressourcen sowie neue technologische Entwicklungen. Durch Anpassung der Annahmen können verschiedene Szenarien generiert werden, und so führen einige Szenarien zu einem höheren Bevölkerungswachstum als andere. Die Standardpraxis besteht darin, die Ergebnisse mit einem „hohen", „mittleren" und „niedrigen Szenario" darzustellen, wie aus dem UN-Beispiel in Abb. 6.17 ersichtlich ist.

Zum Zwecke des Vergleichs ist in Abb. 6.17 ein Szenario ungehemmten Wachstums enthalten, das (glücklicherweise) nicht realistisch ist. Das „hohe" Szenario basiert auf den „Upper 95"-Schätzungen der Weltbevölkerungsprognosen der UNO, die 2019 veröffentlicht wurden; ebenso basiert das „niedrige" Szenario auf den „Lower 95"-Schätzungen.

Alle diese Szenarien teilen die gleiche Kurve im 20. Jahrhundert, was logisch ist, da dieser Teil die Vergangenheit darstellt, die bereits bekannt ist.

Hinzu kommen die „mittleren" Szenarien auf der Grundlage des früheren UN-Prospekts von 2002. Es fällt auf, dass die „mittleren" Erwartungen im Laufe der Jahre immer höher werden. Im Jahr 2002 wurde erwartet, dass die Weltbevölkerung ihren Höchststand um 2075 erreichen würde. Aktuelle Prognosen erwarten nicht einmal ein Maximum vor oder um 2100, was keine sehr guten Nachrichten sind. Die Korrekturen sind hauptsächlich auf ein unerwartet hohes Bevölkerungswachstum in Afrika zurückzuführen.

Mithilfe eines Modells wie diesem ist es möglich, „Was wäre wenn…"-Fragen zu untersuchen. Was ist, wenn die natürliche Umwelt mehr verträgt, als wir dachten? Was ist, wenn wir innerhalb eines Jahrzehnts einen Aids-Impfstoff haben? Diese und alle anderen relevanten Fragen können untersucht werden. Solche Annahmen werden in Szenarien übersetzt, in Form von Simulationen berechnet und die Ergebnisse untersucht. So können wir uns ein Bild von der Zukunft – oder besser gesagt, von einer möglichen Zukunft – machen.

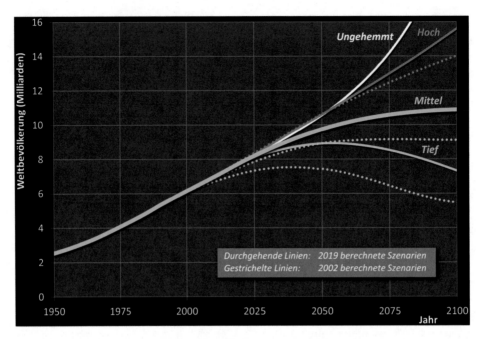

Abb. 6.17 Weltbevölkerung: Aussicht bis 2100. (Quelle: UN-Bevölkerungsabteilung, Abteilung für wirtschaftliche und soziale Angelegenheiten (UN DESA): World Population Prospects 2002, 2019)

Neben der Untersuchung von Wachstumsprognosen für die ganze Welt erlauben uns die Wachstumsmodelle der UNO auch, diese für eine Region zu untersuchen. Abb. 6.18 enthält die Diagramme für die vier Regionen, die im vorigen Kapitel behandelt wurden, wobei der linke Abschnitt die Vergangenheit und der rechte Abschnitt eine mögliche Zukunft behandelt. Für jede der Regionen wurde ein mittleres Szenario verwendet.

Es ist interessant, dass die vier Linien in Abb. 6.18 wie Puzzleteile zusammenpassen, als ob sie Teil derselben Entwicklung wären, nur in unterschiedlichen Stadien. Man nehme zuerst die ECOWAS-Kurve und dann nacheinander die Linien Indien, China und EU und lege sie leicht überlappend nebeneinander. Daraus ergibt sich eine Grafik, die der in Abb. 6.19 ähnelt, was kein Zufall ist, da die vier Regionen einen Prozess durchlaufen, in dem eine Reihe der Prozesse einander entsprechen. Diese Entwicklung kann als „Standardszenario" betrachtet werden.

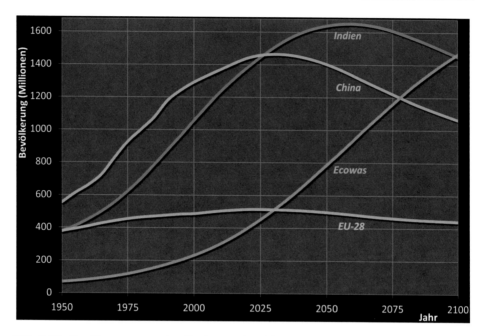

Abb. 6.18 Bevölkerung von vier Regionen: Aussicht bis 2100. (Quelle: UN-Bevölkerungs-abteilung, Abteilung für wirtschaftliche und soziale Angelegenheiten (UN DESA): World Population Prospects 2019)

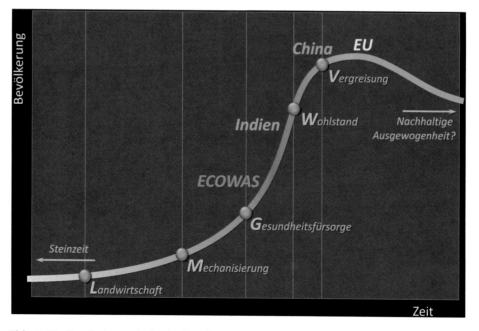

Abb. 6.19 Standardszenario für das Bevölkerungswachstum einer Region

Das „Standardszenario"

Das „Standardszenario" hat sich bereits – teilweise oder ganz – an vielen Orten, in vielen Formen und mit vielen Geschwindigkeiten abgespielt. Im Allgemeinen verläuft die Entwicklung in etwa wie folgt.

Die Geschichte, die Abb. 6.19 erzählt, beginnt in der Vorgeschichte, und ganz links in der Grafik leben die Menschen immer noch vom Sammeln von essbaren Pflanzen und toten Tieren sowie von der Jagd. Die Fruchtbarkeitsrate – die Zahl der Kinder pro Frau – ist hoch, aber es gibt nur ein geringes Bevölkerungswachstum, da die Säuglingssterblichkeitsrate u. a. aufgrund von Krankheiten und Unfällen ebenfalls hoch ist. Das ist eigentlich ein Glücksfall, denn nur sehr wenige Menschen, die diesen Lebensstil pflegen, können vom Land leben – nicht mehr als ein Paar pro Quadratkilometer.

Und so dauert es lange, vielleicht sogar Tausende von Jahren, bis die Bevölkerung eine Bevölkerungsdichte erreicht, die eine Fortsetzung dieser Lebensweise unmöglich macht, und wenn dieser Punkt erreicht ist, wird Hungersnot zum Thema. Dies erfordert eine neue Lebensweise, die entweder erfunden oder von benachbarten Regionen übernommen wird – die Landwirtschaft (*L* in der Grafik).

Die Nahrungsmittelknappheit nimmt dank der Landwirtschaft ab. Der neue Lebensstil macht es schwierig, ein Nomadenleben aufrechtzuerhalten, und so werden dauerhafte Häuser gebaut. Es entstehen neue Gesundheitsprobleme, wie z. B. ansteckende Krankheiten, die auf das Zusammenleben größerer Gruppen von Menschen zurückzuführen sind. Gleichzeitig steigt die Fruchtbarkeitsrate, was das Bevölkerungswachstum beschleunigt. Die Einführung der Landwirtschaft ist alles andere als idyllisch, da die Bauern viel härter arbeiten müssen als Jäger und Sammler und die Abhängigkeit von den Wetterbedingungen zunimmt – es besteht immer die Gefahr von Missernten und Viehseuchen!

Die landwirtschaftliche Produktivität steigt dort, wo diese Transition erfolgreich ist, und da durch die Landwirtschaft mehr Menschen pro Quadratkilometer überleben können, kann die Bevölkerung eine Zeit lang ungebremst wachsen. Im Laufe von Hunderten oder Tausenden von Jahren entstehen Dörfer und Städte, und die Bevölkerungsdichte nimmt weiter zu. Mit der Zeit erweist sich die Landwirtschaft selbst als unzureichend, um alle Münder zu ernähren, trotz Innovationen wie dem Pflug und dem Einsatz von Zugtieren.

Und so wird die Mechanisierung (*M* auf der Grafik) zu einem bestimmten Zeitpunkt eingeführt. Windmühlen gehören zu den ältesten Formen dieser Mechanisierung. Es folgt die Industrialisierung. In Europa und Amerika ist es jetzt das 19. Jahrhundert. Kohle wird zur Hauptenergiequelle, als nächstes kommt Öl zum Einsatz. In der Landwirtschaft werden künstliche Düngemittel eingeführt. Aber das Bevölkerungswachstum ist immer noch nicht dramatisch, da sowohl die Fruchtbarkeitsrate (der Geburtenindex) als auch die Säuglingssterblichkeit immer noch hoch sind. Trotzdem ist die Bevölkerung beträchtlich größer als zuvor, weil das Wachstum exponentiell ist, wie die charakteristische Form von Abb. 6.19 (links von *G*) zeigt, die mit Abbildung A in Abb. 6.12 vergleichbar ist.

Verbesserungen der Hygiene und des Gesundheitswesens sowie Impfungen führen dann zu einer radikalen Veränderung (*G* in der Grafik). Die Säuglingssterblichkeit nimmt stark ab. Der Geburtenindex folgt jedoch nicht signifikant. Dies ist logisch, da es noch keine zentral organisierte Altersvorsorge, wie z. B. Renten, gibt. Erwachsene brauchen ihre Nachkommen, die sich um sie kümmern, wenn sie älter werden. Zudem gibt es kaum oder gar keine Möglichkeit, die Zahl der Geburten einzuschränken, da es noch keine Verhütungsmittel gibt (im Europa des 19. Jahrhunderts) oder diese nicht weit verbreitet sind (in der ECOWAS-Region des 20. Jahrhunderts).

Dies führt dazu, dass die Bevölkerung in die Höhe schießt – der Graph wird plötzlich viel steiler zwischen *G* und *W* – und es gibt eine Bevölkerungsexplosion, einen Babyboom.

Inzwischen verbessert sich auch die Bildung, und der Wissensstand der Bevölkerung steigt. Zusammen mit der Industrie führt dies zu mehr Wohlstand (*W*), was die Einführung von Renten ermöglicht, wodurch der Druck, viele Kinder zu haben, von den Eltern genommen wird. Die Fruchtbarkeitsrate sinkt, und die Bevölkerungsexplosion verlangsamt sich.

Die Kombination aus einer schnell wachsenden Bevölkerung und steigendem Wohlstand erhöht den Druck auf die Umwelt. Immer größere Landstriche werden der Kultivierung unterworfen, der die natürliche Umwelt weichen muss, während Deponien und Industrieabwässer den Lebensraum zerstören.

Sobald sich das Bevölkerungswachstum verlangsamt, beginnt die Babyboom-Generation heranzureifen und eine große Gruppe von Menschen erreicht das Rentenalter, während weit weniger Kinder geboren werden. Dies bedeutet, dass eine Region mit Vergreisung, mit einer alternden Bevölkerung konfrontiert ist, d. h. mit einem zunehmenden Anteil älterer Menschen (*V* in der Grafik).

Schließlich ist ein Punkt erreicht, an dem die Bevölkerung zu schrumpfen beginnt, statt zu wachsen. Dies ist in einer Reihe von europäischen Ländern, darunter Italien, bereits der Fall.

Zu diesem „Standardszenario" kann man sich viele Varianten vorstellen. Für China liegen *M* und *G* viel näher beieinander als für Europa, was bedeutet, dass die Bevölkerungsexplosion relativ früh stattfand. Ein weiteres Merkmal für China ist, dass der Rückgang des Bevölkerungswachstums nicht nur auf den gestiegenen Wohlstand, sondern auch auf das Eingreifen der Behörden zurückzuführen ist. In einer anderen Region, diesmal Russland, sind die Abweichungen anders – die Bevölkerung schrumpft, obwohl die Menschen noch nicht den Höhepunkt ihres Wohlstands erreicht haben. Russland passt nicht gut in dieses Standardszenario, da es von einem langfristigen wirtschaftlichen Abschwung heimgesucht wird und viele Russen nicht mehr optimistisch in ihre Zukunft blicken.

Was passiert nach dem *V* auf der Grafik? Wird Malthus recht behalten, und wird unsere Zivilisation zusammenbrechen, oder werden wir in der Lage sein, ein nachhaltiges Gleichgewicht zu erreichen? Wir wissen noch nicht, wie das Ergebnis aussehen wird, aber man kann sagen, dass es für eine Zivilisation ein seltenes Ereignis ist, einen Punkt des Gleichgewichts zu erreichen. Von allen Zivilisationen, die jemals existiert haben, sind einige in ruhiger und friedlicher Weise auseinandergefallen, bevor sie *V* erreichten. Andere sind noch in der Entwicklung und haben diesen Punkt noch nicht erreicht. Nur sehr wenige haben ein stabiles Gleichgewicht gefunden. Diese Kulturen, die Themen wie Bevölkerungswachstum und Raubbau aufgegeben hatten, befanden sich meist in kleinen Gebieten – im Allgemeinen isolierte Inseln –, in denen keine mit der heutigen Technologie vergleichbare Technologie entwickelt wurde. Unsere Zivilisation, das Stadium, in dem sie sich befindet, und der globale Charakter der Dinge stellen zusammen ein „völlig neues Experiment" in der Weltgeschichte dar.

Um herauszufinden, was als Nächstes passieren *könnte,* können wir uns wieder einmal Modellen und Simulationen zuwenden.

PopSim

Sie können selbst eine experimentelle Zukunft gestalten. Auf der Website https://niko. roorda.nu/computer-programs ist eine Software namens *PopSim* erhältlich, was für *Population Simulation* steht (Abb. 6.20). Sie kann für die Untersuchung einer Vielzahl von Szenarien verwendet werden, einschließlich des Standardszenarios, das für eine niedrige, mittlere und hohe Version ausgeführt werden kann. Die Unterschiede zwischen diesen sind auffallend. Sie können u. a. auch die Auswirkungen von positivem und negativem Feedback, ungehemmtem und gehemmtem Wachstum, höheren und niedrigeren Geburtenraten und einer Ein-Kind-Politik untersuchen.

Der Club of Rome

1968 richtete eine Gruppe besorgter Wissenschaftler einen Think Tank namens Club of Rome ein, der viele Beiträge zur Zukunftsforschung geleistet hat.

Einer ihrer Berichte ist das Buch *Die Grenzen des Wachstums (Limits to Growth)* von Meadows et al. Es wurde 1972 veröffentlicht. Es hatte großen Einfluss auf die Politik und die öffentliche Meinung, da es das erste Mal war, dass die Ergebnisse von Berechnungen mit Szenarien und Simulationen der breiten Öffentlichkeit zugänglich gemacht wurden.

Das Meadows-Modell, genannt *World3,* ist ein umfassendes Modell. Es ist bestrebt, alle möglichen Faktoren einzubeziehen, die zukünftige menschliche Entwicklungen beeinflussen werden. Dazu gehören die Erschöpfung der Ressourcen, das Wirtschaftswachstum, die Bevölkerung, die Alphabetisierung, Umweltschäden, die Chance, neue

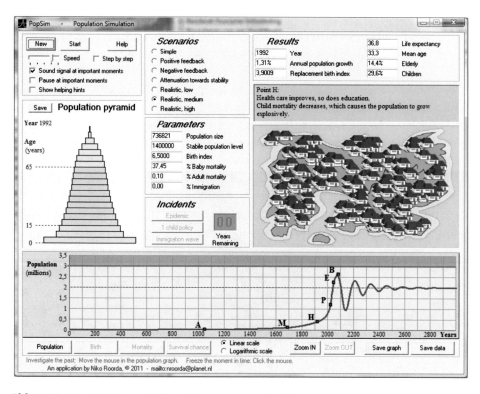

Abb. 6.20 Das Welt-Szenario-Simulationsprogramm PopSim

Ölquellen zu finden, die Verteilung des Wohlstands und alle anderen Faktoren, die Sie vielleicht erwähnen möchten.

Seit 1972 sind eine Reihe aktualisierter Ausgaben erschienen, die letzte im Jahr 2004. In der Ausgabe von 2004 werden elf verschiedene Szenarien berechnet. Einige dieser Szenarien basieren auf der Annahme, dass auf globaler Ebene nur wenige oder gar keine politischen Änderungen vorgenommen werden. Alle diese Szenarien enden dramatisch, da die globale menschliche Gesellschaft im Laufe des 21. Jahrhunderts zusammenbricht. Es fällt auf, dass in den Szenarien, in denen man davon ausgeht, dass zwischen der Gegenwart und den nächsten zwei Jahrzehnten viele zusätzliche Ressourcen (wie z. B. Öl) entdeckt werden, die Zukunft nicht rosiger, sondern sogar schlechter aussieht. Der Grund dafür ist, dass die Entdeckung zusätzlicher Ressourcen bedeutet, dass wir länger Raubbau betreiben können. Dies bedeutet weiter, dass die Dinge, wenn sie schließlich schief gehen, in viel größerem Maße schief gehen werden.

Andere Szenarien basieren auf der Annahme, dass es drastische Veränderungen geben wird, die planmäßig und kontrolliert eingeleitete Trendbrüche auf der Grundlage von Transitionen – also tief greifende Veränderungen des Systems – beinhalten. In diesen

Szenarien scheint es möglich zu sein, sich in Richtung eines Gleichgewichts zu entwickeln. Das heißt, hin zu einer Gesellschaft, die ihre Ressourcen nicht mehr übermäßig ausbeutet und – gemäß dem Modell – auf unbestimmte Zeit weiter existieren kann: eine nachhaltige Gesellschaft.

Zwei der elf Szenarien sind in Abb. 6.21 zu sehen, wobei „Szenario 2" eine weniger erfreuliche Zukunft mit einem globalen Zusammenbruch und „Szenario 9" eine nachhaltige Zukunft demonstriert. Um sich zu orientieren, ist es am besten, zuerst die Kurve des Bevölkerungsgraphen zu untersuchen.

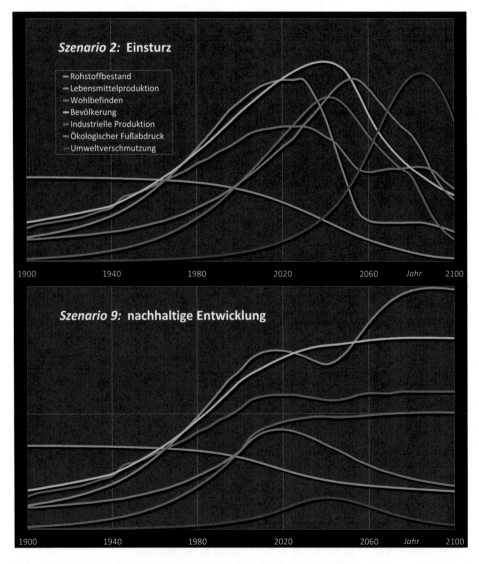

Abb. 6.21 Das World3-Modell von Meadows et al. für Szenario 2 (oben) und Szenario 9 (unten) werden eine Reihe von People-, Planet- und Profitaspekten dargestellt. (Quelle: Meadows 2004)

Fragen

- In der Grafik von Szenario 2 ist ab etwa 2040 ein rascher Bevölkerungsrückgang zu erkennen. Könnte ein solch rapider Rückgang allein auf einen altersbedingten Tod zurückzuführen sein? Wenn nicht, welche anderen Todesursachen könnten eine bedeutende Rolle spielen?
- Stellen Sie sich vor, Szenario 2 sollte Wirklichkeit werden. Wie schätzen Sie Ihre Chancen ein, dort zu sein?
- Welches ist wahrscheinlicher, Szenario 2 oder Szenario 9 oder keines von beiden?

Leider kommt es häufig vor, dass Menschen nicht verstehen, was es bedeutet, die Zukunft anhand von Szenarien zu betrachten. Eine große Zahl von Menschen glaubt, dass das Meadows-Modell tatsächlich Prophezeiungen beinhaltet und dass die Katastrophen als unvermeidlich angekündigt werden. Mit Erleichterung nehmen sie zur Kenntnis, dass die Geschichte seit 1972 (als das Modell zum ersten Mal veröffentlicht wurde) nicht den düstersten Szenarien in *„Grenzen des Wachstums"* gefolgt ist. „Meadows hat sich als falsch erwiesen", rufen sie.

In Wirklichkeit hat sich jedoch herausgestellt, dass Meadows weder Recht noch Unrecht hat, denn das World3-Modell macht keine Vorhersagen – es berechnet nur Szenarien. Diese haben den Vorteil, dass sie uns dabei helfen, die möglichen Folgen unseres Lebensstils zu bedenken, und uns in die Lage versetzen, intelligente Entscheidungen zu treffen, die es uns ermöglichen, die grimmigeren Szenarien zu vermeiden und auf die Schaffung der Welt hinzuarbeiten, die wir uns wünschen.

Zur Untersuchung mehrerer möglicher Richtungen, in die sich unsere Welt auf nachhaltige Weise entwickeln könnte, wurde ein riesiges Forschungsprogramm durchgeführt. Es handelt sich um das Millennium Ecosystem Assessment, das im nächsten Abschnitt behandelt wird.

6.6 Was für eine Welt wollen wir eigentlich?

Es wurden umfangreiche Forschungsarbeiten über die Bedrohungen und Möglichkeiten unseres Planeten durchgeführt. Beim Millennium Ecosystem Assessment arbeiteten rund 1360 Wissenschaftler aus 95 Ländern zusammen. Damit ist es möglicherweise die größte wissenschaftliche Studie aller Zeiten. Die ersten Berichte wurden 2005 veröffentlicht, und ihre Schlussfolgerungen stimmten weitgehend mit den Ergebnissen von Zukunftsmodellen wie dem Meadows-Modell überein.

Das Millennium Ecosystem Assessment, oder einfach das Millennium Assessment (MA), konzentrierte sich in erster Linie auf die Dienstleistungen, die die natürliche Umwelt für die Menschheit erbringt, von denen 24 identifiziert wurden (Tab. 6.1).

Aus Tab. 6.1 ist ersichtlich, dass die meisten Dienstleistungen in der jüngsten Vergangenheit zurückgegangen sind. Dies ist oft das Ergebnis des Fortschritts, den wir

Tab. 6.1 Die 24 Dienstleistungen der Ökosysteme nach dem Millennium Assessment

Bereitstellung von Dienstleistungen			Dienstleistungen regulieren		Kulturelle Dienst-leistungen	
Lebensmittel	Landwirtschaft	Δ	Luftqualität	▼	Spiritueller und religiöser Wert	▼
	Viehzucht	Δ	Globales Klima	Δ[a]	Schönheit	▼
	Fischerei	▼	Regionales und lokales Klima	▼	Freizeit- und Öko-tourismus	–
	Aquakultur	Δ	Wasserzirkulation	–		
	Jagen/Sammeln	▼	Erosion	▼		
Glasfaser	Holz	–	Wasser- und Abfallreinigung	▼		
	Baumwolle, Flachs, Seide	–				
	Brennholz	▼	Krankheiten	–		
Artenvielfalt		▼	Seuchen	▼		
Drogen, Chemikalien		▼	Bestäubung	▼		
Sauberes Wasser		▼	Natürliche Risiken	▼		

Δ = gestiegen, ▼ = in den letzten Jahren zurückgegangen
Unterstützende Dienste sind von MA nicht eingeschlossen, da diese der Menschheit nicht direkt zugutekommen
[a]Dies bedeutet nicht, dass sich das Klima verbessert hat, sondern nur, dass die Absorption von Kohlendioxid zugenommen hat
Quelle: Millennium Ecosystem Assessment (2005)

durch moderne Technologie bei einigen dieser Dienstleistungen, die alle mit der Nahrungsmittelproduktion zu tun haben, erreichen konnten. Das bedeutet, dass es einen Zielkonflikt gibt, bei dem Landwirtschaft, Viehzucht und Aquakultur intensiviert werden auf Kosten der meisten anderen Dienstleistungen. Ein gravierender Aspekt ist, dass dieser Austausch in unausgewogener Weise stattfindet. Die Zunahme bestimmter Dienstleistungen kommt vor allem den Bewohnern der wohlhabenderen Nationen zugute, während der Rückgang vor allem auf Kosten der ärmeren Menschen geht, vor allem in Afrika südlich der Sahara.

Dieser Kompromiss zeigt, dass die Übertragung von Problemen von den Reichen auf die Armen nicht zufällig, sondern ein systematisches Ereignis ist. Es ist ein Fehler, ein Webfehler, der tief in das Gefüge des globalen Systems integriert ist.

Der MA-Bericht liefert viele Beispiele für die Art und Weise, in der die meisten Dienstleistungen, die von Ökosystemen erbracht werden, abnehmen. Die Ökosysteme des Planeten haben sich in den letzten 50 Jahren durch menschliche Aktivitäten schneller als je zuvor verändert, und dies hat dazu geführt, dass die Vielfalt des Lebens auf der Erde erheblich und zum größten Teil irreversibel zurückgegangen ist. So wurde z. B.

in den 30 Jahren zwischen 1950 und 1980 mehr natürliches Land in landwirtschaftliche Nutzflächen umgewandelt als in den 150 Jahren zwischen 1700 und 1850. Darüber
hinaus sind 20 % der weltweiten Korallenriffe tot, weitere 20 % sind schwer beschädigt.
In den letzten Jahrzehnten sind 35 % der Mangrovenwälder verschwunden, während
der natürliche Wasserkreislauf ernsthaft gestört wurde, da der Mensch drei- bis sechsmal so viel Wasser in künstlichen Reservoirs zurückhält, wie durch alle Flüsse fließt.
Die Wasserentnahme aus Flüssen und Seen für häusliche, industrielle und (vor allem)
landwirtschaftliche Zwecke hat sich seit 1960 verdoppelt, was dazu geführt hat, dass
eine Reihe von ihnen völlig austrocknet. Der Aralsee dient als schlimmstes Beispiel
dafür. Inzwischen ist die Geschwindigkeit, mit der Pflanzen- und Tierarten aussterben,
in den letzten Jahrhunderten tausendmal höher gewesen als in prähistorischen Zeiten.
Die MA bestätigte frühere Studien, dass derzeit 10 bis 30 % der Säugetiere, Vögel und
Amphibien vom Aussterben bedroht sind.

Es gibt sogar Anzeichen dafür, dass die Veränderungen in den Ökosystemen die
Chancen für nichtlineare Reaktionen erhöhen. (Der Begriff der nichtlinearen Prozesse
wird in Kap. 7 erläutert.) Dies könnte sogar bedeuten, dass das System plötzlich
dramatische Veränderungen erfährt, die denen in Grafik D von Abb. 6.12 ähneln:
Kollaps, die stärkste Art des nichtlinearen Verhaltens, ein unvorhersehbarer Trendbruch.
Dies kann zu katastrophalen Folgen führen, von denen einige bereits wahrnehmbar sind,
wie der plötzliche Ausbruch von Epidemien, abrupte Veränderungen der Wasserqualität,
die Existenz von „toten Zonen" in Küstengewässern, der Zusammenbruch der Fisch-
population oder sogar Veränderungen des regionalen Klimas.

Die MA-Wissenschaftler bestätigten auch Meadows' Erkenntnisse, dass sich die
gegenwärtigen Probleme, mit denen wir konfrontiert sind, noch erheblich verschärfen
werden, wenn keine Änderungen der Politik auf globaler Ebene vorgenommen werden.
Einer der Gründe dafür ist, dass der Verbrauch der von den Ökosystemen erbrachten
Dienstleistungen stark zunehmen wird, wenn sich nichts ändert. Das internationale
Bruttoinlandsprodukt wird im Jahr 2050 drei- bis sechsmal so hoch sein wie heute,
erwartet die MA, und das bei der gegenwärtigen Politik, die weitgehend von der natürlichen Umwelt erbracht werden muss. Es besteht also ein außerordentlicher Anreiz für
die Einführung weitreichender Veränderungen. Dies zeigt, dass es dringend notwendig
ist, alle unsere Anstrengungen und Kräfte auf eine nachhaltige Entwicklung auszu-
richten.

Umfassende Verbesserungen seien machbar, so die MA abschließend. Das wissenschaftliche Programm entwickelte eine Vielzahl von Szenarien, die zu solchen Verbesserungen führen könnten. Jedes der Szenarien wird

> „… wesentliche Änderungen in der Politik, den Institutionen und der Praxis mit sich
> bringen, die derzeit nicht im Gange sind. Es gibt viele Möglichkeiten, bestimmte Öko-
> systemleistungen so zu erhalten oder zu verbessern, dass negative Trade-offs reduziert
> werden oder positive Synergien mit anderen Ökosystemleistungen entstehen."
>
> *(Quelle: Millennium Ecosystem Assessment Synthesis Report 2005: Summary for
> Decisionmakers)*

Mit anderen Worten, solche Verbesserungen sind nur durch große Veränderungen im System und durch die Zusammenarbeit vieler Parteien, von der Politik bis zur Industrie, von der Bildung bis zur Wissenschaft usw., realisierbar. Dazu sind Beiträge von vielen Fachleuten erforderlich, insbesondere von denjenigen mit Hochschulbildung, die verantwortungsvolle Positionen innehaben, sowie von ihren Nachfolgern – den heutigen Studierenden.

Die vier MA-Szenarien

Die vier von MA untersuchten Szenarien wurden jeweils mit einem Namen versehen, wie aus Tab. 6.2 ersichtlich ist. Wie die zuvor behandelten Szenarien sind dies keine Prophezeiungen, sondern mögliche Zukünfte, für die sich die Menschheit entscheiden könnte. Natürlich sind auch Kombinationen dieser und tausender anderer Szenarien möglich, einschließlich desjenigen der „Fortsetzung der gegenwärtigen Politik", was zu gigantischen Problemen führen würde.

In zwei der vier MA-Szenarien wird erwartet, dass die Globalisierung abnimmt. Es gibt wenig internationale Zusammenarbeit und viel regionale Abschottung. Im *Ordnung aus Stärke*-Szenario z. B. nehmen die Handelsschranken eher zu als ab: Die Regionen schützen ihre eigenen Produkte fest. Die Grenzsicherheit wird auch aus Sicherheitsgründen, also aus Angst, intensiviert, um u. a. Flüchtlinge zu verhindern. In diesem Szenario wird den Umweltproblemen nicht viel Aufmerksamkeit geschenkt. Das Wirtschaftswachstum ist das niedrigste aller Szenarien, da der internationale Handel stagniert. Da die Armut nach wie vor hoch ist, wird die Abflachung des Bevölkerungswachstums lange dauern, wodurch die Weltbevölkerung stark ansteigen wird.

Im Szenario *Mosaikanpassung* erfolgt die Regionalisierung nicht aus Angst und Abschottung, sondern mit dem Ziel, die Situation pro Region optimal auf die lokalen Gegebenheiten abzustimmen. Gute Ergebnisse werden vor Ort durch eine dynamische lokale Herangehensweise an Umweltprobleme erzielt. Dies geht zunächst auf Kosten des Wirtschaftswachstums, das gering ist, später aber aufgrund der zunehmenden Widerstandsfähigkeit der Ökosysteme zunimmt.

Mithilfe von Computermodellen wurde berechnet, wie sich die Szenarien im Laufe der Zeit entwickeln könnten. Für jede der 24 Dienstleistungen, die von Ökosystemen abgeleitet sind, wurde für jedes Szenario untersucht, ob sie sich verbessern, gleichbleiben oder verschlechtern werden. Abb. 6.22 zeigt die Ergebnisse. Im Szenario *Mosaikanpassung* z. B. werden sich in den reichen Ländern 13 Dienstleistungen verbessern, eine wird sich verschlechtern und die anderen werden mehr oder weniger gleichbleiben. In den armen Ländern gehen in diesem Szenario ebenfalls 13 vorwärts und drei rückwärts.

In den beiden anderen Szenarien wird davon ausgegangen, dass die Globalisierung mit voller Kraft weitergeht. Die Zusammenarbeit zwischen den Ländern nimmt weiter zu. Wirtschaft, Wissenschaft und Bildung werden immer internationaler. In dem einen

Tab. 6.2 Die vier Szenarien des Millennium Ecosystem Assessment

	Fokus auf Wirtschaft	*Fokus auf Umwelt*
Regional	**Ordnung aus Stärke** Fragmentierte Welt, in der es in erster Linie um Sicherheit und Schutz geht. • Abwarten, bis Umweltprobleme sichtbar werden. • Regionale Märkte. • Wenig Fokus auf öffentliche Bestimmungen. *Ergebnisse:* • Niedrigstes Wirtschaftswachstum. • Höchstes Bevölkerungswachstum. • Umwelt in schlechtem Zustand.	**Mosaikanpassung** Politische und wirtschaftliche Aktivitäten konzentrieren sich regional auf die gegenwärtigen Ökosysteme. • Proaktiver Ansatz für Umweltprobleme. • Starke lokale Institutionen. • Lokaler Ansatz für Umweltprobleme. *Ergebnisse:* • Geringes Wirtschaftswachstum, steigt später an. • Hohes Bevölkerungswachstum. • Starke Natur und Umwelt.
Global	**Globale Orchestrierung** Eine global vernetzte Gesellschaft, die auf Freihandel und wirtschaftlicher Liberalisierung basiert. • Abwarten, bis Umweltprobleme sichtbar werden. • Starker Ansatz zur Verringerung von Armut und Ungleichheit. • Investitionen in Infrastruktur und Bildung. *Ergebnisse:* • Größtes wirtschaftliches Wachstum. • Kleinstes Bevölkerungswachstum. • Wenig Verbesserung für die Umwelt.	**TechnoGarten** Eine global vernetzte Gesellschaft, die sich auf umweltverträgliche Technologien stützt. • Proaktiver Ansatz für Umweltprobleme. • Rasche technologische Fortschritte. • Für das Umweltmanagement eingesetzte Technologie. *Ergebnisse:* • Relativ hohes und steigendes Wirtschaftswachstum. • Durchschnittliches Bevölkerungswachstum. • Starke Natur und Umwelt.

Quelle: Millennium Ecosystem Assessment Synthesis Report (2005)

Szenario, der **Globalen Orchestrierung,** ist die Wirtschaft führend. Der freie Welthandel wird gestärkt. Handelsraten und Subventionen, die für arme Länder sehr restriktiv sind, werden abgeschafft. Dies kommt dem Wohlstand aller Länder zugute, was die Armut verringert und das Bevölkerungswachstum verlangsamt. Das Wirtschaftswachstum ist hoch, und die Ökosysteme werden stark in Mitleidenschaft gezogen.

In dem anderen Globalisierungsszenario, **TechnoGarten,** wird der Umwelt viel Aufmerksamkeit geschenkt. Wissenschaft und Technologie erhalten viel Raum, um eine viel effizientere Nutzung der Ressourcen zu erreichen. In diesem Szenario gibt es weniger

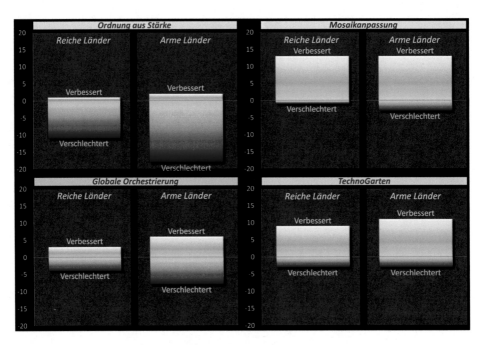

Abb. 6.22 Die Folgen der vier Szenarien der Millennium Ecosystem Assessment für die 24 Dienstleistungen der natürlichen Umwelt. (Quelle: Millennium Ecosystem Assessment Synthesis Report 2005)

wirtschaftliches Wachstum, aber weil die Ökosysteme weniger betroffen sind, nimmt das Wachstum zu einem späteren Zeitpunkt zu.

Die Grafiken in Abb. 6.22 zeigen, dass insbesondere die *Ordnung aus Stärke* zu einer enormen Verschlechterung der Umwelt in der Welt führen wird, die in den armen Ländern am stärksten ist. In diesen Ländern stellt sich das Problem, dass Armut eine Hauptursache für Umweltschäden ist, einfach weil die Menschen es sich nicht leisten können, in einer einigermaßen nachhaltigen Weise zu leben. Die beiden Szenarien *TechnoGarten* und *Mosaikanpassung* führen zu den größten Verbesserungen der Umwelt.

Die Folgen der vier Szenarien für die Größe der Weltbevölkerung sind in Abb. 6.23 dargestellt. Obwohl die Szenarien im Jahr 2005 berechnet wurden, scheint es nun, dass die von der UNO erwartete Kurve, die die Abbildung ebenfalls zeigt, mehr oder weniger der der *Ordnung aus Stärke* folgt.

Ob eines der vier Szenarien jemals Wirklichkeit werden wird, hängt von den politischen Entscheidungen ab, die von den Machthabern auf unserem Planeten getroffen werden müssen. Dies könnten z. B. die G20 sein, die Führer der einflussreichsten Nationen. Die Zukunft wird aller Wahrscheinlichkeit nach nicht buchstäblich aus einem dieser vier Szenarien bestehen, sondern aus einer Kombination dieser vier Szenarien,

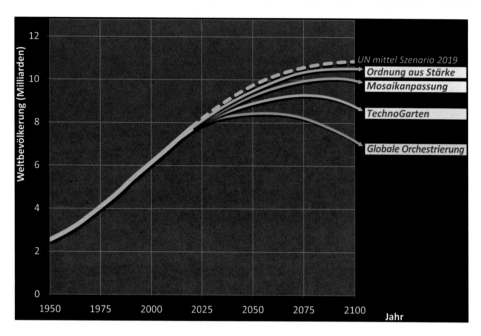

Abb. 6.23 Das Wachstum der Weltbevölkerung nach den vier MA-Szenarien. (Quelle: Millennium Ecosystem Assessment Synthesis Report 2005)

und wahrscheinlich mit einer großen Dosis „Fortsetzung der gegenwärtigen Politik" kombiniert werden – ein Szenario, das leicht vorhersehbar ist. Die MA-Szenarien zeigen, dass wir es mit grundlegenden Entscheidungen zu tun haben. Was für eine Welt wollen wir eigentlich? Eine hochgradig globalisierte Welt oder vielmehr eine Welt, die aus getrennten Regionen besteht, die einen großen Teil ihrer Einzigartigkeit behalten, entweder aus Angst vor allem Fremden oder dank kultureller Stärke? Oder vielleicht eine Welt, in der die Armut rasch beseitigt wird, oder eine Welt, in der es Natur und Umwelt in beschleunigtem Tempo besser geht? Gemäß den MA-Szenarien sind diese beiden Wünsche nicht richtig kompatibel, was wäre also die beste Wahl? Oder könnten wir ein Szenario entwerfen, in dem sich beide Aspekte zusammen verbessern?

Fragen

- Was halten Sie für dringlicher – die Bekämpfung der Armut oder die Verbesserung der Umwelt?
- Würden Sie es vorziehen, dass die Globalisierung weitergeht, oder würden Sie lieber in einer Welt unabhängiger Regionen leben?

Nachhaltige Entwicklung ist eine Frage von Entscheidungen. Die Entscheidung für eine bessere Welt oder für eine, mit der es bergab geht. Wir müssen uns entscheiden, für *welche* bessere Welt wir uns entscheiden. Nachhaltige Entwicklung bedeutet auch: Denken und Handeln auf der Grundlage eines Verständnisses der Zukunft. Und es bedeutet: Zusammenarbeit zwischen Nationen – Zusammenarbeit zwischen Regierungen, Unternehmen, Wissenschaft und Technologie von oben nach unten; Zusammenarbeit zwischen verantwortungsbewussten Bürgern von unten nach oben. Professionelle und interdisziplinäre Zusammenarbeit zwischen Wirtschaftswissenschaftlern, Juristen, Ingenieuren, Lehrern, Künstlern, Wissenschaftlern, Pflegekräften und vielen anderen. Und es bedeutet auch Zusammenarbeit auf transdisziplinärer Ebene zwischen Fachleuten und der Zivilgesellschaft.

In den folgenden beiden Kapiteln wird auf einige Themen etwas ausführlicher eingegangen, da diese führend sind, wenn es darum geht, die Richtung zu bestimmen, in die sich die Welt nachhaltig entwickeln kann. Das erste Thema, das behandelt wird, ist das Problem der Nicht-Nachhaltigkeit, das gegenwärtig die größte Bedrohung für die Zukunft der menschlichen Gesellschaft und der natürlichen Umwelt darstellen könnte – der Klimawandel.

Zusammenfassung

Im Laufe der Menschheitsgeschichte sind viele Zivilisationen verschwunden, oft als Folge von Formen der Nicht-Nachhaltigkeit wie Überausbeutung und Überbevölkerung. Bei der Untersuchung der Frage, ob unsere gegenwärtige globale Zivilisation in ähnlicher Weise betroffen sein könnte, stehen eine Reihe von Instrumenten zur Verfügung:

- Die Äußerungen von Propheten und Science-Fiction-Autoren haben keinen vorhersagenden, aber vielleicht einen inspirierenden Wert. Auch die von Zukunftsforschern sind oft falsch.
- Die Erwartungen der Optimisten sind im Allgemeinen zu rosig. Die Erwartungen der Pessimisten können nur dann als realistisch angesehen werden, wenn die Politik unverändert bleibt.
- Auf der Grundlage von Modellen, die durch Simulationen ausgearbeitet werden können, können Szenarien erstellt werden.
- Es gibt eine Reihe verschiedener Wachstumsmodelle, darunter ungehemmtes Wachstum, stark oder schwach gehemmtes Wachstum und Kollaps.
- In Wirklichkeit treten Kombinationen dieser Wachstumsarten auf, die sich zu einem Weltszenario zusammenfügen lassen. Die ECOWAS-Region, Indien, China und die EU passen alle in dieses Szenario.
- Das vom Club of Rome zur Verfügung gestellte Modell sieht verschiedene Szenarien vor, von denen einige zum Zusammenbruch und andere zu einer nachhaltigen Entwicklung führen. Das Modell ermöglicht es, politische Entscheidungen zu treffen.
- Dasselbe gilt für die Szenarien des Millennium Ecosystem Assessment, die die Wahl der Welt, in der wir leben wollen, in den Mittelpunkt stellen.

Klima und Energie

7

Inhaltsverzeichnis

Fall 7.1. Die fliegende V

Er wird 20 % weniger Energie verbrauchen als der Airbus 350–900 und die gleiche Anzahl von Passagieren, 300 bis 350, befördern: der Flying V, dargestellt in Abb. 7.1. Das innovative Flugzeug, das mit Unterstützung der KLM von der Technischen Universität Delft entwickelt wird, sieht wie Science-Fiction aus, wie die Skizze des Künstlers zeigt. Doch seit Ende 2019 fliegt das V-förmige Flugzeug tatsächlich, vorerst nur in Form von Testflügen.

Die Verbesserung der Energieeffizienz von Flugzeugen ist von großer Bedeutung. Um das Jahr 2020 herum verursachen Flugzeuge 2,5 % des Klimawandels, aber es wird erwartet, dass dieser Prozentsatz stark ansteigen wird, wenn der Flugverkehr in den kommenden Jahrzehnten enorm zunimmt, während andere Sektoren schnell energieeffizienter werden und ebenfalls auf nachhaltige Energie umstellen.

Ist eine 20%ige Reduzierung der Flugzeugenergie ausreichend? Kap. 7 gibt die Antwort.

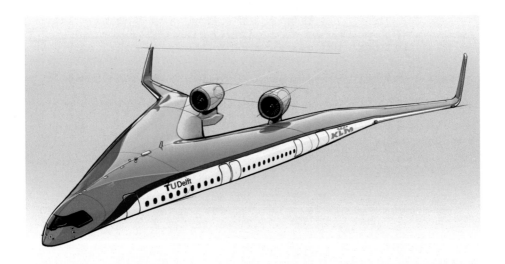

Abb. 7.1 Die Skizze eines Künstlers von der Flying V. (Quelle: KLM & Technische Universität Delft)

Von allen Fragen, die zur Nicht-Nachhaltigkeit führen, ist das Problem des Klimawandels zweifellos das gravierendste. Er stellt eine weltweite Bedrohung für Menschen, Städte, Volkswirtschaften, Kulturen und die natürliche Umwelt dar. Jede künftige nachhaltige Entwicklung muss sich stark auf die Lösung des Klimaproblems konzentrieren, denn ohne eine vernünftige Lösung dieses Problems hat es wenig Sinn, andere Arten der Nachhaltigkeit voranzutreiben – es wäre, als würde man gegen den Strom schwimmen.

Die Antworten auf den Klimawandel sind notwendigerweise komplex und bestehen aus einem sehr breiten Spektrum von Lösungen. Dies ist unvermeidlich, da sowohl die Ursachen als auch die Folgen des Klimawandels selbst äußerst komplex sind. Einige der Methoden konzentrieren sich auf Veränderungen, die wir in Bezug auf den Grad des Klimawandels, der nicht mehr vermieden werden kann, durchführen müssen. Andere zielen darauf ab, die zugrunde liegenden Ursachen zu beseitigen, die größtenteils in unserer weltweiten Abhängigkeit von fossilen Brennstoffen – Öl, Gas, Kohle usw. – zu finden sind. Diese Sucht ist ein tief verwurzelter Fehler im Gefüge der menschlichen Gesellschaft der Welt. Einige der Lösungen sind technischer Natur. Andere sind eher wirtschaftlicher oder politischer Natur, und die angewandten Methoden – wie auch ihre Kombinationen – werden zum Teil von der zukünftigen Welt bestimmt, die wir für die wünschenswerteste halten. Das bedeutet, dass viele Entscheidungen getroffen werden müssen, und um eine fundierte Wahl treffen zu können, ist es zunächst notwendig, ein klares Bild davon zu entwickeln, was genau vor sich geht. Folglich beginnt dieses Kapitel mit einer Untersuchung der Ursachen und des Hintergrunds des Klimawandels, gefolgt von einem Überblick über die primären Folgen. In den nächsten Abschnitten wird auf die Palette der angebotenen Lösungen eingegangen, von denen eine in Fall 7.1 illustriert wurde.

7.1 Das Phänomen: steigende Temperaturen

Änderungen des Klimas sind schwer nachzuweisen, da das Klima eine Art Mittelwert des Wetters ist, der an verschiedenen Messpunkten, verteilt über ein oder mehrere Länder oder Kontinente, über eine große Anzahl von aufeinanderfolgenden Jahren ermittelt wird. Das Wetter selbst ist im Allgemeinen ziemlich launisch, d. h., wenn es in einigen aufeinanderfolgenden Sommern oder Wintern wärmer ist, beweist dies nicht sofort, dass sich das Klima ändert. Gegenwärtig sind die Beweise für einen raschen Klimawandel sehr überzeugend.

Der Klimawandel wird durch den Treibhauseffekt verursacht, der auf diesem Planeten in Form eines natürlichen Treibhauseffekts seit Milliarden von Jahren, lange bevor es den Menschen gab, ein Faktor ist. Dieses Phänomen bedeutet, dass die Temperatur auf der Erde wesentlich höher ist, als sie sonst sein würde, was für das Leben, einschließlich des menschlichen Lebens, von großem Nutzen ist. Aber menschliche Aktivitäten seit der industriellen Revolution haben über diesen natürlichen Treibhauseffekt hinaus zu einem anthropogenen Treibhauseffekt geführt (anthropogen bedeutet, dass er vom Menschen verursacht wird). Die Temperatur auf diesem Planeten steigt mit beschleunigter Geschwindigkeit, wie aus Abb. 7.2 ersichtlich ist, in der die Temperatur der letzten 170 Jahre als Differenz zur Durchschnittstemperatur zwischen 1961 und 1990 dargestellt ist.

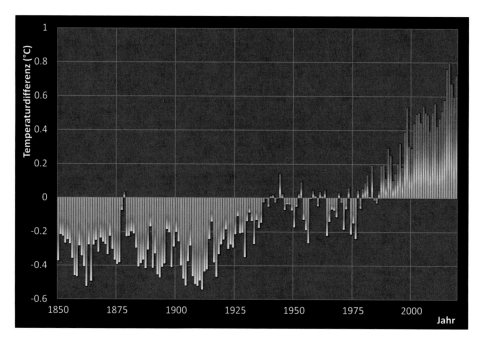

Abb. 7.2 Schwankungen der globalen Durchschnittstemperatur zwischen 1850 und 2019, verglichen mit der Durchschnittstemperatur im Zeitraum 1961 bis 1990. (Quelle: Brohan et al. 2006; Met Office Hadley Centre for Climate Science and Services, London 2019)

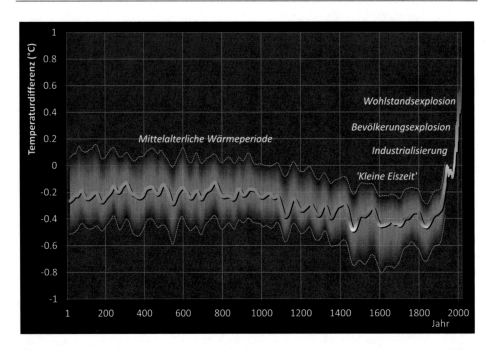

Abb. 7.3 Schwankungen der Durchschnittstemperatur auf dem Planeten seit 1 n. Chr. (das Jahr 0 gab es nie), verglichen mit dem Zeitraum zwischen 1961 und 1990. Hinweis: Es wird die durchschnittliche weltweite EIV (error-in-variables) Landtemperatur verwendet; die Trendlinie wurde hinzugefügt. (Quellen: PAGES 2k Consortium 2019: ein vollständiges Ensemble aller Daten; es wurde ein 30-jähriger Jahresdurchschnitt angewandt. Ab 1936: Met Office Hadley Centre 2019, genau wie Abb. 7.2)

Wenn wir die Temperaturschwankungen über einen noch längeren Zeitraum abbilden (Abb. 7.3), wird noch deutlicher, dass etwas Außergewöhnliches geschieht.

Die graue Zone um die Hauptkurve in diesem Diagramm stellt die Unsicherheitsmarge dar. Die Kurve und die Ränder wurden anhand von Daten aus Baumringen und Schneeproben aus vergangenen Jahrhunderten berechnet, die beispielsweise in Computermodellen zur Berechnung des Klimas verwendet werden. Die beiden gestrichelten Linien bilden zusammen den 95 %-Konfidenzbereich. Die Grafik zeigt zunächst die wärmere Periode, die die Erde im Mittelalter durchlief, gefolgt von einer kälteren Periode, die einige Jahrhunderte andauert – auch Kleine Eiszeit genannt. Beide Perioden zeugen davon, dass der Planet aufgrund natürlicher Ursachen, einschließlich Schwankungen der Sonnenaktivität und Vulkanausbrüche, Schwankungen der Durchschnittstemperatur erfährt. Der Unterschied zwischen den beiden Perioden beträgt im Durchschnitt 0,2 °C, was unbedeutend erscheinen mag. Aber wie wichtig ein so geringer Unterschied ist, zeigt die Tatsache, dass die Landwirtschaft in Europa und Asien im Mittelalter florierte und während der „Kleinen Eiszeit" zusammenbrach, was zu einer lang anhaltenden Hungersnot führte. Die wichtige Lehre daraus ist, dass kleine

Temperaturunterschiede unerwartete, große Folgen haben. Abb. 7.3 zeigt, dass die heutige Temperatur bereits volle 1 °C höher ist als in der mittelalterlichen Warmzeit und 1,2 °C höher als in der „Kleinen Eiszeit". Die Folgen sind enorm.

Man könnte meinen, dass der derzeitige Temperaturanstieg auf natürliche Schwankungen zurückzuführen ist, aber es gibt einen wichtigen Unterschied – es ist nicht nur, dass die Temperatur in den letzten Jahren ein Niveau erreicht hat, das im Mittelalter nicht erlebt wurde, sondern die Geschwindigkeit, mit der die Temperatur derzeit steigt, ist schneller als je zuvor. Die Trendlinie war noch nie so steil: In den vergangenen 10.000 Jahren betrug die Temperaturänderungsrate höchstens einige Hundertstel Grad pro Jahrhundert, aber seit dem 20. Jahrhundert ist diese Rate 20-mal so hoch, was darauf hindeutet, dass mehr vor sich geht als nur eine natürliche Schwankung.

Bemerkenswert ist, dass die scharfe Spitze mit der Bevölkerungs- und Wohlfahrts-explosion, die in Kap. 3 in Abb. 3.4 grafisch dargestellt wurde, zusammenfällt und ihr sehr ähnelt. Zufall?

7.2   Die Ursache: der Treibhauseffekt

Die Erdatmosphäre ist transparent, und sichtbares Licht kann sie relativ leicht durch-dringen. Wäre dies nicht der Fall, würden wir in ewiger Dunkelheit leben, da die Sonnenstrahlen nicht in der Lage wären, die Oberfläche der Erde zu erreichen. Aber die Sonne dringt durch, und das Ergebnis ist, dass sich der Planet erwärmt. Diese Wärme muss wieder freigesetzt werden, sonst würde der Planet immer heißer und wäre vor langer Zeit in einer Gaswolke verschwunden. Unsere Welt gibt ihre Wärme ab, indem sie auch Wärme ins All abstrahlt. Das ist nicht nur Licht, das wir sehen können, sondern vor allem infrarotes Licht. Solange die Erde so viel Wärme abgibt, wie sie von der Sonne empfängt, ist die Temperatur auf dem Planeten konstant, abgesehen von den Jahreszeiten und den Launen der Natur.

Temperaturschwankungen werden auf viele verschiedene Arten verursacht, wie z. B. langfristige Änderungen der Sonnenintensität, Änderungen der Umlaufbahn der Erde um die Sonne, Kontinentalverschiebung, vulkanische Aktivität und Änderungen der Meeres-strömungen. Die mittelalterliche Warmzeit und die Kleine Eiszeit (Abb. 7.3) wurden durch diese Faktoren verursacht, ebenso wie die größeren Eiszeiten, die den Planeten heimgesucht haben.

Der Klimawandel, den wir derzeit erleben, ist eine Folge des Treibhauseffekts. Während die Atmosphäre eine Reihe von Gasen enthält, durch die sichtbares Licht hindurchtreten kann, wird sie von infrarotem Licht nicht mit der gleichen Leichtig-keit durchquert. Diese Gase, von denen Wasserdampf und Kohlendioxid (CO_2) die wichtigsten sind, sorgen dafür, dass die Erde ihre Wärme nicht so leicht verlieren kann, sodass die Temperatur auf dem Planeten höher ist, als wenn diese Gase nicht vorhanden wären. Dies ist das, was wir als Treibhauseffekt kennen. Die Durchschnittstemperatur auf der Erde liegt bei etwa 15 °C. Ohne den natürlichen Treibhauseffekt würde die

Temperatur bei 17 °C unter null liegen, und Leben, wie wir es kennen, könnte nicht existieren.

Seit etwa dem Beginn der industriellen Revolution haben wir zusätzliche Treibhausgase (THG) abgepumpt – in erster Linie Kohlendioxid, das freigesetzt wird, wenn Menschen und Tiere Nahrung in ihrem Körper verbrennen, sowie bei der Verbrennung von Holz und fossilen Brennstoffen wie Braunkohle, Kohle, Öl und Erdgas. Wenn unser Körper dies tut, wird Sauerstoff (O_2) absorbiert und Kohlendioxid (CO_2) als Teil eines biologischen Kreislaufs produziert, da Pflanzen gleichzeitig das genau entgegengesetzte System ausführen – CO_2 absorbieren und O_2 produzieren, indem sie Sonnenenergie nutzen. Dieser Kreislauf sorgt für ein Gleichgewicht. Aber weil wir fossile Brennstoffe in großem Maßstab verbrennen, wird dieses Gleichgewicht gestört, und die CO_2-Menge in der Atmosphäre steigt an. Gleichzeitig werden andere Gase in die Atmosphäre freigesetzt, was zu diesem anthropogenen Treibhauseffekt beiträgt, dessen prominentester in Abb. 7.4 zu sehen ist. Der Begriff „Strahlungsantrieb" (Englisch: *„Radiative forcing"*) in der Grafik bezieht sich auf das Ausmaß, in dem die verschiedenen Stoffe das Gleichgewicht zwischen den einfallenden Sonnenstrahlen und der austretenden Wärme („Strahlung") beeinflussen und damit die Temperatur auf der Erde „nach oben treiben".

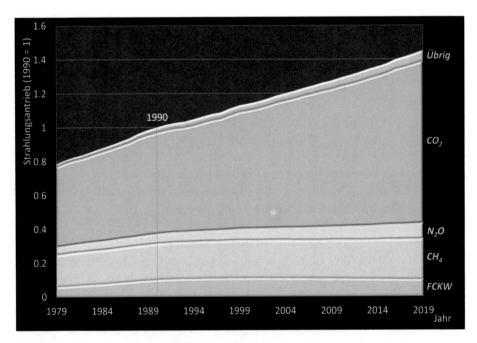

Abb. 7.4 Die wichtigsten „langlebigen" Treibhausgase und ihr Beitrag („radiative forcing", Strahlungsantrieb) zum anthropogenen Treibhauseffekt im Vergleich zu 1990. (Quelle: NOAA Earth System Research Laboratory 2019)

Die Produktion von Halogenkohlenwasserstoffe, einschließlich FCKW, wurde als Folge des in früheren Kapiteln erwähnten Montrealer Protokolls zum Schutz der Ozonschicht erfolgreich eingestellt.

Ozon (O_3) hat zwei gegensätzliche Wirkungen – einen negativen Strahlungsantrieb des Ozons in der Stratosphäre (einer höheren Schicht der Atmosphäre), der die Temperatur senkt, und einen größeren positiven Antrieb in der Troposphäre (dem unteren Teil der Atmosphäre). Die Schädigung der Ozonschicht in der Stratosphäre durch FCKW trägt damit zum Treibhauseffekt bei, wie Abb. 7.4 zeigt.

Methan (CH_4) ist ein sehr gefährliches Treibhausgas, und obwohl es viel weniger davon in der Atmosphäre vorhanden ist als CO_2, ist der Strahlungsantrieb pro Molekül um ein Vielfaches höher. Methan kann auf verschiedene Weise in die Atmosphäre freigesetzt werden, u. a. durch Vieh, d. h. durch die von Rindern und anderen Pflanzenfressern produzierten Gase. Viel Methan wurde über Millionen von Jahren in alten Sümpfen und Torfmooren gespeichert, z. B. in der sibirischen Tundra und auf dem Meeresboden. Wenn die Temperatur steigt, besteht die Möglichkeit, dass die gefrorenen Regionen der Planeten auftauen und sich die Ozeanböden zu bewegen beginnen, wodurch große Mengen an Methan freigesetzt werden und die Temperaturen schnell noch weiter ansteigen. Das im Boden und auf dem Meeresboden gespeicherte Methan ist wie eine Zeitbombe, die, sollte sie explodieren, katastrophale Folgen haben wird.

Die Kraft des Treibhauseffektes nimmt rapide zu. Der Strahlungsantrieb hat seit 1990 um 43 % zugenommen, wie Studien zeigen, u. a. von der American Meteorological Society im Jahr 2019.

Korrelationen und Ursache-Folge-Beziehungen

Es scheint, dass man schnell zu dem Schluss kommen kann, dass, solange die Treibhausgase in der Atmosphäre zunehmen, die Temperatur auf der Erde weiter ansteigen wird, und so verursacht das eine das andere. Oder tut es das?

Leider ist dieser Prozess nicht so einfach, wie man meinen könnte. Erstens enthält Abb. 7.3 eine ganze Reihe von Unsicherheiten – die Temperaturen wurden im Mittelalter nicht gemessen, daher basieren die Zahlen in der Grafik für diesen Zeitraum auf indirekten Hinweisen, wie z. B. der Größe der Jahrringe der Bäume. Es gibt auch Unsicherheiten bezüglich der Konzentration von Treibhausgasen in der Luft, wobei die Werte aus der Vergangenheit auf Messungen basieren, die z. B. an winzigen Luftblasen vorgenommen wurden, die in Gletschern eingeschlossen waren. Auch diese Messungen sind bis zu einem gewissen Grad unsicher.

Selbst wenn wir diese Unsicherheiten beiseitelassen, ist es immer noch keine Selbstverständlichkeit, dass die Zunahme der Treibhausgase zu einem Temperaturanstieg *führt*. Es ist nur allzu häufig der Fall, dass – vereinfacht ausgedrückt – bei gleichzeitigem Auftreten zweier Phänomene das eine als Ursache für das andere angenommen wird.

- Kinder in Deutschland verbringen weniger Zeit draußen und mehr Zeit drinnen. Der Prozentsatz der deutschen Kinder, die fettleibig sind, ist gestiegen. Hat Ersteres das Letztere verursacht?
- Wir putzen unsere Zähne häufiger als noch vor einem Jahrhundert. Außerdem sind die Kosten für zahnärztliche Chirurgie viel höher als noch vor einem Jahrhundert. Sollten wir folglich aufhören, unsere Zähne zu putzen?

Es ist relativ gut nachgewiesen, dass eine positive Korrelation zwischen der Konzentration von Treibhausgasen und der Temperatur auf dem Planeten besteht – eine Verbindung, durch die beide gleichzeitig ansteigen. Dieser Faktor beweist jedoch nicht automatisch, dass die erhöhten Treibhausgaskonzentrationen den Temperaturanstieg verursachen. Die wissenschaftliche Debatte über die Frage, ob dieser Kausalzusammenhang (oder Ursache-Wirkungs-Beziehung) tatsächlich besteht, tobt seit Jahren heftig, und es wurde viel wissenschaftliche Forschung betrieben, u. a. durch oder im Auftrag des Zwischenstaatlichen Ausschusses für Klimaänderungen (*Intergovernmental Panel on Climate Change,* IPCC). Heute sind sich fast alle Experten und politischen Entscheidungsträger einig, dass der anthropogene Treibhausgaseffekt die eigentliche Ursache für den Temperaturanstieg ist. Der Hauptgrund dafür ist, dass immer deutlicher wird, dass der Temperaturanstieg der letzten Jahre nicht mehr auf zufällige Wetterschwankungen zurückzuführen ist – der Anstieg war zu schnell und zu weit verbreitet. Der zweite Grund für diese Schlussfolgerung liegt darin, dass die wissenschaftlichen Modelle, die zur Berechnung des anthropogenen Treibhauseffekts verwendet werden, immer leistungsfähiger und vollständiger werden, auch dank der gestiegenen Rechenleistung, und dass die Ergebnisse der computergestützten Vorhersagen mit zunehmender Genauigkeit der tatsächlichen Situation entsprechen.

Rückmeldung

Die Modelle, die den computergestützten Berechnungen des Treibhauseffektes zugrunde liegen, sind sehr komplex. Dies ist notwendig, da es viele Faktoren gibt, die diesen Effekt beeinflussen. Einer davon ist das Vorhandensein von Wasserdampf, der als Treibhausgas ebenso bedeutsam ist wie Kohlendioxid. Es stimmt zwar, dass der Mensch durch den Bau von Staudämmen für eine direkte Zunahme der Verdunstung von Wasser verantwortlich ist, aber dieser zusätzliche Wasserdampf ist relativ gesehen nicht von großer Bedeutung. Aber es gibt auch einen indirekten Anstieg, da der Temperaturanstieg dazu geführt hat, dass Wasser schneller aus den Ozeanen verdunstet, was wiederum dazu führt, dass die Temperaturen ebenfalls schneller steigen. Dies ist ein Beispiel für eine positive Rückkopplung – der Treibhauseffekt erhöht die Verdunstung von Wasser und die Verdunstung von Wasser erhöht das Niveau des Treibhauseffektes. Sie treiben sich gegenseitig nach oben, wie in Abb. 7.5 dargestellt.

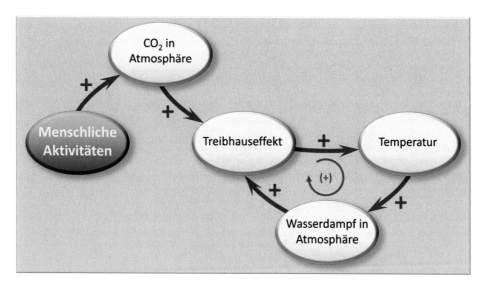

Abb. 7.5 Die Verdunstung von Wasser bewirkt eine positive Rückkopplung für den Klimawandel

Aus diesem Grund ist Wasserdampf, obwohl es ein sehr wichtiges Treibhausgas ist, in Abb. 7.4 nicht dargestellt: Seine Konzentration wird kaum direkt durch menschliche Aktivitäten beeinflusst, sondern ist in erster Linie eine indirekte Folge davon.

Wasserdampf ist nur ein Beispiel für Dutzende von Rückkopplungsschleifen, und einige der wichtigsten sind in Abb. 7.6 zu sehen. Schleife 1 zeigt erneut die positive Rückkopplung für Dampf. Schleife 5 zeigt die zuvor besprochene Freisetzung von Methan, ebenfalls in Form einer positiven Rückkopplung. Der linke Teil von Abb. 7.6 (Schleife 6) zeigt, dass das Wachstum von Plankton für eine *negative* Rückkopplung verantwortlich ist. Plankton besteht aus mikroskopisch kleinen Pflanzen und Tieren. Die Pflanzen („Phytoplankton") wandeln, genau wie die Pflanzen an Land, Kohlendioxid in Sauerstoff um. Durch den Anstieg des Kohlendioxidgehalts in der Atmosphäre steigt auch seine Konzentration in den Ozeanen, was wie Dünger für das pflanzliche Plankton wirkt, es wachsen lässt und somit mehr Kohlendioxid in Sauerstoff umwandelt. Dadurch wird der Treibhauseffekt vermindert, weshalb das Phytoplankton als „Kohlenstoffsenke" betrachtet wird, in der das Kohlendioxid gespeichert wird.

Auf der rechten Seite in Abb. 7.6 ist ein weiteres Beispiel für *positives* Feedback sichtbar. Der Temperaturanstieg bringt die polaren Eiskappen zum Schmelzen. Diese Eiskappen spielen eine wichtige Rolle, da sie das Sonnenlicht reflektieren. Dies ist einer der Gründe dafür, dass ein Großteil des Sonnenlichts, das auf die Erde trifft, nicht absorbiert wird, da etwa 30 % des Sonnenlichts direkt zurück in den Weltraum reflektiert werden. Diese Fähigkeit, die Sonnenstrahlen zu reflektieren, wird als Albedo bezeichnet, die am Ende von Kap. 3 kurz erwähnt wurde. Je größer die Albedo, desto weniger Sonnenenergie wird absorbiert. Die schmelzenden Eiskappen bedeuten aber auch, dass

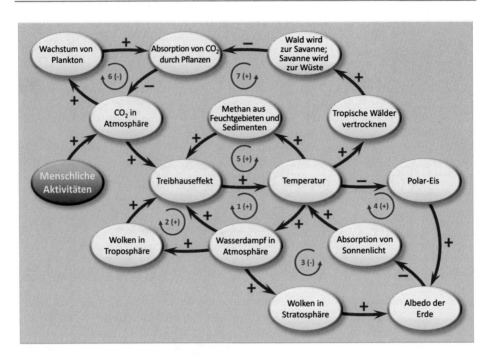

Abb. 7.6 Verschiedene Formen von positivem und negativem Feedback für den Klimawandel. (Basierend auf Informationen aus: Houghton 2004)

die Albedo abnimmt, und eine größere Menge Sonnenlicht heizt den Planeten auf. Dadurch wird der Treibhauseffekt noch einmal verstärkt.

Die Größe der arktischen Eiskappe nimmt deutlich ab, wie in Abb. 7.7 zu sehen ist. Diese Größe hat sich im Laufe der Monate und Jahre immer sehr stark verändert. Zum Teil ist dies saisonal bedingt, da die Eiskappen gegen Ende des Nordsommers im September am kleinsten sind. (Zum Zwecke eines fairen Vergleichs wurden die beiden Fotos in Abb. 7.7 ungefähr am gleichen Datum – im September – in verschiedenen Jahren aufgenommen.) Andere natürliche Variationen sind das Ergebnis von Schwankungen der Wettermuster. Aber das gegenwärtige Schrumpfen der Eiskappe wird immer bedeutender. Er ist beeindruckend, und es wird erwartet, dass der Nordpol im Sommer innerhalb weniger Jahrzehnte völlig eisfrei sein könnte.

Wegen der großen Anzahl positiver und negativer Rückkopplungsschleifen, die den Treibhauseffekt beeinflussen, sind die Berechnungsmodelle sehr komplex. Trotzdem – oder gerade deshalb – nähern sich die Ergebnisse immer mehr den in der realen Welt gemessenen Veränderungen an. Einige dieser Ergebnisse sind in Tab. 7.1 enthalten. Die Tabelle zeigt das Ergebnis, wenn z. B. Kohlendioxid das einzige Treibhausgas wäre und sich seine Konzentration verdoppeln würde. Wenn es keine Rückkopplung gäbe, würde die Temperatur um 1,2 °C steigen. Berücksichtigt man die Rückkopplungen, steigt die

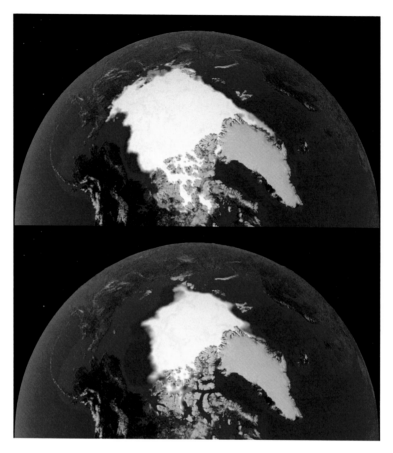

Abb. 7.7 Die arktische Eiskappe schrumpft – das obere Bild stammt aus dem Jahr 1979, das untere aus dem Jahr 2019. (Quelle: NASA/Goddard Space Flight Center Scientific Visualization Studio)

Tab. 7.1 Die Auswirkungen des Treibhauseffektes auf die Temperaturen

	Temperatur	Temperaturdifferenz
Durchschnittstemperatur auf der Erde	15 °C	
Ohne natürlichen Treibhauseffekt	–17 °C	–32 °C
Mit verdoppelten CO_2-Werten, ohne Rückkopplung	16,2 °C	1,2 °C
Mit verdoppelten CO_2-Werten, mit Feedback	17,5 °C	2,5 °C
Aufgrund des anthropogenen Treibhauseffekts, bis 2100 (bei unveränderter Politik)	17 bis 21 °C	2 bis 6 °C
Zum Vergleich: Warmzeit im Vergleich zu einer Eiszeit		5 bis 6 °C

Quelle: Houghton (2004)

Temperatur um 2,5 °C, und berücksichtigt man die Folgen der anderen Treibhausgase, dann würde die Temperatur im Laufe des 21. Jahrhunderts um 2 bis 6 °C ansteigen. Das mag nicht wie ein großer Anstieg erscheinen, aber bedenken Sie, dass soeben gezeigt wurde, dass ein Unterschied von 0,2 °C in den letzten Jahrhunderten dem Unterschied zwischen guten Ernten und Hungersnot entsprach. Ein Temperaturrückgang um 6 °C würde die Welt in eine neue Eiszeit stürzen, die weite Teile Nordeuropas und Nordamerikas mit Gletschern bedecken würde; es ist nicht vorstellbar, was ein ebenso großer Temperaturanstieg bewirken würde.

7.3   Die Folgen: vom Anstieg des Meeresspiegels bis zu Ernteausfällen

Bevor wir uns mit einer Reihe von Folgen des Klimawandels befassen, ist es wichtig, zunächst zu prüfen, inwieweit diese Folgen prognostizierbar und berechenbar sind – oder auch nicht.

Lineare und nichtlineare Konsequenzen

Das Ausmaß, in dem der Treibhauseffekt für klimatische Veränderungen verantwortlich sein wird, ist, wie bereits beschrieben, dank einer Reihe von Rückmeldungen, die die Veränderungen außerordentlich komplex machen, schwer vorherzusagen. So ist es keine Überraschung, dass es viel schwieriger ist, realistische Erwartungen zu formulieren, wenn es um mögliche Folgen wie den Anstieg des Meeresspiegels, Änderungen der Windverhältnisse und die Zunahme oder Abnahme der Niederschläge geht.

Die vielen Rückmeldungen bedeuten, dass die Atmosphäre auf einen Temperaturanstieg auf unerwartete Weise reagieren kann. Dies nennt man nichtlineare Prozesse. Viele Menschen gehen intuitiv davon aus, dass Ursachen und ihre Auswirkungen *linear miteinander* verbunden sind. Wenden wir dies z. B. auf den Anstieg des Meeresspiegels aufgrund des Temperaturanstiegs an, würde dies bedeuten, dass der Meeresspiegel für jedes Grad Temperaturerhöhung um einen festen Betrag ansteigt, vielleicht 10 oder 20 Zentimeter für jedes Grad Celsius oder Fahrenheit. Wenn dies der Fall wäre, wäre der Temperaturanstieg *direkt proportional* zum Anstieg des Meeresspiegels. Stellen Sie dies grafisch dar, und das Diagramm möchte, dass das in (a) von Abb. 7.8 eine gerade Linie ist (was „linear" bedeutet).

In der Realität sind Ursachen und Wirkungen jedoch selten linear miteinander verknüpft, was bedeutet, dass die Vergleichsgrafiken von Ursachen und Wirkungen eher der Grafik (b) ähneln könnten, in der unerwartet starke Wirkungen auftreten, wenn die Ursachen größer werden; der Grafik (c), in der die Wirkungen langsamer zunehmen, als man erwartet hätte; oder den Grafiken (d) oder (e), in denen die Wirkungen in

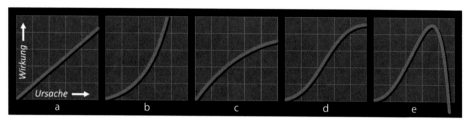

Abb. 7.8 Lineare und nichtlineare Konsequenzen – nur (**a**) ist linear

komplexerer Weise von den Ursachen abhängen. Schaubild (d) zeigt eine Trendverschiebung, während (e) einen vollständigen Trendbruch zeigt, bei dem ein unerwarteter Effekt auftritt, bei dem eine zunehmende Ursache zunächst einen Effekt auslösen kann, dieser Effekt jedoch aufhört oder sogar negativ wird, wenn die Ursache weiter ansteigt. Dies ist ein *Rebound-Effekt* (siehe Abschn. 1.1).

Die Bedeutung von linearen und nichtlinearen Effekten lässt sich an einem Beispiel besser verstehen. Wenn Sie etwas Wasser in ein gerades Glas (Glas (A) in Abb. 7.9) gießen, füllt sich das Glas bis zu einer bestimmten Höhe. Gießen Sie doppelt so viel Wasser hinein, und der Wasserstand im Glas wird doppelt so hoch sein. Gießen Sie dreimal so viel Wasser hinein, und der Wasserstand wird sich verdreifachen. Die Wirkung (der Wasserstand im Glas) ist also direkt proportional zur Ursache (die Menge Wasser, die Sie in das Glas gegossen haben). Wenn Sie dies grafisch interpretieren würden, würden Sie Grafik (a) in Abb. 7.8 erhalten.

Wenn Wasser in unterschiedlich geformte Gläser wie (B) und (C) in Abb. 7.9 gegossen wird, werden diese nicht linear gefüllt, und der Graph für Glas (B) sieht ungefähr so aus wie der Graph (c). Aber wenn Sie weiterhin Wasser in Glas (A) gießen, wird auch dies nicht linear verlaufen. Sobald das Wasser den Rand des Glases erreicht, steigt der Wasserspiegel nicht mehr an, sondern bleibt konstant, da das hinzugefügte Wasser abfließt. Sie haben dann eine Systemgrenze erreicht; die Linie in der Grafik ist scharf abgewinkelt – ein Trendbruch – und verläuft horizontal weiter. Ein weiterer Trendbruch könnte eintreten, wenn Sie nicht kaltes, sondern kochend heißes

Abb. 7.9 Gießen von Wasser in Gläser: in Glas (**A**) steigt der Wasserspiegel linear an, nicht jedoch in den Gläsern (**B**) und (**C**)

Wasser verwenden und das Glas dies nicht verträgt. Wenn das Glas zerbricht, wenn das heiße Wasser fast den Rand erreicht hat, dann ist eine andere Art von Systemgrenze erreicht – das System fällt auseinander, das Wasser fließt ab, während der Trendbruch die Form von Diagramm (e) in Abb. 7.8 annimmt.

Menschen erwarten oft intuitiv, dass Phänomene des wirklichen Lebens linear verlaufen, und das ist in der Tat in einer Reihe von Fällen der Fall. Wenn Sie z. B. beim Autofahren Ihre Geschwindigkeit verdoppeln, verdoppelt sich zunächst auch der Luftwiderstand in etwa, aber wenn Sie sich 80 km (50 Meilen) pro Stunde nähern, nimmt der Luftwiderstand viel schneller zu als Ihre Geschwindigkeit, weil Wirbel zum Problem werden. Bei dieser Geschwindigkeit verhält sich der Luftwiderstand nicht mehr linear, und die Grafik sieht in etwa so aus wie Grafik (b).

Es gibt viele andere Situationen, in denen man intuitiv davon ausgeht, dass die Welt linear handeln wird, und das gilt nicht nur für den Durchschnittsbürger, sondern auch für Wirtschaftsführer und Politiker. Ein berüchtigtes Beispiel ist die Idee, dass wir Staus lösen können, indem wir mehr Straßen oder Verkehrswege schaffen, was in Wirklichkeit die Nutzung von Autos fördert und das Problem höchstwahrscheinlich nicht – oder kaum – verringern wird: ein Rebound-Effekt. Die reale Welt verhält sich selten linear.

Rückkopplungen, wie z. B. solche, die den Treibhauseffekt beeinflussen, sind eine Quelle der Nichtlinearität. Eine positive Rückkopplung bewirkt eine Verstärkung der Reaktionen, wie in Grafik (b) zu sehen ist. Umgekehrt schwächt negative Rückkopplung die Reaktion auf Veränderungen, was zu einem Graphen wie Graph (c) führen könnte. Viele Formen von positiver und negativer Rückkopplung sind am Treibhauseffekt beteiligt, sodass die Reaktion den Diagrammen (d) oder (e) ähneln oder sogar noch viel komplexer sein könnte.

Die Biosphäre, die sich aus der Erdatmosphäre, den Kontinenten und Ozeanen einschließlich der Natur und der menschlichen Welt zusammensetzt, ist ein sogenanntes komplexes System, das emergente Eigenschaften enthält, d. h. Eigenschaften, die sich nicht aus denen der einzelnen Komponenten ableiten lassen, wodurch sich das System in einer Weise verhält, die schwer oder gar nicht vorhersagbar ist. Wenn in einem komplexen System bestimmte Systemgrenzen überschritten werden, kann es zu chaotischem Verhalten kommen, und was immer geschieht, ist völlig unvorhersehbar. Es können dann Kipppunkte auftreten, die dazu führen, dass das Gesamtsystem in einen neuen Zustand übergeht, der sich stark vom alten unterscheidet. Es wurden bereits eine Reihe von Beispielen untersucht, bei denen solche Kipppunkte entstehen, weil Systemgrenzen überschritten wurden:

- der Absturz am *Schwarzen Montag* 1987 (Fall 2.2, Kap. 2)
- die Raserei in Ruanda 1994 (Fall 3.7, Kap. 3)
- die (historische oder nicht historische) Tragödie auf den Osterinseln (Abschn. 6.1)
- „Szenario 2" des Modells *Welt3* von Meadows (Abschn. 6.5)
- und gerade jetzt: das Glas, das zerbricht, weil zu heißes Wasser hineingegossen wird

Die Komplexität der Biosphäre bringt es mit sich, dass die letztendlichen Auswirkungen des Klimawandels, wie etwa der Anstieg des Meeresspiegels, extrem unterschiedlich zu berechnen sind, umso mehr, als noch wenig darüber bekannt ist, wo die Grenzen dieses Systems liegen.

Steigende Meeresspiegel

Die steigende Temperatur beeinflusst den Meeresspiegel auf mindestens drei Arten. Die erste ist, dass sich das Wasser der Ozeane aufgrund der steigenden Temperatur ausdehnt. Dann schmelzen die polaren Eiskappen und Gletscher auf der ganzen Welt. Das Abschmelzen der arktischen Eiskappe hat keinen Einfluss auf den Meeresspiegel, da es sich um schwimmendes Eis handelt. Aber Inlandeis – wie die Eisschilde Grönlands, der Antarktis und auf Berggipfeln – schwimmt nicht, und wenn es schmilzt, hebt es den Meeresspiegel an. Auf der anderen Seite wird aufgrund der steigenden Temperaturen eine größere Wassermenge verdunsten, was zu vermehrten Niederschlägen auf der ganzen Welt führen wird. Der Teil, der in Form von Schnee auf dem Inlandeis herunterkommt, wird es aufstauen. In den letzten Jahren ist deutlich geworden, dass das Schrumpfen der Gletscher durch das Abschmelzen stärker ist als ihre Ausdehnung durch die vermehrten Niederschläge – die Eisschilde der Antarktis, Grönland- und Gebirgsgletscher zeigen alle einen Netto-Rückgang ihres Volumens, was jeweils zum Anstieg des Meeresspiegels beiträgt, und das mit wachsender Geschwindigkeit.

Sollte der grönländische Eisschild jemals vollständig abschmelzen, würde der Meeresspiegel um etwa sieben Meter ansteigen, was angesichts der Tatsache, dass etwa die Hälfte der menschlichen Bevölkerung in Küstenregionen lebt, katastrophale Folgen hätte. Millionenstädte wie New Orleans, Miami, Washington DC, Jakarta, Tokio, Amsterdam, Tel Aviv und Teile von London liegen weniger als 7 m über dem alten Meeresspiegel. Und das Abschmelzen des Grönlandeises beschleunigt sich: Untersuchungen aus dem Jahr 2019 (Leahy 2019) ergaben, dass das Tempo 2013 viermal so hoch war wie zehn Jahre zuvor.

Wenn das gesamte antarktische Eis schmelzen würde, würden die Ozeane um 60 m oder mehr ansteigen. Die Wahrscheinlichkeit, dass dies geschieht, ist äußerst unwahrscheinlich. Es gibt jedoch einen Mechanismus, der ein beschleunigtes Verschwinden des grönländischen Eisschildes bewirken könnte. Das Schmelzwasser sickert direkt durch das Eis auf die felsige Oberfläche Grönlands, von wo es wie ein unterirdischer Fluss in den Ozean fließt. Es ist denkbar, dass diese Flüsse wie ein Rutsch wirken, bei dem große Teile der grönländischen Gletscher in den Atlantik abrutschen, wonach sie mit den Strömungen südwärts driften, bis sie geschmolzen sind (Abb. 7.10). Die Wahrscheinlichkeit dieses Mechanismus lässt sich nicht bestimmen, aber wenn er eintritt, dient er als Beispiel für einen Trendbruch, einen Kipppunkt, der das globale menschliche System „zerfallen" lässt, ähnlich wie ein Glas, das zerbricht.

Abb. 7.10 Riesige Eisberge brachen vom Collins-Gletscher (Antarktis) ab, bei einigen geht man davon aus, dass sie innerhalb weniger Jahrzehnte verschwinden könnten. (Quelle: Jeffrey Kietzmann, US National Science Foundation)

Selbst ohne solch dramatische Ereignisse wird das Meer weiter ansteigen, obwohl relativ ungewiss ist, um wie viel. Es ist im vorigen Jahrhundert um 10 bis 20 Zentimeter gestiegen, und die Schätzungen für das 21. Jahrhundert reichen von 20 Zentimetern bis zu einem oder mehreren Metern. Problematisch wird dies für Länder mit tiefliegenden Küsten wie Bangladesch (mit 160 Mio. Einwohnern) und die Niederlande (17 Mio.), die beide zu den am dichtesten besiedelten Nationen der Welt gehören. Am schlimmsten werden jedoch die kleinen Inselstaaten wie Tuvalu leiden, dessen höchster Punkt nur vier Meter über dem Meeresspiegel liegt. Langfristig – im Laufe weniger Jahrhunderte – könnte der Meeresspiegel allmählich um viele Meter ansteigen und große Teile vieler Nationen überfluten.

Wärmer und wärmer

In Kap. 5, im Abschn. 5.2 über Indien, wurde es bereits erwähnt: die Hitzewelle vom Juni und Juli 2019 von beispiellosen Ausmaßen, nicht nur in Indien, sondern auch in Europa, China, Teilen Afrikas und sogar in Alaska. In den Niederlanden stieg das Thermometer zum ersten Mal seit der Temperaturmessung über 40 °C, in Frankreich erreichte es 46 °C. Später in diesem Jahr wurde berichtet, dass Teile Sibiriens in Brand geraten waren. „Der Polarkreis steht in Flammen", berichteten Nachrichtenmedien schockiert, während Wissenschaftler auf eine außergewöhnlich hohe Zahl von 250 bis 300 Waldbränden in Sibirien, Grönland und Alaska hinwiesen. Dies ist kein Wunder, denn, wie Abb. 7.11 zeigt, sind es jene Polarregionen, in denen die Durchschnittstemperatur am schnellsten ansteigt. Neben einem zusätzlichen Beitrag zu den Treibhausgasemissionen ist eine weitere Folge, dass Ruß das Meereis des Arktischen Ozeans bedeckt, sodass es mehr Sonnenlicht absorbiert und sich schneller erwärmt. Nochmals: positive Rückmeldung.

Später in diesem Jahr, bis ins Jahr 2020 hinein, folgte Australien mit lodernden Waldbränden von noch nie dagewesenem Ausmaß.

Natürlich: Die Temperatur von nur einem Jahr, und sei sie noch so extrem, beweist an sich noch nicht, dass sich das Klima dauerhaft verändert. Aber von allen Jahren, seit die Temperatur aufgezeichnet wurde, waren die sechs Jahre von 2014 bis 2019 die sechs

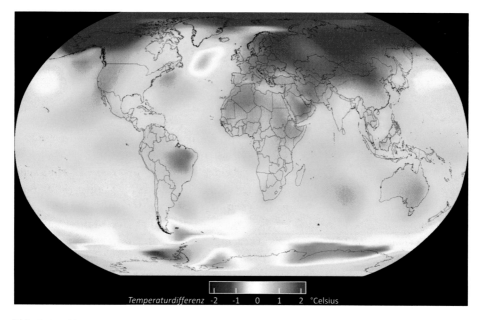

Abb. 7.11 Temperaturunterschiede gemittelt über die Jahre 2013–2017, verglichen mit dem Durchschnitt der Jahre 1951–1980. (Quelle: NASA/Goddard Space Flight Center Scientific Visualization Studio. Daten zur Verfügung gestellt von Robert B. Schmunk (NASA/GSFC GISS))

wärmsten Jahre überhaupt; und die zehn wärmsten Jahre waren alle von 2005 bis 2019. Das Klima wird definitiv wärmer, und zwar schneller als befürchtet.

Launenhaftes Wetter

Das Wetter heizt sich nicht nur auf, es wird auch immer unberechenbarer. Im Allgemeinen gibt es dank der globalen Erwärmung einfach mehr Energie in der Atmosphäre, und diese muss irgendwie freigesetzt werden. In Form von hartem Regen. In Form von krachenden Gewittern. Oder in Form von großen Wirbelstürmen.

Fall 7.2. Katrina

Einer der zerstörerischsten Hurrikane des Jahres 2005 war Katrina, ein Hurrikan der Kategorie 5, der direkt über der großen Metropole New Orleans im Süden der Vereinigten Staaten wütete. Die Stadt liegt sowohl an der Küste als auch an den Ufern eines Flusses und ist vor beiden durch Deiche geschützt. Ein großer Teil von New Orleans liegt unter dem Meeresspiegel, und die gewaltigen Regenfälle, die Katrina mit sich brachte, haben Teile der Stadt überflutet. Daraufhin brachen eine Reihe von Deichen und der größte Teil der Stadt wurde überflutet.

Die Behörden begannen mit der Evakuierung von über einer Million Menschen zu einem sehr späten Zeitpunkt. Innerhalb weniger Tage nach der Überschwemmung wurden immer noch viele Menschen aus der überschwemmten Stadt geholt, die von Krankheitsausbrüchen bedroht war und in dem Gebäude oberhalb der Wasserlinie in Flammen standen – unmöglich zu löschen, da es keinen Strom gab. Körper schwammen auf dem Wasser und über 1300 Menschen starben. Der finanzielle Schaden erreichte eine Höhe von 100 Mrd. Dollar.

Die Frage, wie sich ein Temperaturanstieg auf die Häufigkeit tropischer Wirbelstürme auswirkt, wird in der Wissenschaft kontrovers diskutiert. (Hurrikane, Wirbelstürme und Taifune sind dasselbe Phänomen. Sie unterscheiden sich nur durch den Ort: Hurrikane treten im Atlantik und im Nordostpazifik auf; im Nordwestpazifik werden sie Taifune genannt, im Südpazifik und im Indischen Ozean sind sie Wirbelstürme).

Auf dem Papier gibt es Gründe für die Erwartung, dass Hurrikane häufiger auftreten werden, da sich das Meerwasser erwärmen wird – diese Hitze nährt Stürme und lässt sie zyklonale Ausmaße erreichen. In der Praxis sieht es so aus, als ob die Gesamtzahl der Hurrikane nicht zunimmt, aber der Prozentsatz der größeren Hurrikane auf der Skala von Katrina nimmt zu. Das bedeutet, dass man zwar nicht sagen kann, dass ein einzelner Hurrikan wie Katrina durch den Klimawandel verursacht wird, aber die Anzahl solcher Wirbelstürme ist höher als früher (Abb. 7.12).

Abb. 7.12 Der Hurrikan Katrina verursachte 2005 beispiellose Schäden, wobei die Stadt New Orleans weitgehend überflutet wurde. (Quelle: NASA Visible Earth, NASA Scientific Visualization Studio, Goddard Space Flight Center)

Die Stärke eines Hurrikans wird durch eine Zahl zwischen 1 und 5 angegeben (die „Saffir-Simpson-Hurrikan-Skala"), wobei die Zerstörungskraft eines Hurrikans der Stärke 2, 3, 4 und 5 jeweils 10, 50, 100 und 250 Mal so stark ist wie ein Hurrikan der Stärke 1, und ein Hurrikan der Stärke 5 wie Katrina Windgeschwindigkeiten von mehr als 250 km (155 Meilen) pro Stunde aufweist. Eine 2015 veröffentlichte Studie zeigte, dass die Zahl der Hurrikane der Stärke 4 in den letzten Jahrzehnten in fast allen Ozeansektoren deutlich zugenommen hat (Abb. 7.13).

Windmuster

In Kap. 5 wurde erläutert, dass 2016 in Indien ein extrem trockenes Jahr war (Fall 5.5), in dem der Monsun ausblieb; ebenso wie in den Jahren 2008, 2009, 2010 und 2012. Der Monsun ist ein durch den Temperaturunterschied zwischen Land und Meer verursachter Wind, der normalerweise in den Sommermonaten vom Ozean auf das Land bläst und viel Regen mit sich bringt. Der Temperaturanstieg infolge des Treibhauseffekts wirkt sich nicht in allen Teilen der Erde in gleicher Weise aus, was dazu führt, dass sich die Windmuster auf der ganzen Welt verändern. In einigen Teilen der Erde kann es mehr regnen, während in anderen weniger Regen fällt und es zu außergewöhnlich langen Dürreperioden kommt. Dies führt zu Entwaldung, Bodenerosion und Wüstenbildung.

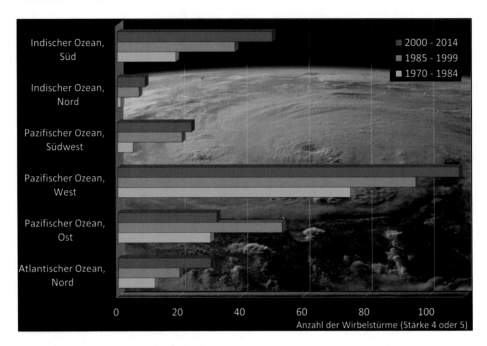

Abb. 7.13 Anzahl der großen Hurrikane (Stärke 4 oder 5) zwischen 1970 und 2014. (Quelle: Klotzbach und Landsea 2015; Hintergrundfoto: NASA International Space Station)

Einmal in drei bis sieben Jahren tritt ein außergewöhnliches Wetterphänomen namens El Niño auf. Aus noch nicht vollständig geklärten Gründen ändern sich die Muster der Wind- und Meeresströmungen über bzw. im Pazifischen Ozean und beeinflussen das Wetter in weiten Teilen der Welt. In Südamerika ist es wärmer und feuchter, was zu Überschwemmungen geführt hat, während es auf der anderen Seite des Pazifischen Ozeans viel trockener geworden ist – von Indonesien bis nach Australien, wo die Ernten ausfallen und eine Hungersnot droht. Auch die Meeresströmungen ändern sich, die Fische sterben aus und die südamerikanischen Fischer kämpfen ums Überleben. El Niño selbst wird nicht durch den Treibhauseffekt verursacht, denn das Phänomen gibt es seit mindestens Anfang des 20. Jahrhunderts und vielleicht noch viel länger. Aber es hat den Anschein, als ob der Treibhauseffekt ihn verstärkt, da aufeinanderfolgende El Niños in den letzten Jahrzehnten häufiger auftreten und das Ausmaß und die Folgen größer sind als früher.

Fall 7.3. Rauch über Sumatra
Im Jahr 2019 war es wieder soweit … Die Wälder auf der indonesischen Insel Sumatra brannten, wie schon in den vergangenen Jahren. Rauchwolken stiegen in den Himmel auf, so groß, dass sie von den Astronauten der Internationalen

Raumstation mit bloßem Auge gesehen werden konnten. Die Wälder brannten monatelang, wie in allen Jahren der letzten zwei Jahrzehnte, und die Luftverschmutzung in den umliegenden Nationen war so dicht, dass sie Tränen verursachte. Der Stadtstaat Singapur war von einer dicken Smog-Schicht bedeckt, und in Thailand und auf den Philippinen wurde der Alarmzustand ausgerufen.

Die Brände werden nicht durch ein sich erwärmendes Klima verursacht, sondern durch Brandrodung von Bauern ausgelöst, die versuchten, neues Land durch Abbrennen des Waldes zu roden, nachdem ihr eigenes Land durch intensive Bewirtschaftung erschöpft war. Doch aufgrund der großen Dürre – die das Ergebnis des Klimawandels ist – können die Brände nicht gelöscht werden, und jedes Jahr brennen riesige Flächen ab.

Es ist zu einem Phänomen geworden, das fast jedes Jahr wiederkehrt: die großen Brände, die sich auf Sumatra und in der indonesischen Provinz Kalimantan auf der Insel Borneo ausbreiten. Es gibt sogar einen Namen dafür: der südostasiatische Dunst. Im Untergrund können solche Brände sogar jahrelang andauern. Der Rauch greift Malaysia, Singapur und sogar die Philippinen und Thailand an, so sehr, dass in diesen Ländern wiederholt der Ausnahmezustand ausgerufen wurde. Schulen, Büros und Firmen sind geschlossen. Flugzeugflüge werden gestrichen. Milliarden von Dollars gehen verloren, weil die Touristen ausbleiben.

Das ist noch nicht einmal das Schlimmste. Zusammen mit den rasch schrumpfenden Wäldern in Brasilien bilden die Wälder auf Sumatra die letzten riesigen Urwälder der Welt. Die Teile, die abbrennen und sich in landwirtschaftliche Nutzflächen verwandeln, sind als Naturschutzgebiete unwiderruflich verloren, denn es dauert mindestens Hunderte von Jahren, bis sich ein solcher Wald erholt – wenn man ihm diese Chance gäbe. Infolgedessen tragen die Waldbrände doppelt zum Treibhauseffekt bei: durch die Emission von zusätzlichem CO_2 und gleichzeitig durch eine Verringerung seiner Absorptionsfähigkeit. Dies ist ein weiteres Beispiel für sich selbst verstärkende positive Rückkopplung.

2015 war ein trauriger Höhepunkt: Zwei Millionen Hektar Urwald gingen in diesem Jahr verloren. Selbst über Kambodscha und Vietnam, 2000 Kilometer von Sumatra entfernt, hingen schwere Rauchschwaden. Im Jahr 2019 rief die indonesische Regierung erneut den Ausnahmezustand aus, als der Rauch im August Millionen von Menschen auf den indonesischen Inseln fast verdunkelte.

Die zunehmende Prävalenz von Dürren, Regenfällen und tropischen Wirbelstürmen sind Phänomene, die bis zu einem gewissen Grad mit computergestützten Klimamodellen berechnet werden können, auch wenn sie mit der Software nicht vorhersagbar sind. Aber es gibt auch potenzielle Rebound-Effekte für den Klimawandel, die sehr viel komplexer sind.

Meeresströmungen

Obwohl es bei Weitem nicht sicher ist, ist es möglich, dass es zumindest eine bemerkenswerte Folge des Treibhauseffekts geben wird, nämlich dass West- und Nordeuropa tatsächlich *kälter werden*. Der Grund dafür liegt in den massiven Strömungen im Ozean,
wie in Abb. 7.14 zu sehen ist. Warmes Wasser fließt aus dem Pazifik und dem Indischen
Ozean in den Atlantischen Ozean. Dieses Wasser, das nach Norden in die Region Grönland fließt, wird im Atlantik als Golfstrom bezeichnet. Im Norden sinkt es tief in den
Ozean hinab, fließt entlang des Meeresbodens zurück nach Süden und zu den anderen
Ozeanen und bildet einen Kreislauf. Diese Strömung, die thermohaline Zirkulation –
auch „Großes Förderband" genannt – bringt viel Wärme nach West- und Nordeuropa
und sorgt dafür, dass die Nationen in diesem Teil der Welt ein gemäßigtes Klima haben.
Gebiete in Kanada auf demselben Breitengrad, die durch diese Strömung nicht erwärmt
werden, erfahren ein Klima, das dem des hohen Nordens von Norwegen ähnelt.

Der „Motor", der diesen Strom antreibt, befindet sich in der Nähe von Grönland. Im
Laufe der langen Reise durch die Ozeane verdunstet ein großer Teil des Wassers, sodass
das verbleibende Wasser viel salziger wird. Salzwasser ist schwerer als Süßwasser
und hat eine höhere Dichte, und bis das Wasser vor der Küste Grönlands ankommt, ist
dieser Dichteunterschied so groß geworden, dass es auf den Meeresboden sinkt und die
gesamte Strömung antreibt.

Doch jetzt schmelzen die polaren Eiskappen und die grönländischen Gletscher,
die alle eine große Menge Süßwasser in die Meere leiten. Dieses Süßwasser vermischt sich mit dem Salzwasser im Golfstrom, und wenn seine Dichte verringert wird,
sinkt die Neigung des Wassers, auf den Grund zu sinken. Dies bedeutet, dass sich die

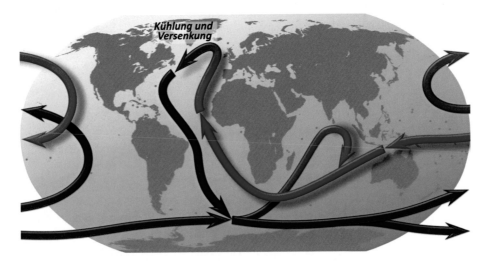

Abb. 7.14 Die thermohaline Zirkulation, mit dem Golfstrom als atlantischem Schenkel. Die
Oberflächenströmungen sind rot, die Tiefseeströmungen violett dargestellt

thermohaline Zirkulation irgendwann in der Zukunft abschwächen oder sogar ganz zum Erliegen kommen könnte: ein typisches Beispiel für einen Kipppunkt mit großen Folgen. In den vergangenen Äonen, also lange vor historischen Zeiten, ist dies wiederholt geschehen, sodass es nicht undenkbar ist, dass es wieder passieren könnte. Wenn dies geschieht, wird die Wärme, die aus den Tropen in die nördlichen Regionen transportiert wird, abnehmen, wodurch sich die tropischen Gebiete aufheizen und Nordeuropa abkühlen wird. Es ist schwer vorherzusagen, um wie viel die Temperatur in Europa sinken könnte, und es ist sogar schwierig vorherzusagen, ob die Zirkulation tatsächlich zum Stillstand kommen würde, aber in den letzten Jahren mehren sich die Anzeichen dafür, dass der Golfstrom schwächer wird.

Die Folgen einer abnehmenden oder fehlenden Meeresströmung wären sehr schwerwiegend. Allein der wirtschaftliche Schaden, der entstünde, wenn die großen Welthäfen im globalen Norden für einen Teil des Jahres einfrieren würden, wie es die Häfen im Norden Norwegens tun, wäre unkalkulierbar.

Dieser potenzielle Trendbruch in der thermohalinen Zirkulation ist ein Beispiel für einen Rebound-Effekt infolge des Treibhauseffekts. Er ist auch ein Beispiel für eine positive *und* negative Rückkopplung – im Falle eines Rückgangs oder Ausbleibens der Zirkulation wird die Temperatur in den Tropen steigen, was eine positive Rückkopplung ist, während sie in den nördlichen Breiten abnimmt, was eine negative Rückkopplung ist. Für die nördlichen Regionen wird die Situation der Grafik (e) in Abb. 7.8 ähneln.

Bedeutung für die natürliche Umwelt

Die Bandbreite der durch den Treibhauseffekt hervorgerufenen Veränderungen hat weitreichende Folgen, auch wenn all diese plötzlichen und drastischen Kipppunkte nicht eintreten. Von großer Bedeutung ist sein Einfluss auf den ökologischen Fußabdruck, der zu einem bedeutenden Teil aus dem sogenannten Carbon Footprint oder Kohlenstoff-Fußabdruck besteht, wie in Abb. 7.15 zu sehen ist.

Das Ausmaß wird durch die Menge der Weltfläche bestimmt, die benötigt wird, um CO_2-Emissionen in den Wäldern, Sümpfen, Steppen und anderen Umgebungen zu absorbieren. Junge Wälder sind in diesem Prozess besonders wichtig, da ältere Wälder wenig oder kein zusätzliches CO_2 absorbieren. Der Kohlenstoff-Fußabdruck ist so groß, dass, wenn es uns gelänge, ihn auf, sagen wir, nur 20 % des heutigen Wertes zu reduzieren, der gesamte globale Fußabdruck kleiner wäre als die Biokapazität des Planeten. Wie Kap. 2 zeigte, könnte die Erzeugung nachhaltiger Energie in Teilen der Sahara eine Rolle dabei spielen, andere Teile dieser Wüste zum Blühen zu bringen. Im vorliegenden Kapitel scheint im Hinblick auf den ökologischen Fußabdruck die nachhaltige Energie eine weitaus größere, ja sogar weltweite Rolle zu spielen. Das bedeutet, dass der Ersatz von Energie aus fossilen Brennstoffen durch nachhaltige Energieformen eine entscheidende Rolle für den gesamten Prozess der nachhaltigen Entwicklung spielt. Solange diese Substitution nicht in großem Maßstab eingeführt wird und sich das Klima

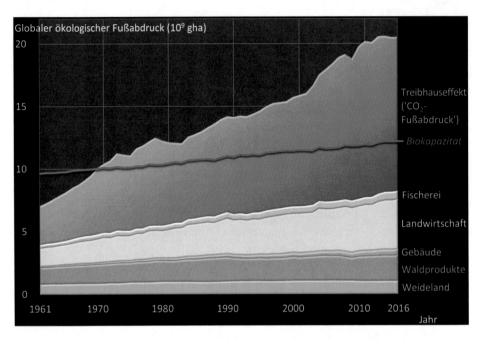

Abb. 7.15 Der „Carbon Footprint": die Auswirkungen des Klimawandels auf den globalen ökologischen Fußabdruck. (Quelle: Global Footprint Network 2019)

somit unvermindert weiter verändert, wird es weitere Folgen für die natürliche Umwelt geben. Einige davon sind bereits beschrieben worden. Andere sind die Störung des biologischen Gleichgewichts und die Klimamigration.

Fall 7.4. Der Eisbär
Wissenschaftlicher Name: Ursus maritimus
  Allgemeiner Name: Eisbär
    Königreich: Tiere. *Stamm:* Chordata. *Klasse:* Säugetier. *Ordnung:* Fleischfresser. *Familie:* Ursidae.
    Kategorie Rote Liste: Gefährdet (A3c ver 3.1).
    Rechtfertigung:

„Der Verlust des arktischen Meereises aufgrund des Klimawandels ist die größte Bedrohung für Eisbären in ihrem gesamten zirkumpolaren Bereich. Wir haben eine datengestützte Sensitivitätsanalyse in Bezug auf diese Bedrohung durchgeführt, indem wir die potenzielle Reaktion der globalen Eisbärenpopulation auf die prognostizierten Meereisverhältnisse bewertet haben. Unsere Analysen beinhalteten eine umfassende Beurteilung der Generationslänge der Eisbären, die Entwicklung einer standardisierten Meereismetrik, die wichtige Lebensraumcharakteristika für die Art darstellt, und Populationsprognosen über drei Eisbärgenerationen hinweg, wobei Computersimulationen und statistische Modelle verwendet wurden, die alternative Beziehungen zwischen Meereis und Eisbärenvorkommen darstellen.

Unsere Analysen zeigen das Potenzial für eine starke Verringerung der globalen Eisbärenpopulation auf, wenn der Meereisverlust anhält, was durch Klimamodelle und andere Studien vorhergesagt wird (IPCC 2013). Unsere Analysen heben auch die große Unsicherheit bei statistischen Projektionen der Eisbärenpopulation und die Empfindlichkeit der Prognosen gegenüber plausiblen alternativen Annahmen hervor.

In sechs Szenarien, die das Vorkommen von Eisbären im Median und im 95. Perzentil drei Generationen in der Zeit vorwärts projizierten, lag die Wahrscheinlichkeit einer Verringerung der mittleren globalen Bevölkerungsgröße um mehr als 30 % bei etwa 0,71.

Die mediane Wahrscheinlichkeit einer Reduktion von mehr als 50 % lag bei etwa 0,07".

Rote Liste, International Union for the Conservation of Nature (IUCN), 2015, konsultiert 2020.

Die Klimazonen in der Welt verschieben sich – das Wetter in den nördlichen Teilen der Welt wird langsam, aber sicher anfangen, dem globalen Süden zu ähneln, während der Süden wiederum trockener wird. Die Natur passt sich diesen Veränderungen an, aber nicht immer mit ausreichender Geschwindigkeit, und Pflanzen und Tiere, die früher nur in subtropischen Zonen, z. B. in Mexiko oder Südeuropa, lebten, wandern in Regionen höherer Breitengrade ab. Zu diesen Arten gehören die Wespenspinne, der (giftige) Eichenprozessionär und die wohlklingende Grasmücke. Es ist zu erwarten, dass sich invasive Pflanzenarten, die im Westen der Vereinigten Staaten Fuß gefasst haben, wie Cheatgrass, Tüpfel-Bärenklau, Gelbe Sternmiere, Tamariske und Blattwolfsmilch, ausbreiten werden. Andere Arten verschwinden einfach mit steigender Temperatur (wie der bedrohte Eisbär), wodurch sorgfältig ausgewogene Ökosysteme gestört werden. Auch Keime wandern ein, darunter Malaria und Dengue.

Herumtreibende Menschen

Der Klimawandel führt auch für den Menschen zu großen Veränderungen. Sollte die Anstiegsrate des Meeresspiegels deutlich ansteigen, werden die Folgen für die Hunderte Millionen – vielleicht sogar Milliarden – Menschen, die aus den heutigen Küstenregionen vertrieben werden, dramatisch sein. Aber selbst wenn dies nicht geschieht, werden große Gruppen von Menschen ihre gewohnte Umgebung verlassen müssen, wobei einige Menschen unter Dürre und Wüstenbildung, andere unter Überschwemmungen, tödlichen Hitzewellen, Zyklonen oder Missernten leiden werden.

Im Jahr 2018 wurden mehr Menschen als je zuvor aus ihren Häusern vertrieben: Nach Angaben der UN-Flüchtlingsorganisation UNHCR gab es in diesem Jahr 71 Mio. Vertriebene, darunter 30 Mio. Flüchtlinge in andere Länder. Bei den anderen handelte es sich um Binnenvertriebene (IDPs), die in ihrem eigenen Land leben, aber von ihrem

Wohnort vertrieben wurden. Fast 1 % aller Menschen waren in diesem Jahr auf der Flucht, was noch nie zuvor vorgekommen war. Fast 140.000 Kinder waren ohne ihre Eltern auf der Flucht, aber die tatsächliche Zahl war viel höher, so das UNHCR im Jahresbericht Global Trends von 2019.

Es ist schwer abzuschätzen, wie viele dieser Menschen infolge des Klimawandels vertrieben wurden, da es verschiedene andere Ursachen und Gründe gibt. So ist beispielsweise der Krieg die Hauptursache für die 13 Mio. Syrer auf der Flucht, teils im eigenen Land, teils in Nachbar- und anderen Ländern. Konflikte und Gewalt waren auch der Grund für die Flucht von 8 Mio. Kolumbianern sowie von mehr als 5 Mio. Palästinensern, fast ebenso vielen Somalis und der gleichen Anzahl von Einwohnern der Demokratischen Republik Kongo. Infolgedessen mag es den Anschein haben, dass es nur wenige Klimaflüchtlinge gibt. Aber der Klimawandel ist in einigen Fällen eine zugrunde liegende Ursache, denn Dehydrierung, Hitzewellen und Überschwemmungen führen zu Ernteausfällen, Verwüstung und Hunger und dann zu bewaffneten Konflikten und Aufständen.

Fast alle Menschen, die aus ihrem eigenen Land fliehen, landen in armen Ländern. Unter den „Top Ten" der Empfängerländer steht die Türkei mit 4 Mio. Flüchtlingen und Asylbewerbern an der Spitze. Das einzige westliche Land unter den Top Ten ist Deutschland, das mit 1,4 Mio. aufgenommenen Flüchtlingen und Asylbewerbern an fünfter Stelle steht. Das sind 19 aufgenommene Vertriebene von 1000 Deutschen. In den USA werden nicht mehr als 3 von 1000 aufgenommen. Zum Vergleich: Im Entwicklungsland Libanon gibt es 156 Flüchtlinge pro 1000 Einwohner, in Jordanien 72 und in der Türkei 45. Es sind die „schwächsten Schultern", die die schwerste Last tragen. Die meisten westlichen Länder, die über die besten finanziellen und sonstigen Mittel zur Aufnahme von Menschen verfügen, schauen weitgehend weg und überlassen die Probleme den armen Ländern – und den Flüchtlingen selbst.

Es wird erwartet, dass die Zahl der Klimaflüchtlinge in den kommenden Jahrzehnten stark ansteigen wird. Bei der Berechnung verschiedener Szenarien rechnete ein australisches Forscherteam (Spratt und Dunlop 2019) in einem davon mit einer Flutwelle von 1 Mrd. Menschen auf der Flucht vor tödlichen Hitzewellen im Jahr 2050.

Wirtschaftliche Konsequenzen

Im Jahr 2006 wurde ein umfassender Bericht über eine im Auftrag der britischen Regierung durchgeführte Studie, der „Stern Report", veröffentlicht, in dem die wirtschaftlichen Folgen des Klimawandels untersucht wurden. Die Schlussfolgerungen des Berichts waren beeindruckend: Viele Großstädte, die fast alle an Küsten liegen, wären von Überschwemmungen bedroht, die Ernten würden häufiger ausfallen, das Leben in den Ozeanen würde massenhaft aussterben und extreme Wetterereignisse würden enorme Schäden anrichten. Der wirtschaftliche Gesamtschaden könnte bis zu 30 % des BIP der gesamten Welt betragen und damit den durch den Zweiten Weltkrieg verursachten Schaden übersteigen. Und wenn aufgrund nichtlinearer Ursachen Kipppunkte eintreten, dann bestünde sogar die Gefahr, dass die Weltwirtschaft in ein Chaos zusammenbricht, dessen Folgen unabsehbar sind. Diese dramatischen Folgen seien nur vermeidbar, so Stern, wenn eine starke internationale Anpassungspolitik betrieben werde. Die Kommission errechnete, dass dafür eine jährliche Investition von einem Prozent des Welt-BIP erforderlich wäre.

Etwa zur gleichen Zeit wie der Stern Report erschien unter dem Namen „Eine unbequeme Wahrheit" (An Inconvenient Truth) ein Dokumentarfilm des ehemaligen US-Vizepräsidenten Al Gore, der sich mit dem Klimaproblem befasst. Der Film und das gleichnamige Buch hinterließen bei den Regierungschefs und der breiten Öffentlichkeit in den meisten westlichen Ländern einen tiefen Eindruck und verstärkten die internationalen Debatten über umfassende Änderungen der Politik. Er führte dazu, dass Al Gore zusammen mit dem IPCC den Friedensnobelpreis 2007 erhielt. Im selben Jahr erhielt der Film einen Oscar für den besten Dokumentarfilm.

Gegenwärtig, einige Jahrzehnte später, sind die Schlussfolgerungen und Empfehlungen von Stern und Al Gore immer noch aktuell. Wo sich diese Schlussfolgerungen auf langfristige Auswirkungen bezogen, fügte ein Bericht aus dem Jahr 2019 eine Reihe von Schlussfolgerungen für einen etwas kürzeren Zeitraum hinzu (CDP 2019). So wurde beispielsweise berechnet, dass die 215 größten multinationalen Unternehmen in den kommenden fünf Jahren durch den Klimawandel gemeinsam einen Schaden von rund 1 Billion – 1000 Mrd. Dollar erleiden würden. Andererseits bietet das sich wandelnde Klima auch enorme profitable Möglichkeiten, sogar für mehr als das Doppelte der geschätzten Schadenssumme, dank neuer Technologien und Berufe sowie dank nachhaltiger Energie und sozialer Verantwortung der Unternehmen. Ein Bericht der *Global Commission on Adaptation* (GCA 2019) errechnete, dass zwischen 2020 und 2030 weltweite Investitionen in Höhe von 1,8 Billionen Dollar erforderlich wären, um dramatische Klimaschäden zu verhindern, dass diese Investitionen aber, wenn sie erfolgreich sind, eine Nettorendite von insgesamt 7,1 Billionen Dollar erwirtschaften könnten.

Das Vorsorgeprinzip

In diesem Abschnitt wurde ein breites Spektrum von Folgen des Treibhauseffekts beschrieben. Einige von ihnen sind über jeden vernünftigen Zweifel erhaben, wie der Temperaturanstieg und der Anstieg des Meeresspiegels. Andere sind ebenso offenkundig geworden, darunter die Zunahme von Dürren, Regenfluten und schweren Hitzewellen. Auch die Zunahme starker tropischer Wirbelstürme und die durch El Niño verursachten Veränderungen können mit einiger Sicherheit dem Treibhauseffekt zugeschrieben werden. Es ist alles andere als sicher, dass die thermohaline Zirkulation zum Stillstand kommt, aber wenn es dazu kommt, werden die Folgen katastrophal sein.

Trotz alledem gibt es immer noch Menschen, die daran zweifeln, ob das Ganze tatsächlich wahr ist. Diese „Klimaskeptiker" behaupten, dass die Risiken stark übertrieben sind, wobei einige – leider auch Regierungschefs einiger mächtiger Länder – sogar bezweifeln, dass es so etwas wie einen anthropogenen Treibhauseffekt gibt. Ein Lager dieser Gruppe stellt fest, dass sich das Klima nicht verändert. Ein anderes sagt, dass die Veränderungen vollständig auf externe Faktoren zurückzuführen sind, wie z. B. die Zunahme der Sonnenaktivität.

Fall 7.5. Der Dschungel von Brasilien

Am 1. Januar 2019 wurde Jair Messias Bolsonaro Präsident von Brasilien. Der brandneue Führer war bekannt dafür, den Klimawandel als Schwindel zu betrachten. Ihm zufolge war es Unsinn, dass die riesigen Wälder in seinem Land – zusammen mit den kleineren Wäldern auf Sumatra – die „grünen Lungen" des Planeten sind und daher für die Erhaltung des Klimas unerlässlich sind. In seinen Augen war es ebenso irrelevant, dass diese Wälder die Heimat einer großen Zahl von Indianerstämmen bilden, und so hielt er es für völlig in Ordnung, dass die Waldflächen in rasantem Tempo für die Landwirtschaft abgeholzt werden. Nach seiner Ernennung löschte er sofort eine Sammlung von Gesetzen und Regeln, die dem Schutz der Natur dienen sollten.

In den folgenden Monaten nahm die Entwaldungsrate dramatisch zu. Bolsonaro bestritt diese Tatsache, entließ 80 % des Nationalen Umweltrates und übertrug die Kontrolle über die indianischen Dschungelgebiete vom Justizministerium auf das Landwirtschaftsministerium. Mitte des Jahres 2019 gerieten die Dinge außer Kontrolle, als an Hunderten von Orten im Wald Brände ausbrachen, die größtenteils von örtlichen Bauern entzündet wurden. Obwohl es solche Brände jedes Jahr während der Trockenzeit von Juli-August gab, waren sie 2019 zahlenmäßig beispiellos und konzentrierten sich in der Nähe der Abholzungsgebiete (Abb. 7.16).

Die ganze Welt war ernsthaft besorgt. Die Regierungen proklamierten die Brände als „internationale Krise". Im August drohte der französische Präsident Macron damit, die Unterzeichnung eines wichtigen Handelsabkommens zwischen der EU und Südamerika zu blockieren, bis die brasilianische Regierung Maßnahmen zum wirksamen Schutz des Dschungels ergriffen habe. Das Abkommen, das auf südamerikanischer Seite von Brasilien, Argentinien, Uruguay und Paraguay unterzeichnet werden sollte, war 20 Jahre lang ausgehandelt worden. Er sollte die Importzölle für europäische und südamerikanische Produkte abschaffen, was für kleine lateinamerikanische Unternehmen, darunter auch Bauern, äußerst wichtig war, weil es ihnen den Export nach Europa ermöglichen würde.

Abgesehen von der Frage, ob eine solche Maßnahme, die den Vertrag blockiert, die gewünschte Wirkung haben könnte, warf die Drohung des französischen Präsidenten einige schwierige ethische Fragen auf. Durch den Versuch, den Dschungel zu retten und damit den Klimawandel zu bekämpfen, wurden die

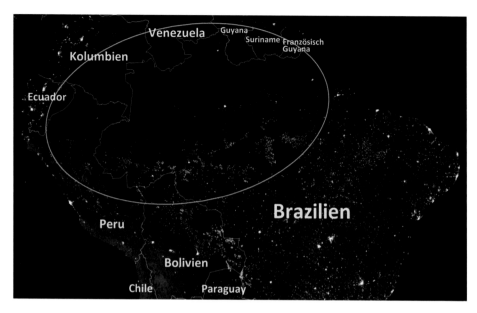

Abb. 7.16 Waldbrände in Südamerika, August 2019. Die Ellipse zeigt die Größe des tropischen Regenwaldes. (Quelle: NASA Earth Observatory)

Interessen der Kleinunternehmen in Brasilien und den Nachbarländern in Gefahr gebracht. Welches von beiden ist wichtiger, das Klima oder die Kleinunternehmer; mit anderen Worten: Was sollte stärker wiegen: Planet oder People?

Apropos People: Die Interessen der indianischen Dschungelbewohner scheinen in direktem Konflikt mit denen der Bauern zu stehen. Beide Bevölkerungsgruppen haben das Recht auf ein gutes Leben, wie wägen Sie also ihre Interessen gegeneinander ab?

Eine weitere heikle Frage: Wenn Europa den brasilianischen Bauern die Abschaffung der Importzölle erleichtert, wird das für die Erhaltung des Dschungels vorteilhaft oder nachteilig sein?

Und schließlich: Sind die Bewohner der reichen Länder Europas und Nordamerikas vielleicht mitschuldig an der Zerstörung des Regenwaldes, da die brasilianischen Bauern vor allem mehr Land für die Produktion von Soja als Futtermittel für unsere intensive Viehwirtschaft benötigen?

All dies sind typische Beispiele für „unmögliche" Überlegungen, aber dennoch Überlegungen, die angestellt werden müssen, denn still zu sitzen und Bolsonaro alles tun zu lassen, was er will, bedeutet auch eine Entscheidung: nichts zu tun.

In der Zwischenzeit werden weltweit Milliarden von Dollar, Euro, Pfund und Yen für Maßnahmen zur Bekämpfung der globalen Erwärmung ausgegeben, wobei ein Vielfaches dieser Summen in den nächsten Jahrzehnten weiter verwendet werden soll. Was, so fragen die Skeptiker, wenn all diese Ausgaben sinnlos sind?

Für diejenigen, die diese Frage stellen, gibt es eine Gegenfrage: Haben sie eine Feuerversicherung für ihre Häuser abgeschlossen? Höchstwahrscheinlich haben sie eine abgeschlossen. Und warum? Weil sie sicher wissen, dass ihre Häuser innerhalb weniger Jahre in Brand geraten werden? Nein, natürlich nicht. Niemand weiß mit Sicherheit, ob so etwas passieren wird, außer vielleicht diejenigen, die sich dazu entschließen, ein Pyromane im eigenen Heim zu werden. Wir schließen eine Versicherung ab, weil die *Möglichkeit besteht, dass* es eines Tages zu einem Brand kommen kann, und weil die *Folgen* für die Bewohner katastrophal wären, sollte dies geschehen. Wir schließen eine Versicherung als Vorsichtsmaßnahme ab.

Viele andere Dinge werden aus genau dem gleichen Grund getan – wir alle haben Schlösser für unsere Haustüren, Autos und Fahrräder, nicht weil wir sicher sind, dass etwas gestohlen wird, sondern einfach nur, weil ein solcher Diebstahl eine reale Möglichkeit ist. Viele Menschen sind krankenversichert, weil sie mit medizinischen Kosten konfrontiert werden könnten, und haben auch eine Rechtsschutzversicherung für den Fall, dass sie jemals in einen Rechtskonflikt verwickelt werden. Darüber hinaus könnte die Wohnung eines Klimaskeptikers mit einem Blitzableiter oder einer Feuertreppe ausgestattet sein, alles als Vorsichtsmaßnahme, um mögliche Ereignisse abzudecken, die nicht von vornherein feststehen. Sogar Rentenzahlungen oder lebenslange Renten von Personen, die noch nicht im Ruhestand sind, fallen darunter, denn wer weiß mit Sicherheit, dass sie diese Rente jemals in Anspruch nehmen werden?

Auch die Gesellschaft als Ganzes hat solche Vorsorgemaßnahmen ergriffen, einschließlich Impfungen gegen Epidemien, wie z. B. Notstromgeneratoren, Deich- und Tsunamiüberwachung, Sturmflutbarrieren, Luftschutzkeller, Notfallvorräte, Katastrophenpläne, Katastrophenteams und Notfalleinrichtungen.

Und dann haben wir den Treibhauseffekt. Nahezu alle Experten sind sich einig, dass es sich um ein echtes Problem handelt, dass es das gravierendste aller Umweltprobleme ist und dass die bisherigen Schäden erst der Anfang sind. Aber stellen Sie sich vor, es gäbe Raum für begründete Zweifel – wäre es dann klug, eine abwartende Haltung einzunehmen, erst dann zu handeln, wenn absolut sicher ist, was passieren wird? Es besteht die Möglichkeit, dass es, solange wir tatsächlich abwarten, viel zu spät ist, vernünftige Schritte zu unternehmen, und dass die Folgen sowohl in menschlicher als auch in finanzieller Hinsicht gigantisch sein werden.

Deshalb wenden wir das Vorsorgeprinzip an: Zwar kann man nicht sagen, dass alle zu erwartenden Folgen des gesamten Szenarios eine Gewissheit sind, aber die möglichen Folgen sind global katastrophal: um ein Vielfaches höher als die aller früheren Katastrophen und Kriege in der Geschichte der Menschheit. Wir sitzen also nicht einfach da und warten auf sie. Jegliche Investitionen in die Eindämmung des Klimawandels, die sich später als unnötig erweisen könnten, sind von weitaus geringerer Tragweite als die wahrscheinlich kolossalen Folgen eines Nichthandelns. Und so arbeiten wir an vielen Orten und auf vielfältige Weise an Lösungen für das Klimaproblem. In Abschn. 6.3 wurde bereits festgestellt, dass zukunftsorientiertes Denken und Arbeiten unweigerlich mit vielen Unsicherheiten einhergeht. Das Vorsorgeprinzip ist dabei ein sinnvoller Ansatzpunkt.

7.4 Lösungen: Technologie und Lebensstil

In Kap. 4 wurde bereits festgestellt, dass es entweder keine oder nur wenige Fragen der Nicht-Nachhaltigkeit gibt, für die es keine oder nur wenige technologische Lösungen gibt oder die bald verfügbar sein werden. Dasselbe gilt für den Klimawandel. Diese technologischen Lösungen lassen sich in zwei Gruppen einteilen – solche, die die Symptome bekämpfen, und solche, die die zugrunde liegenden Ursachen bekämpfen. Im ersten Fall geht es darum zu lernen, mit den Folgen des Klimawandels zu leben, soweit diese durch einen langfristigen Verzögerungseffekt unvermeidlich geworden sind. Das bedeutet, dass, selbst wenn wir heute alle Treibhausgasemissionen stoppen würden – was nicht der Fall ist –, die Folgen des Klimawandels noch mindestens ein Jahrhundert andauern würden, bis ein neues Gleichgewicht erreicht ist. Der Zusammenhang zwischen der Bekämpfung der Symptome und der weitaus wichtigeren Beseitigung der Ursachen kann mit der Situation des undichten Daches in Abschn. 5.5 verglichen werden, in dem der gleiche Zusammenhang zwischen dem Auffangen des Wassers und der Reparatur des Daches besteht – Lösungen auf kurze bzw. lange Sicht.

Zu lernen, mit den Folgen des unvermeidlichen Klimawandels umzugehen, bedeutet, dass auf allen Ebenen etwas getan werden muss. Um z. B. mit dem steigenden Meeresspiegel fertig zu werden, müssen wir die Deiche erhöhen – oder die Bevölkerung evakuieren. Das zunehmend launische Wetter bedeutet, dass wir größere Reservoirs an sauberem Wasser, Einrichtungen, die Zyklonen standhalten, eine verbesserte Bewässerung für trockene Regionen und eine verbesserte Entwässerung für Regionen, die nasser werden, benötigen. Im Vorgriff auf eine mögliche Welle von vielleicht 150 Mio. Klimaflüchtlingen müssen alle Maßnahmen ergriffen werden, die einerseits versuchen, diese Flut zu verhindern, und die andererseits versuchen, sie zu unterstützen und unterzubringen.

Dieses Kapitel wird sich nicht allzu sehr mit der Bekämpfung der Systeme auf diese Weise befassen, sondern sich auf die Bekämpfung der Ursachen konzentrieren. Hierfür gibt es eine Vielzahl möglicher technologischer Lösungen, die sich alle gegenseitig verstärken müssen. Dazu gehört es, den Energieverbrauch effizienter zu gestalten, nachhaltige Energiequellen zu nutzen, durch Änderung des Lebensstils weniger Energie zu verbrauchen und mit den Rückständen der Verbrennung umzugehen – also CO_2 zu speichern.

a. Solarzellen (photovoltaische Zellen)

b. Sonnenkollektor (Parabolspiegel)

c. Windmühlen

d. Wasserkraftwerk (Staudamm)

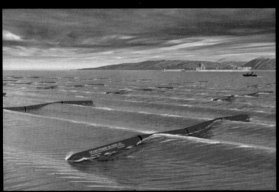
e. Wellenkraft-Generator

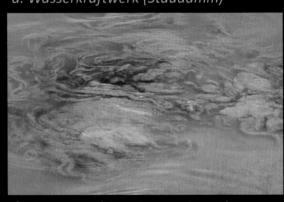
f. Biomasse, dritte Generation: Algen

g. Geothermische Energie

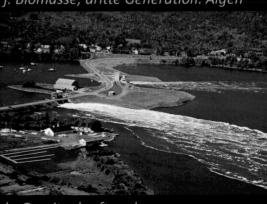
h. Gezeitenkraftwerk

▶ **Abb. 7.17** Acht Arten nachhaltiger Energie. (Quelle: Walmart Stores; Xklaim, Wikimedia; Kim Hansen, Richard Bartz, Wikimedia; ccfarmer, Wikimedia; Jumanji Solar, flickr; Ton Ruikens, flickr; Jim Peaco, National Park Service; Nova Scotia Power)

Energie-Extensivierung

Eine der verfügbaren Lösungen ist die Extensivierung, die sich auf die Senkung des Energieverbrauchs durch intelligente Technologien bezieht, die zu einer höheren Effizienz führen werden. Dies impliziert, dass wir unseren derzeitigen Kurs fortsetzen, aber wir tun dies mit einem intelligenten Ansatz, der es uns ermöglicht, die gleichen Ergebnisse zu erzielen und gleichzeitig weniger Energie zu verbrauchen. Bei Gebäuden würde dies z. B. die Isolierung der Wände und Dächer und die Verwendung von Doppel-verglasung einschließen. Darüber hinaus verfügen immer mehr Gebäude über eine eigene Energieerzeugung und eine Möglichkeit zur unterirdischen Speicherung von Wärme und Kälte, sodass sie zu Nullenergiegebäuden werden, die (im Jahresdurch-schnitt) keine externe Energie mehr benötigen oder sogar Nettoenergie in das Strom-netz einspeisen. Bei den Kraftwerken könnte man auf Kraft-Wärme-Kopplungsanlagen (KWK) umstellen, durch die die bei der Stromerzeugung entstehende Wärme z. B. zur Beheizung von Büros und Wohnungen genutzt wird. Bei Autos können sie aero-dynamischer gestaltet werden, wodurch der Windwiderstand verringert wird, und es können neue Materialien verwendet werden, die sowohl leichter als auch stärker sind. Immer mehr Autos fahren nur noch mit Strom. Das scheint sehr nachhaltig zu sein, aber es ist nicht offensichtlich, ob es wirklich nachhaltig ist. Die elektrische Energie, mit der das Auto fährt, wird irgendwo in einem Kraftwerk erzeugt. Ob dort viel oder wenig CO_2 produziert wird, hängt von der Energiequelle (nachhaltig oder nicht?) und von der Effizienz der Anlage ab. Ob ein Elektroauto nachhaltiger ist als ein herkömmliches, kann nicht als selbstverständlich angesehen werden.

All diese Extensivierungsversuche bleiben jedoch weit hinter dem zurück, und es sind drastischere Maßnahmen erforderlich.

Nachhaltige Energie

Es gibt viele verschiedene Formen nachhaltiger Energie, die fast alle die Sonnen-strahlung nutzen. Solarenergie kann direkt genutzt werden, entweder mithilfe von Solarzellen, d. h. photovoltaischen Zellen (PV-Zellen), die Strom erzeugen, oder mit solarthermischen Kollektoren, die die von der Sonne erzeugte Wärme konzentrieren und nutzen und so konzentrierte Sonnenenergie (CSP) liefern. Bilder von beiden sind in Abb. 7.17 (obere Reihe) zu sehen. Die Sonnenstrahlung wird indirekt durch die Energie in Wind- und Wasserströmungen genutzt, die mithilfe von Turbinen und Dämmen (Abb. 7.17, zweite Reihe) oder Wellenkraftgeneratoren (links in der dritten Reihe) ein-gefangen wird. Eine weitere indirekte Form der Solarenergie ist die Verwendung von Biobrennstoffen (rechts in der dritten Reihe).

Es gibt auch nachhaltige Energiequellen, die ihren Ursprung nicht in der Sonnenein-strahlung finden. Eine davon ist die von der Erde selbst freigesetzte Wärme, die an den meisten Orten tief unter der Erdkruste verborgen ist, von wo aus sie mithilfe von Wasser angehoben und als geothermische Energie genutzt werden kann (Abb. 7.17, unten links). An einigen Orten wird diese Wärme direkt an die Erdoberfläche abgegeben, wie z. B. bei den heißen Geysiren im Yellowstone-Nationalpark in Wyoming, USA, und natürlich durch Vulkane. Die Gezeitenkraft (unten rechts) beruht auf ozeanischen Gezeiten, die durch die Schwerkraft von Mond und Sonne angetrieben werden.

Jede dieser Energiequellen hat ihre eigenen Vor- und Nachteile. Staudämme nehmen viel Platz in Anspruch und zwingen die Menschen aus ihren Häusern. Sie erhöhen auch die Verdunstungsrate des knappen Süßwassers und tragen so zu Dürren bei, und einige von ihnen verursachen Erdbeben. Windkraftanlagen benötigen inzwischen viel Material, und auch für ihre Herstellung wird viel Energie aufgewendet. Zudem schwankt die von ihnen erzeugte Strommenge ebenso stark wie das Wetter, und sie beeinträchtigen die Landschaft. Ein weiterer Faktor, der oft als Nachteil genannt wird, ist die Häufigkeit, mit der Vögel mit ihnen kollidieren. Jüngste Schätzungen gehen in den Vereinigten Staaten von 20.000 bis 37.000 Vogeltoten pro Jahr aus. Dies mag zwar wie eine große Zahl erscheinen, ist aber klein im Vergleich zu den Millionen von Vögeln, die jedes Jahr auf andere Weise sterben, einschließlich Verkehrsunfällen.

Die verheerende Gewinnung fossiler Brennstoffe

Wir stehen vor einem Klimaproblem, weil der Erde fossile Brennstoffe entzogen werden, die ihrerseits durch ihre Verbrennung Treibhausgase in die Atmosphäre freisetzen. Dies ist eine Form des Einbahnverkehrs. An einem Ort – dem Erdboden – wird es schließlich einen Mangel geben, sobald Öl und Gas erschöpft sind, und an einem anderen Ort – der Atmosphäre – wird es einen Überschuss geben, wie in Kap. 2 beschrieben. Ein Teil von Abb. 2.5 wird hier in der oberen Hälfte von Abb. 7.18 wiederholt, da die skizzierte Form des Einbahnverkehrs von entscheidender Bedeutung ist.

Hinsichtlich einer möglichen Verknappung auf der Angebotsseite gehen die Meinungen auseinander. Bis heute nehmen die weltweiten Reserven an fossilen Brenn-stoffen jedoch stets zu und nicht ab. Dies scheint ein Wunder zu sein, vor allem wenn man bedenkt, wie viel Öl, Gas und Kohle wir verbraucht haben. Aber die Reserven hängen von vier Faktoren ab: neue Entdeckungen von fossilen Brennstofffeldern, technische Förderbarkeit, wirtschaftliche Förderbarkeit und politische Entscheidungen.

Es werden regelmäßig neue Entdeckungen gemacht. In den letzten Jahrzehnten geschieht dies meist auf dem Meeresboden. Vor allem das Gebiet um den Nordpol gewinnt immer mehr an Bedeutung, da die polare Eiskappe abschmilzt und die fossilen Brennstoffe unter dem Arktischen Ozean verfügbar werden; ironischerweise ist dies eine weitere positive Rückkopplungsschleife, die den Klimawandel verstärkt und in Abb. 7.6 nicht einmal erwähnt wird. Ein politischer Kampf darüber, welche Länder diese Reserven besitzen, ist entbrannt.

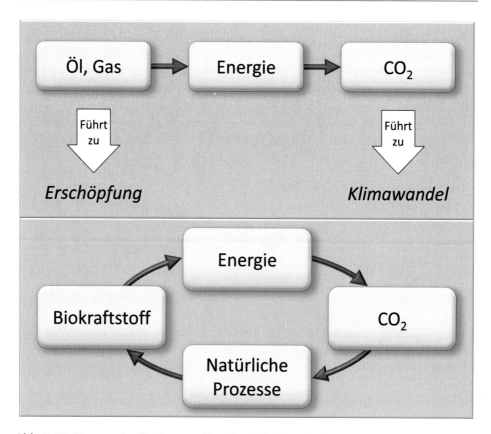

Abb. 7.18 Nutzung fossiler Brennstoffe. Oben: Einbahnverkehr (wie in Abb. 2.5 dargestellt); unten: ein geschlossener Kreislauf

Gleichzeitig hat die technische Extrahierbarkeit aufgrund neuer technologischer Entwicklungen zugenommen. Seit es z. B. möglich geworden ist, Öl aus dem Meeresboden zu fördern, haben die weltweiten Reserven drastisch zugenommen.

Mindestens ebenso wichtig ist die wirtschaftliche Extrahierbarkeit. Erdöl, Erdgas, Kohle und Erz gelten dann als wirtschaftlich förderbar, wenn sie einen Nettogewinn abwerfen, d. h., wenn die Gewinne höher sind als die Kosten für ihre Förderung. Die wirtschaftlich gewinnbaren Reserven an Öl und Gas nehmen seit vielen Jahren zu, was zum Teil auf die technologischen Verbesserungen im Förderprozess zurückzuführen ist. Sie hängen auch vom Rohölpreis auf dem Weltmarkt ab, der in den letzten Jahren sehr volatil war, wie im nächsten Abschnitt beschrieben wird.

Schließlich hängt die Höhe der Reserven von politischen Entscheidungen ab, d. h. von der Bereitschaft oder Weigerung der Regierungen, fossile Brennstofffelder auszubeuten, die große Risiken tragen oder Schäden verursachen. Damit sind Reserven gemeint, deren Abbau und Transport, z. B. unter arktischen Bedingungen, ernsthafte Gefahren verursachen.

Fall 7.6. Die Exxon Valdez

Der Riesentanker fuhr auf einer nördlichen Route mit einer Ladung von 200 Mio. t Öl. Die Exxon Valdez hatte in den drei Jahren seit ihrem Stapellauf viele Fahrten unternommen, und alle verliefen bis zu diesem einen Mal im Jahr 1989 reibungslos.

In den eiskalten Gewässern vor der Küste Alaskas befindet sich in der Nähe des Prince William Sound ein tückisches Riff unter der Oberfläche. Durch einen Fehler des Kapitäns traf der Tanker dieses *Bligh-Riff*. Mit aufgerissener Seite strömte ein Tsunami von Öl ins Meer: Schätzungen schwanken zwischen 42 und 144 Mio. Liter (11 und 38 Mio. Gallonen). Tausende von Tieren wurden sofort getötet – 250.000 Seevögel, 2800 Seeotter, 300 Seehunde, Hunderte von Adlern und Dutzende von Walen sowie Millionen von Fischen. Und obwohl eine groß angelegte Rettungsaktion für die Tiere eingeleitet wurde, vervielfachte sich die Zahl der Opfer in den folgenden Monaten.

Es gab schlimmere Ölunfälle, was die Menge des ausgetretenen Öls betrifft, aber was das Elend dieser speziellen Katastrophe noch verschlimmerte, war, dass sie bei eiskalten Temperaturen stattfand, was bedeutete, dass das Öl nicht schnell von Bakterien abgebaut werden konnte. Große Teile der klebrigen Substanz sanken auf den Meeresboden, der dadurch über Jahre hinweg weiter verschmutzt wurde, und trotz der Aufräumarbeiten kam es langfristig zu einer vollständigen Störung des Ökosystems.

Die örtliche Bevölkerung, die hauptsächlich aus Ureinwohnern Amerikas besteht, war ebenfalls stark betroffen. Der Fischfang wurde unmöglich, und fast alle Fischereien gingen bankrott, ebenso eine Reihe von Industrien. Die örtliche Bevölkerung verarmte, und ein verzweifelter Bürgermeister beging Selbstmord. Der multinationale Konzern Exxon, Eigentümer der Exxon Valdez, wurde zur Zahlung einer Geldstrafe von 5 Mrd. Dollar verurteilt. Nach einer von Exxon eingelegten Berufung wurde die Geldstrafe 2008 auf 500 Mio. Dollar gesenkt.

Als Reaktion auf die Ölpest verabschiedete der US-Kongress 1990 den Oil Pollution Act (OPA). Dieses Gesetz verbietet jedem Schiff, das nach dem 22. März 1989 eine Ölpest von mehr als 1 Mio. US-Gallonen (3800 Kubikmeter) in einem Meeresgebiet verursacht hat, den Betrieb im Prince William Sound.

1998 leitete Exxon eine Klage gegen die US-Regierung ein und forderte, dass die Exxon Valdez wieder in die Gewässer Alaskas einreisen dürfe. Das Unternehmen behauptete, das OPA sei in Wirklichkeit ein „bill of attainder", eine Regelung, die sich ungerechterweise nur gegen Exxon richtete. Im Jahr 2002 entschied ein Berufungsgericht gegen Exxon.

Bis 2002 hatte die OPA 18 Schiffe daran gehindert, in den Prince William Sound einzufahren. Das Gesetz legte auch einen Zeitplan für die schrittweise Einführung einer Doppelhüllenkonstruktion fest, die eine zusätzliche Schicht zwischen den Öltanks und dem Meer bildet. Obwohl eine solche Doppelhülle die

Katastrophe der Valdez wahrscheinlich nicht verhindert hätte, schätzte eine Studie der Küstenwache, dass sie die Menge des ausgelaufenen Öls um 60 % reduziert hätte.

In der Zwischenzeit wurde der Tanker 1990 repariert und fuhr wieder unter einem neuen Namen, *SeaRiver Mediterranean*. Im August 2012 wurde es im indischen Alang gestrandet und demontiert.

Riesige Schäden werden auch durch die Gewinnung von *Ölsand* und *Schiefergas* verursacht, die beide höchst umstritten sind. Ölsande sind ein Gemisch aus Sand, Ton und Wasser, das mit Erdöl in Form von Naturbitumen oder Teer gesättigt ist. Man findet sie in vielen Ländern, wie z. B. in Kasachstan und Russland. Auch in Kanada, wo sie in großem Maßstab in einer Weise abgebaut werden, die große Naturgebiete vollständig zerstört und die kanadischen Ureinwohner verdrängt. Schiefergas, das in vielen Ländern in großem Umfang verfügbar ist und z. B. in den USA intensiv gefördert wird, ist tief verborgenes Erdgas, das durch Fracking gewonnen wird. Dies ist ein Prozess, bei dem Flüssigkeit unter hohem Druck in unterirdische Gesteine injiziert wird, diese zerkleinert und das Gas freisetzt. Es besteht die Befürchtung, dass dieser Prozess den Boden und das Grundwasser mit giftigen Chemikalien kontaminiert, in wasserarmen Regionen viel Wasser verbraucht, durch Gasexplosionen Ausbrüche verursacht und Erdbeben und Senkungen auslöst. Tatsächlich wurden in Oklahoma und mehreren anderen US-Bundesstaaten Erdbeben als Folge von Fracking gemeldet.

Würden alle Schäden für die Umwelt und die Anwohner in den Gestehungspreis der fossilen Brennstoffe eingerechnet, wären sie erheblich teurer, vielleicht unbezahlbar, was sich dramatisch auf die wirtschaftliche Förderbarkeit auswirken würde. Aber das kommt selten vor: Natur und Anwohner werden in der Regel als Externalitäten betrachtet. Der Schaden wird, zumindest soweit er sich überhaupt in Geld ausdrücken lässt, mit allgemeinen Mitteln (also aus Steuern, die von den Bürgern bezahlt werden) oder gar nicht kompensiert.

Trotz all dieser Erhöhungen der Reserven wird zweifellos eine Zeit kommen – wenn wir mit der Förderung fortfahren –, in der die Gesamtreserven an förderbaren fossilen Brennstoffen auf dem Planeten nicht mehr zunehmen und ein Maximum erreichen und danach abnehmen werden: Alles andere wäre physisch unmöglich. Für Erdöl wird dieser Moment als „Peak Oil" bezeichnet, auch bekannt als Hubbert Peak. Der Peak Oil wurde schon viele Male vorhergesagt. Im Jahr 1974 sagte M. King Hubbert voraus, dass er 1995 eintreten würde. Um das Jahr 2000 herum schwankten die Vorhersagen für Peak Oil zwischen 2005 und 2050. Zu verschiedenen Zeitpunkten schätzten einige Experten, dass das Ölfördermaximum bereits erreicht sei. Jedenfalls gibt es unter Experten kaum Zweifel daran, dass der Peak vor 2050 erreicht wird.

Was auch immer mit den Reserven und der Ausbeutung fossiler Brennstoffe geschehen wird, es ist offensichtlich, dass dies nur für die Angebotsseite von Abb. 7.18

(oberer Abschnitt) relevant ist, nicht für die Lösung des Problems des Klimawandels. Es sind also mehr Lösungen erforderlich.

CO_2-Speicherung

Abgesehen von der Einführung nachhaltiger Energie wird für den im oberen Teil von Abb. 7.18 gezeigten CO_2-Überschuss eine andere Lösung untersucht, nämlich die unterirdische Speicherung des Kohlendioxids. Versuche mit dieser Kohlenstoffabscheidung und -speicherung (*Carbon Capture and Storage,* CCS) werden in Regionen durchgeführt, in denen der Boden Hohlräume und poröse Abschnitte enthält, aus denen das Erdgas abgepumpt wurde. Die Forschung konzentriert sich darauf, ob diese Lücken mit CO_2 gefüllt werden können. Es ist noch nicht klar, ob die Technik in großem Maßstab eingesetzt werden und wesentlich zur Lösung des Klimaproblems beitragen kann. Im Wesentlichen ist die unterirdische Speicherung von CO_2 eine typische End-of-Pipe-Lösung, die nichts dazu beiträgt, die Ursachen des Treibhausproblems zu beseitigen. Darüber hinaus ist sie mit einer Reihe von Nachteilen verbunden, und nicht jeder glaubt, dass diese Form der Speicherung völlig risikofrei wäre. Die Bewohner der Städte, in denen Versuche geplant waren, haben heftig und – in mehreren Fällen – erfolgreich protestiert: Sie befürchten, dass die gespeicherten Gase eines Tages entweichen, sich in ihren Dörfern ausbreiten, den Sauerstoff verdrängen und die Bewohner ersticken könnten.

Aber vielleicht gibt es auch andere Wege.

Fall 7.7. Lasst uns das CO_2 schaukeln!
Olivin, eine Form von Basalt, ist in der Erdkruste reichlich vorhanden. Man findet ihn fast überall, er ist billig abzubauen, und er hat eine ganz besondere Eigenschaft: Er bindet CO_2 und verwandelt es in Gestein. Experimente zur Optimierung dieser „CO_2-Sequestrierung" werden an mehreren Orten durchgeführt.

Wenn ein Olivin-Gestein mit Regenwasser und CO_2 aus der Luft in Kontakt kommt, absorbiert es beides und verwandelt sich in Kreide; meist Kalkstein – dasselbe Material, aus dem Korallen gemacht werden – und Dolomit. Der Prozess ist noch viel schneller, wenn man das Olivin zuerst mahlt und wenn man etwas zusätzliches Wasser hinzufügt. Es ist ein hocheffizienter Prozess: Eine Tonne Olivin kann etwas mehr als eine Tonne CO_2 binden. Die Olivin-Körner können an vielen Orten verteilt werden, z. B. in Gärten, auf Wiesen und Parkplätzen. Auf Sportplätzen, als Kies; an Stränden und anderen Küstenlinien, wo es direkt ins Meer gespült wird; oder sogar direkt in den Ozean.

Olivin kann sogar als billiger Alternativdünger in der Landwirtschaft verwendet werden, da es Kalzium und Magnesium ablagert. Und Nickel, wenn auch in geringer Konzentration, das dennoch Umweltschäden verursachen kann; diese und mögliche andere Umweltauswirkungen werden sorgfältig geprüft.

Wenn allen möglichen Einwänden gegen die CO_2-Abscheidung entgegengewirkt werden kann, kann das Verfahren großtechnisch überall auf der Welt angewandt werden. Es wird die Klimakrise definitiv nicht lösen; aber diese und andere Formen der Kohlenstoffmineralisierung (z. B. unter Verwendung industrieller Nebenprodukte wie Zementofenstaub, Stahlschlacke und Flugasche) können dazu beitragen, die CO_2-Konzentration in der Atmosphäre zu verringern und damit den Klimawandel einzudämmen.

(Quellen: Didde 2019; Kelemen et al. 2019)

Biokraftstoffe

Ein anderer Ansatz, der das Problem des Einbahnverkehrs wirklich in den Griff bekommt, ist die Schließung des Kreislaufs mit pflanzlichen Kraftstoffen – wie der untere Teil von Abb. 7.18 veranschaulicht. Abb. 7.17 zeigt eine der Pflanzen, die als Quelle für Biokraftstoff verwendet werden: Algen. Zuckerrohr, Leinsamen, Mais, Holzschnitzel und andere natürliche Quellen werden ebenfalls verwendet, aber der Nachteil davon wurde im zweiten Jahrzehnt dieses Jahrhunderts nur allzu deutlich.

Fall 7.8. Nahrungsmittel versus Treibstoff
Bioenergie: Verschärfung der Nahrungsmittelkrise?

Die Biotreibstoff-Debatte elektrisiert den UN-Gipfel zur Nahrungsmittelpreiskrise in Rom, lässt die Nationen gegeneinander antreten und riskiert, dass die Bioenergie – einst als der ultimative grüne Treibstoff gefeiert – zum Bösewicht wird, der die Ursache für den weltweiten Anstieg der Nahrungsmittelpreise ist.

Biokraftstoff nutzt die Energie, die in organischer Materie – Pflanzen wie Zuckerrohr und Mais – enthalten ist, zur Herstellung von Ethanol, einer Alternative zu Kraftstoffen auf fossiler Basis wie Benzin. Doch die Befürworter behaupten, dass die stark subventionierte Biokraftstoffindustrie grundsätzlich unmoralisch ist und Land umleitet, auf dem Lebensmittel produziert werden sollten, um menschliche Mägen zu füllen und Kraftstoff für Automotoren herzustellen. Der Anstieg der Lebensmittelpreise hat in 30 Ländern zu politischen Unruhen geführt.

(Quelle: BBC, 4. Juni 2008)

Hungernde Haitianer randalieren bei steigenden Lebensmittelpreisen
Demonstranten haben versucht, den Präsidentenpalast in der haitianischen Hauptstadt Port-au-Prince zu stürmen, als sich die Proteste gegen Hunger und steigende Lebensmittelpreise in den Entwicklungsländern ausbreiteten.

Die Preise für Grundnahrungsmittel wie Reis, Bohnen, Kondensmilch und Obst sind in Haiti um mehr als 50 % gestiegen, wo die Armen sogar auf Kekse aus Schlamm angewiesen sind, um durch den Tag zu kommen. Sogar der Preis für dieses traditionelle haitianische Heilmittel gegen das Hungergefühl ist auf über 5 Dollar (2,50 Pfund) für 100 Kekse gestiegen.

Im ärmsten Land der westlichen Hemisphäre besteht nun die große Gefahr, dass ein Staatsstreich ausgelöst wird. Steigende Kosten für Rohstoffe und Grundnahrungsmittel haben der Bevölkerung, die zu 80 % mit weniger als einem Pfund pro Tag auskommen muss und nur eine Minderheit eine bezahlte Vollzeitstelle hat, immense Not gebracht.

Und es ist nicht nur in Haiti, wo die Unruhen zunehmen. Eine Kombination aus hohen Treibstoffpreisen, einem boomenden Nahrungsmittelverbrauch im zunehmend wohlhabenden Asien, der Verwendung von Pflanzen für Biokraftstoffe und Spekulationen auf den Terminmärkten haben die Rohstoffpreise auf Rekordniveau getrieben. Die steigenden Lebensmittelpreise verursachen weltweit Wellen von Unruhen. In Manila überwachen mit M-16-Gewehren bewaffnete Truppen nun den Verkauf von subventioniertem Reis, der letzten Grundnahrungsmittelernte, die einen Preisanstieg erlebt hat. In Ägypten, Indonesien, der Elfenbeinküste, Mauretanien, Mosambik, Senegal, Burkina Faso und Kamerun gab es in den letzten Wochen Proteste, die alle mit den Lebensmittel- und Treibstoffpreisen zu tun hatten.

(Quelle: The Independent, 10. April 2008)

EU schränkt Biokraftstoffe ein

Das Europäische Parlament stimmte heute mit überwältigender Mehrheit über eine neue Obergrenze für Biokraftstoffe aus essbaren Feldfrüchten ab, die nach Ansicht von Kritikern nicht nur mit der Ernährung einer wachsenden Weltbevölkerung konkurrieren, sondern auch zur Entwaldung beitragen und unannehmbar hohe Mengen an Treibhausgasemissionen freisetzen. Die neue Gesetzgebung legt die Obergrenze für Biokraftstoffe aus essbaren Nahrungspflanzen – wie Palmöl, Mais, Raps und Soja – auf sieben Prozent fest. Derzeit hat die EU ein 10-Prozent-Ziel für Verkehrskraftstoffe festgelegt, die bis 2020 sogenannte „erneuerbare" Kraftstoffe sein sollen.

„Niemand soll daran zweifeln, dass die Blase der Biokraftstoffe geplatzt ist", sagte Robbie Blake, ein Aktivist der Friends of the Earth Europe. „Der lang erwartete Schritt der EU, die Biokraftstoffe zu bremsen, ist ein klares Signal an den Rest der Welt, dass dies eine falsche Lösung für die Klimakrise ist. Dies muss das Ende der Verbrennung von Nahrungsmitteln als Treibstoff einleiten."

Vor einem Jahrzehnt wurden Biokraftstoffe als eine von vielen Lösungen für den Klimawandel angepriesen. Seitdem hat die Forschung jedoch zunehmend argumentiert, dass viele Biokraftstoffe aufgrund von Entwaldung und Landnutzungsänderungen mehr Treibhausgase ausstoßen können als fossile Kraftstoffe. Darüber hinaus hat die Entwaldung im Zusammenhang mit Biokraftstoffen für Europa potenziell zum Verlust der biologischen Vielfalt, zu Landkonflikten, Arbeitsproblemen und Fragen der Rechte indigener Völker an so weit entfernten Orten wie Indonesien, Brasilien und Tansania geführt.

Unter der neuen Gesetzgebung werden Biokraftstoffunternehmen weiterhin nicht die Treibhausgasemissionen aus indirekten Landnutzungsänderungen (ILUC) berücksichtigen müssen, was sich auf die Tatsache bezieht, dass die Entwicklung von Biokraftstoffen oft unbeabsichtigt die Entwaldung in neue Gebiete treibt. Allerdings müssen die Unternehmen die Emissionen aus ILUC schätzen und der Europäischen Kommission mitteilen, um die Transparenz zu verbessern.
(Quelle: Mongabay News/Jeremy Hance, 28. April 2015)

Die Tatsache, dass Biomasse in direkter Konkurrenz zu Nahrungsmitteln steht, trägt zum Anstieg der weltweiten Nahrungsmittelpreise bei und kann sogar zur politischen Instabilität in Ländern mit Nahrungsmitteldefizit beitragen. Zusätzliches Land wird für die Landwirtschaft benötigt und vergrößert damit den ohnehin schon zu großen ökologischen Fußabdruck. Es wurde viel Arbeit in die Suche nach Lösungen für das Problem investiert. Die sogenannte Biomasse der ersten Generation stützte sich in erster Linie auf Nutzpflanzen, die direkt mit der Landwirtschaft um den menschlichen Verzehr konkurrieren. Zu den Biobrennstoffen der zweiten Generation gehören Abfälle aus der Forst- und Landwirtschaft, wie z. B. Holzspäne und Stroh aus Mais und Getreide. Die dritte Generation konzentriert sich auf ein ganz anderes Universum – die Ozeane mit ihren Algen. Das ist nicht unlogisch – nicht nur, weil dadurch die Konkurrenz zur Landwirtschaft entfällt, sondern auch, weil der Treibhauseffekt das Algenwachstum stimuliert.

Die Verwendung von Biokraftstoffen der dritten Generation ist eine wunderbare Möglichkeit, den CO_2-Kreislauf zu schließen. Und es gibt sogar noch eine weitere Option: neue Wälder in großem Maßstab zu pflanzen. Eine Fläche von einer Milliarde Hektar, um genau zu sein. Diese Größe, so haben die Wissenschaftler berechnet, würde ausreichen, um mehr als 200 Mrd. t CO_2 im Boden zu speichern, das sind *zwei Drittel des gesamten zusätzlichen CO_2*, das der Mensch seit Beginn der industriellen Revolution produziert hat, und zwar auf ganz natürliche Weise, im Gegensatz zu den technologischen Plänen für die Speicherung. Es gibt viel Raum für diese Wiederaufforstung, denn auf der Erde ist eine Fläche größer als China bereit, Wälder zu beherbergen: auf ungenutzten Ebenen, in Städten und auf dem Land (Bastin et al. 2019).

Kernspaltung

Dann gibt es auch die Option der Kernenergie. Genauer gesagt, *zwei* Optionen – Kernspaltung und Kernfusion.

Alle Kernkraftwerke nutzen heute die Kernspaltung, wobei Uran oder Plutonium als Energiequelle dienen. Diese Kraftwerke haben eine Reihe von Nachteilen. Einer davon ist die Möglichkeit, dass Material und Technologie gestohlen und für terroristische Anschläge genutzt werden können – Atomwaffen, Giftanschläge (Plutonium ist nicht nur radioaktiv, sondern auch hochgiftig) oder Angriffe auf die Kernkraftwerke. Es besteht auch die Möglichkeit, dass es zu Unfällen kommt.

Fall 7.9. Tschernobyl

Am 26. April 1986 explodierte einer der Reaktoren des Kernkraftwerks Tschernobyl in der Ukraine. Eine riesige radioaktive Wolke wurde in die Atmosphäre geblasen und breitete sich über Europa aus. Die ersten internationalen Warnungen, dass etwas nicht in Ordnung sei, kamen von schwedischen Wissenschaftlern, die berichteten, dass sie radioaktiven Fallout registriert hätten. In ganz Europa wurden landwirtschaftliche Nutztiere in Ställen gehalten, und verseuchte Freilandprodukte und Pflanzen mussten vernichtet werden. Die Auswirkungen auf die Menschen, die in der Nähe des Kraftwerks lebten, waren viel schlimmer, und es wird geschätzt, dass 600.000 Menschen durch die Strahlung infiziert wurden, von denen etwa 4000 vermutlich daran gestorben sind – einige von ihnen sehr bald nach der Katastrophe und andere einige Jahre später als Folge der Strahlenkrankheit.

Die Explosion ereignete sich genau in dem Moment, als eine Reihe von Sicherheitssystemen für Tests abgeschaltet wurde. Eine Kombination aus mechanischen und menschlichen Fehlern führte zu einer Erwärmung des Kühlwassers, gefolgt von einem dramatischen Anstieg von Temperatur und Druck. Die Reaktionsgeschwindigkeit verzehnfachte sich und die Brennstäbe schmolzen. Rohrleitungen und das Dach wurden aufgerissen, und der stark radioaktive Dampf entwich in die Atmosphäre.

Einige Wochen später wurde der Reaktor schließlich mit aus Hubschraubern gegossenem Beton abgeriegelt, was dazu führte, dass einige der Piloten durch die radioaktive Strahlung später krank wurden und starben.

Das Kraftwerk hatte vier Reaktoren, und nachdem der beschädigte Reaktor abgeschottet war, wurden die übrigen drei einfach wieder in Betrieb genommen. Das gesamte Kraftwerk wurde erst 2001 auf internationalen Druck hin abgeschaltet. Die Stadt Tschernobyl und die umliegende Region sind verlassen.

Die Katastrophe von Tschernobyl war nicht der erste große Atomunfall. Im Jahr 1957 fing der Kernreaktor in Windscale (heute Sellafield im Vereinigten Königreich) Feuer, und erhebliche Mengen radioaktiven Fallout wurden in die Umgebung freigesetzt. Im Jahr 1979 kam es im Three Mile Island-Kernreaktor bei Harrisburg, Pennsylvania (USA), zu einer Kernschmelze. 140.000 schwangere Frauen und Kinder im Vorschulalter wurden evakuiert, da radioaktive Gase in die Atmosphäre freigesetzt wurden. Und 2011 ging es in Japan völlig schief, als die Küsten nach einem superschweren Erdbeben (Stärke 9,0 auf der Richterskala) im Meeresboden von einem Tsunami getroffen wurden, der eine bis zu 14 Meter hohe Flutwelle verursachte, die das direkt am Meer gelegene Kernkraftwerk von Fukushima Daiichi überflutete. Die Kühlsysteme versagten, weil das Erdbeben das Stromnetz zerstörte. Die Notkühlsysteme wurden durch den Tsunami zerstört. Explosionen und Brände in Reaktorgebäuden folgten tagelang. In nicht weniger als drei der sechs Kernreaktoren kam es zu einer Kernschmelze. Monatelang wurden die Reaktoren von außen über Feuerlöschschläuche gekühlt, sodass Millionen Liter radioaktives Löschkühlwasser ins Meer und ins Grundwasser gelangten. 300.000 Menschen wurden zwangsevakuiert.

Der radioaktive Fallout ist bei dieser Art von Katastrophen räumlich und zeitlich sehr weit verbreitet. Dies geht z. B. aus einem Bericht der Leipziger *Volkszeitung* vom 16. August 2014 hervor, 28 Jahre nach der Katastrophe von Tschernobyl und Tausende von Kilometern entfernt. Die Zeitung berichtete, dass Wildschweine in den Thüringer Wäldern immer noch nicht zum Verzehr geeignet sind, weil ihr Fleisch zu viel radioaktives Cäsium aus dem ukrainischen Atomkraftwerk enthält, das die Schweine durch den Verzehr von Karotten und Pilzen, die sie aus dem Boden aufziehen, aufnehmen. Zum Kraftwerk Fukushima Daiichi: Im Herbst 2019 kündigte der japanische Umweltminister an, dass nun eine Million Tonnen radioaktives Kühlwasser eingelagert worden seien und dass man, um Platz zu schaffen, gezwungen sei, einen Teil dieses Wassers in den Ozean laufen zu lassen.

Einen Monat nach den Kernschmelzen in Fukushima Daiichi wurde durch die amtierende Kanzlerin Angela Merkel die sogenannte Energiewende verkündet, nachdem im Vorfeld mehrerer Landtagswahlen, die in Deutschland immer schon hart geführte Diskussion um die Sicherheit von Kernkraftwerken und die Endlagerung der nuklearen Abfälle wieder entbrannt war. Bereits 2002 wurde unter der Regierung Schröder der Atomkonsens beschlossen, der einen schrittweisen Ausstieg aus der Atomenergie besiegelte. Dieser erste Atomausstieg wurde allerdings im Jahr 2010 durch eine Laufzeitverlängerung für deutsche Kernkraftwerke teilweise zurückgenommen, zumindest aber verzögert. Angesichts der Katastrophe von Fukushima jedoch änderte die Regierung Merkel ihre Atom- und Energiepolitik vollständig. Zunächst wurde ein dreimonatiges Moratorium erlassen und die sieben ältesten deutschen Kernkraftwerke und das umstrittene KKW Krümel aus Gründen der Gefahrenabwehr abgeschaltet. Die Reaktor-Sicherheitskommission und die eingesetzte Ethikkommission für eine sichere Energieversorgung wurden damit beauftragt, unter Berücksichtigung von technischen

und ethischen Aspekten einen Konsens zu einem schrittweisen Atomausstieg vorzu-
bereiten und Vorschläge für eine Transition zu erneuerbaren Energien. Mit einer erneuten
Novellierung des Atomgesetzes im Jahr 2011 wurden mit großer Mehrheit im deutschen
Bundestag die Laufzeitverlängerungen zurückgenommen und das Ende der Kernenergienutzung bis 2022 und der beschleunigte Ausbau der erneuerbaren Energien geregelt. Die
großen Energieversorgungsunternehmen E.On, RWE und Vattenfall legten Verfassungs-
beschwerde beim Bundesverfassungsgericht ein, wurden aber abgewiesen. Dennoch
haben einige Energieversorgungsunternehmen die jeweiligen Bundesländer und die
Bundesrepublik zivilgerichtlich auf Schadensersatz in Höhe von bis zu 276 Mrd. Euro
verklagt. Aktuell ist noch ein Schiedsverfahren der Vattenfall AB gegen die Bundesrepublik Deutschland beim Internationalen Zentrum zur Beilegung von Investitions-
streitigkeiten (International Centre for the Settlement of Investment Disputes, ICSID)
mit einem Streitwert von 4,7 Mrd. Euro anhängig.

*(Quellen: Radtke und Hennig 2013; Gochermann 2016; Brunnengräber und Di Nucci
2014; Sturm 2020; Der Spiegel 2019)*

Seit Jahrzehnten wird sowohl unter Wissenschaftlern und Politikern als auch von
Protestgruppen und der breiten Öffentlichkeit intensiv darüber diskutiert, ob die Kernspaltung als eine Form der nachhaltigen Energie betrachtet werden kann. Im wört-
lichen Sinne ist sie es sicher nicht, da ihre Energiequelle – Uran – eines Tages zur Neige
gehen wird und damit nicht unbegrenzt zur Verfügung steht. Es besteht große Unsicherheit über den Zeitpunkt des „Peak Uran", d. h. den Zeitpunkt, an dem die weltweit
wirtschaftlich gewinnbaren Reserven nicht mehr zunehmen, sondern abnehmen. Die
Schätzungen für Peak-Uran weichen sehr stark voneinander ab und schwanken zwischen
40 und 70 Jahren (Europäische Kommission 2001) bei konstanter Nutzung, aber viel
kürzer im Falle einer starken Zunahme der Nutzung. Die OECD errechnete 100 Jahre
bei konstanter Nutzung, andere schätzen die Zeit bis zum Peak wesentlich länger. Die
hohe Unsicherheit ist auf eine Reihe von Faktoren zurückzuführen. Einer davon ist die
Tatsache, dass es riesige Uranreserven in geringen Konzentrationen gibt, die heute nicht
wirtschaftlich gewinnbar sind, aber bei einer Verbesserung der Technologie und einem
Anstieg des Weltmarktpreises für Uran sein könnten. Außerdem besteht die Chance, dass
aus gebrauchtem Brennstoff neuer Brennstoff hergestellt werden kann. Kernkraftwerke
verwenden nur eines von zwei Uranisotopen, U-235, und das weitaus häufigere, aber
unbrauchbare U-238 kann in Brüterreaktoren in Plutonium umgewandelt werden, das
zum Antrieb der Kernkraftwerke verwendet werden kann.

Außerdem finden Experimente mit Thorium als weitere Kernquelle statt. Da Thorium
in der Erdkruste viel mehr verfügbar ist, wird es die Verfügbarkeit von Kernenergie-
quellen erheblich verlängern. Sollten diese Technologien in großem Maßstab eingesetzt
werden, könnte die Kernspaltung eine Energiequelle für Jahrhunderte oder sogar Jahrtausende sein – die genaue Dauer hängt davon ab, wie intensiv der Verbrauch ist. Wenn
die Kernenergie, wie vorgeschlagen wurde, eine zentrale Rolle bei der Bewältigung des
Klimaproblems einnehmen soll, dann muss sie viel mehr Energie als heute beisteuern,
wodurch die Zeit, für die Spaltmaterial zur Verfügung stehen wird, drastisch verkürzt
wird.

Aber es gibt noch ein anderes Problem, wenn es um die Kernspaltung geht. In gewisser Hinsicht ähnelt sie insofern den fossilen Brennstoffen, als Abb. 7.18 (oberer Teil) auch für Uran gelten könnte. Denn abgesehen vom Potenzial der Brutreaktoren stellt die von Kernkraftwerken erzeugte Energie einen Einwegverkehr dar. Das bedeutet, dass wir es nicht nur mit möglichen Engpässen auf der Eingangsseite zu tun haben, sondern auch mit einem Überschuss auf der Ausgangsseite, in Form von radioaktivem Abfall. Dieser Abfall besteht aus abgereichertem Spaltmaterial und aus den Überresten von abgerissenen Kernkraftwerken und anderen im Prozess verwendeten Materialien, die radioaktiv geworden sind. Diese Abfallprodukte enthalten niedrige bis mittlere Strahlungswerte, was bedeutet, dass sie mit großer Sorgfalt behandelt werden müssen und noch Jahrzehnte oder Jahrhunderte lang eine Gefahr darstellen. Die Brennstäbe sind inzwischen hochgradig radioaktiv und noch für Zehntausende bis eine Million Jahre tödlich.

Die Erfahrung mit der Stilllegung *(Decommissioning)* von Kernkraftwerken wächst langsam. Einer der ersten stillgelegten Reaktoren war das Main-Yankee-Kraftwerk in den USA. Es wurde 1972 in Betrieb genommen, wurde aber 1995 in einer Untersuchung für unsicher erklärt, wobei so viele Risiken festgestellt wurden, dass seine Reparatur zu teuer wurde. Das Kraftwerk wurde zwischen 1997 und 2005 zu Kosten abgerissen, die mehr als das Doppelte des ursprünglichen Baupreises betrugen. Dasselbe gilt für andere Kernkraftwerke, die stillgelegt wurden oder stillgelegt werden sollen, wobei die Kosten um ein Vielfaches höher geschätzt werden als die Baukosten. Die meisten Kraftwerke, die keinen Strom mehr produzieren, warten immer noch auf ihre Demontage.

Die Lagerung radioaktiver Abfälle ist nach wie vor ein Problem ohne Lösungen. Alle bisher anfallenden Abfälle werden noch immer provisorisch gelagert und warten auf eine praktikable Lösung. Eine Idee ist, die Abfälle tief unter der Erdoberfläche in geologisch stabilen Gebieten zu lagern, sodass das Material nicht ständig überwacht werden muss. Aber diese sicheren Gebiete sind schwer zu finden. In den Vereinigten Staaten wurde der Yucca Mountain als eine Option in Betracht gezogen. Die Universität von Colorado stellte jedoch fest, dass die Region anfällig für Erdbeben ist, was bedeutet, dass der Abfall irgendwann ins Grundwasser entweichen und sich auf unvorhersehbare Weise verbreiten könnte. Im Jahr 2011 beendete die US-Regierung die Bundesfinanzierung für den Standort. Seitdem sind verschiedene Gerichtsverfahren und politische Prozesse im Gange; in der Zwischenzeit wird in den USA kein Versuch unternommen, eine endgültige Lagerung zu schaffen. 2012 drängte eine Kommission des US-Energieministeriums (Department of Energy, DOE) darauf, ein konsolidiertes geologisches Endlager zu finden. Da ein solcher Standort noch nicht gefunden wurde, wird der gesamte Atommüll noch zwischengelagert.

Ein grundlegendes Problem ist der extrem lange Zeitraum, in dem das radioaktive Material weiterhin gefährlich ist. Es ist nahezu unmöglich zu garantieren, dass irgendeine Region für eine Million Jahre geologisch stabil bleibt, weshalb es viel Protest gegen den Vorschlag gab, das radioaktive Material an einem unzugänglichen Ort zu lagern und die Überwachung zu beenden („Stewardship Cessation"). Viele Wissenschaftler argumentieren, dass es mindestens 100 Jahre oberirdisch gelagert werden sollte, damit die Sicherheit kontinuierlich kontrolliert werden kann. In den Niederlanden empfahl ein beratender Regierungsausschuss im Jahr 2017 eine Entscheidung über den niederländischen Atommüll, der gegenwärtig zwischengelagert wird, für lange Zeit aufzuschieben. Im Anschluss an ihre Empfehlungen teilte der Infrastrukturminister dem Parlament mit, dass die endgültige Entscheidung über die Endlagerung um 2100 erfolgen wird und die Endlagerung in den Niederlanden ab 2130 geplant ist.

Die Frage nach der Endlagerung von radioaktiven Abfällen ist ein großes gesellschaftliches Thema in Deutschland, das bis weit in die 1970er-Jahre zurückreicht und zum Teil durch starken auch gewalttätigen Widerstand gegenzeichnet war. Es kam zu starken Protesten gegen die Pläne für ein atomares Entsorgungszentrum in Gorleben (Niedersachsen) und eine Wiederaufbereitungsanlage in Wackersdorf (Bayern). In Gorleben wurde von 1979 bis 2000 ein Erkundungsbergwerk errichtet und betrieben, um den Salzstock auf seine geologische Eignung als Endlager für hoch radioaktive Abfällen zu prüfen. Ein Zwischenlager für hochradioaktiven Müll ist seit 1995 in Betrieb und Zehntausende Aktivisten beteiligten sich an den Protesten gegen die Castor-Transporte. Die Standortwahl wurde von vielen Seiten kritisiert, vor allem weil es Vermutungen gab, dass vor allem politische und regionalwirtschaftliche Erwägungen eingeflossen sind. Außerdem ist nicht unstrittig, ob eine geologische Langfristsicherheit angesichts möglicher tektonischer Aktivitäten und dem Eindringen von Grundwasser in den Salzstock gewährleistet werden kann. Daher wurde die Erkundung des Salzstockes in Gorleben mehrfach durch Moratorien ausgesetzt und die Standortsuche wurde neu aufgesetzt. Eine Endlagerkommission arbeitete 2014 bis 2016 an Ausschluss- und Auswahlkriterien, Möglichkeiten zur Fehlerkorrektur (z. B. Rückholung und Bergung der Abfälle), sowie an Verfahrensanforderungen für einen fairen Auswahlprozess und die Prüfung von Alternativen. Durch das Standortauswahlgesetz (StandAG) wird ein mehrstufiges Verfahren „auf der weißen Karte", d. h. ohne Vorfestlegungen geregelt. Die Eignung für ein Endlager hängt vom Wirtgestein ab (z. B. stratiforme Steinsalzformationen, Tonsteinformationen, Salzformationen in steiler Lagerung und Kristallingesteinsformationen). Im ersten Schritt sollen Gebiete gefunden werden, die Mindestanforderungen erfüllen und nicht durch bestimmte Kriterien ausgeschlossen sind (z. B. Erdbebengefahr, Vulkanismus oder Schädigungen des Untergrundes). Ende September 2020 hat die Bundesgesellschaft für Endlagerung (BGE) den „Zwischenbericht Teilgebiete" veröffentlicht, der eine Liste mit möglichen Standorten enthält. In der zweiten Phase sollen die möglichen Standorte übertägig erkundet werden, d. h., es werden Erdbohrungen und seismische Messungen durchgeführt, bevor in der dritten Phase an mindestens zwei Standorten Erkundungsbergwerke errichtet werden. Ein Endlagerstandort soll auf diese Weise bis Ende 2031 gefunden werden, um die 1900 Behälter mit etwa 27.000 m^3 hochradioaktiven Abfällen dauerhaft und sicher aufzunehmen.

Bis zum Jahr 2031 soll laut Gesetz innerhalb Deutschlands der Standort für ein Endlager für hochradioaktiven Müll gefunden werden.

(Quellen: Lersow 2018; Radkau und Hahn 2013; Infoplattform zur Endlagersuche; BGE (2020); Nationale Begleitgremium)

All diese Fragen bedeuten auch, dass es Probleme gibt, wenn es darum geht, die wahren Kosten der Kernenergie zu berechnen. Bei den Kostenschätzungen pro Kilowattstunde werden die Rückbaukosten der Kernkraftwerke selten ausreichend berücksichtigt, zumal diese häufig viel höher sind als ursprünglich angenommen. Währenddessen werden die Kosten für die kontinuierliche Überwachung des Materials über mindestens ein Jahrhundert, möglicherweise über 10.000 Jahre oder mehr, entweder systematisch unterschätzt oder völlig ignoriert. Die Budgetverantwortlichen haben kaum eine andere Möglichkeit, da niemand wissen kann, welchen Preis eine Arbeitsstunde oder eine technische Ausrüstung in 50, 800 oder 20.000 Jahren haben kann. Das Rad wurde erst vor etwa 6000 Jahren erfunden …

Abb. 7.19 zeigt die Konsequenzperiode des zukünftigen Problems der radioaktiven Abfälle in einer historischen Perspektive.

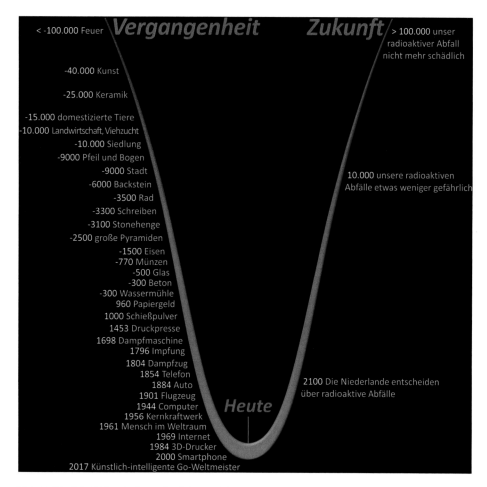

Abb. 7.19   Die Zukunft der radioaktiven Abfälle in einer historischen Perspektive

Die Kernenergie kann als Beispiel für die Übertragung der durch unseren gegenwärtigen Lebensstil verursachten Probleme auf künftige Generationen betrachtet werden. Der Konsequenzperiode bei der Kernenergie ist in der Tat sehr lang, was bedeutet, dass die Anwendung der Faustregel für eine gute Entscheidung (siehe Abschn. 5.5) in diesem Fall äußerst wichtig ist. Was würden die Menschen im Jahr 20.024 oder im Jahr 200.024 denken, wenn sie noch Atommüll sichern müssten, der im Jahr 2024 anfällt? Dies setzt voraus, dass sie dazu in der Lage sind, denn es ist denkbar, dass in 20, 50, 200 oder 20.000 Jahren oder zu jedem anderen Zeitpunkt eine wirtschaftliche oder menschliche Krise ausbricht, die ein solches Ausmaß hat, dass die Menschheit finanziell oder technisch nicht mehr in der Lage ist, mit gealterten radioaktiven Abfällen umzugehen.

Fragen

- Was ist gravierender – das Klimaproblem oder die Nachteile der Kernkraft?
- Oder ist dies ein unfairer Vergleich? Wenn nicht, warum nicht?
- Glauben Sie, dass wir die Verantwortung übernehmen können, etwas zu tun, das für die Menschen 100.000 Jahre in der Zukunft eine Gefahr darstellen könnte?

Kernfusion

Neben der Kernspaltung gibt es auch die Kernfusion – derselbe Prozess, mit dem die Sonne ihre Energie erzeugt. Gegenwärtig gibt es keine Kernfusionsreaktoren, die uns mit Energie versorgen, und es wird wahrscheinlich noch einige Zeit dauern, bis wir einen sehen werden, da die Technologie noch in der Entwicklung ist. In einem Kernfusionskraftwerk wird ein *Plasma* erzeugt. Dabei handelt es sich um ein Gas, in dem der Druck und die Temperatur so hoch sind, dass Wasserstoffkerne zu Helium verschmelzen. Die dafür erforderliche Temperatur beträgt 150 Mio. Grad Celsius, und da bei dieser Temperatur alle Materialien verdampfen werden, wird das Plasma in Magnetfeldern gehalten (Abb. 7.20).

Einige wenige Fusionsreaktoren sind bereits in Betrieb, aber sie verbrauchen mehr Energie als sie erzeugen. Das erste Kraftwerk, das Energie liefern soll, ITER (International Thermonuclear Experimental Reactor), wird derzeit im französischen Cadarache gebaut. Das Versuchsprojekt wird von der EU, den Vereinigten Staaten, Japan, Russland, Südkorea, China und Indien finanziert, und es ist eine gigantische Aufgabe, die Dutzende von Jahre in Anspruch nehmen wird. Aber sollte es gelingen, könnten wir das Energieproblem mithilfe der Kernfusion lösen, da diese nicht durch eine gefährliche und knappe radioaktive Substanz, sondern durch Wasserstoff – eines der beiden Elemente, aus denen Wasser besteht – betrieben wird und das Produkt der Fusion Helium ist ein völlig harmloses Inertgas. Energiegewinnung durch „Verbrennung" von Wasser? Es mag wie ein Märchen klingen, aber im Prinzip ist es möglich. Auch wenn es eine Weile dauern wird: Der Starttermin des Kraftwerks wurde mehrmals verschoben, jetzt ist er für 2035 geplant.

Abb. 7.20 Das Innere eines experimentellen Kernfusionsreaktors, mit einer künstlerischen Darstellung des glühend heißen Plasmas. (Quelle: EFDA Joint European Torus)

Aber auch die Kernfusion ist nicht perfekt – sie produziert schwach- und mittelradioaktiven Abfall, weil die freigesetzten Neutronen die Wände der Anlage bestrahlen.

Verkehrsmittel

Alle bisher untersuchten Konzepte beinhalten die *Erzeugung von Energie*. Aber es gibt noch ein zweites Thema, das mit Energie zu tun hat, und das ist ihr *Transport*. Autos, Flugzeuge und Schiffe werden alle mit Treibstoff betrieben, fast ausschließlich mit Benzin, Diesel, Erdgas usw. – allesamt fossile Brennstoffe. Diese machen einen bedeutenden Teil der CO_2-Emissionen aus, ein Faktor, der sich ernsthaft ändern muss. Das bedeutet, dass innerhalb weniger Jahrzehnte die meisten Fahrzeuge nicht mehr mit fossilen Brennstoffen fahren werden. Es gibt zwei hervorragende Alternativen: das Elektro- und das Wasserstoffauto.

Wasserstoff ist ein großartiger Brennstoff, der durch die Spaltung von Wasser in seine zwei Bestandteile, Wasserstoff und Sauerstoff, in Kraftwerken gewonnen werden kann. Der Sauerstoff entweicht in die Luft, und wenn der Wasserstoff in den Motoren von Autos, Schiffen oder Flugzeugen unter Verwendung von Luftsauerstoff verbrannt wird, entsteht wieder Wasser, wodurch sich der Kreislauf schließt. Unter dem Strich gibt es keine CO_2-Produktion, was eine sehr gute Lösung darstellt, die jedoch umfangreiche systemische Veränderungen erfordert. Die heutigen Automotoren können nicht mit Wasserstoff betrieben werden, und ihre Treibstofftanks können ihn nicht speichern. Auch Tankstellen bieten keinen Wasserstoff an, sodass die Automobilindustrie, die Kraftstofflieferanten und die Infrastruktur umgestellt werden müssen. Wenn diese Umstellung in ausreichend großem Maßstab vollzogen wird, wird sie zu einer Wasserstoffwirtschaft führen.

Mit den Folgen leben

„Wenn Sie es nicht vermeiden können, passen Sie sich an." Ein noch unbekanntes Ausmaß des Klimawandels ist unvermeidlich geworden, so viel ist klar. Die Auswirkungen werden schwerwiegende Folgen haben, z. B. in Form von Dürren, Wirbelstürmen, Regenschauern. Und ein Anstieg des Meeresspiegels. Was würde passieren, wenn die Ozeane und Meere um mehrere Meter ansteigen würden?

Für Westeuropa wurde im Jahr 2020 von einigen Ingenieuren eine gewagte Lösung vorgeschlagen (Groeskamp und Kjellsson 2020). Wie wäre es mit dem Bau eines Staudamms um die Nordsee? Eigentlich drei Dämme, die zusammen den Nordeuropäischen Einschlussdamm (NEED) mit einer Gesamtlänge von 637 km bilden. Das Ergebnis, das wie Abb. 7.21 aussehen würde, würde nicht nur die Nordsee vom Atlantischen Ozean absperren, sondern auch die Ostsee und den Bottnischen Meerbusen. Bei einem Anstieg des Meeresspiegels könnte der Pegel der Nordsee durch menschliche Technologie beeinflusst werden, wodurch 25 Mio. Europäer geschützt würden, darunter die Einwohner von London, Kopenhagen in Dänemark, Stockholm in Schweden, St. Petersburg in Russland, Antwerpen in Belgien und alle Niederländer. Berechnungen bewiesen, dass der Plan technisch und wirtschaftlich machbar ist. Natürlich müssen die ökologischen, sozialen, politischen und kulturellen Auswirkungen noch viel genauer untersucht werden.

Vergleichbare Lösungen sind für eine Reihe anderer Orte denkbar, z. B. für die Irische See, das Mittelmeer, das Rote Meer, den Persischen Golf und das Japanische Meer. Eine solche Lösung für Bangladesch mit seiner 580 km langen Küstenlinie zu finden, könnte sich als komplizierter erweisen, während solche Dämme im Falle der kleinen Inselstaaten, die isoliert im Pazifik und anderswo liegen, kaum oder gar nicht realisiert werden können.

Veränderungen im Lebensstil

Apropos Anpassung an die Folgen: Eine offensichtliche Anpassung, gleichzeitig ein Beitrag zur Vermeidung eines gravierenderen Klimawandels, ist die Option der Änderung des Lebensstils. Eine davon ist, weniger zu reisen. Zu den Optionen dafür gehören die

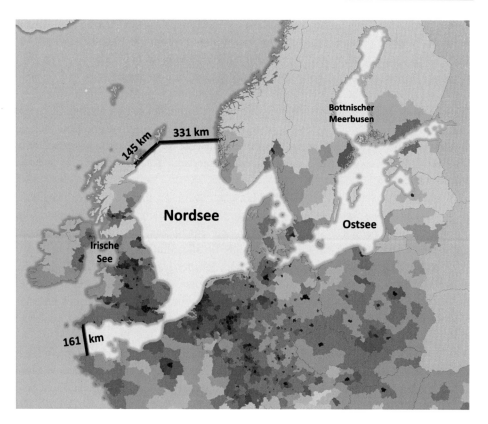

Abb. 7.21 NEED, der nordeuropäische Einschlussdamm. (Quelle: Groeskamp und Kjellsson 2020)

Verringerung der Entfernung zwischen Arbeitsplatz und Wohnung oder die Einrichtung virtueller Arbeitsplätze zu Hause sowie die Verkürzung der Fernurlaube, vielleicht an deren Stelle Ferien in der virtuellen Realität treten. Dies betrifft nicht nur den Transport von Personen, sondern auch von Gütern. Eine große Menge fossiler Brennstoffe könnte eingespart werden, wenn z. B. die Nahrungsmittelproduktion stärker lokalisiert würde. Das erfordert natürlich Verhaltensänderungen aufseiten der Verbraucher, die an Produkte gewöhnt sind, die über die halbe Welt geflogen werden, um als frische Ware an ihrem Standort anzukommen.

Die Frage, ob sich die Verbraucher massenhaft an Verhaltensänderungen beteiligen werden, geht über den Verkehr allein hinaus. Sie betrifft auch den Erwerb und die Nutzung von energiehungrigen Luxusgütern, wie Klimaanlagen, Whirlpools, Zweitwohnungen und jedes Jahr ein neues Smartphone. Diese Art der Verhaltensänderung bedeutet, den Konsum zu reduzieren. Sie können den Verbrauch auch durch einen sparsameren Umgang mit den Geräten senken, indem Sie das Licht ausschalten, wenn Sie den Raum verlassen, und Fernseher und andere Geräte nicht im Standby-Modus lassen.

Skeptiker dieser Art von Lösungen weisen darauf hin, dass der Beitrag zur Lösung des Klimaproblems minimal ist, auch weil nur wenige Prozent der Bevölkerung ihr Verhalten wirklich dauerhaft ändern werden. Und auch wenn es wahr ist, dass es schwierig ist, große Gruppen von Menschen von Veränderungen zu überzeugen, gibt es Beispiele für echte Erfolge. So haben sich beispielsweise Millionen von Menschen in den westlichen Ländern frei für den Umstieg auf Ökostrom – Strom, der mit nachhaltiger Energie erzeugt wird – entschieden, auch wenn dieser teurer ist als die Alternativen. Eine weitere Erfolgsgeschichte ist die Mülltrennung, bei der fast ganze Bevölkerungsgruppen ihre Flaschen in Altglascontainern deponieren und Papier und Küchenabfälle von anderen Abfällen trennen.

Es gibt verschiedene Möglichkeiten, Menschen davon zu überzeugen, sich auf eine nachhaltigere Haltung einzustellen. Aktionsgruppen, Behörden, Bildungseinrichtungen und Unternehmen können sich in Kampagnen engagieren, um die Menschen zu informieren und ihnen ein besseres Verständnis für die Situation zu vermitteln, an ihr Gewissen zu appellieren oder sie einfach durch Werbung zu einem nachhaltigen Verhalten anzuleiten. Die Kosten für nachhaltiges Verhalten können auch gesenkt oder der Preis für nicht-nachhaltiges Verhalten erhöht werden – entweder durch natürliche Marktentwicklungen, durch die Einbeziehung von Umwelt- und anderen schädlichen Kosten in die Produktions- und Verkaufspreise oder durch Subventionen und Steuern.

Vielleicht bedient sich die primäre Methode technologischer Hilfsmittel und verleitet die Menschen dazu, sich nachhaltig zu verhalten, indem sie es einfach und angenehm macht. Sollte es uns nicht gelingen, die Menschen davon zu überzeugen, das Licht auszuschalten, wenn sie einen Raum verlassen, können Sensoren installiert werden, die das Licht ausschalten, wenn der Raum leer ist oder wenn genügend Tageslicht vorhanden ist; solche Geräte werden in vielen Gebäuden installiert. Keine Lichtschalter mehr! Ein weiteres bekanntes Beispiel ist die Installation eines Spülstoppers auf einer Toilette, damit man beim Spülen leicht weniger Wasser verbraucht. Und wenn einmal – vielleicht in ein paar Jahren – Fleischersatz auf pflanzlicher Basis geschaffen wird, der von echtem Fleisch nicht zu unterscheiden ist und sogar billiger sein könnte, wäre eine Massenumstellung auf dieses Produkt unglaublich positiv für die nachhaltige Entwicklung. Sie werden im nächsten Kapitel mehr darüber lesen. Diese Beispiele zeigen, dass es eine enge Beziehung zwischen Technologie und menschlichem Verhalten gibt.

Fragen

- Entscheiden Sie sich bewusst für Möglichkeiten, den Verbrauch, z. B. von Energie, zu senken?
- Beeinflussen Sie Kampagnen, die sich auf nachhaltiges Verhalten konzentrieren? Für eine lange Zeit?
- Glauben Sie, dass eine Verhaltensänderung unter den Menschen einen echten Beitrag zum Klimaproblem leisten kann?

Die Frage, ob eine umfassende Verhaltensänderung für eine nachhaltige Entwicklung notwendig ist, ist auf ein breites Spektrum von Antworten gestoßen. Bis jetzt scheint es, dass eine viel nachhaltigere globale Gesellschaft durch vielfältige Ansätze mit oder ohne weitreichende Veränderungen unserer Lebensweise geschaffen werden kann. Die Umsetzung dieser Veränderungen ist also zumindest teilweise eine Frage der Wahl. Neue Technologien werden bei allen Ansätzen eine wichtige Rolle spielen, aber ob sie auch die Möglichkeit haben werden, dies in ausreichendem Maße und rechtzeitig zu tun, hängt von den politischen Entscheidungsträgern und Entscheidungsträgern ab – d. h. von Politikern und Wirtschaftsführern.

7.5 Politische und wirtschaftliche Instrumente

Die Schaffung eines soliden internationalen Ansatzes für das Klimaproblem ist ein schwieriger Prozess, der seit Jahrzehnten andauert. Die wahre Geschichte ist eine Art Thriller. Mit der Verpflichtung: die Zukunft aller.

1992: Rio de Janeiro

Im Mai 1992 wurde ein internationales Abkommen mit der Bezeichnung United Nations Framework Convention on Climate Change (UNFCCC) abgeschlossen. Einen Monat später wurde der Rahmen während der UNCED zur Unterzeichnung und Ratifizierung geöffnet, die auch als „Erdgipfel" oder einfach „Rio" bezeichnet wurde, da diese erste große UN-Konferenz über nachhaltige Entwicklung in Rio de Janeiro stattfand (siehe Kap. 4).

Die UNFCCC selbst war kein Durchbruch zur Lösung der Klimakrise. Aber es war der Beginn eines langen und komplizierten politischen Prozesses, der noch immer andauert und zweifellos noch viele Jahre andauern wird.

Eines der Ergebnisse ist, dass die unterzeichnenden Parteien – 196 Länder und die Europäische Union bis Dezember 2015 – jährlich zu einer COP, d. h. einer Conference of the Parties (Konferenz der Vertragsparteien), zusammenkommen. Die erste dieser Konferenzen fand 1995 in Berlin statt.

1997: Kyoto

Zwei Jahre später, 1997, fand die COP3 in Japan, in der Stadt Kyoto, statt. Dort wurde der erste internationale Vertrag über den Klimawandel verabschiedet: das Kyoto-Protokoll. Die Unterzeichner des Protokolls verpflichteten sich, die Emissionen von Kohlendioxid und Methan sowie von vier weiteren Treibhausgasen (THG) bis 2010 um 5,2 % des Niveaus von 1990 zu senken. Dies war ein großes Versprechen, da ohne das Kyoto-Protokoll bis 2010 mit einem erheblichen Anstieg der Emissionen gerechnet worden war.

Trotz dieser Tatsache waren die 5,2 % nur der erste Schritt, und die Emissionen müssten letztendlich um eine viel größere Marge reduziert werden. Der erreichte Prozentsatz war ein Durchschnittswert – Nationen mit hohen CO_2-Emissionswerten im Verhältnis zu ihrer Bevölkerung (siehe Abb. 7.22, die die Werte von 2017 zeigt) erklärten sich bereit, die Emissionen um eine größere Marge zu reduzieren. So verpflichtete sich beispielsweise die EU – die damals aus 15 Nationen bestand –, die Treibhausgasemissionen zwischen 2008 und 2012 um 8 % gegenüber dem Stand von 1990 zu senken.

Leider erschien Kyoto von begrenzter Bedeutung, da nicht alle Länder, darunter Australien und die Vereinigten Staaten, bereit waren, es zu ratifizieren. Andere Länder, darunter China und Indien, unterzeichneten es zwar, waren aber überhaupt nicht verpflichtet, die Emissionen zu reduzieren, da – auf Pro-Kopf-Basis berechnet – ihr proportionaler Beitrag zum Treibhauseffekt nicht groß war.

Darüber hinaus trat das Protokoll erst 2005 in Kraft, als es nach dem Beschluss Russlands zur Unterzeichnung genügend Unterzeichner gab. Australien schloss sich 2007 der Liste der Unterzeichnerstaaten an; aber zu diesem Zeitpunkt war das letzte Jahr des Protokolls – 2012 – bereits in Sicht, und es wurden die Grundlagen für ein Folgeabkommen gelegt, das wesentlich strengere Anforderungen stellen sollte.

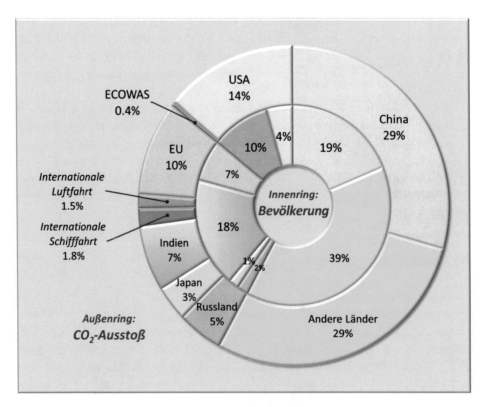

Abb. 7.22 CO_2-Emissionen einer Reihe von Regionen im Jahr 2017 im Vergleich zu ihrer Bevölkerung (innerer Ring). (Quellen: EU 2018; UN DESA 2019)

2009: Kopenhagen

Diese Gespräche führten 2009 zur COP15 in Kopenhagen, wo man hoffte, dass internationale Vereinbarungen getroffen würden, die für die nächsten Jahrzehnte ausreichen würden. Einige Nationen, darunter Japan und die EU, waren bereit, größere Emissionssenkungen unter der Bedingung vorzunehmen, dass andere dem Beispiel folgten; es war ein klassischer Fall der *Tragedy of the Commons,* siehe Abschn. 5.5. Aber, wie die Medien es beschrieben, stürzte die Konferenz ins Chaos. Bis zum letzten Tag war kein Konsens über verbindliche Entscheidungen erzielt worden. Das Endergebnis war die Kopenhagener Vereinbarung, die lediglich eine Reihe von Beobachtungen, Empfehlungen und nicht bindenden Resolutionen enthielt. In der Kopenhagener Vereinbarung hieß es, dass es sehr wichtig sei, den Temperaturanstieg auf 2 °C über dem vorindustriellen Niveau zu begrenzen, um zu verhindern, dass der Klimawandel überhandnimmt. Sie empfahl auch die Einrichtung eines Klimafonds, der ab 2020 jährlich 100 Mrd. Dollar zur Verfügung stellen sollte, um den Entwicklungsländern die Möglichkeit zu geben, ihre Emissionen zu mindern. Es wurde jedoch nicht angegeben, woher dieses Geld kommen sollte. In Kopenhagen wurden den Staaten ab 2012, d. h. nach „Kyoto", keine neuen Emissionsreduktionen auferlegt, sodass die Konferenz kein einziges messbares Ergebnis brachte.

Man kann sich fragen: Warum scheint es so ungeheuer schwierig zu sein, ein wirklich wirksames internationales Abkommen in der Klimafrage zu erreichen, die für eine sichere und nachhaltige Zukunft so entscheidend ist? Dies mag merkwürdig erscheinen, wenn man es mit einem anderen Thema im Zusammenhang mit der Atmosphäre vergleicht: dem Ozonloch, das in Abschn. 1.3 kurz und in Abschn. 6.4 ausführlicher behandelt wird. Das Montrealer Protokoll, der internationale Vertrag von 1989, war sehr erfolgreich – obwohl, wie beschrieben, eine vollständige Wiederherstellung der Ozonschicht mindestens das gesamte 21. Jahrhundert dauern wird.

Das Montrealer Protokoll musste sich jedoch nur mit der Herstellung und Verwendung von Fluorchlorkohlenwasserstoffen (FCKW) und teilhalogenierten Fluorchlorkohlenwasserstoffen (HFCKW) befassen. Sie waren relativ leicht zu ersetzen; sie waren keine Säulen der Weltwirtschaft, sodass die Interessen der Länder und der meisten Unternehmen nicht wesentlich geschädigt wurden. Das Klimaproblem hingegen hängt mit der Produktion und dem Verbrauch von fossilen Brennstoffen zusammen, die einen Multimilliarden-Dollar-Markt darstellen, der für die Weltwirtschaft von grundlegender Bedeutung ist: Die Welt ist „süchtig nach fossilen Brennstoffen", wie oft behauptet wird. Sechs der zehn größten multinationalen Konzerne sind im Öl- und Gasgeschäft tätig (2019), wenn man ihre Einnahmen betrachtet. Trotz überwältigender wissenschaftlicher Beweise für einen vom Menschen verursachten Klimawandel, der teilweise auf die Initiative multinationaler Ölkonzerne zurückgeht, wurde die wissenschaftliche und politische Debatte jahrzehntelang nachweislich von pseudowissenschaftlichen „Klimaskeptikern" und ultrakonservativen Think Tanks getäuscht (Mulvey und Shulman 2015).

Dies galt z. B. bis 2001 für die Lobbygruppe der *Global Climate Coalition* (GCC), die u. a. von Shell, BP, ExxonMobil und Chevron gegründet wurde. Seit 2015 gilt dies auch für die *CO_2 Coalition,* die den Klimawandel nicht leugnet, sondern behauptet, dass er tatsächlich vorteilhaft sei (CO_2 Coalition 2018; Carter und McClenaghan 2015). Zum Teil als Folge davon kann die Debatte viele Jahre dauern.

2015: Paris

Nach „Kopenhagen", d. h. der COP15 im Jahr 2009, wurde erst auf der COP21 in Paris im Jahr 2015 ein wichtiger nächster Schritt gesetzt. Zu diesem Zeitpunkt waren der Zwischenstaatliche Ausschuss für Klimaänderungen (IPCC) und viele andere Experten zu dem Schluss gekommen, dass selbst eine Begrenzung des Anstiegs der globalen Durchschnittstemperatur auf 2 °C nicht gut genug sei; um Verwüstungen zu vermeiden, sollte er stattdessen auf 1,5 °C über dem vorindustriellen Niveau begrenzt werden – ein noch schwierigeres Ziel, wenn man den bereits erfolgten Temperaturanstieg berücksichtigt.

Während der COP21 wurde das Pariser Abkommen von Vertretern aus 195 Ländern ausgehandelt und am 12. Dezember 2015 im Konsens angenommen. In dem Abkommen hieß es, dass es erst dann in Kraft treten würde, wenn 55 Länder, die zusammen mindestens 55 % der weltweiten Treibhausgasemissionen produzieren, das Abkommen ratifizieren, annehmen, genehmigen oder ihm beitreten. Das Abkommen lag am 22. April 2016 zur Unterzeichnung durch die Vertragsparteien der UNFCCC auf, woraufhin eine aufregende Periode von etwa einem halben Jahr begann. Während dieser Zeit ratifizierten viele Länder das Abkommen oder nahmen es auf andere Weise formell an. Nachdem sowohl China als auch die USA – die beiden größten THG-Emittenten (Abb. 7.22) – am 3. September 2016 formell beigetreten waren und das Europäische Parlament am 5. Oktober für sich und seine 28 Mitgliedsländer ratifiziert hatte, waren beide Startbedingungen erfüllt. Das Abkommen trat am 4. November 2016 in Kraft.

Das Pariser Abkommen hat drei miteinander verbundene Ziele. So wie es im Abkommen formuliert ist:

a) *Milderung*: „Den Anstieg der globalen Durchschnittstemperatur auf deutlich unter 2 °C über dem vorindustriellen Niveau zu halten und die Bemühungen fortzusetzen, den Temperaturanstieg auf 1,5 °C über dem vorindustriellen Niveau zu begrenzen, in der Erkenntnis, dass dies die Risiken und Auswirkungen des Klimawandels erheblich verringern würde";

b) *Anpassung*: „Erhöhung der Fähigkeit zur Anpassung an die negativen Auswirkungen des Klimawandels und Förderung der Klimaresistenz und einer Entwicklung mit geringen Treibhausgasemissionen in einer Weise, die die Nahrungsmittelproduktion nicht gefährdet";

c) *Finanzen:* „Finanzströme mit einem Weg zu niedrigen Treibhausgasemissionen und klimaresistenter Entwicklung in Einklang bringen".

Kurz gesagt, das bedeutet: (a) den Temperaturanstieg zu begrenzen, (b) zu lernen, mit den Folgen des unvermeidlichen Temperaturanstiegs zu leben und (c) ihn finanziell tragbar zu machen und denjenigen zu helfen, die unter den schwersten Folgen leiden und nicht in der Lage sind, sich selbst zu helfen.

Die Ziele des Pariser Abkommens waren sicherlich noch nicht ausreichend. So erklärte UNEP, dass die Ziele der Emissionssenkung zu einem Temperaturanstieg von 3 °C gegenüber dem vorindustriellen Niveau führen würden. Das Abkommen wurde weitgehend als ein erster Schritt angesehen, der in künftigen Abkommen verbessert werden müsse, aber dennoch als ein wichtiger Schritt, da zum ersten Mal *alle* wichtigen Treibhausgasemissionsländer unterzeichnet und ratifiziert haben. Eine weitere große Schwäche des Abkommens bestand jedoch darin, dass es auf Versprechungen ohne einen verbindlichen Durchsetzungsmechanismus basierte, d. h. ohne spezifische Abstufung der Strafen oder fiskalischen Druck (z. B. eine Kohlenstoffsteuer), um schlechtes Verhalten zu verhindern. Es musste noch viel Arbeit geleistet werden.

2016: Kigali

Die erste Gelegenheit für eine echte Verbesserung bot sich bereits am 15. Oktober 2016, zehn Tage nachdem die Bedingungen für das Inkrafttreten des Pariser Abkommens erfüllt waren. Für das Montrealer Protokoll zur Frage der Ozonschicht war ein neuer Vertrag notwendig geworden. Das Protokoll hatte FCKW und H-FCKW verboten; die beiden Stoffgruppen wurden schrittweise aus dem Verkehr gezogen, da sie sehr schädlich für die Ozonschicht sind. Als einer der Ersatzstoffe wurde eine andere Gruppe von Substanzen weit verbreitet: Hydrofluorkohlenwasserstoffe (HFKW). Dies war nicht wirklich eine große Verbesserung, denn diese schädigen nicht nur die Ozonschicht, sondern tragen ebenso wie die aufgegebenen FCKW und HFCKW trotz ihrer geringen atmosphärischen Konzentration erheblich zum Klimawandel bei, da ihr Strahlungsantrieb pro Molekül extrem hoch ist.

Während einer Konferenz in Kigali (Ruanda) wurde eine Änderung des Montrealer Protokolls vorgenommen, die eine schrittweise Reduzierung der Produktion und des Verbrauchs von HFKW um 90 % vorsieht. Es wird geschätzt, dass allein dieses Auslaufen den globalen durchschnittlichen Temperaturanstieg um 0,5 °C verringert.

Im November desselben Jahres, genau zu dem Zeitpunkt, als die COP22 in Marrakesch (Marokko) stattfand, wurde ein neuer US-Präsident gewählt, von dem bekannt war, dass er gegen Maßnahmen gegen den Klimawandel war. Im Juni 2017 kündigte der neue US-Präsident an, sein Land aus dem Pariser Abkommen zurückzuziehen. (Auf der Grundlage des Abkommenstextes waren die USA bis November 2020 daran gebunden.) In einer sofortigen Reaktion einigten sich die beiden anderen großen THG-Emittenten, China und die EU (Abb. 7.22), darauf, ihre Anstrengungen zur Reduzierung der Emissionen zu beschleunigen und zu koordinieren. Darüber hinaus traten einzelne amerikanische Bundesstaaten nacheinander dem Klima-Bündnis der Vereinigten Staaten bei und verpflichteten sich damit zur Einhaltung der Verpflichtungen aus dem Pariser Abkommen. Heute sind 25 der 50 US-Bundesstaaten Mitglieder dieses Bündnisses.

2018: London

Ein weiterer Schwachpunkt des Pariser Abkommens war, dass der internationale Luft- und Seeverkehr völlig außerhalb des Vertrags blieb. Die beiden Sektoren übernahmen keine Verpflichtungen mit der Begründung, dass sie zu international sind, um ihre Klimaverpflichtungen in einem Vertrag zwischen Ländern zu regeln. Abb. 7.22 zeigt, dass die beiden Sektoren nicht zu vernachlässigen sind; wenn man zu den in dieser Abbildung gezeigten Prozentsätzen auch den Inlandsverkehr hinzufügt, werden sich die beiden Zahlen fast verdoppeln.

Für die Luftfahrt wurde vereinbart, dass die Internationale Zivilluftfahrt-Organisation (ICAO), die Luftfahrt-Organisation der UNO, einen eigenen Plan ausarbeiten wird, der 2021 in Kraft treten soll. Ein solcher Plan ist von großer Bedeutung, da dieser internationale Verkehrssektor sehr schnell wächst und bei unveränderter Politik bis 2050 *ein Viertel aller CO_2-Emissionen* verursachen würde.

Bereits 2016 wurde der versprochene Plan unter dem Namen CORSIA (Carbon Offsetting and Reduction Scheme for International Aviation) ins Leben gerufen. Doch es gibt viel Kritik an dem Plan, der nicht darauf abzielt, den Emissionszuwachs zu reduzieren, sondern ihn auszugleichen, z. B. durch das Pflanzen von Bäumen. Diese Kompensation ist äußerst zweifelhaft, denn man kann nie überprüfen, ob diese Ausgleichsmaßnahmen nicht ohnehin ergriffen würden. Die unverbindlichen Zusagen von CORSIA müssen durch Leistungsverbesserungen der Flugzeuge in einer Zeit, in der die Zahl der Flüge stark ansteigt, erreicht werden. Vielleicht erinnern Sie sich an den einleitenden Fall dieses Kapitels, bei dem es um ein sensationelles V-förmiges Passagierflugzeug ging. Es wird erwartet, dass es 20 % weniger Energie verbraucht; aber eine solche Verbesserung kommt nicht einmal annähernd an das heran, was benötigt wird. Laut einer Studie (Peeters 2017) wird der Luftverkehr allein mit solchen Maßnahmen im Jahr 2070 eine stärkere Erderwärmung verursachen, als das Pariser Klimaabkommen für die ganze Welt überhaupt zulässt. Es bleibt also noch viel zu tun.

Für die internationale Schifffahrt wurde 2018 in London von der International Maritime Organization (IMO), der Schifffahrtsorganisation der Vereinten Nationen, eine Vereinbarung getroffen. Danach streben die Unterzeichnerparteien eine Reduktion der Treibhausgasemissionen um 50 % gegenüber 2008 an. Auch diese Vereinbarung ist ganz freiwillig: Im maritimen Sektor muss noch viel getan werden.

In bestimmten Ländern und Regionen, z. B. in Europa, tut sich jedoch viel.

Regionale Reduzierungen und Pläne

Glücklicherweise gibt es einige echte Erfolge bei der politischen Herangehensweise an das Klimaproblem. Die Europäische Union hat seit vielen Jahren die Initiative ergriffen, Emissionsreduktionsziele festzulegen und zu verwirklichen: durch verbindliche Vorschriften, durch Vereinbarungen mit der Industrie, der Landwirtschaft und der Luftfahrt sowie durch wirtschaftliche Instrumente.

Die im Kyoto-Protokoll versprochene anfängliche Emissionsreduktion der EU-15 (die 15 Nationen, die vor 2004 Mitgliedstaaten waren) sollte zwischen 2008 und 2012 erreicht werden. Aber das Ziel wurde bereits 2007 erreicht, sogar von den größeren EU-28 (Abb. 7.23).

Im selben Jahr, 2007, einigten sich die EU-Mitgliedsländer darauf, ehrgeizigere Ziele zu setzen, die im sogenannten 20-20-20-Paket formuliert wurden. Im Jahr 2009 wurde die Vereinbarung in eine für alle EU-Mitglieder verbindliche Gesetzgebung umgesetzt. Das Paket bestand aus drei Zielen, die bis 2020 erreicht werden sollten: die Treibhausgasemissionen um mindestens 20 %, vielleicht sogar 30 %, gegenüber 1990 zu senken, mindestens 20 % der verbrauchten Energie aus nachhaltigen Quellen zu beziehen und die Energieeffizienz um mindestens 20 % zu steigern.

Die 20%ige Emissionsreduktion wurde bereits erreicht und 2014 übertroffen. In den folgenden Jahren stiegen die Emissionen leicht an, unter dem Einfluss des Wirtschaftswachstums und aufgrund höherer Emissionen der Verkehrsmittel: Personenkraftwagen,

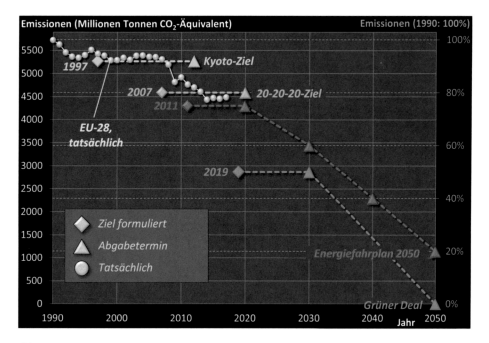

Abb. 7.23 Emission von Treibhausgasen durch die EU-Staaten. (Quellen: EEA 2019a; EC 2019)

Lastkraftwagen und insbesondere Flugzeuge (EUA 2019b). Dennoch ist die Leistung der EU enorm. Zwischen 1990 und 2017 wuchs das BIP der EU-28 (inflationsbereinigt) um 58 %. Im gleichen Zeitraum wurde eine Emissionsreduktion von 22 % erreicht, was einer Verbesserung der CO_2-Effizienz um mehr als den Faktor 2 entspricht: 158 % geteilt durch (100 - 22)%. Dieses Ergebnis wurde in 27 Jahren erreicht, einer Zeit, in der die europäische Wettbewerbsfähigkeit auf dem Weltmarkt nicht wesentlich abnahm, während andere wirtschaftlich mächtige Länder und Regionen keine oder wesentlich geringere Anstrengungen zur Verringerung der Emissionen unternahmen. Dies beweist eine wichtige Schlussfolgerung:

Eine signifikante Reduzierung der Treibhausgasemissionen hat die europäische Wirtschaft nicht beeinträchtigt, selbst zu einer Zeit, als die Kosten für erneuerbare Energien höher waren als die für fossile Brennstoffe.

Die EU nähert sich dem Ziel einer 20%igen Emissionsreduktion und hat 2011 in der Energie-Roadmap 2050 neue Ziele für die nächsten Jahrzehnte festgelegt. Man kam zu dem Schluss, dass bis 2050 eine Reduktion von 80 bis 95 % erforderlich sei, die vollständig durch innerstaatliche Maßnahmen erreicht werden müsse, d. h. nicht durch die Verlagerung von Emissionsprozessen in andere Teile der Welt.

Analysen ergaben, dass ein kosteneffizienter Weg zu einer 80%igen Reduzierung im Jahr 2050 eine Reduzierung von 25 % im Jahr 2020, 40 % im Jahr 2030 und 60 % im Jahr 2040 im Vergleich zu den Emissionen von 1990 erfordert. (Diese Ziele sind in Abb. 7.23 in Rot dargestellt.) Dieser Pfad erfordert eine jährliche Emissionsreduktion (im Vergleich zu 1990) von etwa einem Prozentpunkt in der Dekade bis 2020, 1,5 Prozentpunkte in der Dekade bis 2030 und zwei Prozentpunkte in den verbleibenden zwei Dekaden bis 2050.

Als die Bedrohung durch den Klimawandel immer aktueller und greifbarer wurde, schlug die Europäische Kommission 2019 den Green Deal vor, einen radikalen Vorschlag zur Verschärfung des Ziels für das Jahr 2050 auf 100 %, mit einer Reduzierung um 50 % bis 55 % als Zwischenziel für 2030. Der Plan, der Europa vollständig klimaneutral machen soll, wurde im Dezember 2019 von den Mitgliedsstaaten angenommen. Um den Green Deal zu verwirklichen, werden mehr als 1000 Mrd. Euro von der EU und der Europäischen Investitionsbank investiert.

Wirtschaftliches Instrument: Cap and Trade

Eines der Instrumente, die die EU eingeführt hat, um die Emissionsziele zu erreichen, ist ein System von Emissionszertifikaten. Dieses System, das EU-Emissionshandelssystem (EU ETS) genannt wird, zwingt Industrie- und Handelssektoren, die eine große Menge an Treibhausgasen produzieren, für diese Emissionen zu bezahlen. Die EU hat das System ursprünglich eingeführt, damit die Unternehmen die Versprechen von Kyoto auf dem freien Markt von sich aus einhalten können.

Das ETS-System durchläuft vier Phasen.

Phase 1 (2005–2007) wurde als eine Orientierungsphase, ein Pilotprojekt, charakterisiert als „learning by doing", angesehen. Es wurden nur Emissionen von Stromerzeugern und energieintensiven Industrien erfasst. Bei der Einführung des Systems im Jahr 2005 erhielten rund 5000 europäische Unternehmen eine kostenlose Lieferung von EU-Emissionszertifikaten (EUA), die zusammengenommen bis zu 2200 Mio. t CO_2-Äquivalent pro Jahr ausmachen. Unternehmen, die die zugeteilte Gesamtmenge überschreiten, hatten eine Reihe von Optionen: Sie konnten zusätzliche Emissionszertifikate von anderen Unternehmen kaufen, die über einen Überschuss verfügten; sie konnten Mittel für nachhaltige Energie aufwenden, um ihre CO_2-Emissionen zu senken; oder sie konnten ihre Produktionsmengen herunterfahren, um die Emissionen zu reduzieren. Sie konnten auch Strafen zahlen, obwohl diese sehr kostspielig waren: 40 Euro pro Tonne.

Das EU-ETS ist ein „Obergrenze und Handel-System" (*„Cap and Trade"-System).* Dahinter steht die Überlegung, dass die Gesamtmenge der EUAs im Laufe der Jahre allmählich abnehmen würde: die „Obergrenze". Der Handel mit diesen Zertifikaten, die immer knapper werden würden, würde wiederum immer rentabler werden. Anfang 2005, als das System eingeführt wurde, lag der Wert bei etwa 6 Euro pro Tonne, stieg aber innerhalb von sieben Monaten bald auf etwa 30 Euro pro Tonne an (Abb. 7.24).

In den Jahren 2006 und 2007 stellte sich heraus, dass das System nicht planmäßig funktionierte, hauptsächlich aus zwei Gründen.

Erstens wurde deutlich, dass zu viele Zertifikate an Unternehmen in der gesamten EU vergeben worden waren. Diese weit verbreitete Verfügbarkeit ließ die Preise in den Keller stürzen.

Zweitens könnten die EUAs für ein Jahr von den Unternehmen eingespart werden, um in einem späteren Jahr ausgegeben zu werden. Es wurde jedoch beschlossen, dass am Ende von Phase 1, im Dezember 2007, eine solche Übertragung in Phase 2, die 2008 beginnt, nicht erlaubt war. So ging der Handelswert der Zertifikate gegen Ende der Phase 1 stark zurück auf rund 0,5 Euro pro Tonne CO_2, wie Abb. 7.24 zeigt.

Phase 2 (2008–2012) fiel mit der Zielperiode des Kyoto-Protokolls zusammen, in der die EU die Emissionen um 20 % senken wollte. Zu Beginn traten drei Nicht-EU-Länder dem ETS-System bei: Norwegen, Island und Liechtenstein, womit sich die Zahl der teilnehmenden Länder auf 30 erhöhte. Gleichzeitig wurde die Strafe für überschüssige Emissionen auf 100 Euro pro Tonne erhöht.
Diesmal konnten die Unternehmen, nachdem sie aus den Erfahrungen von Phase 1 gelernt hatten, ihre Zulagen von Phase 2 auf die nächste Phase übertragen.

Die Phase begann mit einer stark gekürzten Anzahl von Zulagen. Anfänglich waren die Preise, zu denen die Zertifikate gehandelt wurden, hoch, wiederum bis zu 30 Euro pro Tonne. Doch 2008 traf die wirtschaftliche Rezession hart. Als die industriellen Aktivitäten schrumpften, schrumpften auch die Emissionen, und die Gesamtzahl der Zertifikate wurde erneut überhöht. Die Preise fielen auf rund 15 Euro pro Tonne. Nachdem neue Rechtsvorschriften, mit denen versucht wurde, einen beträchtlichen Prozentsatz der EUAs abzuschaffen, von einer Mehrheit der EU-ETS-Mitglieder abgelehnt wurden, sanken

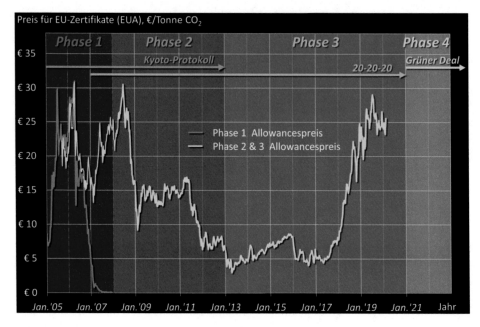

Abb. 7.24 CO_2-Emissionsrechte in der EU. (Quellen: EEA 2012; Investing.com 2016; Sandbag 2020)

die Preise sogar noch weiter auf weniger als 10 Euro, wodurch das System kaum noch effektiv war.

Phase 3 (2013–2020) soll mit der Frist des 20-20-20-Pakets enden. Als Kroatien 2013 der EU beitrat, trat es auch dem ETS-System bei, wodurch sich die Zahl der teilnehmenden Länder auf 31 erhöhte.

Zu Beginn dieser Phase wurde eine wesentliche Änderung eingeführt: 57 % aller Zertifikate wurden versteigert, während in den Phasen 1 und 2 fast alle Zertifikate frei zugeteilt wurden. Der Prozentsatz der versteigerten Zertifikate wird jährlich erhöht.

Weitere Gase und Sektoren werden in das System einbezogen; einer davon ist der Luftfahrtsektor (seit 2012). Außerdem wird die Gesamtzahl der Zertifikate jährlich um 1,47 Prozentpunkte verringert (bezogen auf die Emissionen von 1990).

Millionen von Zertifikaten wurden zurückgestellt: Sie wurden der Reserve für neue Marktteilnehmer (*New Entrants Reserve*, NER) gewidmet, um die Einführung innovativer erneuerbarer Energietechnologien und die Kohlenstoffabscheidung und speicherung zu finanzieren.

Um die Überschussmenge an EUAs aufgrund der Wirtschaftskrise zu reduzieren, ergriff die Europäische Kommission zunächst eine kurzfristige Maßnahme durch „Backloading", d. h. die Verschiebung der Versteigerung von 900 Mio. Zertifikaten auf 2019–2020. Auf diese Weise konnte sich die Kommission Zeit für eine langfristige Lösung nehmen, die in Form einer Marktstabilitätsreserve (MSR) eingeführt wurde. Ab 2019 werden überschüssige EUAs dynamisch in diese Reserve eingestellt, einschließlich der zurückgestellten 900 Mio. Durch diesen flexiblen Mechanismus ist die EU in der Lage, das ETS-System während Phase 4 wirksam zu halten.

Phase 4 (2021–2030) soll zu einer 50 bis 55%igen Reduzierung der THG-Emissionen beitragen und ist einer der Meilensteine des Green Deal. Jährlich soll die Anzahl der Zertifikate um 2,2 Prozentpunkte oder mehr reduziert werden.

Die Geschichte des EU-ETS zeigt, dass der Handel mit Emissionszertifikaten ein komplizierter Prozess ist. Viele Fehler wurden gemacht, viele Lektionen wurden gelernt. Nichtsdestotrotz wird geschätzt, dass das Europäische Emissionshandelssystem wesentlich zu den erreichten Treibhausgasemissionsreduktionen beigetragen hat. Ohne den Handel mit Emissionszertifikaten befanden sich die europäischen Unternehmen faktisch in einem *Gefangenendilemma*: Wer seine Emissionen deutlich reduzieren wollte, verursachte einen Wettbewerbsnachteil. Dank des Emissionssystems hat die EU dieses Dilemma überwunden, denn Emissionsreduzierung kann für ein Unternehmen tatsächlich profitabel sein. Damit hat die EU mit den ökonomischen Gesetzen von Angebot und Nachfrage des freien Marktes den Unternehmen die Möglichkeit gegeben, nachhaltig zu handeln. Was mit politischen Mitteln – durch globale Verträge – nicht gelungen ist, gelingt immer noch auf kommerziellen Wegen.

In anderen Teilen der Welt sind die Erwartungen ähnlich. Nach der EU wurden ETS-Systeme auch in Neuseeland, Tokio (und auf freiwilliger Basis auch im übrigen Japan), Südkorea sowie in mehreren US-Bundesstaaten und kanadischen Provinzen eingeführt. Nach der Ratifizierung des Pariser Abkommens im Jahr 2016 kündigte China an, dass ein ETS für die gesamte Nation in Kraft treten wird. Das Land hat in bestimmten Regionen bereits mit einem Emissionshandelssystem experimentiert. Indien, Indonesien, Russland und mehrere andere Länder untersuchen die Einführung eines Emissionshandelssystems.

Der Wettbewerb zwischen konventioneller und nachhaltiger Energie

Unabhängig davon, ob das ETS-System einen wesentlichen Beitrag geleistet hat oder nicht, haben die Erfolge der Emissionsreduktionsstrategie der EU, wie gesagt, bewiesen, dass dies ohne Verlust der Wettbewerbsfähigkeit möglich ist, selbst wenn die Preise für nachhaltige Energie höher sind als die für fossile Brennstoffe. Es liegt auf der Hand, dass dies umso mehr gilt, wenn Sonnen-, Wind- und Wasserenergie billiger werden als Energie aus Kohle, Öl oder Gas.

Die Kosten für Letztere werden von den Weltmarktpreisen für Rohöl dominiert. Diese Preise waren in den letzten Jahren sehr volatil, wie Abb. 7.25 zeigt.

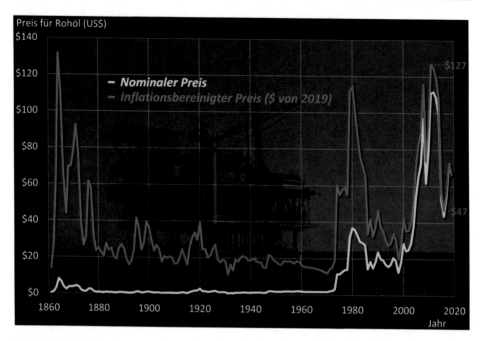

Abb. 7.25 Rohölpreise von 1860 bis 2019. 1861–1944: US-Durchschnitt. 1945–1983: Arabisches Licht. 1984–2019: Brent vom. (Quellen: Chartsbin 2014; Statista 2019; Quelle der Hintergrundfotos: US Department of Defense: Lance Cpl. Ryan Carpenter)

Theoretisch sollten die Rohölpreise dramatisch ansteigen, wenn das Ölfördermaximum näher rückt, da die Vorräte knapp werden würden. Tatsächlich ist der Preis in den letzten Jahrzehnten in der Tat mehrere Male stark gestiegen; und einige kündigten an, dass das Ölfördermaximum nahe bevorstehe. Aber bisher sind die Preise wieder gesunken. Das macht es sehr schwierig, diese Preise für die kommenden Jahre und Jahrzehnte vorherzusagen.

Es ist genau diese Volatilität der Ölpreise, die den Ölgesellschaften und der Industrie Probleme bereitet. Die Unternehmen schätzen solche Unsicherheiten im Allgemeinen nicht. Selbst wenn Öl im Durchschnitt billiger als nachhaltige Energie wäre, könnte eine stabile Preisentwicklung zugunsten der Nachhaltigkeit ausfallen. Aber die Kosten der verschiedenen Arten von nachhaltiger Energie sinken rapide.

LCOE wird als Maß für den Vergleich solcher Kosten verwendet, eine Abkürzung für *Levelized Cost of Energy (Nivellierte Energiekosten)*. Zu diesem Zweck werden die Gesamtkosten während des gesamten Lebenszyklus eines Energiesystems berechnet. Bei einem Kraftwerk oder einer Windmühle betrifft dies die Kosten für den Boden, die Planungs- und Baukosten zu Beginn, die Betriebsführung während der Nutzung (einschließlich der Kosten für Rohstoffe, Energietransport, Energiespeicherung, Versicherung und Umweltschäden) und die Kosten für Demontage, Abbruch und Abfallverwertung am Ende des Lebenszyklus. Diese Gesamtkosten werden durch den

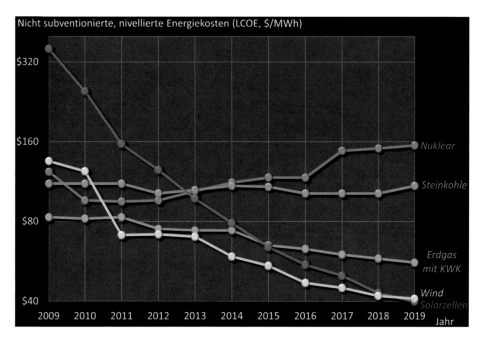

Abb. 7.26 Die Kostenentwicklung einiger Energiearten. Die Kurve der Solarzellen bezieht sich auf großformatige kommerzielle PV-Zellen. (Quelle: Lazard 2019)

Gesamtenergieertrag während der aktiven Phase der Anlage geteilt. Subventionen dürfen nicht zur Reduzierung der berechneten Kosten verwendet werden. Dies schafft eine faire Möglichkeit, die Kosten verschiedener Energiearten zu vergleichen. Abb. 7.26 zeigt die Preisentwicklung der LCOE-Werte einer Reihe von Energiearten. Anmerkung: Die y-Achse dieses Diagramms ist logarithmisch, d. h. die Werte verdoppeln sich entlang der Achse.

Natürlich sind die Energiekosten nicht an allen Orten und zu allen Zeiten gleich. Deshalb gibt Abb. 7.27 ein Bild der Kostenverteilung für eine Reihe von konventionellen und erneuerbaren Energiearten.

Die beiden Diagramme zusammen ergeben ein klares Bild, das im folgenden Fall zum Ausdruck kommt.

Fall 7.10. Zombie-Kohle

New York: CNN Business, 25. März 2019:

Schlechte Nachrichten für die Kohle: Wind und Sonne werden billiger

Die einfachen Gesetze der Ökonomie drohen die verbleibenden Kohlekraftwerke Amerikas ins Verderben zu stürzen. Die Kosten für Wind und Sonne sind so schnell gesunken, dass 74 % der US-Kohleflotte für erneuerbare Energien auslaufen könnten – und den Kunden immer noch Geld sparen, so ein am Montag

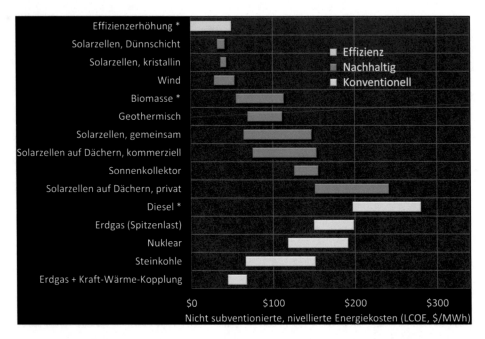

Abb. 7.27 Kosten einiger Energiearten: Details. (Quelle: Lazard 2019; * Lazard 2017)

veröffentlichter Bericht der überparteilichen Denkfabrik *Energy Innovation*. Die Zahl der gefährdeten Kohlekraftwerke in den Vereinigten Staaten steigt bis 2025 auf 86 %, da die Kosten für Sonne und Wind weiter sinken.

Die Forschung zeigt, dass es immer teurer wird, bestehende Kohlekraftwerke zu betreiben, als saubere Energiealternativen zu bauen.

„US-Kohlekraftwerke sind in größerer Gefahr als je zuvor", sagte der Direktor für Elektrizitätspolitik bei *Energy Innovation* gegenüber CNN Business. „Nahezu drei Viertel der US-Kohlekraftwerke sind bereits „Zombie-Kohle" oder wandelnde Tote".

Und das trotz des Versprechens des 2016 gewählten US-Präsidenten, die angeschlagene Kohleindustrie wiederzubeleben. Der klimaskeptische Präsident erklärte das Ende des „Krieges gegen die Kohle" und strich Vorschriften, die die Emissionen von Kohlekraftwerken einschränkten.

London: The Guardian, 26. Juni 2019:

Die USA erzeugen zum ersten Mal überhaupt mehr Strom aus erneuerbaren Energien als Kohle

Saubere Energien wie Sonne und Wind lieferten laut der *Energy Information Administration* 23 % der US-Stromerzeugung während des Monats, verglichen

mit 20 % Kohle. Dies ist das erste Mal, dass Kohle von Energiequellen übertroffen wurde, die keine Umweltverschmutzung freisetzen, wie z. B. Gase, die den
Planeten heizen.

Der April war ein günstiger Monat für erneuerbare Energien, mit geringer
Energienachfrage und einem Aufwärtstrend bei der Windenergieerzeugung. Dies
bedeutet, dass die Kohle im Jahr 2019 den erneuerbaren Energien wieder voraus
sein könnte, auch wenn die langfristigen Trends gesetzt zu sein scheinen.

„Das Schicksal der Kohle ist besiegelt, der Markt hat gesprochen", sagte
Michael Webber, ein Energieexperte an der Universität von Texas. „Der Trend ist
jetzt unumkehrbar, der Niedergang der Kohle ist nicht mehr aufzuhalten".

Der Trend ist gesetzt: nicht nur bei Kohle, sondern auch bei Erdgas und Erdöl. Nachhaltige Energie wird schnell billiger als jede fossile und nukleare Energie. Das bedeutet,
dass die Bedeutung der internationalen Verträge abnimmt: Der Markt reguliert sie
bereits, unterstützt durch politische Preisbildungsmechanismen wie das ETS. Es ist
kaum relevant, dass sich einige Länder aus dem Pariser Klimaabkommen zurückziehen.
Die Frage ist nicht, ob, sondern nur, in welcher Zeit alle Energie nachhaltig sein wird.
Dieses Tempo wird durch eine Reihe von Faktoren bestimmt, u. a. durch die Hartnäckigkeit und Desinformation der mächtigen Öllobby, die Zeit, die für die Einführung
geeigneter neuer Anlagen und Infrastrukturen und für die Abschreibung bestehender
Anlagen benötigt wird, und die Kurzsichtigkeit oder, im Gegenteil, die innovative Vision
von Investoren und Direktoren. Dieses Tempo wird darüber entscheiden, ob wir rechtzeitig riesige, noch nie dagewesene Katastrophen verhindern. Aber es besteht kein
Zweifel, dass der Energiemarkt zu 100 % nachhaltig werden wird.

Dies sind hervorragende Nachrichten für das Klima, die Natur und die menschliche
Welt.

Zusammenfassung

Der Klimawandel ist die schwerwiegendste Ursache für die globale Nicht-Nachhaltigkeit.

- Es ist über jeden vernünftigen Zweifel erhaben, dass die Temperatur der Erde in
  einem Rekordtempo steigt.
- Die Ursache dafür ist die erhöhte Konzentration bestimmter Gase in der Atmosphäre,
  die einen anthropogenen Treibhauseffekt verursacht. Dies ist ein sehr komplexer
  Prozess, da es zahlreiche Rückkopplungen gibt.
- Der Klimawandel hat eine Reihe von Folgen, die vorläufig noch mehr oder weniger
  linear zu sein scheinen, wie der Anstieg des Meeresspiegels und das Abschmelzen
  von Land und Polareis. Es können aber auch nichtlineare Prozesse auftreten, die
  schwer oder gar nicht berechenbar sind und die zu Kipppunkten führen können, die

die Situation weltweit in sehr kurzer Zeit drastisch verändern können. Der Klimawandel hat einen großen Einfluss auf den globalen ökologischen Fußabdruck.

- Es gibt keinen wirklichen Raum mehr für Zweifel am Klimawandel; die Folgen sind
  bereits deutlich sichtbar. Soweit noch Unsicherheit über bestimmte Auswirkungen des
  Klimawandels besteht, ist es ratsam, das Vorsorgeprinzip anzuwenden.

- Technologische Lösungen sind entweder im Überfluss verfügbar oder werden in
  absehbarer Zeit verfügbar sein. Ob die Kernspaltung eine dieser Lösungen ist, ist ein
  strittiger Punkt; die Kernfusion ist noch lange nicht abgeschlossen. Eine Reihe dieser
  Lösungen ist mit einer Verhaltensänderung bei den Verbrauchern verbunden.

- Man hat sich auf politische Instrumente geeinigt, aber auch auf kombinierte politisch-
  ökonomische Instrumente, um diese technischen Lösungen umzusetzen, darunter
  Verträge – die noch nicht sehr wirksam sind – und Emissionshandelssysteme, die
  erfolgreicher zu sein scheinen.

- Der Selbstkostenpreis bestimmter nachhaltiger Energiearten sinkt sehr schnell, und
  einige von ihnen haben die konventionellen Energiearten bereits überholt. Es ist nur
  eine Frage der Zeit, bis nachhaltige Energie die fossile und nukleare Energie durch
  Wettbewerb aus dem Markt drängen wird.

Nachhaltige Geschäftspraktiken

8

Inhaltsverzeichnis

Fall 8.1. Randstad unterstützt VSO

Es war eines der vielen von VSO durchgeführten Projekte. Seit 2012 arbeitet jedes Jahr ein europäischer Experte für einige Wochen auf freiwilliger Basis in Bangladesch im Dorf Burridhanga und trägt so zur Verbesserung des Wassermanagements bei. Dies ist eine sehr wichtige Arbeit, da viele Jahre der Dürre zu Nahrungsmittelknappheit geführt haben. Der Freiwillige, der von einer Organisation namens VSO entsandt wird, koordiniert die Arbeit der örtlichen Jugendorganisationen. Gemeinsam errichteten sie ein System von Regenwassertanks und -leitungen sowie ein Gemeindezentrum und eine Biogasanlage, die mit Dung von den Kühen im und um das Dorf herum betrieben wird.

Randstad ist eine der größten Zeitarbeitsfirmen der Welt. Seit 2004 ist das Handelsunternehmen ein Joint Venture eingegangen, um VSO zu unterstützen. VSO, die Abkürzung für Voluntary Services Overseas (Freiwilligendienste in Übersee), ist ebenfalls eine große Beschäftigungsagentur, aber sie ist nicht gewinnorientiert und konzentriert sich auf Experten, die als Freiwillige auf Zeit in verarmte Länder entsandt werden. Es besteht ein großer Bedarf an westlichen

Experten in Entwicklungsländern. Sie können vorübergehend für die Beauf-
sichtigung von Projekten eingesetzt werden, während die einheimischen Arbeitskräfte diese durchführen. Dabei handelt es sich um Manager, Techniker, Lehrer,
Gesundheits- und Sozialarbeiter, aber auch um Landwirte, Umweltexperten und
Biologen oder Buchhalter, Juristen, IT-Spezialisten und Fachleute aus jedem
anderen Bereich, den Sie sich vorstellen können. In Nordamerika und Europa gibt
es Tausende gut ausgebildeter Menschen, die hoch motiviert sind, eine Zeit lang
eine solche Arbeit zu leisten – viele von ihnen würden gerne ihren täglichen Beruf
für ein paar Monate tauschen, um als Freiwillige in einem Entwicklungsland zu
arbeiten. Auch die Unternehmen, die sie beschäftigen, kooperieren oft gerne.

Hier kommt der Freiwilligendienst in Übersee ins Spiel, der als Vermittler
fungiert. Die Hilfsorganisation steht in Kontakt mit lokalen Organisationen in
Dutzenden von Entwicklungsländern. Beispiele für ihre Arbeit sind die Einrichtung eines Wartehauses für schwangere Frauen in Kambodscha, Gesundheits-
und Sexualerziehung zur HIV/Aids-Prävention im südlichen Afrika und in China,
Psychotherapie in Katastrophengebieten und die Verbesserung der Bildung (insbesondere für Mädchen) in Sambia und Namibia. Auch das Projekt in Bangladesch
wird in Zusammenarbeit mit einer lokalen Organisation, der NGO Gram Bikash
Kendra, durchgeführt.

Die richtigen Experten für die Arbeit zu finden, ist keine einfache Aufgabe, und
zu diesem Zweck wurde die Expertise von Randstad zur Unterstützung von VSO
genutzt. Die Mitarbeiter von Randstad haben die Aufgabe, geeignete Freiwillige
für VSO-Projekte zu finden, die sowohl über das entsprechende Wissen als auch
über die entsprechende Erfahrung verfügen. Randstad arbeitet auch mit Unternehmen zusammen, die bestimmte Arten von Experten beschäftigen, die VSO
dringend benötigt. Dies ermöglicht es einer wachsenden Zahl von Unternehmen,
ihre Mitarbeiter zum Zweck der Armutsbekämpfung und Entwicklungshilfe weltweit einzusetzen.

15 Jahre nach Beginn der Zusammenarbeit, im Jahr 2019, stellen Randstad
und VSO ihre gemeinsamen Projekte nachdrücklich in den Rahmen der SDG 8:
menschenwürdige Arbeit und nachhaltiges Wachstum. In diesem Zusammenhang organisierten die beiden Partner ein Rundtischgespräch mit der Regierung,
dem Privatsektor, NGOs und Wissensinstitutionen über die Zukunft der Arbeit in
Afrika, die sich in den kommenden Jahren – wie auch im Rest der Welt – rasch
verändern wird, einschließlich der Urbanisierung, der Entstehung einer grünen
Wirtschaft und der Digitalisierung.

Im letzten Abschnitt des vorhergehenden Kapitels wurde die Rolle der nationalen
Regierungen und der internationalen Zusammenarbeit bei der Suche nach Lösungen
für das Klimaproblem hervorgehoben. Doch während die Suche nach einer politischen

Einigung ein höchst komplizierter Prozess zu sein schien, scheint es immer wahrscheinlicher zu werden, dass kommerzielle Entwicklungen eine wichtige Rolle bei der Lösung der Krise spielen werden.

Im letzten Kapitel dieses Buches werden weitere Möglichkeiten untersucht, wie Unternehmen zu einer nachhaltigen Entwicklung beitragen können. Immer mehr Unternehmen tun dies aktiv, und zwar aus einer Vielzahl von Gründen. Einer davon könnte sein, dass sie glauben, dies sei der richtige Weg, Geschäfte zu machen. Andere äußern sich vielleicht besorgt über die Zukunft der Gesellschaft oder des Unternehmens selbst, und wieder andere sehen darin einfach nur eine Chance für Profit. Unternehmen könnten auch zu einer nachhaltigen Entwicklung beitragen, weil der Staat dazu beiträgt, eine Situation zu schaffen, in der Unternehmen mehr oder weniger gezwungen sind, nachhaltiger zu wirtschaften. Die Einführung des CO_2-Emissionshandels, wie im vorigen Kapitel diskutiert, dient als Beispiel dafür.

Kapitel 8 befasst sich mit den verschiedenen Möglichkeiten, wie Unternehmen nachhaltige Geschäftspraktiken anwenden können, wobei die verschiedenen zugrunde liegenden Motive dafür und die Auswirkungen in Bezug auf die Rentabilität untersucht werden. Schließlich befasst sich das Kapitel mit der Rolle der einzelnen Fachleute in einem Unternehmen und mit den Kompetenzen, die heute und in Zukunft von ihnen in ihrem Bereich erwartet werden.

8.1 Soziale Verantwortung von Unternehmen

In Fall 8.1 geht es darum, dass ein Unternehmen etwas tut, was es nicht automatisch tun *muss.* Die Unterstützung, die Randstad VSO gewährt, gehört nicht zu den Kernaktivitäten des Unternehmens und bringt vermutlich keine Rendite. Dasselbe gilt in mehr oder weniger großem Umfang auch für andere Unternehmen, die sich in der sozialen Verantwortung von Unternehmen (*Corporate Social Responsibility*, CSR) engagieren. Aber es gibt Unternehmen, für die die nachhaltige Entwicklung Teil ihres eigentlichen Wesens – ihrer Daseinsberechtigung – in ihrer Mission, ihrem Unternehmensauftrag, ist.

Fall 8.2. Die Body Shop
Seit der Gründung der Body Shops im Jahr 1976 hält sich das Unternehmen an fünf Grundprinzipien. Einer davon ist die *Unterstützung des Gemeinschaftshandels,* was bedeutet, dass sie mit lokalen Gruppen in allen Teilen der Welt einen fairen Handel betreibt. Den Einheimischen wird ein faires Einkommen garantiert, und das Unternehmen arbeitet mit ihnen auf der Grundlage der Gleichberechtigung zusammen. Auch lokale Entwicklungsprojekte werden unterstützt, wie z. B. HIV/Aids-Aufklärung, Schulbildung, Erhaltung der Kultur und der Frauenrechte.

Ein weiteres dieser Prinzipien ist *Gegen Tierversuche.* The Body Shop garantiert, dass in seinen Geschäften keine Produkte verkauft werden, die an

Tieren getestet wurden, und dass sie nicht einmal Inhaltsstoffe enthalten, die seit 1991 an Tieren getestet wurden. Das Unternehmen ist Unterzeichner des Humane Cosmetics Standard und setzt sich aktiv dafür ein, dass Tierversuche für Körperpflegeprodukte in der EU, in den USA und in anderen Ländern verboten werden.

Das dritte Prinzip ist die *Verteidigung der Menschenrechte*. Das Unternehmen hat Kampagnen für politische Gefangene und gegen häusliche Gewalt und Kinderarbeit durchgeführt. Jedes Jahr setzt es Millionen für gute Zwecke ein.

Das vierte Ethos ist der *Schutz unseres Planeten*. Die Fabriken des Unternehmens verwenden fast ausschließlich nachhaltig geerntetes Holz (FSC-zertifiziert). The Body Shop arbeitet mit Greenpeace zusammen, um die Nutzung nachhaltiger Energie zu fördern. Wenn möglich, werden natürliche Inhaltsstoffe verwendet, die auf ökologisch verantwortliche Weise hergestellt werden.

Der letzte ist *Activate Selfesteem* – der Body Shop sagt, dass Sie nicht nur gut zu anderen und zu Ihrer Umgebung, sondern auch zu sich selbst sein müssen. Sie können stolz auf sich selbst sein, ohne Kunstgriffe (wie z. B. Schönheitschirurgie) anzuwenden, und die Produkte von The Body Shop werden Ihnen dabei helfen. Diese Philosophie ist ein gutes Beispiel dafür, wie idealistische und kommerzielle Ziele miteinander verbunden werden können.

Im Jahr 2006 wurde der Body Shop von L'Oréal gekauft, woraufhin befürchtet wurde, dass das übernommene Unternehmen seine Grundsätze aufgeben oder schwächen müsse. Im Jahr 2017 verkaufte L'Oréal den Body Shop jedoch an Natura Cosmeticos, eine multinationale brasilianische Einzelhandelskette mit ebenso nachhaltigen Prinzipien.

The Body Shop veröffentlicht einen jährlichen „Wertebericht", in dem detailliert beschrieben wird, wie das Unternehmen an diesen fünf Prinzipien gearbeitet hat. Seit 2016 tragen diese Berichte den Titel „Enrich not Exploit" (Bereichern statt Ausbeuten). Im ersten dieser Berichte, anlässlich des fünfzigjährigen Bestehens des Unternehmens, wurde die wichtigste Herausforderung beschrieben: Jahrestag des Unternehmens beschrieben: „Während wir diese Werte heute beibehalten, sind sie 2016 weniger ausgeprägt als 1976. Es ist an der Zeit, weiterzumachen. Die wichtigste Herausforderung, vor der The Body Shop an diesem Meilenstein-Jubiläum steht, ist die Frage, wie wir uns in der neuen globalen Landschaft orientieren können, damit wir unser Ziel, das ethischste und wirklich nachhaltigste globale Unternehmen der Welt zu sein, erreichen können". Der Bericht fährt dann mit der Beschreibung einer Reihe konkreter Ziele fort, die mit dem Triple P verbunden sind und wie folgt beschrieben werden ‚Enrich our People', ‚Enrich our Planet' und ‚Enrich our Products', Titel, die eine kluge Kombination von Idealen und kommerziellen Interessen aufweisen: eine Philosophie, die veranschaulicht: Handel und Nachhaltigkeit müssen keine Gegner sein.

Einige der konkreten Ziele, die sich der Body Shop für das Jahr 2020 gesetzt hat, sind:

- Verdoppeln Sie unser gemeinschaftliches Handelsprogramm von 19 auf 40 Zutaten und tragen Sie zur Bereicherung der Gemeinschaften bei, die diese produzieren.
- Stellen Sie sicher, dass 100 % unserer natürlichen Inhaltsstoffe rückverfolgbar sind und nachhaltig beschafft werden, um 10.000 Hektar Wald und anderen Lebensraum zu schützen.
- Versorgen Sie 100 % unserer Geschäfte mit erneuerbarer oder kohlenstoffbilanzierter Energie.
- Veröffentlichen Sie unsere Verwendung von Inhaltsstoffen natürlichen Ursprungs, Inhaltsstoffe aus der grünen Chemie sowie die biologische Abbaubarkeit und den Wasser-Fußabdruck unserer Produkte.

Die ersten beiden Fälle in diesem Kapitel skizzieren eine Vielzahl von Möglichkeiten, wie sich Unternehmen im Bereich CSR engagieren können, und es gibt noch viele weitere. Es wurde eine Reihe von Versuchen unternommen, alle diese Ansätze in einer Art Tabelle zusammenzufassen, von denen eine hier als Tab. 8.1 aufgeführt ist. Die Kategorien B bis G auf der linken Seite zeigen eine Stakeholder-Analyse für Unternehmen – Personen und Parteien, die auf die eine oder andere Weise ein positives oder negatives Interesse an dem haben, was das Unternehmen tut. Auch die Umwelt (oder die natürliche Welt) und die Gesellschaft fallen darunter. Diese Stakeholder-Analyse ist unvollständig, da es viele andere Stakeholder gibt, wie z. B. die Menschen, die im Umfeld eines Firmengebäudes leben und NGOs, Protestgruppen, Bildungsinstitute, Verbraucherorganisationen oder vielleicht die Ehepartner und Kinder der Mitarbeiter, lokale und nationale Behörden, Gewerkschaften oder Berufsverbände. Die Liste geht weiter. Sie alle könnten von den Aktionen eines Unternehmens profitieren oder darunter leiden, z. B. durch die Schaffung von Arbeitsplätzen oder Personalabbau, durch die Herstellung hochwertiger oder minderwertiger Produkte, durch den Kauf von Rohstoffen oder Halbfertigprodukten oder durch die Einleitung von Stoffen in die Umwelt, die Lärmbelästigung, die Hilfeleistung vor Ort, die Unterstützung von Verbänden, die Zahlung von Steuern und Dutzende anderer Dinge.

Als Unternehmensphilosophie ist CSR noch relativ jung, aber sie wächst blitzschnell. Der S&P Dow Jones Index – der primäre Aktienmarktindikator – ist ein Beispiel für die Konzentration auf diesen Bereich, mit seinem ‚Dow Jones Sustainability Index‘ (DJSI), der zusammen mit RobecoSAM verwaltet wird. In diesem Index sind viele multinationale Unternehmen aufgeführt, die eindeutig mit Blick auf die soziale Verantwortung der Unternehmen operieren. Im World Index finden sich 24 Branchengruppen und 61 Industrien, wie z. B: Freizeitprodukte und Unterhaltungselektronik (Nr. 1 im Jahr 2019: LG Electronics, Südkorea); Banken (Nr. 1: Banco Santander, Spanien); Versicherungen (Nr. 1: Allianz, Deutschland); Pharmazeutika (Nr. 1: GlaxoSmithKline, Großbritannien); Interaktive Medien (Nr. 1: Alphabet, Eigentümer von Google, USA).

Tab. 8.1 Beispiele für CSR-Themen

Kategorie	Grundsätze und Richtlinien (z. B. formelle politische Erklärungen)	Verwaltungssystem	Leistung (im Allgemeinen quantitative Daten)	Öffentliche Berichte (z. B. Jahresberichte, Sonderberichte, Websites)
	Beispiele für Themen			
A. Ethik	Politik zu Bestechung und Korruption	Ethische Verantwortung zuweisen	Politische Spenden	Beschreibung der ethischen Programme
B. Gesellschaft	Menschenrechtspolitik in sensiblen Ländern	Konsultation der Gesellschaft	Aktivitäten in lokalen Gemeinschaften	Engagement in der Gesellschaft
C. Verwaltung	Kodex zur Unternehmensführung	Externe Inspektion	Management-Belohnungen	Aktionäre und Stimmrechte
D. Kunden	Kundenzufriedenheit Marketing	Verantwortung für die Sicherheit in der Produktion	Zertifizierung der Qualität	Kundeninteressen
E. Mitarbeiter	Gesundheit, Sicherheit Kinderarbeit	Gewinnbeteiligung Chancengleichheit	Bildung und Ausbildung Zufriedenheit des Personals	Programm für die Wohlfahrt des Personals
F. Umwelt	Erklärung zur Umweltpolitik	Umweltschutzsystem Senkung der Emissionen	Strom- und Wasserverbrauch Treibhausgasemissionen	Emissionen
G. Lieferanten	Nicht-Diskriminierung Arbeitszeiten, Löhne	Menschenrechte Überprüfung der Einhaltung	Zwangsarbeit bei Lieferanten	Verhaltenskodex für Lieferanten
H. Umstrittene Themen	Umwelt	Umstrittene Produkte oder Dienstleistungen	Umstrittene Aktionen	
	CO_2-erzeugende Produkte GV-Organismen Bioindustrie	Alkohol, Tabak Waffen Pornographie	Tierversuche	

Quelle: SiRi-Group (2006)

Einige der DJSI-Industrien können jedoch als merkwürdig oder umstritten angesehen werden, da sie mehr oder weniger das Gegenteil von nachhaltiger Entwicklung sind, wie z. B. Kohle, Tabak und die Verteidigungsindustrie. Erinnern Sie sich an die Tabaksklavenkinder in Malawi, Kap. 3? „British American Tobacco steht im Namen von möglicherweise Hunderten dieser Kinder und ihrer Familien vor einem Wendepunkt im Rechtsstreit", schrieb The Guardian im Oktober 2019. „Menschenrechtsanwälte argumentieren, dass das Unternehmen reich wird, während die Kinder und ihre Eltern, die diese bahnbrechende Arbeit leisten, in bitterer Armut gefangen sind, was ihrer Meinung nach einer ungerechtfertigten Bereicherung gleichkommt". Wie also kann BAT im DJSI 2019 die Nummer 1 der Tabakindustrie sein: vielleicht, weil ihre Konkurrenten noch schlechter sind? Nein; BAT ist „stolz darauf, die einzige auf der Tabakliste zu sein".

Die Aufnahme in den Index trägt zum Ansehen eines Unternehmens bei, während eine plötzliche Entfernung aus dem Index den gegenteiligen Effekt hat.

Fall 8.3. Golden Agri-Resources aus den Dow Jones Sustainability Indizes entfernt

2019: Der Dow Jones Sustainability Index (DJSI) hat das weltweit zweitgrößte Palmölunternehmen (siehe Abb. 8.1), Golden Agri-Resources, von der Liste der nachhaltigen Unternehmen gestrichen. „Die Streichung von Golden Agri-Resources aus dem Index ist ein wichtiger Schritt, um das Unternehmen für seinen konsequenten Missbrauch verantwortlich zu machen", sagte Gaurav Madan, Senior Wald- und Landkampagne für Friends of the Earth. „Unternehmen, die in großem Umfang die Umwelt zerstören, sollten nicht als nachhaltig ‚grün' eingestuft werden".

Die Streichung des Unternehmens von der asiatisch-pazifischen Nachhaltigkeitsliste erfolgt nach der Verhaftung von Palmöl-Direktoren wegen Bestechung und Korruption. Im Oktober 2018 verhaftete die indonesische Anti-Korruptionsbehörde drei Führungskräfte der GAR-Tochter Binasawit Abadi Pratama, weil sie Regierungsbeamte bestochen hatten, um bei der Verschleierung von Wasserverschmutzung im großen Stil und Unregelmäßigkeiten bei der Erteilung von Plantagengenehmigungen in der Provinz Zentralkalimantan zu helfen.

„Dieser zerstörerische Palmölkonzern hat internationale Geschäfts- und Umweltstandards konsequent ignoriert", sagte Madan. „Die DJSI-Entscheidung soll den GAR-Investoren deutlich machen, dass ihre Aktivitäten nicht nachhaltig sind und mit Korruption, Abholzung und groben Verletzungen der Landrechte von Gemeinden in Zusammenhang stehen. Die Investoren müssen dem Beispiel des DJSI folgen und sich von GAR und anderen berüchtigten Unternehmen distanzieren, indem sie die Finanzierung von zweifelhaftem Palmöl stoppen".

Die Aktivitäten von Golden Agri-Resources in Indonesien und Liberia haben jahrelang für Kontroversen gesorgt, unter anderem auch für konsistente und gut dokumentierte Vorwürfe der Entwaldung, Landraub und Menschenrechtsverletzungen. Allein im Jahr 2018 wurden GAR und seine Tochtergesellschaften

beschuldigt, gefährdete Schimpansenhabitate gerodet zu haben, Schatten-
firmen gegründet zu haben, um zerstörerische Aktivitäten fortzusetzen, und die
Empfehlungen des Runden Tisches für nachhaltiges Palmöl, der Nachhaltigkeits-
agentur der Branche, ignoriert zu haben.

Die Investoren von GAR sind einige der weltweit führenden Finanzunternehmen, darunter BlackRock, Vanguard, TIAA, Dimensional Fund Advisors und
Citibank. Nach der Streichung von GAR aus dem DJSI wird der Druck auf diese
Investoren angesichts der anhaltenden Verstöße zunehmen, ihre Unterstützung für
das Unternehmen einzustellen.

GAR war das erste und einzige Palmölunternehmen, das im September 2017 im
Dow Jones Sustainability Index gelistet wurde.

Die Streichung von GAR aus dem Index war nicht die erste. Jedes Jahr werden einige
Unternehmen aus dem Index gestrichen. Die meisten von ihnen verschwinden einfach,
weil andere Unternehmen sie übertreffen. So mussten Intel und Samsung 2016 aus dem

Abb. 8.1 Großflächige Abholzung, um Platz für die Palmölproduktion von (anscheinend nachhaltigen) Biokraftstoffen der ersten Generation zu schaffen. Alle geometrischen Muster waren
einst Wälder, jetzt Plantagen. (Quelle: Achmad Rabin Taim auf Flickr)

Index ausscheiden, um Platz für Royal Dutch Shell, Adobe Systems und Nissan zu schaffen.

Aber manchmal wird ein Unternehmen wegen offenkundigen Fehlverhaltens gelöscht. Volkswagen wurde 2015 wegen ,Dieselgate', d. h. wegen betrügerischer Manipulation von Emissionsprüfungen, gestrichen. Und BP wurde 2010 wegen eines Brandes, der am 20. April 2010 auf der Ölplattform Deepwater Horizon im Golf von Mexiko ausbrach und zur größten Ölpest führte, die die Welt je gesehen hat, hinausgedrängt. Schätzungsweise zehn Millionen Liter Öl flossen monatelang jeden Tag ins Meer und überschwemmten die Südküste der Vereinigten Staaten. Nachfolgende Untersuchungen ergaben, dass sowohl die Brandschutzmaßnahmen für die Ölplattform als auch die Versuche, das Problem während und nach der Katastrophe in den Griff zu bekommen, viel zu wünschen übrig ließen. BP erlitt enormen Schaden in finanzieller Hinsicht und an seinem Ruf. Verärgerte Bürger boykottierten BP-Tankstellen, und die Streichung des Unternehmens aus dem DJSI trug zu seiner raschen Abwertung an der Börse bei.

Neben dem DJSI gibt es auch den 1991 gegründeten World Business Council for Sustainable Development (WBCSD), über den mehr als 200 internationale Unternehmen in mehr als 30 Ländern zu CSR unter dem Gesichtspunkt von People-Planet-Profit beraten. Seit 2006 gibt es das Europäische Bündnis für soziale Verantwortung der Unternehmen. Die CSR ist eindeutig im Aufschwung begriffen, und es gibt zahlreiche Gründe für ihr Wachstum.

Motivationen für CSR

Ein Grund für die soziale Verantwortung der Unternehmen ist die große Macht, die von den Kunden ausgeübt wird. Was die meisten Unternehmen betrifft, so ist dies nicht so sehr auf Bemühungen um Werbung oder den Aufbau eines guten Images zurückzuführen – es gibt sogar Unternehmen, die es vorziehen, ihre sozialen Projekte nicht hervorzuheben, weil sie befürchten, dass die Verbraucher denken könnten, sie tun dies nur zur Schau. Umgekehrt besteht natürlich die Gefahr, dass Unternehmen, die sich der sozialen Verantwortung von Unternehmen entziehen, einen schlechten Ruf entwickeln und – wie bei Golden Agri-Resources im Jahr 2019 – ein negatives Image katastrophal sein kann. Ein weiteres bekanntes Beispiel ist die Kontroverse, die ausgelöst wurde, als Google sich bereit erklärte, Internetdienste in China unter der Bedingung anzubieten, dass es sich an die Zensurgesetze der chinesischen Regierung hält. Obwohl das Unternehmen selbst die Redefreiheit nicht verletzte, arbeitete es mit einer Regierung zusammen, die dies tat. Ein Vorfall wie dieser kann dem Image eines Unternehmens schaden, und der Schaden kann jahrelang anhalten. Fast alle Unternehmen sind sich der Macht der Zivilgesellschaft, d. h. der Kombination aus Verbrauchern, Medien, kritischen Bürgern und Protestgruppen, wohl bewusst. Die kombinierte Macht der Verbraucher wird in Tab. 8.2, einem Teil der Zeitschrift einer Verbraucherorganisation, veranschaulicht.

Tab. 8.2 Beispiel für eine CSR-Bewertung in einer Verbraucherzeitschrift

Marke Banane	Umwelt				Soziale Aspekte				Transparenz	
	Umweltpolitik	Verwendung von Pestiziden	Andere Umweltmaßnahmen	Verifizierung und Zertifizierung	Arbeitsrechte	Inspektion für Arbeitsrechte	Kommunale und wirtschaftliche Entwicklung	Endkontrolle und Zertifizierung	Beteiligung an der Inspektion der Verbraucherverbände	Freiwillige öffentliche Berichte
Bonita	□	□	□	-	-	-	-	-	□	-
Chiquita	+	+	+	+	+	□	□	□	□	+
Konsul	+	+	+	+	+	□	□	□	□	+
Del Monte	□	□	□	-	-	-	-	-	-	□
Dole	+	□	□	+	+	□	□	-	+	+
Ekoke Max Havelaar	+	+	+	+	+	+	+	+	+	+
Fyffes	+	+	+	-	+	□	□	-	+	-
Turbana	□	□	□	-	-	( )	+	-	-	□

+   Erfüllt die Anforderungen der Verbraucherverbände
-•   Teilweise Einhaltung Verbraucherzeitschrift April 2004, S. 49
–   Nichteinhaltung
()   Unzureichende Informationen

+ Erfüllt die Anforderungen der Verbraucherverbände
- Teilweise Einhaltung Verbraucherzeitschrift April 2004, S. 49
– Nichteinhaltung
() Unzureichende Informationen

Die Macht des Kunden ist einer der Gründe für die soziale Verantwortung der Unternehmen. Sollte der Hauptgrund für dieses Bestreben das Image eines Unternehmens sein, dann können wir dies als „Windowdressing" bezeichnen, obwohl dies selten der einzige Grund ist. Eine breite Palette von Motiven könnte eine Rolle spielen, und bei deren Detaillierung lässt sich Maslows Bedürfnishierarchie, ein bekanntes Modell zur Detaillierung der Motive von Einzelpersonen, auch auf Unternehmen anwenden, wie in Abb. 8.2. Einige Motive beziehen sich auf den Schutz der Existenz des Unternehmens, während andere eine Windowdressing darstellen. Es gibt aber auch Motive, die die aufrichtige Absicht betreffen, etwas zu sein, das gut für die Gesellschaft ist.

Abb. 8.2 Motive für CSR nach Maslows Bedarfshierarchie

Fragen

- Glauben Sie, dass das vorrangige Ziel von Randstad und The Body Shop die Windowdressing ist, oder vielleicht die Existenz des Unternehmens zu sichern oder den Gewinn zu steigern? Oder sind ihre Motive eher aufrichtig darauf ausgerichtet, einen positiven Beitrag für die Gesellschaft zu leisten?
- Könnte es eine Kombination all dieser Motive für die Unternehmen sein, und wenn ja, ist das eine schlechte Sache?
- Was wäre bei der Mehrheit der Unternehmen der Fall?

Vom Shareholder zum Stakeholder

Das traditionelle Bild eines kommerziellen, börsennotierten Unternehmens besteht darin, dass es letztlich eine Gruppe von interessierten Parteien gibt, und das sind die *Share-holder*, d. h. die Aktionäre: die kollektiven Eigentümer des Unternehmens. Solange sie jedes Jahr einen guten Gewinn mit ihren Aktien erzielen, sind sie zufrieden, und das bedeutet, dass das Unternehmen einen Shareholder Value hat. Doch nach dem sich rasch verbreitenden CSR-Konzept vollzieht sich ein Paradigmenwechsel, der als *„vom Shareholder zum Stakeholder"* bezeichnet wird, und in den letzten Jahren wurde auch der Begriff Stakeholder Value in Umlauf gebracht: *Wert für Interessenvertreter.* Diesen letzteren Wert hat ein Unternehmen dann, wenn es nicht nur für die Aktionäre, sondern auch für die anderen interessierten Parteien (Stakeholder) etwas bietet. Es ist nicht ungewöhnlich, dass es einen Interessenkonflikt zwischen den Aktionären und den anderen Interessengruppen gibt, wobei sich die Aktionäre häufig auf das Kurzfristige konzentrieren (hohe Aktienkurse und schnelle Preise), während die Gesellschaft lieber für langfristige Ziele wie Beschäftigung und eine gesunde Umwelt kämpft. Der Stakeholder Value ist aus der Sicht der Gesellschaft der Grund, warum ein Unternehmen existiert und weiter bestehen kann – weil es etwas zur Gesellschaft beiträgt.

Fragen

- Denken Sie an ein Unternehmen, mit dem Sie vertraut sind. Was genau trägt dieses Unternehmen zur Gesellschaft bei?
- Gibt es Ihrer Meinung nach genügend Gründe, warum dieses Unternehmen existiert und warum es *weiter bestehen* sollte?
- Kennen Sie Unternehmen, die keine ausreichenden Gründe für ihre Existenz haben, auf die wir genauso gut verzichten könnten?

Bis heute mag es so aussehen, als spiele CSR nur in den ganz großen Unternehmen eine Rolle, aber das stimmt nicht, wie der folgende Fall beweist. Es handelt sich um ein Unternehmen, das ein KMU ist, ein kleines oder mittleres Unternehmen. In diesem Unternehmen hat man auf der Grundlage einer Stakeholder-Analyse überlegt, wer die Stakeholder sind. Und sie tun auch etwas damit.

Fall 8.4. Märkisches Landbrot

Schon als Kind war Joachim Weckmann begeistert vom Duft des frisch gebackenen Brotes und dem Duft um die Backröhre herum, später verkaufte er Brötchen auf Flohmärkten und heute leitet er eine große Biobäckerei in Berlin. Die Berücksichtigung von ökologischen und sozialen Aspekten ist in dem Unternehmen fest verankert, denn es geht darum, Bio-Backwaren nach Demeter-Standard herzustellen. Ohne Gentechnik und mit einem Beitrag zum Erhalt der Artenvielfalt, indem alte und standortangepasste Getreidesorten wie Champagnerroggen, Emmer oder Bergroggen verwendet werden.

Das Unternehmen arbeitet gemeinwohlorientiert, d. h., dass auch die Bauern die Lieferpreise mitbestimmen. Die Mitarbeiter werden beim innerbetrieblichen Verbesserungsmanagement beteiligt und so ist die Mitarbeitermotivation hoch. Regelmäßig werden Gemeinwohlbilanzen und Berichte zu GRI-Nachhaltigkeitsindikatoren erstellt. Als eines der ersten europäischen Unternehmen arbeitet die Bäckerei mit einem validierten Umweltmanagement nach EMAS-Standard und veröffentlicht regelmäßig produktbezogene Carbon Footprints für alle selbst hergestellten Backwaren (PCF – Product Carbon Footprint). Das hilft auch, um die Quellen für Treibhausgase im eigenen Unternehmen zu analysieren und den Ausstoß zu mindern. Das große Ziel ist die Klimaneutralität, d. h., die THG-Emissionen sollen weitgehend gemindert werden und nicht vermeidbare Emissionen werden über ein Wiederaufforstungsprojekt auf Borneo kompensiert.

Außerdem will das Unternehmen die Weiterentwicklung des ökologischen Anbaus fördern, indem Wirtschaftsprozesse gestärkt werden, die auf natürlichen Kreislaufprinzipien basieren.

8.2 Corporate Governance

Diese Biobäckerei erläutert seine Nachhaltigkeitspolitik auf seiner Website, und The Body Shop veröffentlicht jedes Jahr einen Wertereport, beides Beispiele für eine neue Offenheit moderner Unternehmen. Immer mehr Unternehmen gehen offen mit ihrem Handeln um, erklären es der Öffentlichkeit, übernehmen nicht nur Verantwortung dafür, sondern legen auch Rechenschaft darüber ab – sie sind für ihr Handeln rechenschaftspflichtig. In Tab. 8.1 verbrauchen sie die gesamte rechte Spalte. Diese Jahresberichte werden oft als „Sozialbericht" oder „Nachhaltigkeitsbericht" bezeichnet, und sie können von den Websites fast aller größeren, aber auch vieler kleinerer Unternehmen heruntergeladen werden. Für diese Berichte wurden Standards entwickelt, die angeben, wie ein solcher Bericht systematisch aufgebaut sein kann, sodass die Berichte verschiedener Unternehmen miteinander verglichen werden können. Der bekannteste Standard ist die Global Reporting Initiative (GRI), eine internationale Organisation zur Standardisierung der CSR-Berichterstattung. Weitere Normen sind in der ISO 26000, einem internationalen Standard für CSR, festgelegt. Wenn Unternehmen interne Informationen offen veröffentlichen, wird dies als Transparenz bezeichnet, und diese Offenheit gegenüber Mitarbeitern, Regierungen, NGOs, der Presse und der Gesellschaft im Allgemeinen gilt als eines der wichtigsten Elemente von CSR – lassen Sie alle sehen, was Sie tun. Viele Unternehmen verwenden dafür den Begriff ESG, der für „environmental, social and governance" steht: Umwelt-, Sozial- und Governance-Fragen – ein Triptychon, das eng mit dem Triple P verwandt ist.

Verantwortung übernehmen und zur Rechenschaft gezogen werden – das sind Dinge, die nicht nur kommerzielle Unternehmen betreffen, sondern ebenso für gemeinnützige Organisationen wie Regierungen, Schulen und Pflegeeinrichtungen gelten.

Fall 8.5. Umgang mit Kindesmissbrauch
Vor einigen Jahren wurde in einem modernen Krankenhaus festgestellt, dass Fälle von Kindesmissbrauch fast nie registriert wurden. Dies war auffallend, da dies in anderen Krankenhäusern ein regelmäßiges Ereignis war – Fälle von physischem oder psychischem Missbrauch, sexuellem Missbrauch oder Fahrlässigkeit, meist durch die eigenen Eltern der Kinder. Es war unwahrscheinlich, dass es in dem von diesem Krankenhaus versorgten Gebiet viel weniger Missbrauch gab als im Rest

des Landes. Daher war es offensichtlich, dass es dem Krankenhauspersonal nicht gelang, sie aufzudecken.

Die meisten Ärzte und Krankenschwestern, einschließlich der Unfall- und Not-aufnahme, waren nicht betroffen – eine aus den Augen, aus dem Sinn geratene Haltung. Aber eine kleine Gruppe von Mitarbeitern glaubte, dass sich die Dinge ändern müssten. Sie richteten eine Arbeitsgruppe ein. Es wurde ein interner Kurs für das Personal entwickelt. Wie erkennt man Kindesmissbrauch? Wann deuten ein gebrochener Arm, Prellungen, Verbrennungen, Narben oder beschädigte Genitalien auf Missbrauch hin? Wie erkennt man die Lüge eines Elternteils, z. B. „Sie ist die Treppe hinuntergefallen!" Was tun Sie, wenn Sie Kindesmisshandlung vermuten? All diese Dinge wurden im Kurs behandelt.

Eine beträchtliche Anzahl von Ärzten und Krankenschwestern wehrte sich dagegen, da sie zusätzliche Arbeit, wütende Eltern, mögliche rechtliche Konsequenzen und ihre eigenen Ängste und Emotionen befürchteten. Aber die Arbeitsgruppe blieb mit Unterstützung des Krankenhausvorstands bestehen, und eine wachsende Zahl ihrer Kollegen begeisterte sich für das Thema. Heute, einige Jahre später, werden jede Woche Fälle von Kindesmissbrauch festgestellt. Jedes Jahr werden etwa 100 Kinder aus einer gewalttätigen Familiensituation gerettet, einige von ihnen sogar vor dem Tod.

Dieser Fall zeigt noch etwas anderes Interessantes – soziale Verantwortung zu tragen, ist nicht nur die Aufgabe eines Unternehmens als Ganzes oder nur seiner Manager. In Fall 8.5 hat das Institut eindeutig versagt, was die Gesellschaft von ihm erwarten konnte, was ein kleiner Teil der Belegschaft nicht akzeptieren wollte und in der Folge Maßnahmen zur Abhilfe ergriffen hat – mit Erfolg. Sie zeigten ein wesentliches Merkmal von nach-haltig handelnden Fachleuten und entschieden sich bei der Abwägung zwischen den offiziellen Weisungen ihres Arbeitgebers und ihrem eigenen Gewissen für Letzteres – ihre persönliche Verantwortung. Verantwortliches Handeln ist somit auch Aufgabe *jedes* einzelnen Mitarbeiters, oder sollte es jedenfalls sein.

Wenn das Management und die Arbeitnehmer eines Unternehmens über solche Kompetenzen verfügen und sie in ihrem Handeln nutzen, dann ist die soziale Ver-antwortung der Unternehmen tief in der Natur dieses Unternehmens verwurzelt. Ein Unternehmen so verantwortungsbewusst und transparent zu führen, wird als „Corporate Governance" bezeichnet, was sich wörtlich nur auf die Führung eines Unternehmens beziehen könnte, in Wirklichkeit aber der Idee eines anständigen Managements näher-kommt. Zu einer guten Unternehmensführung gehören Integrität und Transparenz, ordnungsgemäße Kontrolle, Rechenschaftspflicht und die Verhinderung einer extra-vaganten Entlohnung von Spitzenmanagern.

Ein weiteres kontroverses Thema ist die Korruption. In vielen Ländern können Unter-nehmen und Bürger im Umgang mit Behörden wenig erreichen, wenn Manager oder

Beamte nicht bestochen werden. Dies ist ein heikles Thema, denn wenn Sie den Beitritt verweigern, besteht eine sehr gute Chance, dass das, was Sie wollen, einfach nicht zustande kommt – ein Pass, eine Genehmigung zum Kauf eines Hauses oder Bürogebäudes, eine Ausfuhrgenehmigung usw. Für Unternehmen ist dies ein typisches Beispiel für das *Dilemma des Gefangenen* – sollte jedes einzelne Unternehmen sich weigern, sich auf Korruption einzulassen, würden diese Praktiken bald verschwinden, aber wenn nur einige wenige Unternehmen ein Bestechungsgeld zahlen, dann kann der Rest wählen, ob er nachzieht oder die Türen des Unternehmens für immer schließt. In Indien wurde jedoch ein erfolgreicher Gegenangriff ausgearbeitet.

Fall 8.6. Sie erhalten null Rupien!
India Times, Rishabh Banerji, 18. März 2016

„Ich nahm ein Auto zum Inlandsflughafen von Chennai, um um 10.40 Uhr einen Flug zu nehmen. Das Auto, mit dem ich reiste, wurde am Eingang des Flughafens angehalten, und ich wurde gebeten, mit meinem Gepäck den ganzen Weg zum Inlandsflughafen zu laufen. Es war ein langer Fußweg vom Eingang, und da ich viel Gepäck hatte, fragte ich den Polizisten nach dem Grund, warum er alle Fahrzeuge am Eingang anhalten sollte. Ich erhielt eine sehr „distanzierte" Antwort von ihm, die besagte, dass er nicht die Person sei, die befragt werden solle, und dass er einfach nur die Anweisungen befolge, die ihm der Flughafenmanager gegeben habe. Ich stieg aus dem Auto aus und übergab ihm eine Null-Rupien-Note, in der ihm erklärt wurde, dass er sie benutzen kann, wenn ihn jemand um Bestechung bittet, z. B. wenn er einen Strom- oder Wasseranschluss für seine Wohnung benötigt.

Er schaute fasziniert auf den Zettel, und ich fuhr fort, ihm zu sagen, dass er, wenn er diesen Null-Rupien-Schein irgendeiner Behörde übergibt, seine Dienste erhalten würde, ohne das Bestechungsgeld zahlen zu müssen. Sollte es einigen Widerstand oder eine ungerechtfertigte Verzögerung geben, kann er sich an die Adresse wenden, die auf der Rückseite des Null-Rupien-Scheins angegeben ist, und es würden sofort Maßnahmen ergriffen. Ich sagte ihm, dass wir in allen Bezirken von Tamil Nadu und auch in größeren Städten Indiens Ortsverbände haben und dass wir die Antikorruptionsabteilung informieren würden, wenn wir die Beschwerde aus der Öffentlichkeit erhalten und der Aktion nachgehen würden.

Der Polizist sagte, das Auto könne hineinfahren und den Passagier am Eingang des Inlandsflughafens absetzen. Dies ist ein Sieg für den Null-Rupien-Schein, und es ist gut zu wissen, dass wir in der Lage sind, unsere Rechte zu bekommen. Nur, indem wir einfach einen Null-Rupien-Schein aushändigen und damit einfach das Bewusstsein dafür schaffen, dass wir eine Organisation haben, die gegen Korruption und Bestechung eintritt."

Zur Bekämpfung von Bestechung und Korruption wurde in Indien die Organisation 5th Pillar ins Leben gerufen. Sie hat Millionen von Null-Rupien-Scheinen gedruckt und verteilt, hauptsächlich über Schulen und Universitäten. Die Scheine tragen die Erklärung: „Ich verspreche, weder Bestechungsgelder anzunehmen noch zu geben." Die Organisation hofft, mindestens weitere 200 Mio. Banknoten zu drucken – eine für jede indische Familie. Hochauflösende Versionen davon können auch von ihrer Website heruntergeladen werden. Sie geht sogar noch weiter: Gegenwärtig kann man Banknoten für null amerikanische, kanadische und australische Dollar, britische Pfund, Euro, russische Rubel, türkische Lira, chinesische Renminbi, japanische Yen und über Hundert andere Währungen herunterladen, wie Abb. 8.3 zeigt.

Moralischer Kapitalismus

In den 1990er-Jahren, nach dem Fall des Kommunismus in der Sowjetunion und in Osteuropa, schien der Kapitalismus das einzige verbliebene Wirtschaftssystem der Welt zu sein. Es gab sogar einen optimistischen Hinweis auf das „Ende der Geschichte", wie

Abb. 8.3   Viel null Geld. (Quelle: 5th Pillar 2016)

der Titel eines umstrittenen Buches lautete (Fukuyama 1992): Der Kapitalismus hatte definitiv gesiegt!

Einige Führungskräfte großer Unternehmen erkannten die enorme Macht der multinationalen Wirtschaft und spürten die Notwendigkeit eines „moralischen Kompasses" in der neu entstandenen Geschäftswelt. Dies führte 1994 zur Gründung des Runden Tisches von Caux (Caux Round Table, CRT). Die Gründer und Mitglieder sprachen vom *moralischen Kapitalismus*. Sie formulierten eine Reihe von Prinzipien für die Unternehmensführung, darunter *kyosei*, ein japanischer Begriff, der für Folgendes steht: Zusammenleben und -arbeiten für das Gemeinwohl, sodass gemeinsamer Wohlstand gleichzeitig mit gesundem und fairem Wettbewerb existieren kann.

Ein weiteres Prinzip ist die *Menschenwürde*. Nach diesem Prinzip ist die Unverletzlichkeit und der Wert jedes Menschen ein Selbstzweck und nicht ein Mittel zur Befriedigung der Bedürfnisse anderer.

Der Runde Tisch von Caux wendet sieben Prinzipien für verantwortungsbewusstes Unternehmertum an (CRT, k. A.). Sie wurzeln in der Erkenntnis, dass weder das Gesetz noch die Marktkräfte ausreichen, um ein positives und produktives Verhalten zu gewährleisten. Die Grundsätze lauten:

1. Respektieren Sie Stakeholder jenseits der Aktionäre. Ein verantwortungsbewusstes Unternehmen trägt Verantwortung über seine Investoren und Manager hinaus.
2. Einen Beitrag zur wirtschaftlichen und sozialen Entwicklung leisten.
3. Schaffen Sie Vertrauen, indem Sie über die Buchstaben des Gesetzes hinausgehen.
4. Respektieren Sie Regeln und Konventionen.
5. Unterstützen Sie eine verantwortungsvolle Globalisierung.
6. Respektieren Sie die Umwelt.
7. Vermeiden Sie illegale Aktivitäten.

Als Interessenvertreter, die im ersten dieser Grundsätze erwähnt werden, weist der Runde Tisch von Caux darauf hin:

- *Kunden:* Ein verantwortungsbewusstes Unternehmen behandelt seine Kunden mit Respekt und Würde.
- *Arbeitnehmer:* Sie beziehen ihr Wohlergehen aus der Art und Weise, wie Arbeitgeber sie behandeln. Ein ehrliches Gehalt, das für einen angemessenen Lebensstandard ausreicht, und die Achtung von Gesundheit und Sicherheit sind der Schlüssel für den langfristigen Erfolg eines Unternehmens.
- *Aktionäre:* Ein verantwortungsbewusstes Unternehmen handelt mit Sorgfalt und Loyalität gegenüber seinen Aktionären.
- *Lieferanten:* Ein verantwortungsbewusstes Unternehmen behandelt seine Lieferanten respektvoll und ehrlich. Dazu gehören Fairness und Klarheit bei Preisen, Lizenzen und Zahlungen.

- *Wettbewerber:* Fairer Wettbewerb ist ein Schlüssel zur Steigerung des Wohlstands und der Stabilität einer Wirtschaft. Ein verantwortungsbewusstes Unternehmen fördert ein sozial und ökologisch verantwortliches Verhalten gegenüber allen Parteien, wobei wettbewerbswidrige Vereinbarungen vermieden, materielle und Eigentumsrechte respektiert und die unethische Beschaffung kommerzieller Informationen verweigert werden.
- *Gemeinschaften:* Ein verantwortungsbewusstes Unternehmen beeinflusst die öffentliche Ordnung und die Menschenrechte, in denen es tätig ist. Es tut, was es kann, um die Menschenrechte zu fördern, ergreift Initiativen zur Verbesserung der Gemeinschaft, fördert die nachhaltige Entwicklung und unterstützt die soziale Vielfalt.

Sie fragen sich vielleicht, ob diese Liste ausreichend ist. Wenn man bei einer umfassenden Stakeholder-Analyse sorgfältig die Konsequenztragweite und die Konsequenzperiode (siehe Kap. 5) aller Geschäftsaktivitäten berücksichtigt, werden sich eine ganze Reihe weiterer Stakeholder melden – es sei denn, sie gehören alle zu den „Gemeinschaften" letzterer Stakeholder. Es wäre z. B. besser, explizit hinzuzufügen:

- *Partner und Kinder* von Mitarbeitern.
- *Anwohner:* Denken Sie an Lärm, Feinstaub, Park- und Geruchsbelästigung, Erdbeben durch Gasabsaugung, Brand- und Explosionsrisiken (negative Auswirkungen), aber denken Sie auch an Nachbarschaften, die von oder im Auftrag des Unternehmens eingerichtet wurden, verbesserte Infrastruktur und Beschäftigung (positive Auswirkungen).
- *Menschen anderswo in der Welt:* Denken Sie an Lohnsklaven und Kinderarbeit für billige Kleidung und Tabak oder an Menschen, die in der Nähe von umweltverschmutzenden Bergbauaktivitäten leben, wo Rohstoffe für Produkte gewonnen werden, die anderswo verwendet werden.
- *Einzeltiere:* Versuchstiere; Haus- und Zugtiere; Milch-, Geflügel- und Fleischrinder; Tiere in der Natur. Können Tiere Interessenvertreter sein? Ihre Interessen können in jedem Fall bedient oder geschädigt werden. Tiere sind keine juristischen Personen und können nicht als Ankläger zur Verteidigung ihrer Interessen auftreten, aber das bedeutet nicht viel: Selbst kleine Kinder und geistig Behinderte können das nicht, aber sie sind in der Tat echte, allgemein anerkannte Interessenvertreter; wenn nötig, werden ihre Interessen durch Vertreter oder Interessengruppen vertreten. Die zugrunde liegende Grundfrage lautet: Ist die Welt ausschließlich Eigentum des Menschen oder auch der Tiere? Rechtlich ist die Antwort einfach: nur Menschen. Aber das entscheidet der Mensch, wie viel sagt das aus?
- *Die Natur als Ganzes:* Die Natur ist auch keine juristische Person, aber es gibt eine Vielzahl von Verteidigern, darunter der World Wildlife Fund, Greenpeace, Rainforest

Alliance, IUCN, um nur einige zu nennen. Gesetze und Verträge schützen die Natur, sicherlich in Naturschutzgebieten, aber bei Weitem nicht gut genug. Hat die Natur einen Anteil daran?

- *Zukünftige Generationen.* Die Menschen, die im Jahr 2050 oder viel später geboren sind, können jetzt auf keinen Fall vor Gericht erscheinen. Doch ihre Interessen stehen auf dem Spiel; denken Sie an den Klimawandel und die Schädigung der Ozonschicht und sicherlich auch an die Jahrtausende währenden Folgen der Kernenergienutzung. Außerdem: Sie sind – oder werden – sicherlich Menschen sein.

Nur wenn diese und vielleicht auch andere Interessengruppen in die Liste aufgenommen werden, kann die Faustregel für eine gute Entscheidung (siehe Kap. 5) richtig angewendet werden. Ohne eine konsequente Anwendung dieser Regel kann von einem „moralischen Kapitalismus" keine Rede sein, ein Begriff, der von Kritikern als Widerspruch gesehen wird.

Fragen

- Die Worte „moralisch" und „Kapitalismus" werden vom Runden Tisch von Caux als „komplementär" angesehen, sodass sie sich gegenseitig ergänzen. Kritiker halten die beiden Wörter jedoch für unvereinbar. Was meinen Sie dazu?
- Die sieben Prinzipien: Enthalten sie Ihrer Meinung nach alle wichtigen Facetten der Unternehmensregierung? Möchten Sie weitere Prinzipien hinzufügen oder vielleicht eines oder mehrere von ihnen neu formulieren?
- Denken Sie an die Rede von Seattle und die Erd-Charta (Kap. 4). Welchen Standpunkt vertreten Sie im Hinblick auf die hinzugekommenen Interessengruppen, wie Tiere und zukünftige Generationen? Möchten Sie selbst weitere Stakeholder hinzufügen?
- Haben Sie den Eindruck, dass ein hoher Prozentsatz der Unternehmen verantwortungsbewusst handelt und mehr oder weniger in Übereinstimmung mit den sieben Prinzipien des Runden Tisches von Caux handelt? Würde es in dieser Hinsicht einen Unterschied zwischen Großunternehmen und KMU geben?

8.3 Nachhaltige Produkte und Dienstleistungen: hin zu einer Kreislaufwirtschaft

Es ist großartig, wenn Unternehmen Verantwortung übernehmen, aber das wirft auch die Frage auf, wie sie dies in der Praxis tun könnten, wenn sie Produkte herstellen oder Dienstleistungen anbieten und dies in einer Weise tun wollen, die die Interessen der Umwelt und der nachhaltigen Entwicklung berücksichtigt.

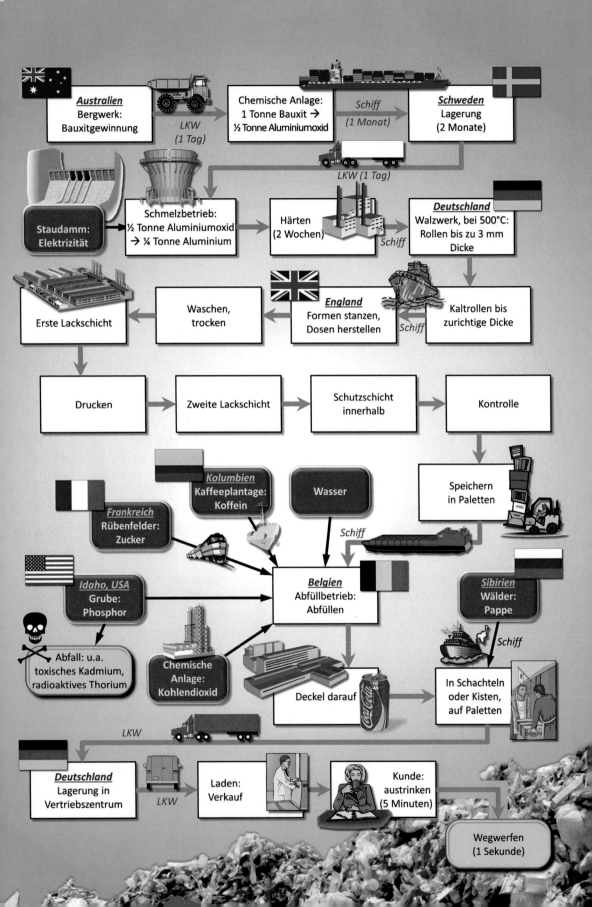

▶ **Abb. 8.4**   Im „Rucksack" einer Getränkedose. (Daten abgeleitet von: Womack und Jones 1996; Hawken et al. 1999)

Produkte

Wenn es um die nachhaltige Produktentwicklung geht, hat man sich viel Wissen und Erfahrung angeeignet. Eine wichtige und grundlegende Einsicht ist, dass man als Hersteller in Wirklichkeit nicht ein Produkt, sondern einen *Produktlebenszyklus* schafft. Damit verbunden sind Fragen wie: Woher kommen die Rohstoffe? Wie werden sie transportiert und was sind die Konsequenzen daraus? Wie verwenden die Konsumenten der produzierten Güter diese? Wie viel Abfall entsteht und wo wird er gelagert?

Um solche Fragen zu beantworten, ist selbst für einfache Produkte viel Forschung erforderlich. Ein bemerkenswertes Beispiel dafür ist eine Dose Soda. Die gesamte Geschichte dieser Dose Soda oder jedes anderen Produkts wird als ökologischer Rucksack des Produkts bezeichnet, wobei die Idee hinter dem Rucksack darin besteht, dass eine Person, die ihn in den Händen hält, im Wesentlichen viel mehr als nur dieses Produkt in Händen hält – einschließlich eines Vorrats an Ressourcen, einer großen Anzahl von Herstellungsprozessen und Transporten, einschließlich Öl, Erdgas, menschlicher Arbeit, der Einleitung von Gasen in die Atmosphäre und von Flüssigkeiten in die Flüsse und Ozeane und viele andere Dinge sind alle Teil des Pakets.

Der Rucksack der Sodadose ist in Abb. 8.4 zu sehen. Die Abbildung ist in Wirklichkeit noch lange nicht vollständig, da sie in erster Linie die Herkunft der Dose untersucht und andere Materialien, wie die Druckfarbe, den Karton für die Schachteln oder den Kunststoff für die Kisten, nicht berücksichtigt. Und der Zeitplan berücksichtigt kaum die Abfallströme, die bei fast jedem Produktionsschritt anfallen. Einige davon lassen sich erahnen, wie z. B. die Umwandlung von einer Tonne Bauxit in eine halbe Tonne Aluminiumoxid – was passiert mit der anderen halben Tonne?

Fragen

- Wenn Sie die Schritte in Abb. 8.4 befolgen, erhalten Sie eine grobe Vorstellung des gesamten Abfalls, der bei diesem Prozess entsteht?
- Was würde das für Sie bedeuten, wenn Sie das nächste Mal eine Dose Soda trinken?

Die Kenntnis des Inhalts dieses Rucksacks ist der erste Schritt zu einer nachhaltigen Produktion. Der nächste Schritt würde darin bestehen, dieses Wissen so zu vertiefen, dass es für die Berechnung der Schritte zum Konsum verwendet werden kann. Ein viel genutztes System dafür ist die Ökobilanz *(Life Cycle Assessment)*, LCA mit der wir versuchen, die Auswirkungen eines Produkts vollständig zu berechnen, einschließlich der Erschöpfung der Lagerbestände, der Umweltschäden, des Einflusses auf den Treibhauseffekt und vieler anderer. Diese Berechnung wird für den gesamten Lebenszyklus eines Produkts vorgenommen, von der Gewinnung der Rohstoffe über den Produktionsprozess und den Verbrauch durch den Verbraucher bis hin zur Phase, in der das Produkt recycelt, wiederverwendet oder weggeworfen wird. All diese Auswirkungen können in einem Punktesystem, den „Ökopunkten", mithilfe einer Methode ausgedrückt werden, die als „Öko-Indikator" bezeichnet wird.

Fall 8.7. Die Ökobilanz für zwei Kaffeemaschinen

Für zwei Kaffeemaschinen wurde eine Ökobilanz durchgeführt, um die Umweltauswirkungen der beiden Maschinen zu vergleichen. Die Ergebnisse sind in Abb. 8.5 dargestellt. Wenn nur die Herstellung berücksichtigt wird, ist die Aluminium-Kaffeemaschine schlechter für die Umwelt als die Kunststoff-Kaffeemaschine: mehr Umweltpunkte. Betrachtet man jedoch den gesamten Lebenszyklus, ist es genau umgekehrt. Von allen durch das Gerät verursachten Umweltschäden ist der Stromverbrauch bei der Kaffeezubereitung bei Weitem am größten – viel größer als jeder Effekt während des Produktionsprozesses. Das Aluminiummodell hat eine Thermoskanne für den Kaffee, während das Kunststoffmodell eine Warmhalteplatte verwendet, die mehr Energie verbraucht.

Wenn die Auswirkungen bestimmter Produkte vollständig bekannt sind, hilft es, sie so zu gestalten, dass sie am wenigsten schädlich sind. Beispielsweise kann man die Folgen berechnen, wenn ein Material durch ein anderes ersetzt wird (Substitution), oder das Produkt so gestaltet wird, dass weniger Material benötigt wird (Dematerialisierung). Oder wenn das verwendete Material so weit wie möglich recycelt wird, sodass der Materialkreislauf so gut wie möglich geschlossen wird: von der „Wiege zur Wiege" (Cradle to Cradle, C2C), also nicht von der „Wiege" ins „Grab", sondern zurück in die „Wiege". Um die Chancen dafür zu erhöhen, ist es wichtig, das Produkt so zu

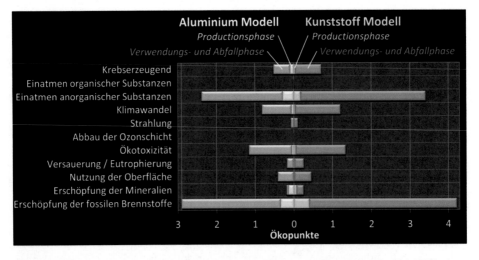

Abb. 8.5 Life-Cycle-Assessment-Vergleich von zwei Kaffeemaschinen. (Quelle: Pré 2007)

konstruieren, dass es nach dem Gebrauch leicht zerlegt werden kann, sodass Teile nach der Reinigung und Prüfung sofort wieder verwendet werden können: Design for Disassembly (DFD). Wenn dieses Prinzip konsequent umgesetzt wird, führt es zu einer Kreislaufwirtschaft, wie in Kap. 4 näher erläutert wird.

Versuchen Sie es selbst

Von der Website https://niko.roorda.nu/computer-programs kann ein Programm mit dem Namen EPU.exe heruntergeladen werden. Mit dieser Software – ein *ernsthaftes Spiel (serious Game)* – kann der Leser unter dem Namen „Environmental Pollution Unit" (EPU) (Abb. 8.6) eine einfache Produktgestaltung vornehmen, die auf einer vereinfachten Version des Ökopunktesystems basiert.

Nachhaltigkeit in der Wertschöpfungskette

Es gibt nur wenige Hersteller, die den gesamten Lebenszyklus ihrer Produkte direkt selbst kontrollieren können. In Wirklichkeit hat fast jedes Unternehmen mit Lieferanten,

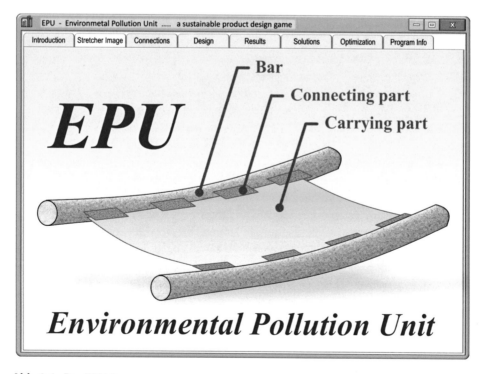

Abb. 8.6 Das EPU-Programm

Zwischenhändlern und Geschäften zu tun. Die meisten Unternehmen waren traditionell nicht mit der gesamten Kette beschäftigt und konzentrierten sich in erster Linie auf nur zwei der Glieder – Herstellung und Vertrieb. Dies dürfte sich künftig ändern, denn die Unternehmen müssen versuchen, nicht nur die Qualität ihrer eigenen Produktions- und Verkaufsprozesse zu kontrollieren, sondern auch die der anderen Phasen des Lebenszyklus ihrer Produkte. Die deutsche Bundesregierung arbeitet am sogenannten Lieferkettengesetz, das Firmen mit mehr als 500 Mitarbeitern verpflichten soll, das Risiko für Menschenrechtsverletzungen – und gegebenenfalls für die Einhaltung von Umweltvorschriften – bei ihren Zulieferern (und deren Zulieferer usw.) regelmäßig zu bewerten. Während viele Unternehmen wie z. B. Tchibo, Rewe, Primark und KiK das Gesetzesvorhaben unterstützen, gibt es auch Kritik. Diese bezieht sich zunächst auf die Geltendmachung von Schadensersatzansprüchen: In dem Falle müssen Unternehmen verschuldensunabhängig Haftung übernehmen. Ein weiteres Problem liegt im schieren Ausmaß von globalen Lieferantennetzwerken (wie Abb. 8.4 illustriert). Ein Hemd bei- spielsweise durchläuft vom Baumwollanbau bis zum Verkauf an den Endkunden etwa 140 Bearbeitungsschritte. Der Textilhändler KiK hat nach eigenen Angaben etwa 400 direkte Lieferanten, die jeweils wiederum eigene Zulieferer haben. Angenommen, dass jeder Lieferant zehn weitere Zulieferer hat, so sind auf Lieferantenstufe 3 bereits 40.000 Akteure beteiligt, was eine tatsächliche Kontrolle erschweren dürfte. Das integrierte Lieferkettenmanagement erfolgt häufig in enger Zusammenarbeit zwischen den an den verschiedenen Phasen beteiligten Unternehmen und erfolgt in mehreren Stufen (siehe Fall 8.8).

Fall 8.8. Ganzheitliches Lieferantenmanagement bei Tchibo

Das große deutsche Konsumgüter- und Einzelhandelsunternehmen Tchibo ist vor einigen Jahren in die Schlagzeilen geraten, als die niederländische NGO „Clean Clothes Campaign" die Verletzung von Arbeits- und Menschenrechten bei Lieferanten in den Produktionsstätten nachgewiesen hatte. Tchibo hat sich danach verstärkt dafür eingesetzt, die sozialen und ökologischen Bedingungen im Lieferantennetzwerk zu verbessern. Dazu verfolgt das Unternehmen einen ganzheitlichen Ansatz zur Integration seiner Unternehmensverantwortung in die Geschäftstätigkeit. Gemeinsam mit der Gesellschaft für Internationale Zusammen- arbeit (GIZ) wurde ein Qualifizierungsprogramm WE (Worldwide Enhancement of Social Quality) entwickelt. Dieses soll als dialogbasiertes Instrument, die Risikobewertung und die Social Audits und die daraus abgeleiteten Gegen- und Präventivmaßnahmen ergänzen. Durch Dialoge zwischen Managern, Interessens- vertretern und Beschäftigten werden gemeinsame Lösungen für bessere Arbeits- bedingungen erarbeitet. Daraus resultieren Aktionspläne, die sich auf die Verhinderung moderner Formen der Sklaverei, die Arbeitssicherheit und Gesund- heitsschutz, existenzsichernde Löhne, Einhaltung gesetzlicher Arbeitszeiten,

Gewerkschafts- und Tarifverhandlungsfreiheit sowie Schutz vor Diskriminierung und sexuellen Übergriffen beziehen. Die Berücksichtigung von Umweltaspekten und Schulungen zu ökologischen Standards erfolgt im Rahmen des Detox Commitments mit entsprechenden Programmen und Projekten. Die Trennung von sozialen und ökologischen Themen erlaubt eine höhere Wirksamkeit von Maßnahmen, weil unterschiedliche Implementierungsansätze benötigt werden.

(*Quellen: Tchibo 2017; Bundesministerium für Arbeit und Soziales (k. d.); Hase Post 2020; Zeit Online 2020*)

Darüber hinaus betrachten die Unternehmen nicht nur die Produktionsphase als ihre Verantwortung, sondern auch die Nutzungsphase, d. h. den Zeitraum, in dem die Käufer das Produkt anwenden. Ein wichtiger Hintergrund dafür ist die gesetzliche Produkthaftung, die in den letzten Jahrzehnten erheblich gestärkt wurde und zunehmend auch die entsprechenden Forderungen zur Berücksichtigung des Produktlebensweges bei Umweltmanagementsystemen nach ISO 14001.

Und auch die Entsorgungsphase gehört immer mehr in den Bereich, in dem sich die Unternehmen aktiv engagieren, auch dank der Rücknahmepflicht vieler Artikel nach ihrer Verschrottung. Viele Unternehmen verfügen daher über spezielle Fabriken, die keine Produkte herstellen, sondern diese eher demontieren, und die die Aufgabe haben, sorgfältig gereinigte und geprüfte Teile zu liefern, die nicht teurer sein dürfen als fabrikneue Teile.

Die Dienstleistungsindustrie

Es gibt auch andere Bereiche, die sich mit Varianten des integrierten Kettenmanagements befassen, die nicht auf die Herstellung materieller Produkte, sondern auf die Erbringung humanitärer Dienstleistungen ausgerichtet sind. Dazu gehören u. a. Bereiche wie Gesundheits- und Bildungswesen, Bankwesen und öffentliche Verwaltung oder öffentliche Bedienstete. Der Hauptzweck eines integrierten Ansatzes im Dienstleistungssektor besteht nicht darin, Umweltschäden zu verringern, sondern vielmehr darin, sich auf einen anderen Aspekt der Nachhaltigkeit zu konzentrieren – die Menschenwürde. Der Lebenszyklus, um den es hier geht, umfasst folglich nicht den einer Getränkedose, sondern den eines Menschen oder einer Familie, einer Schulklasse oder einer Gemeinde. Ein hervorragendes Beispiel dafür gibt es im Gesundheitswesen.

Gesundheit, das Thema der SDG 3, ist viel mehr als nur *nicht krank zu sein.* Mit den Worten der Weltgesundheitsorganisation (WHO-Verfassung 1946): „Gesundheit ist ein Zustand des vollständigen körperlichen, geistigen und sozialen Wohlbefindens und nicht nur das Fehlen von Krankheit oder Gebrechen".

In der Ottawa-Charta zur Gesundheitsförderung von 1986 erklärte die WHO:

„Um einen Zustand vollständigen körperlichen, geistigen und sozialen Wohlbefindens zu erreichen, muss ein Individuum oder eine Gruppe in der Lage sein, Bestrebungen zu erkennen und zu verwirklichen, Bedürfnisse zu befriedigen und die Umwelt zu verändern oder mit ihr umzugehen. Gesundheit wird daher als eine Ressource des täglichen Lebens gesehen, nicht als Ziel des Lebens.

Gesundheit ist ein positives Konzept, das sowohl soziale und persönliche Ressourcen als auch körperliche Fähigkeiten betont. Gesundheitsförderung liegt daher nicht nur in der Verantwortung des Gesundheitssektors, sondern geht über einen gesunden Lebensstil hinaus und führt zu Wohlbefinden.

Die grundlegenden Bedingungen und Ressourcen für Gesundheit sind: Frieden, Unterkunft, Bildung, Nahrung, Einkommen, ein stabiles Ökosystem, nachhaltige Ressourcen, soziale Gerechtigkeit und Gleichheit."

Deshalb geht es bei SDG 3 nicht nur um medizinische Gesundheit, sondern um *„Gesundheit und Wohlbefinden für alle"*.

Unzufrieden mit dem vorherrschenden unpersönlichen, „mechanischen" Ansatz, Patienten zu heilen – oder besser gesagt, fehlerhafte Teile der Patienten zu reparieren und die Schmerzen mit Medikamenten zu betäuben – wurden die Prinzipien der Integrativen Medizin (IM) und der Integrativen Gesundheitsversorgung (IH) entwickelt. Heutzutage nehmen viele Universitäten und Gesundheitseinrichtungen aktiv daran teil und arbeiten in Institutionen wie dem Akademischen Konsortium für Integrative Medizin und Gesundheit (ACIMH) zusammen.

Das neue, ganzheitliche Gesundheitsparadigma wird wie folgt definiert:

„Integrative Medizin ist eine heilungsorientierte Medizin, die den *ganzen Menschen* berücksichtigt, einschließlich aller Aspekte des Lebensstils. Sie betont die therapeutische Beziehung zwischen Behandler und Patient, ist evidenzbasiert und setzt alle geeigneten Therapien ein.

Die bestimmenden Prinzipien der Integrativen Medizin

1. Patient und Behandler sind Partner im Heilungsprozess.
2. Dabei werden alle Faktoren berücksichtigt, die Gesundheit, Wohlbefinden und Krankheit beeinflussen, einschließlich Geist, Seele und Gemeinschaft sowie der Körper.
3. Der angemessene Einsatz sowohl konventioneller als auch alternativer Methoden erleichtert die angeborene Heilungsreaktion des Körpers.
4. Wirksame Interventionen, die natürlich und weniger invasiv sind, sollten wann immer möglich eingesetzt werden.
5. Die Integrative Medizin lehnt weder die Schulmedizin ab noch akzeptiert sie unkritisch alternative Therapien.
6. Gute Medizin basiert auf guter Wissenschaft. Sie ist forschungsorientiert und offen für neue Paradigmen.
7. Neben dem Konzept der Behandlung stehen die weiter gefassten Konzepte der Gesundheitsförderung und der Krankheitsprävention im Vordergrund.
8. Praktikerinnen und Praktiker der integrativen Medizin sollten ihre Prinzipien vorleben und sich zur Selbsterforschung und Selbstentwicklung verpflichten."

(Quelle: Universität von Arizona: Andrew Weil Center for Integrative Medicine 2020)
Die evidenzbasierte integrative Medizin ist nicht zu verwechseln mit allen Arten von unerprobten Anwendungen der *Alternativmedizin,* was leider zu oft geschieht (Science Based Medicine 2016).

In gleicher Weise ist in vielen Bildungseinrichtungen ein Paradigmenwechsel vom „Lehrer steht im Mittelpunkt" zum „Schüler steht im Mittelpunkt" eingetreten, sodass die Lernprozesse und -methoden der einzelnen Schüler zum bestimmenden Faktor dafür geworden sind, wie der Unterricht Gestalt annimmt. Bei dieser Methode geht es nicht nur um die Ausbildung in der gegenwärtigen Schule oder Universität, sondern auch um die Kette – Kindergarten, Grundschule, Sekundarschule, Universität, Karriere, Ruhestand. Die Lernprozesse hören nicht auf, sobald die offizielle Ausbildung abgeschlossen ist, und der Ausdruck „lebenslanges Lernen" ist das pädagogische Äquivalent des integrierten Kettenmanagements für produzierende Unternehmen.

Wahre Preise

Erst wenn ein integrierter Ansatz in Bezug auf Produkte oder Dienstleistungen angewandt wird, wird es möglich, ihre tatsächlichen Kosten zu ermitteln, einschließlich der Preise für Rohstoffe und Produktionsverfahren, des Energieverbrauchs während der Lebensdauer, der Demontage und der Wiederverwendung, des Recyclings oder der Deponierung ihrer Bestandteile und Materialien sowie der von ihnen verursachten Umweltverschmutzung und anderer Schäden, einschließlich des Klimawandels; kurz gesagt: Alle Kosten, die derzeit als „Externalitäten" (siehe Kap. 7) angesehen und außer Acht gelassen werden. Das Ergebnis einer solchen vollständigen Berechnung wird der *„wahre Preis"* genannt.

All-inclusive-Methoden zur Berechnung der wahren Preise wurden entwickelt und werden angewendet. Sie sind als *Whole-Life Cost* and *Life Cycle Cost Account* (LCCA) bekannt, analog zu der in Kap. 4 besprochenen *Ökobilanz* (LCA), drücken aber die Kosten in finanzieller statt in ökologischer Hinsicht aus.

Um Ihnen zu zeigen, welche externen Kosten in einen wahren Preis („True Price") zu integrieren sind, zeigt Tab. 8.3 die Berechnung für verschiedene Fleischsorten in einem westeuropäischen Land.

Die Organisation True Price (trueprice.org) befasst sich zusammmen mit verschiedenen Fachinstituten mit der Berechnung solcher wahren Preise verschiedener anderer Konsumgüter. Einige Beispiele: Milch: 20 bis 62 Cents an Externalitäten sollten zum Preis eines Liters hinzugerechnet werden. Bananen: 37 Cents pro Kilo. Indische Baumwolle: 8,10 Euro pro T-Shirt. Kakao: 5,75 Euro pro Kilo, und Schokolade: 0,40 Euro pro Tafel à 1,20 Euro. Kaffee: 1,25 Euro pro Kilo Rohkaffee. Tee: 0,70 Euro pro Kilo. Palmöl: 0,50 Euro pro Kilo raffiniertes Öl.

Wie die Schlussbemerkung in Tab. 8.2 zeigt, ist es unmöglich, einen wirklich vollständigen wahren Preis zu berechnen, da es zu viele Arten von Schäden gibt, die sich

Tab. 8.3 Der wahre Fleischpreis

Herkunft des Fleisches	Schwein	Rindfleisch (1)	Huhn (2)
Durchschnittspreis im Supermarkt	€ 7.75	€ 12.17	€ 7.00
Klimaschäden (3)	€ 1.06	€ 1.29	€ 0.62
Umweltschäden (4)	€ 2.81	€ 2.73	€ 1.10
Landnutzung, Biodiversität (5)	€ 0.09	€ 0.12	€ 0.05
Subventionen (6)	€ 0.02	€ 0.42	€ 0.01
Tierkrankheiten (7)	€ 0.10	€ 0.53	€ 0.03
Externer Nutzen (8)	€ 0.00	−€ 0.20	€ 0.00
Potenziell wichtig, aber nicht enthalten (9)	–	–	–
Wahrer Preis	€ 11.83	€ 17.06	€ 8.80
Preiserhöhung, notwendig, um den wahren Preis zu zahlen	53 %	40 %	26 %

Quelle: Bruyn et al. (2018)

1) Rindfleisch: gewichteter Durchschnitt der Fleischkühe (17 %), Milchkühe (75 %) und Kälber (8 %)
2) Huhn: gewichteter Durchschnitt von Legehennen (20 %) und Masthühnern (80 %)
3) Klimaschäden: durch Treibhausgase, einschließlich Kohlendioxid und Methan
4) Umweltschäden: Versauerung, Eutrophierung, Feinstaubbildung, Humantoxizität, Ökotoxizität, Smogbildung, Emission von u. a. Ammoniak (NH3)
5) Sowohl lokal als auch international durch den Anbau von Futterpflanzen
6) Subventionen: durch die EU (gemeinsame Agrarpolitik); durch die lokale Regierung (z. B. nachhaltiges Weidemanagement)
7) Tierseuchen: in letzter Zeit u. a. Schweinepest, BSE („Rinderwahnsinn"), Maul- und Klauenseuche, Vogelgrippe, Blauzungenkrankheit, Q-Fieber
8) Externer Nutzen: die landschaftliche Qualität von Weideflächen, z. B. Schönheit und Ruhe
9) Nicht eingeschlossen, weil sie finanziell schwer oder unmöglich zu quantifizieren sind: z. B. Antibiotikaresistenz, Austrocknung, Bodendegradation, Tierschutz, Auswirkungen auf die menschliche Gesundheit, Geruchsbelästigung

finanziell nicht ausdrücken lassen. Wie würden Sie das Leiden und die Krankheiten der Kinder berechnen, die in Malawi in der Tabakindustrie arbeiten (Kap. 3), oder die verlorenen QALY's (qualitätsbereinigte Lebensjahre) der Raucher? Wie würden Sie die Kosten für das Aussterben einer Art in Dollar oder Pfund ausdrücken? (Es gab Versuche, dies zu tun, aber die Berechnungen beschränkten sich auf den *wirtschaftlichen* Schaden). Oder wie könnte die systematische Bodendegradation in Indien und anderswo (siehe Kap. 5), die in künftigen Jahrhunderten landwirtschaftliche Probleme aufwirft, *jetzt* in finanzielle Kosten umgesetzt werden?

Auch aus anderen Gründen ist es schwierig oder sogar unmöglich, einen echten Preis zu berechnen. Denken Sie an die Produktion und Nutzung fossiler Brennstoffe: Obwohl Versuche unternommen wurden, die zukünftigen finanziellen Kosten des Klimawandels abzuschätzen (wie in Kap. 7 beschrieben), wissen wir, dass die Ergebnisse kaum als valide bezeichnet werden können, da sie auf zahlreichen Unsicherheiten beruhen – insbesondere wenn es zu Kipppunkten kommt. Im Falle der Anwendung der Kernenergie ist die Sache noch schlimmer, denn es ist völlig unsinnig, die Kosten für die Bewachung unseres gefährlichen Atommülls oder vielleicht sogar für die Bekämpfung der durch ihn verursachten Katastrophen in tausend Jahren oder mehr abzuschätzen (Abb. 7.19). *Der wahre Preis der Kernenergie ist völlig unbekannt.*

Dennoch sind die Versuche, wahre Preise zu berechnen, wichtig, denn es ist sicherlich besser, zumindest die Kosten, die sich in Geld ausdrücken lassen, zu integrieren, als sie als „Externalitäten" zu bezeichnen und zu ignorieren. Um eine Bestandsaufnahme all dieser Kosten zu machen, reicht eine begrenzte Stakeholder-Analyse wie die des Runden Tisches von Caux, die wie zuvor in diesem Kapitel beschrieben wurde, nicht aus; nur eine umfassende Stakeholder-Analyse bietet ein vollständiges Bild. Wenn dies richtig durchgeführt wird, auf der Grundlage einer vollständigen Konsequenztragweite und Konsequenzperiode, wird sie der in Kap. 4 beschriebenen Kreislaufwirtschaft ein entscheidendes Element hinzufügen.

Mehrere Initiativen können als Versuche angesehen werden, echte Preise oder zumindest bestimmte Aspekte davon zu realisieren. Denken Sie an Entsorgungsgebühren und Rücknahmeverpflichtungen in mehreren Ländern, wie die in Kap. 1 behandelte Verordnung über die *Rückgabe, Rücknahme und Entsorgung von Elektrogeräten* (ORDEA) in der Schweiz. Ein weiteres Beispiel ist das „Cap and Trade"-System der Treibhausgasemissionszertifikate, wie das EU-ETS (Kap. 7).

Wenn die wahren Preise auf allen Märkten einheitlich berechnet würden und *wenn* die wirtschaftliche und politische Welt dann anfangen würde, ihre Entscheidungen darauf aufzubauen und alle Externalitäten in *Internalitäten* verwandeln würde, ist es sehr wahrscheinlich, dass sich viele aktuelle Entscheidungen drastisch ändern würden. Der Flugverkehr, derzeit viel billiger als die Reise mit der Bahn, könnte zehnmal so teuer werden, sodass Reisende sich entscheiden würden, öffentliche Verkehrsmittel zu bevorzugen, und Unternehmen und Regierungen in Eisenbahnen statt in Flughäfen investieren würden. Der Vergleich zwischen konventionellen und nachhaltigen Energiequellen (Abb. 7.26) würde alle konventionellen Energiequellen sofort unbezahlbar machen. Und in den vier Szenarien des Millennium Ecosystem Assessment, die in Abb. 6.22 dargestellt sind, würden die verschiedenen Verbesserungen und Verschlechterungen ganz unterschiedlich ausfallen, sodass mehrere von ihnen sofort wirtschaftlich nicht durchführbar wären.

Für einen solchen echten Preisübergang wären wahrscheinlich internationale Vereinbarungen erforderlich, gefolgt von Gesetzen und Vorschriften. Solange dies nicht geschieht, stehen die einzelnen Unternehmen vor einem klassischen *„Gefangenendilemma"* (siehe Kap. 5): Wenn sie sich entscheiden, echte Preise zu berechnen und diese zur Bezahlung der tatsächlichen Kosten zu verwenden, schaffen sie einen Wettbewerbsnachteil. Auf der anderen Seite: Wenn sich genügend ihrer Kunden über die Notwendigkeit einer solchen CSR-Strategie einig sind, können Unternehmen erfolgreich ihre eigene Marktnische verantwortungsbewusster Kunden schaffen und die Zukunft des Unternehmens sichern.

8.4   Zukunftsorientiertes Unternehmertum

Einer der Beweggründe für nachhaltige Geschäftspraktiken in Maslows Bedürfnishierarchie, wie in Abb. 8.2 dargestellt, ist der Drang nach Kreativität und Innovation.
Dies sind wichtige Kräfte für eine nachhaltige Entwicklung und für nachhaltige
Transitionen unabdingbar. Kluge und einfallsreiche Unternehmer – in vielen Fällen jung
und gerade erst am Anfang – tragen durch überraschende Innovationen zu einer nachhaltigen Zukunft bei. Man könnte diesen Ansatz als „zukunftsorientiertes Unternehmertum" bezeichnen.

Fall 8.9. Nachhaltiges Fleisch ?!

„Wussten Sie, dass Fleisch früher einmal aus Tieren gewonnen wurde?"

„Ehrlich? Echte, lebende Tiere? Aber wie … aus ihrem Mund oder so? Oder,
äh …"

„Nein, ich glaube, dafür haben sie sie aufgeschlitzt. Einfach durch ihre Haut,
mit Messern und Scheren, um Stücke daraus zu entnehmen. Das haben die Leute
gegessen."

„Hey? Wie barbarisch! Hat das nicht wehgetan? Dann würden diese Tiere sicher
sterben?"

„Nun, ich weiß es nicht wirklich."

„Und ich finde auch, dass es ein bisschen eklig klingt. So ein Fleisch will ich
nicht."

„Damals nannte man Menschen, die es nicht essen wollten, Vegetarier.
Oder Veganer oder so etwas. Heute ist niemand mehr Vegetarier. Warum sollte
man auch?"

„Ich kaufe mein Fleisch immer beim Gemüsehändler. Wussten Sie, dass sie ihr
Fleisch aus gelben Erbsen herstellen?"

„Ach ja? Ich dachte immer an Soja. Ich ziehe es vor, Stammzellenfleisch zu
kaufen, aber meine Frau möchte, dass wir einen 3-D-Fleischdrucker kaufen."

„Ja, sie sind nicht mehr so teuer, nicht wahr? Aber ich denke, das Fleisch von
Impossible Foods ist das schmackhafteste."

„Oh, ich bevorzuge das Beyond Meat Steak. Aber meine Frau mag besondere
Formen. Sie spricht bereits davon, Fleisch in Form von Torten zu drucken. Und
Girlanden!"

Dieser Dialog könnte wirklich in nicht allzu ferner Zukunft stattfinden. Vielleicht im
Jahr 2030? Wie auch immer: Die Entwicklungen gehen wirklich schnell voran. Im Wettbewerb mit dem traditionellen Fleisch, für das die Tiere tatsächlich getötet werden, gibt
es derzeit vielversprechende Entwicklungen auf nicht weniger als drei Wegen.

Erster Weg: pflanzliche Ersatzprodukte für Fleisch und Milch

Die bekannteste Entwicklung ist die der Fleischersatzprodukte aus pflanzlichen Rohstoffen. Erbsen, Linsen, Soja, Seetang, Algen, Nüsse, Pilze: Alle möglichen Quellen werden genutzt.

„Der Wahnsinn nach pflanzlichem ,Fleisch' treibt die Nachfrage nach gelben Erbsen", titelt die Financial Times am 3. Juli 2019, gefolgt von „Die rasant steigende Popularität von Fleischersatz auf pflanzlicher Basis hat eine neue Star-Zutat ins Rampenlicht gerückt: die einfache Erbse". Von Beyond Meat, dessen Aktien nach einem Börsengang im Mai in die Höhe geschossen sind, über den US-Fleischproduzenten Tyson bis hin zum Schweizer Nestlé, wenden sich Lebensmittelkonzerne dem Protein der gelben Erbse als Schlüsselzutat für pflanzliche Lebensmittel wie Burger, Speck, Thunfisch und Joghurt zu.

Die gelbe Spalterbse wird von den Landwirten bereits als neues Gold bezeichnet. Die Nachfrage nach ihr ist aufgrund des Erfolgs vegetarischer Fleischersatzprodukte wie dem Vega-Burger so groß, dass die Produzenten riesige Mengen zukünftiger Ernten aufkaufen. In den USA wird erwartet, dass die Landwirte in diesem Jahr aufgrund der wachsenden Nachfrage 20 % mehr Erbsen anbauen werden.

Zweiter Weg: Stammzellen

„Wir werden der Absurdität entgehen, ein ganzes Huhn zu züchten, um die Brust oder die Flügel zu essen, indem wir diese Teile getrennt unter einem geeigneten Medium züchten." Diese prophetischen Worte wurden 1932 vom ehemaligen und damals zukünftigen britischen Premierminister Sir Winston Churchill geschrieben.

„Ja, das werden wir!", antwortete der Maastrichter Professor Mark Post im Jahr 2011. Mit seinem Team entdeckte er, wie „kultiviertes Fleisch" hergestellt werden kann, ausgehend von nur einer tierischen Zelle, einer Stammzelle. Eine solche undifferenzierte Zelle, die einer Kuh, einem Schwein oder einem anderen Tier entnommen werden kann, ohne dass das Tier zu diesem Zweck getötet werden muss, kann in einem Labor dazu gebracht werden, *Mitose* (Zellteilung) zu beginnen und sich in Richtung eines Gewebes nach Wahl, d. h. auch als Muskelmasse, zu spezialisieren. *Fleisch.*

Im Jahr 2013 wurde der erste Kulturburger vor Fernsehkameras gebraten und gegessen (Abb. 8.7). Die Produktionskosten betrugen 280.000 Dollar (220.000 Pfund) pro Burger. In der Folge wurde dafür ein Unternehmen, Mosa Meat, gegründet, das dieses auch als „sauberes Fleisch" bezeichnete Zuchtfleisch, das in großen Mengen in Fabriken hergestellt werden sollte, verarbeitete. Der Selbstkostenpreis wurde seither auf 10 (8) Dollar pro Burger gesenkt; man geht davon aus, dass dieser Betrag bei einer Massenproduktion weiter auf 1 Dollar (Mosa Meat 2019) oder darunter sinken kann. Die Ankunft von Konkurrenten, darunter Memphis Meats, wird wahrscheinlich zum Preisverfall beitragen.

Auch für Milch, Joghurt und Käse gibt es eine Lösung. Schließlich kann man aus Stammzellen lose Euter wachsen lassen, die man dann melken kann. Das klingt vielleicht etwas seltsam, aber es wird bereits erfolgreich daran gearbeitet. Da die

Abb. 8.7 Dieser Hamburger wurde aus echtem Fleisch hergestellt, das aus einer Stammzelle gezüchtet wurde. (Quelle: Mosa Meat 2019)

gezüchteten Muskeln und Euter nicht mit dem Gehirn verbunden sind und noch nicht einmal Nervenzellen enthalten, ist jede Form von Tierleid ausgeschlossen.

Dritte Route: 3-D-Druck
Es wird auch an 3-D-Druckern für Lebensmittel gearbeitet. Im Hinblick auf fleischähnliche Produkte sind sogar alle möglichen Methoden im Gange. Das spanische Start-up Novameat arbeitet an gedruckten Steaks aus pflanzlichen Rohstoffen. Andere drucken, Zelle für Zelle, Schicht für Schicht, Tierfleisch, aus dem die einzelnen Zellen von Innereien stammen, für die noch Tiere getötet werden, dann aber auch Tiere, die bereits geschlachtet werden würden. Man kann das als eine Übergangsphase in der Entwicklung sehen, denn gleichzeitig wird am Drucken von Fleisch mit aus Stammzellen gezüchteten Muskelzellen gearbeitet. So könnten die Wege 2 und 3 bald zusammenkommen.

Fragen

- Würden Sie diese Art von kultiviertem oder bedrucktem Fleisch essen, wenn es im Handel erhältlich wäre?
- Glauben Sie, dass es ethisch vertretbar ist, die Natur auf diese Weise zu nutzen?

Die Vorteile all dieser Entwicklungen sind enorm.

Tierwohl: Kein lebendes Tier ist an einer dieser Methoden beteiligt, außer als Lieferant von Stammzellen. Ursprünglich wurden Kälber noch für die Ernte geschlachtet, aber dies ist nicht mehr notwendig. Die erforderliche Anzahl lebender Tiere kann auf weniger als ein Prozent des derzeitigen weltweiten Viehbestands reduziert werden.

Naturschutz: Die Massenproduktion von Tierfutter wird überflüssig, sodass die verbleibenden Dschungel weniger abgeholzt werden müssen.

Umwelt: Vor allem Kühe stoßen enorme Mengen an Methan aus. Es wird geschätzt, dass die Produktion von alternativen Fleischsorten (pflanzlich oder tierisch) den Beitrag zu den Treibhausgasemissionen auf 4 % reduzieren kann. Der Energieverbrauch wird mindestens halbiert. Die Emission von Stickstoff und Phosphor wird eliminiert, die Verwendung von sauberem Wasser wird drastisch reduziert, Pestizide für die Viehzucht sind unnötig. Kurz gesagt, der beträchtliche ökologische Fußabdruck der Tierhaltung wird viel kleiner werden.

Effizienz, Hunger: Die Produktion kann im industriellen Maßstab erfolgen und so dazu beitragen, eine wachsende Weltbevölkerung zu ernähren und den Hunger auszurotten.

Flächennutzung: Großindustrielle Produktion, zusammen mit dem Bedrucken von Fleisch zu Hause, kann den Flächenverbrauch der gegenwärtigen Viehzucht auf schätzungsweise 2 % reduzieren. Der dadurch frei werdende Raum steht für Wohnen, Natur und Erholung zur Verfügung (siehe Kap. 1).

Menschliches Wohlergehen: Gegenwärtig verbraucht das Vieh enorme Mengen an Antibiotika, wodurch diese Medikamente schnell ihre Wirkung verlieren. Die alternativen Methoden machen das völlig unnötig. Krankheiten, die vom Rind auf den Menschen überspringen, wie das Q-Fieber, werden verschwinden. Auch die Lebensmittelsicherheit profitiert: Pflanzenfleisch enthält keine tierischen Bakterien, während die Herstellung von Stammzellenfleisch unter strenger Hygiene erfolgen kann. Die Zusammensetzung der Lebensmittel kann gewählt werden, wobei ungesunde Bestandteile wie mehrfach gesättigte Fette ersetzt werden können.

Wettbewerbsposition: Im Laufe der Zeit werden diese Produkte billiger und sicherlich nicht weniger schmackhaft als Rindfleisch werden, da sie in größerem Umfang und mit allen genannten Vorteilen angeboten werden. Dies wird umso mehr der Fall sein, wenn der wahre Preis für traditionelles Fleisch unter Berücksichtigung aller gegenwärtigen Externalitäten, wie Schädigung der Natur und der biologischen Vielfalt, berechnet wird, sodass der Verkaufspreis dieses Fleisches rasch steigen wird. Fortsetzung von Churchills Zitat aus dem Jahre 1932: „Die neuen Lebensmittel werden von den Naturprodukten praktisch nicht mehr zu unterscheiden sein." Wer würde im Jahr 2032 das „primitive" Schlachtfleisch weiter kaufen?

Vision über Tiere: Wenn die Gründe für das Schlachten von Tieren verschwinden, werden die Menschen freier über den Status und den Wert von Tieren nachdenken können. Vielleicht wird es dann besser als bisher möglich sein, sie als Mitbewohner und Interessenvertreter unseres Planeten anzuerkennen.

Natürlich gibt es auch Nachteile. Die Nahrungsmittelproduktion wird immer weniger natürlich und biologisch, was nicht von allen geschätzt wird. Die Landwirte im derzeitigen Viehzuchtsektor werden wahrscheinlich auch nicht glücklich darüber sein: Sie könnten ihr Geschäft, ihre Arbeit und ihr Einkommen verlieren. *Es sei denn,* sie sind in der Lage, ausreichend in die Zukunft zu denken und ihre Unternehmensmission anzupassen. Wenn sie es schaffen, sich nicht mehr als Viehzüchter, sondern als Lebensmittelproduzenten zu sehen, werden sie wahrscheinlich die Möglichkeit haben, auf das neue Fleisch oder fleischähnliche Produkte umzustellen, sodass sie auf kommerzieller Basis einer gesunden Zukunft entgegensehen können.

Wenn sie das nicht tun, werden sie unwiderruflich in Schwierigkeiten geraten: in Europa, auf dem amerikanischen Kontinent und in allen anderen Teilen der Welt. Bei all den Vorteilen der neuen Lebensmittelprodukten, aber auch einfach wegen des stark wachsenden Wettbewerbs, ist eines sicher. Denken Sie daran, was am Ende von Kap. 7 über nachhaltige Energie geschrieben wurde, die fossile Energie einfach durch Wettbewerb zu ersetzen. Etwas Ähnliches gilt auch hier: Es ist nicht die Frage *ob,* sondern erst dann, *wenn* alles Fleisch nachhaltig wird und das jetzige Fleisch ganz oder fast ganz verschwindet.

Auch das sind hervorragende Nachrichten für das Klima, die Natur und die Welt der Menschen.

Überleben des Unternehmens

Zukunftsorientiertes Unternehmertum und die Anpassung des Unternehmensleitbildes sind entscheidend, nicht nur im Agrarsektor, sondern in allen Bereichen. Die folgenden Fälle zeigen das.

> **Fall 8.10. Xerox: bereit für die Zukunft**
>
> Die Zukunft ist ungewiss, vor allem in einer Zeit der Transitionen. Dies gilt mit Sicherheit für die Revolution in der Informationstechnologie, in der einige Unternehmen die Chance sehen, sich radikal auf die Veränderungen einzustellen, während andere dazu weniger geneigt sind.
>
> 1938 wurde die allererste Fotokopie in einem New Yorker Laboratorium angefertigt. Der erste Fotokopierer erschien 1949. Das als „Xerographie" bezeichnete Verfahren war ab 1961 im Besitz einer Firma, die sich ab 1961 Xerox Corporation nannte und sich selbst als „The Copying Company" bezeichnete.
>
> Aber das Unternehmen hörte damit nicht auf. Ab 1970 forschte Xerox auch in der Computertechnik. Als die Computer begannen, die Welt zu erobern, erkannte Xerox schon früh, dass der Tag kommen würde, an dem Computermonitore und Festplatten die Rolle von Papierdokumenten weitgehend ersetzen würden. Sollte dies geschehen, würde die Verwendung von Fotokopierern zurückgehen, und

dies würde letztlich – vielleicht erst nach Jahrzehnten – das Ende für die Xerox Corporation bedeuten.

Diese Zukunftsperspektive führte dazu, dass das Unternehmen in den 1990er-Jahren einen drastischen Kurswechsel vollzog, als es ein neues Image einführte und sich offiziell „The Document Company" nannte. Neben den Fotokopierern legte das Unternehmen einen größeren Schwerpunkt auf Produkte und Dienstleistungen für digitale Information und Dokumentation.

Xerox ist bereit für die Zukunft.

Ganz anders war es bei der Fotografengruppe Eastman Kodak. Der Untergang dieses multinationalen Unternehmens ist ein Beispiel für unkluges Unternehmertum geworden. Schauen Sie sich die Geschichte des Unternehmens an.

Fall 8.11. Kodak: nicht bereit für die Zukunft

1888: Die Firma Kodak wird von George Eastman und Henry A. Strong gegründet.

1912: *Kodak Research Laboratories* wird gegründet. In den nächsten fast hundert Jahren ist das Forschungsinstitut mit Tausenden von innovativen Patenten und wissenschaftlichen Veröffentlichungen international führend.

1975: Eastman Kodak dominiert den US-Markt für Fotografie, er beherrscht 85 % der Kameraverkäufe und 90 % der Filmverkäufe.

Auch 1975: Kodak entwickelt die allererste Digitalkamera. *Sie wird jedoch fallen gelassen, da das Unternehmen befürchtet, dass sie Kodaks eigenes chemisches Fotogeschäft bedroht.*

1994: Apple stellt die innovative Digitalkamera QuickTake vor. Obwohl sie das Apple-Label trägt, wird sie von Kodak produziert, was beweist, dass Kodaks digitales Know-how immer noch auf dem neuesten Stand ist.

2000: In den Jahren um den Beginn des neuen Jahrtausends entwickelt Kodak *keine* Strategie für die digitale Fotografie. Das Unternehmen glaubt, dass sein Kerngeschäft, der traditionelle Film, durch die digitale Technologie nicht bedroht wird.

In denselben Jahren beginnen Sony, Nikon und Canon den Markt mit Digitalkameras zu überschwemmen.

2004: Inmitten einer überstürzten Kehrtwende zur Digitaltechnik kündigt Eastman Kodak an, 15.000 Arbeitsplätze abzubauen. Ein Jahr später wird die Zahl auf 27.000 erhöht. Der Aktienwert stürzt ab (Abb. 8.8).

2010: Kodak hat seine Barreserven rasch aufgebraucht. Der größte Teil seiner Einnahmen stammt nun aus Patentlizenzen an Konkurrenten.

2012: Eastman Kodak wird für bankrott erklärt. In einem Versuch für einen Neustart werden die Geschäftsbereiche Fotofilm, kommerzielle Scanner und Kioske verkauft.

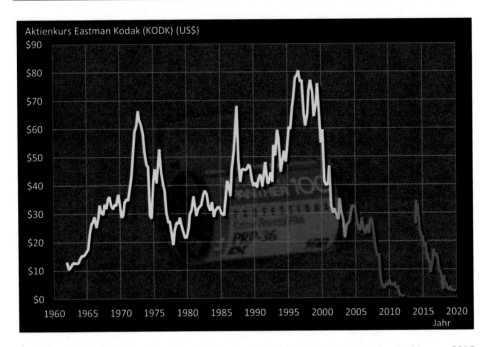

Abb. 8.8 Aktienwerte von Eastman Kodak, von 1962 bis 2019. (Quellen: Beelineblogger 2015; Roorda 2018; Finance.yahoo.com 2019; Hintergrundfoto: Vincenzo Reina, Flickr)

2013: Als Nächstes werden auch viele ihrer Patente verkauft, für mehr als eine halbe Milliarde Dollar. Im August taucht das Unternehmen aus dem Konkurs auf, nachdem es auch die personalisierte Bildverarbeitung und die Dokumentenverarbeitung aufgegeben hat. Im Oktober kehrt es an die New Yorker Börse (NYSE) zurück, wie Abb. 8.8 zeigt. Das Vertrauen in das mehr oder weniger wiedergeborene Unternehmen ist gering: Der Aktienkurs fällt in einigen Jahren erneut stark.

2018: Kodak versucht, sich mit für das Unternehmen ungewöhnlichen Methoden über Wasser zu halten: sogar durch den Handel mit der Blockkettentechnologie „KODAKCoin". Es hilft nicht, der Börsenkurs bricht völlig zusammen.

Im 21. Jahrhundert kauft kaum noch jemand altmodische Filmrollen. Kodak begann sich zu spät zu bewegen, Jahre nachdem junge Computerfirmen bereits den Bereich der Digitalfotografie erobert hatten und Eastmans Firma keine Nische mehr hatte.

Kodak war *nicht* bereit für die Zukunft.

Umstände verändern die Sache

Rechtzeitig auf die Zukunft vorbereitet sein – das ist nur möglich, wenn man diese Zukunft antizipiert, wenn man weit in die Zukunft blickt und entsprechend handelt. Xerox hat die Zukunft vorweggenommen, während chemisch basierte Fotofirmen wie Eastman Kodak und auch Fujifilm das nicht gut genug gemacht haben. Umstände verändern die Sache, wie ein traditionelles Sprichwort sagt: Wenn sich die Technologie oder der Markt verändert, muss man sich nicht nur mit ihr bewegen, sondern sogar vorausschauend und innovativ handeln, am besten früher als die Konkurrenz. Unternehmen, die die Zukunft nicht ausreichend antizipieren, laufen Gefahr, den Anschluss zu verpassen und folglich ums Überleben zu kämpfen.

Eine gute Möglichkeit, sich als Unternehmer zu zwingen, die Zukunft vorwegzunehmen, besteht darin, sich zu fragen: Warum sollte meine Firma in 25 Jahren noch existieren? Die Antwort darauf beinhaltet die Frage, ob Sie der Gesellschaft in einem Vierteljahrhundert noch etwas zu bieten haben werden – ob Ihr Unternehmen dann noch Stakeholder Value hat. In Wirklichkeit sollte sich jedes einzelne Unternehmen diese Frage in regelmäßigen Abständen stellen; und wenn, wie Xerox, die Schlussfolgerung lautet, dass es eine gute Chance gibt, dass das Unternehmen in 25 Jahren (oder früher) keinen Stakeholder Value mehr hat, dann ist es an der Zeit, den Zweck des Unternehmens zu überdenken. Warum wurde damit begonnen? Was ist derzeit der Unternehmenszweck? Wer sind wir als Unternehmen überhaupt? Was könnte die Mission werden, damit der Stakeholder Value in 25 Jahren existiert?

Von Unternehmen in einer solchen Situation wird viel verlangt. Die Neudefinition des Unternehmensauftrags (z. B. von einer *Kopierfirma* zu einer *Dokumentenfirma*) ist für viele eine schwierige, wenn nicht gar unmögliche Aufgabe, die viel Flexibilität, das Loslassen von geschätzten Gedanken und Gefühlen und die Fähigkeit, über den Tellerrand hinauszuschauen, erfordert. Und man braucht auch viel Mut, Unsicherheiten auf sich zu nehmen. Unternehmen – manchmal sogar ganze Branchen –, die dies nicht tun, laufen Gefahr, zu verschwinden, genau wie die in Tab. 8.4 aufgeführten Berufe und

Tab. 8.4 Rote Liste der gefährdeten Berufe und Branchen

Weitgehend ausgestorben (in der westlichen Welt)	Holzschuhmacher. Müller. Brückenwärter. Schafhirten. Aalfischer. Lampenanzünder. Betreiber von Telefonzentralen. Betreiber von Aufzügen. Ritter
Vom Aussterben bedroht	Fotochemische Unternehmen. Druckereien. Desktop-Publisher. Papierindustrie. Verkäufer von Papiertickets. Lokale Lebensmittelgeschäfte. Zählerableser. Reisebüros. Musikindustrie? *Siehe Fall 8.12.*
Gefährdet	Schreibkräfte. Zugführer. Lkw-Fahrer. Fahrlehrer. Kassierer. Übersetzerinnen und Übersetzer. Die Infanterie. Gelddruckereien. Die Computerprogrammierer. Arbeiter in der Fertigung. Viehzüchter: *siehe Fall 8.10.* Öl- und Gasunternehmen? *Siehe Fall 8.13.*

Branchen, die eine „Rote Liste" wie die von der IUCN geführte ist und diesmal nicht den gefährdeten Tier- und Pflanzenarten, sondern den gefährdeten Berufen und Branchen gewidmet ist.

Fall 8.12. Die Musikindustrie: Bereit für die Zukunft?

LPs und CDs: Sie waren einst eine „Milchkuh" für die Musikindustrie. Doch dann begann der Austausch von Dateien online. Über Usenet und Napster, gefolgt von Rapidshare, Megaupload und Torrent-Sites wie Demonoid und ThePirateBay, wurden Millionen von Liedern und Kompositionen kostenlos heruntergeladen – legal oder auf andere Weise. Bald waren die Musikindustrie und die Plattenläden in großen Schwierigkeiten. Verkäufe und Lagerbestände gingen stark zurück, und die Musikfirmen beschwerten sich lautstark. Gerichtsverfahren wurden ausgefochten.

In einem Versuch, das Blatt zu wenden, führte die Musikindustrie bezahlte Downloads ein, zusammen mit dem Digital Rights Management (DRM), das kostenlose Downloads blockieren sollte. Trotz dieser Bemühungen gingen die Einnahmen aus dem Verkauf von Tonträgern weiter zurück, während sich die bezahlten Downloads ebenfalls nicht gut entwickelten.

Das Ausmaß des Verlustes ist schwer abzuschätzen. Nach Angaben des Institute for Policy Innovation (IPI) waren die Auswirkungen wie folgt:

„Als Folge der weltweiten und in den USA ansässigen Piraterie von Tonträgern verliert die US-Wirtschaft jährlich 12,5 Mrd. Dollar an Gesamtproduktion. Die US-Wirtschaft verliert 71.060 Arbeitsplätze. US-Arbeitnehmer verlieren jährlich 2,7 Mrd. Dollar an Einkommen" (Siwek 2007).

Solche Schätzungen der Verluste sind jedoch heftig umstritten (Smith und Telang 2012), weil sie von Annahmen darüber abhängen, wie hoch die Verkäufe gewesen wären, wenn es keine Downloads gegeben hätte, und das kann niemand mit Sicherheit wissen. Die Einnahmen aus der Musikindustrie lassen sich jedoch viel objektiver beurteilen. Sie sind in Abb. 8.9 dargestellt.

Um 2010 herum war allen klar: Die Musikindustrie musste sich definitiv neu erfinden. Es war ein klassischer Fall der Notwendigkeit, die Mission des Unternehmens, oder in diesem Fall eher die Mission des Sektors, neu zu definieren.

Das Blatt wendete sich, als Musik-Streaming eingeführt wurde. iTunes, Spotify und andere stürmten den Markt und eroberten einen großen Marktanteil. Der Effekt ist in Abb. 8.9 deutlich sichtbar und zeigt die Erwartungen für das nächste Jahrzehnt.

Es scheint, dass die Musikindustrie einen neuen Grund für ihre Existenz gefunden und damit eine neue Zukunft eröffnet hat.

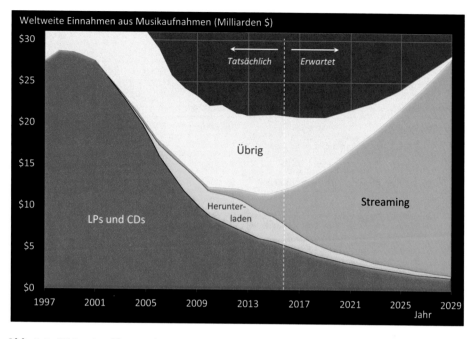

Abb. 8.9 Weltweiter Umsatz der Musikindustrie, 1997–2029. „Andere": z. B. Aufführungsrechte, Film- und Werbeeinnahmen. (Quellen: Yang 2016; Financial Times 2017)

Fragen

- Wenn Sie in einem Unternehmen arbeiten oder in einem Unternehmen studieren (ein Bildungsinstitut ist auch ein Unternehmen, auch wenn es vielleicht nicht gewinnorientiert ist) oder vielleicht sogar ein Unternehmen besitzen, was sind die Gründe für die Existenz des Unternehmens?
- Warum sollte dieses Unternehmen in 25 Jahren noch existieren? Welchen Beitrag wird es zu dieser Zeit zur Gesellschaft leisten? Wird die Gesellschaft diesen Beitrag in 25 Jahren noch benötigen?

Perspektiven für die Zukunft

Es ist ein hohes Maß an Flexibilität erforderlich, um das Unternehmen oder sogar den Sektorauftrag grundlegend zu verändern. Dies erfordert Flexibilität des Geistes und Sensibilität gegenüber Veränderungen in Gesellschaft, Wirtschaft und Technologie und für Kreativität, Mut und Führung. Und noch mehr, wie eine Bewertungsmethode für zukunftsorientiertes Unternehmertum, FFEA (Roorda 2018), zeigt (Abb. 8.10). Siehe auch: https://niko.roorda.nu/management-methods.

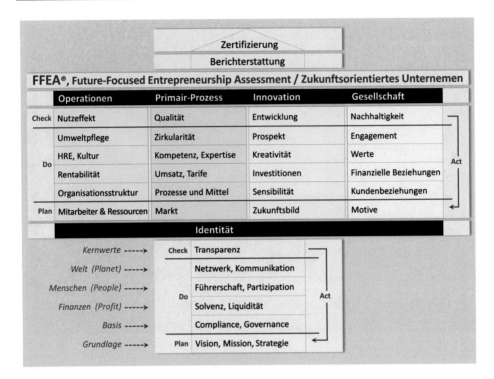

Abb. 8.10 FFEA: Bewertung des zukunftsorientierten Unternehmertums (Future-Focused Entrepreneurship Assessment). (Quelle: Roorda 2018)

Laut FFEA neigen Organisationen – kommerzielle Unternehmen, NGOs, Gesundheits-, Bildungs- und Regierungsinstitutionen – dazu, vorwiegend aus einer der folgenden vier Perspektiven zu denken und zu arbeiten:

Perspektive 1: „Fleißig"
Die Organisation konzentriert sich in erster Linie auf Aktivitäten, die jetzt oder in Kürze durchgeführt werden, und verbringt wenig Zeit mit externen Trends, die die Organisation beeinflussen könnten. Sie verlässt sich auf aktuelle Produkte oder Dienstleistungen, es gibt nicht viele Initiativen für Innovationen, und soweit diese vorhanden sind, werden sie isoliert bleiben und nicht oder kaum in sie investiert werden. „Nicht reden, sondern weiterarbeiten", könnte das Motto sein.

Motto: „Wir machen es so, wie wir es immer gemacht haben, es hat immer gut funktioniert".

Qualitätskonzept: Produktqualität (oder Dienstleistungsqualität).

Beispiele: Eine traditionelle Käsefabrik; eine Näherei; Eastman Kodak (Fall 8.11).

Perspektive 2: „Gezielt"

Die Organisation strebt die Erfüllung messbarer Ziele der festgelegten Politik an. Zu diesem Zweck wird in neue Initiativen investiert, die zu sichtbaren Ergebnissen führen, z. B. in Form von verbesserten oder neuen Produkten oder Dienstleistungen oder neuen Märkten. Die Mission und die Kernwerte der Organisation werden nicht wirklich offen diskutiert. Soweit sie diskutiert werden, nimmt nur ein ausgewählter Teil der Organisation teil.

Motto: „Wir arbeiten nach wohldurchdachten Strukturen".

Qualitätskonzept: Qualität der Produktion

Beispiele: British Rail; Metropolitan Police; Wirtschaftsprüfungsgesellschaften.

Perspektive 3: „Systemisch"

Die Organisation weiß, wer sie ist und wer sie sein will. Es besteht eine klare und kontinuierliche Übereinstimmung zwischen kurz- bis langfristigen Entwicklungen in der Außenwelt, dem Auftrag der Organisation, den Kernwerten, Aktivitäten und Zukunftsplänen der Organisation. Die Organisation arbeitet als ein organisches Ganzes.

Motto: „Die Strukturen sind für die Mitarbeiter da, nicht umgekehrt. Wo nötig, wenden wir Maßarbeit an".

Qualitätskonzept: Organisatorische Qualität.

Beispiele: Randstad (Fall 8.1); Pizza Fusion (Fall 8.4); Philips (Fall 8.8).

Perspektive 4: „Ganzheitlich"

Die Organisation beteiligt sich aktiv an der Gesellschaft und ihren Entwicklungen. Sie hat eine explizite Vorstellung von ihrer Stellung innerhalb der Gesellschaft und der natürlichen Umwelt. Sie nimmt eine visionäre Position zu einer Reihe von möglichen oder denkbaren Zukünften ein. Sie beteiligt sich aktiv an der Schaffung oder Unterstützung von Entwicklungen („Tore") hin zu einer nachhaltigen, gesellschaftlich bevorzugten Zukunft („Utopien"); und sie entmutigt Entwicklungen hin zu weniger bevorzugten, nicht nachhaltigen („Dystopien").

Motto: „Wir arbeiten so, wie es die Umstände und Zukunftserwartungen erfordern; wir reformieren unsere Strukturen ständig, wenn es notwendig ist: Wir sind ein lebendiger Organismus."

Qualitätskonzept: Sozialer Mehrwert (Stakeholder Value).

Beispiele: The Body Shop (Fall 8.2); Tesla.

Das Denken und Arbeiten einer Organisation findet in der Regel weitgehend aus einer dieser vier Perspektiven statt. Angesichts der 30 Themen in Abb. 8.10 kann es jedoch von Thema zu Thema Unterschiede geben. Um die Zukunftssicherheit einer Organisation zu erhöhen, ist es deshalb wichtig, für jedes einzelne FFEA-Kriterium zu bestimmen, welche Perspektive dort vorherrscht; und auch, ob dies die ideale Perspektive ist, um in der Zukunft zu überleben und zu gedeihen.

Bei einer FFEA-Beurteilung wird für jedes der 30 Kriterien getrennt (oder für eine Auswahl daraus) die *aktuelle* und die *gewünschte* Perspektive bestimmt. Abb. 8.11 gibt

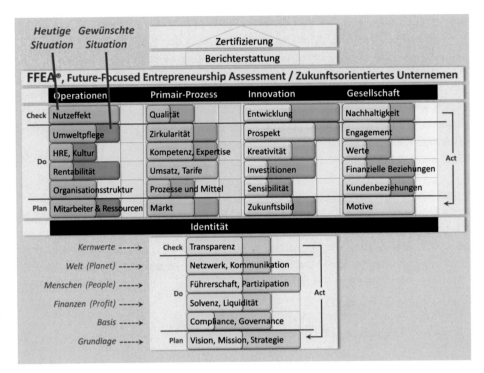

Abb. 8.11 Dieses Ergebnis einer FFEA-Bewertung zeigt ein Unternehmen, das hauptsächlich von der Perspektive 2 (zielgerichtet) aus denkt und arbeitet und während der Bewertung Pläne für einen Perspektivenwechsel zu 3 (systemisch) gemacht hat

ein Beispiel für ein mögliches Ergebnis. Auf der Grundlage dieser Ergebnisse wird ein strategischer Plan erstellt. Seine Umsetzung wird Konsequenzen haben: nicht nur für die konkreten Aktivitäten der Organisation, sondern auch für ihre *Identität* und ihre *Mission*. Auf diese Weise macht sich die Organisation „bereit für die Zukunft".

Es wäre interessant, eine FFEA-Bewertung bei einigen der zuvor genannten Unternehmen, darunter Xerox, Eastman Kodak und einige Musikproduzenten, durchzuführen: vorzugsweise nicht jetzt, sondern vor einigen Jahrzehnten. Eine solche Bewertung könnte auch im folgenden Fall für die Zukunftssicherung des Unternehmens nützlich sein.

Fall 8.13. Shell: die nächste Kodak?
Der britisch-niederländische multinationale Öl- und Gaskonzern Royal Dutch Shell ist der größte der „Super-Majors": die dominierenden Öl- und Gaskonzerne, darunter BP, ExxonMobil, Chevron und einige andere, die zusammen auch als „Big Oil" bezeichnet werden. In der Forbes Global 2000, der jährlichen Rangliste

der größten Unternehmen der Welt, hatte Shell im Jahr 2019 den größten Umsatz aller Unternehmen der Welt: 382,6 Mrd. Dollar, das sind 50 % mehr als die Nummer 2 auf der Liste: Apple (siehe Kap. 3, Tab. 3.1). Es ist klar, dass die CSR- und Nachhaltigkeitspolitik von Shell einen enormen Einfluss auf die globalen ökonomischen und ökologischen Entwicklungen, insbesondere im Zusammenhang mit dem Klimawandel, haben muss. Im positiven wie im negativen Sinne.

Bereits 1991 war sich Shell der Gefahren des Klimawandels bewusst. Die katastrophalen Risiken wurden in einer von Shell gedrehten Videodokumentation beschrieben, einem Film mit dem Titel „Climate of Concern". Der Film verschwand aus unklaren Gründen von der Bildfläche und wurde erst 2017 von Journalisten wiederentdeckt. Der Film ist nun auf YouTube zu sehen. (Den Link finden Sie in der Bibliografie: Shell, 1991.)

1998 bestätigte Shell in seinem Nachhaltigkeitsbericht erneut die Gefahren der globalen Erwärmung:

„Die Verbrennung fossiler Brennstoffe – Kohle, Öl und Erdgas – setzt zusammen mit anderen menschlichen Aktivitäten wie der Abholzung von Wäldern Treibhausgase, hauptsächlich CO_2, in die Luft frei. Ihre Konzentration in der Atmosphäre hat seit der industriellen Revolution zugenommen. Dies hat zu einem verstärkten Treibhauseffekt geführt, und es besteht die Sorge, dass sich die Welt dadurch erwärmen wird, was zu einer Veränderung des Klimas und der lokalen Wettermuster führen könnte, möglicherweise mit vermehrten Dürren, Überschwemmungen, Stürmen und einem Anstieg des Meeresspiegels. Die Durchschnittstemperatur der Erde ist im letzten Jahrhundert um etwa ein halbes Grad Celsius gestiegen, möglicherweise zum Teil aufgrund der durch menschliche Aktivitäten verursachten Treibhausgasemissionen."

Während Shell die Gefahren eindeutig sehr gut kannte, versuchte das multinationale Unternehmen zusammen mit anderen „Supermajoren" den vom Menschen verursachten Klimawandel zu leugnen, indem es die wissenschaftliche Forschung kritisierte und die öffentliche Meinung und die politische Entscheidungsfindung beeinflusste. Um 1990 wurde das Unternehmen, wie in Kap. 7 erwähnt, Mitglied der *Global Climate Coalition* (GCC), einer internationalen Lobbygruppe von Unternehmen, die sich gegen Maßnahmen zur Reduzierung der Treibhausgasemissionen aussprach. 1997 verließen die „Königlichen Niederländer" den GCC nach starkem Druck von Umweltgruppen, setzten aber ihre Lobbyarbeit gegen Klimamaßnahmen fort, die andere (wie Mulvey und Shulman 2015) als *Täuschung* bezeichnet haben.

Während Shell sich intensiv an der Anti-Klima-Lobby beteiligte, startete der multinationale Konzern um das Jahr 2000 die neue Sparte *Shell Solar*, die zur allgemeinen Überraschung 2007 verkauft wurde, woraufhin Shell jahrelang praktisch nichts im Bereich der nachhaltigen Energie tat. Erst 2016 begann Shell wieder mit Investitionen in nachhaltige Energie durch die Gründung der Abteilung

Neue Energien. Ein bedeutender Teil der neuen Abteilung konzentriert sich jedoch nicht auf nachhaltige Innovationen, sondern auf neue Anwendungen von Erdgas, auf die Verwendung von Biokraftstoffen (die zahlreiche Nachteile haben, siehe Kap. 7) und auf die Platzierung von elektrischen Ladepunkten entlang von Autobahnen (nachdem dies bereits die Wettbewerber taten).

Im Jahr 2018 kündigte Shell an, dass *New Energies* seine Investitionen bis 2020 auf 1 bis 2 Mrd. Dollar pro Jahr erhöhen werde. Das erscheint viel, aber es ist ein kleiner Anteil an den Gesamtinvestitionen von Shell, die 2019 25 Mrd. Dollar betrugen, mit einem Gewinn von 23,3 Mrd. Dollar. Zum Vergleich: Im Jahr 2016 kaufte Shell die BG-Gruppe für 53 Mrd. Dollar und wurde Marktführer bei … Flüssigerdgas (LNG). Mit anderen Worten: Shell beabsichtigte, zwischen 2018 und 2020 rund 6 % seiner Investitionen in neue (aber nur teilweise nachhaltige) Energie zu investieren, die restlichen 94 % in fossile Brennstoffe, z. B. für die Suche nach oder den Kauf von neuen Öl- und Gasquellen.

Der Entwurf dieses Falles wurde Shell mit der Bitte um Stellungnahme vorgelegt. Der Shell-Sprecher antwortete:

> *„Die Branche ist mit großen Unsicherheiten darüber konfrontiert, wie die Regierungspolitik und das Verbraucherverhalten letztlich die Entwicklung des Energiesystems prägen werden und welche Technologien und Geschäftsmodelle sich durchsetzen werden. Wir haben ein breiteres Spektrum an Geschäftsoptionen für technische und kommerzielle Entwicklungen als jedes andere Unternehmen in unserer Branche. Wir verfolgen diese Optionen mit Überzeugung und kommerziellem Realismus. Wir sind davon überzeugt, dass wir über die nötige Flexibilität verfügen, um uns anzupassen und relevant und erfolgreich zu bleiben, unabhängig davon, wie die Energiewende verläuft."*
> *(Quelle: E-Mail an den Autor).*

In dieser Antwort deuten Formulierungen wie „Wir folgen diesen Optionen" und „Anpassungsflexibilität" darauf hin, dass Shell – im Sinne des FFEA – in erster Linie aus Perspektive 2, „zielgerichtet", denkt und operiert, mit Elementen der Perspektive 3, „systemisch". Aber selbst Perspektive 1 klingt „fleißig" mit dem Motto: „Wir machen es so, wie wir es immer gemacht haben, es hat immer gut funktioniert." Von einem internationalen Marktführer wie Shell, der einen enormen Einfluss auf die Zukunft der Weltwirtschaft und des Klimas ausübt und über ein riesiges Investitionsbudget verfügt, könnten wir viel mehr erwarten: Perspektive 4, „Ganzheitlich" und visionär: Shell sollte kein *Mitläufer,* sondern ein *Führer* beim Energiewandel sein.

Am bemerkenswertesten ist, dass die Gestehungskosten der erneuerbaren Energieträger inzwischen sensationell schnell sinken und in vielen Fällen bereits niedriger sind als die von Öl und Gas, wie die Abb. 7.26 und 7.27 zeigen. Kap. 7 schloss daher mit:

„Die Frage ist nicht, ob, sondern nur, in wie viel Zeit alle Energie nachhaltig sein wird. Dieses Tempo wird durch eine Reihe von Faktoren bestimmt, darunter: die Hartnäckigkeit und Desinformation der mächtigen Öllobby, die Zeit, die für die Einführung geeigneter neuer Anlagen und Infrastrukturen und für die Abschreibung bestehender Anlagen benötigt wird, und die Kurzsichtigkeit oder im Gegenteil, die innovative Vision der Investoren und Direktoren. Dieses Tempo wird darüber entscheiden, ob wir rechtzeitig sind, um riesige, noch nie dagewesene Katastrophen zu verhindern. Aber es besteht kein Zweifel daran, dass der Energiemarkt zu 100 % nachhaltig werden wird.

Das sind hervorragende Nachrichten für das Klima, die Natur und die menschliche Welt".

Für Shell und die anderen „Super-Majors" sind es vielleicht weniger gute Nachrichten. Die fossile Energie folgt dem Weg, den einst die chemische Fotografie beschritt und den wahrscheinlich auch Fleisch einschlagen wird. Schaufeln sich fossile Energielieferanten ihre eigenen Gräber, indem sie den Kopf in den Sand stecken und an ihrer langjährigen Unternehmensmission festhalten, genau wie Eastman Kodak?

Die Royal Dutch Shell ist *nicht* bereit für die Zukunft.

8.5   Der nachhaltig kompetente Profi

Zukunftsvisionen und Innovationskraft sind im Durchschnitt häufiger bei kleinen Start-ups, etwa zur Entwicklung von Alternativen zum Schlachtfleisch, zu finden als „rusty mammoths", wie die dominierenden Unternehmen der etablierten Wirtschaftsordnung genannt wurden (Bridges 2000). Dies ist zumindest teilweise darauf zurückzuführen, dass dem persönlichen Engagement und der Kreativität einzelner Menschen in jungen und kleinen Unternehmen viel Raum gegeben wird. Deshalb stehen in diesem letzten Abschnitt dieses Buches die Qualitäten der einzelnen Fachkräfte im Vordergrund.

Ein zukunftsorientierter Ansatz erfordert Menschen, die kreativ sind und die Fähigkeit haben, innovativ zu sein. Gleichzeitig erfordert die soziale Verantwortung von Unternehmen Führungskräfte und Mitarbeiter mit Verantwortungsbewusstsein und Sozialbewusstsein. Ein integrierter Ansatz, der sich auf den gesamten Lebenszyklus von Menschen und Produkten konzentriert, hilft auch, über den Tellerrand hinauszuschauen, während die Unternehmensführung Führungskräfte und Mitarbeiter braucht, die sich nicht scheuen, öffentlich zu erklären, was sie tun – nicht nur die guten, sondern auch die weniger guten Aspekte ihrer Arbeit. Von den derzeitigen und künftigen Mitarbeitern eines Unternehmens, einer Regierung oder einer Bildungs- oder Betreuungseinrichtung wird unter dem Gesichtspunkt der nachhaltigen Entwicklung eine ganze Reihe von Kompetenzen verlangt. Und das ist noch nicht alles, denn eine wirklich nachhaltig kompetente Fachkraft ist auch in der Lage, Unmögliches zu leisten: Das abzuwägen, was sich nicht abwägen lässt. Der folgende Fall – ein imaginärer E-Mail-Austausch – soll veranschaulichen, was dies bedeutet.

Fall 8.14. Abwägen des Unwägbaren

- **Von:** Marianne@BackelBioChem.com
- **An:** Ralph@BackelBioChem.com
- **Gesendet:** Donnerstag, 06. Juni 2024 um 11:07
- **Thema:** Betreff: Re: Problem mit grünen Bazillen

Ralph,

Ich war schockiert über deine E-Mail. Du verhältst dich höchst unprofessionell – weißt du, dass du mit solchen Botschaften das gesamte Unternehmen gefährdest? Wir haben Verträge für die Lieferung unserer Bazillen an 30 Städte unterzeichnet, darunter Duisburg, Essen, Bottrop, Oberhausen … fast das ganze Ruhrgebiet! Wir können es uns nicht leisten, dieses Geld zu verlieren, oder wäre es dir lieber, wenn wir nächsten Monat 1300 Menschen entlassen? Denn das wird das Ergebnis sein. Und was ist mit unserem Aktienkurs? Er wird abstürzen, glaub mir. Das könnte unseren Bankrott bedeuten. Was du gesagt hast, ist alles andere als sicher, was soll ich also deiner Meinung nach tun? Ich kann doch wohl kaum die ganze Firma in die Luft jagen wegen eines verdammten Gerüchts!

Es ist ganz einfach – nächste Woche werden wir die grünen Bazillen freigeben. Wir werden den Ruß in der Luft abbauen. Das kannst du nicht verhindern, und ich VERBIETE dir, irgendjemandem etwas darüber zu sagen.

Marianne

- - Original-Nachricht - - -

- **Von:** Ralph@BackelBioChem.com
- **An:** Marianne@BackelBioChem.com
- **Gesendet:** Donnerstag, 06. Juni 2024 9:38
- **Thema:** Problem mit grünen Bazillen

>Liebe Marianne,
>Es sieht nicht sehr gut aus. Bei den beiden Labortechnikern in meinem Labor,
>die plötzlich eine Leberentzündung entwickelt haben, wurde in ihrem Blut ein
>seltsames Bakterium gefunden.
>Untersuchungen haben nun gezeigt, dass dieses Bakterium wahrscheinlich
>eine mutierte Variante unseres eigenen „grünen Bazillus" ist.
>Der grüne Bazillus kann sich spontan in ein Bakterium verwandeln, das
>Menschen krank macht! Auffällig ist, dass meine beiden kranken Angestellten
>eine spezielle Blutgruppe haben: Duffy negativ.
>Diese Blutgruppe tritt fast nur bei Menschen afrikanischer Abstammung auf.

> >Beide Kranken sind ursprünglich aus Ghana.
> >Der mutierte grüne Bazillus greift also nur Schwarze an!
> >Es ist wahr, dass wir mit dem von uns entwickelten grünen Bazillus ein
> >Instrument haben, das den Ruß in der Luft abbaut.
> >Ein kommerzieller Durchbruch, wie Sie der Presse letzte Woche gesagt haben.
> >Aber mit einer Kehrseite! Wenn es krank macht, können wir es sicher nicht
> >benutzen.
> >Ich gebe zu: Es ist teilweise meine Schuld. Ich hätte länger mit den Labortests
> >fortfahren sollen, dann hätten wir das Problem möglicherweise rechtzeitig
> >entdeckt.
> >Ich übernehme die Verantwortung dafür und bin bereit, es der Presse persönlich
> >zu sagen.
> >Aber jetzt, wo ich das weiß, können wir den grünen Bazillus wirklich nicht in die
> >Atmosphäre bringen.
> >Sobald er einmal freigesetzt ist und sich vermehrt, gibt es kein Zurück mehr.
> >Ich hoffe, dass Sie meinen Standpunkt verstehen?
> >Ralph

Dieses (imaginäre) Unternehmen, BackelBioChem, hat eine sehr attraktive Innovation namens „grüne Bazillen" geschaffen, die offenbar Ruß in der Atmosphäre abbauen könnte. Dies wäre ein wichtiger Beitrag zur Bekämpfung von Feinstaub, der von Industrie, Verkehr und Landwirtschaft freigesetzt wird und eine schlimme Gefahr für unsere Gesundheit darstellt. Es kann auch der Wirtschaft schaden, u. a., weil eine Reihe von Ländern den Bau von Straßen und Gebäuden in Regionen verbieten, in denen die Konzentration von Aerosolen (Feinstaub) übermäßig hoch ist. Die Erfindung von BackelBioChem ist eine außerordentliche Chance für das Unternehmen, die sehr viel Geld bedeuten könnte. Doch laut Ralphs E-Mail gibt es noch eine andere Seite ihrer Schöpfung – eine Möglichkeit, wenn auch nicht mit Sicherheit, dass die Bazillen Lebererkrankungen verursachen könnten.

Wenn die freie Wahl möglich war, wäre die logische Reaktion, zunächst weitere Studien durchzuführen, bevor die Bazillen in die Luft entlassen werden. Aber die Umstände lassen die freie Wahl nicht mehr zu, und wenn die Freilassung verschoben wird, wird es zu Massenentlassungen kommen, und, so Marianne, könnte das Unternehmen den Bach runtergehen. Sollten die Bazillen aber andererseits freigesetzt werden und zu Todesfällen führen, und das Unternehmen war sich dessen bewusst, dass dies geschehen könnte, könnte dies ebenfalls zum Bankrott und zu Massenentlassungen führen (dies könnte der Grund sein, warum Marianne wütend reagierte – sie wollte es einfach nicht wissen). Die Situation ist voller Risiken, und es kann immer etwas schief gehen, unabhängig davon, welchen Weg man wählt. Die Entscheidungen müssen zwischen völlig unterschiedlichen Interessen, zwischen Themen, die in Wirklichkeit unwägbar sind, abgewogen werden. Es muss eine Entscheidung über ein unmögliches Dilemma getroffen werden – zu verschieben oder nicht zu verschieben.

Fragen

- Was ist die größte Sorge – eine Lösung für das Rußproblem, die Entlassung von 1300 Personen oder die Möglichkeit, dass eine unbekannte Zahl von Menschen erkranken *könnte*?
- Stimmen Sie mit Marianne überein, dass Ralph unprofessionell handelt?

Hinter dem BackelBioChem-Dilemma verbergen sich weitere Fragen, die bereits zuvor in diesem Buch behandelt wurden.

Ursache und Wirkung (siehe Abschn. 7.2): Ralph ist sehr vereinfachend, wenn er sofort feststellt, dass es eine Gewissheit ist („ … die mutierten grünen Bazillen betreffen nur Schwarze!"), dass die Leberinfektion, an der die beiden Laboranten leiden, durch die spontane Mutation der grünen Bazillen verursacht wurde. Dies mag wahrscheinlich sein, aber erst weitere Untersuchungen können zeigen, ob es wahr ist. Dasselbe gilt für Ralphs Annahme, dass nur Menschen mit „Duffy-negativem" Blut (das echt ist und fast nur bei Menschen afrikanischer Herkunft vorkommt) für das Problem anfällig sind. Dies ist ein Trugschluss, ein logischer Fehler, bei dem er Verdächtigungen mit Fakten verwechselt. Einen vergleichbaren Trugschluss begeht auch Marianne, wenn sie sagt, Ralph handele unprofessionell – dies als Tatsache zu behaupten, während es in Wirklichkeit nur eine Meinung ist. Die Fähigkeit, zwischen Fakten, Annahmen und Meinungen zu unterscheiden, ist eine sehr wichtige Kompetenz für nachhaltig orientierte Fachleute.

Diskriminierung (Abschn.3.2): Könnte es möglich sein, dass Mariannes Entscheidung, den Prozess fortzusetzen, zum Teil darauf zurückzuführen ist, dass nur Schwarze gefährdet sind?

Stakeholder-Analyse (Abschn. 5.5): Wer hat ein Interesse an diesem Thema, sowohl im positiven Sinne (z. B. Unternehmensgewinne und öffentliche Gesundheit) als auch im negativen Sinne (z. B. die Chance, dass eine Bevölkerungsgruppe erkrankt und möglicherweise entlassen wird)?

Konsequenztragweite und Konsequenzperiode (Abschn. 5.5): Wie weit reichen die Folgen räumlich und zeitlich? Könnten die mutierten Bazillen auch spontan in der Außenwelt entstehen (*in vivo*, und nicht nur im Labor, *in vitro*), und wenn ja, würden sie sich schließlich über den Globus ausbreiten? Könnten die Bazillen jemals ausgerottet werden?

Unsicherheit (Abschn. 2.3, 6.3): Obwohl keineswegs sicher ist, dass die Leberinfektion durch die mutierten Bazillen verursacht wurde, muss noch eine Entscheidung getroffen werden, denn *nicht entscheiden ist immer noch entscheiden* – wenn Sie sich für einen Aufschub der Freigabe der Bazillen entscheiden, werden viele Menschen entlassen werden müssen. Was immer eine Person tut oder nicht tut, wird immer Konsequenzen haben.

Vorsorgeprinzip (Abschn. 7.3): Wenn der Verdacht besteht, dass die Freisetzung der Bakterien äußerst schwerwiegende Folgen haben wird, ist es vielleicht besser, das Risiko nicht einzugehen. Das ist es, was Ralph argumentiert, aber Marianne weist diesen Punkt zurück. Wer hat recht?

Verantwortung übernehmen (Abschn. 5.5): Das Unternehmen hat in dieser Frage eindeutig eine Reihe von verschiedenen sozialen Verantwortlichkeiten, aber nicht nur das Unternehmen:

Gewissen (Abschn. 8.2, Fall 8.5): Jeder der betroffenen Mitarbeiter hat auch eine individuelle Verantwortung, einschließlich Ralph. Marianne erlegt ihm eine Schweige-pflicht auf. Was soll er tun? Wird er zum „Whistleblower" werden, indem er seine Schweigepflicht ignoriert und die Außenwelt informiert, auch wenn die Folgen für ihn persönlich schwerwiegend sein könnten? Für ihn stellt sich die Frage, was das größere Gewicht hat – der Befehl seines Vorgesetzten oder sein eigenes Gewissen?

Rechenschaftspflicht, Transparenz (Abschn. 8.2): Wird das Unternehmen die Öffentlichkeit endlich über das Problem informieren, entweder kurz- oder langfristig? Was sind die Konsequenzen dieser Vorgehensweise? Welche Konsequenzen hat es, dies *nicht* zu tun?

Zusammengenommen ergeben diese eine ganze Reihe von Aspekten, die das in Fall 8.12 vorgestellte komplexe Problem ausmachen. Glücklicherweise sind die meisten Fragen, mit denen die Mitarbeiter eines Unternehmens konfrontiert sind, weniger kompliziert, obwohl es nicht ungewöhnlich ist, dass hochqualifizierte Fachkräfte zu irgendeinem Zeitpunkt ihrer Karriere mit Situationen konfrontiert werden, in denen die Aspekte nur schwer gegeneinander abzuwägen sind. Dies gilt für jeden Bereich, unabhängig davon, ob es sich bei den Akteuren um Manager, Ingenieure, Gesundheits-dienstleister, Lehrer, Beamte, Landwirte, Biologen oder andere Berufsgruppen handelt. In solch entscheidenden Zeiten läuft es darauf hinaus, die richtigen Entscheidungen zu treffen, was ein breites Spektrum an Kompetenzen erfordert. Einige davon wurden bereits im Zusammenhang mit dem Fall 8.12 aufgeführt, und wir können mehr aus den vorhergehenden Kapiteln entnehmen. All diese Kompetenzen, die ein Fachmann benötigt, um in einem Bereich der sozialen Verantwortung der Unternehmen tätig zu sein und zur nachhaltigen Entwicklung beizutragen, werden im sogenannten RESFIA+D-Modell zusammengefasst, das aus sechs allgemeinen Kompetenzen in Bezug auf Nach-haltigkeit („R" bis „A") besteht, die alle in drei Teilkompetenzen weiter ausgearbeitet werden, wie aus Tab. 8.5 hervorgeht. Abgesehen von den allgemeinen Kompetenzen kann man auch Kompetenzen für nachhaltige Entwicklung identifizieren, die für jede einzelne Disziplin spezifisch sind, und hier kommt das „+D" ins Spiel.

Siehe auch: https://niko.roorda.nu/management-methods.

Genauso wie FFEA als Beurteilungsmethode für den Grad der Zukunftssicherheit von Unternehmen und anderen Organisationen eingesetzt werden kann, kann RESFIA+D

Tab. 8.5   RESFIA+D: Fachkompetenzen für nachhaltige Entwicklung

Kompetenz R: Verantwortung Ein nachhaltig kompetenter Fachmann trägt die Verantwortung für seine eigene Arbeit. *Mit anderen Worten, der nachhaltige Profi kann …*	*Siehe Abschnitt*	Kompetenz E: Emotionale Intelligenz Ein nachhaltig kompetenter Fachmann fühlt sich in die Werte und Emotionen anderer ein. *Mit anderen Worten, der nachhaltige Profi kann …*	*Siehe Abschnitt*
R1. Erstellen Sie eine Stakeholder-Analyse auf der Grundlage des Folgenumfangs und des Folgenzeitraums	5.5	*E1.* Seine eigenen Werte und die anderer Menschen und Kulturen anerkennen und respektieren	4.3
R2. Persönliche Verantwortung übernehmen	8.2	*E2.* Zwischen Fakten, Annahmen und Meinungen unterscheiden	8.5
R3. Gegenüber der Gesellschaft persönlich zur Rechenschaft gezogen werden (Transparenz)	8.2	*E3.* Inter- und transdisziplinär zusammenarbeiten	1.3, 4.8
Kompetenz S: System-Orientierung Ein nachhaltig kompetenter Fachmann denkt und handelt aus einer systemischen Perspektive. *Mit anderen Worten, der nachhaltige Profi kann …*		Kompetenz T: Zukünftige Ausrichtung Ein nachhaltig kompetenter Fachmann denkt und handelt auf der Grundlage einer Zukunftsperspektive. *Mit anderen Worten, der nachhaltige Profi kann …*	
S1. Aus Systemen denken: flexibel ein- und auszoomen, d.h. abwechselnd analytisch und ganzheitlich denken	3.5	*F1.* Auf verschiedenen Zeitskalen denken - kurz- und langfristige Ansätze flexibel ein- und auszoomen	5.5
S2. Erkennen von Webfehler im System und Quellen der Vitalität von Systemen; die Fähigkeit haben, die Quellen der Vitalität zu nutzen	*Kap. 2-4*	*F2.* Nichtlineare Prozesse erkennen und nutzen	7.3
S3. Integriert und kettenorientiert denken	8.3	*F3.* Innovativ, kreativ, unkonventionell denken	8.4
Kompetenz I: Persönliches Engagement Ein nachhaltig kompetenter Fachmann hat ein persönliches Engagement für nachhaltige Entwicklung. *Mit anderen Worten, der nachhaltige Profi kann …*		Kompetenz A: Handlungskompetenz Eine nachhaltig kompetente Fachkraft ist entscheidend und handlungsfähig. *Mit anderen Worten, der nachhaltige Profi kann …*	
I1. Nachhaltige Entwicklung konsequent in seine eigene Arbeit als Fachmann einbeziehen (nachhaltige Haltung)	4.7	*A1.* Das Unwägbare abwägen und Entscheidungen treffen	8.5
I2. Leidenschaftlich auf Träume und Ideale hinarbeiten	4.2	*A2.* Umgang mit Unsicherheiten	6.3
I3. Sein oder ihr Gewissen als obersten Maßstab einsetzen	8.2	*A3.* Handeln, wenn die Zeit reif ist, und nicht gegen den Strom schwimmen: "Handeln ohne Handeln".	4.2
Plus: **Disziplinäre Kompetenzen** für nachhaltige Entwicklung (unterschiedlich für jeden Kurs, jede Disziplin oder jeden Beruf)			

angewandt werden, um das Kompetenzniveau von Studenten und Fachleuten zu bewerten und Pläne für Verbesserungen zu erstellen. Zu diesem Zweck werden sieben Kompetenzstufen unterschieden:

Stufe 1: Student
Stufe 2: Unterstütztes Arbeiten
Stufe 3: Selbstständiges Bewerben
Stufe 4: Integrieren

Stufe 5: Verbessern
Stufe 6: Innovation
Stufe 7: Beherrschung

Man muss kein Meister sein, um aktiv zur nachhaltigen Entwicklung beizutragen. Sie können auf jeder Ebene für Nachhaltigkeit und CSR von Bedeutung sein. Sie werden wahrscheinlich nicht alle Kompetenzen auf ein und derselben Ebene haben. Bei einem RESFIA + D-Assessment wird dies deutlich, denn Sie beurteilen zunächst Ihre eigenen Kompetenzen; dann fragen Sie eine Reihe von anderen (Lehrer, Kommilitonen, Kollegen, Manager), wie sie Sie beurteilen (360-Grad-Feedback); und schließlich wählen Sie eine Reihe von Zielen für Ihre persönliche Kompetenzerweiterung aus: Ihren *Ehrgeiz.* Das Ergebnis kann wie in Abb. 8.12 aussehen, ein reales Ergebnis, in dem auch drei disziplinäre Kompetenzen (D1 bis D3) definiert wurden, die als Vorbereitung auf die Beurteilung auf die jeweilige Disziplin anwendbar waren.

Es gibt eine große Sammlung praktischer Beispiele für solche Nachhaltigkeitskompetenzen (Roorda und Rachelson 2018: *The 7 Competences of the Sustainable Professional*) in Form von wahren Geschichten von erfahrenen Fachleuten, die ihre Fähigkeiten in ihrer Arbeit in hervorragender Weise zum Ausdruck gebracht haben: siehe https://niko.roorda.nu/books.

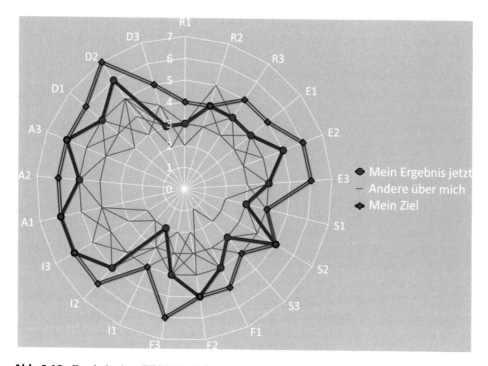

Abb. 8.12 Ergebnis einer RESFIA + D-Bewertung. (Quelle: Roorda 2016)

Hochschulen und Universitäten nutzen RESFIA+D, um einen Vergleich zwischen ihrem Auftrag, ihren Endzielen, wie sie pro Studiengang definiert sind, und den Kompetenzniveaus, die die Studierenden zum Zeitpunkt ihres Abschlusses tatsächlich erreicht haben, anzustellen. Die Schlussfolgerungen solcher Bewertungen werden zur Anpassung der Nachhaltigkeitslehrpläne verwendet (Roorda 2016).

Einige Bewertungsinstrumente für RESFIA+D können heruntergeladen werden von der Website https://niko.roorda.nu/books/grundlagen-der-nachhaltigen-entwicklung.

Die Bedeutung von genügend nachhaltig kompetenten Fachleuten in allen Disziplinen

Die Zahl der Unternehmen und Institutionen, die sich aktiv der CSR und nachhaltigen Geschäftspraktiken widmen, wächst schnell, aber in gewisser Weise ist dies in gewisser Weise zufällig. Denn für die meisten Unternehmen, die im Sinne der Nachhaltigkeit arbeiten, ist es weitgehend ein glücklicher Zufall, dass in entscheidenden Bereichen des Unternehmens Menschen beschäftigt sind, die sich um Umweltzerstörung, Armut oder abnehmende Ressourcen sorgen und sich entschlossen haben, etwas gegen diese Probleme zu unternehmen. Natürlich ist es großartig, dass es diese Menschen gibt, aber auf lange Sicht ist das einfach nicht gut genug. Was die Gesellschaft wirklich braucht, ist, dass *jedes* Unternehmen, aber auch jede öffentliche Einrichtung, Schule, Gesundheitsinstitut oder NGO sozial verantwortlich und zukunftsorientiert arbeitet. Wenn wir das erreichen wollen, dürfen wir die Frage, ob Fachleute nachhaltig handeln, nicht dem Zufall überlassen. Das Mittel dazu ist die Bildung. Wenn alle Ausbildungen auf Berufs- und Hochschulebene sowie die gesamte Primar- und Sekundarschulbildung dazu beitragen, dass ihre Schülerinnen und Schüler eine nachhaltige Einstellung entwickeln, dann wird es kein Zufall mehr sein, ob Unternehmen und Behörden eine nachhaltige Politik betreiben oder nicht. Wenn darüber hinaus alle Absolventen über das Wissen, das Verständnis und die Fähigkeiten verfügen, die erforderlich sind, um diese Einstellung in Taten umzusetzen, wird ein unaufhaltsamer, gesellschaftsweiter Prozess der nachhaltigen Entwicklung entstehen.

Auf ein solches Ziel hinzuarbeiten ist kein Luxus. Es ist nicht wahr, dass Hochschulbildung von menschenwürdiger Qualität sein kann, wenn sie nicht auf soziale Verantwortung und nachhaltige Entwicklung achtet. Globale Bedrohungen wie der Klimawandel, die Verschlechterung der biologischen Vielfalt, die Wüstenbildung und die Gefahr von Verwerfungen und absolutem Chaos in den Entwicklungsländern sowie die sehr reale Möglichkeit von Hunderten Millionen von Flüchtlingen auf der ganzen Welt – und nicht nur in armen Ländern – sind von so schwerwiegender Natur, dass wir als Menschen nicht zulassen können, dass sie ignoriert werden. Dasselbe gilt für den drohenden Mangel an fossilen Brennstoffen, Uran, Eisenerz, Kupfer und vielen anderen Mineralien. Wir können all diese Probleme lösen, vorausgesetzt, wir bekommen alle Mann an Bord. Oder anders ausgedrückt: Für eine nachhaltige Entwicklung brauchen wir die Absolventen *aller* Fachrichtungen. Wenn es die Frage gibt, ob die nachhaltige Entwicklung ein Teil der gesamten Hochschulbildung sein sollte oder nicht, dann ist dies eigentlich die Frage, ob wir einer gesunden Zukunft entgegensehen oder einer Zukunft, die einen globalen Zusammenbruch mit sich bringt.

Dies bedeutet natürlich nicht, dass jeder Absolvent ein vollwertiger Experte für Nachhaltigkeit sein muss. Es wird mehr als ausreichend sein, dass jeder Fachmann innerhalb weniger Jahre ein gewisses Maß an allgemeinen Kompetenzen in Bezug auf Nachhaltigkeit erwirbt, wie in Tab. 8.5 detailliert dargestellt, und sich auch einige spezifischere Instrumente in Form von Wissen, Verständnis und Fertigkeiten in seinem eigenen Bereich aneignet.

Um eine solche Situation zu fördern, können Hochschul- und Universitätskurse ihre eigenen Anforderungen an die Studierenden stellen. Die Fälle in Abschn. 4.7 und am Anfang von Kap. 7 bieten Beispiele für Projekte von Studierenden, die auf eindrucksvolle Weise zur nachhaltigen Entwicklung beigetragen haben. Wir müssen nicht von jedem Studenten erwarten, dass er solche Projekte vorlegt, aber es sollte von ihm verlangt werden, dass er Projekte einreicht, die bestimmte Grundvoraussetzungen erfüllen. Einige davon sind in Tab. 8.6 aufgeführt, die sich alle aus den Kompetenzen in Tab. 8.6 ableiten. Sie befassen sich zum Teil mit Anforderungen, die im Voraus an Praktikums- und Abschlussprojekte gestellt werden können, und zum Teil mit den Merkmalen,

Tab. 8.6 Beispiel einer Checkliste für Nachhaltigkeitsanforderungen für ein Praktikum oder eine Abschlussarbeit

Explizite Projektvoraussetzungen:	Der Bericht kann auch im Nachhinein auf der Grundlage folgender Kriterien bewertet werden:
R1: Erstellen einer Stakeholder-Analyse; Bestimmung des Umfangs und der Dauer der Konsequenzen für das Projekt und seine Schlussfolgerungen R3: Persönliche Verantwortung für die eigene Arbeit und die eigenen Schlussfolgerungen übernehmen S1: Vergrößern und Verkleinern, sowohl eine analytische als auch eine ganzheitliche Perspektive einnehmen S3: Integriert und mit Blick auf einen Kettenprozess denken F1: Vergrößern und Verkleinern – sowohl kurz- als auch langfristig F3: Innovativ, kreativ und über den Tellerrand hinaus denken A2: Bestimmung des Grades der Gewissheit oder Ungewissheit in Bezug auf die Informationen und die Schlussfolgerungen	E1: Respekt vor den eigenen Werten und denen der anderen E2: Eine klare Unterscheidung zwischen Fakten, Annahmen und Meinungen treffen E3: Angemessene inter- und transdisziplinäre Zusammenarbeit (falls zutreffend) F2: Nicht-lineare Prozesse sind nicht als linear konzipiert worden I1: Nachhaltige Haltung ist klar zum Ausdruck gebracht worden I2: Persönliches Engagement, oder sogar Leidenschaft, wurde nachgewiesen I3: Das eigene Gewissen wurde als Maßstab genommen A1: Die Fragen wurden auf vertretbare Weise abgewogen A3: Die Aktionen wurden zur rechten Zeit durchgeführt

anhand derer Projektberichte im Nachhinein geprüft werden können. Beide können in die Praktikums- und Abschlussregeln aufgenommen werden, sodass die Studierenden genau wissen, was von ihnen erwartet wird.

Das Versprechen

Während ihrer gesamten Laufbahn werden die Absolventen in vielen Fällen in eine Position gelangen, in der sie Verantwortung übernehmen. Das kann bedeuten, dass sie für Studenten, Patienten oder ältere Menschen verantwortlich sind, oder dass sie für Personal, teure Ausrüstung, große Investitionen oder gefährliche Experimente verantwortlich sind. Viele Studierende sind sich dieser zukünftigen Verantwortung noch nicht bewusst.

Studenten, die ihr Medizinstudium abgeschlossen haben, wurde jedoch bereits bewusst gemacht, dass sie als Berufspraktiker einen großen Einfluss auf das Leben anderer Menschen haben werden. Wenn sie ihren Abschluss erhalten, legen sie ein feierliches Gelöbnis ab, den Hippokratischen Eid. Ein ähnliches Versprechen für andere Absolventen ist vielleicht keine schlechte Idee, und es könnte wie folgt lauten.

Ein Versprechen

Ich verspreche, dass ich bei meiner Arbeit die Folgen meines Handelns für die Gesellschaft und die Umwelt heute und in Zukunft konsequent berücksichtigen werde. Ich werde, bevor ich Entscheidungen treffe und während ich sie treffe, Fragen gewissenhaft beurteilen. Ich werde keine Handlungen vornehmen, die darauf abzielen, Menschen oder der natürlichen Umwelt zu schaden. Ich werde meine Bildung, meine Talente und meine Erfahrungen nutzen, um durch nachhaltige Entwicklung einen Beitrag zu einer besseren Welt zu leisten.

Ich akzeptiere, dass ich persönlich für meine Entscheidungen und Handlungen verantwortlich bin, und ich verspreche, dass ich von allen, für die diese Arbeit Konsequenzen hat, öffentlich für meine Arbeit zur Rechenschaft gezogen werde. Ich werde mich nicht auf die Tatsache berufen, dass ich im Auftrag anderer gehandelt habe.

Ich verspreche, dass ich mich in meiner Arbeit nicht nur für meine eigenen Interessen und meine Karriere, sondern auch für meine Träume und meine Ideale einsetzen werde. Dabei werde ich die Werte und Interessen anderer respektieren.

Ich verstehe, dass es im Laufe meiner Karriere Zeiten geben wird, in denen es schwierig sein wird, das zu tun, was ich jetzt zu tun verspreche. Ich werde mich an dieses Versprechen halten, auch in diesen Zeiten.

(Quellen: Dieses Versprechen wurde u. a. entlehnt aus der Pugwash-Erklärung, Student Pugwash USA 1995; dem INES-Appell an Ingenieure und Wissenschaftler, International Network of Engineers and Scientists for Global Responsibility 1995; dem Hippokratischen Eid, KNMG (Königlich Niederländischer Ärzteverband) und dem VSNU (Verband der Universitäten in den Niederlanden) 2003)

Fragen

- Was ist Ihre Antwort auf die Tatsache, dass alle Ärzte bei ihrem Abschluss einen Eid ablegen (müssen)?
- Haben Sie eine Vorstellung davon, was Ihre Arbeit in ein oder drei Jahrzehnten mit sich bringen könnte und welche Verantwortung Sie dann tragen werden?
- Glauben Sie, dass Ihre Arbeit als Fachmann (im Laufe Ihrer Karriere) weniger Verantwortung mit sich bringt als die eines Arztes?
- Wenn alle Ihre Kommilitonen das Versprechen bei ihrem Abschluss übernehmen, wären *Sie* dann bereit, diesem Beispiel zu folgen?
- Oder würden Sie sogar die Initiative ergreifen und die Idee bei anderen propagieren?

Nur eine Chance

Es sieht so aus, als ob das 21. Jahrhundert eine einzigartige Periode in der Weltgeschichte sein wird. Nach der Bevölkerungsexplosion des vorigen Jahrhunderts, die bis heute anhält, befinden wir uns nun inmitten einer technologischen Explosion, die sich vor allem dank der IT immer noch beschleunigt. Daraus ergeben sich Chancen, aber auch Risiken. Wenn wir alle unsere Schultern ans Steuer setzen, werden wir in der Lage sein, eine globale Gesellschaft zu schaffen, in der viele von uns gedeihen können. Wenn wir es nicht tun, werden wir diese Chance ruinieren. Wir haben eine Chance und nur eine Chance. Das ist zumindest die Behauptung des Astronomen Fred Hoyle. Er schrieb 1964 in seinem Buch „Von Menschen und Galaxien":

„Es ist oft gesagt worden, dass, wenn die menschliche Spezies hier auf der Erde nicht zurechtkommt, eine andere Spezies die Führung übernehmen wird. Im Sinne der Entwicklung hoher Intelligenz ist dies nicht richtig. Wir haben oder werden bald die notwendigen physischen Voraussetzungen erschöpft haben, soweit es diesen Planeten betrifft. Da es keine Kohle, kein Öl und keine hochwertigen Metallerze mehr gibt, kann keine noch so kompetente Spezies den langen Aufstieg von den primitiven Bedingungen zur Hochtechnologie schaffen. Dies ist eine einmalige Angelegenheit. Wenn wir versagen, versagt dieses Planetensystem, was die Intelligenz betrifft. Dasselbe wird auch für andere Planetensysteme gelten. Auf jedem von ihnen wird es eine Chance geben und nur eine Chance."

Wenn wir genügend gut ausgebildete Fachkräfte haben, die über die entsprechenden Kompetenzen verfügen, um eine nachhaltige Entwicklung einzuleiten, werden wir in der Lage sein, diese Chance in dieser sehr entscheidenden Periode, die die nächsten Jahrzehnte ausmachen wird, zu ergreifen. Die wichtigste aller Kompetenzen ist die Fähigkeit, Ideale aufrechtzuerhalten und Träume zu nähren – die Leidenschaft zu haben, sein ganzes Wesen diesen Träumen zu widmen, sie nicht in einem langsamen, aber sicheren Prozess zu verlieren, sondern an ihnen festzuhalten und sie während einer langen

Karriere zu nähren. Wenn wir genügend Fachleute haben, die zumindest über diese Kompetenz verfügen, dann wird nachhaltige Entwicklung eine Erfolgsgeschichte sein. Ein anderer bekannter Autor, T.E. Lawrence (besser bekannt als Lawrence von Arabien, 1888–1935), sagte 1922 in seinem Buch *The Seven Pillars of Wisdom* dasselbe:

> *„Alle Menschen träumen: aber nicht alle gleichermaßen. Diejenigen, die nachts in den staubigen Nischen ihres Geistes träumen, erwachen am Tag und stellen fest, dass es Eitelkeit war: Aber die Träumer des Tages sind gefährliche Männer, denn sie mögen in ihrem Traum mit offenen Augen handeln, um ihn möglich zu machen."*

Zusammenfassung

Unternehmen können in vielfältiger Weise zur nachhaltigen Entwicklung beitragen:

- Durch CSR, wobei von einer Reihe von Prinzipien und Motivationen, die Verantwortung mit sich bringen, ausgegangen werden kann.
- Indem wir transparent arbeiten und auf der Grundlage von Corporate Governance zur Rechenschaft gezogen werden.
- Durch die Bereitstellung nachhaltiger Produkte und Dienstleistungen auf der Grundlage eines integrierten Ansatzes.
- Zukunftsorientierte Geschäftspraktiken unter Berücksichtigung der erwarteten und unerwarteten Entwicklungen, einschließlich sozialer Trends, technischer Innovationen und abnehmender natürlicher Ressourcen.

Ein Fachmann, der einen Beitrag zur nachhaltigen Entwicklung leisten will, benötigt eine Reihe von besonderen Kompetenzen. Der Bildung kommt dabei eine besondere Rolle zu, u. a. dadurch, dass sie Anforderungen an die Nachhaltigkeit der Leistungen der Schülerinnen und Schüler stellt. Die Absolventen könnten beim Abschluss ihrer Hochschulausbildung eine diesbezügliche Verpflichtung eingehen.

Nachwort: Ein erster Brief des Autors

Lieber Leser,

für jedes veröffentlichte Buch gibt es einen Zeitpunkt, an dem der Autor das Manuskript an den Verlag liefert. Für „Grundlagen der nachhaltigen Entwicklung" habe ich dies im Juli des Jahres 2020 getan, und die Herausgeber vom Springer Verlag haben mit der Arbeit daran begonnen. Es war mitten in der Corona-Krise.

Von diesem Moment an konnte ich keine größeren Änderungen mehr am Manuskript vornehmen: Es hätte den Publikationsprozess zu sehr gestört. Doch die Folgen der Corona-Krise waren höchst unvorhersehbar. Niemand wusste, wo wir in, sagen wir, sechs Monaten sein würden. Ich wusste nur, dass, was auch immer geschehen sollte, zweifellos viele Fragen der nachhaltigen Entwicklung betroffen wären. Es war ein typisches Beispiel für einen Trendbruch, wie ich in Kap. 6 (Abschn. 4) erläutert habe. Die Zukunft war höchst unvorhersehbar.

Meine Angst und – ich gebe es zu – meine Verzweiflung wuchsen, als ich im Frühjahr 2020 die Covid-19-Pandemie dabei beobachtete, wie sie durch die Welt wütete. Würde dieses katastrophale Ereignis alle Versuche zunichtemachen, die Welt nachhaltiger zu gestalten? Würden nun, da sich die Aufmerksamkeit auf das mörderische Virus konzentrierte, all die noch ernsteren, *viel* ernsteren, aber längerfristigeren Bedrohungen der Klimakatastrophe und des sechsten Aussterbensgipfels in Vergessenheit geraten? Und würde ein wirtschaftlicher Zusammenbruch alle bedeutenden Investitionen in die Nachhaltigkeit unmöglich machen?

Auch persönlich habe ich mich gequält. Waren all meine Kämpfe der letzten 30 Jahre für eine nachhaltige Entwicklung, *einschließlich dieses Buches*, wegen einer plötzlich auftretenden, tödlichen Krankheit schließlich vergeblich?

Ich habe das einzige getan, was ich tun konnte: Ich habe einen Brief geschrieben an Sie, die Leser meines Buches, den ich am Ende des Buches hinzufüge.

Sehen Sie, an sich ist es nicht außergewöhnlich, dass Entwicklungen eintreten, die rückblickend in dem Buch hätten stehen müssen. Bücher veralten, und das gilt insbesondere für ein Thema wie die nachhaltige Entwicklung, das hochaktuell ist und sich schnell weiterentwickelt. Das ist der Grund, warum voraussichtlich in drei bis fünf Jahren eine Neuauflage dieses Buches herausgegeben wird.

Diesmal ist es aufgrund der Krise natürlich anders. Deshalb habe ich beschlossen, Ihnen diesen Brief zu schreiben. Mein Plan ist, dies zu wiederholen: Etwa zweimal im Jahr oder so oft, wie es mir relevant erscheint, werde ich Ihnen einen neuen Brief schreiben. Der Verleger wird mir helfen, sie zu verbreiten, indem er sie auf seine Website stellt und Nachrichten herumschickt, damit sie Sie erreichen. Natürlich werde ich auch über mein LinkedIn-Konto eine Nachricht senden; wenn Sie direkt informiert werden möchten, lade ich Sie ein, sich als Follower anzumelden. Sie können sogar die Gelegenheit nutzen, mir einen Brief zu schreiben und mir dabei helfen, meinen zu schreiben.

Auf diese Weise bleibt das Buch – plus die Briefe – auf dem neuesten Stand. Bis die nächste Auflage, so hoffe ich, in ein paar Jahren erscheint.

Nachhaltigkeit & die Coronakrise bis jetzt

Auf den ersten Blick schien es, als seien die Auswirkungen der Pandemie positiv für die Nachhaltigkeit. Im Frühjahr erschienen Nachrichten in den Zeitungen, in denen uns mitgeteilt wurde, dass sich die Luftqualität in den Großstädten der Welt aufgrund der nachlassenden Industrietätigkeit und des Reiseverkehrs rasch verbesserte. Dies ist jedoch ein typischer Fall von kurzfristigen gegenüber langfristigen Entwicklungen (Abschn. 5.5), da es wahrscheinlich ist, dass ein Großteil dieser Verbesserung nur vorübergehend ist. Mit der möglichen Ausnahme eines Aspekts: Reisen. Aufgrund der Krise waren viele Menschen gezwungen, von zu Hause aus zu arbeiten oder zu studieren, und als Folge davon haben sie die Onlinekommunikation zu schätzen gelernt, da sie viel Zeit, Geld, Benzin und Staus erspart. Die Arbeitgeber stellten fest, dass die vielen ungenutzten Büroräume ihnen bald Geld sparen könnten, womit die Chance bestünde, dass der Pendelverkehr deutlich sinkt. Ebenso könnte der derzeitige dramatische Rückgang der Flugreisen, die eine wichtige Ursache des Klimawandels sind (Abschn. 7.5, „2018: London"), sowohl bei Freizeit- als auch bei Berufsflügen zum Teil anhalten. Vielleicht sehen wir hier eine positive Trendwende.

Die Unterscheidung zwischen kurz- und langfristigen Entwicklungen und Zusammenhängen ist besonders wichtig im Hinblick auf die Beziehung des Menschen zur Natur. Wir haben erkannt, dass die Vernichtung der natürlichen Habitate vieler Tiere und Pflanzen und die intensive Nutzung der verbleibenden Habitate gerade jetzt gewinnbringend erscheinen mögen. Aber auf lange Sicht werden sie nicht nur die in Kap. 2 beschriebenen Katastrophen verursachen, sondern auch das Risiko enorm erhöhen, dass sich weitere Pandemien wie die jetzige – *Zoonosen*, also Infektionskrankheiten, die von Tieren auf den Menschen und umgekehrt übergesprungen sind – entwickeln. Dies unterstreicht, wie unerlässlich es ist, unsere Beziehung zur natürlichen Welt grundlegend zu überdenken (siehe Abb. 3.3, die einen Paradigmenwechsel zeigt). Wenn wir das nicht tun, besteht die Chance, dass das 21. Jahrhundert nicht nur als das *Zeitalter der Klimazerstörung*, sondern auch als das *Zeitalter der vielen Pandemien* bekannt wird. Zusammengenommen können diese sich gegenseitig verstärkenden Katastrophen potenziell zu einem globalen Zusammenbruch führen (Abschn. 6.1 und 6.4). Es wird klar, dass Inspirationsquellen wie die *Rede von Seattle* und die *Erd-Charta* (Abschn. 4.2) noch relevanter geworden sind als zuvor.

Die hohe Wahrscheinlichkeit, dass die Covid-19-Erkrankung auf einem Lebensmittelmarkt auf den Menschen übergesprungen ist, macht deutlich, dass wir auch beim Umgang mit Vieh und beim Fleischkonsum einen Paradigmenwechsel brauchen. Mehrere Themen rund um das Thema Vieh und Fleisch wurden bereits im Buch erwähnt, wie der Einwegverkehr mit Futtermitteln (Fall 2.1), Krankheitserreger (Tab. 2.4 und Fall 2.4), der Wasserverbrauch (Abb. 2.20) und der Flächenverbrauch (Tab. 2.5) sowie das Leiden der Tiere (Abschn. 8.4). Würde man die Gefahr einer Reihe von Pandemien in den wahren Fleischpreis integrieren (Tab. 8.3), würden diese Preise sofort in die Höhe schnellen. Natürlich werden diese Kosten nie addiert, da nicht nur die weltwirtschaftlichen Kosten, sondern auch der Schaden für Menschenleben und Wohlbefinden sowie das gesellschaftliche Chaos unkalkulierbar sind. Umso wichtiger ist es, dass Fleisch schnell aus dem menschlichen Ernährungsverhalten verschwindet. Glücklicherweise wird dies immer eher möglich und wahrscheinlich, wie Abschn. 8.4 beweist.

Es besteht kein Zweifel daran, dass die Coronakrise die Verwirklichung der SDGs enorm negativ beeinflussen wird. Es ist bereits jetzt offensichtlich, dass sowohl die wirtschaftlichen als auch die gesundheitlichen Auswirkungen schwer auf den Armen lasten, und die Fortschritte, die bei der Beseitigung der Armut erzielt wurden (SDG 1, Abschn. 4.9), sind ebenso wie einige andere SDGs gefährdet. Eines davon ist SDG 17 zur globalen Partnerschaft für nachhaltige Entwicklung. Internationale Institutionen, wie die Weltgesundheitsorganisation (WHO), sind aufgrund mangelnder internationaler Solidarität und sogar gegenseitiger Vorwürfe zwischen Regierungen mächtiger Länder bedroht.

Gerade während ich diesen Brief schreibe, informieren uns neue herzzerreißende Berichte über einen starken Anstieg der Zahl der Menschen, die unter anhaltendem Nahrungsmittelmangel leiden (SDG 2): Das Ziel „Kein Hunger" im Jahr 2030 verschwindet aus den Augen.

Die von einer Pandemie ausgelöste Wirtschaftskrise hat unerwartete Folgen für den Markt der fossilen Brennstoffe. Die vorübergehend zusammenbrechenden industriellen Aktivitäten verursachten einen Überschuss an Erdöl, der eine Zeit lang sogar zu einem negativen Rohölpreis für Termingeschäfte führte, teilweise verursacht durch Produktionsmanipulationen der erdölproduzierenden Länder, die verzweifelt versuchten, den schrumpfenden Markt zu kontrollieren. Der Effekt schmolz bereits wieder dahin, die Ölpreise sind wieder gestiegen. Diese Entwicklungen bestärken die Schlussfolgerung über die Volatilität des Marktes für fossile Brennstoffe (Abb. 7.25). Es ist noch nicht bekannt, in welcher Weise dies den Wettbewerb zwischen fossiler, nuklearer und nachhaltiger Energie beeinflussen wird (Abb. 7.26 und 7.27). Es gibt jedoch einige Hinweise: BP erwartet Abschreibungen von bis zu 17,5 Mrd. Dollar, da die Abkehr von fossilen Brennstoffen durch die Coronavirus-Pandemie beschleunigt wird, berichtete CNN Business am 15. Juni. Dies sind definitiv gute Nachrichten für die Nachhaltigkeit. Erinnern Sie sich an Fall 8.13: Shell, die nächste Kodak?

Wird der Green Deal der EU (Abb. 7.23) gelingen oder scheitern? Oder stattdessen: Werden sich andere Länder und Weltregionen das gleiche Ziel setzen, bis 2050 klimaneutral zu werden? Es gibt Anzeichen dafür, dass dies geschehen könnte, sogar in den USA.

Beispiele wie der Energiewettbewerb, der Fleischkonsum und der (vorübergehend oder dauerhaft) schrumpfende Luftverkehr zeigen, wie entscheidend wichtig es ist, dass alle Unternehmen und andere Organisationen regelmäßig ihren Unternehmensauftrag überprüfen (Abschn. 8.4), wenn sie überleben wollen: gerade in einer sich schnell verändernden Welt voller Trendbrüchen.

Zeichen der Hoffnung

Die Erd-Charta. Das wachsende Bewusstsein für unsere tiefe Beziehung zur Natur. Der deutlich abnehmende Verkehr, zum Teil vielleicht dauerhaft. Nachhaltige Energie und Fleisch auf Pflanzenbasis, die beide von Jahr zu Jahr billiger und attraktiver werden und damit riesige Märkte erobern. Immer mehr Länder, die sich zum Klimaschutz bekennen. All dies sind Zeichen der Hoffnung. Vielleicht wirkt die tiefe Krise des Jahres 2020 wie eine „Schocktherapie": Jetzt, da die Wirtschaft quietschend zum Stillstand gekommen ist, hat dies viele Menschen dazu gebracht, darüber nachzudenken, wie ein Neustart auch ein Reset sein könnte, der auf neuen Prinzipien beruht. Vielleicht wird die Coronakrise nicht nur eine Katastrophe, sondern auch eine Chance sein: ein neues globales Sozial-, Umwelt- und Wirtschaftssystem zu entwerfen und aufzubauen. Vielleicht werden wir lernen.

Ein Beispiel für eine solche Chance ist eine vielversprechende Entwicklung, die in diesen drei Buchstaben zusammengefasst ist: BLM, *Black Lives Matter*. Verursacht durch einen tödlichen Vorfall – den Tod von George Floyd durch die Hand von Polizeibeamten – entstand eine weltweite Bewegung, die zu einer grundlegenden Debatte über soziale Ausgrenzung (Abschn. 3.3), Diskriminierung und Stigmatisierung (Abschn.3.4) führte. Symbole für vergangene Verbrechen, Sklaverei, Völkermord und anderes Fehlverhalten wurden plötzlich (stärker) kontrovers diskutiert, wie Statuen, die amerikanische Konföderierten-Flagge oder Straßennamen, die Kolonialverbrechern wie dem deutschen General von Trotha gewidmet sind (Fall 4.4). Nicht nur Symbole, sondern auch Gesetze und Haltungen ändern sich. Vielleicht sehen wir in naher Zukunft die Verwirklichung von immer mehr Elementen des Traums (Abschn.4.2) von Martin Luther King.

Ich wünsche Ihnen allen die Verwirklichung Ihres Traums. Bleiben Sie gesund, wenn Sie es noch sind, und wenn nicht, werden Sie gesund – körperlich oder anderweitig.

Niko Roorda, Sprang-Capelle, Niederlande

https://niko.roorda.nu

11. Juli 2020

Literatur

5th Pillar (2016): 5th Pillar, New York/New Delhi/Singapore, http://5thpillar.org

American Meteorological Society (2019): *State of the Climate 2018.* https://www.ametsoc.org/ams/index.cfm/publications/bulletin-of-the-american-meteorological-society-bams/state-of-the-climate.

Bastin, Jean-Francois et al. (2019*): The global tree restoration potential.* Science, 05 Jul 2019: Vol. 365, Issue 6448, pp. 76–79. https://doi.org/10.1126/science.aax0848.

Beelineblogger (2015): *Nowhere To Hide.* 12 April 2015, http://beelineblogger.blogspot.nl/2015/04/no-where-to-hide.html.

Bender, A. (1992): *Meat and meat products in human nutrition in developing countries.* FAO food and nutrition paper 53, Rome.

BGE (2020): *Zwischenbericht Teilgebiete. Bundesgesellschaft für Endlagerung.* https://www.bge.de/de/endlagersuche/zwischenbericht-teilgebiete.

Bhattacharyya, R. et al. (2015): *Soil Degradation in India: Challenges and Potential Solutions.* Sustainability 2015, 7, 3528–3570; https://doi.org/10.3390/su7043528.

Bouwman, Cornelis (1722): Scheepsjournaal van Kapitein Cornelis Bouwman van de Arent. In: *Scheepsjournaal, gehouden op het schip Tienhoven tijdens de ontdekkingsreis van Mr. Jacob Roggeveen, 1721–1722,* ed. Baron Mulert, F.E. In: *Archief. Vroegere en latere mededeelingen voornamelijk in betrekking tot Zeeland uitgegeven door het Zeeuwsch Genootschap der Wetenschappen.* Rotterdam Municipal Archives, 1911, pp. 52–183.

Bridges, W. (2000): *The Character of Organizations: using personality type in organization development.* Aktualisierte Ausgabe, Palo Alto (CA): Davies-Black Publishing.

Brohan, P. et al. (2006): *Uncertainty estimates in regional and global observed temperature changes: A new data set from 1850,* J. Geophys. Res., 111, D12106; ergänzt durch Brohan et al. bis 2009.

Brunnengräber, A., Di Nucci, M.R. (2014): Im Hürdenlauf zur Energiewende: Von Transformationen, Reformen und Innovationen. Springer Fachmedien, Wiesbaden.

Bruyn, Sander de, Geert Warringa, Ingrid Odegard (2018): *De echte prijs van vlees.* CE Delft, maart 2018, Publikationsnummer: 18.7N81.009, auf Geheiß von Natuur & Milieu. Abgerufen von https://www.ce.nl/publicaties/2091/de-echte-prijs-van-vlees.

Bundesgesellschaft für Endlagerung (k. d.): https://www.bge.de/de.

Bundesministerium für Arbeit und Soziales (k. d.): *Praxisbeispiele.* https://www.csr-in-deutschland.de/DE/Wirtschaft-Menschenrechte/Umsetzungshilfen/Praxisbeispiele/Tchibo/tchibo.html.

© Der/die Herausgeber bzw. der/die Autor(en), exklusiv lizenziert durch Springer-Verlag GmbH, DE, ein Teil von Springer Nature 2021
N. Roorda, *Grundlagen der nachhaltigen Entwicklung,*
https://doi.org/10.1007/978-3-662-62868-3

Carter, Lawrence & Maeve McClenaghan (2015): *Exposed: Academics-for-hire agree not to disclose fossil fuel funding.* Greenpeace, 8 December 2015. https://unearthed.greenpeace.org/2015/12/08/exposed-academics-for-hire.

CDIAC (2016): Carbon Dioxide Information Analysis Center, http://cdiac.ornl.gov.

CDP (2019): *World's biggest companies face $1 trillion in climate change risks.* Carbon Disclosure Project (CDP) Worldwide, https://www.cdp.net/en/articles/media/worlds-biggest-companies-face-1-trillion-in-climate-change-risks.

Chartsbin (2014): *Historical Crude Oil prices, 1861 to Present.* http://chartsbin.com/view/oau.

Churchill, W. (1932): *Fifty years hence.* Popular Mechanics, March 1932. Nachgedruckt in Churchill (2009): Thoughts and Adventures.

CIA (2019): *World Factbook 2019*, CIA. www.cia.gov/library/publications/the-world-factbook.

Clarke, R. & King, J. (2004): *Atlas of Water.* Earthscan, London.

CNN Business (March 25, 2019): *More bad news for coal: Wind and solar are getting cheaper.* Matt Egan for CNN. https://edition.cnn.com/2019/03/25/business/coal-solar-wind-renewable-energy/index.html, konsultiert November 2019.

CO_2 Coalition (2018): *The CO_2 Coalition.* http://co2coalition.org/frequently-asked-questions/#1486144919576-6c267a0d-84ce.

Collective Bargaining Agreement (CBA) between Mondelēz Mexico, S.A de C.V. and Federacion Obrera Sindical de la Republica Mexicana, provided by BCTGM International Union

Consumer Guide (April 2004): Consumer Association, The Hague.

CRT (k.A.): *Principles.* https://www.cauxroundtable.org/principles, konsultiert September 2019.

CSD (2001): *CSD Theme Indicator Framework*, Commission on Sustainable Development, www.un.org/esa/sustdev/natlinfo/indicators/isdms2001/table_4.htm.

Destatis (2020: *Gender Pay Gap 2018: Deutschland eines der EU-Schlusslichter.* https://www.destatis.de/Europa/DE/Thema/Bevoelkerung-Arbeit-Soziales/Arbeitsmarkt/GenderPayGap.html

Dhongde, Shatakshee & Robert Haveman (2015): *Multi-Dimensional Poverty Index: An Application to the United States.* Institute for Research on Poverty, University of Wisconsin-Madison. https://www.irp.wisc.edu/publications/dps/pdfs/dp142715.pdf.

Didde, R. (2019): *Wondermateriaal olivijn vangt CO_2 uit de lucht.* Deltares, Delft, https://www.deltares.nl/en/publications/?search=olivijn&target=all.

Drexler, E. (1986): *Engines of creation.* Anchor Books, New York.

Earth Charter (2000): *Earth Charter Initiative.* University for Peace: Costa Rica.

EC (2019): *Communication from the Commission to the European Parliament, the European Council, the Council, the European Economic and Social Committee and the Committee of the Regions.* European Commission, 11 December 2019, https://ec.europa.eu/info/sites/info/files/european-green-deal-communication_en.pdf.

Economic Policy Institute (2017): *2016 ACS shows stubbornly high Native American poverty and different degrees of economic well-being for Asian ethnic groups.* September 15, 2017, https://www.epi.org/blog/2016-acs-shows-stubbornly-high-native-american-poverty-and-different-degrees-of-economic-well-being-for-asian-ethnic-groups

Economist (2019): *Democracy Index 2018.* The Economist, Intelligence Unit.

EEA (2012): Data and Maps, European Environment Agency. www.eea.europa.eu/data-and-maps: EUA future prices 2005–2011; EUA future prices 2008–2012.

EEA (2019a): Data viewer on greenhouse gas emissions and removals, sent by countries to UNFCCC and the EU Greenhouse Gas Monitoring Mechanism (EU Member States). European Environment Agency. https://www.eea.europa.eu/data-and-maps/data/data-viewers/greenhouse-gases-viewer.

EEA (2019b): *Mall increase in EU's total greenhouse gas emissions in 2017, with transport emissions up for the fourth consecutive year.* May 29, 2019. https://www.eea.europa.eu/highlights/small-increase-in-eus-total-ghg

Ehrlich, P. (1968): *The Population Bomb*, Ballantine, New York.

Ehrlich, P. (1970): *Eco-Catastrophe*, Harper & Row, New York.

EU (2018): *Fossil CO_2 emissions of all world countries, 2018 report.* Publications Office of the European Union, Brussels.

European Commission's science and knowledge service (2019): *Monitoring multidimensional poverty in the regions of the European Union.* European Commission's science and knowledge service. https://ec.europa.eu/jrc/en/publication/eur-scientific-and-technical-research-reports/monitoring-multidimensional-poverty-regions-european-union.

European Forest Institute (2015): *Forest map of Europe.* https://www.eea.europa.eu/data-and-maps/figures/forest-map-of-europe-1. Based on data from Kempeneers et al. (2011).

European Soil Data Centre (2019): *Global Soil Erosion. An Assessment of the global impact of 21st century land use change on soil erosion.* https://esdac.jrc.ec.europa.eu/themes/global-soil-erosion.

Eurostat (2015): Online Database, European Commission, http://epp.eurostat.ec.europa.eu/portal/page/portal/eurostat/home.

FAO Aquastat (2019): Online database. http://www.fao.org/nr/water/aquastat/data/query/index.html?lang=en.

Finance.yahoo.com (2019): *Eastman Kodak Company (KODK), NYSE – Nasdaq Real Time Price.* Currency in USD. 5 September 2019. https://finance.yahoo.com/quote/KODK/?guccounter=1.

Financial Times (2017): *How streaming saved the music industry.* Anna Nicolaou, 16 Jan. 2017. https://www.ft.com/content/cd99b95e-d8ba-11e6-944b-e7eb37a6aa8e.

Forbes Global 2000 (2020), https://www.forbes.com/consent/?toURL=https://www.forbes.com/global2000.

Freedom House (2018): *Freedom in the World.* https://freedomhouse.org/report/freedom-world-2018-table-country-scores.

Fukuyama, Francis (1992): *The End of History and the Last Man.* Free Press: New York.

Gallup (2020): *Socialism and Atheism Still U.S. Political Liabilities.* Lydia Saad, Gallup, February 11, 2020, https://news.gallup.com/poll/285563/socialism-atheism-political-liabilities.aspx.

Gaykrant (2005): Gaykrant online, www.gk.nl.

GCA (2019): *Adapt Now: A Global Call for Leadership on Climate Resilience.* Global Commission on Adaptation, https://gca.org/global-commission-on-adaptation/report.

Global Footprint Network (2019): *Ecological Footprint Explorer.* https://www.footprintnetwork.org.

Gochermann, J. (2016): Expedition Energiewende. Springer Fachmedien, Wiesbaden.

Gore, Al (2006*): An inconvenient truth.* Rodale Press. Dokumentarfilm mit dem gleichen Titel: 2006.

Greenpeace (2015): *Twenty years of Failure.* www.greenpeace.org/international/en/publications/Campaign-reports/Agriculture/Twenty-Years-of-Failure.

Groeskamp, Sjoerd & Joakim Kjellsson (2020): *NEED, The Northern European Enclosure Dam for if climate change mitigation fails.* Bulletin of the American Meteorological Society. https://doi.org/10.1175/bams-d-19-0145.1.

Guardian, The (June 16, 2019): *US generates more electricity from renewables than coal for first time ever.* Oliver Milman for The Guardian. https://www.theguardian.com/environment/2019/jun/26/energy-renewable-electricity-coal-power.

Guardian, The (October 31, 2019): *The children labouring in Malawi's fields for British American Tobacco.* https://www.theguardian.com/global-development/2019/oct/31/the-children-labouring-in-malawi-fields-for-british-american-tobacco.

Hase Post (2020): *IfW-Chef sieht Lieferkettengesetz kritisch.* https://www.hasepost.de/ifw-chef-sieht-lieferkettengesetz-kritisch-213001.

Hawken, P., Lovins, A., & Lovins, L.H. (1999): *Natural Capitalism: Creating the Next Industrial Revolution.* Little, Brown & Company, Boston.

Houghton, J. (2004): *Global warming – the complete briefing.* Cambridge University Press, 3rd ed.

Hoyle, F. (1964): *Of Men and Galaxies.* University of Washington Press, Seattle, p. 64.

Hu, Y., Smith, D., Frazier, E., Hoerle, R., Ehrich, M. and Zhang, C. (2016): *The next-generation nicotine vaccine: a novel and potent hybrid nanoparticle-based nicotine vaccine.* Biomaterials vol. 106, Nov. 2016: p. 228–39.

IMF (2020): *World Economic Outlook 2020.* International Monetary Fund, https://www.imf.org/en/Publications/WEO/Issues/2020/01/20/weo-update-january2020

Index Mundi (2019): *Debt service on external debt, total (TDS, current US$) – Country Ranking.* https://www.indexmundi.com/facts/indicators/DT.TDS.DECT.CD/rankings.

INES (1995): *INES Appeal to Engineers and Scientists,* International Network of Engineers and Scientists for Global Responsibility, International Network of Engineers and Scientists for Global Responsibility, Berlin.

Infoplattform zur Endlagersuche (k. d.): https://www.endlagersuche-infoplattform.de/webs/Endlagersuche/DE/Endlagersuche/Der-Suchprozess/der-suchprozess_node.html.

Interfaith Worker Justice (2018*): Breaking Faith: Outsourcing and the Damage Done to our Communities.* http://www.iwj.org/resources/breaking-faith-outsourcing-and-the-damage-done-to-our-communities.

Investing.com (2016): *Carbon Emissions Futures Historical Data.* http://www.investing.com/commodities/carbon-emissions-historical-data.

IPBES (2019): *Media Release: Worsening Worldwide Land Degradation Now 'Critical', Undermining Well-Being of 3.2 Billion People.* Introducing IPBES' 2019 Global Assessment Report on Biodiversity and Ecosystem Services; First global biodiversity assessment since 2005. Intergovernmental Science-Policy Platform on Biodiversity and Ecosystem Services, May 6, 2019. https://www.ipbes.net/news/ipbes-global-assessment-preview.

IPCC (2013): *Climate Change 2013: The Physical Science Basis. Contribution of Working Group I to the Fifth Assessment Report of the Intergovernmental Panel on Climate Change.* Cambridge University Press, Cambridge, UK.

IPU (2019): *PARLINE database on national parliaments,* Inter-Parliamentary Union, www.ipu.org.

Jehoel-Gijsbers, G. (2004): *Sociale uitsluiting in Nederland.* Sociaal en Cultureel Planbureau, The Hague.

Kahn, H. & Wiener, A. (1967): *The Year 2000, A Framework for Speculation on the Next Thirty-Three Years,* Macmillan, New York.

Kahn, H., Brown, W., Martel, L. (1976): *The next 200 years,* Morrow, New York.

Kelemen, Peter et al. (2019): An overview of the status and challenges of CO2 storage in minerals and geological formations. *Front. Clim.,* 15 November. https://doi.org/10.3389/fclim.2019.00009.

Kirchner, J.W., A. Weil (2000): *Delayed biological recovery from extinctions throughout the fossil record.* Nature 404 (6774): 177–180.

Klotzbach, P.J., C.W. Landsea (2015): *Revisiting Webster et al. (2005) after 10 Years.* Journal of Climate Vol. 28, p. 6221, October 2015.

KNMG (2003): *Hippocratic Oath,* KNMG & VSNU, Utrecht.

Kolbert, Elizabeth (2014): *The sixth extinction: An Unnatural History*. Henry Holt & Company: New York.

Küpper, Beate; Klocke, Ulrich; Hoffmann, Lena-Carlotta (2017): Einstellungen gegenüber lesbischen, schwulen und bisexuellen Menschen in Deutschland. Ergebnisse einer bevölkerungs-repräsentativen Umfrage. Hg. v. Antidiskriminierungsstelle des Bundes. Baden-Baden: Nomos. https://www.antidiskriminierungsstelle.de/SharedDocs/Downloads/DE/publikationen/Umfragen/Umfrage_Einstellungen_geg_lesb_schwulen_und_bisex_Menschen_DE.pdf?__blob=publicationFile&v=2

Lawrence, T.E. (1922): *The Seven Pillars of Wisdom*. Personal proof printing, Oxford: Introductory chapter. First complete publication by Jeremy Wilson: *Seven Pillars of Wisdom, The Complete 1922 Text*. Castle Hill Press, Salisbury UK, 1997.

Lazard (2017*): Levelized Cost of Energy*. November 2, 2017. https://www.lazard.com/perspective/levelized-cost-of-energy-2017.

Lazard (2019): *Levelized Cost of Energy and Levelized Cost of Storage 2019*. November 7, 2019. https://www.lazard.com/perspective/lcoe2019.

Leahy, Stephen (2019): *Greenland's ice is melting four times faster than thought – what it means*. National Geographic, 21 January 2019. https://www.nationalgeographic.com/environment/2019/01/greeland-ice-melting-four-times-faster-than-thought-raising-sea-level.

Leakey, R. (1995): *The Sixth Extinction – Patterns of life and the future of humankind*. Doubleday, New York.

Lersow, M. (2018): *Endlagerung aller Arten von radioaktiven Abfällen und Rückständen: Langzeitstabile, langzeitsichere Verwahrung in Geotechnischen Umweltbauwerken – Sachstand, Diskussion und Ausblick*. Springer Berlin Heidelberg.

Lomborg, B. (1998): *Verdens sande tilstand*; English translation: *The Skeptical Environmentalist: Measuring the Real State of the World*, Cambridge University Press, 2001.

Lonely Planet (2019): *Attractions; Cerro Santa Ana*. https://www.lonelyplanet.com/thorntree/forums/americas-south-america/ecuador/guayaquil-travel-report-june-2019/1299176/363533.

Matsuyama, Jun (2016): *Measuring Poverty in Japan from a Multidimensional Perspective*. https://www.nstac.go.jp/services/pdf/161125_1-2-2.pdf.

Meadows, D.H., D.L. Meadows, J. Randers (1992): *Beyond the limits. Confronting global collapse; envisioning a sustainable future*. Earthscan: London.

Meadows, D.H., D.L. Meadows, J. Randers, W.W. Behrens III (1972): *Limits to Growth*. Potomac Associates, Falls Church, Virginia.

Meadows (2004): World3-03 Computerprogramm, als Teil von: Donella Meadows, Jorgen Randers and Dennis Meadows: *Limits to Growth, the 30-year update*. Chelsea Green, White River Junction, Vermont (USA), 2004.

Met Office Hadley Centre (2019): HadCRUT4 dataset, http://hadobs.metoffice.com/monitoring/index.html.

Millennium Ecosystem Assessment (2005*): Synthesis Report & Summary for Decision Makers*. Island Press, Washington, DC.

Mosa Meat (2019): *Frequently asked questions*. https://www.mosameat.com.

Mulvey, K. and S. Shulman (2015): *The Climate Deception Dossiers*. Union of Concerned Scientists, July 2015. http://www.ucsusa.org/sites/default/files/attach/2015/07/The-Climate-Deception-Dossiers.pdf.

Myers, N. (1979): *The Sinking Ark. A new look at the problem of disappearing species*, Pergamon Press, Oxford.

NASA/NOAA (2019): *Long-term warming trend continued in 2017*. https://climate.nasa.gov/news/2671/long-term-warming-trend-continued-in-2017-nasa-noaa.

NASA Earth Observatory (2019): *Heatwave in India.* https://earthobservatory.nasa.gov/images/145167/heatwave-in-india.

Nationale Begleitgremium (k.d.): https://www.nationales-begleitgremium.de.

NOAA Earth System Research Laboratory (2019): *NOAA's Annual Greenhouse Gas Index,* https://www.esrl.noaa.gov/gmd/aggi.

Nostradamus (1554): *Quatrain 55 of Century 9*; deutsche Übersetzung: Verlag Gunter Pirntke (2012).

Nowlan, Philip Francis & Richard Calkins (1969): *The collected works of Buck Rogers in the twenty-fifth century AD.* Chelsea House Publishers, Chicago 1929–1969.

OECD (2019): Online database, https://data.oecd.org.

Overshootday.org (2020): In 2020, it fell on August 22. https://www.overshootday.org.

Oxfam (2018): *Company Scorecard.* https://www.behindthebrands.org/company-scorecard.

Oxford Poverty and Human Development Initiative (2019): *Country Level Analysis.* https://ophi.org.uk/multidimensional-poverty-index/databank/country-level.

PAGES 2k Consortium (2019): *Consistent multidecadal variability in global temperature reconstructions and simulations over the Common Era.* Nature Geoscience. August 2019, Vol. 12 Issue: 8 p. 643–649.

Peeters, Paul (2017): *Tourism's impact on climate change and its mitigation challenges: How can tourism become 'climatically sustainable'?* PhD Thesis, TU Delft, https://doi.org/10.4233/uuid:615ac06e-d389-4c6c-810e-7a4ab5818e8d. Abgerufen von https://repository.tudelft.nl/islandora/object/uuid%3A615ac06e-d389-4c6c-810e-7a4ab5818e8d.

Perry, T. (Director) (1971): *Home* [Motion Picture]. Southern Baptist Radio and Television Commission, Alpharetta, Georgia.

Pew Resource Center (2020): *Trends in income and wealth inequality.* January 9, 2020, https://www.pewsocialtrends.org/2020/01/09/trends-in-income-and-wealth-inequality.

Philips (2019): *Annual Report 2018*, Februar 2019. https://www.results.philips.com/publications/ar18; *Philips General Business Principles*, Juni 2019, https://www.philips.com/a-w/about/investor/governance/business-principles.html.

Pimm, S.L. et al. (2014): *The biodiversity of species and their rates of extinction, distribution, and protection.* Science 344, 1246752 (2014). https://doi.org/10.1126/science.1246752. https://senate.ucsd.edu/media/206192/science-2014-pimm-extinction-review.pdf.

Pizza Fusion (2001): Abgerufen von http://www.pizzafusion.com.

Pré (2007): *Simapro 7.0, based on EcoIndicator 99.* Pré Consultants, www.pre.nl/simapro.

Pugwash (1995): *Pugwash Declaration*, Student Pugwash USA, Washington D.C.

Radkau, J., Hahn, L. (2013): *Aufstieg und Fall der deutschen Atomwirtschaft.* Oekom, München.

Radtke, J., Hennig, B. (2013): Die deutsche „Energiewende" nach Fukushima: der wissenschaftliche Diskurs zwischen Atomausstieg und Wachstumsdebatte, Beiträge zur sozialwissenschaftlichen Nachhaltigkeitsforschung. Metropolis-Verlag, Marburg.

Report Buyer (2017): *Top Trends in Prepared Foods 2017: Exploring trends in meat, fish and seafood; pasta, noodles and rice; prepared meals; savory deli food; soup; and meat substitutes.* Retrieved February 2020, https://www.reportbuyer.com/product/4959853/top-trends-in-prepared-foods-2017-exploring-trends-in-meat-fish-and-seafood-pasta-noodles-and-rice-prepared-meals-savory-deli-food-soup-and-meat-substitutes.html#free-sample.

RobecoSam (2019): *DJSI 2019 Review Results.* September 2019. Abgerufen von https://www.robecosam.com/csa/csa-resources/djsi-csa-annual-review.html.

Roorda, N. & Rachelson, A. (2018): *The seven competences of the sustainable professional: Developing best practices in a work setting.* Routledge: London/New York, https://niko.roorda.nu/books/the-seven-competences.

Roorda, N. (2010): *Sailing on the winds of change: The Odyssey to Sustainability of the Universities of Applied Science in the Netherlands*. PhD Thesis, Maastricht University Press, https://www.box.net/shared/nz75typdk5.

Roorda, N. (2016): *The seven competences of a sustainable professional: The RESFIA+D model for HRM, education and training*, in: *Management for sustainable development*, eds. Machado, C., Davim, J.P., River, Gistrup, Denmark, pp. 1–48.

Roorda, N. (2018): *Future-Focused Entrepreneurship Assessment (FFEA®)*, in: *Corporate social responsibility in management and engineering*, eds. Machado, C., Davim, J.P., River, Gistrup, Denmark, pp. 31–98. https://niko.roorda.nu/management-methods/ffea-assessment.

Roorda, N. (n. d.., Website): *RESFIA+D*. https://niko.roorda.nu/management-methods/resfia-d. *FFEA:* https://niko.roorda.nu/management-methods/ffea-assessment. *The Pledge:* https://niko.roorda.nu/pledge.

Sandbag (2020): *EUA Price*. 20 Februar, 2020. https://sandbag.org.uk/carbon-price-viewer.

Schicks, Jessica (2011): *Over-Indebtedness of Microborrowers in Ghana. An Empirical Study from a Customer Protection Perspective*. Center for Financial Inclusion, Brussels.

Science Based Medicine (2016*): The Harm of Integrative Medicine: A Patient's Perspective.* https://sciencebasedmedicine.org/the-harm-of-integrative-medicine-a-patients-perspective, konsultiert in 2020.

Seed, J., Macy, J., Fleming, P., Naess, A. (1988): *Thinking Like A Mountain: Towards a Council of All Beings*. Philadelphia, PA: New Society Publishers.

Shell (1991). *Climate of Concern*. Film-Clip, Royal Dutch Shell. https://www.youtube.com/watch?v=0VOWi8oVXmo.

Shell (1998): *Shell Sustainability Report 1998*. https://www.shell.com/sustainability/sustainability-reporting-and-performance-data/sustainability-reports/previous/_jcr_content/par/expandablelist/expandablesection_332888471.stream/1519790990923/8c7cf7e17abcd9772af39994b88ed37a5a86e216/shell-sustainability-report-1998-1997.pdf.

SiRi Group (2006): *Dutch Sustainability Research: Research Methodology*, SiRi Group, Zeist.

Siwek, S.E. (2007): *The true cost of sound recording piracy to the US economy*. Institute for Policy Innovation: Irving (Texas).

Smith, M.D. en R. Telang (2012): *Assessing the academic literature regarding the impact of media piracy on sales*. https://ssrn.com/abstract=2132153.

Spiegel, der (2019): AKW-Betreiber fordern offenbar 276 Millionen Euro Schadensersatz. https://www.spiegel.de/wirtschaft/soziales/atomausstieg-akw-betreiber-fordern-offenbar-276-millionen-euro-schadensersatz-a-1289380.html

Spratt, David & Dunlop, Ian (2019): *Existential climate-related security risk: A scenario approach*. Breakthrough National Centre for Climate Restoration. breakthroughonline.org.au.

Stanley, S.M. (2016): *Estimates of the magnitudes of major marine mass extinctions in earth history*. PNAS, vor dem Druck online veröffentlicht Oktober 3, 2016, https://doi.org/10.1073/pnas.1613094113.

Statista (2019): *Brent Crude oil prices*. https://www.statista.com/statistics/409404/forecast-for-uk-brent-crude-oil-prices.

Stern, Nicholas (2006): *The Stern Review on the Economics of Climate Change*. Government of the United Kingdom, http://mudancasclimaticas.cptec.inpe.br/~rmclima/pdfs/destaques/stern-review_report_complete.pdf.

Sturm, C. (2020): Inside the Energiewende: Twists and Turns on Germany's Soft Energy Path, Lecture Notes in Energy. Springer International Publishing, Basel.

Sydney Morning Herald (2006): *Toowoomba says no to recycled water*. July 31, 2006. Konsultiert November 2019, https://www.smh.com.au/national/toowoomba-says-no-to-recycled-water-20060731-gdo2hm.html.

Tchibo (2017): *Nachhaltigkeitsbericht.* https://www.tchibo-nachhaltigkeit.de/servlet/content/1253108/-/home/wertschoepfungskette-gebrauchsartikel/nachhaltige-entwicklung/nachhaltige-und-transparente-lieferketten.html; https://www.tchibo-nachhaltigkeit.de/servlet/cb/1252934/data/-/Detox Commitment.pdf.

Telos (2004): *Monitoring van provinciale duurzame ontwikkeling. De duurzaamheidsbalans getoetst in vier provincies.* Telos, Tilburg.

UN DESA (2002): *World population prospects 2002.* UN DESA Population Division, New York.

UN DESA (2018): *World urbanization prospects.* UN DESA Population Division, New York.

UN DESA (2019): *World Population Prospects 2019.* UN DESA Population Division, https://population.un.org/wpp/DataQuery.

UNDP (2019): *Human Development Report 2019,* United Nations Development Programme, Brussels.

UNEP (2020): *GEO Data Portal,* United National Environmental Programme, Nairobi.

UNHCR (2019). *Global Trends: Forced displacement in 2018.* https://www.unhcr.org/global-trends2018.

University of Arizona (2020): *What is Integrative Medicine?* Andrew Weil Center for Integrative Medicine, https://integrativemedicine.arizona.edu/about/definition.html, konsultiert in 2020.

US Census Bureau (2020a): *POV-01. Age and Sex of All People, Family Members and Unrelated Individuals Iterated by Income-to-Poverty Ratio and Race.* https://www.census.gov/data/tables/time-series/demo/income-poverty/cps-pov/pov-01.html?intcmp=serp#par_textimage_10.

US Census Bureau (2020b): *S17. Poverty status in the past 12 months.* https://data.census.gov/cedsci/table?q=S17&d=ACS%201-Year%20Estimates%20Subject%20Tables&tid=ACSST1Y2018.S1701.

Vegan Bits (2020): *How Many Vegans in The World? In the USA?* (2020). Abgerufen Februar 2020, https://veganbits.com/vegan-demographics.

Vegan Society (2020): *Statistics.* Abgerufen Februar 2020, https://www.vegansociety.com/news/media/statistics.

VROM (2001): *Vijfde Ruimtelijke Nota,* Ministerie van VROM, Den Haag.

Wall Street Journal (1966): Quoted in Montgomery, D.C. et al. (2015): *Introduction to Time Series Analysis and Forecasting,* 2nd Edition, Wiley, 2015.

Washington Post (June 29, 2016): *Letter from 111 Nobel Laureates.* http://supportprecisionagriculture.org/nobel-laureate-gmo-letter_rjr.html.

WCED (1987): *Our Common Future. Report of the World Commission on Environment and Development.* Auch bekannt als die *Brundtland Report.* Oxford University Press, New York.

WHKMLA (2009): *Encyclopedia of Wars.* Zentrale für Unterrichtsmedien, www.zum.de/whkmla/military/warindex.html

WHO (1946): *Constitution.* https://www.who.int/about/who-we-are/constitution, konsultiert in 2020.

WHO (1986): *The Ottawa Charter for Health Promotion.* https://www.who.int/healthpromotion/conferences/previous/ottawa/en, konsultiert in 2020.

WHO (2019): *Global Health Observatory (GHO) data,* http://www9.who.int/gho/en

Womack, J. & Jones, D. (1996): *Lean thinking: banish waste and create wealth in your corporation.* Simon & Schuster, New York.

World Bank (2019a): *International Comparison Program.* https://www.worldbank.org/en/programs/icp.

World Bank (2019b): *GINI index (World Bank estimate).* https://data.worldbank.org/indicator/SI.POV.GINI?name_desc=false.

World Bank (2020): *World Development Indicators (WDI).* http://datatopics.worldbank.org/world-development-indicators.

World Economic Forum (2018): *The Global Gender Gap Report 2018*. http://www3.weforum.org/docs/WEF_GGGR_2018.pdf.

World Population Clock (2019). https://www.worldometers.info.

World Population Review (2019), https://worldpopulationreview.com.

Yang, L. (2016): *Music in the Air*. Goldman Sachs: New York.

Zeit Online (2020): https://meine.zeit.de/anmelden?url=https://www.zeit.de/2020/40/lieferkettengesetz-unternehmen-verantwortung-arbeitsbedingungen%23success-registration&entry_service=schranke-paid.

Stichwortverzeichnis

© Der/die Herausgeber bzw. der/die Autor(en), exklusiv lizenziert durch Springer-Verlag
GmbH, DE, ein Teil von Springer Nature 2021
N. Roorda, *Grundlagen der nachhaltigen Entwicklung,*
https://doi.org/10.1007/978-3-662-62868-3

Printed in the United States
by Baker & Taylor Publisher Services